Manfred Thoma

Theorie linearer Regelsysteme

Theorie geregelter Systeme

E. Pestel / E. Kollmann

Grundlagen der Regelungstechnik

H. Schlitt

Stochastische Vorgänge in linearen und nichtlinearen Regelkreisen

H. Schwarz

Einführung in die moderne Systemtheorie

M. Thoma

Theorie linearer Regelsysteme

Manfred Thoma

Theorie linearer Regelsysteme

Mit 110 Bildern, 71 Beispielen und 150 Übungsaufgaben

Springer Fachmedien Wiesbaden GmbH

Prof. Dr.-Ing. *Manfred Thoma* ist Direktor des Instituts für Regelungstechnik an der Technischen Universität Hannover.

Verlagsredaktion: *Alfred Schubert, Willy Ebert*

1973

Ursprünglich erschienen bei Friedr. Vieweg & Sohn GmbH, Braunschweig 1973

Softcover reprint of the hardcover 1st edition 1973

Library of Congress Catalog Card No. 72-97904

Umschlaggestaltung: Peter Morys, Wolfenbüttel

ISBN 978-3-663-05228-9 ISBN 978-3-663-05227-2 (eBook)
DOI 10.1007/978-3-663-05227-2

Vorwort

Die Regelungstheorie hat in den letzten Jahren einen erheblichen Wandel erfahren. Man denke z.B. lediglich an die immense Anzahl von Arbeiten über strukturoptimale Regelungsvorgänge und den damit verbundenen erweiterten mathematischen Aufwand. Wie stets bei solchen stürmischen Entwicklungen, bilden sich erst nach einem gewissen Reifeprozeß grundlegende Beschreibungs- und Behandlungsmethoden heraus. So hat sich zu den in der „klassischen" Theorie bewährten Beschreibungsformen, wie z.B. der komplexen Übertragungsfunktion, der entsprechenden Frequenzgangdarstellung und der Übergangsfunktion, in der modernen Theorie die der Charakterisierung von Systemen im Zustandsraum gesellt. Für das Verständnis von modernen regelungstheoretischen und damit auch regelungstechnischen Arbeiten, ist die Kenntnis der grundlegenden Beschreibungsformen und ihre Bedeutung unerläßlich. Mit diesem Buch hat sich der Verfasser die Aufgabe gestellt, praktisch tätigen Regelungstechnikern und fortgeschrittenen Studenten der System- und Regelungstechnik einen tieferen Einblick in die mathematischen Zusammenhänge zu geben und gleichzeitig den Zugang zu den modernen Behandlungs- und Beschreibungsformen von linearen Systemen zu erleichtern.

Bezüglich der Stoffauswahl lagen von vornherein zwei „Randbedingungen" fest. Es ist dies einmal das Erscheinen des Buches innerhalb der Reihe „Theorie geregelter Systeme", auf die es bezüglich Thematik und Umfang abgestimmt werden mußte. Zum anderen soll es an den Grundlagen der Regelungstechnik anknüpfen, wie sie seit einigen Jahren an den deutschen Universitäten und zum Teil auch an Fachhochschulen dargeboten werden. Diese Grundlagen sind z.B. Gegenstand des in dieser Reihe erschienenen Bandes von *Pestel, E.* und *Kollmann, E.*: Grundlagen der Regelungstechnik. An einigen Stellen des Buches, vor allen Dingen solchen, die dem Anschluß an die klassische Behandlung und deren Vertiefung dienen, tritt sicher die Frage auf, warum auf gewisse Punkte besonders eingegangen wurde und auf andere nicht. Neben einer stets subjektiven Auswahl hat hierzu die Hochschullehrererfahrung des Verfassers in der Bundesrepublik Deutschland und auch in den Vereinigten Staaten von Amerika den Ausschlag gegeben.

Es kann nicht das Anliegen eines Buches über Regelungstheorie sein, die bloße Anwendung von geeigneten Verfahren in den Vordergrund zu stellen, sondern es muß vielmehr prinzipielle und tiefergreifende Zusammenhänge aufzeigen. Dies gilt um so mehr, als in vielen Fällen die verwendeten theoretischen Hilfsmittel rein schematisch, d.h. ohne Beachtung ihrer zulässigen Grenzen, Anwendung finden. Mit anderen Worten, die mathematischen Operationen werden häufig kritiklos ausgeführt und dabei wird gegen die grundsätzlichen Voraussetzungen verstoßen. Es gibt eine Anzahl von Beispielen, wo ein solches bedenkenloses Vorgehen falsche Schlüsse bezüglich der praktischen Systemuntersuchung lieferte, die glücklicherweise in den meisten Fällen zu keinen drastischen Folgen führten. Wenn dem folgenden Text häufig etwas präzisere mathematische Formulierungen zugrunde liegen, so kommt es dennoch nicht auf die mathematische Fragestellung selbst an, sondern auf den Zusammenhang mit dem physikalisch-technischen Erfahrungsbereich, d.h. auf die Aussagekraft der mathematischen Formulierung für das reale Geschehen. Soll jedoch eine Lösung eine sinnvolle Aussagekraft bezüglich einer technisch-physikalischen Realisierung gewährleisten, dann muß man stets auf die Gültigkeit der mathematischen Schritte achten. Auf der anderen Seite wurde, wegen der engen Verbindung zum realen Geschehen, bewußt auf eine möglichst elegante und verallgemeinerte mathematische Darstellung verzichtet. Diese Vorgehensweise wird auch noch dadurch gerechtfertigt, daß die Ausführungen auf die in der mathematischen Grundlagenausbildung vermittelten Kenntnisse Rücksicht nehmen müssen.

Noch ein Wort zur Theorie selbst. Es dürfte sicher unumstritten sein, daß die Kenntnisse des Lehrsatzes der Algebra, der besagt, daß ein Polynom n-ten Grades genau n Wurzeln aufweist, auch für praktische Untersuchungen äußerst bedeutungsvolle Konsequenzen hat, wenn er auch keine direkte praktische Anwendung besitzt. Die oftmals gestellte Frage, wo denn die Theorie in der Praxis Erfolge gebracht hat, weist bereits auf eine gewisse Unkenntnis des Fragestellers bezüglich der tieferen Zusammenhänge und Bedeutung der Theorie hin. Wesentliche Fortschritte lassen sich meines Erachtens nur dann erzielen, wenn man über den unmittelbaren Anwendungsbereich hinausblickt. Dazu gehört, bei der Behandlung von dynamischen Systemen, auch die Beschäftigung mit den theoretischen Grundlagen. Das Buch ist den Grundlagen gewidmet, die für ein tieferes Eindringen in die moderne Betrachtungs- und Behandlungsweise linearer Systeme mit konzentrierten Parametern unter dem Einfluß von deterministischen Signalen erforderlich sind. Glücklicherweise kann man viele Systeme mit hinreichender Genauigkeit als linear oder über weite Bereiche als linearisierbar ansehen. Zum anderen läßt sich in vielen Fällen die Theorie linearer Systeme zur Untersuchung des „lokalen" Verhaltens von nichtlinearen Systemen heranziehen, was besonders für das Studium der linearen Theorie spricht.

Das Buch ist in sechs, durch römische Ziffern gekennzeichnete Teile gegliedert, von denen jeder mehrere, mit arabischen Ziffern bezeichnete Abschnitte aufweist; diese Abschnitte sind zum Teil weiter in Unterabschnitte unterteilt. So bedeutet z.B. II.7.1 den ersten Unterabschnitt des 7. Abschnittes von Teil II. Bei Hinweisen auf Abschnitte innerhalb eines Buchteiles wird auf die römische Kennziffer verzichtet. Jeder der sechs Teile enthält als Abschluß eine Anzahl von Übungsaufgaben, deren selbsttätige Bearbeitung dem Leser Auskunft über die Beherrschung des dargebotenen Stoffes geben soll. Zum anderen wurden sie vielfach auch im Hinblick auf eine Erweiterung bzw. Vertiefung des Stoffes ausgewählt. In einigen Fällen enthält daher der Text Hinweise auf Übungsaufgaben. Auch wenn diese Aufgaben nicht sofort gelöst werden, so ergibt dennoch das Erfassen der Aufgabenstellung bereits wertvolle Anregungen. Neben den Übungsaufgaben enthält das Buch eine große Anzahl von im Text eingestreuten Beispielen, deren Anfang und Ende durch dicke Punkte am Rande gekennzeichnet sind. Eine Zusammenstellung des verwendeten oder weiterführenden Schrifttums, ist auf den Seiten 486–491 zu finden; Hinweise auf diese Literaturstellen sind in eckige Klammern gesetzt.

Der einführende erste Teil enthält, neben der Definition der Linearität, eine grobe Systemeinteilung nach Signaltypen. Dieses Einteilungsmerkmal wurde vornehmlich aus praktischen Erwägungen gewählt.

Teil II ist der Beschreibung von Systemen mit konzentrierten Parametern durch Differentialgleichungen gewidmet. Sie beginnt mit dem Existenz- und Eindeutigkeitssatz für lineare Gleichungen, an den sich eine ausführliche Betrachtung über den Charakter der allgemeinen Lösung von Differentialgleichungen, Integrodifferentialgleichungen sowie von Differentialgleichungssystemen anschließt. Das Lösungsschema selbst wird dabei als bekannt vorausgesetzt. Die etwas eingehendere Betrachtung soll jedoch die Einsicht in die Lösungstheorie vertiefen. Eingehende Kenntnisse über die allgemeine Lösung dieser Gleichungen „im klassischen Sinne“ sind deshalb für den Ingenieur unerläßlich, da alle realen Vorgänge im „Zeitbereich“ ablaufen; sie lassen daher einen direkten Schluß auf das wirkliche Geschehen (z.B. bei Messungen) zu.

Im dritten Teil werden mit Hilfe des allgemeinen Transformationsgedankens diese Zeitdarstellungen verallgemeinert. Die ersten beiden Abschnitte dieses Teiles geben einen Einblick in die Raumdarstellungen und enthalten einige Definitionen. Sie können jedoch bedenkenlos von dem Leser übergangen werden, der sich lediglich für die nachfolgende Zustandsraumdarstellung interessiert, die mit der Beschreibung von Systemen mittels Zustandsgleichung (Vektordifferentialgleichungen) beginnt. Diese stellt eine grundlegende Voraussetzung für die moderne Regelungstheorie dar. Die Lösung von zeitinvarianten Systemen sowie ihre Steuer- und Beobachtbarkeit bilden den Schwerpunkt dieser Betrachtung, an die sich die Lösung von zeitvariablen Differentialgleichungen anschließt. In diesem Zusammenhang liegt die Frage nahe, ob sich die Einführung der Zustandsgleichungen und besonders die Definition der Steuer- und Beobachtbarkeit zumindest für die klassische Behandlung von dynamischen Systemen überhaupt lohnt? Abgesehen davon, daß man moderne Abhandlungen, die diese Begriffe zur Voraussetzung haben, nicht richtig erfassen kann, liefern sie auch im klassischen Fall einen tieferen Einblick in die möglichen Systemstrukturen. Die Zustandsraumdarstellung beschreibt nämlich die Systeme vollständiger als die klassischen Verfahren es vermögen. Dabei ist es jedoch für den Regelungstechniker sehr wichtig, daß er diese Begriffe in engem Zusammenhang mit der Behandlung von realen Systemen sieht; eine bloße mathematische Betrachtung ist für den praktisch tätigen Wissenschaftler nahezu wertlos.

Dies trifft besonders für die im vierten Teil behandelte Laplace-Transformation zu. Sie überführt zwar die transzendenten Differentialgleichungen in handlichere algebraische Gleichungen, was allerdings auf Kosten des unmittelbaren Zusammenhanges zum realen Geschehen geht. Dieser in sich abgeschlossene IV. Teil gibt aus regelungstechnischer Sicht eine etwas ausführlichere Einführung in die Laplace-Transformation und ihre Zusammenhänge. Im Buch wird häufig von der Darstellung im Laplaceschen Bildbereich ausgegangen und dabei auf die Abhandlungen des vierten Teiles verwiesen; falls erforderlich, kann dann der Leser die entsprechenden Zusammenhänge nachlesen.

Teil V beginnt mit einer Einführung in die verallgemeinerten Funktionen, so z.B. den δ-Funktionen, denen bei der Systemuntersuchung eine große Bedeutung zukommt. Auch hier liegt nicht die allgemeinste mathematische Darstellungsform zugrunde, sondern es wurde ein Zugang gewählt, der hier wegen seiner Anschaulichkeit als besonders geeignet erscheint. Im anschließenden zweiten Abschnitt werden einige Eigenschaften von linearen Systemen aufgezeigt. Der dritte Abschnitt stellt den Zusammenhang zwischen der komplexen Übertragungsfunktion und der Zustandsraumdarstellung her. Der Vollständigkeit halber wurde im letzten Abschnitt noch kurz auf die Darstellung von Mehrgrößensystemen eingegangen. Gerade in den letzten Jahren wurden, im Hinblick auf die Behandlung von Mehrgrößensystemen mit Hilfe von Digitalrechnern, erhebliche Anstrengungen unternommen. Einen wesentlichen Gesichtspunkt stellen dabei die sogenannten „Minimalrealisierungen" dar. Dieser Entwicklung konnte im vorliegenden Buch aus zweierlei Gründen nicht voll Rechnung getragen werden. Einmal war das Manuskript in seinen wesentlichen Teilen bereits vor mehreren Jahren fertiggestellt. Eine unglückselige Verkettung von verschiedenen Umständen hat diese „Totzeit" bei der Veröffentlichung bewirkt. Zum anderen hätte ein ausführlicheres Eingehen auf diese Arbeiten den Rahmen dieses Buches weit überschritten.

Den letzten Teil bilden die diskontinuierlichen Systeme. Auch hier wird wieder aus Gründen der Anschaulichkeit und um die weitgehende Analogie zu den kontinuierlichen Systemen hervorzuheben, mit der Zeitdarstellung begonnen, anschließend die Z-Transformation eingeführt und schließlich die Zustandsraumdarstellung behandelt. Um den Umfang des Buches nicht noch weiter zu vergrößern, wurden die einzelnen Abschnitte erheblich kürzer abgefaßt, als dies z.B. im IV. und V. Teil geschah. Dieses Vorgehen läßt sich durch die weitgehenden Analogien rechtfertigen, die besonders die Abtastsysteme mit den kontinuierlichen Systemen aufweisen. Die Entsprechungen gestatten es vielfach, die Ergebnisse unmittelbar zu übertragen.

Die Abschnitte II.11, III.3 bis III.6, V.3 (sowie die Bemerkungen auf den Seiten 343–348) bei den kontinuierlichen und VI.5 bei den diskontinuierlichen Systemen, bilden eine in sich abgeschlossene Einführung in die Zustandsraumdarstellung. Leser, die sich vornehmlich für diese moderne Darstellung interessieren, können den übrigen Text bedenkenlos überschlagen.

Zum Schluß möchte ich noch allen Dank sagen, die auf die eine oder andere Weise am Entstehen dieses Buches teilhaben. Dazu gehören die anregenden Gespräche mit den Hörern meiner Vorlesungen und mit meinen Mitarbeitern. Besonders hervorheben möchte ich in diesem Zusammenhang meine Frau, die das Schreiben des Manuskriptes besorgte und beim Lesen der Korrekturen viel Geduld aufbrachte sowie Herrn Dipl.-Ing. *H.-D. Zago*, für das sorgfältige Zeichnen der Bilder. Weiter möchte ich Herrn Kollegen Prof. Dr.-Ing. *E. Pestel*, dem Herausgeber dieser Buchreihe, für seine Anregung zu diesem Band danken. Nicht zuletzt gilt mein Dank dem Verlag Friedr. Vieweg + Sohn für die angenehme Zusammenarbeit.

M. Thoma

Hannover, Herbst 1972

Inhaltsverzeichnis

III. Transformationen

IV. Die Laplace-Transformation

I. Einleitung

1. Allgemeine Bemerkungen

Es ist auch für Ingenieure unerläßlich, die entsprechende Fachliteratur zu verfolgen und zu lesen. Einmal erhöht die eingehende Beschäftigung mit dem Stoff das Verständnis und zum anderen geben die verschiedenen Betrachtungsweisen Anregungen. Die in der technischen Literatur verwendeten mathematischen Hilfsmittel werden dabei gerade in jüngster Zeit immer anspruchsvoller. Auf vielen Gebieten (z.B. Regelung und Optimierung von industriellen Prozessen, Raumfahrt und dgl.) reicht eine empirische Betrachtungsweise nicht mehr aus. Sehr häufig werden die im Moment noch als recht aufwendig erscheinenden Verfahren im Laufe der Zeit zu nicht mehr wegzudenkenden Grundlagen. Wir wollen hierzu ein Beispiel anführen. Jeder Elektroingenieur rechnet heute in der Wechselstromtechnik mit komplexen Zahlen (komplexe Widerstände, etc.). Bei der Einführung der komplexen Zahlen in die Elektrotechnik fehlte es nicht an Stimmen, die den Sinn und den damit verbundenen Aufwand dieser komplexen Größe für die Technik infrage stellten. Heute, nachdem sich der Elektroingenieur daran gewöhnt hat und vor allem klare physikalische Vorstellungen mit der Rechenmethode verbindet, sind sie nicht mehr wegzudenken, denn die komplexen Zahlen lassen sich wesentlich bequemer behandeln als die trigonometrischen Beziehungen. Man rechnet also mit ihnen nach Gesetzen der Zahlentheorie und deutet die gewonnenen Resultate für die zu untersuchenden Vorgänge in entsprechender Form. Ein anderes Beispiel stellt die Umformung von linearen Differentialgleichungen in algebraische Gleichungen dar.

Diese mathematischen Methoden führen aber leicht zu falschen Ergebnissen, wenn man ihre genauen Definitionen nicht kennt und mit ihnen sorglos manipuliert; diese Gefahr erhöht sich natürlich mit zunehmendem mathematischen Aufwand. Die mathematisch exakte Behandlung setzt aber Begriffe, wie z.B. die Stetigkeit und Differenzierbarkeit einer Funktion voraus, die mit dem wirklichen physikalischen Geschehen eines Systems wenig zu tun haben, sondern lediglich in dem abstrakten Bereich der Mathematik auftreten. So definiert man z.B. in den einfachsten Fällen den Funktionsbegriff folgendermaßen: Gegeben sei in einem bestimmten Gebiet I die Menge der reellen Zahlen t. Besteht nun eine Vorschrift, mit der jeder Zahl t aus I genau eine reelle Zahl zugeordnet wird, so heißt y eine eindeutige Funktion von t, im Zeichen $y = f(t)$. Ein anderes sehr illustratives Beispiel für diese Gedankengänge ist z.B. die Definition der Stetigkeit einer Funktion [1] und [2].

Eine Funktion $f(t)$ heißt im Punkte $t = a$ stetig, wenn

1. $f(t)$ im Punkte $t = a$ erklärt ist,
2. der Grenzwert $\lim_{t \to a} f(t)$ existiert und
3. $\lim_{t \to a} f(t) = f(a)$ ist.

● **Beispiel I.1:**

$f(t) = \frac{1}{t}$ ist an der Stelle $t = 0$ unstetig, da die 1. Bedingung nicht erfüllt ist.

$f(t) = \begin{cases} \frac{1}{t} & \text{für } t \neq 0 \\ 0 & \text{für } t = 0 \end{cases}$ ist ebenfalls für $t = 0$ unstetig; die 1. Bedingung ist zwar erfüllt, aber nicht die 2. Bedingung.

$f(t) = t^2 \sin \frac{1}{t}$ ist wegen Bedingung 1 in Punkt $t = 0$ unstetig.

$f(t) = \begin{cases} t^2 \sin \frac{1}{t} & \text{für } t \neq 0 \\ 0 & \text{für } t = 0 \end{cases}$ ist für alle endliche t und somit auch für $t = 0$ stetig, da die 1. Bedingung und wegen $\lim_{t \to 0} t^2 \sin \frac{1}{t} = 0 = f(0)$ auch die anderen beiden Bedingungen gelten (hebbare Unstetigkeit).

$f(t) = (\operatorname{sgn} t)^2 = \begin{cases} 1 & \text{für } t \neq 0 \\ 0 & \text{für } t = 0 \end{cases}$ ist an der Stelle $t = 0$ unstetig, es sind zwar die ersten beiden Bedingungen erfüllt, aber nicht die letzte, denn $\lim_{t \to 0} (\operatorname{sgn} t)^2 = \lim_{t \to 0} 1 = 1$ ist ungleich $f(0) = 0$. ●

Die obigen Beispiele lassen sofort erkennen, daß wir bei der Betrachtung von Naturerscheinungen nie auf solche Vorschriften stoßen, denn jede Messung ist mit einer mehr oder weniger großen Unsicherheit verbunden. Dann verlieren aber die Begriffe, wie z.B. Eindeutigkeit und Stetigkeit, jeglichen Sinn. Wenn wir also einen in der Natur gegebenen physikalischen Zusammenhang durch mathematische Funktionen beschreiben, so handelt es sich immer um eine Approximation. Wir ersetzen z.B., wie in Bild I.1 gezeigt, die näherungsweise bekannte Funktion in einem Streuintervall ϵ durch eine eindeutige Zahlenfunktion (Interpolation) [3]. Von dieser Zahlenfunktion ist nur zu fordern, daß sie innerhalb des Streifens ϵ liegt. Dann ist es aber in vielen Fällen gleichgültig mit welchen Funktionen, ob stetig oder nicht, man operiert. Man wird jedoch die beobachteten komplizierten Funktionen durch solche (eindeutige) Funktionen ersetzen, die einmal die gewünschte Approximation liefern und zum anderen auf möglichst einfache Rechenoperationen führen.

Die Frage, wie man einen physikalischen Zusammenhang, der durch den ϵ-Streifen in Bild I.1 charakterisiert ist, am besten durch einen mathematischen Ausdruck approximiert, spielt vor allem für die numerische Berechnungsmethoden eine erhebliche Rolle. Bei den numerischen Methoden, siehe z.B. [4] und [5], die in Verbindung mit den modernen Digitalrechnern einen erheblichen Aufschwung erhielten, kann es von der Wahl abhängen, ob die Lösung mit einem erheblich größeren Fehlerbereich als die Anfangswerte behaftet ist oder nicht (numerische Stabilität).

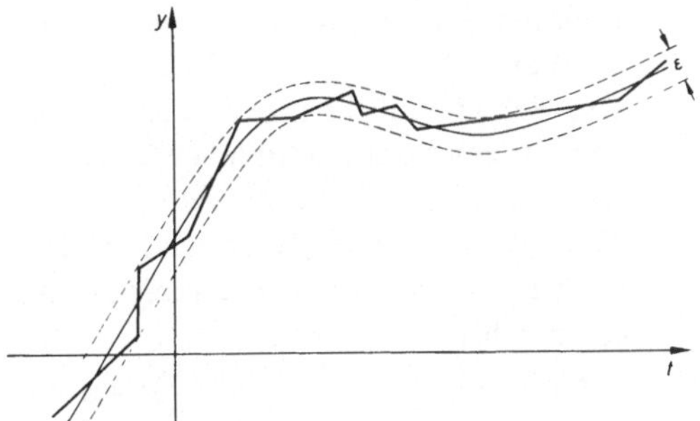

Bild I.1
Darstellung einer Funktion in einem Streuintervall ϵ.

Hat man sich jedoch einmal bei der Abbildung des physikalischen Prozesses auf eine mathematische Beschreibung festgelegt, so muß man sich bei allen Folgerungen an die mathematischen Bedingungen halten. Man darf also nicht den Fehler begehen, physikalische und mathematische Überlegungen miteinander zu vermengen oder sogar mathematische Schlüsse aus den physikalischen Betrachtungen zu ziehen. Es ist also bei der mathematischen Beschreibung von physikalischen Systemen immer daran zu denken, unter welchen Bedingungen und in welchem Bereich die angegebenen Gleichungen eine hinreichend genaue Approximation des Systems darstellen. Diese wichtigen Gedanken liegen oftmals bei der im nachfolgenden Text etwas exakteren Formulierung zugrunde.

Es ist jedoch nicht ratsam, ein System dadurch charakterisieren zu wollen, indem man z.B. eine Tabelle aufstellt, die zu jedem (ermittelten) Eingangsverlauf $x(t)$ den entsprechenden Ausgangsverlauf $y(t)$ aufweist. Einmal gibt es unendlich viele solcher „Funktionspaare" und zum anderen möchte man eine Gleichung oder eine andere Möglichkeit zur Beschreibung von Systemen haben, die es erlauben, die Liste je nach Belieben zu berechnen. Man wird jedoch nicht jedesmal völlig von neuem nach einer mathematischen Beschreibung eines physikalischen Systems suchen, denn es haben sich gewisse *Einteilungsmerkmale* herausgebildet, die jeweils einem bestimmten Gleichungstypus genügen. Auf eine solche Einteilung wollen wir kurz eingehen. Wir unterscheiden einmal zwischen Systemen mit

„verteilten Parametern" und mit *„konzentrierten Parametern"*

Ein Beispiel hierzu ist die elektrische Leitung (Kabel), bei der der Widerstand, die Induktivität und dgl. stetig vom Ort abhängen. Ein anderes Beispiel ist die Temperaturverteilung in einem Raum. Sie haben gemeinsam, daß die unbekannte Funktion (Größe) von mehreren unabhängigen Veränderlichen abhängt; sie werden dabei durch sogenannte *partielle Differentialgleichungen* beschrieben, so z.B. allgemein

$$F[y,t,z(y,t),z_y,z_t,z_{yy},z_{yt},z_{tt},\dots]=0$$

oder in einem speziellen Fall

$$a z_{tt}+b z_{yy}=0$$

was sehr häufig in der Form

$$a\frac{\partial^2 z}{\partial t^2}+b\frac{\partial^2 z}{\partial y^2}=0$$

geschrieben wird.

Ein Beispiel hierzu ist ein elektrisches Netzwerk, bei dem die Widerstände, Induktivitäten und dgl. an einzelnen Stellen konzentriert auftreten. Ein anderes Beispiel ist ein mechanisches schwingungsfähiges System, bei dem z.B. die Masse, die Feder, die Dämpfung und die Reibung an einzelnen Stellen als konzentriert aufzufassen sind. Sie haben gemeinsam, daß die unbekannte Funktion (Größe) von nur einer unbekannten Veränderlichen, die hier meistens die Zeit t darstellt, abhängt; sie werden daher durch sogenannte *gewöhnliche Differentialgleichungen* beschrieben, so z.B.

$$F[t,y(t),y'(t),y''(t),\dots,y^{(n)}(t)]=0$$

oder in einem speziellen Fall

$$at^3y^2y''+(\cos y)y'+5y+7t=0$$

was auch häufig in der Form

$$at^3y^2\frac{d^2y}{dt^2}+(\cos y)\frac{dy}{dt}+5y+7t=0$$

geschrieben wird.

Die mathematische Beschreibung von physikalischen Systemen beschränkt sich jedoch *nicht nur auf Differentialgleichungen*, sondern auch *andere Funktionalgleichungen*, wie *Integralgleichungen, Differenzengleichungen* usw., finden Interesse. In der Regelungstechnik lassen sich sehr viele Systeme durch gewöhnliche Differentialgleichungen beschreiben; sie nehmen daher den Hauptteil des Buches ein.

2. Linearität

Weitere Unterscheidungen, die sowohl für partielle als auch gewöhnliche Differentialgleichungen gelten, sind lineare und nichtlineare Systeme [1]). Diese Unterscheidung ist nicht rein zufällig, sondern es zeigt sich, daß lineare Gleichungen im allgemeinen viel umfassender behandelt werden können.

---

[1]) Streng genommen ist nur die Gleichung, die das System beschreibt, linear oder nichtlinear; der Einfachheit wegen sprechen wir aber von einem linearen oder nichtlinearen System.

2.1. Definition der Linearität

Definition I.1: Eine Gleichung wird als linear bezeichnet, wenn für alle Werte in einem Intervall, in dem die beliebig wählbaren zulässigen (Eingangs-) Funktionen x_1 und x_2 definiert sind, die Beziehungen

$$f[x_1 + x_2] = f[x_1] + f[x_2] \qquad \textit{(Superpositionsgesetz)} \qquad (I.1)$$

und

$$f[\lambda x] = \lambda f[x] \qquad \textit{(Homogenität)} \qquad (I.2)$$

gelten, wobei λ eine beliebige Konstante darstellt. Vielfach deutet man – im Sinne von Unterabschnitt III.1.2 – in den Gln. (I.1) und (I.2) f als *Operator*; das Symbol f weist dann auf eine allgemeine (mathematische) Operation hin, die auf die *Größe* x und nicht auf einen *Wert* von x aus dem betreffenden Intervall angewendet wird. Wir betrachten z.B. in den nachfolgenden Beispielen $x(t)$ als Eingangsgröße und $y(t)$ als Ausgangsgröße eines Systems.

• **Beispiel I.2**:

Ein System, das durch die Beziehung

$$y(t) = ax(t) \qquad (a = \text{const.})$$

beschrieben wird, bezeichnen wir als linear, da wie nachfolgend gezeigt, die zugehörige Gleichung die Bedingungen (I.1) und (I.2) erfüllt. Der Einfachheit halber lassen wir die t Abhängigkeit weg.

$x = x_1$ allein ruft die Wirkung $f[x_1] \equiv y_1 = ax_1$ und analog $x = x_2$ allein die Wirkung $f[x_2] \equiv y_2 = ax_2$ hervor; beide miteinander ergeben die Wirkung $f[x_1 + x_2] \equiv y_1 + y_2 = a(x_1 + x_2) = ax_1 + ax_2 \equiv f[x_1] + f[x_2]$. Andererseits ist mit $x_1 = \lambda x$ $(\lambda = \text{const.})$ $f[\lambda x] \equiv y = ax_1 = \lambda ax$. •

• **Beispiel I.3**:

Hingegen beschreibt

$$y = ax^2 \qquad (a = \text{const.})$$

ein nichtlineares System. Entsprechend dem Beispiel I.2 ist für $x = x_1$ allein $f[x_1] \equiv y_1 = ax_1^2$ und für $x = x_2$ allein $f[x_2] \equiv y_2 = ax_2^2$; beide miteinander ergeben $f[x_1] + f[x_2] \equiv y_3 = y_1 + y_2 = a(x_1^2 + x_2^2)$. Dagegen für $x = x_1 + x_2$ folgt $f[x_1 + x_2] \equiv y_4 = a(x_1 + x_2)^2$; y_4 ist (mit Ausnahme der Werte $x_1 = 0, x_2 = 0$ und $x_1 = x_2 = 0$) ungleich y_3. Das Superpositionsprinzip gilt somit nicht. Auch ist die Homogenität verletzt, denn mit $x_1 = \lambda x$ wird $f[x] \equiv y = ax_1^2 = a\lambda^2 x^2 \neq \lambda ax^2$ (ausgenommen für die Werte $\lambda = 0$ und $\lambda = 1$). •

Betrachtet man diese beiden einfachen Beispiele, so könnte man vielleicht annehmen, daß bereits eine der Bedingungen (I.1) oder (I.2) zur Linearitätsprüfung genügt. Im allgemeinen trifft dies jedoch nicht zu, wie aus dem nachfolgenden Beispiel einer Funktion mit zwei Veränderlichen hervorgeht. Die Linearität ist genauso definiert, wie für eine Veränderliche, nämlich

$$f[x_1 + x_2, z_1 + z_2] = f[x_1, z_1] + f[x_2, z_2] \quad (\textit{Superpositionsgesetz}) \quad (I.3)$$

und

$$f[\lambda x, \lambda z] = \lambda f[x, z] \quad (\textit{Homogenität})\,^{2)} \;; \quad (I.4)$$

dies läßt sich ganz analog auf n Veränderliche ausdehnen.

Die Funktion $f(x, z) = \sqrt{x^2 + z^2} \sin \frac{z}{x}$ ist nichtlinear, da (für fast alle x und z) $f[x_1 + x_2, z_1 + z_2] \equiv \sqrt{(x_1 + x_2)^2 + (z_1 + z_2)^2} \sin \frac{z_1 + z_2}{x_1 + x_2} \neq \sqrt{x_1^2 + z_1^2} \sin \frac{z_1}{x_1} + \sqrt{x_2^2 + z_2^2} \sin \frac{z_2}{x_2} \equiv f[x_1, z_1] + f[x_2, z_2]$ gilt; hingegen ist die Bedingung (I.4) wegen $f[\lambda x, \lambda z] \equiv \sqrt{\lambda^2 x^2 + \lambda^2 z^2} \sin \frac{\lambda z}{\lambda x} = \lambda \sqrt{x^2 + z^2} \sin \frac{z}{x} \equiv \lambda f[x, z]$ erfüllt. Die Beziehung (I.4) stellt somit nur eine notwendige aber keine hinreichende Bedingung für die Linearität dar.

Streng genommen ist ein System dann und nur dann linear, wenn es sowohl das Prinzip der Superposition als auch das der Homogenität erfüllt. Für rationale λ schließt jedoch die Superposition die Homogenität mit ein, da man rationale λ immer so aufspalten kann, daß $f[x_1] + f[x_2] = \lambda f[x]$ ist. Für die meisten praktischen Belange läßt sich zwar ein irrationales λ mit ausreichender Genauigkeit durch ein rationales λ approximieren; damit würde es genügen, die Superposition allein zu betrachten. Dennoch ist es auch in diesem Fall sinnvoll, die Unterscheidung aufrecht zu erhalten, da die Superposition und die Homogenität zwei verschiedene physikalische Vorgänge charakterisieren, nämlich einmal die Auswirkung der Vergrößerung der Eingangsgrößen eines Systems (für alle t) und zum anderen die Addition von Eingangsgrößen; siehe Bild I.2. Man bezeichnet daher in diesem Zusammenhang auch das *Superpositionsgesetz als Überlagerungsprinzip* und die *Homogenität als Verstärkungsprinzip.*

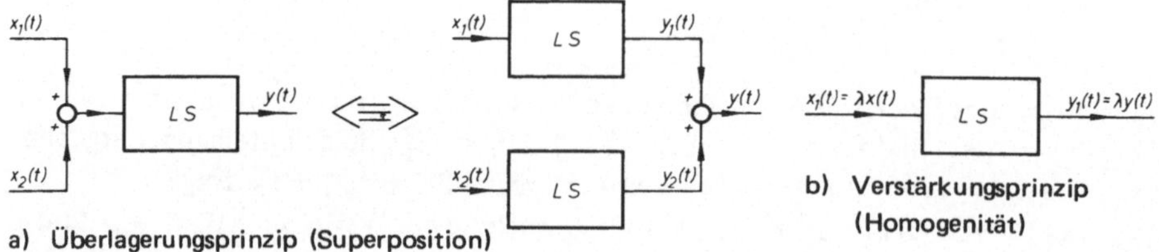

Bild 1.2. Äquivalente Darstellungen für lineare Systeme. L. S. charakterisieren jeweils gleiche lineare Systeme u. λ = const.

---

2) Genauer ausgedrückt, Homogenität 1. Grades; über die Definition der Homogenität höheren Grades, siehe z. B. [1], Band 2.

2.2. Lineare Differentialgleichungen

Die linearen, gewöhnlichen Differentialgleichungen [3]) beschreiben eine wichtige Klasse von Systemen. Wir stellen daher nachfolgend die Frage nach der Linearität bei gewöhnlichen Differentialgleichungen. Besitzt z.B. die Differentialgleichung 2. Ordnung

$$a_2(t)y''(t) + a_1(t)y'(t) + a_0(t)y(t) = x_1(t) \qquad \text{(I.5a)}$$

die Lösung $y_1(t)$, so ist (für alle t im Definitionsintervall $a < t < b$)

$$a_2(t)y_1''(t) + a_1(t)y_1'(t) + a_0(t)y_1(t) \equiv x_1(t) \;. \qquad \text{(I.5b)}$$

Außerdem besitze für eine andere Anregung $x_2(t)$ die Gleichung

$$a_2(t)y''(t) + a_1(t)y'(t) + a_0(t)y(t) = x_2(t) \qquad \text{(I.6a)}$$

die Lösung $y_2(t)$, d.h.

$$a_2(t)y_2''(t) + a_1(t)y_2'(t) + a_0(t)y_2(t) \equiv x_2(t) \;. \qquad \text{(I.6b)}$$

Die Addition von Gl. (I.5b) und Gl. (I.6b) ergibt

$$a_2(t)[y_1''(t) + y_2''(t)] + a_1(t)[y_1'(t) + y_2'(t)] + a_0(t)[y_1(t) + y_2(t)] \equiv \equiv x_1(t) + x_2(t) \;. \qquad \text{(I.7a)}$$

Die Differentiation ist aber eine lineare Operation, weshalb sich Gl. (I.7a) auch in der Form

$$a_2(t)[y_1(t) + y_2(t)]'' + a_1(t)[y_1(t) + y_2(t)]' + a_0(t)[y_1(t) + y_2(t)] \equiv x_1(t) + x_2(t) \qquad \text{(I.7b)}$$

schreiben läßt. In Gl. (I.7b) stellt $y_1(t) + y_2(t)$ gerade die Lösung für die Anregung $x_1(t) + x_2(t)$ dar. Wählen wir in Gl. (I.5a) die Anregung $\lambda x_1(t)$, so erfüllt die Lösung $y(t) = \lambda y_1(t)$ ebenfalls die Identität Gl. (I.5b), d.h. es handelt sich um eine *lineare Differentialgleichung.*

Wählen wir als weiteres Beispiel die Differentialgleichung 2. Ordnung und 2. Grades mit konstanten Koeffizienten [4])

$$y'' + a_1 yy' + a_0 y = x(t) \;. \qquad \text{(I.8)}$$

---

[3]) Im folgenden kürzen wir Differentialgleichung auch durch Dgl. ab.

[4]) Die Ordnung einer Dgl. bezieht sich auf die höchste vorkommende Ableitung. Der Grad hingegen ist von der Summe der Potenz der auftretenden abhängigen Veränderlichen y, y' usw. abhängig; bei der Dgl. $\sin y\, y' = f(t)$ kann man jedoch von keinem Grad sprechen. – Häufig lassen wir, wie in Gl. (I. 8) bis Gl. (I. 10) zur Vereinfachung die (Zeit-) Abhängigkeit der abhängigen Veränderlichen $y(t)$, $y'(t)$ usw. weg; geben wir jedoch bei den Koeffizienten keine (Zeit-) Abhängigkeit an, so handelt es sich immer um konstante Koeffizienten.

Liegen wieder für zwei Anregungen $x_1(t)$ und $x_2(t)$ die Lösungen

$$y_1'' + a_1 y_1 y_1' + a_0 y_1 \equiv x_1(t) \tag{I.9a}$$

und

$$y_2'' + a_1 y_2 y_2' + a_0 y_2 \equiv x_2(t) \tag{I.9b}$$

vor, so führt die Addition der Gln. (I.9) auf

$$y_1'' + y_2'' + a_1(y_1 y_1' + y_2 y_2') + a_0(y_1 + y_2) \equiv x_1(t) + x_2(t) \quad . \tag{I.10}$$

Setzen wir hingegen die Lösung $y_1 + y_2$ in die linke Seite von Gl. (I.8) ein, dann ist

$$(y_1 + y_2)'' + a_1(y_1 + y_2)(y_1 + y_2)' + a_0(y_1 + y_2) = (y_1 + y_2)'' +$$
$$+ a_1(y_1 y_1' + y_2 y_2' + y_1 y_2' + y_2 y_1') + a_0(y_1 + y_2) \not\equiv x_1(t) + x_2(t) \quad . \tag{I.11}$$

Gl. (I.8) stellt somit eine *nichtlineare Differentialgleichung* dar.

Allgemein gilt: *Eine gewöhnliche Differentialgleichung n-ter Ordnung ist nur dann linear, wenn sie von 1. Grade ist, d.h. die abhängige Veränderliche und ihre Ableitungen treten nur in der ersten Potenz und nicht miteinander multipliziert auf.*

3. Einteilung der Systeme

Wie die vorstehende Betrachtung zeigt, haben lineare Systeme einige wichtige Eigenschaften, die wir nochmals hervorheben. Besitzt ein System zwei (oder mehrere Eingangsgrößen), so lassen sich diese überlagern. Das heißt, die vollständigen Lösungen des Systems für jeweils eine Eingangsgröße allein kann man addieren und erhält dabei die richtige Gesamtlösung (Überlagerungsprinzip); dieser Zusammenhang ist in Bild I.2a dargestellt. Vergrößert man andererseits die Eingangsgröße (z.B. Sprungfunktion) auf das λ-fache, so verändert sich auch der Ausgangsverlauf um das λ-fache (Verstärkungsprinzip); dieser Zusammenhang ist ebenfalls in Bild I.2b dargestellt.

Bei dieser Betrachtung werden jedoch *verschwindende Anfangswerte* vorausgesetzt. Man spricht in diesem Fall auch von *„energiefreien Systemen"* oder von *„Systemen ohne Vorgeschichte"*. In Unterabschnitt III.4.3 kommen wir auf diese Voraussetzung nochmals zurück.

Die obigen beiden Eigenschaften gelten also für ein lineares System, gleichgültig ob die entsprechende Differentialgleichung zeitabhängige oder konstante Koeffizienten aufweist. Diese Aussage deutet aber noch auf ein anderes Unterscheidungsmerkmal hin, nämlich zwischen *zeitabhängigen* und *zeitunabhängigen* Systemen, je nachdem, ob die Koeffizienten der entsprechenden Gleichung zeitabhängig sind oder nicht. Da sich der weitere Text hauptsächlich mit linearen Systemen befaßt, wollen wir die Unterscheidungsmerkmale an einer linearen Differentialgleichung zeigen; die Betrachtung gilt aber ebenso für nichtlineare Differentialgleichungen.

Besitzt z.B. die Differentialgleichung mit konstanten Koeffizienten

$$a_2 y'' + a_1 y' + a_0 y = x(t)$$

im Intervall $(-\infty < t < +\infty)$ für die Anregung $x(t)$ die Lösung $y(t)$, so führt die um τ verschobene Anregung $x(t+\tau)$ auf die Lösung $y(t+\tau)$ für jedes τ in $(-\infty < \tau < +\infty)$, d.h. bei einem zeitinvarianten System hängt die Form des Ausgangsverlaufes lediglich von der Form des Verlaufs der Eingangsgröße, aber nicht vom Anregungszeitpunkt ab; siehe Bild I.3.

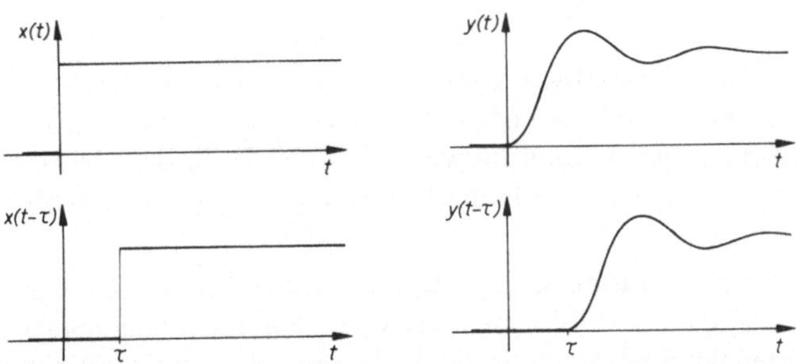

Bild I.3. Ein- und Ausgangsverläufe eines zeitinvarianten Systems

Bei zeitvariablen Systemen, d.h. mindestens einer der Koeffizienten der entsprechenden Differentialgleichung ist zeitabhängig, trifft dies jedoch nicht zu, denn mit der (laufenden) Zeit t ändern sich ja die Koeffizienten, so daß die gleiche aber zu verschiedenen Zeitpunkten wirkende Anregung auf unterschiedliche Lösungen führt.

Mit anderen Worten ausgedrückt besagt die *Zeitinvarianz (Stationarität)*: Kennen wir die Lösung einer Differentialgleichung für eine bestimmte zu einem beliebigen festen Zeitpunkt $(t_0 > -\infty)$ wirkende Anregung $x(t)$, so kennen wir sie auch für die gleiche zu einem anderen Zeitpunkt wirkende Anregung $x(t \pm \tau)$.

Allgemein läßt sich die Zeitinvarianz, wenn wir die Operatorendarstellung von Unterabschnitt III.1.2 zugrunde legen, wie folgt ausdrücken. Ein durch die Beziehung

$$y(t) = f x(t) \tag{I.12a}$$

definiertes System ist dann und nur dann stationär, wenn für alle x und τ auch

$$y(t+\tau) = f x(t+\tau) \tag{I.12b}$$

gilt. Man beachte wiederum, daß es sich bei den Gln. (I.12) um eine Operatorendarstellung handelt, d.h. f charakterisiert eine (mathematische) Operation, die auf das *„Signal“* x und *nicht* auf einen *„Wert“* von x zur Zeit t angewendet wird. Die angegebene t-Abhängigkeit weist lediglich darauf hin, daß es sich um Zeitvorgänge handelt (kontinuierliches System). Die Gln. (I.12) gelten auch in dem etwas später definierten diskreten Fall, wenn man t durch den diskreten Wert n und τ durch den diskreten Wert k ersetzt.

In Tabelle I.1 sind für die jeweiligen Systeme die geltenden Prinzipien eingetragen.

Tabelle I.1

Systeme:	linear	nichtlinear
zeitunabhängig	Superposition und Homogenität Zeitinvarianz	Zeitinvarianz
zeitabhängig	Superposition und Homogenität	keines

Die linearen, zeitunabhängigen Systeme unterliegen zwar den stärksten Einschränkungen, dafür lassen sie sich aber am umfassendsten behandeln, d.h. man kann über sie die allgemeinsten Aussagen machen. Glücklicherweise sind viele technische Systeme mit hinreichender Genauigkeit linear (oder in der Umgebung eines Arbeitspunktes linearsierbar) und zeitunabhängig.

Wir betrachten außerdem, falls nicht ausdrücklich anders hervorgehoben, nur Systeme, für die das *„Kausalitätsprinzip"* gilt; d.h. die Systemantwort hängt nicht von den zukünftigen Werten der betreffenden Eingangsgröße ab. Anders ausgedrückt besagt dies, daß die Systemantwort auf eine zur Zeit $t \geqslant t_0$ wirkende Eingangsgröße für $t < t_0$ keine Reaktion aufweist, wie dies die Kurve a) in Bild I.4 für $t_0 = 0$ zeigt.

Ist ein System kausal und stellt der Ausgangsverlauf $y(t)$ eine reelle (Zeit-) Funktion für alle reellen Eingangsgrößen $x(t)$ dar, dann spricht man häufig auch von einem *realisierbaren System*. Diese Definition beinhaltet nicht, daß notwendigerweise eine Vorschrift existieren muß, mit der man durch Zusammensetzen von Teilsystemen (Komponenten) zu einem wirklich realisierbaren System gelangt. Die Einführung des Realisierbarkeitsbegriffes andererseits besagt jedoch nicht, daß Verfahren, die auch von den zukünftigen Werten der Eingangsgröße Gebrauch machen, zur Systemuntersuchung unbrauchbar sind. So führt z.B. die Berechnung der Sprungantwort des der Kurve a) in Bild I.4 entsprechenden RC-Netzwerkes von Bild II.1 mit Hilfe der Fouriertransformation auf den nichtkausalen Verlauf der Kurve b), falls eine lineare Phasenbeziehung zugrunde gelegt wird.

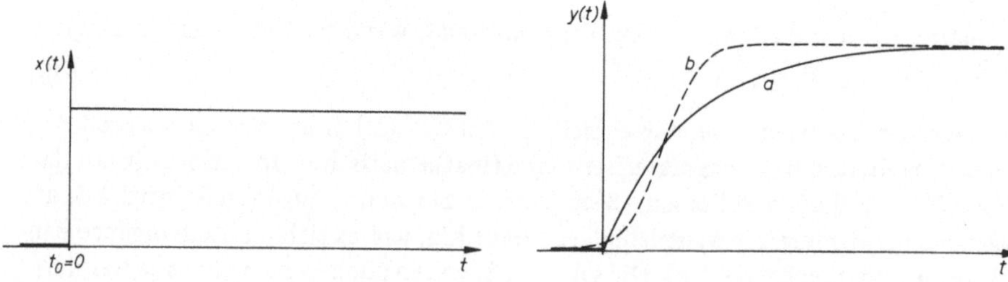

Bild 1.4. Sprungantwort eines RC-Netzwerkes

Bei einem kausalen System ist es für die Kenntnis des Ausgangsverlaufs $y(t)$ im Intervall $(-\infty, t)$ hinreichend, wenn man den Eingangsverlauf $x(t)$ ebenfalls im Intervall $(-\infty, t)$ vollständig kennt – bei minus Unendlich sei das System in Ruhe. Kennt man hingegen den Eingangsverlauf $x(t)$ nur im Zeitintervall (t_0, t) dann müssen zur Bestimmung des Ausgangsverlaufs $y(t)$ im Intervall (t_0, t) noch die Speicherwerte (Anfangswerte) zu einem Zeitpunkt t_1 mit $t_0 \leqslant t_1 \leqslant t$ vorliegen, wobei vielfach $t_1 = t_0$ gewählt wird; dies geht auch aus den Existenz- und Eindeutigkeitssätzen in Teil II hervor.

Bei einem dynamischen System hängt demnach die Ausgangsgröße nicht nur von dem momentanen Wert, sondern auch von den vergangenen Werten (bei nichtkausalen Systemen auch von den zukünftigen Werten) der Eingangsgröße ab. In einem solchen Fall spricht man auch von einem *„speicherfähigen System“* oder einem *„System mit Speicher oder Gedächtnis“*. Ein System, dessen Ausgangsverlauf $y(t)$ zum Zeitpunkt t vollständig durch den Eingangsverlauf $x(t)$ im Intervall $t - T$ bis t $(T \geqslant 0)$ bestimmt ist, hat ein *„Gedächtnis der Länge T“*. Ist das Gedächtnis Null, d.h. die Ausgangsgröße $y(t)$ hängt zum Zeitpunkt t höchstens von dem Wert der Eingangsgröße $x(t)$ zum gleichen Zeitpunkt ab, dann liegt ein System ohne Speicher vor.

Ein gedächtnisloses System läßt sich z.B. durch die Gleichung

$$y(t) = f[x(t), t]$$

ausdrücken; dabei stellt die Funktion f eine Menge oder Schar von Kurven in der xy-Ebene dar, wie z.B. Bild I.5 zeigt. Im zeitinvarianten Fall – es liegt also nur eine Kurve vor – beschreibt die statische Kennlinie das gedächtnislose System vollständig.

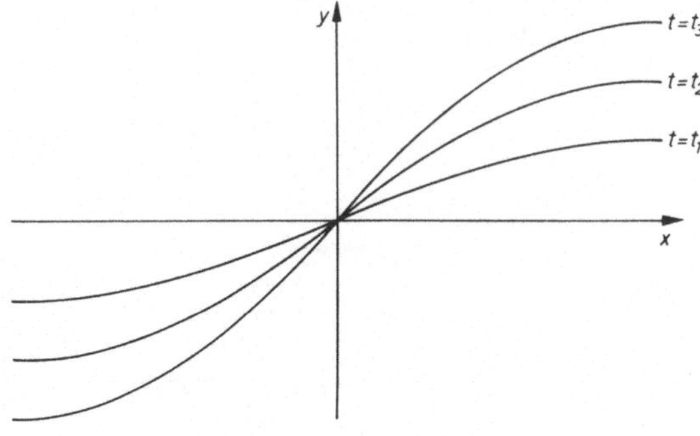

Bild I.5
Kennlinien eines speicherlosen, linearen Systems

Eine weitere Klassifizierung von Systemen, die besonders aus praktischen Erwägungen bedeutungsvoll ist, bezieht sich auf die im *System auftretenden Signaltypen*. Ein *„kontinuierliches Signal“* liegt z.B. dann vor, wenn bei der das Signal beschreibenden Funktion $f(t)$ die unabhängige Variable t oder wie man auch sagt, der Wertebereich von t stetig (kontinuierlich) durchlaufen wird. Man beachte, daß bei dieser Definition die Signale selbst keine stetige Funktion darstellen müssen, sondern sie werden vielmehr durch Funktionen beschrieben, die von einer stetigen (unabhängigen) Variablen abhängen. Das Signal muß eindeutig (höchstens mit Ausnahme einer abzählbaren Menge von Punkten) zu allen t-Werten innerhalb des gegebenen Intervalls definiert sein. Die in Bild I.6a gezeichnete Funktion f(t) stellt nach obiger Definition ein kontinuierliches Signal in $0 < t < b$ dar, obwohl die Funktion selbst an der Stelle $t = a$ unstetig ist.

Können sich nun die Eingangs- und Ausgangsgrößen eines Systems zu jedem Zeitpunkt ändern (kontinuierliche Signale), so spricht man von einem *„kontinuierlich arbeitenden"* oder kurz von einem *„kontinuierlichen System"*. Im nachfolgenden Text machen wir die kontinuierliche Änderung dadurch ersichtlich, indem wir der stetigen (Zeit-) Variablen der Ein- und Ausgangsgrößen das Symbol t zuordnen; somit bezeichnen z.B. f(t) oder bei mehreren Eingangs- und/oder Ausgangsgrößen (Mehrgrößensysteme) nach Abschnitt III.3 **f**(t) kontinuierliche Signale.

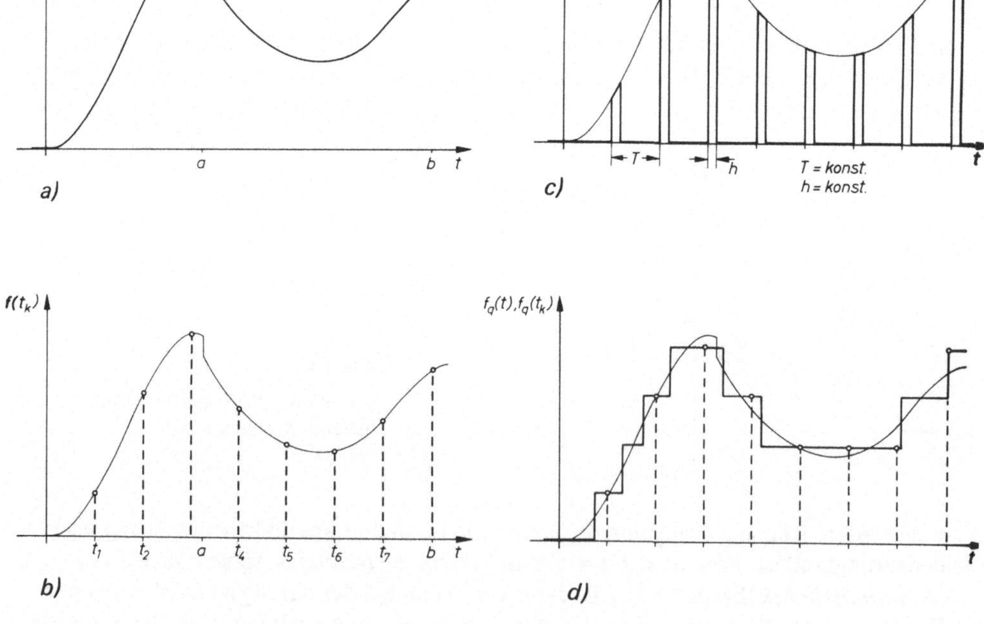

Bild I.6. Typische Signale

a) kontinuierlich; b) diskret; c) diskontinuierlich; d) quantisiert

In anderen Systemen ändert sich hingegen das Signal nur zu *diskreten Zeitpunkten* t_k $(k = 0, 1, 2, \ldots)$, also z.B. jede Sekunde, jede Stunde oder auch unregelmäßig, d.h. der Wertbereich von t besteht aus einer diskreten Menge. Zwischen den Zeitpunkten t_k ist das Verhalten des Signals ohne Bedeutung. Es kann z.B. konstant oder überhaupt nicht definiert sein. Bild I.6b zeigt ein Signal, das mit Ausnahme zu den diskreten Zeitpunkten t_k, die jedoch den konstanten Abstand $T = t_{k-1} - t_k$ zueinander aufweisen, Null ist; zu den diskreten Zeitpunkten $t = t_0 + kT$ liegen gewöhnlich von Null verschiedene Werte vor. Mathematisch sind diese Signale Funktionen einer diskreten Variablen, die wir durch $f(t_k)$ oder $f(n)$ sowie bei Mehrgrößensystemen wiederum durch $\mathbf{f}(t_k)$ oder $\mathbf{f}(n)$ – z.B. mit $n = kT$ – kennzeichnen. Systeme, bei denen die Eingangs- und Ausgangsgrößen in diskreter Form vorliegen, bezeichnet man auch als *„Systeme mit diskreten Signalen"* oder kurz *„diskrete Systeme"*.

Natürlich unterscheiden sich die beiden Systemtypen auch in mathematischer Hinsicht. Das kontinuierliche System gehorcht im wesentlichen Differentialgleichungen, das diskrete System dagegen Differenzengleichungen.

In vielen praktischen Fällen stellen die Eingangs- und/oder Ausgangsgrößen eines kontinuierlichen Systems stückweise stetige Funktionen dar. Beim Auftreten nur einiger Unstetigkeitsstellen ist der Rechenaufwand mit Hilfe von Differentialgleichungen erträglich. Liegt jedoch ein intermittierend wirkendes Signal vor, wie z.B. Bild I.6c zeigt, so eignen sich vielfach zur (angenäherten) Beschreibung des Systems die Differenzengleichungen besser. Ein solches System nimmt demnach eine Zwischenstellung zwischen den kontinuierlichen und diskreten Systemen ein. Tritt ein solches *„diskontinuierliches (intermittierendes)" Eingangs- und Ausgangssignal* auf, so sprechen wir von einem „diskontinuierlich arbeitenden" oder kurz von einem *„diskontinuierlichen System"*. Auch wenn diskontinuierliche Systeme zweckmäßiger Weise (für diskrete Zeitpunkte) durch Differenzengleichungen beschrieben werden ist es sinnvoll, sie von den diskreten Systemen zu unterscheiden.

Ein grundlegender Unterschied besteht jedoch bei Funktionen, *deren Argument diskret* ist (diskretes Signal) und solchen, die *selbst nur diskrete Werte* annehmen können; die letzteren charakterisieren die sogenannten *„quantisierten Signale"*. Die quantisierten Signale bestehen aus abzählbar vielen Werten (Stufen). Die Änderung von Stufe zu Stufe kann jedoch zu jedem Zeitpunkt erfolgen. Der stufenförmige Verlauf $f_q(t)$ in Bild I.6d, der durch Abrundung der Signalamplitude auf die nächstgelegene Stufe entsteht, stellt ein *quantisiertes kontinuierliches Signal* dar, während die Kreise ein *quantisiertes diskretes Signal* $f_q(t_k)$ charakterisieren. Die Ein- und Ausgangssignale eines Digitalrechners können z.B. als quantisierte diskrete Signale angesehen werden. Entsprechend den vorausgehenden Definitionen bezeichnen wir Systeme mit quantisierten Ein- und Ausgangssignalen als *„Systeme mit quantisierten Signalen"* oder kurz *„signalquantisierte Systeme"*.

Man kann natürlich noch weitere Systemunterteilungen angeben. Auch treten oftmals Kombinationen der verschiedenen Signaltypen (z.B. diskontinuierliche Eingangsgröße und kontinuierliche Ausgangsgröße) auf. Diese etwas grobe Einteilung hat sich hauptsächlich aus praktischen Erwägungen eingebürgert. Dies gilt auch für die nachfolgende Unterscheidung, die sich ebenfalls auf den Signaltypus bezieht.

Die vorher betrachteten Signaltypen haben gemeinsam, daß sie (mit Ausnahme von eventuell abzählbar vielen Punkten) *eindeutig* durch die entsprechende Beziehung festgelegt sind, weshalb sie auch als „*deterministische Signale*" bezeichnet werden. Im Gegensatz hierzu, spielen für die moderne Systemuntersuchung auch solche Signale eine erhebliche Rolle, deren *Werte* zu den betrachteten Zeitpunkten einer *gewissen Wahrscheinlichkeit* unterliegen, so z.B. „*Rauschsignale*". Sie werden als „*nichtdeterministische*" oder „*regellose Signale*" bezeichnet. Letzteres besagt nicht, daß die Signale keiner Gesetzmäßigkeit (Regel) unterliegen, sondern es existiert keine Beziehung zur Bestimmung des „wirklich" auftretenden Signalwertes an einer Stelle. *Für solche Zufallsvorgänge sind auch die Bezeichnungen „statistische und stochastische Signale" üblich.*

In Anlehung an die vorher eingeführte Bezeichnungsweise wird ein System als deterministisch bezeichnet, wenn zu jeder (deterministischen) Eingangsgröße ein eindeutiger Ausgangsverlauf gehört; ist hingegen der Ausgangsverlauf regellos, so liegt ein regelloses oder nichtdeterministisches System vor. Da bei einem deterministischen System eine regellose Eingangsgröße auch eine regellose Ausgangsgröße bewirkt, werden zur Systemuntersuchung statistische Verfahren herangezogen; man spricht daher auch in diesem Fall großzügig von nichtdeterministischen oder regellosen Systemen.

Diese Einteilung nach Signaltypen erfolgte aus praktischen Erwägungen. Natürlich läßt sie sich auch nach völlig anderen Gesichtspunkten durchführen. So wird in manchen Büchern nur dann von einem nichtdeterministischen System gesprochen, wenn die Koeffizienten regellosen Änderungen unterliegen. In der modernen allgemeinen Systemuntersuchung dient häufig auch der das System beschreibende *Operator* als Einteilungsmerkmal.

Auf die Systemuntersuchung bei regellosen Vorgängen gehen wir hier nicht ein. Sie sind Gegenstand des in der gleichen Reihe „Theorie der geregelten Systeme" erschienenen Buches von H. Schlitt: Stochastische Vorgänge in linearen und nichtlinearen Regelkreisen.

4. Übungsaufgaben

I.1. a) Ist die Funktion

$$f(t) = |t| = \begin{cases} t & \text{für} \quad t > 0 \\ 0 & \text{für} \quad t = 0 \\ -t & \text{für} \quad t < 0 \end{cases}$$

in dem Intervall $-\infty < t < +\infty$ stetig? Stelle die Funktion graphisch dar.

b) Zeige mit Hilfe der Definition der Ableitung

$\lim\limits_{h \to 0} \dfrac{f(t+h) - f(t)}{h}$, daß die Ableitung der obigen Funktion an der Stelle $t = 0$ nicht existiert.

c) Welcher Schluß läßt sich aus a) und b) ziehen?

d) Zeige, daß eine in einem Punkt differenzierbare Funktion in diesem Punkt auch stetig ist!

I.2. Ist $f'(t)$ in einem Intervall B stetig, so nennt man die Bildkurve mit der Gleichung $x = f(t)$ stetig differenzierbar oder glatt. Zeige an dem Beispiel

$$f(t) = \begin{cases} t^2 \sin \frac{1}{t} & \text{für } t \neq 0 \\ 0 & \text{für } t = 0, \end{cases}$$

daß aus der Differenzierbarkeit einer Funktion, nicht auf die Stetigkeit der Ableitung geschlossen werden kann.

I.3. Die Ausgangsgröße $y(t)$ eines speicherlosen Systems, sei eine lineare Funktion der Eingangsgröße $x(t)$, d.h.

$y(t) = ax(t) + b$ mit $a, b = \text{const.}$

Stelle den Verlauf der Funktion graphisch dar. Handelt es sich nach Definition I.1. um ein lineares System? Falls dies nicht zutrifft, welche Maßnahme ist zu treffen, damit das System als linear betrachtet werden kann? Was bedeutet dies bezüglich eines physikalischen Systems (Arbeitspunkt!)?

I.4. Zeige, daß sowohl die Differentiation als auch die Integration eine lineare Operation darstellt. Handelt es sich bei der Multiplikation zweier Systemgrößen ebenfalls um eine lineare Operation?

I.5. Zeige, ob durch die folgenden Beziehungen lineare, realisierbare, speicherlose und zeitinvariante Systeme charakterisiert werden, wenn $y(t)$ die Ausgangs- und $x(t)$ (differenzier- bzw. integrierbare) Eingangsgrößen darstellen sowie $k = \text{const.}$ ist:

a) $y(t) = \frac{d}{dt}\,x(t)$;

b) $y(t) = kx_1(t)\,x_2(t)$ (Multiplikator);

c) $y(t) = k \cdot t \int_0^t x(\tau)\,d\tau$;

d) $y(t) = x(t)\,\frac{d}{dt}\,x(t)$;

e) $y(t) = kx(t - T)$ (unterscheide zwischen $T > 0$ und $T < 0$);

f) $y(t) = \text{const.}$ für alle t, d.h. die Ausgangsgröße ist unabhängig von der Eingangsgröße.

I.6. Angenommen die Systemantwort $y(t)$ auf eine Eingangsgröße $x(t)$ sei

$y(t) = x(t^2)$,

d.h. die Ausgangsgröße zum Zeitpunkt t ist gleich der Eingangsgröße zum Zeitpunkt t^2. Handelt es sich hierbei um ein zeitvaraibles System (Beweis)?

I.7. Warum handelt es sich für $a_2, a_1, a_0 = \text{const.}$ bei

$a_2 \sin^2 t\; y''(t) + a_1 t^2\; y'(t) + a_0 y(t) = x(t)$

um eine lineare Dgl. und bei

$a_2 \sin^2 y\; y''(t) + a_1 y^2\; y'(t) + a_0 y(t) = x(t)$

um eine nichtlineare Dgl.? Verallgemeinere das Ergebnis!

I.8. Prüfe die folgenden Gleichungen auf Linearität, wenn 1. alle $a_\nu = \text{const.}$, 2. ein oder mehrere a_ν von t (unabhängige variable) abhängen und 3. ein oder mehrere a_ν von y (abhängige variable) und / oder deren Ableitungen Integration bzw. Differenz abhängen.

a) Differentialgleichung

$$a_2\, y''(t) + a_1\, y'(t) + a_0\, y(t) = x(t).$$

b) Integrodifferentialgleichung

$$a_2\, y''(t) + a_1\, y'(t) + a_0\, y(t) + a_{-1} \int_0^t y(\tau)\,d\tau + a_{-2} \int_0^t \int_0^\tau y(\tau_1)\,d\tau_1\,d\tau = x(t).$$

c) Differenzengleichung

$$a_2\ y(k+2) + a_1\ y(k+1) + a_0\ y(k) = x(k) \qquad (k = 0, 1, 2, \ldots).$$

d) Differenzen-Differentialgleichung

$$a_4\ y''(t) + a_3\ y'(t) + a_2\ y'(t - T_1) + a_1\ y(t) + a_0\ y(t - T_2) = x(t)$$

(für alle reellen t sowie $T_1, T_2 = \text{const.}$).

Verallgemeinere die Ergebnisse!

I.9. Zeige, daß die Reihenschaltung zweier linearer Systeme nach Bild Ü.I.1 ebenfalls lineare Eigenschaften aufweist!

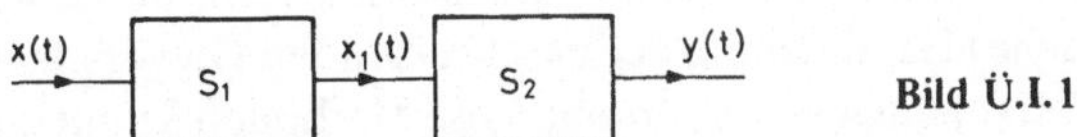

Bild Ü.I.1

I.10. Angenommen zwei verschiedene lineare Systeme seien nach Bild Ü.I.1 in Reihe geschaltet. Ändert im allgemeinen Fall die Vertauschung der Reihenfolge das Verhalten zwischen $x(t)$ und $y(t)$, wenn es sich 1. um stationäre und 2. um nichtstationäre Teilsysteme handelt? (Hinweis: wähle z.B. im zweiten Fall für S_1:

$x_1(t) = t^2 x(t)$ sowie für S_2: $y(t) = \frac{d}{dt} x_1(t)$).

II. Beschreibung von Systemen durch Differentialgleichungen

Bei der Betrachtung realer Systeme, ist vor allem die zeitliche Abhängigkeit eines Vorganges von Interesse. Da eine, das System beschreibende Dgl. ebenfalls von der Zeit abhängt, steht sie im engen Zusammenhang mit dem wirklichen Geschehen. Es ist daher unerläßlich, die Zeitdarstellungen eingehend zu studieren, denn sie lassen häufig einen direkten Schluß auf einen physikalischen Vorgang zu. Wir werden auch andere Behandlungsmethoden kennenlernen (z. B. die Laplace-Transformation), die oftmals auf eine einfachere (mathematische) Handhabung der beschreibenden Gleichungen führen. Dabei geht jedoch die Zeitabhängigkeit verloren; diese Methoden können allerdings dann ohne Schwierigkeiten unmittelbar zu Deutung von physikalischen Vorgängen herangezogen werden, wenn man klare Vorstellungen von den *„Zeitvorgängen"* besitzt. Wir stellen deshalb die Behandlung der Dgl. an den Anfang.

1. Einführung

In Teil II betrachten wir hauptsächlich Systeme, die sich mit hinreichender Genauigkeit durch gewöhnliche lineare Dgl. mit konstanten Koeffizienten, also durch Gleichungen der Form

$$b_n x^{(n)}(t) + b_{n-1} x^{(n-1)}(t) + \dots + b_1 x'(t) + b_0 x(t) = h(t) \qquad \text{(II. 1)}$$

beschreiben lassen (kontinuierliche Systeme). Dabei sind in Gl. (II. 1) alle b_ν $(\nu = 0, 1, \dots, n)$ *reell* und $b_n \neq 0$, da sonst eine Dgl. niedriger als n-ter Ordnung vorliegt. In unseren Fällen tritt meistens die Zeit als unabhängige Veränderliche auf; wir kennzeichnen deshalb die unabhängige Veränderliche mit t. Wie schon erwähnt, lassen wir häufig in eindeutigen Fällen bei den abhängigen Veränderlichen $x(t)$, $x'(t)$ usw. das Argument weg. Gl. (II. 1) ist also eine lineare, gewöhnliche Dgl. endlicher und zwar n-ter Ordnung mit konstanten (reellen) Koeffizienten.

Nehmen wir nun an, $x(t)$ sei z. B. die Regelgröße eines Regelsystems, das durch Gl. (II. 1) beschrieben wird, dann ist es z. B. für die Untersuchung eines solchen Systems wichtig zu wissen, wie sich das System zu einem beliebigen Zeitpunkt $t > 0$ verhält, wenn es im Zeitpunkt $t = 0$ den Zustand $x(0) = x_0$, $x'(0) = x'_0, \dots, x^{(n-2)}(0) = x_0^{(n-2)}$, $x^{(n-1)}(0) = x_0^{(n-1)}$ (Anfangsbedingungen) aufweist. Hierüber gibt die *Lösung der Dgl.* Aufschluß, weshalb wir uns im Folgenden eingehend mit den Lösungen beschäftigen müssen. Einige prinzipielle Überlegungen stellen wir an den Anfang, um die Bedeutung dieser Lösungen zu unterstreichen. Liegt z. B. die Dgl.

$$x'' - 2x' - 3x = 1 \tag{II.2}$$

vor, so sieht man durch Einsetzen, daß sie jede der beiden (partikulären) Lösungen $x_1(t) = 10\,e^{-t} - \frac{1}{3}$ und $x_2(t) = 2\,e^{3t} - \frac{1}{3}$ identisch erfüllt. Würde $x_1(t)$ alleine das vollständige Verhalten des entsprechenden physikalischen Systems nach Gl. (II.2) charakterisieren, so nimmt für $t \to \infty$ das System den Wert $-\frac{1}{3}$ an (eingeschwungener Zustand); hingegen für $x_2(t)$ alleine würde für $t \to \infty$ auch $x(t)$ gegen Unendlich gehen. Anders ausgedrückt heißt dies, daß die erste Lösung einem festen endlichen Wert zustrebt (stabile Lage); im Gegensatz hierzu strebt die zweite Lösung keinem endlichen Wert für große Zeiten $(t \to \infty)$ zu. Da aber nach der Definition der Linearität die Lösungen $x_1(t)$ und $x_2(t)$ nicht nur für die Konstanten 10 und 2, sondern für beliebige Konstanten, und durch $x_3(t) = K_1 e^{-t} + K_2 e^{3t} - \frac{1}{3}$ (K_1 und K_2 = const.) erfüllt werden, gibt es eine *unendliche Mannigfaltigkeit* von Lösungen. Ein grundlegendes Problem ist nun die *Gesamtheit der Lösungen* einer gegebenen Dgl. zu finden. Dieses Problem läßt sich als Verallgemeinerung der Lösungen von algebraischen Gleichungen, z. B. $x^2 + a_1 x + a_0 = 0$, betrachten. Die Lösungen dieses Polynoms sind Zahlen, die der Dgl. hingegen Funktionen.

Die Frage nach den Lösungen werden durch allgemeinere Untersuchungen beantwortet. So besagt z. B. der Fundamentalsatz der Algebra, daß ein Polynom n-ten Grades genau n Wurzeln besitzt. Dabei können natürlich bei den n Wurzeln auch Mehrfachwurzeln sein. Bei den Dgln. ist *nicht nach der Anzahl der Lösungen* gefragt, sondern wie man diese *unendliche Zahl oder das Kontinuum von Lösungen* einer gegebenen Dgl. beschreiben kann. Dabei sind die folgenden Fragen von großer Bedeutung.

1. Ob und unter welchen Bedingungen existieren Lösungen?
   So muß z. B. die Funktion $x(t)$, wenn sie eine Lösung der Dgl. (II. 2) darstellen soll, eine zweimal (stetig) differenzierbare Funktion sein.

2. Sind die Lösungen eindeutig?
   Eine Vorausberechnung des Verhaltens eines physikalischen Systems für $t > 0$, wenn der (momentane) Anfangszustand zur Zeit $t = 0$ vorliegt, ist nur bei einer eindeutigen Lösung der zugehörigen Dgl. möglich. Dies ist z. B. für den Entwurf (Synthese) eines Systems von fundamentaler Bedeutung.

Über diese Fragen geben die *Existenz- und Eindeutigkeitssätze* Aufschluß.

2. Existenz und Eindeutigkeit von Lösungen

Den folgenden Satz, der sowohl über die Existenz als auch über die Eindeutigkeit der Lösungen Aussagen macht, wollen wir nicht beweisen; wegen des Beweises siehe Band III von [1], Teil II von [2] und [6] bis [10]. Wir gehen dabei von der allgemeinen linearen Dgl. mit variablen Koeffizienten

$$b_n(t)\,x^{(n)} + b_{n-1}(t)\,x^{(n-1)} + \dots + b_1(t)\,x' + b_0(t)\,x = h(t) \qquad \text{(II. 3)}$$

aus. Sie schließt die Dgl. mit konstanten Koeffizienten Gl. (II. 1) ein. Dividieren wir Gl. (II. 3) durch $b_n(t)$, so führt dies für jedes Intervall in dem $b_n(t) \neq 0$ ist auf

$$x^{(n)} + a_{n-1}(t)\,x^{(n-1)} + \dots + a_1(t)\,x' + a_0(t)\,x = r(t). \qquad \text{(II. 4)}$$

Existenz- und Eindeutigkeitssatz: Sind in Gl. (II. 4) die Funktionen $a_\nu(t)$ $(\nu = 0, 1, \dots, n-1)$ und $r(t)$ in einem Intervall $a < t < b$ stetig, so gibt es zu jedem vorgegebenen System von Anfangswerten $t_0, x_0, x_0', \dots, x_0^{(n-1)}$, die in dem Intervall $a < t < b$ völlig willkürlich wählbar sind, eindeutig eine Lösung $x(t)$ der Differentialgleichung, die der Anfangsbedingung $x^{(\nu)}(t_0) = x_0^{(\nu)}$ $(\nu = 0, 1, \dots, n-1)$ genügt. Die Funktion $x(t)$ ist dabei im Intervall (a, b) definiert und n-mal stetig differenzierbar.

Wir werden im weiteren Text häufig auf den Existenz- und Eindeutigkeitssatz verweisen und ihn deshalb mit E.E.-Satz abkürzen. Die folgenden zusätzlichen Bemerkungen sollen das Verständnis vertiefen.

1. Der E. E.-Satz gibt auch Aufschluß über die Beschaffenheit der allgemeinen Lösung der Dgl. Sie muß in dem existierenden Intervall so beschaffen sein, daß sie für einen beliebig wählbaren Zeitpunkt t_0 in diesem Intervall die ebenfalls beliebig vorgebbaren Anfangswerte $x_0, x_0', \dots, x_0^{(n-1)}$ annehmen kann. Wie wir außerdem sehen, stimmt die Anzahl der Anfangswerte $x_0^{(\nu)}$ $(\nu = 0, 1, \dots, n-1)$ mit der Ordnung der Dgl. überein.

2. Wie in der Literatur üblich, bezeichnen wir mit (a, b) das offene Intervall $a < t < b$ und mit $[a, b]$ das abgeschlossene Intervall $a \leqslant t \leqslant b$; entsprechend für halboffene bzw. halbgeschlossene Intervalle $a < t \leqslant b$ $(a, b]$. Das Intervall des E. E.-Satzes muß nicht endlich sein, sondern der Satz gilt auch für unendliche Intervalle, z. B. $a < t < \infty$, $-\infty < t < b$ oder $-\infty < t < +\infty$. Im obigen Satz liegt zwar ein offenes Intervall zugrunde, der E. E.-Satz läßt sich aber auch auf ein abgeschlossenes (endliches) Intervall $a \leqslant t \leqslant b$ erweitern, wenn man an der Stelle $t = a$ die rechtsseitigen Ableitungen und an der Stelle $t = b$ die linksseitigen Ableitungen zugrundelegt.

3. $x(t)$ bezeichnet man als stetig differenzierbar, wenn in einem Intervall (a, b) die stetige Funktion differenzierbar und $x'(t)$ in (a, b) ebenfalls stetig ist. Wie in der 2. Übungsaufgabe zu Teil I angegeben, genügt die Differenzierbarkeit einer Funktion nicht, um die Stetigkeit der Ableitung zu garantieren.

4. Kann die Division von $b_n(t)$ das Intervall, in dem die Koeffizienten und die Anregung von Gl. (II. 3) und Gl. (II. 4) stetig sind, verändern? Da für in (a, b) stetige $f_1(t)$ und $f_2(t)$ auch ihre Addition bzw. Subtraktion $f_3(t) = f_1(t) \pm f_2(t)$, ihre Multiplikation $f_3(t) = f_1(t) \cdot f_2(t)$ und ihre Division $f_3(t) = \frac{f_1(t)}{f_2(t)}$ (für $f_2(t) \neq 0$) ebenfalls in (a, b) stetig sind, gilt: Sind in der Dgl. (II. 3) alle $b_\nu(t)$ ($\nu = 1, 2, \ldots, n$) und $h(t)$ in dem Intervall (a, b) stetig und dort für alle t $b_n(t) \neq 0$, dann hat Gl. (II. 4) in (a, b) ebenfalls nur stetige Koeffizienten $a_\nu(t)$ ($\nu = 0, 1, \ldots, n$) und eine stetige rechte Seite $r(t)$. Bei Substitutionen ist noch wichtig zu wissen, daß stetige zusammengesetzte Funktionen wieder eine stetige Funktion ergeben, d.h. mit den in (a, b) stetigen Funktionen $x = f(t)$ und $y = F(x)$ ist auch $y = F[f(t)]$ in (a, b) stetig.

3. Die homogene Differentialgleichung

Da Gl. (II. 1) konstante (reelle) Koeffizienten hat, die in dem unendlichen Intervall $(-\infty < t < +\infty)$ stetig sind, besitzt Gl. (II. 1) nach dem E. E.-Satz, in jedem Intervall, in dem $r(t)$ stetig ist, genau eine und nur eine Lösung, die den dort beliebig vorgegebenen Anfangswerten $t_0, x_0, \ldots, x_0^{(n-1)}$ genügen. Unsere weitere Aufgabe ist es nun, diese Lösung zu ermitteln. Dividieren wir Gl. (II. 1) durch b_n, so wird

$$x^{(n)} + a_{n-1}\, x^{(n-1)} + \ldots + a_1 x' + a_0 x = r(t). \qquad \text{(II. 5)}$$

Ist in Gl. (II. 5) die rechte Seite $r(t) \equiv 0$, so bezeichnet man

$$x^{(n)} + a_{n-1}\, x^{(n-1)} + \ldots + a_1 x' + a_0 x = 0 \qquad \text{(II. 6)}$$

als *homogene oder verkürzte Dgl.* Führen wir außerdem für die linke Seite von Gl. (II.6) die oft benutzte Abkürzung

$$L[x] = x^{(n)} + a_{n-1}(t)\, x^{n-1} + \ldots + a_1(t)\, x' + a_0(t)\, x \qquad \text{(II. 7)}$$

ein, so erhält man für Gl. (II. 5) und Gl. (II. 6) die vereinfachte Schreibweise $L[x] = r(t)$ bzw. $L[x] = 0$ oder auch $L_n[x] = 0$, wobei in diesem Fall konstante Koeffizienten zugrundeliegen. Die letzte Beziehung weist außerdem noch auf die Ordnung n der Dgl. hin.

Wir behandeln in diesem Abschnitt die homogene Dgl. (II. 6) $L[x] = 0$. Nach dem E. E.-Satz besitzt die homogene Dgl. in $(-\infty < t < +\infty)$ eine eindeutige Lösung, die den beliebig vorgebbaren Anfangswerten $t_0, x_0, x_0', \ldots, x_0^{(n-1)}$ genügt. Die Lösung ist (mindestens) n-mal stetig differenzierbar.

Unter den bekannteren elementaren Funktionen haben aber nur die Polynome, die Exponentialfunktionen und die aus ihnen abgeleiteten Funktionen, sowie die Kreis- und Hyperbelfunktionen diese Eigenschaft. Aus diesem Grund und aus den Erfahrungen mit dem vorstehenden Beispiel Gl. (II. 2) liegt es zur Gewinnung einer Lösung für die homogenen Dgl. (II. 6) nahe, den Ansatz $x = e^{\lambda t}$, $x' = \lambda e^{\lambda t}, \ldots, x^{(n)} = \lambda^n e^{\lambda t}$ zu versuchen, wobei λ noch zu bestimmen ist. Setzt man hierzu diese Werte in die homogene Dgl. (II. 6) ein und dividiert dann diese Gleichung durch die Funktion $e^{\lambda t}$, die für kein endliches t Null wird, so ergibt sich die algebraische Gleichung (Polynom) n-ten Grades

$$\lambda^n + a_{n-1}\lambda^{n-1} + \ldots + a_1 \lambda + a_0 = 0, \tag{II. 8}$$

die als *charakteristische Gleichung (oder charakteristisches Polynom)* bezeichnet wird. Gl. (II.8) habe die n reellen oder komplexen Wurzeln $\lambda_1, \lambda_2, \ldots, \lambda_n$.

Bevor wir weiter auf die allgemeine Lösung der homogenen Dgl. $L_n[x] = 0$ eingehen, betrachten wir einige Beispiele.

- **Beispiel II.1:**

Mit Hilfe der Kirchhoffschen Gesetze stellen wir die Dgl. des Netzwerkes Bild II.1 auf; dabei sei $u_e(t)$ die Eingangsgröße und $u_a(t)$ die Ausgangsgröße.

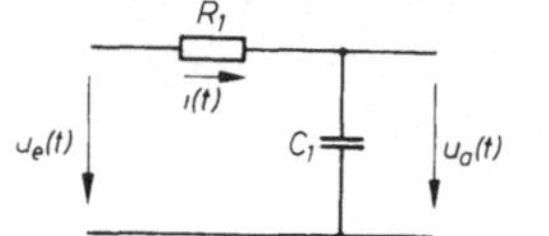

Bild II.1. RC-Netzwerk

Es ist

$$R_1\, i(t) + \frac{1}{C_1}\int i(t)\, dt = u_e(t)\,.$$

Wir legen hier den unbestimmten Integralbegriff zugrunde, obwohl es für unsere Zwecke vielfach günstiger ist, ein bestimmtes Integral mit varaibler oberer Grenze (z.B. $\int_0^t i(\tau)\, d\tau$) zu nehmen. Diese Tatsache ist in diesem Fall belanglos; wir kommen jedoch nochmals bei den Integrodifferentialgleichungen darauf zurück. Mit

$$\frac{1}{C_1}\int i(t)\, dt = u_a(t) \quad \text{oder} \quad i(t) = C_1 \frac{du_a(t)}{dt}$$

wird aus der obigen Gleichung

$$R_1 C_1 \frac{du_a(t)}{dt} + u_a(t) = u_e(t)\,.$$

Ist nun die Eingangsspannung $u_e(t) \equiv 0$, dann ergibt sich mit $R_1 C_1 = T_1$ die homogene Dgl.

$$u_a'(t) + \frac{1}{T_1} u_a(t) = 0. \tag{II.9}$$

Es sei ausdrücklich darauf hingewiesen, daß die homogene Gl. (II. 9) nicht das Netzwerk Bild II. 1 für offene, sondern kurzgeschlossene Eingangsklemmen beschreibt, denn bei offenen Eingangsklemmen ist $i(t)$ und damit $u_a(t) \equiv 0$. Zur Bestimmung der Ausgangsspannung $u_a(t)$ müssen wir noch die Ladung q_1 des Kondensators C_1 zu einem uns interessierenden Zeitpunkt kennen. Es habe der Kondensator C_1 zur Zeit t_0 die Ladung q_0, dann besitzt zum Zeitpunkt t_0 die Ausgangsspannung den Wert $u_0 = \frac{1}{C_1} q_0$; damit liegen die Anfangswerte t_0, u_0 vor. Wir sehen also, daß man die Anfangswerte, die (aus mathematischen Gründen) zur Lösung der Dgl. (II.9) erforderlich sind, glücklicher Weise durch physikalische Überlegungen aus dem gegebenen System erhält. Da sowohl R_1 als auch C_1 als konstante (zeitunabhängige) Größen und $u_e(t) \equiv 0$ vorausgesetzt wurden, hängt die Ausgangsspannung, von einem bestimmten Zeitpunkt an, nur von den Anfangswerten (Ladung des Kondensators C_1) ab. *Das heißt, die Dgl. und die Vorgabe der Anfangswerte* t_0, u_0, *beschreiben das Verhalten des Netzwerkes (bei* $u_e(t) \equiv 0$*) für* $t \geqslant t_0$ *vollständig.*

Zur Bestimmung der Ausgangsspannung $u_a(t)$ benötigen wir jedoch die Lösung, die nach dem E. E.-Satz die willkürlich vorgebbaren Anfangswerte t_0, u_0 erfüllt. Mit dem Ansatz $u_a(t) = e^{\lambda t}$ ergibt sich die charakteristische Gleichung $\lambda + \frac{1}{T_1} = 0$, woraus die Wurzel $\lambda = -\frac{1}{T_1}$ folgt.

Damit erhalten wir

$$u_a(t) = e^{-\frac{t}{T_1}}$$

als partikuläre Lösung von Gl. (II.9). Da aber die allgemeine Lösung der homogenen Dgl. alle beliebig vorgebbaren Anfangswerte (Ladung q_0) erfüllen muß, schreiben wir für die Lösung der homogenen Dgl.

$$u_a(t) = K e^{-\frac{t}{T_1}} \qquad (K = \text{const.}) \tag{II. 10a}$$

und untersuchen, ob sie die willkürlich vorgegebenen Anfangswerte annimmt. Damit die Gl. (II.10a) die Anfangswerte t_0, u_0 annimmt, ist es notwendig, daß die Konstante K die Bedingung $u_0 = K e^{-\frac{t_0}{T_1}}$ erfüllt; durch sie ist $K = u_0 e^{\frac{t_0}{T_1}}$ eindeutig bestimmt.

Setzen wir den Wert für K ein, so nimmt Gl. (II.10a) die Form

$$u_a(t) = u_0 e^{\frac{t_0}{T_1}} e^{-\frac{t}{T_1}} = u_0 e^{-\frac{1}{T_1}(t-t_0)} \qquad \text{(II. 10b)}$$

an; für $t = t_0$ erfüllt Gl. (II. 10b) die Anfangsbedingung $u_a(t_0) = u_0$. Gl. (II.10a) stellt somit nach dem E. E.-Satz die allgemeine Lösung dar, d. h. sie enthält die Gesamtheit der Lösungen. Ist z. B. zum Zeitpunkt $t_0 = 0$ die Ladung $q_0 = 0$ und somit $u_0 = 0$, so wird, wie aus Gl. (II. 10b) hervorgeht, $u_a(t) \equiv 0$. Wir sehen somit, daß die Gl. (II. 10b) auch die triviale Lösung $u_a(t) \equiv 0$ enthält. Auf unser Netzwerk Bild II.1 bezogen heißt dies: da keine äußere Anregung vorhanden ist $(u_e(t) \equiv 0)$ und auch C_1 keine Ladung enthält, beharrt das in Ruhe befindliche System natürlich weiterhin in diesem Zustand. •

• **Beispiel II.2:**

Entsprechend dem Beispiel II.1 erhalten wir aus Bild II.2 nach den Kirchhoffschen Sätzen die Gleichungen

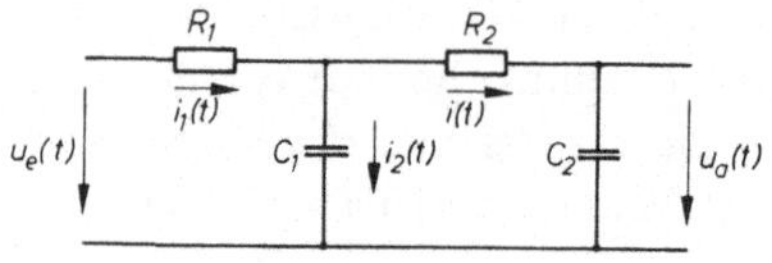

$$R_1 i_1(t) + \frac{1}{C_1}\int i_2(t)\,dt = u_e(t),$$

$$R_2 i(t) + \frac{1}{C_2}\int i(t)\,dt - \frac{1}{C_1}\int i_2(t)\,dt = 0,$$

$$u_a(t) = \frac{1}{C_2}\int i(t)\,dt \quad \text{oder} \quad i(t) = C_2\,\frac{du_a(t)}{dt}$$

Bild II.2. RC-Netzwerk

und

$$i_1(t) = i_2(t) + i(t).$$

Nach Auflösung des obigen simultanen Gleichungssystems erhält man mit $R_1 C_1 = T_1$, $R_2 C_2 = T_2$, $R_1 C_2 = T_{12}$ und $u_e(t) = 0$ (Kurzschluß am Eingang)

$$T_1 T_2\, u_a''(t) + (T_1 + T_2 + T_{12})\, u_a'(t) + u_a(t) = 0. \qquad \text{(II. 11)}$$

Hier hängt jedoch der Verlauf der Ausgangsspannung $u_a(t)$ für $t > t_0$ nicht nur von der Ladung q_1 des Kondensators C_1 sondern auch von der Ladung q_2 des Kondensators C_2 zur Zeit t_0 ab. Aus dem vorstehenden simultanen Gleichungssystem finden wir

$$u_a(t) = \frac{1}{C_2}\, q_2(t) \quad \text{und} \quad i(t)\,R_2 = \frac{1}{C_1}\, q_1(t) - \frac{1}{C_2}\, q_2(t)$$

oder, da $i(t) = C_2 u_a'(t)$ ist,

$$u_a'(t) = \frac{1}{T_2}\left[\frac{1}{C_1}\, q_1(t) - \frac{1}{C_2}\, q_2(t)\right].$$

Daher sind mit $q_1(t_0) = q_{10}$ und $q_2(t_0) = q_{20}$ die Anfangswerte t_0,

$$u_0 = \frac{1}{C_2} q_{20} \quad \text{und} \quad u_0' = \frac{1}{T_2}\left[\frac{1}{C_1} q_{10} - \frac{1}{C_2} q_{20}\right].$$

Auch hier ergeben sich die Anfangswerte wieder aus physikalischen Überlegungen. Dies gilt allgemein bei der Untersuchung (Analyse) über das dynamische Verhalten von (linearen) physikalischen Systemen. Bei der Synthese dieser Systeme legt man oftmals von vornherein bestimmte Anfangswerte zugrunde; bei deren physikalischer Realisierung stößt man jedoch ebenfalls wieder auf entsprechende Überlegungen.

Zur vollständigen Beschreibung der Ausgangsspannung müssen wir, ähnlich wie im Beispiel II.1, die Lösung finden, die nach dem E.E.-Satz die willkürlich vorgebbaren Anfangswerte t_0, u_0 und u_0' erfüllt. Der Ansatz $u_a(t) = e^{\lambda t}$ in Gl. (II.11) eingesetzt, führt auf die charakteristische Gleichung

$$\lambda^2 + \frac{T_1 + T_2 + T_{12}}{T_1 T_2}\lambda + \frac{1}{T_1 T_2} = 0,$$

woraus die Wurzeln

$$\lambda_{1,2} = -\frac{T_1 + T_2 + T_{12}}{2T_1 T_2} \pm \frac{1}{2T_1 T_2}\sqrt{(T_1 + T_2 + T_{12})^2 - 4T_1 T_2}$$

folgen. Es sei $\lambda_1 \neq \lambda_2$. Damit erhalten wir die partikulären Lösungen

$$u_{1a}(t) = e^{\lambda_1 t}; \qquad u_{2a}(t) = e^{\lambda_2 t}.$$

Da die allgemeine Lösung zum Zeitpunkt t_0 die Anfangsbedingungen $u_a(t_0) = u_0$ und $u_a'(t_0) = u_0'$ annehmen muß, versuchen wir sie durch

$$u_a(t) = K_1 e^{-\alpha_1 t} + K_2 e^{-\alpha_2 t} \tag{II.12}$$

darzustellen, wobei $\lambda_1 = -\alpha_1$ und $\lambda_2 = -\alpha_2$ ist.

Gl. (II.12) erfüllt wegen der Linearität, wie durch Einsetzen ersichtlich ist, die Gl. (II.11) Um die Anfangswerte t_0, u_0 und u_0' zu erfüllen, setzen wir

$$u_a(t_0) = u_0 = K_1 e^{-\alpha_1 t_0} + K_2 e^{-\alpha_2 t_0} \tag{II.13a}$$

und (nach Differentiation)

$$u_a'(t_0) = u_0' = -\alpha_1 K_1 e^{-\alpha_1 t_0} - \alpha_2 K_2 e^{-\alpha_2 t_0}. \tag{II.13b}$$

Durch Auflösen der beiden Gln. (II.13) ergeben sich die eindeutigen Werte

$$K_1 = \frac{\alpha_2 u_0 + u_0'}{\alpha_2 - \alpha_1} e^{\alpha_1 t_0} \quad \text{und} \quad K_2 = -\frac{\alpha_1 u_0 + u_0'}{\alpha_2 - \alpha_1} e^{\alpha_2 t_0}, \tag{II.14}$$

d. h. das algebraische Gleichungssystem besitzt genau *eine* Lösung.

Ein inhomogenes, lineares Gleichungssystem – in unserem Fall muß also entweder u_0 oder u_0' oder auch beide von Null verschieden sein – besitzt nach der *Cramerschen Regel* immer dann eine eindeutige Lösung, wenn die (Koeffizienten-) Determinante ungleich Null ist, d.h. für Gln. (II.13)

$$D = \begin{vmatrix} e^{-\alpha_1 t_0} & e^{-\alpha_2 t_0} \\ -\alpha_1 e^{-\alpha_1 t_0} & -\alpha_2 e^{-\alpha_2 t_0} \end{vmatrix} = e^{-\alpha_1 t_0} e^{-\alpha_2 t_0} \begin{vmatrix} 1 & 1 \\ -\alpha_1 & -\alpha_2 \end{vmatrix} \neq 0.$$

Da aber einerseits in $-\infty < t < +\infty$ die Exponentialfunktion nirgends Null wird und andererseits $\alpha_1 \neq \alpha_2$ vorausgesetzt wurde, ist in diesem Fall immer $D \neq 0$.

Die beiden Konstanten K_1 und K_2 von Gl. (II.14) in Gl. (II.12) eingesetzt, liefern die Beziehung

$$u_a(t) = \frac{\alpha_2 u_0 + u_0'}{\alpha_2 - \alpha_1} e^{\alpha_1 t_0} e^{-\alpha_1 t} - \frac{\alpha_1 u_0 + u_0'}{\alpha_2 - \alpha_1} e^{\alpha_2 t_0} e^{-\alpha_2 t}, \qquad \text{(II.15)}$$

woraus für $t = t_0$ die Identität

$$u_a(t_0) = \frac{\alpha_2 u_0 + u_0'}{\alpha_2 - \alpha_1} - \frac{\alpha_1 u_0 + u_0'}{\alpha_2 - \alpha_1} = u_0$$

folgt. Entsprechend ergibt sich aus der abgeleiteten Gl. (II.12) und Gl. (II.14) die Identität

$$u_a'(t_0) = u_0'.$$

Die Gl. (II.15) nimmt somit die beliebig vorgebbaren Anfangswerte t_0, u_0, u_0' an. Sie (bzw. Gl. (II.12)) stellt daher nach dem E. E.-Satz die allgemeine Lösung von Gl. (II.11) dar.

Setzen wir in Gl. (II.15) die Anfangswerte $u_0 = 0$ und $u_0' = 0$ ein, so wird $u_a(t) = 0$ (für $t > t_0$), d.h. daß zur Zeit t_0 in Ruhe befindliche ladungsfreie System verharrt für $t > t_0$ weiterhin in Ruhe, wie wir das auch aus physikalischen Überlegungen wünschen. Diese Überlegung geht auch aus der vorstehenden allgemeinen Betrachtung hervor, denn wählen wir in Gln. (II.13) $u_0 = 0$ und $u_0' = 0$, so kann, da $D \neq 0$ ist, das homogene Gleichungssystem nur die triviale Lösung $K_1 = 0$ und $K_2 = 0$ besitzen; daraus folgt ebenfalls $u_a(t) = 0$ für $t > t_0$. •

4. Das Fundamentalsystem

Dem Begriff des *Fundamentalsystems* kommt große Bedeutung zu. Liegt nämlich ein Fundamentalsystem von Lösungen vor, so kann man unmittelbar die allgemeine Lösung der homogenen Dgl. angeben.

Nach den vorstehenden Beispielen hat es den Anschein, daß man die allgemeine Lösung einer homogenen Dgl. n-ter Ordnung dann erhält, wenn man n verschiedene Lösungen kennt und diese unter Hinzufügung von n Konstanten, also

$$x(t) = K_1 x_1(t) + K_2 x_2(t) + \ldots + K_n x_n(t)$$

addiert.

Hierzu betrachten wir das

- **Beispiel II.3:**

Es ist die Lösung der Dgl.

$$x''' - 3x'' - x' + 3x = 0 \tag{II.16}$$

für die Anfangswerte $t_0 = 0$, $x_0 = 1$, $x_0' = x_0'' = 0$ gesucht.

Durch Einsetzen der Gleichungen

$$x_1(t) = e^t,\; x_2(t) = e^{-t} \text{ und } x_3(t) = \cosh t \text{ in Gl. (II. 16)}$$

ist ersichtlich, daß die 3 partikulären Lösungen die Dgl. (II.16) erfüllen. Legen wir als Lösung die Gleichung

$$x(t) = K_1 e^t + K_2 e^{-t} + K_3 \cosh t \tag{II.17}$$

zugrunde, so ergeben sich, entsprechend dem Beispiel II.2, aus den Anfangswerten die Beziehungen:

$$\begin{aligned} 1 &= K_1 + K_2 + K_3 \\ 0 &= K_1 + K_2 \\ 0 &= K_1 + K_2 + K_3 . \end{aligned} \tag{II.18}$$

Wie man sofort sieht, führt die Bestimmung von K_1 bis K_3 auf widersprüchliche Gleichungen, d.h. das System besitzt keine eindeutige Lösung. Gl. (II.17) kann daher nicht die allgemeine Lösung von Gl. (II.16) sein, da sie im Widerspruch zum E. E.-Satz steht. Auch die Wahl von anderen Anfangswerten t_0, u_0 und u_0' hätte für die der Gl. (II.18) entsprechenden Gleichung keine eindeutige Lösung (außer der trivialen Lösung $K_1 = K_2 = K_3 = 0$) für K_1, K_2 und K_3 ergeben. Denn betrachten wir die Gl. (II.17) und ihre Ableitungen

$$x'(t) = K_1 e^t - K_2 e^{-t} + K_3 \sinh t$$

und

$$x''(t) = K_1 e^t + K_2 e^{-t} + K_3 \cosh t,$$

so ist die (Koeffizienten-) Determinante für beliebige $t = t_0$

$$D = \begin{vmatrix} e^t & e^{-t} & \cosh t \\ e^t & -e^{-t} & \sinh t \\ e^t & e^{-t} & \cosh t \end{vmatrix} = 0,$$

da die oberste und unterste Zeile in D identisch sind.

Addiert man hingegen die 3 partikulären Lösungen

$$x_1(t) = e^t, \quad x_2(t) = e^{-t} \quad \text{und} \quad x_3(t) = e^{3t},$$

die ebenfalls Gl. (II. 16) erfüllen, so bildet

$$x(t) = K_1 e^t + K_2 e^{-t} + K_3 e^{3t} \tag{II. 19a}$$

die allgemeine Lösung, denn die Determinante

$$D = \begin{vmatrix} e^t & e^{-t} & e^{3t} \\ e^t & -e^{-t} & 3e^{3t} \\ e^t & e^{-t} & 9e^{3t} \end{vmatrix} = e^{3t} \begin{vmatrix} 1 & 1 & 1 \\ 1 & -1 & 3 \\ 1 & 1 & 9 \end{vmatrix} = -16e^{3t} \neq 0$$

verschwindet für kein endliches t.

Die Gleichung

$$x(t) = K_1 e^t + K_2 e^{3t} + K_3 \cosh t \tag{II. 19b}$$

stellt ebenfalls eine allgemeine Lösung von Gl. (II.16) dar, da auch in diesem Fall für die entsprechende Determinante

$$D = \begin{vmatrix} e^t & e^{3t} & \cosh t \\ e^t & 3e^t & \sinh t \\ e^t & 9e^{3t} & \cosh t \end{vmatrix} = e^t e^{3t} \begin{vmatrix} 1 & 1 & \cosh t \\ 1 & 3 & \sinh t \\ 1 & 9 & \cosh t \end{vmatrix} = 8e^{4t}[\cosh t - \sinh t] \neq 0$$

für alle endlichen t gilt.

Die Gleichung

$$x(t) = K_1 e^{-t} + K_2 e^{3t} + K_3 \cosh t \tag{II. 19c}$$

beschreibt ebenfalls eine allgemeine Lösung, wie sich leicht analog den vorstehenden Betrachtungen zeigen läßt.

Woran liegt es nun, daß Gl. (II. 17) keine allgemeine Lösung von Gl. (II. 16) ist, wohingegen die Gln. (II. 19) eine solche darstellen? Um dies zu untersuchen, setzen wir die Beziehung $\cosh t = \frac{1}{2} e^t + \frac{1}{2} e^{-t}$ in Gl. (II. 17) ein; dann gilt

$$x(t) = K_1 e^t + K_2 e^{-t} + \frac{1}{2} K_3 e^t + \frac{1}{2} K_3 e^{-t} = e^t(K_1 + \frac{1}{2} K_3) + e^{-t}(K_2 + \frac{1}{2} K_3) = K_4 e^t + K_5 e^{-t}.$$

Diese Gleichung enthält demnach nur die beiden Konstanten K_4 und K_5. Sie kann daher keine eindeutige Lösung liefern, die die beliebig vorgebbaren Anfangswerte t_0, x_0, x_0', x_0'' annimmt. Die Funktion $x_3(t) = \cosh t$ bringt gegenüber den partikulären Lösungen $x_1(t) = e^t$ und $x_2(t) = e^{-t}$ „nichts Neues". Mathematisch ausgedrückt heißt dies, die partikulären Lösungen in Gl. (II.17), $x_1(t) = e^t$, $x_2(t) = e^{-t}$ und $x_3(t) = \cosh t$, sind *linear abhängig*. Setzen wir hingegen die obige Beziehung für $\cosh t$ in Gl. (II. 19b) ein, so wird

$$x(t) = K_1 e^t + K_2 e^{3t} + K_3 \left(\frac{1}{2} e^t + \frac{1}{2} e^{-t}\right) = K_2 e^{3t} + K_4 e^t + K_5 e^{-t}.$$

Hierdurch kann man Gl. (II. 19b) in Gl. (II. 19a) überführen; entsprechendes gilt auch für Gl. (II. 19c).

Hat man also die Lösung der homogenen Dgl. n-ter Ordnung in der Form

$$x(t) = K_1 x_1(t) + K_2 x_2(t) + \dots + K_n x_n(t)$$

mit den n freien Konstanten $K_1, \dots, K_n$ gefunden, dann ist es nach der vorstehenden Ausführung sinnvoll zu fordern, daß die n partikulären Lösungen x_ν $(\nu = 1, 2, \dots, n)$ voneinander *linear unabhängig* sind. Denn läßt sich eine der Funktionen x_ν, abgesehen von konstanten Faktoren, additiv aus mehreren anderen zusammensetzen, so könnte man das Glied mit x_ν fortlassen und erhielte einen Ausdruck mit weniger Konstanten.

4. 1. Lineare Abhängigkeit

Der Begriff der *linearen Abhängigkeit* ist ebenso, wie die Definition der Linearität, – siehe Gl. (I. 1) und Gl. (I. 2) – in vielen Zweigen der Mathematik von fundamentaler Bedeutung. Wir wollen ihn daher etwas genauer formulieren. Die lineare Abhängigkeit stellt eine gewisse Verallgemeinerung der Proportionalität zweier Funktionen dar. Zwei in einem Intervall (a, b) proportionale Funktionen $x_1(t)$ und $x_2(t) = Kx_1(t)$ erfüllen dort auch für $K_1 \neq 0$ und $K_2 \neq 0$ die Beziehung $K_1 x_1(t) + K_2 x_2(t) \equiv 0$.

Genügt das in einem Intervall (a, b) definierte System von n Funktionen $x_1(t), \dots, x_n(t)$ der Beziehung

$$K_1 x_1(t) + K_2 x_2(t) + \dots + K_n x_n(t) \equiv 0, \tag{II. 20}$$

wobei nicht alle K_ν gleichzeitig verschwinden dürfen, so bezeichnet man die $x(t)$ als *linear abhängig*. Gibt es kein System von Konstanten, das die Identität erfüllt, dann sind die x_ν im Intervall (a, b) *linear unabhängig*. Ein linear unabhängiges System von Funktionen erfüllt Gl. (II. 20) nur für $K_1 = K_2 = \dots = K_n = 0$.

Wir geben nun folgende

Definition II.1: Sind n partikuläre Lösungen einer homogenen linearen Dgl. n-ter Ordnung linear unabhängig, so bilden sie ein Fundamentalsystem.

Haben wir also n Lösungen der homogenen Dgl. n-ter Ordnung $x_\nu(t)$ $(\nu = 1, \dots, n)$ und sind sie linear unabhängig, so erfüllen sie zum Zeitpunkt t_0 die vorgegebenen n Anfangswerte $x_0, x_0', \dots, x_0^{(n-1)}$. Sie sind außerdem nach dem E. E.-Satz im Intervall $-\infty < t < +\infty$ n-mal stetig differenzierbar.

Erfüllt die Lösung

$$x(t) = K_1 x_1(t) + K_2 x_2(t) + \dots + K_n x_n(t)$$

die vorgegebenen Anfangswerte, dann gilt:

$$\begin{aligned}
x_0 &= K_1 x_1(t_0) + K_2 x_2(t_0) + \dots + K_n x_n(t_0);\\
x_0' &= K_1 x_1'(t_0) + K_2 x_2'(t_0) + \dots + K_n x_n'(t_0);\\
&\vdots\\
x_0^{(n-1)} &= K_1 x_1^{(n-1)}(t_0) + K_2 x_2^{(n-1)}(t_0) + \dots + K_n x_n^{(n-1)}(t_0).
\end{aligned}$$

Wenn mindestens einer der Anfangswerte $x_0, x_0', \dots, x_0^{(n-1)}$ von Null verschieden ist, handelt es sich bei den obigen Gleichungen um ein inhomogenes, lineares (algebraisches) Gleichungssystem von n Gleichungen für die n Unbekannten $K_1, K_2, \dots, K_n$.

Eine eindeutige Auflösung dieses Gleichungssystems ist aber nur im Falle des Nichtverschwindens der Determinante

$$D = \begin{vmatrix} x_1(t_0) & x_2(t_0) & \dots x_n(t_0) \\ x_1'(t_0) & x_2'(t_0) & \dots x_n'(t_0) \\ \cdot & \cdot & \cdot \\ \cdot & \cdot & \cdot \\ \cdot & \cdot & \cdot \\ x_1^{(n-1)}(t_0) & x_2^{(n-1)}(t_0) & \dots x_n^{(n-1)}(t_0) \end{vmatrix}$$

möglich.

Da aber nach dem E. E.-Satz diese Beziehung für jeden Wert des Intervalls $-\infty < t < +\infty$ gilt, ist stets die Determinante

$$W = \begin{vmatrix} x_1(t) & x_2(t) & \dots x_n(t) \\ x_1'(t) & x_2'(t) & \dots x_n'(t) \\ \cdot & \cdot & \cdot \\ \cdot & \cdot & \cdot \\ \cdot & \cdot & \cdot \\ x_1^{(n-1)}(t) & x_2^{(n-1)}(t) & \dots x_n^{(n-1)}(t) \end{vmatrix} \neq 0; \qquad \text{(II. 21)}$$

sie wird als *Wronskische Determinante* bezeichnet. *Das Verschwinden der Wronskischen Determinante Gl. (II. 21) stellt für lineare (auch zeitvariable) Dgl. sowohl eine notwendige als auch hinreichende Bedingung für die lineare Abhängigkeit der n partikulären Lösungen der homogenen Dgl. dar.* Siehe z. B. [1], Band II und [6].

Es ist also in jedem vorgegebenen Intervall von $L_n[x] = 0$ entweder überall $W \neq 0$ oder $W = 0$. Sind daher für t_0 die Anfangsbedingungen $x_0 = x_0' = \ldots = x_0^{(n-1)} = 0$ und ist $D \neq 0$, so besitzt – wie wir auch am Ende von Beispiel II. 2, Seite 26 sahen – die homogene Dgl. für $t > 0$ nur die triviale Lösung $x(t) \equiv 0$. Wegen der Eindeutigkeit nach dem E. E.-Satz ist aber dann jede Lösung der homogenen Dgl., die im Intervall $-\infty < t < +\infty$ an irgend einer Stelle den Wert Null annimmt, im ganzen Intervall identisch Null. Gäbe es nämlich neben der trivialen Lösung $x(t)$ noch eine andere nichttriviale Lösung $\bar{x}(t)$, die z. B. (im unendlichen Intervall) an der Stelle t_1 Null wird, dann würde für die (beliebig vorgebbaren) Anfangswerte $t = 0$, $x_0 = x_0' = \ldots = x_0^{(n-1)} = 0$ einmal die triviale Lösung alleine in $-\infty < t < +\infty$ die Dgl. erfüllen und andererseits für $-\infty < t \leqslant t_1$ die triviale Lösung $x(t)$ und für $t_1 \leqslant t < +\infty$ die Lösung $\bar{x}(t)$ ebenfalls eine Lösung der Dgl. in $-\infty < t < +\infty$ sein, was im Widerspruch zum E. E.-Satz steht.

Die *Wronskische Determinante* läßt sich auch zur Prüfung der linearen Abhängigkeit von beliebigen, in einem Intervall (a, b) vorgegebenen $(n-1)$-mal stetig differenzierbaren Funktionen $x_\nu(t)$ $(\nu = 1, 2, \ldots, n)$, heranziehen. Das Verschwinden von W in Gl. (II. 21) stellt in diesem Fall jedoch nur eine notwendige, aber keine hinreichende Bedingung für die lineare Abhängigkeit dar, wie aus der folgenden Betrachtung hervorgeht.

Zuerst zeigen wir, daß die lineare Abhängigkeit zweier Funktionen durchaus von dem gewählten Intervall abhängig sein kann. Die Funktionen $x_1(t) = t$ und

$$x_2(t) = |t| = \begin{cases} t & \text{für } t \geqslant 0 \\ -t & \text{für } t \leqslant 0 \end{cases} \quad \text{sind im Intervall } (0,1)$$

linear abhängig, denn nach Definition Gl. (II. 20) ist die Identität

$$K_1\, t + K_2\, t = 0 \qquad (0 < t < 1)$$

z. B. für $K_1 = 1$ und $K_2 = -1$ erfüllt. Hingegen im Intervall $(-1, +1)$ sind die beiden Funktionen linear unabhängig, da sich keine zwei Konstanten finden lassen, die gleichzeitig für $-1 < t \leqslant 0$ und für $0 \leqslant t < 1$ die obige Identität erfüllen, d. h. $K_1 t + K_2 |t| = 0$ ist für $(-1, +1)$ nur durch $K_1 = K_2 = 0$ erfüllbar.

Die Wronskische Determinante kann man jedoch in diesem Fall nicht zur Prüfung der linearen Abhängigkeit heranziehen, da die Funktion $x_2(t) = |t|$ an der Stelle $t = 0$ nicht differenzierbar ist; es gilt nämlich

$$\lim_{h \to 0} \left. \frac{|t+h| - |t|}{h} \right|_{t=0} = \lim_{h \to 0} \frac{|h|}{h} = \begin{cases} \lim\limits_{h \to 0} \dfrac{h}{h} = 1 & \text{für } h > 0 \\ \lim\limits_{h \to 0} \dfrac{-h}{h} = -1 & \text{für } h < 0\,, \end{cases}$$

d. h., die rechts- und linksseitige Ableitung an der Stelle $t = 0$ sind verschieden.

Die Funktion $x_3(t) = |t|^3 = \begin{cases} t^3 & \text{für } t \geqslant 0 \\ -t^3 & \text{für } t \leqslant 0 \end{cases} = \begin{cases} t^2\, t & \text{für } t \geqslant 0 \\ -t^2\, t & \text{für } t < 0 \end{cases}$

hingegen ist in $(-\infty, +\infty)$, also auch an der Stelle $t = 0$ differenzierbar, denn für die Ableitung an der Stelle $t = 0$ gilt:

$$\lim_{h\to 0} \left. \frac{|t+h|^3 - |t|^3}{h} \right|_{t=0} = \lim_{h\to 0} \frac{|h|^3}{h} = \lim_{h\to 0} \frac{h^2\,|h|}{h} =$$

$$= \lim_{h\to 0} h\,|h| = \begin{cases} \lim\limits_{h\to 0} h\, h = 0 & \text{für } h > 0 \\ \lim\limits_{h\to 0} -h\, h = 0 & \text{für } h < 0\,. \end{cases}$$

Da der rechts- und linksseitige Grenzwert existieren und gleich sind, ist die Funktion an der Stelle $t = 0$ differenzierbar; es gilt

$$\frac{d}{dt}\left(|t|^3\right) = 3t\ |t| = \begin{cases} 3t^2 & \text{für } t \geqslant 0 \\ -3t^2 & \text{für } t \leqslant 0\,. \end{cases}$$

Die beiden in $(-1, +1)$ definierten Funktionen $x_1(t) = t^3$ und $x_3(t) = |t|^3 = t^2\,|t|$ sind aus dem gleichen Grund, wie $x_1(t) = t$ und $x_2(t) = |t|$, linear unabhängig, aber trotzdem ist die Wronskische Determinante $\begin{vmatrix} t^3 & t^2\,|t| \\ 3t^2 & 3t\,|t| \end{vmatrix} = 0\,.$

4. 2. Gesamtheit der Lösungen

Mit $x_1(t)$ und $x_2(t)$ sind wegen der Linearität auch $L[Kx_1] = KL[x_1]$ oder $L[Kx_2] = KL[x_2]$ (K=const.) und $L[x_1 + x_2] = L[x_1] + L[x_2]$ Lösungen von $L[x] = 0$. Man kann somit zu der linearen Kombination von n Lösungen

$$x(t) = K_1 x_1(t) + K_2 x_2(t) + \ldots + K_n x_n(t)\,, \tag{II. 22}$$

die ein Fundamentalsystem bilden und daher die allgemeine Lösung der homogenen Dgl. $L_n[x] = 0$ darstellen, weitere Lösungen hinzuaddieren. Dann erfüllt

$$x(t) = K_1 x_1(t) + \ldots + K_n x_n(t) + K_{n+1} x_{n+1}(t) + \ldots + K_r x_r(t) \tag{II. 23}$$

ebenfalls die homogene Dgl. n-ter Ordnung. Welches Verhalten hat nun die neue Lösung Gl. (II. 23)? Hierzu betrachten wir für einen beliebigen Wert $t = t_1$ das System von n Gleichungen mit r Unbekannten:

$$K_1 x_1(t_1) + \dots + K_n x_n(t_1) + \dots + K_r x_r(t_1) = 0;$$

$$K_1 x_1'(t_1) + \dots + K_n x_n'(t_1) + \dots + K_r x_r'(t_1) = 0;$$

$$\vdots$$

$$K_1 x_1^{(n-1)}(t_1) + \dots + K_n x_n^{(n-1)}(t_1) + \dots + K_r x_r^{(n-1)}(t_1) = 0.$$

Da aber jedes homogene Gleichungssystem mit mehr Unbekannten als Gleichungen ($r > n$) stets eine nicht triviale Lösung $K_1, \dots, K_n, \dots, K_r$ besitzt, gibt es eine Stelle t_1 an der Gl. (II. 23) mit samt ihren n-1 Ableitungen verschwindet. Dann gilt aber, wie bereits vorher bei der Wronskischen Determinante erläutert, die Identität

$$x(t) = K_1 x_1(t) + \dots + K_n x_n(t) + \dots + K_r x_r(t) \equiv 0,$$

denn jede Lösung der homogenen Dgl., die an irgend einer Stelle t_1 verschwindet, ist identisch mit der trivialen Lösung.

Es sind also mehr als n Lösungsfunktionen stets linear abhängig; somit hat es keinen Sinn, nach mehr als n linear unabhängigen Lösungsfunktionen (Fundamentalsystem) suchen zu wollen.

Zusammenfassend kann man also sagen: da, wie vorausgesetzt, die $x_\nu(t)$ ($\nu = 1, 2, \dots, n$) von Gl. (II.22) ein Fundamentalsystem bilden, stellt Gl. (II.22) die Gesamtheit der Lösungen der linearen homogenen Dgl. $L_n[x] = 0$ dar; dies gilt entsprechend auch bei (zeit-) variablen Koeffizienten. Wie schon vorher erwahnt, gibt es jedoch mehrere, ja unendlich viele, Fundamentalsysteme; sie lassen sich aber ineinander überführen. Hingegen gibt es nach dem E. E.-Satz nur eine Dgl., für welche die $x_\nu(t)$ ein Fundamentalsystem bilden.

Aus der vorstehenden Zusammenfassung ergibt sich für die praktische Systemuntersuchung die wichtige Folgerung: Stimmt die (richtig) berechnete allgemeine Lösung der Dgl., die sich aus dem angenommenen Systemmodell ergibt, *nicht* mit der entsprechenden Messung am wirklichen System genau genug überein, so hat es keinen Sinn, nach weiteren Lösungen zu suchen, sondern das *angenommene Modell ist als Approximation für das zu untersuchende physikalische System unbrauchbar.*

4. 3. Normiertes Fundamentalsystem

Wir bilden noch ein spezielles Fundamentalsystem, indem wir die Anfangsbedingungen $x(t_0) = 1$, $x'(t_0) = \dots = x^{(n-1)}(t_0) = 0$ zugrunde legen; dann existiert nach dem E. E.-Satz eine diese Anfangswerte annehmende Lösung $x_1(t)$. Entsprechend gibt es an der Stelle $t = t_0$ eine andere Lösung $x_2(t)$ für die Anfangswerte $x_0 = 0, x_0' = 1,$

$x_0'' = \dots = x_0^{(n-1)} = 0$ und allgemein ein $x_k(t)$ für die Anfangswerte $x_0 = x_0' = \dots = x_0^{(k-2)} = x_0^{(k)} = \dots = x_0^{(n-1)} = 0, x_0^{(k-1)} = 1$. Die zugehörige Wronskische Determinante für $t = t_0$

$$W(t_0) = \begin{vmatrix} 1 & 0 & \dots & 0 \\ 0 & 1 & \dots & 0 \\ \cdot & \cdot & & \cdot \\ \cdot & \cdot & & \cdot \\ \cdot & \cdot & & \cdot \\ 0 & 0 & \dots & 1 \end{vmatrix} = 1$$

ist von Null verschieden, weshalb die $x_k(t)$ $(k = 1, \dots, n)$ ein Fundamentalsystem bilden. Mit Hilfe dieses Fundamentalsystems, das wir als *normiertes Fundamentalsystem* bezeichnen, nehmen in der allgemeinen Lösung der homogenen Dgl. (II. 22) die Konstanten K_ν $(\nu = 1, 2, \dots, n)$ unmittelbar die Anfangswerte an, so daß

$$x(t) = x_0 x_1(t) + x_0' x_2(t) + \dots + x_0^{(n-1)} x_n(t) \qquad \text{(II. 24)}$$

gilt.

Wie wir später in Unterabschnitt IV. 4. 3 bei der Laplace-Transformation sehen, liefert diese gerade das normierte Fundamentalsystem. Dies ist ein wichtiger Zusammenhang, der zwischen den Lösungen von Dgln. mittels der Laplace-Transformation und den hier betrachteten klassischen Lösungsverfahren existiert.

5. Die allgemeine Lösung der homogenen Differentialgleichung

Nach diesen Betrachtungen sind wir nun endlich in der Lage, auf die allgemeine Lösung der zeitunabhängigen homogenen Dgl. (II. 6) $L[x] = 0$ einzugehen.

5. 1. Charakteristische Gleichung mit Einfachwurzeln

Sind die Wurzeln der charakteristischen Gleichung (II. 8) alle voneinander verschieden, so bilden die n Lösungen $x_\nu(t) = e^{\lambda_\nu t}$ $(\nu = 1, 2, \dots, n)$ ein Fundamentalsystem, da die Determinante

$$D_\nu = \begin{vmatrix} e^{\lambda_1 t} & e^{\lambda_2 t} & \dots & e^{\lambda_n t} \\ \lambda_1 e^{\lambda_1 t} & \lambda_2 e^{\lambda_2 t} & \dots & \lambda_n e^{\lambda_n t} \\ \cdot & \cdot & & \cdot \\ \cdot & \cdot & & \cdot \\ \cdot & \cdot & & \cdot \\ \lambda_1^{n-1} e^{\lambda_1 t} & \lambda_2^{n-1} e^{\lambda_2 t} & \dots & \lambda_n^{n-1} e^{\lambda_n t} \end{vmatrix} = e^{a_1 t} \begin{vmatrix} 1 & 1 & \dots & 1 \\ \lambda_1 & \lambda_2 & \dots & \lambda_n \\ \cdot & \cdot & & \cdot \\ \cdot & \cdot & & \cdot \\ \cdot & \cdot & & \cdot \\ \lambda_1^{n-1} & \lambda_2^{n-1} & \dots & \lambda_n^{n-1} \end{vmatrix}$$

mit $a_1 = \lambda_1 + \lambda_2 + ... + \lambda_n$ für alle t ungleich Null ist. Dies ist leicht einzusehen, denn in der Determinante D_ν sind die Zahlen (Wurzeln) $\lambda_1, \lambda_2, ..., \lambda_n$ alle gegenseitig verschieden und die Exponentialfunktion $e^{a_1 t}$ verschwindet für kein endliches t. Der Beweis ist leicht zu führen, siehe hierzu z. B. Band III von [1]. Die Determinante wird vielfach als *Vandermondesche Determinante* bezeichnet.

Somit stellt für lauter verschiedene λ_ν

$$x_h(t) = K_1 e^{\lambda_1 t} + K_2 e^{\lambda_2 t} + ... + K_n e^{\lambda_n t} \qquad \text{(II. 25)}$$

die allgemeine Lösung der homogenen Dgl. (II. 6) dar.

Die λ_ν-Werte sind die Wurzeln der charakteristischen Gleichung (auch *Eigenwerte* genannt) und können deshalb auch zum Teil oder eventuell alle komplex sein. Da wir bei den Dgln. reelle Koeffizienten voraussetzten, müssen sie jedoch in konjugiert komplexen Paaren auftreten. Es ist etwas verwunderlich, daß die reelle Dgl. komplexe Lösungen haben kann. Mit Hilfe der Eulerschen Beziehung

$$e^{it} = \cos t + i \sin t \qquad \text{(i = imaginäre Einheit)} \qquad \text{(II. 26)}$$

findet man jedoch reelle Lösungen. Sind z. B. $\alpha + i\beta$ und $\alpha - i\beta$ $(\beta \neq 0)$ ein Paar konjugiert komplexer Wurzeln, dann ist mit Gl. (II. 26)

$$e^{(\alpha \pm i\beta)t} = e^{\alpha t}(\cos \beta t \pm i \sin \beta t) = e^{\alpha t} \cos \beta t \pm i\, e^{\alpha t} \sin \beta t.$$

Aus

$$L[e^{(\alpha + i\beta)t}] = L[e^{\alpha t} \cos \beta t] + i\, L[e^{\alpha t} \sin \beta t] = 0$$

folgt aber, daß sowohl $e^{\alpha t} \cos \beta t$ als auch $e^{\alpha t} \sin \beta t$ Lösungen der homogenen Dgl. sind; wodurch man zwei linear unabhängige reelle Lösungen erhält. Die allgemeine Lösung Gl. (II. 25) läßt sich somit immer auf eine reelle Form bringen.

5. 2. Komplexe Funktionen einer reellen Veränderlichen

Bei der weiteren Betrachtung treten jedoch noch öfters solche komplexe Funktionen auf; z. B. Gl. (II. 26) als Eingangsgröße (oder rechte Seite) r(t) der Dgl. (II. 5). Nach dem E. E.-Satz existiert eine eindeutige Lösung in einem Intervall, in dem die Funktion r(t) stetig ist. Es tritt also die Frage nach der Stetigkeit dieser komplexen Funktionen auf. Wir gehen daher kurz etwas ausführlicher auf Funktionen der Art

$$f(t) = p(t) + iq(t) \qquad \text{(II. 27)}$$

ein, wobei p(t) und q(t) reellwertige (reelle) Funktionen darstellen. Entspricht der Gl. (II. 27) in einem bestimmten Intervall $a < t < b$ für jedes reelle t ein komplexer

Wert, so bezeichnet man $f(t)$ in Gl. (II. 27) als *komplexe Funktion der reellen Veränderlichen* t; $p(t)$ ist der *Realteil* und $q(t)$ der *Imaginärteil* der komplexen Funktion $f(t)$.

Im Gegensatz zu den *komplexen Funktionen einer reellen Veränderlichen* treten in diesem Buch häufig auch *komplexe Funktionen einer komplexen Veränderlichen* auf, z. B. $F(s) = e^{as}$ mit $s = \sigma + i\omega$ und $a = \text{const.}$; bei der Laplace-Transformation werden wir laufend auf Funktionen der letzteren Art geführt. Man beachte den grundlegenden Unterschied. In einem Fall wird der *Definitionsbereich* der Funktion durch eine *Menge von reellen Zahlen,* im anderen Fall durch eine *Menge von komplexen Zahlen* dargestellt.

Sind sowohl Realteil als auch Imaginärteil von Gl. (II. 27) stetig, dann bezeichnet man die Funktion $f(t)$ als stetig. In der gleichen Weise ist die (komplexe) Funktion $f(t)$ differenzierbar oder integrierbar, wenn die Funktionen $p(t)$ und $q(t)$ differenzierbar oder integrierbar sind; die Ableitung bzw. Integration lassen sich also durch die Beziehungen

$$f'(t) = p'(t) + i\,q'(t) \quad \text{bzw.} \quad \int_a^b f(t)\,dt = \int_a^b p(t)\,dt + i \int_a^b q(t)\,dt$$

bilden. Mit Hilfe dieser und den entsprechenden Definitionen für die Summen-, Produkt- und Quotientenbildung kann man den E. E.-Satz auch bei den in Gl. (II. 27) definierten komplexen Funktionen anwenden. Mittels der obigen Definition läßt sich die Gültigkeit von $\frac{d}{dt}\, e^{(\alpha+i\beta)t} = (\alpha + i\beta)\, e^{(\alpha+i\beta)t}$ (α, β reell) und entsprechend für höhere Ableitungen leicht nachprüfen.

5. 3. Charakteristische Gleichung mit Mehrfachwurzeln

Bisher fanden wir die allgemeine Lösung von $L_n[x] = 0$ für den Fall, daß die Wurzeln der charakteristischen Gleichung alle voneinander verschieden sind. Besitzt nun das *charakteristische Polynom* Gl. (II. 8) auch *Mehrfachwurzeln,* so bilden die n partikulären Lösungen $x_\nu(t) = e^{\lambda_\nu t}$ ($\nu = 1, 2, \dots, n$) kein Fundamentalsystem, da die Glieder mit den gleichen Wurzeln linear abhängig sind. Um jedoch auch für diesen Fall weitere Lösungen zu finden, gehen wir von der nachfolgenden *heuristischen* Betrachtung aus. Es seien λ_1 und λ_2 zwei verschiedene Wurzeln des charakteristischen Polynoms, dann ist die Funktion $\frac{e^{\lambda_1 t} - e^{\lambda_2 t}}{\lambda_1 - \lambda_2}$ eine Lösung der zugehörigen Dgl. Nehmen wir nun an, daß durch Änderung der Koeffizienten der charakteristischen Gleichung λ_2 gegen λ_1

strebt; dann ergibt sich für die Lösung $\lim_{\lambda_2 \to \lambda_1} \frac{e^{\lambda_1 t} - e^{\lambda_2 t}}{\lambda_1 - \lambda_2}$ ein unbestimmter Ausdruck. Differenziert man nach der Regel von L'Hospital sowohl den Zähler als auch den Nenner für sich nach λ_2, so wird $\lim_{\lambda_2 \to \lambda_1} \frac{-te^{\lambda_2 t}}{-1} = te^{\lambda_1 t}$.

$x_1(t) = te^{\lambda_1 t}$ scheint also in diesem Fall auch eine Lösung von $L[x] = 0$ zu sein, denn die Lösung ist in $-\infty < t < +\infty$ n-mal stetig differenzierbar. Ähnlich erhält man für eine k-fache Wurzel λ_1 der charakteristischen Gleichung die partikulären Lösungen $x_1(t) = e^{\lambda_1 t}$, $x_2(t) = te^{\lambda_1 t}, \ldots, x_k(t) = t^{k-1} e^{\lambda_1 t}$.

Befinden sich unter den Mehrfachwurzeln der (reellen) charakteristischen Gleichung auch komplexe Wurzeln $\alpha + i\beta$, so muß auch die konjugiert komplexe Wurzel $\alpha - i\beta$ in der selben Vielfachheit auftreten. Daraus kann man wie oben schließen, daß bei einer k-fachen komplexen Wurzel neben $e^{at} \cos \beta t$ und $e^{at} \sin \beta t$ auch $t^\nu e^{at} \cos \beta t$ und $t^\nu e^{at} \sin \beta t$, $\nu = 1, 2, \ldots, k-1$ Lösungen der entsprechenden homogenen Dgl. darstellen. Die Lösungen sind linear unabhängig, da das Polynom in t die Identität

$$K_1 x_1(t) + K_2 x_2(t) + \ldots + K_k x_k(t) = (K_1 + K_2 t + K_3 t^2 + \ldots + K_k t^{k-1}) e^{\lambda_1 t} \equiv 0$$

nur dann erfüllt, wenn sämtliche Koeffizienten verschwinden.

Somit läßt sich auch bei mehrfachen reellen oder imaginären Wurzeln stets ein (reelles) Fundamentalsystem angeben.

Die vorstehende heuristische Betrachtung veranlaßt uns noch auf einen wichtigen Zusammenhang ohne Beweisführung hinzuweisen. Wir ließen durch Änderung der Koeffizienten der charakteristischen Gleichung λ_2 gegen λ_1 streben und betrachteten dabei den entsprechenden Grenzwert. *Diese Betrachtung liefert jedoch nur dann mit Sicherheit ein sinnvolles Ergebnis, falls die Wurzeln der charakteristischen Gleichung stetige Funktionen der Koeffizienten sind;* dies trifft aber für Polynome zu.

Wie bereits vorher erwähnt, geben stetige zusammengesetzte Funktionen wieder eine stetige Funktion. Damit stellt aber, da die Wurzeln λ_ν $(\nu = 1, 2, \ldots, n)$ stetige Funktionen der Koeffizienten sind, eine den Anfangsbedingungen $t_0, x_0^{(\nu)}, (\nu = 0, 1, \ldots, n-1)$ genügende Lösung von $L_n[x] = 0$ ebenfalls eine stetige Funktion der Koeffizienten (Parameter) dar. Diese Eigenschaft ist besonders für die Behandlung von realen Systemen wichtig, denn man kann die *Koeffizienten nur mit einer gewissen Annäherung* bestimmen. Dann rechnet man aber von vornherein nicht mit der „richtigen" sondern mit einer angenäherten Dgl. Die Lösungen unterscheiden sich jedoch „umso weniger" voneinander, je besser die Koeffizienten übereinstimmen. Die *allgemeine Lösung* der (homogenen) Dgl. hängt natürlich auch von den *Anfangswerten* ab; sie ist ebenfalls eine *stetige Funktion der Anfangswerte.* Allgemein sind diese, für die praktische Systemuntersuchung sehr wichtigen Fragen, Gegenstand der Differential-Ungleichungen [9].

- **Beispiel II.4:**

Die allgemeine Lösung der homogenen Dgl.

$$x^{(V)} + 7x^{(IV)} + 20x''' + 32x'' + 28x' + 12x = 0$$

mit den Anfangswerten $t_0 = 0$, $x_0 = 1$, $x_0' = \ldots = x_0^{(IV)} = 0$ ist zu bestimmen. Mit dem Ansatz $x = e^{\lambda t}$ folgt aus der Dgl. die charakteristische Gleichung $\lambda^5 + 7\lambda^4 + 20\lambda^3 + 32\lambda^2 + 28\lambda + 12 = 0$; sie besitzt die Wurzeln $\lambda_{1,2} = -1 \pm i$, $\lambda_{3,4} = -1 \pm i$ und $\lambda_5 = -3$.

Wegen der komplexen Doppelwurzel stellen $x_1 = e^{-(1+i)t}$, $x_2 = e^{-(1-i)t}$, $x_3 = te^{-(1+i)t}$, $x_4 = te^{-(t-i)t}$ und $x_5 = e^{-3t}$ ein Fundamentalsystem dar. Nach Gl. (II. 22) lautet die allgemeine Lösung der homogenen Dgl. für beliebige Anfangswerte

$$x_h(t) = K_1 e^{-(1+i)t} + K_2 e^{-(1-i)t} + K_3 te^{-(1+i)t} + K_4 te^{-(1-i)t} + K_5 e^{-3t}$$

oder bei Berücksichtigung der Eulerschen Gleichung (II. 26)

$$x_h(t) = (K_1 + K_2)\, e^{-t} \cos t + i(K_1 - K_2)\, e^{-t} \sin t + (K_3 + K_4)\, te^{-t} \cos t + i(K_3 - K_4)\, te^{-t} \sin t + K_5 e^{-3t}.$$

Mit Hilfe der allgemeinen Beziehung $L[iKt^{\nu}e^{at} \sin t] = iKL[t^{\nu}e^{at} \sin t]$ wird

$$x_h(t) = K_5 e^{-3t} + K_6 e^{-t} \cos t + K_7 e^{-t} \sin t + K_8 te^{-t} \cos t + K_9 te^{-t} \sin t.$$

Durch Differentiation der allgemeinen Lösung folgt:

$$x_h'(t) = -3K_5 e^{-3t} - K_6 e^{-t} (\cos t + \sin t) + K_7 e^{-t} (\cos t - \sin t) + K_8 [e^{-t} \cos t - te^{-t} (\cos t + \sin t)] + K_9 [e^{-t} \sin t - te^{-t} (\sin t - \cos t)],$$

$$x_h''(t) = 9K_5 e^{-3t} + 2K_6 e^{-t} \sin t - 2K_7 e^{-t} \cos t - 2K_8 [e^{-t} (\cos t + \sin t) - te^{-t} \sin t] + 2K_9 [e^{-t} (\cos t - \sin t) - te^{-t} \cos t],$$

$$x_h'''(t) = -27K_5 e^{-3t} + 2K_6 e^{-t} (\cos t - \sin t) + 2K_7 e^{-t} (\cos t + \sin t) + 2K_8 [3e^{-t} \sin t + te^{-t} (\cos t - \sin t)] - 2K_9 [3e^{-t} \cos t - te^{-t} (\cos t + \sin t)]$$ und

$$x_h^{(IV)}(t) = 81K_5 e^{-3t} - 4K_6 e^{-t} \cos t - 4K_7 e^{-t} \sin t + 2K_8 [4e^{-t} (\cos t - \sin t) - 2te^{-t} \cos t] + 2K_9 [4e^{-t} (\cos t + \sin t) - 2te^{-t} \sin t].$$

Die Anfangswerte in die Gleichungen $x_h(t)$ bis $x_h^{(IV)}(t)$ eingesetzt, liefern das algebraische Gleichungssystem:

$$\begin{aligned}
1 &= K_5 + K_6 \\
0 &= -3K_5 - K_6 + K_7 + K_8 \\
0 &= 9K_5 - 2K_7 - 2K_8 + 2K_9 \\
0 &= -27K_5 + 2K_6 + 2K_7 - 2K_9 \\
0 &= 81K_5 - 4K_6 + 8K_8 + 8K_9.
\end{aligned}$$

Wegen der linearen Unabhängigkeit der Lösungen $x_1(t)$ bis $x_5(t)$ ergeben sich aus den fünf linearen Gleichungen eindeutig die Konstanten

$$K_5 = \frac{0{,}8}{5},\quad K_6 = \frac{4{,}2}{5},\quad K_7 = \frac{15{,}6}{5},\quad K_8 = -\frac{9}{5} \text{ und } K_9 = \frac{3}{5}.$$

Für die vorgegebenen Anfangswerte lautet somit die allgemeine Lösung

$$x_h(t) = \frac{1}{5}\,[0{,}8\,e^{-3t} + 4{,}2\,e^{-t}\cos t + 15{,}6\,e^{-t}\sin t - 9t\,e^{-t}\cos t + 3t\,e^{-t}\sin t]$$

oder umgeformt

$$x_h(t) = \frac{1}{5}\,[0{,}8\,e^{-3t} + 16{,}15\,e^{-t}\sin(t + 75°) + 9{,}45\,t\,e^{-t}\sin(t - 18{,}3°)].$$

Strenggenommen müßte man in die letzte Gleichung den Winkel φ anstelle in Gradmaß in Bogenmaß angeben. In dieser Form läßt sich jedoch die Lösung leichter überblicken.

6. Die allgemeine Lösung der inhomogenen Differentialgleichung

Nachdem wir bereits die allgemeine Lösung der homogenen Dgl. gefunden haben, wendet sich unsere Betrachtung der *allgemeinen Lösung der inhomogenen Dgl.* $L_n[x] = r(t)$ zu. Liegt eine *partikuläre Lösung* (oder partikuläres Integral) der *inhomogenen* Dgl. $x_s(t)$ vor, die wir *spezielle Lösung* nennen, so gilt (für alle t) $L_n[x_s] = r(t)$. Addieren wir hierzu die allgemeine Lösung der homogenen Dgl. $x_h(t)$ (Fundamentalsystem), dann ist wegen $L_n[x_h] = 0$

$$L_n[x_h + x_s] = L_n[x_h] + L_n[x_s] = r(t).$$

Die Funktion

$$x(t) = x_h(t) + x_s(t) \tag{II. 28}$$

ist eine Lösung der inhomogenen Dgl. (II. 4), denn $L_n[x_h] = 0$ und $L_n[x_s] = r(t)$.

Da in Gl. (II. 28) $x_h(t)$ die allgemeine Lösung der homogenen Dgl. darstellt, enthält $x(t)$ die n unbestimmten Konstanten $K_1, \ldots, K_n$; Gl. (II. 28) kann somit die beliebig gewählten Anfangswerte annehmen und es liegt nahe, daß sie die allgemeine Lösung der inhomogenen Dgl. (II. 5) darstellt. Dies läßt sich leicht zeigen. Ist $w_s(t)$ eine weitere spezielle Lösung von $L_n[x] = r(t)$, so folgt $L_n[w_s] - L_n[x_s] = L_n[w_s - x_s] = r(t) - r(t) = 0$, d. h. $w_s(t) - x_s(t)$ ist eine Lösung der homogenen Dgl. und daher in der homogenen Lösung $x_h(t)$ mit bestimmten Werten für K_ν $(\nu = 1, 2, \ldots, n)$ enthalten.

Dann gilt $w_s(t) = x_s(t) + K_1 x_1(t) + K_2 x_2(t) + \ldots + K_n x_n(t)$, was aber mit Gl. (II. 28) übereinstimmt.

Die allgemeine Lösung der inhomogenen Dgl. (II. 5) setzt sich also aus der Summe der allgemeinen Lösung der homogenen und einer beliebigen speziellen Lösung (der inhomogenen Dgl.) zusammen.

Da wir bei der Ableitung nur die Linearitätsbeziehungen zugrunde legten, gilt diese Aussage auch für Dgln. mit (zeit-) variablen Koeffizienten, d. h. man benötigt ein Fundamentalsystem und eine spezielle Lösung. Leider bereitet bei zeitvariablen Dgln. in den meisten Fällen sowohl das Auffinden eines Fundamentalsystems als auch einer speziellen Lösung erheblich größere Schwierigkeiten. Das Auffinden einer allgemeinen Lösung einer inhomogenen Dgl. spaltet sich in *zwei Teilprobleme* auf. Einmal das *Aufsuchen der allgemeinen Lösung der homogenen Dgl.;* wie man das entsprechende Fundamentalsystem findet, behandelten wir bereits ausführlich. Zum anderen die *Ermittlung einer speziellen Lösung.* In vielen Fällen läßt sich die spezielle Lösung durch einen *Ansatz mit unbestimmten Koeffizienten (Faustregelansatz)* finden, da der Funktionstypus der speziellen Lösung häufig mit der rechten Seite (Eingangsgröße) übereinstimmt (siehe den folgenden Abschnitt). Ein anderes Verfahren ist die *Variation der Konstanten.* Man nimmt dabei die Konstanten $K_\nu(t)$ in der allgemeinen Lösung der homogenen Dgl. als Funktion von t an und macht den Ansatz

$$x_s(t) = K_1(t)\,x_1(t) + K_2(t)\,x_2(t) + \ldots + K_n(t)\,x_n(t).$$

Da wir aber nur eine und nicht n unbekannte Lösungsfunktionen $K_\nu(t)$ suchen, ist die obige Gleichung überbestimmt, weshalb man noch $n-1$ zweckmäßig gewählte Bedingungen einfügt; siehe hierzu Unterabschnitt III. 6. 2. Wir kommen später bei der Laplace-Transformation nochmals auf die allgemeine Lösung von $L_n[x] = r(t)$ zurück und verweisen deshalb für die weitere Betrachtung zum Auffinden von speziellen Lösungen auf das Schrifttum, wie z. B. [1], [2] und [7] bis [10].

7. Diskussion der allgemeinen Lösung

Wie im vorstehenden Abschnitt II. 5 erläutert, setzt sich die allgemeine Lösung der inhomogenen linearen Dgl. aus den zwei Anteilen $x(t) = x_h(t) + x_s(t)$ zusammen. Es liegt nun die Frage nahe, ob die Aufteilung in die homogene und die spezielle Lösung auch für die Betrachtung von realen Systemen Bedeutung hat. Hierzu betrachten wir das folgende Beispiel II. 5, aus dem ebenfalls hervorgeht, wie man in vielen Fällen eine spezielle Lösung nach dem Faustregelansatz erhält.

- **Beispiel II.5:**

Die Dgl. des mechanischen Schwingungssystems Bild II.3 folgt aus $p(t) = p_k(t) = k[x_e(t) - x_a(t)]$ und $p_k(t) = m x_a''(t) + b x_a'(t)$, indem wir $p_k(t)$ eliminieren; sie lautet:

$$m x_a''(t) + b\,x_a'(t) + k\,x_a(t) = k x_e(t). \qquad \text{(II.29 a)}$$

Auf der rechten Seite von Gl. (II. 29 a) steht also die *Anregungs- oder Eingangsgröße* $x_e(t)$. Die hierfür ebenfalls benutzten Ausdrücke „*Störfunktion*" oder „*Störglied*" wollen wir hier nicht verwenden, um sie nicht mit den Störgrößen der Regelkreise zu verwechseln, denn dort treten neben den Störgrößen z. B. auch noch Führungsgrößen als Eingangsgrößen auf. Ist $x_e(t) \equiv 0$, so besitzt das System keine Eingangsgröße und der Bewegungsvorgang, den die homogene Dgl. (II. 29 a) beschreibt, stellt die *Eigenbewegung (Eigenschwingung)* oder *freie Bewegung* dar, die das System für $t \geqslant t_0$ ausführt, wenn es zur Zeit $t = t_0$ die Auslenkung $x_a(0) = x_0$ und die Geschwindigkeit $x_a'(0) = x_0'$

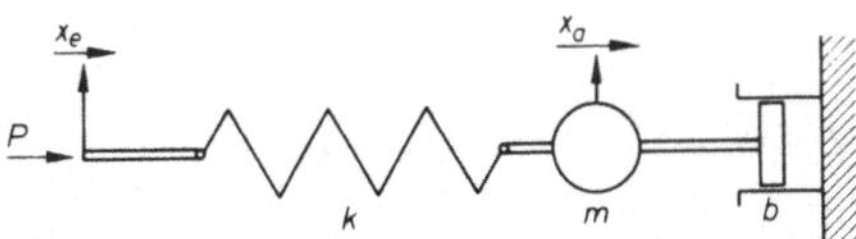

Bild II.3. Mechanisches Schwingungssystem

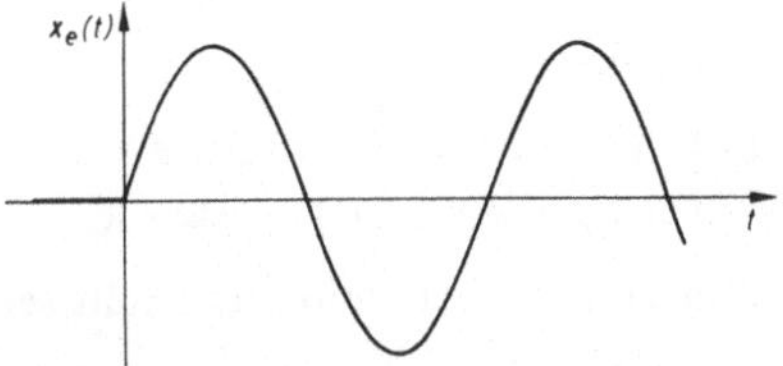

Bild II.4. Sinusförmige Eingangsfunktion für $t > 0$

besitzt. Nach Bild II. 3 bedeutet dies, daß für eine feste Stellung von x_e die Masse m zur Zeit $t = t_0$ eine Auslenkung und eine Geschwindigkeit besitzt. Sind hingegen $x_0 = x_0' = 0$, so verharrt das System in Ruhe (triviale Lösung $x_a(t) \equiv 0$). Bewegt man hingegen zum Zeitpunkt $t \geqslant 0$ die Eingangsgröße $x_e(t)$ sinusförmig, siehe Bild II. 4, dann nimmt mit

$$Kx_e(t) = r(t) = \begin{cases} \sin \omega t & \text{für } t \geqslant 0 \\ 0 & \text{für } t \leqslant 0 \end{cases}$$

die Dgl. (II. 29a) die Form

$$mx_a'' + bx_a' + kx_a = r(t) \tag{II. 29b}$$

an. Die Lösung der homogenen Dgl. (II. 29b) lautet

$$x_h(t) = K_1 e^{-\lambda_1 t} + K_2 e^{-\lambda_2 t} \qquad (\lambda_1 \neq \lambda_2), \tag{II. 30}$$

$$\text{mit } -\lambda_{1,2} = -\frac{1}{2}\frac{b}{m} \pm \sqrt{\left(\frac{b}{2m}\right)^2 - \frac{k}{m}} = -\frac{1}{2m}\left[b \mp \sqrt{b^2 - 4km}\right].$$

Ist $4km > b^2$, so hat wegen der komplexen Wurzel die *Eigenfrequenz*, d. h. die (Kreis-) Frequenz der freien Schwingung, den Wert

$$\omega_e = \sqrt{\frac{k}{m} - \left(\frac{b}{2m}\right)^2}.$$

Beim ungedämpften System (Dämpfungsfaktor $b = 0$) bezeichnet man sie als *Kennkreisfrequenz* $\omega_0 = \sqrt{\frac{k}{m}}$.

Um zu einer speziellen Lösung von Gl. (II. 29) zu gelangen, machen wir den Ansatz $x_s = A \sin(\omega t + \varphi)$ (A und φ = const.)

und erhalten mit

$x_s' = A\omega \cos(\omega t + \varphi)$ sowie $x_s'' = -A\omega^2 \sin(\omega t + \varphi)$

in Gl. (II.29b) eingesetzt die Bedingungsgleichung

$$-mA\omega^2 \sin(\omega t + \varphi) + bA\omega \cos(\omega t + \varphi) + kA \sin(\omega t + \varphi) = \sin \omega t$$

oder umgeformt

$$\sin \omega t\,[-\mathrm{m}A \cos\varphi - \mathrm{b}A\omega \sin\varphi + \mathrm{k}A\cos\varphi] + \cos\omega t\,[-\mathrm{m}A\omega^2 \sin\varphi + \mathrm{b}A\omega\cos\varphi + \mathrm{k}A\sin\varphi] = \sin\omega t.$$

Die obige Gleichung kann nur erfüllt sein, wenn

$$-\mathrm{m}A\omega^2 \cos\varphi - \mathrm{b}A\omega \sin\varphi + \mathrm{k}A\cos\varphi = 1 \qquad \text{(II. 31 a)}$$

und

$$-\mathrm{m}A\omega^2 \sin\varphi + \mathrm{b}A\omega \cos\varphi + \mathrm{k}A\sin\varphi = 0 \qquad \text{(II. 31 b)}$$

ist.

Aus Gl. (II. 31 b) folgt mit

$$(-\mathrm{m}\omega^2 + \mathrm{k})\sin\varphi + \mathrm{b}\omega\cos\varphi = 0$$

$$\tan\varphi = \frac{\mathrm{b}\omega}{\mathrm{m}\omega^2 - \mathrm{k}} \quad \text{oder} \qquad \text{(II. 32 a)}$$

$$\varphi = \arctan\frac{\mathrm{b}\omega}{\mathrm{m}\omega^2 - \mathrm{k}}. \qquad \text{(II. 32 b)}$$

Ähnlich ergibt Gl. (II. 31 a)

$$(-\mathrm{m}A\omega^2 + \mathrm{k}A)\cos\varphi - \mathrm{b}A\omega\sin\varphi = 1$$

oder

$$A(\mathrm{k} - \mathrm{m}\omega^2) - \mathrm{b}\omega A\tan\varphi = \frac{1}{\cos\varphi} = \sqrt{1 + (\tan\varphi)^2}.$$

Setzen wir in die obige Gleichung $\tan\varphi$ von Gl. (II. 32 a) ein, so wird

$$A = \left(\sqrt{(\mathrm{k} - \mathrm{m}\omega^2)^2 + (\mathrm{b}\omega)^2}\right)^{-1}. \qquad \text{(II. 33)}$$

Mit Gl. (II. 28) und Gl. (II. 30) ist die allgemeine Lösung der Dgl.

$$x_a(t) = K_1 e^{-\lambda_1 t} + K_2 e^{-\lambda_2 t} + A\sin(\omega t + \varphi) \qquad \text{(II. 34)}$$

für $t \geqslant 0$ gefunden.

Die Konstanten K_1 und K_2 lassen sich aus den Anfangswerten ermitteln. Für $t \leqslant 0$ folgt die Lösung wegen $r(t) \equiv 0$ aus der homogenen Lösung Gl. (II. 30). War das System zur Zeit $t = 0$ in Ruhe, d. h. $x_a(0) = x_a'(0) = 0$ (energiefrei), dann ist nach dem E. E.-Satz für $t \leqslant 0$ $x_a(t) \equiv 0$ (triviale Lösung).

Da die Konstanten m, b und k positiv sind, strebt für $t \to \infty$ die homogene Lösung (Eigenbewegung) gegen Null, so daß sich mit zunehmendem t die allgemeine Lösung Gl. (II. 34) immer weniger von der speziellen Lösung unterscheidet, d. h. für sehr große t bleibt praktisch nur die spezielle Lösung übrig. Sie charakterisiert in diesem Fall den *eingeschwungenen* oder *stationären Zustand* des Systems, der sich nach hinreichend langer Zeit einstellt. Diese Betrachtung beschränkt sich nicht auf Systeme 2. Ordnung, sondern sie gilt auch entsprechend für lineare Systeme mit konstanten Koeffizienten höherer Ordnung.

7. 1. Eigenbewegung und eingeschwungene Bewegung

Dabei müssen wir bei genauerer Betrachtung einige Einschränkungen machen. Damit sich für große t ein eingeschwungener Zustand einstellen kann, ist Voraussetzung, daß die homogene Gleichung für $t \to \infty$ gegen Null (stabiles System) oder wenigstens gegen einen endlichen Wert strebt. Außerdem braucht der eingeschwungene Zustand für $t \to \infty$ weder einem festen Wert ($x_s = \sin \omega t$) noch einem endlichen Wert (z. B. $x_s = t$) zuzustreben. Auf diese Betrachtung kommen wir allerdings in Unterabschnitt V. 2. 3 bei der genaueren Definition der Stabilität nochmals zu sprechen.

Zusammenfassend gilt: *die allgemeine inhomogene Lösung stellt das Übergangsverhalten (Übergangsvorgang, Ausgleichsvorgang, Einschwingvorgang) des Systems dar. Die Lösung der homogenen Gleichung entspricht der Eigenbewegung oder freien Bewegung des Systems.* Sie stellt natürlich für die verkürzte Dgl. gleichzeitig den Einschwingvorgang dar. Strebt die Eigenbewegung für $t \to \infty$ gegen Null (stabiles System), so ist das Verhalten des Systems für große t mit der speziellen Lösung praktisch identisch. Bleibt die spezielle Lösung für $t \to \infty$ beschränkt, dann charakterisiert sie den *eingeschwungenen Zustand oder die stationäre Lösung;* wir sprechen der Kürze halber auch dann von einem eingeschwungenen Zustand, wenn die spezielle Lösung für $t \to \infty$ nicht beschränkt bleibt[5]).

Wir wollen jedoch in diesem Zusammenhang noch auf einen wichtigen Tatbestand hinweisen. Diese Trennung des Einschwingvorganges in *Eigenbewegung* (Fundamentalsystem) und *eingeschwungener Zustand* bei Dgln. mit konstanten Koeffizienten und damit die direkte Deutung der Lösung bezüglich realer Systeme, ist lediglich für den Fall möglich, daß sich die Gesamtlösung aus der Addition eines Fundamentalsystems mit noch zu bestimmenden Konstanten und der speziellen Lösung (der keine partikulären Lösungen der homogenen Dgl. hinzuaddiert sind) zusammensetzt. Wählen wir hingegen ein normiertes Fundamentalsystem und addieren eine entsprechende spezielle Lösung hinzu, dann wird mit den Anfangswerten $t_0, x_0, x_0', \cdots, x_0^{(n-1)}$

$$x(t) = x_0 x_1(t) + x_0' x_2(t) + \ldots + x_0^{(n-1)} x_n(t) + x_s(t).$$

Würde in der obigen Gleichung die partikuläre inhomogene Lösung x_s den eingeschwungenen Zustand charakterisieren, dann gäbe es für $x_0 = x_0' = \ldots = x_0^{(n-1)} = 0$ keinen Einschwingvorgang. In diesem Fall charakterisiert jedoch $x_s(t)$ das Übergangsverhalten für $x_0 = x_0' = \ldots = x_0^{(n-1)} = 0$.

Beim Übergangsverhalten eines Systems mit lauter verschwindenden Anfangswerten zum Anfangszeitpunkt t_0 (energiefreies System) sprechen wir auch von der *erzwungenen Bewegung.* Die *Eigenbewegung* stellt also den *Einschwingvorgang des nichterregten*

---

[5]) Diese Bezeichnungen treffen nur für die hier ausschließlich behandelten dynamischen Systeme (Anfangswertaufgaben bei zeitlichen Vorgängen) zu, z. B. bei den Randwertaufgaben in der Baustatik spricht man natürlich nicht vom Übergangsverhalten.

(freien) Systems ($x_e(t) \equiv 0$) und die *erzwungene Bewegung des energiefreien Systems* ($x_0^{(\nu)} = 0,\ \nu = 0, 1, \dots, n-1$) dar. Das folgende einfache Beispiel dient zur Erläuterung dieser Gedankengänge.

- **Beispiel II.6**:

Die Lösung der Dgl.

$$x' + ax = r(t) \qquad \text{mit} \quad r(t) = \begin{cases} 1 & \text{für} \quad t > 0 \\ 0 & \text{für} \quad t < 0, \end{cases}$$

die sich in $(0, \infty)$ aus der homogenen Lösung

$$x_h(t) = e^{-at}$$

und der speziellen Lösung

$$x_s(t) = \frac{1}{a}$$

zusammensetzt, hat die Form

$$x(t) = x_h(t) + x_s(t) = \left(x(0) - \frac{1}{a}\right) e^{-at} + \frac{1}{a}$$

oder für $x(0) = 0$

$$x(t) = \frac{1}{a} (1 - e^{-at}),$$

wie sich leicht durch Einsetzen prüfen läßt.

Durch Umformung wird $x(t) = x(0)\, e^{-at} + \frac{1}{a} (1 - e^{-at})$, wobei der erste Term auf der rechten Seite der Gleichung die homogene Lösung $x_h(t)$ (normiertes Fundamentalsystem) und der zweite Term eine (partikuläre) inhomogene Lösung $x_s(t)$ der Dgl. darstellt. Für $x(0) = 0$ charakterisiert in diesem Fall $x_s(t)$ die erzwungene Bewegung und nicht den eingeschwungenen Zustand. Die letzte Gleichung läßt sich bezüglich eines physikalischen Systems daher wie folgt deuten. Das normierte Fundamentalsystem charakterisiert den Teil des Einschwingvorganges, der aus dem Anfangszustand (Anfangswerten) resultiert (Eigenbewegung); der zweite Term $x_s(t)$ auf der rechten Seite der Lösung, stellt den Einschwingvorgang bezüglich der Eingangsgröße $r(t)$ (erzwungene Bewegung) dar, wie man für $x(0) = 0$ sieht. Es überlagern sich also die Eigenbewegung und die erzwungene Bewegung. Geht die Eigenbewegung für $t \to \infty$ gegen Null, so folgt aus $x_s(t)$ für $t \to \infty$ der eingeschwungene Zustand. Während in der ersten Darstellung die spezielle Lösung den eingeschwungenen Zustand charakterisiert.

Wie aus Beispiel II. 5 hervorgeht, stimmt die Kreisfrequenz ω der harmonischen Eingangsschwingung und die der stationären Lösung (spezielle Lösung) überein. Bei harmonischer Anregung bezeichnen wir die *stationäre* Lösung als *erzwungene Schwingung;* beachte, es handelt sich nicht um die erzwungene Bewegung. ●

Die Größen A und φ geben deshalb die *Amplitudenänderung* und die *Phasenverschiebung* von $x(t)$ gegenüber von $r(t)$ für den eingeschwungenen Zustand wieder. Sie sind jedoch von ω abhängig. Aus Gl. (II. 33) ersieht man, daß $\lim_{\omega \to \infty} A(\omega) = 0$ ist, d. h. die Amplituden der erzwungenen Schwingung werden für zunehmende ω immer kleiner und zwar im Unendlichen von der Größenordnung $\frac{1}{\omega^2}$, da der Ausdruck unter der Wurzel ein Polynom 4. Grades ist. Vom physikalischen Standpunkt aus ist es sinnvoll, daß für sehr große ω die Amplituden sehr klein sind. $A(0) = \frac{1}{k}$, d. h. bei sehr kleinen ω unterscheiden sich die Amplituden der Eingangs- und der erzwungenen Schwingung nur geringfügig, denn $kx_e(t) = r(t) = \sin \omega t$ und somit

$$x_e(t) = \frac{1}{k} \sin \omega t \qquad (t \geqslant 0).$$

Wir fragen nach den Extremwerten. Da $\frac{dA(\omega)}{d\omega}$ nur dann verschwindet, wenn die Ableitung des Radikanten verschwindet, ergibt sich als notwendige Bedingung aus Gl. (II. 33)

$$\left(-\frac{k}{m} + \omega^2 + \frac{1}{2}\,\frac{b^2}{m^2}\right)\omega = 0.$$

Als Extremwerte, die bei

$$\omega = 0 \text{ und } \omega = \omega_1 = \sqrt{\frac{k}{m} - \left(\frac{b}{2m}\right)^2}$$

liegen, findet man

$$A(0) = \frac{1}{k} \text{ und } A(\omega_1) = \frac{1}{b\sqrt{\frac{k}{m} - \left(\frac{b}{2m}\right)^2}} = \frac{1}{b\omega_e}.$$

Der Wert des Maximums ist, wie zu erwarten war, eine Funktion des Dämpfungsfaktors b; mit abnehmendem b nimmt $A(\omega_1)$ zu. Beim ungedämpftem System $(b = 0)$ ist $A(\omega)$ an der Stelle ω_1 unstetig. Die Anregungskreisfrequenz ω_1 und die Kennkreisfrequenz ω_0 sind dabei identisch. Es liegt also *Resonanz* vor. Je kleiner b, desto größer wird bei der Kreisfrequenz der Eingangsgröße ω_1 die Amplitude der erzwungenen Schwingung; ω_1 liegt dabei in der Nähe von ω_e.

7. 2. Harmonische Anregung

In vielen Fällen, z. B. in der Wechselstromtechnik und auch in der Regelungstechnik, interessiert man sich bei sinusförmiger Anregung nur für die erzwungene Schwingung von stabilen Systemen, oder genauer für die Amplitudenänderung $A(\omega)$ und für die

Phasenverschiebung $\varphi(\omega)$. Es ist dann wesentlich einfacher, wenn man anstelle der harmonischen Schwingung $x_e(t) = a \sin \omega t$, die entsprechende komplexe Funktion der reellen Veränderlichen $x_e(t) = a e^{i\omega t}$ als Eingangsgröße zugrundelegt, also

$$L_n[x] = 1 \cdot e^{i\omega t} \qquad (-\infty < t < +\infty). \tag{II. 35}$$

Wegen $L[Kx] = KL[x]$ (K=const.) bedeutet die Konstante 1 keine Einschränkung der Allgemeinheit.

Ist dann $x_s(t) = u(t) + i\,v(t)$ eine spezielle Lösung von Gl. (II. 35), so gilt

$$L_n[u(t) + iv(t)] = e^{i\omega t} = \cos \omega t + i \sin \omega t$$

und

$$L_n[u(t)] + iL_n[v(t)] = \cos \omega t + i \sin \omega t.$$

Mit $x_s(t) = u(t) + iv(t)$ als Lösung von Gl. (II. 35) ist auch der Realteil $u(t)$ eine Lösung von $L_n[u(t)] = \cos \omega t$ und entsprechend der Imaginärteil $v(t)$ von $L_n[v(t)] = \sin \omega t$.

Wir ermitteln nun die spezielle Lösung von Gl. (II.35) und setzen hierzu den (Faustregel-) Ansatz $x_s(t) = re^{i(\omega t + \varphi)} = re^{i\varphi} e^{i\omega t}$ in die Dgl.

$$x^{(n)} + a_{n-1} x^{(n-1)} + \ldots + a_1 x' + a_0 x = e^{i\omega t}$$

ein, dann wird

$$[(i\omega)^n + a_{n-1} (i\omega)^{n-1} + \ldots + a_1 (i\omega) + a_0]\ re^{i\varphi} e^{i\omega t} = e^{i\omega t}.$$

Führen wir in der vorstehenden Gleichung für den komplexen Ausdruck in der eckigen Klammer die Abkürzung $L(i\omega)$ ein und vergleichen die beiden Seiten, so muß

$$L(i\omega)\ re^{i\varphi} = 1 \quad \text{oder} \quad re^{i\varphi} = \frac{1}{L(i\omega)} \tag{II. 36}$$

sein; $L(i\omega) = 0$ ist auszuschließen. Da aber mit der Lösung $L[e^{i\omega t}] = 0$ auch $L[\sin \omega t] = L[\cos \omega t] = 0$ eine Lösung ist, besitzt die Eigenbewegung eine harmonische Teilbewegung mit der gleichen Frequenz; es liegt dann, wie vorher schon erwähnt, *Resonanz* vor. Für abklingende Eigenbewegung (Stabilität) tritt der Fall $L(i\omega) = 0$ somit nicht ein; siehe Unterabschnitt V.2.3. Aus Gl. (II.36) folgt

$$r(\omega) = \frac{1}{|L(i\omega)|} \quad \text{sowie mit} \quad \frac{1}{L(i\omega)} = \frac{1}{\operatorname{Re}\{L(i\omega)\} + i \operatorname{Im}\{L(i\omega)\}} =$$

$$= \frac{\operatorname{Re}\{L(i\omega)\} - i \operatorname{Im}\{L(i\omega)\}}{\operatorname{Re}\{L(i\omega)\}^2 + \operatorname{Im}\{L(i\omega)\}^2} \quad \text{und} \quad \varphi(\omega) = -\arctan \frac{\operatorname{Im}\{L(i\omega)\}}{\operatorname{Re}\{L(i\omega)\}}.$$

Die spezielle Lösung lautet dann

$$x_s(t) = \frac{1}{|L(i\omega)|} e^{i\varphi(\omega)} e^{i\omega t} = \frac{1}{|L(i\omega)|} \cos[\omega t + \varphi(\omega)] + i \frac{1}{|L(i\omega)|} \sin[\omega t + \varphi(\omega)].$$

Wir sehen also, daß bei stabilen Systemen der komplexe Ausdruck $L(i\omega)$ die Amplitudenänderung und die Phasenverschiebung der erzwungenen Schwingung gegenüber der harmonischen Eingangsgröße beinhaltet. Die Amplitudenänderung

$$A(\omega) = \frac{1}{|L(i\omega)|} \tag{II.37}$$

und die Phasenverschiebung

$$\varphi(\omega) = -\arctan \frac{\operatorname{Im}\{L(i\omega)\}}{\operatorname{Re}\{L(i\omega)\}} \tag{II.38}$$

sind somit leicht zu bestimmen. Mit Gln. (II. 37) und (II. 38) berechnen sich die Werte A und φ von Beispiel II. 5 aus

$$L(i\omega) = m(i\omega)^2 + b(i\omega) + k = k - m\omega^2 + ib\omega$$

zu

$$A = \frac{1}{\sqrt{(k - m\omega^2)^2 + (b\omega)^2}} \quad \text{und}$$

$$\varphi = -\arctan \frac{b\omega}{k - m\omega^2} = \arctan \frac{b\omega}{m\omega^2 - k}.$$

Bei harmonischen Eingangsgrößen eignet sich zur Berechnung der speziellen Lösung die komplexe Darstellung wesentlich besser.

8. Differentialgleichungen mit unstetigen Eingangsgrößen

Bisher behandelten wir nur stetige Eingangsgrößen in $(-\infty, +\infty)$, so daß nach dem E. E.-Satz die allgemeine Lösung der inhomogenen Dgl. mit konstanten Koeffizienten im unendlichen Intervall existiert. Aber schon die Wahl einer gegenüber in Bild II. 4 verschobenen Sinusfunktion $\sin(\omega t + \varphi)$ für $T > 0$ führt in der Eingangsfunktion auf eine Unstetigkeitsstelle für $t = 0$. Durch die Transformation $\omega t + \varphi = \omega t_1$ erhalten wir zwar für $t = t_1$ eine stetige Funktion, aber die allgemeine Lösung muß erst geprüft werden, ob sie die vorgegebene Dgl. befriedigt. In realen Systemen treten jedoch noch weitere unstetige Funktionen auf. So stellt man z. B. gewöhnlich das Einschalten einer Größe (Spannung) mit sehr guter Näherung als Sprungfunktion dar. Erfahrungsgemäß kann man sich bei den Eingangsfunktionen $r(t) = x_e(t)$ zur Untersuchung von *deterministischen* Vorgängen in wirklichen Systemen auf eine gewisse Klasse von Funktionen beschränken. Die Funktion

$$r(t) = \begin{cases} 0 & \text{für alle rationalen} \quad t > 0 \\ 1 & \text{für alle irrationalen} \quad t > 0 \end{cases}$$

beschreibt sicher nicht den Verlauf einer wirklichen Eingangsgröße. Wir beschränken uns deshalb auf stückweise stetige Funktionen. $x_e(t)$ ist dann eine stückweise stetige oder auch S_0-Funktion, wenn sie (für $t > 0$), bis auf *isoliert* liegende Stellen (d.h. keine Häufungspunkte) stetig ist. Werden an den Unstetigkeitsstellen (Ausnahmepunkte) nur Sprünge zugelassen, die man auch *Unstetigkeiten erster Art* nennt, d. h. es existieren dort

$$x_e(a+0) = \lim_{\substack{t \to a \\ t > a}} x_e(t) \text{ und } x_e(a-0) = \lim_{\substack{t \to a \\ t < a}} x_e(t), \text{ aber es ist}$$

$x_e(a+0) \neq x_e(a-0)$, so bezeichnen wir sie als S_1-Funktionen[6]).

Wir betrachten die Dgl.

$$L_n[x] = r(t) \tag{II. 5}$$

mit der Sprungfunktion

$$r(t) = 1(t) = \begin{cases} 1 \text{ für } t > 0 \\ 0 \text{ für } t < 0 \end{cases}$$

als Eingangsgröße. Den Wert an der Stelle $t = 0$ lassen wir offen, da er für unsere Betrachtung unwesentlich ist. Das *Symbol* $1(t)$ ist natürlich strikt von der *Zahl* 1 zu unterscheiden. Nach dem E. E.-Satz existiert nun sowohl im Intervall $-\infty < t < +\infty$ eine n-mal stetig differenzierbare Lösungsfunktion, deren Grenzwert im ersten Intervall $(-\infty, 0)$ an der Stelle $t = 0$ die Anfangsbedingungen $x(-0) = x_{0-}, x'(-0) = x'_{0-}, \ldots, x^{(n-1)}(-0) = x_{0-}^{(n-1)}$ annimmt. Entsprechend existiert auch für das rechtsseitige unendliche Intervall $(0, \infty)$ eine solche Lösungsfunktion mit den beliebigen Anfangsbedingungen $x(+0) = x_{0+}, x'(+0) = x'_{0+}, \ldots, x^{(n-1)}(+0) = x_{0+}^{(n-1)}$. Wählen wir $x_{0-} = x_{0+}; x'_{0-} = x'_{0+}, \ldots, x_{0-}^{(n-1)} = x_{0+}^{(n-1)}$, dann stimmen an der Stelle $t = 0$ sowohl der linksseitige als auch der rechtsseitige Funktionswert als auch die linksseitige und rechtsseitige Ableitung bis zur (n-1)-ten Ordnung überein. Wir erhalten daher eine n-1 mal stetig differenzierbare Lösungsfunktion im Intervall $-\infty < t < +\infty$. War das System bis zum Zeitpunkt $t = 0$ in Ruhe, dann ist $x_{0-} = x'_{0-} = \ldots = x_{0-}^{(n-1)} = 0$. Um eine n-1 mal stetig differenzierbare Lösung zu erhalten, wählen wir auch $x_{0+} = x'_{0+} = \ldots = x_{0+}^{(n-1)} = 0$; dies ist auch vom physiklaischen Gesichtspunkt aus sinnvoll. Wir fragen nun nach dem Verhalten der n-ten Ableitung an der Stelle $t = 0$. Die linksseitige Ableitung $x^{(n)}(-0) = 0$. Die rechtsseitige Ableitung folgt für $1(t)$ aus

$$x^{(n)} + a_{n-1} x^{(n-1)} + \ldots + a_1 x' + a_0 x = 1 \qquad (\text{für } t > 0).$$

Für $t = 0$ sind aber alle Ableitungen bis zur (n-1)-ten Ordnung und die Lösung selbst identisch Null, woraus aus obiger Gleichung $x^{(n)}(+0) = 1$ folgt. Die n-te Ableitung ist, da sie an der Stelle $t = 0$ einen Sprung aufweist, eine S_1-Funktion. Ganz entsprechend

---

[6]) Es ist zu beachten, daß diese Definitionen in der Literatur nicht einheitlich sind. Manche Autoren bezeichnen eine Funktion dann als stückweise stetig, wenn sie der hier definierten Klasse S_1 angehört, d. h. sie darf lediglich Unstetigkeiten erster Art aufweisen.

ist es, wenn die Sprungstelle nicht mit der Stelle $(t = t_0)$, an der die Anfangsbedingungen vorgegeben sind, zusammenfällt. Die Eingangsgröße $r(t)$ weise einen Sprung bei $t = a$ $(a > t_0)$ auf, z. B. sei $r(t)$ die in Bild II. 5 angegebene Funktion

$$r(t) = \begin{cases} 0 & \text{für} \quad t > a \\ t^2 & \text{für} \quad 0 \leq t < a \\ 0 & \text{für} \quad t \leq 0 \end{cases}$$

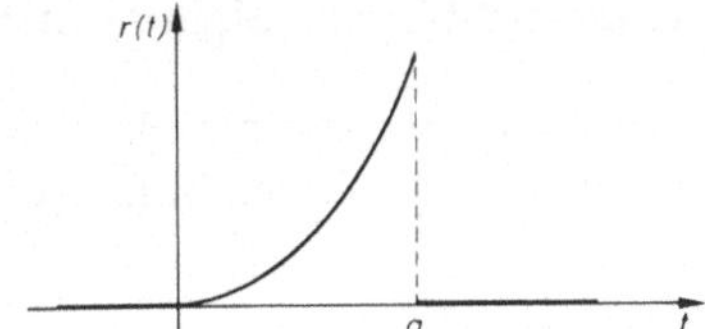

Bild II.5. Stückweise stetige Eingangsfunktion

Dann existiert eine n-mal stetig differenzierbare Funktion für $(-\infty, a)$ und für (a, ∞). Wählen wir nun den linksseitigen Grenzwert an der Stelle $t = a$ als die neuen Anfangsbedingungen $x(a-0) = x(a+0), \dots, x^{(n-1)}(a-0) = x^{(n-1)}(a+0)$, so erhalten wir wiederum eine (n-1)-mal stetig differenzierbare Lösungsfunktion in $-\infty < t < +\infty$.

Für eine stückweise stetige Eingangsfunktion mit Unstetigkeiten erster Art (S_1-Funktion) definieren wir nun als Lösung der entsprechenden Dgl. diejenige Funktion $x(t)$, die in dem betrachteten Intervall (bei Dgl. mit konstanten Koeffizienten ist es $-\infty < t < +\infty$) samt ihren n-1 Ableitungen stetig ist und die Dgl. an jeder Stelle mindestens nach links und rechts erfüllt. Das heißt, ist die n-te Ableitung nach links $x_-^{(n)}$ von der nach rechts $x_+^{(n)}$ verschieden, dann gelte

$$x_-^{(n)} + a_{n-1}\, x^{(n-1)} + \dots + a_1 x' + a_0 x = r(t-0)$$

und

$$x_+^{(n)} + a_{n-1}\, x^{(n-1)} + \dots + a_1 x' + a_0 x = r(t+0).$$

An den Sprungstellen weist also $x^{(n)}$ den selben Sprung wie $r(t)$ auf; hingegen an den Stetigkeitsstellen von $r(t)$ ist die Dgl. im strengen Sinne erfüllt. Mit dieser Festlegung und dem unter Punkt 2 beim E. E.-Satz gemachten Ausführungen, läßt sich der E. E.-Satz auch auf S_1-Funktionen erweitern; damit existiert eine eindeutige Lösung.

Da bei einem durch eine Dgl. beschriebenen System die Anfangswerte aus der Vergangenheit resultieren – z.B. die Werte mit denen die betrachtete Systemgröße von „negativen" t kommend in den Nullpunkt einläuft, d. h. die Werte $x(-0), x'(-0), \dots, x^{(n-1)}(-0)$ – stellt die obige Festlegung einen stetigen Anschluß von Vergangenheit an die Zukunft her, wie es bei realen Systemen zu erwarten ist. Die Festlegung ist also auch vom physikalischen Standpunkt aus zweckmäßig.

Gibt man jedoch andere Anfangsbedingungen vor, d. h. zum Zeitpunkt $t = t_0$ gilt für mindestens ein ν $(\nu = 0, 1, \dots, n-1)$ $x^{(\nu)}(t_0-0) \neq x^{(\nu)}(t_0+0)$, dann liegt natürlich keine (n-1)-mal stetig differenzierbare Lösung vor. Das tritt z. B. dann auf, wenn man die Anfangswerte sprunghaft verändert. Geht die Eingangsgröße oder bei zeitvariablen Systemen auch einer oder mehrere der Koeffizienten für ein endliches t gegen Unendlich, so muß man die Lösung in entsprechende Teilintervalle, welche die Unstetigkeitsstellen nicht enthalten, aufspalten. Ganz analog wird bei sprunghaft veränderlichen Anfangswerten vorgegangen.

9. Integrodifferentialgleichungen

Die Untersuchung von physikalischen Systemen führt uns jedoch noch auf weitere Fragestellungen, die mit den bisherigen Betrachtungen nicht zu lösen sind. Hierzu betrachten wir das

• **Beispiel II.7:**

Der Zusammenhang zwischen $x_a(t) \equiv u_a(t)$ und $x_e(t) \equiv u_e(t)$ des in Bild II.6 gezeichneten Systems ist gesucht. Nach den Kirchhoffschen Gesetzen ergibt sich

$$L \frac{di(t)}{dt} + R\,i(t) + \frac{1}{C} \int_{-\infty}^{t} i(\tau)\, d\tau = u_e(t)$$

und

$$R\,i(t) = u_a(t)$$

mit $i(t_0) = i_0 \qquad (-\infty < t_0 < +\infty)$.

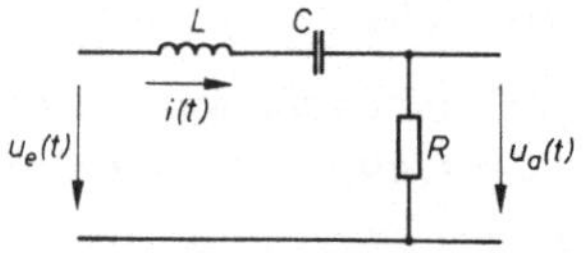

Bild II.6. LCR-Netzwerk

Aus den beiden obigen Gleichungen folgt

$$\frac{L}{R} \frac{du_a(t)}{dt} + u_a(t) + \frac{1}{CR} \int_{-\infty}^{t} u_a(\tau)\, d\tau = u_e(t) \tag{II.39 a}$$

mit $u_a(t_0) = R\,i(t_0)$.

Gl. (II.39 a) ist keine *Differentialgleichung*, sondern eine *Integrodifferentialgleichung* in $u_a(t)$. Betrachten wir die Eingangsfunktion für $t > 0$, so wird mit $t_0 = 0$

$$\frac{L}{R} \frac{du_a(t)}{dt} + u_a(t) + \frac{1}{CR} \int_{-\infty}^{0} u_a(\tau)\, d\tau + \frac{1}{CR} \int_{0}^{t} u_a(\tau)\, d\tau = u_e(t).$$

Mit

$$\frac{1}{CR} \int_{-\infty}^{0} u_a(\tau)\, d\tau = \frac{1}{CR}\, v(0) \qquad \text{wird}$$

$$\frac{L}{R} \frac{du_a(t)}{dt} + u_a(t) + \frac{1}{CR} \int_{0}^{t} u_a(\tau)\, d\tau + \frac{1}{CR}\, v(0) = u_e(t). \tag{II.39 b}$$

• War das System für $t < 0$ in Ruhe (energiefrei), so ist in Gl. (II.39 b) $v(0) = 0$.

Wie in Beispiel II.1 erwähnt, wird in vielen Fällen der Begriff des unbestimmten Integrals verwendet, der mit der Beziehung

$$u(t) = \frac{1}{C}\int i(t)\,dt = \frac{1}{C}\int_0^t i(\tau)\,d\tau + u_0 = \frac{1}{C}\int_0^t i(\tau)\,d\tau + \frac{1}{C}\int_{-\infty}^0 i(\tau)\,d\tau$$

oder allgemein

$$x_1(t) = \int x(t)\,dt = \int_{t_0}^t x(\tau)\,d\tau + x_1(t_0) = \int_{t_0}^t x(\tau)\,d\tau + \int_{-\infty}^{t_0} x(\tau)\,d\tau$$

zum selben Ergebnis führt.

Dabei setzen wir stillschweigend voraus, daß das System für eine hinreichend große „negative" Zeit energiefrei war, d. h. an der unteren Grenze ist der Wert des Integrals Null. Es interessiert hier auch nicht, wie das System den Zustand $x_1(t_0)$ erlangte, sondern lediglich der Wert von $x_1(t_0)$. Bei Verwendung des unbestimmten Integrals muß man jedoch nachträglich für die Integrationskonstanten die entsprechenden Werte einfügen. Ist hingegen $x_1(t_0) = 0$, so ergibt sich aus obiger Gleichung

$$x_1(t) = \int x(t)\,dt = \int_{t_0}^t x(\tau)\,d\tau = x_1(\tau)\Big|_{t_0}^{t} = x_1(t) - x_1(t_0) = x_1(t),$$

d. h. in diesem Fall ist es völlig gleichgültig, welcher Integralbegriff zugrundeliegt. Da in sehr vielen Fachbüchern die Anfangsbedingungen nicht oder nur sehr „stiefmütterlich" behandelt werden, tritt die Frage nach dem Integralbegriff nicht auf.

Auf Gl. (II. 39) trifft nun der E. E.-Satz nicht zu. Wir können daher im Moment keine Aussage über die Eigenschaften der Lösung machen; wir wissen nicht, ob die Lösung eindeutig ist, falls sie überhaupt existiert?

In vielen Fällen wird daher die Integrodgl. (II. 39) nach t differenziert, um auf die Dgl.

$$\frac{L}{R}\,\frac{d^2u_a(t)}{dt^2} + \frac{du_a(t)}{dt} + \frac{1}{CR}\,u_a(t) = \frac{du_e(t)}{dt} \qquad \text{(II.40)}$$

zu kommen.

Die beiden Gleichungen (II.39) und (II.40) stimmen nur dann überein, wenn die Eingangsgröße $u_e(t)$ in $(-\infty, +\infty)$ differenzierbar ist, denn die Lösung von Gl. (II.40) ist eine zweimal stetig differenzierbare Funktion und somit auch integrierbar. Aber schon die Sprungfunktion $x_e(t) = 1(t)$ ist an der Stelle $t = 0$ nicht differenzierbar

Die in $(-\infty, +\infty)$ stetige Funktion

$$x_e(t) = \begin{cases} t & \text{für} \quad t \geqslant 0 \\ 0 & \text{für} \quad t \leqslant 0 \end{cases}$$

ist an der Stelle $t = 0$ ebenfalls nicht differenzierbar. Betrachten wir jedoch ihre Ableitung für die Intervalle $t > 0$ und $t < 0$, so führt sie auf eine S_1-Funktion, die nach dem vorstehenden Abschnitt II.8 stetige Lösungen für $u_a(t)$ in Gl. (II.40) ergibt. Mit Hilfe der Theorie der verallgemeinerten Funktionen kann man auch bei unstetigen Eingangsgrößen eine Lösung für $u_a(t)$ definieren und angeben. Diese Möglichkeit behandeln wir in Abschnitt V. 2. Ein weiterer Nachteil beim Übergang von Gl. (II. 39) auf Gl. (II. 40) ist neben der Forderung der Differenzierbarkeit der Eingangsfunktion, daß die Anfangsbedingungen noch zusätzlich zu ermitteln sind.

Durch die Substitution von

$$v(t) = \int_{-\infty}^{t} u_a(\tau)\, d\tau = \int_{0}^{t} u_a(\tau)\, d\tau + v(0)$$

in Gl. (II. 39) gelingt es auf andere Weise die Integrodgl. in die Dgl.

$$\frac{L}{R}\,\frac{d^2 v(t)}{dt^2} + \frac{dv(t)}{dt} + \frac{1}{CR}\, v(t) = u_e(t) \qquad (t > 0) \tag{II. 41}$$

überzuführen. Die Anfangsbedingungen zu Gl. (II. 41) sind $v'(0) = u_a(0)$ und $v(0)$.

Wie in Abschnitt II.8 erläutert, hat nach dem E.E.-Satz Gl. (II.41) für S_1-Funktionen $u_e(t)$ eine stetige Lösung $v(t)$ sowie eine stetige Ableitung $v'(t)$. Aus der differenzierbaren Lösung $v(t)$ folgt dann $u_a(t) = \dfrac{dv(t)}{dt}$. Hingegen weisen $v''(t)$ und daher auch $u_a'(t)$ Unstetigkeiten erster Art auf. Ganz entsprechend kann man vorgehen, wenn die Gleichung eine mehrfache (z. B. m-fache) Integration aufweist. Man führt dann für das m-fache Integral eine neue Veränderliche ein und erhält wiederum eine Dgl. Hierzu betrachten wir das

• **Beispiel II.8:**

Ist das in Bild II.7 dargestellte System zur Zeit $t = 0$, zu der an dem Eingang die Spannung $u_e(t)$ geschaltet wird, energiefrei, d.h. strom-, spannungs- und ladungsfrei, so kann bei Ermittelung des Übergangsverhaltens von den Gleichungen

$$\frac{1}{C}\int_0^t i_1(\tau)\, d\tau + R(i_1 - i_2) = u_e(t),$$

$$R(i_2 - i_1) + \frac{1}{C}\int_0^t i_2(\tau)\, d\tau + R_2 i_2 = 0$$

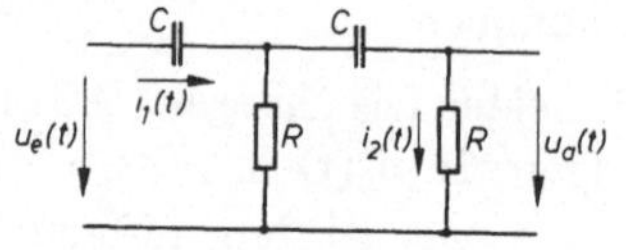

Bild II.7. CR-Netzwerk

und

$$Ri_2 = u_a$$

ausgegangen werden. Durch Umformung gelangt man zu der Integrodgl.

$$R^2C^2u_a(t) + 3RC\int_0^t u_a(\tau)\,d\tau + \int_0^t\int_0^{\tau_1} u_a(\tau)\,d\tau\,d\tau_1 = R^2C^2u_e(t) \tag{II.42}$$

oder für zweimal stetig differenzierbare Funktionen $u_e(t)$

$$R^2C^2u_a'' + 3RC\,u_a' + u_a = R^2C^2u_e''. \tag{II.43}$$

Im Gegensatz zu Gl. (II.40) ist in Gl. (II.43) die Ordnung der Ableitung von $u_a(t)$ gleich der von $u_e(t)$.

Entsprechend Beispiel II.6 führt die Substitution

$$v(t) = \int_0^t\int_0^{\tau_1} u_a(\tau)\,d\tau\,d\tau_1 \tag{II.44}$$

auf die Dgl.

$$R^2C^2v''(t) + 3RC\,v'(t) + v(t) = R^2C^2u_e(t). \tag{II.45}$$

Für eine stückweise stetige Eingangsfunktion $u_e(t)$ der Klasse S_1 ist nach dem E.E.-Satz sowohl $v(t)$ als auch $v'(t)$ stetig. Hingegen weist die zweite Ableitung $v''(t)$ bei einem stetigen Anschluß der Anfangswerte – siehe Abschnitt II.8 – an der Unstetigkeitsstelle von $u_e(t)$ einen Sprung auf. Wir sehen also mit $u_a(t) = v''(t)$, daß $u_a(t)$ an der Unstetigkeitsstelle nicht existiert, es hat dort einen Sprung. Um $u_a(t)$ zu finden, braucht streng genommen die Lösung $v(t)$ nicht zweimal differenzierbar zu sein, sondern wir müssen nach Gl. (II.44) ein $u_a(t)$ so suchen, daß sich nach zweimaliger Integration von $u_a(t)$ die Funktion $v(t)$ ergibt.

Formt man die Integrodgl. durch Differentiation, wie dies z. B. für entsprechend oft differenzierbare Eingangsfunktionen gilt, formal in eine Dgl. um und wird die Ordnung von $x_a(t)$ mit n und die von $x_e(t)$ mit m bezeichnet, so gilt allgemein

$$x_a^{(n)} + a_{n-1}x_a^{(n-1)} + \dots + a_1x_a' + a_0x_a = b_0x_e + b_1x_e' + \dots + b_mx_e^{(m)}. \tag{II. 46}$$

Für $n > m$ ist die Lösung $x_a(t)$ von Gl. (II. 46) für eine Eingangsfunktionen $x_e(t)$ der Klasse S_1 eine stetige Funktion. Denn Gl. (II. 46) kann man m-mal integrieren und erhält, wenn für das m-fache Integral die neue Variable $v(t)$ eingeführt wird, eine Dgl. n-ter Ordnung in $v(t)$, die für das stückweise stetige $x_e(t)$ (n-1)-mal stetig differenzierbar ist. Da aber $n > m$ vorausgesetzt wurde, ist $x_a(t)$ ebenfalls stetig.

Für $m = n$ weist jedoch $x_a(t)$ Sprünge auf, wie aus den vorstehenden Erläuterungen und aus Abschnitt II. 8 durch Verallgemeinerung hervorgeht. Wir bezeichnen daher ein solches System als *„sprungfähiges System"*. Im Falle n = m enthält die entsprechende Funktionalgleichung neben $x_a(t)$ nur noch Integrale über $x_a(t)$, siehe z. B. Gl. (II. 42). Sie sind für ein $x_a(t)$ der Klasse S_1 stetig; ganz allgemein weist nur die „höchste" Ableitung Sprünge auf. Wie später noch erläutert wird, ist bei realen Systemen stets $n \geqslant m$, weshalb der Fall $m > n$ im Moment außer Acht bleibt. Der Fall $m > n$ ist jedoch auch für praktische Zwecke nicht ganz belanglos, da er durch reale Systeme mit hinreichender Genauigkeit approximiert werden kann. Wir gehen hier nicht weiter auf die Lösungsmehtoden der Integrodgln. ein, da sie,sich, wie in Unterabschnitt IV. 3. 2 gezeigt, mit der Laplace-Transformation elegant lösen lassen.

10. Die Operatorenmethode zur Auflösung von linearen Differentialgleichungssystemen

Die vorstehenden Beispiele führten bezüglich der Beschreibung eines realen Systems auf simultane Systeme von Dgln. oder Integrodgln. Die Integrodgln. können wir jedoch nach Abschnitt II. 9 in Dgln. umformen. Wir beschränken uns daher auf Systeme von linearen gewöhnlichen Dgln. mit konstanten Koeffizienten. Da in den vorstehenden Beispielen unser Interesse nur dem Zusammenhang für eine bestimmte Ein- und Ausgangsgröße galt, eliminierten wir die Zwischengrößen und gelangten so zu der gewünschten Dgl. In Beispiel II.8 blieben die Größen $i_1(t)$ und $i_2(t)$, die wir eliminierten, ohne Interesse. Dabei müssen natürlich die Anfangswerte, die sich aus dem ursprünglichen System ergeben, durch entsprechende Anfangswerte für die betreffende Ausgangsgröße ersetzt werden. Hierzu betrachten wir das simultane System von Dgln. 1. Ordnung:

$$(a_{11}x_1' + b_{11}x_1) + (a_{12}x_2' + b_{12}x_2) = r_1(t); \tag{II. 47a}$$

$$(a_{21}x_1' + b_{21}x_1) + (a_{22}x_2' + b_{22}x_2) = r_2(t). \tag{II. 47b}$$

Wird Gl. (II. 47a) mit a_{21} und Gl. (II. 47b) mit a_{11} multipliziert und anschließend die zweite Gleichung von der ersten abgezogen, dann gilt

$$(a_{21}b_{11} - a_{11}b_{21})\,x_1 + (a_{21}a_{12} - a_{11}a_{22})\,x_2' + (a_{21}b_{12} - a_{11}b_{22})\,x_2 = \\ = a_{21}r_1 - a_{11}r_2. \tag{II. 48}$$

Gl. (II. 48) nach x_1 aufgelöst, führt auf die Beziehungen

$$x_1 = -\frac{\Delta_1}{\Delta}x_2' - \frac{\Delta_2}{\Delta}x_2 + \frac{a_{21}}{\Delta}r_1 - \frac{a_{11}}{\Delta}r_2$$

und

$$x_1' = -\frac{\Delta_1}{\Delta}x_2'' - \frac{\Delta_2}{\Delta}x_2' + \frac{a_{21}}{\Delta}r_1' - \frac{a_{11}}{\Delta}r_2',$$

wobei Δ den ersten, Δ_1 den zweiten und Δ_2 den dritten Klammerausdruck von Gl. (II.48) bedeuten.

Die Werte für x_1 und x_2 werden nun in Gl. (II. 47a) eingesetzt, wodurch sich der Zusammenhang

$$(a_{21}a_{12} - a_{11}a_{22})x_2'' + (a_{21}b_{12} - a_{11}b_{22} + a_{12}b_{21} - b_{11}a_{22})x_2' + (b_{12}b_{21} - - b_{11}b_{22})x_2 = b_{21}r_1 + a_{21}r_1' - b_{11}r_2 - a_{11}r_2' \quad \text{(II. 49a)}$$

und analog für x_1

$$(a_{21}a_{12} - a_{11}a_{22})x_1'' + (a_{21}b_{12} - a_{11}b_{22} + a_{12}b_{21} - b_{11}a_{22})x_1' + + (b_{12}b_{21} - b_{11}b_{22})x_1 = -b_{22}r_1 - a_{22}r_1' + b_{12}r_2 + a_{12}r_2' \quad \text{(II. 49b)}$$

ergibt. Wir sehen also, welchen Rechenaufwand die Auflösung schon bei einem solch einfachen Differtialgleichungssystem erfordert. Dieser Rechenaufwand erhöht sich natürlich erst recht bei Systemen von Dgln. 1. Ordnung mit mehreren Unbekannten und entsprechend mehr bei einem simultanen System von Dgln. höherer Ordnung.

Dieser Eliminationsprozeß ist deshalb so umständlich, da die *Differentialgleichungen*

$$L[x] = \sum_{\nu=0}^{n} a_\nu x^{(\nu)} = r(t) \qquad (a_n = 1) \quad \text{(II. 5)}$$

transzendente Gleichungen darstellen, in denen die gesuchte Größe und ihre Ableitungen (implizit) auftreten. Man gelangt jedoch mit der *symbolischen (Operator-) Darstellung* für die linearen Differentialausdrücke

$$\frac{d^k}{dt^k} x(t) = D^k x(t) \,^{7)} \quad \text{(II. 50)}$$

zu der formalen Gleichung

$$L(D)x(t) = a_0 x(t) + a_1 Dx(t) + \dots + a_n D^n x(t) = \sum_{\nu=0}^{n} a_\nu D^\nu x(t) .$$

Dabei stellt

$$L(D) = \sum_{\nu=0}^{n} a_\nu D^\nu \quad \text{(II. 51)}$$

entsprechend dem Polynom

$$f(u) = \sum_{\nu=0}^{n} a_\nu u^\nu$$

---

7) Vielfach wird im Schrifttum anstelle von D das Symbol $p = \frac{d}{dt}$ verwendet. Da aber andererseits der Buchstabe p auch häufig als komplexe Variable bei der Laplace-Transformation auftritt, haben wir zur besseren Unterscheidung den Buchstaben D gewählt. Auch in der Operatorenrechnung von Heaviside, von der sich unsere Ausführungen wesentlich unterscheiden, wird meistens $p = \frac{d}{dt}$ gesetzt.

ein Polynom für die Symbole D^ν dar. Die Symbole D^ν, die zunächst keine konkrete Bedeutung haben, außer daß $D^0 = 1$ ist und daß man mit den Potenzen D^ν (ν eine ganze Zahl $\geqslant 0$) wie mit Potenzen von Zahlen oder Veränderlichen rechnen soll, stellen die *Basis der Operatorenrechnung* dar. In der Operatoernrechnung wird eine exakte Begründung der Operatoren (Symbole) gegeben. Man fragt dort auch nach der Bedeutung von Funktionen von Operatoren, wie z. B. e^{aD} oder $\sin\sqrt{k^2 - D^2}$; siehe hierzu [11] bis [15] und die Ausführungen in Abschnitt III. 2.

In den meisten regelungstechnischen Abhandlungen über lineare Dgln. werden die Symbole Gl. (II. 50) jedoch nur zur Umformung von Dgln. benutzt. Wir wollen uns daher mit der formellen Einführung begnügen.

10. 1. Rechenvorschriften zur Auflösung von Differentialgleichungssystemen

Wie man durch Ausrechnung der entsprechenden Dgln. bestätigen kann, gelten für die *Differentialausdrücke (Differntialoperatoren)* die Relationen

$$L(D)\,[z_1(t) + z_2(t)] = L(D)\,z_1(t) + L(D)\,z_2(t), \tag{II. 52a}$$

$$L(D)\,[Kz_1(t)] = K\,L(D)\,z_1(t) \qquad (K = \text{const.}), \tag{II. 52b}$$

weshalb man sie als *lineare Operatoren* bezeichnet, und

$$[L(D) + M(D)]\,z(t) = L(D)\,z(t) + M(D)\,z(t). \tag{II. 52c}$$

Eine weitere Beziehung wollen wir uns an Hand der folgenden Betrachtung klarmachen. Zwei Systeme seien durch die Dgln.

$$a_2 x_2''(t) + a_1 x_2'(t) + a_0 x_2(t) = x_1(t) \tag{II. 53a}$$

und

$$b_2 x_3''(t) + b_1 x_3'(t) + b_0 x_3(t) = x_2(t) \tag{II. 53b}$$

charakterisiert. Die Ausgangsgröße $x_2(t)$ vom ersten System Gl. (II. 53 a) ist gleichzeitig die Eingangsgröße des zweiten Systems (Reihenschaltung). Setzen wir die aus Gl. (II. 53b) berechneten Größen $x_2(t)$, $x_2'(t)$ und $x_2''(t)$ in Gl. (II. 53a) ein, so beschreibt

$$a_2 b_2 x_3^{(IV)} + (a_2 b_1 + a_1 b_2)\,x_3''' + (a_0 b_2 + a_1 b_1 + a_2 b_0)\,x_3'' + (a_0 b_1 + a_1 b_0)\,x_3' +$$

$$+ a_0 b_0 x_3 = x_1(t) \tag{II. 54}$$

den Zusammenhang zwischen der Ausgangsgröße $x_3(t)$ und der Eingangsgröße $x_1(t)$ des Gesamtsystems.

Schreiben wir die Gln. (II. 53) mit Hilfe der Gln. (II. 52) in der Operatorform

$$(a_2 D^2 + a_1 D + a_0)\, x_2(t) = x_1(t)$$

und

$$(b_2 D^2 + b_1 D + b_0)\, x_3(t) = x_2(t)$$

und setzen $x_2(t)$ aus der zweiten Gleichung, die im Gegensatz zu Gl. (II. 53b), einen expliziten Ausdruck für $x_3(t)$ darstellt, in die erste Gleichung ein, so wird

$$(a_2 D^2 + a_1 D + a_0)(b_2 D^2 + b_1 D + b_0)\, x_3(t) = x_1(t).$$

Rechnet man nun mit den Differentialausdrücken wie mit Polynomen, dann gilt

$$[a_2 b_2 D^4 + (a_2 b_1 + a_1 b_2) D^3 + (a_0 b_2 + a_1 b_1 + a_2 b_0) D^2 + (a_0 b_1 + b_0 a_1) D + \\ + a_0 b_0]\, x_3(t) = x_1(t),$$

was bei Beachtung von Gl. (II. 50) mit Gl. (II. 54) übereinstimmt. Dies gilt, wie sich leicht durch Nachrechnen prüfen läßt, auch für Dgln. beliebiger (endlicher) Ordnung. Das heißt, die *Addition*, siehe Gl. (II. 52c), und *Multiplikation* wird wie bei den Polynomen definiert, also

$$L(D)\,[M(D)\, z(t)] = [L(D)\, M(D)]\, z(t) = [M(D)\, L(D)]\, z(t) = M(D)\,[L(D)\, z(t)]. \tag{II. 52d}$$

Man kann noch daran denken, die Umkehrung durch

$$D^{-1} = \int_0^t x(\tau)\, d\tau \quad \text{zu definieren}^{8)}.$$

Leider ist jedoch die Umkehrung *nicht eindeutig*, denn

$$DD^{-1}\, x(t) = D \int_0^t x(\tau)\, d\tau = x(t)$$

aber

$$D^{-1} Dx(t) = D^{-1} x'(t) = \int_0^t x'(\tau)\, d\tau = x(t) - x(0),$$

d. h. sie hängt von den Anfangsbedingungen ab; für $x(0) = 0$ hingegen gilt $DD^{-1} = D^{-1} D = 1$. Wir benutzen deshalb die Umkehrung nicht, wollen aber auf einen ande-

[8]) Die untere Grenze des Integrals stellt keine Einschränkung dar, da unsere Zeitfunktionen für $t < 0$ identisch Null sind.

ren Zusammenhang noch hinweisen. Da der reziproke Wert eines Polynoms kein Polynom darstellt, können wir

$$x(t) = \frac{1}{b_n D^n + \dots + b_1 D + b_0} r(t)$$

nicht als Differentialoperator in unserem Sinne deuten. Wir wollen daher unter dem oben stehenden Ausdruck, der vielfach auf einen geringeren Schreibaufwand führt, immer die Beziehung

$$(b_n D^n + \dots + b_1 D + b_0)\, x(t) = r(t)$$

verstehen. Siehe hierzu auch die Darstellungen Gln. (II. 58) bis Gln. (II. 60).

Mit den Beziehungen Gln. (II. 52) lassen sich die Umformungen von Systemen von Dgln. durchführen, wenn man mit den Differentialoperatoren wie mit Polynomen rechnet, siehe auch [7], [8] und [11]. Wir betrachten hierzu nochmals das System Gln. (II. 47) und schreiben es mit Hilfe der Beziehungen (II. 52) in der Operatorform

$$(a_{11} D + b_{11})\, x_1(t) + (a_{12} D + b_{12})\, x_2(t) = r_1(t)$$

und

$$(a_{12} D + b_{21})\, x_1(t) + (a_{22} D + b_{22})\, x_2(t) = r_2(t).$$

Um eine Dgl. nur für $x_1(t)$ zu erhalten, multiplizieren wir die erste Gleichung mit $(a_{22} D + b_{22})$ und die zweite Gleichung mit $(a_{12} D + b_{12})$ und subtrahieren die Gleichungen voneinander, dann wird

$$[(a_{21} a_{12} - a_{11} a_{22})\, D^2 + (a_{21} b_{12} - a_{11} b_{22} + a_{12} b_{21} - b_{11} a_{22})\, D +$$
$$+ (b_{12} b_{21} - b_{11} b_{22})]\, x_1(t) = (a_{12} D + b_{12})\, r_2(t) - (a_{22} D + b_{22})\, r_1(t).$$

Diese Gleichung stimmt mit Gl. (II. 49b) überein, wenn man die Operatoren nach Gl. (II. 50) durch die entsprechenden Ableitungen ersetzt. Ganz entsprechend läßt sich die Dgl. für $x_2(t)$ alleine ermitteln.

Durch die *formelle Algebraisierung* der Gleichungen verringert sich der Rechenaufwand ganz erheblich, denn man kann sie, da keine Ableitungen auftreten, nach der gewünschten Größe auflösen (explizite Darstellung).

Wir betrachten das System

$$\begin{aligned} F_{11}(D)\, x_1(t) + F_{12}(D)\, x_2(t) + F_{13}(D)\, x_3(t) &= r_1(t), \\ F_{21}(D)\, x_1(t) + F_{22}(D)\, x_2(t) + F_{23}(D)\, x_3(t) &= r_2(t), \\ F_{31}(D)\, x_1(t) + F_{32}(D)\, x_2(t) + F_{33}(D)\, x_3(t) &= r_3(t), \end{aligned} \qquad \text{(II. 55)}$$

wobei $F_{ik}(D)$ Polynome der Operatoren D sind, und fragen nach der Dgl. in der die abhängige Variable $x_1(t)$ alleine auftritt. Die Variable $x_3(t)$ eliminiert man z.B. durch Multiplikation der ersten Gleichung mit $F_{23}(D)$, der zweiten Gleichung mit $F_{13}(D)$ und anschließender Subtraktion; analog wird die zweite Gleichung mit $F_{33}(D)$ und die dritte mit $F_{23}(D)$ multipliziert und anschließend voneinander abgezogen. Aus den beiden übrigen Gleichungen eliminiert man in gleicher Weise die Größe $x_2(t)$. Somit erhält man eine Gleichung, in der als abhängige Veränderliche $x_1(t)$ alleine auftritt. Der Vorgang ist mit der algebraischen Elimination identisch und wird formal durchgeführt, als ob in $F_{ik}(D)$ die Operatoren Konstante wären. Daher ist

$$\begin{vmatrix} F_{11}(D) & F_{12}(D) & F_{13}(D) \\ F_{21}(D) & F_{22}(D) & F_{23}(D) \\ F_{31}(D) & F_{32}(D) & F_{33}(D) \end{vmatrix} x_1(t) = \begin{vmatrix} r_1(t) & F_{12}(D) & F_{13}(D) \\ r_2(t) & F_{22}(D) & F_{23}(D) \\ r_3(t) & F_{32}(D) & F_{33}(D) \end{vmatrix} \qquad \text{(II. 56a)}$$

oder

$$H(D)\, x_1(t) = \sum_{k=1}^{3} M_{1k}(D)\, r_k(t).$$

Analog dem Auflösungsschema bei algebraischen Gleichungssystemen, entsprechen $H(D)$ der Koeffizientendeterminante und die rechte Seite der Gl. (II.56a) der Determinante D_1, bei der die Spalte mit den Koeffizienten der gesuchten Größe durch die rechte Seite des Gleichungssystems (II.55) ersetzt wird. Analog erhält man die Dgl.

$$H(D)\, x_2(t) = \begin{vmatrix} F_{11}(D) & r_1(t) & F_{13}(D) \\ F_{21}(D) & r_2(t) & F_{23}(D) \\ F_{31}(D) & r_3(t) & F_{33}(D) \end{vmatrix} = \sum_{k=1}^{3} M_{2k}(D)\, r_k(t) \qquad \text{(II. 56b)}$$

und

$$H(D)\, x_3(t) = \begin{vmatrix} F_{11}(D) & F_{12}(D) & r_1(t) \\ F_{21}(D) & F_{22}(D) & r_2(t) \\ F_{31}(D) & F_{32}(D) & r_3(t) \end{vmatrix} = \sum_{k=1}^{3} M_{3k}(D)\, r_k(t). \qquad \text{(II. 56c)}$$

Wir nehmen dabei an, daß die $r_k(t)$ stetige Ableitungen bis zur geforderten Ordnung aufweisen.

Einige wichtige Schlüsse lassen sich bereits aus den bisherigen Betrachtungen dieses Abschnittes ziehen:

1. Dieses Auflösungsschema kann entsprechend auch auf n Dgln. mit n abhängigen Veränderlichen erweitert werden.
2. Für eine eindeutige Lösung muß $H(D) \neq 0$ sein [8]. Das System
   $Dx_1(t) + 2Dx_2(t) = r_1(t)$
   $2Dx_1(t) + 4Dx_2(t) = r_2(t)$
   läßt sich z. B. nicht eindeutig auflösen, da $H(D) \equiv 0$ ist.
3. Die homogene Dgl. und somit die charakteristische Gleichung ist für alle drei Dgln. (II. 56) und allgemein für alle n identisch.
4. Die Anfangsbedingungen sind in dieser Umformung nicht enthalten, d. h., sie müssen nachträglich eingearbeitet werden, was einen erheblichen Nachteil darstellt.

5. Im Gegensatz zur Laplace-Transformation, siehe Teil IV, sind die Ein- und Ausgangsgrößen (reelle) Zeitfunktionen.

10. 2. Umformungen von Blockschaltbilddarstellungen

Nachfolgend leiten wir einige Umformungsregeln der am häufigsten vorkommenden „Strukturen" von realen Systemen ab. Die Beziehung

$$(b_n D^n + \dots + b_1 D + b_0)\, x(t) = (a_m D^m + \dots + a_1 D + a_0)\, r(t) \tag{II. 57a}$$

die auch formal in der Form

$$x(t) = \frac{a_m D^m + \dots + a_1 D + a_0}{b_n D^n + \dots + b_1 D + b_0}\, r(t) = \frac{Z(D)}{N(D)}\, r(t) = F(D)\, r(t) \tag{II. 57b}$$

geschrieben werden kann, wird graphisch durch die (Blockschaltbild-)Darstellung in Bild II. 8 charakterisiert.

Bild II.8. Blockschaltbilddarstellung

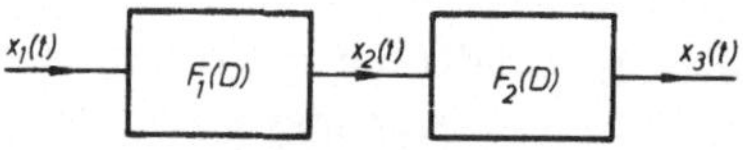

Bild II.9. Reihenschaltung

1. Dann gilt für die *Reihenschaltung zweier Blöcke* nach Bild II. 9

$$N_1(D)\, x_2(t) = Z_1(D)\, x_1(t) \tag{II. 58a}$$

$$N_2(D)\, x_3(t) = Z_2(D)\, x_2(t). \tag{II. 58b}$$

Multiplizieren wir Gl. (II. 58b) mit $N_1(D)$, dann ist

$$N_1(D)\, N_2(D)\, x_3(t) = Z_2(D)\, [N_1(D)\, x_2(t)]. \tag{II. 58c}$$

Gl. (II. 58a) in Gl. (II. 58c) eingesetzt liefert als Ergebnis

$$N_1(D)\, N_2(D)\, x_3(t) = Z_1(D)\, Z_2(D)\, x_1(t) \tag{II. 58d}$$

oder unter Berücksichtigung der Darstellung in Gl. (II. 57b)

$$x_3(t) = F_1(D)\, F_2(D)\, x_1(t). \tag{II. 58e}$$

2. Die *Parallelschaltung zweier Blöcke* nach Bild II. 10 ist durch die Gleichungen

$$N_1(D)\, x_{a1}(t) = Z_1(D)\, x_{e1}(t), \tag{II. 59a}$$

$$N_2(D)\, x_{a2}(t) = Z_2(D)\, x_{e2}(t) \tag{II. 59b}$$

und

$$x_{a1}(t) + x_{a2}(t) = x_a(t) \tag{II. 59c}$$

charakterisiert. Entsprechend wie im 1. Fall multiplizieren wir Gl. (II.59c) mit $N_1(D)\, N_2(D)$, was auf

$$N_1(D)\, N_2(D)\, x_a(t) = N_2(D)\, [N_1(D)\, x_{a1}(t)] + N_1(D)\, [N_2(D)\, x_{a2}(t)] \tag{II. 59d}$$

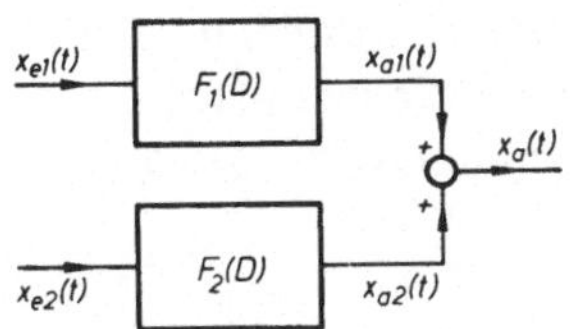

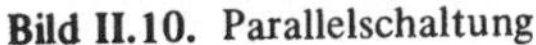
Bild II.10. Parallelschaltung

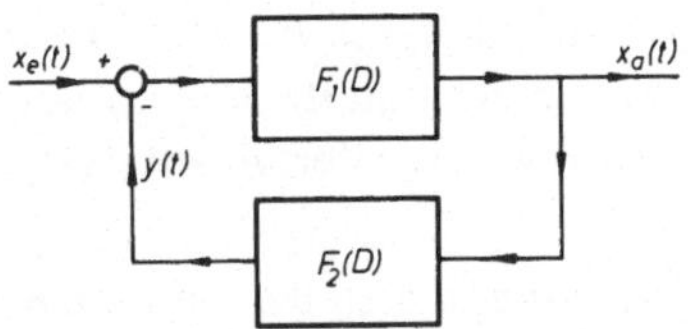

Bild II.11. Regelkreis (Rückkopplung)

führt. Die Gl. (II. 59 a) und Gl. (II. 59 b) in Gl. (II. 59 d) eingesetzt liefert wieder als Ergebnis

$$N_1(D)\, N_2(D)\, x_a(t) = N_2(D)\, Z_1(D)\, x_{e1}(t) + N_1(D)\, Z_2(D)\, x_{e2}(t) \qquad \text{(II. 59 e)}$$

oder unter Berücksichtigung der Darstellung in Gl. (II. 57 b)

$$x_a(t) = F_1(D)\, x_{e1}(t) + F_2(D)\, x_{e2}(t). \qquad \text{(II. 59 f)}$$

3. *Der Regelkreis (Rückkopplungsschaltung)* nach Bild II. 11 ist durch die Gleichungen

$$N_1(D)\, x_a(t) = Z_1(D)\, x_e(t) - Z_1(D)\, y(t) \qquad \text{(II. 60 a)}$$

und

$$N_2(D)\, y(t) = Z_2(D)\, x_a(t) \qquad \text{(II. 60 b)}$$

charakterisiert.

Dic Multiplikation von Gl. (II. 60 a) mit $N_2(D)$ führt auf die Gleichung

$$N_1(D)\, N_2(D)\, x_a(t) = Z_1(D)\, N_2(D)\, x_e(t) - Z_1(D)\, [N_2(D)\, y(t)]. \qquad \text{(II. 60 c)}$$

Gleichung (II. 60 b) in Gl. (II. 60 c) eingesetzt liefert das Ergebnis

$$[Z_1(D)\, Z_2(D) + N_1(D)\, N_2(D)]\, x_a(t) = Z_1(D)\, N_2(D)\, x_e(t) \qquad \text{(II. 60 d)}$$

oder bei Beachtung von Gl. (II. 57 b)

$$\left[\frac{Z_1(D)\, Z_2(D)}{N_1(D)\, N_2(D)} + 1\right] x_a(t) = \frac{Z_1(D)}{N_1(D)}\, x_e(t)$$

bzw.

$$[F_1(D)\, F_2(D) + 1]\, x_a(t) = F_1(D)\, x_e(t). \qquad \text{(II. 60 e)}$$

10. 3. Die Ordnung eines Differentialgleichungssystems

Die Auflösung des Systems von zwei Dgln. 1. Ordnung mit zwei Unbekannten Gln. (II.47), führte für jede der beiden Unbekannten auf eine Dgl. 2. Ordnung. Bei der Hintereinanderschaltung lieferten die beiden Dgln. (II. 53) eine Dgl. 4. Ordnung für die

Ausgangsgröße $x_3(t)$. Es liegt nun die Frage nahe, welche *Ordnung* tritt denn bei der Auflösung eines simultanen Differentialgleichungssystems auf? Offenbar hängt die Ordnung von der Determinante $H(D)$ ab, die für alle Unbekannten $x_\nu(t)$ gleich ist.

Wir betrachten hierzu das simultane Gleichungssystem

$$\begin{aligned} F_{11}(D)\,x_1(t) + F_{12}(D)\,x_2(t) + \ldots + F_{1n}(D)\,x_n(t) &= r_1(t)\,, \\ F_{21}(D)\,x_1(t) + F_{22}(D)\,x_2(t) + \ldots + F_{2n}(D)\,x_n(t) &= r_2(t)\,, \\ \vdots \qquad\qquad \vdots \qquad\qquad \vdots \qquad &\quad \vdots \\ F_{n1}(D)\,x_1(t) + F_{n2}(D)\,x_2(t) + \ldots + F_{nn}(D)\,x_n(t) &= r_n(t)\,, \end{aligned}$$

oder einfacher geschrieben

$$\sum_{k=1}^{n} F_{ik}(D)\,x_k(t) = r_i(t) \qquad (i = 1, 2, \ldots, n), \tag{II. 61}$$

dabei gibt i die Zeile und k die Spalte an.

Die Ordnung von Gl. (II. 61) hängt also von der Determinante

$$H(D) = \begin{vmatrix} F_{11}(D) & F_{12}(D) \ldots & F_{1n}(D) \\ F_{21}(D) & F_{22}(D) \ldots & F_{2n}(D) \\ \cdot & \cdot & \cdot \\ \cdot & \cdot & \cdot \\ \cdot & \cdot & \cdot \\ F_{n1}(D) & F_{n2}(D) \ldots & F_{nn}(D) \end{vmatrix} \tag{II. 62}$$

ab. Der höchste auftretende Grad der Polynome $F_{ik}(D)$ $(i = 1, \ldots, n)$, die bei $x_k(t)$ stehen, sei q_k, dann läßt sich

$$F_{ik}(D) = a_{ik} D^{q_k} + \beta_{ik}(D) \qquad (i = 1, \ldots, n) \tag{II. 63}$$

schreiben, wobei β_{ik} ein Polynom in D niedrigeren Grades als q_k ist.

Es können natürlich für feste k einige der $a_{ik} = 0$ sein, aber mindestens eines sei von Null verschieden. Mit Gl. (II. 63) läßt sich die Determinante Gl. (II. 62) auf die Form

$$H(D) = \begin{vmatrix} a_{11} D^{q_1} + \beta_{11}(D) & a_{12} D^{q_2} + \beta_{12}(D) & \ldots & a_{1n} D^{q_n} + \beta_{1n}(D) \\ a_{21} D^{q_1} + \beta_{21}(D) & a_{22} D^{q_2} + \beta_{22}(D) & \ldots & a_{2n} D^{q_n} + \beta_{2n}(D) \\ \cdot & \cdot & & \cdot \\ \cdot & \cdot & & \cdot \\ \cdot & \cdot & & \cdot \\ a_{n1} D^{q_1} + \beta_{n1}(D) & a_{n2} D^{q_2} + \beta_{n2}(D) & \ldots & a_{nn} D^{q_n} + \beta_{nn}(D) \end{vmatrix}$$

bringen. Anstelle der Summe in der ersten Spalte der n-reihigen Determinante, schreiben wir die Summe von zwei n-reihigen Determinanten, von denen die eine in der ersten Spalte die Glieder $a_{i1} D^{q_1}$ und die andere die Glieder $\beta_{i1}(D)$ aufweist; alle anderen Spalten bleiben unverändert. Bei der ersten n-reihigen Determinante mit den Gliedern $a_{i1} D^{q_1}$ verfahren wir entsprechend mit der zweiten Spalte usw.. Dann wird

$$H(D) = \begin{vmatrix} a_{11} D^{q_1} & a_{12} D^{q_2} & \dots & a_{1n} D^{q_n} \\ a_{21} D^{q_1} & a_{22} D^{q_2} & \dots & a_{2n} D^{q_n} \\ \cdot & \cdot & & \cdot \\ \cdot & \cdot & & \cdot \\ \cdot & \cdot & & \cdot \\ a_{n1} D^{q_1} & a_{n2} D^{q_2} & \dots & a_{nn} D^{q_n} \end{vmatrix} + H_1(D),$$

wobei $H_1(D)$ aus einer Summe von n-reihigen Determinanten besteht, die Polynome niedrigeren Grades als die der Determinante $\det(a_{ik} D^{q_k})$ darstellen. Bringt man die jeweils gleichen Faktoren der Spalten noch vor die $\det(a_{ik} D^{q_k})$, so gilt mit $q = q_1 + q_2 + \dots + q_n$

$$H(D) = D^q \begin{vmatrix} a_{11} & a_{12} & \dots & a_{1n} \\ a_{21} & a_{22} & \dots & a_{2n} \\ \cdot & \cdot & & \cdot \\ \cdot & \cdot & & \cdot \\ \cdot & \cdot & & \cdot \\ a_{n1} & a_{n2} & \dots & a_{nn} \end{vmatrix} + H_1(D).$$

Wie die Ableitung zeigt, können die nach den Gln. (II. 56) definierten Dgln.

$$H(D)\, x_i(t) = \sum_{k=1}^{n} M_{ik}(D)\, r_k(t) \qquad (i = 1, \dots, n) \tag{II. 64}$$

höchstens von q-ter Ordnung sein; dies trifft jedoch dann und nur dann zu, wenn die $\det(a_{ik}) \neq 0$ ist. Mit anderen Worten heißt dies: Die Ordnung der einzelnen Dgln. (II. 64) ist höchstens gleich der Summe der höchsten Ableitungen, mit der im Gleichungssystem (II. 61) jeweils die Unbekannten $x_i(t)$ auftreten. Ist die Ordnung nicht gleich der Summe der höchsten Ableitung der einzelnen Unbekannten, so spricht man auch von einem *degenerierten System.*

Auch bei linearen, zeitvariablen Dgln. wird vielfach von der Operatorschreibweise

$L[D, t]\, x(t) = a_n(t)\, D^n x(t) + \dots + a_1(t)\, Dx(t) + a_0(t)\, x(t)$

Gebrauch gemacht, der natürlich andere Rechenregeln zugrundeliegen [8] und [24].

11. Lineare Differentialgleichungssysteme 1. Ordnung

Im vorstehenden Abschnitt führten wir die Operatorenmethode ein, um die linearen Differentialgleichungssysteme jeweils leichter nach einer Eingangs- und Ausgangsgröße auflösen zu können. Es lassen sich jedoch nicht nur Systeme von linearen Dgln. in eine Dgl. von allgemein höherer Ordnung in einer abhängigen Veränderlichen umformen, sondern man kann auch eine lineare Dgl., z. B. n-ter Ordnung, in ein System von linearen Dgln. 1. Ordnung überführen. Betrachten wir hierzu die Dgl.

$$x^{(n)} + a_{n-1}\, x^{(n-1)} + a_{n-2}\, x^{(n-2)} + \dots + a_1 x' + a_0 x = r(t) \qquad \text{(II. 5)}$$

und setzen

$$x = x_1,\ x' = x_2,\ \dots,\ x^{(n-1)} = x_n\,,$$

so ergibt sich das *System von simultanen Dgln. 1. Ordnung*

$$\begin{aligned} x_1' &= x_2;\\ x_2' &= x_3;\\ &\vdots\\ x_{n-1}' &= x_n;\\ x_n' &= -a_{n-1}x_n - a_{n-2}x_{n-1} - \dots - a_1 x_2 - a_0 x_1 + r(t). \end{aligned} \qquad \text{(II. 65)}$$

Die Darstellung Gl. (II. 65) findet hauptsächlich aus zwei Gründen besondere Beachtung. Einmal handelt es sich, wie wir im nächsten Abschnitt zeigen, um einen Spezialfall einer wesentlich allgemeineren Darstellung, für die es ein Existenztheorem gibt. Zum anderen weist die Beschreibung eines physikalischen Systems durch ein Dgl.-System 1. Ordnung in vielen Fällen Vorzüge auf. Diesen letzten Gedankengang wollen wir uns an dem anschließenden Beispiel II. 9 etwas verdeutlichen.

● **Beispiel II.9:**

Der konstanterregte Gleichstrommotor mit Last nach Bild II.12 sei durch die folgenden Gleichungen (mit hinreichender Genauigkeit) beschrieben.

1. *Elektrischer Kreis.* In ihm ist die angelegte Spannung $u_A(t)$ gleich der Summe des ohmschen und induktiven Spannungsabfalles sowie der gegenelektromotorischen Kraft, also

$$u_A(t) = R_A i_A(t) + L_A \frac{di_A(t)}{dt} + K_M \frac{d\varphi(t)}{dt}\,. \qquad \text{(II. 66)}$$

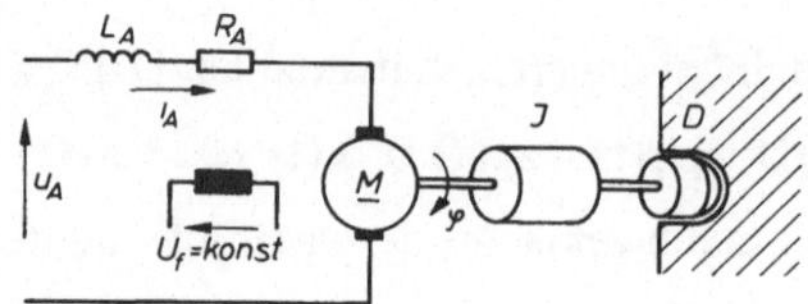

Bild II.12
Ersatzschaltbild eines konstanterregten Gleichstrommotors mit Last

2. *Mechanischer Kreis.* Bei ihm ist das Antriebsmoment des Motors gleich der Summe des Beschleunigungsmomentes und des Dämpfungsmomentes, also

$$K_A i_A(t) = J\,\frac{d^2\varphi(t)}{dt^2} + D\,\frac{d\varphi(t)}{dt}\,. \tag{II.67}$$

Dabei setzt sich das Massenträgheitsmoment $J = J_A + J_L$ aus dem Trägheitsmoment des Ankers und der Last zusammen. Die Dämpfungskonstante repräsentiert den Luftwiderstand, die Lagerreibung ($\varphi \neq 0$) usw. Das elastische Moment (Verdrillung) sei vernachlässigbar.

Ist lediglich das Verhalten der Ausgangsgröße $\varphi(t)$ für bestimmte Eingangsverläufe $u_A(t)$ von Interesse, dann ergibt sich aus den Gln. (II.66) und (II.67)

$$b_3\dddot{\varphi} + b_2\ddot{\varphi} + b_1\dot{\varphi} = u_A, \tag{II.68}$$

wobei $b_3 = \frac{L_A}{K_A} J$, $b_2 = \frac{1}{K_A}(R_A J + L_A D)$ und $b_1 = \frac{R_A}{K_A} D + K_M$ sind.

Setzen wir $\varphi = x_1$, $\dot{\varphi} = x_2$ und $\ddot{\varphi} = x_3$, dann entspricht der Gl. (II. 68) das explizite Dgl.-System 1. Ordnung

$$\begin{aligned} \dot{x}_1 &= x_2;\\ \dot{x}_2 &= x_3;\\ \dot{x}_3 &= -\frac{b_1}{b_3}x_2 - \frac{b_2}{b_3}x_3 + \frac{1}{b_3}u_A \end{aligned} \tag{II.69}$$

mit $x_1 = \varphi$ als Ausgangsgröße.

Gl. (II. 69) ist nicht die einzige Form, mit welcher sich der konstanterregte Gleichstrommotor durch ein explizites Dgl.-System 1. Ordnung beschreiben läßt. Wählen wir hierzu z. B. wieder $x_1 = \varphi$ und $x_2 = \dot{\varphi}$ und setzen diese Größen in Gl. (II. 67) ein, so ist

$$K_A i_A = J\dot{x}_2 + Dx_2.$$

Da jedoch in Gl. (II. 66) noch die Ableitung $\frac{di_A}{dt}$ auftritt, liegt es nahe, $x_3 = i_A$ zu setzen, dann gilt für Gl. (II.66) $u_A = R_A x_3 + L_A\dot{x}_3 + K_M x_2$. Damit erhalten wir

$$\begin{aligned} \dot{x}_1 &= x_2;\\ \dot{x}_2 &= -\frac{D}{J}x_2 + \frac{K_A}{J}x_3;\\ \dot{x}_3 &= -\frac{R_A}{L_A}x_3 - \frac{K_M}{L_A}x_2 + \frac{1}{L_A}u_A; \end{aligned} \tag{II.70}$$

$x_1 = \varphi$ stellt wieder die Ausgangsgröße dar. Wie wir sehen, ist die Darstellung durch ein System von drei Dgln. 1. Ordnung nicht eindeutig, sondern es gibt mehrere verschiedene Möglichkeiten, die jeweils von der Wahl x_1 bis x_3 abhängen. Zwei andere Möglichkeiten sind z.B. die Wahl von $x_1 = \varphi$ $x_2 = i_A$ und $x_3 = \frac{di_A}{dt}$, bzw. $x_1 = i_A$, $x_2 = \frac{di_A}{dt}$ und $x_3 = \frac{d^2 i_A}{dt^2}$. Die letzte Darstellung wird man natürlich nicht nehmen, wenn φ die Ausgangsgröße darstellt.

11.1. Einführung der Zustandsvariablen

Wie man leicht nachweisen kann, siehe auch Unterabschnitt II.12.2., sind sowohl die Dgl. (II.68) und das Dgl.-System (II.69) als auch die Dgln. (II.69) und (II.70) mit dem Dgl.-System (II.66) und (II.67) äquivalent [7]. Damit wird nach dem E.E.-Satz sowohl durch Gl. (II.69) als auch Gl. (II.70) das dynamische Verhalten des konstanterregten Gleichstrommotors vollständig beschrieben; die drei Variablen $x_1(t)$, $x_2(t)$ und $x_3(t)$ charakterisieren also den Zustand des Systems.

Ist somit die (zulässige) Eingangsgröße $u_A(t)$ für alle $t \geqslant t_0$ gegeben und kennt man die Anfangswerte $x_1(t_0)$, $x_2(t_0)$ und $x_3(t_0)$, so sind die Lösungen $x_1(t)$, $x_2(t)$ und $x_3(t)$ der Dgl.-Gleichungssysteme (II.69) und (II.70) für alle Zeiten $t \geqslant t_0$ eindeutig bestimmt und mit ihnen der dynamische Zustand des Systems. Es werden daher die Größen x_1, x_2 und x_3 als die *Zustandsvariablen* oder *Zustandsveränderlichen* (englisch: state variables) des Systems bezeichnet. Wie bereits vorher erwähnt, sind die *Zustandsvariablen* (eines physikalischen Systems) *nicht eindeutig festgelegt,* aber jede Wahl von 3 Zustandsvariablen beschreibt das dynamische Verhalten des konstanterregten Gleichstrommotors vollständig. Im allgemeinen hängt die Wahl der Zustandsvariablen von dem Zweck ab, den man mit der Beschreibung erreichen will. Für die Beschreibung von physikalischen Systemen weist jedoch die Darstellung Gl. (II.70) gewisse Vorzüge auf, da die Zustandsvariablen $x_1 = \varphi$, $x_2 = \dot{\varphi}$ und $x_3 = i_A$ den im physikalischen Geschehen auftretenden Größen, nämlich den Winkel φ, der Winkelgeschwindigkeit $\dot{\varphi}$ und dem Ankerstrom i_A, entsprechen. Außerdem stehen der Winkel φ, die Winkelgeschwindigkeit $\dot{\varphi}$ und der Ankerstrom i_A für eine unmittelbare Messung zur Verfügung; daher ist in dieser Form der Zusammenhang des Gleichungssystems mit dem wirklichen System am übersichtlichsten. Wie ein Vergleich der Gln. (II.69) und (II.70) zeigt, erfordert zudem die Darstellung des wirklichen Systems durch Gl. (II.70) einen geringeren Rechenaufwand als die durch Gl. (II.69). *Bei der Analyse von realen Systemen führt in sehr vielen Fällen die Wahl der Zustandsvariablen unter Beachtung der (unmittelbar meßbaren) physikalischen Größen zu einem geringeren algebraischen Aufwand.* Für theoretische Untersuchungen und für die Systemsynthese können andere Gesichtspunkte die Wahl der Zustandsveränderlichen beeinflussen.

Diese Betrachtung gilt natürlich ganz analog für ein System von n linearen Dgln. 1. Ordnung. Sind also die Zustandsvariablen zu irgend einem Zeitpunkt bekannt, so charakterisieren sie den Zustand des Systems zu diesem Zeitpunkt vollständig. Etwas allgemeiner ausgedrückt heißt dies: *Der Zustand des Systems ist durch eine solche minimale Anzahl von Zahlen zum Zeitpunkt* $t = t_0$ *(Anfangswerte) definiert, so daß für eine zu den Zeitpunkten* $t \geqslant t_0$ *bekannte (zulässige) Eingangsgröße* $x_e(t)$ *der Ausgangsverlauf* $x_a(t)$ *des Systems eindeutig bestimmt ist.* Die minimale Anzahl von Größen zur Charakterisierung des Systemzustandes entspricht der Ordnung des Systems.

Wir gehen im Moment nicht weiter auf die wichtige Bedeutung der Zustandsvariablen ein, da wir in Teil III, Abschnitt 3 bis 6, nochmals ausführlich darauf zurückkommen. In diesem Zusammenhang wird auch eine geometrische Deutung der Zustandsvariablen gegeben. Diese ergibt bei vielen praktischen Problemstellungen eine bessere Anschaulichkeit. Ebenso leiten wir dort ein Verfahren zur Lösung von linearen Systemen von n expliziten Dgln. 1. Ordnung ab.

12. Verallgemeinerte Existenz- und Eindeutigkeitssätze

12.1. Differentialgleichung 1. Ordnung

Es gilt nun, wie bereits vorher angedeutet, der erweiterte

Existenz- und Eindeutigkeitssatz: Ist die (eindeutige) Funktion $f(t,x)$ der Dgl.

$$\dot{x} = f(t,x) \tag{II.71}$$

in einem beliebigen Bereich B der t,x-Ebene erklärt und stetig und ist in jedem inneren Punkt von B die partielle Ableitung $\frac{\partial f}{\partial x}$ ebenfalls stetig, so geht durch jeden inneren Punkt von B genau eine Lösung der Dgl.

Den obigen Satz, den wir mit E. E_1.-Satz abkürzen, werden wir ebenfalls nicht beweisen, sondern verweisen hierzu auf das Schrifttum [1], [2] und [6] bis [11]. Liegt also eine gewöhnliche Dgl. 1. Ordnung, die auch nichtlinear und zeitabhängig sein darf, in expliziter Gestalt, d.h. nach der Ableitung aufgelöst, vor und erfüllt $f(t,x)$ die Bedingungen des obigen E.E_1.-Satzes, so gibt es in jedem entsprechenden Bereich eine Lösung $x = \varphi(t)$, welche die Bedingung $\varphi(t_0) = x_0$ erfüllt; stimmen außerdem zwei Lösungen $x = \varphi(t)$ und $x = \psi(t)$ der Gl. (II.71) auch nur für einen Wert $t = t_0$ überein, d.h. es ist $\varphi(t_0) = \psi(t_0)$, so sind die beiden Lösungen in einem offenen Intervall $a_1 < t < a_2$, für das beide Lösungen definiert sind, identisch. Die Bedingung, daß die Lösung $x = \varphi(t)$ die Anfangswerte t_0, φ_0 annimmt, setzt natürlich voraus, daß das Definitionsintervall $a_1 < t < a_2$ der Lösung $\varphi(t)$ den Punkt t_0 enthält.

So ist z.B. der Definitionsbereich B der Dgl. $x' = \frac{x^2 - 1}{2}$ und $x' = x^2 \cos t$ die gesamte t, x-Ebene. Nach dem $E.E_1$.-Satz geht durch jeden Punkt der Ebene eine Lösung.

In den meisten Büchern über Dgln. wird nicht die ***Stetigkeit und damit die Beschränktheit der partiellen Ableitung gefordert,*** sondern diese durch eine *schwächere Forderung,* nämlich der *Lipschitz-Bedingung,* ersetzt; bei ihr wird lediglich die *Beschränktheit des Differenzenquotienten* nach x, d.h. $|f(t,x_2) - f(t,x_1)| \leqslant M\,|x_2 - x_1|$, verlangt. Für unsere Probleme genügt es, in den meisten Fällen, die Beschränktheit der partiellen Ableitung nach x zu fordern, also

$$\left|\frac{\partial f(t,x)}{\partial x}\right| \leqslant k.$$

Die alleinige Forderung der Stetigkeit von $f(t,x)$ in einem Bereich B reicht zwar für die Existenz mindestens einer Lösung der Dgl. in jedem Punkt des Bereiches aus, aber für deren Eindeutigkeit stellt die Stetigkeit und Eindeutigkeit von $f(t, x)$ keine hinreichende Bedingung dar. So ist z.B. die rechte Seite der Dgl. $x' = \sqrt[3]{x^2} = 3\,x^{2/3}$ in der ganzen t, x-Ebene eindeutig und stetig, aber die partielle Ableitung $\left|\frac{\partial f}{\partial x}\right| = \left|\frac{2}{\sqrt[3]{x}}\right|$ strebt für $x \to 0$ gegen Unendlich.

Punkte, in denen die partielle Ableitung nach x nicht stetig oder wenigstens beschränkt ist, bezeichnet man als *singuläre Punkte.* Die Lösungen, die durch diese Punkte gehen, wenn solche überhaupt existieren, sind besonders zu betrachten. In unserem Beispiel sind alle Punkte der t-Achse $(t, 0)$ singuläre Punkte. Wie sich leicht durch Einsetzen prüfen läßt, stellen $x = (t-c)^3$ und $x \equiv 0$ Lösungen der obigen Dgl. dar. Daß die Lösungen nicht eindeutig sind, geht sofort aus der Anfangsbedingung $x(0) = 0$ hervor, denn es sind sowohl $x = t^3$ als auch $x \equiv 0$ Lösungen der Dgl., die diese Anfangsbedingung erfüllen. Es gehen übrigens durch jeden Punkt der t-Achse unendlich viele Lösungskurven. Man kann andere Beispiele finden, wo durch die singulären Punkte keine Lösung oder nur eine Lösung hindurchgehen.

12.2. Differentialgleichungssysteme

Der $E.E_1$.-Satz läßt sich auch auf endliche Gleichungssysteme expliziter Dgln. 1. Ordnung ausdehnen. So gilt z.B., der Einfachheit halber, für einSystem von 3 Gleichungen der

Existenz- und Eindeutigkeitssatz: Sind für das Dgl.-Gleichungssystem

$$\begin{aligned} x_1' &= f_1(t, x_1, x_2, x_3)\,; \\ x_2' &= f_2(t, x_1, x_2, x_3)\,; \\ x_3' &= f_3(t, x_1, x_2, x_3)\,; \end{aligned} \qquad \text{(II.72)}$$

die Funktionen f_1, f_2 und f_3 in dem Bereich B erklärt und stetig und besitzen sie stetige partielle Ableitungen nach x_1, x_2 und x_3 in B, so geht durch jeden inneren Punkt von B genau eine Lösung der Dgln.

Man beachte, daß die Ableitung nach t nicht erforderlich ist. Als Lösung des Gleichungssystems (II.72) bezeichnet man dabei jedes System stetiger Funktionen

$$x_k = \varphi_k(t) \qquad (k = 1, 2, 3),$$

das im Intervall $a < t < b$ definiert ist und den Gln. (II.72) genügt. Sie erfüllen nach dem $E.E_1$.-Satz für jeden Punkt in B $(t_0, x_{10}, x_{20}, x_{30})$ die Bedingung $x_k(t_0) = x_{k0}$ $(k = 1, 2, 3)$, wobei t_0 natürlich im Definitionsintervall $a < t < b$ liegen muß.

Ganz analog läßt sich der obige Existenz- und Eindeutigkeitssatz, den wir ebenfalls mit $E.E_1$-Satz bezeichnen, auf ein System von n-Gleichungen ausdehnen, da Gl. (II.71) einen Sonderfall von Gl. (II.72) darstellt.

Mit der in Teil III eingeführten Vektordarstellung lautet der $E.E_1$.-Satz folgendermaßen:

Existenz- und Eindeutigkeitssatz: Ist in dem Dgl.-System
$\dot{\mathbf{x}} = \mathbf{f}(t, \mathbf{x})$,
wobei $\mathbf{x}$ einen n-dimensionalen Zustandsvektor darstellt, der n-dimensionale Vektor $\mathbf{f}(t, \mathbf{x})$ in B erklärt und stetig und besitzt er dort stetige partielle Ableitungen nach $\mathbf{x}$, so geht durch jeden inneren Punkt des Bereichs B genau eine Lösung.

Für ein lineares Dgl.-Gleichungssystem ist aber der obige $E.E_1$.-Satz erfüllt. Wie wir aber bereits hervorgehoben haben, läßt sich eine lineare Dgl. n-ter Ordnung auf ein äquivalentes System von n Dgln. 1. Ordnung umformen. Daraus ist, wie es sein muß, ersichtlich, daß in diesem Fall der $E.E_1$.-Satz und der E.E.-Satz die gleiche Aussage liefern. Da der $E.E_1$.-Satz allgemeiner ist, wird dieser in den meisten Büchern über Dgln. an den Anfang gestellt; wir haben uns dieser üblichen Darstellung bewußt nicht angeschlossen, um einmal an die dem Regelungstechniker vertraute Darstellung anzuknüpfen und zum anderen beschäftigen wir uns hier überwiegend mit linearen Problemen. Man kann auch ein beliebiges System von Dgln. n-ter Ordnung, die nach der höchsten Ableitung auflösbar sind, auf ein entsprechendes System von Dgln. 1. Ordnung überführen, dabei sind beide Dgl.-Systeme (in dem betreffenden Bereich) äquivalent: es genügt die Auflösung an einer Dgl. n-ter Ordnung zu zeigen, da das gleiche Verfahren dann auch für die weiteren Dgln. der betreffenden Gleichungssysteme gilt. Die rechte Seite der Dgl. n-ter Ordnung

$$x^{(n)} = f(t, x, x', \dots, x^{(n-1)}), \tag{II.73}$$

die eine Funktion der n + 1 Variablen $t, x, \dots, x^{(n-1)}$ ist, sei in dem (n + 1)-dimensionalen Bereich B definiert. Außerdem seien sowohl $f(t, x, x', \dots, x^{(n-1)})$ als auch die partiellen Ableitungen

$$\frac{\partial f}{\partial x^{(k)}} \quad (k = 0, 1, 2, \dots, n-1) \text{ in B stetig.}$$

Um die Gleichung auf ein Dgl.-Gleichungssystem 1. Ordnung zu transformieren, führen wir durch die Beziehungen

$$x_1 = x, \quad x_2 = x', \dots x_n = x^{(n-1)}$$

die neuen unbekannten Funktionen $x_1, x_2, \dots, x_n$ ein. Damit ist die Gl. (II.73) dem System

$$\begin{aligned} x_1' &= x_2 ; \\ x_2' &= x_3 ; \\ &\vdots \\ x_{n-1}' &= x_n ; \\ x_n' &= f(t, x_1, x_2, \dots, x_n) \end{aligned} \tag{II.74}$$

äquivalent. Auf Gl. (II.74) kann man den $E.E_1$.-Satz anwenden.

So führt z.B. das System von zwei Dgln. 2. Ordnung

$$u'' = f(t, u, u', v, v')$$

und

$$v'' = g(t, u, u', v, v')$$

mit Hilfe der Formeln

$$x_1 = u, x_2 = u', x_3 = v \text{ und } x_4 = v'$$

auf das System:

$$\begin{aligned} x_1' &= x_2 ; \\ x_2' &= f(t, x_1, x_2, x_3, x_4) ; \\ x_3' &= x_4 ; \\ x_4' &= g(t, x_1, x_2, x_3, x_4). \end{aligned}$$

Hängt in der Dgl. $x^{(n)} = f(x, x', \dots, x^{(n-1)})$ die rechte Seite $f(x, x', \dots, x^{(n-1)})$ nicht explizit von der unabhängigen Veränderlichen t ab, die in unserem Falle die Zeit darstellt, so spricht man von einem *autonomen System.* Es ist z.B. eine lineare gewöhnliche Dgl. mit konstanten Koeffizienten dann autonom, wenn ihre rechte Seite (Eingangsgröße) identisch Null ist; das freie System ist also autonom. Ein lineares freies System mit zeitveränderlichen Beiwerten stellt jedoch kein autonomes System dar. Allgemein gilt also: *Sind die Koeffizienten eines Systems von gewöhnlichen Dgln. zeitunabhängig und sind außerdem die Eingangsgrößen identisch Null, dann liegt ein autonomes System vor.*

12.3. Implizite Differentialgleichungen

Abschließend beschäftigen wir uns noch mit der Frage, wann die Dgl. in *impliziter Darstellung*

$$F(t, x, x') = 0 \tag{II.75}$$

eine *eindeutige* explizite Auflösung der Form

$$x' = f(t, x)$$

besitzt. Hierüber geben die Sätze über implizite Funktionen von mehreren Veränderlichen Aufschluß [1], [2]. Die eindeutige Auflösbarkeit nach x' ist gewährleistet, wenn für ein Wertetripel t_1, x_1, x_1', das die Gl. (II.75) erfüllt, die Ableitung

$$\frac{\partial F(t, x, x')}{\partial x'} \neq 0 \tag{II.76}$$

ist und außerdem in einer gewissen Umgebung der betrachteten Stelle sowohl $F(t, x, x')$ stetig als auch $F_{x'}(t, x, x')$ vorhanden und stetig sind; dann definiert Gl. (II.75) eindeutig eine Funktion $f(t, x)$, welche in einer hinreichend nahen Umgebung von $t = t_1$ und $x = x_1$ stetig nach t und x differenzierbar ist, und der Bedingung $x_1' = f(t_1, x_1)$ genügt (lokale Eigenschaft). Diese Bedingung ist jedoch nur hinreichend, wie das Beispiel $F(t, x, x') = (x' - t)^2 = 0$ zeigt. Für jedes die Gleichung $F(t, x, x') = (x' - t)^2 = 0$ erfüllende Wertetripel t_1, x_1, x_1' verschwindet auch die Ableitung $F_{x'}(t, x, x') = 2(x' - t)$, während jedoch die Gleichung $(x' - t)^2 = 0$ völlig eindeutig gelöst werden kann.

Die drei Größen t, x, x', bestimmen ein *Linienelement,* das man geometrisch als ein kleines Stück der durch den Punkt t, x mit der Steigung x' gehenden Geraden deutet und zur Veranschaulichung des Richtungsfeldes einer gewöhnlichen Dgl. verwendet. Ein *Linienelement* der Dgl. (II.75) heißt *regulär,* wenn sich um den Punkt t, x eine Umgebung angeben läßt, so daß durch jeden Punkt dieser Umgebung genau eine Lösungskurve der Dgl. hindurchgeht, andernfalls heißt das Linienelement *singulär.* Bei einer expliziten Dgl. können (im Lösungsbereich) singuläre Linienelemente natürlich nicht auftreten, da die Auflösung nach x' ja für jedes ihr genügenden Linienelementes vorliegt. Es können also für die betrachtete Stelle singuläre Linienelemente nur für

$$\frac{\partial F(t, x, x')}{\partial x'} = 0 \tag{II.77}$$

auftreten. Das obige Beispiel $(x' - t)^2 = 0$ zeigt jedoch, daß Gl. (II.77) keine hinreichende Bedingung darstellt. Sind in einer gewissen Umgebung des Wertetripels t_1, x_1, x_1'

das Gl. (II.75) erfüllt, sowohl $F(t, x, x')$ stetig als auch $F_x'(t, x, x')$ vorhanden und stetig, so stellt Gl. (II.77) eine ***notwendige Bedingung für die Singularität*** und Gl. (II.76) eine ***hinreichende Bedingung für die Regularität*** des Linienelementes t_1, x_1, x_1' dar (lokale Auflösbarkeit). Punkte mit $F_x'(t, x, x') = 0$ sind daher noch gesondert zu betrachten. Ganz analog verhält es sich mit der Auflösung von impliziten Dgln. höherer Ordnung nach der höchsten Ableitung, sie lassen sich, wie vorher gezeigt, auf ein Dgl.-System 1. Ordnung überführen. Unter entsprechenden Bedingungen über die Stetigkeit ist die Auflösung von $F(t, x, x', \ldots, x^{(n)}) = 0$ nach $x^{(n)} = f(t, x, x', \ldots, x^{(n-1)})$ gewährleistet, wenn an der betrachteten Stelle $\frac{\partial F(t, x, x', \ldots, x^{(n)})}{\partial x^{(n)}} \neq 0$ ist.
Unter einer singulären Lösung versteht man eine Integralkurve, die nur singuläre Linienelemente enthält. Diese Betrachtungen sind vor allem für nichtlineare Systeme von besonderer Bedeutung. Da dies über den Rahmen des Buches hinausgeht, verweisen wir für eine eingehende Behanalung auf das Schrifttum über Dgln. und besonders auf [9].

13. Übungsaufgaben

II.1. Bestimme die allgemeine Lösung der Differentialgleichungen:

a) $x'' + x = re^t \sin t + 2te^{2t}$;

b) $x''' - 2x' - 4x = e^{-t} \cos t$;

c) $x''' - 4x'' + 5x' - 2x + 3 = 2e^t$;

d) $x^{(IV)} + 4x = 0$;

e) $x'' + 2x' + 5x = 5t^2 + 4t + 2$.

Weise mit Hilfe des Existenz- und Eindeutigkeitssatzes nach, daß es sich jeweils um die allgemeine Lösung handelt.

II.2. Die inhomogene Differentialgleichung mit konstanten Koeffizienten

$$x'' + 2D\omega_0 x' + \omega_0^2 x = \begin{cases} y_0 e^{-a\Omega t} \sin \Omega\sqrt{1-a^2}\, t & \text{für } t \geqslant 0 \quad (y_0 = \text{const.}) \\ 0 & \text{für } t \leqslant 0 \end{cases}$$

stellt für die positive Dämpfungskonstante $D < 1$ ein schwingungsfähiges System dar. Gib die allgemeine Lösung für die folgenden Fälle an und skizziere den prinzipiellen Verlauf, wenn es sich um ein energiefreies System handelt.

a) $a = D = 0$ und $\Omega = \omega_0$; d.h., es liegt ein ungedämpftes System mit rein sinusförmiger Eingangsgröße vor, wobei die Kreisfrequenz der Anregung Ω mit der des ungedämpften Systems ω_0 (Kennkreisfrequenz) identisch ist.

b) $a = D$, $0 < D < 1$ und $\Omega = \omega_0$; gedämpftes System mit abklingender sinusförmiger Anregung bei identischen Kreisfrequenzen.

c) $a = 0,\ 0 < D < 1$ und $\Omega \gg \omega_0$.

d) $a = 0,\ 0 < D < 1$ und $\Omega \ll \omega_0$.

II.3. Sind die nachfolgend angegebenen Systeme von Funktionen auf der ganzen Zahlengeraden $-\infty < t < +\infty$ linear unabhängig.

a) $\sinh t, e^t, e^{-t}$; b) $\sin 3t, \sin t, \sin^3 t$;

c) $1 + t,\ 1 + 2t, t^2$; d) $t^2 - t + 1, t^2 - 1, 3t^2 - t - 1$.

II.4. Zeige, daß die nachfolgenden Systeme von Funktionen linear unabhängig sind und gib das entsprechende Intervall an!

a) e^{at}, e^{bt}, e^{ct} $(a \neq b \neq c)$; b) t, t^2, t^3;

c) $\sin t, \cos t, \sin 2t$; d) $\ln t, t \ln t, t^2 \ln t$.

II.5. Stelle für das in Bild Ü.II.1 dargestellte System mit der Eingangsgröße $u_e(t)$ und der Ausgangsgröße $u_a(t)$ die zugehörige Differentialgleichung auf. Wie ändert sich die Dgl. für den Fall, daß der Trennverstärker fehlt (gekoppeltes System). Gib in beiden Fällen die Sprungantworten für $u_a(0) = u_a'(0) = 0$ an und zeichne die Übergangsverläufe für $R_1 = 1\,k\Omega, R_2 = 5\,k\Omega, L = 1\,H$ und $C = 1\,\mu F$.

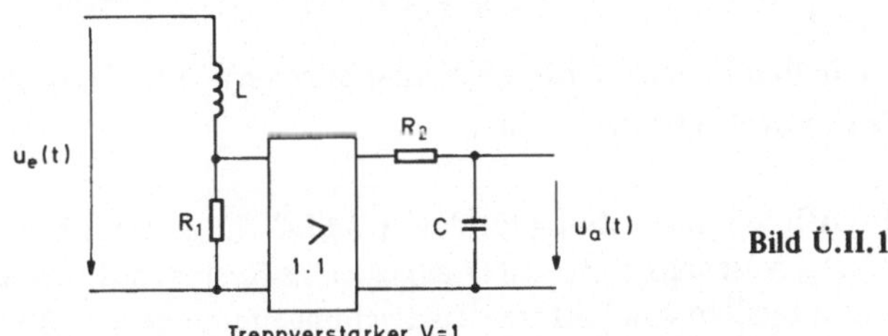

Bild Ü.II.1

Wie lautet jeweils die allgemeine Lösung, wenn für den Anfangswert $t = 0$ ein normiertes Fundamentalsystem zugrunde gelegt wird. Zeige mit Hilfe der Wronskischen Determinante, daß es sich um ein normiertes Fundamentalsystem handelt.

II.6. Ermittle für die Differentialgleichung

$$x'' + \omega_0^2 x = 0$$

ein normiertes Fundamentalsystem für die Stelle $t = 0$.

II.7. Zeige, daß die Eulersche Differentialgleichung

$$t^3 \frac{d^3 x}{dt^3} - 6t \frac{dx}{dt} + 12x = 0$$

drei linear unabhängige Lösungen der Form $x(t) = t^c$ hat.

II.8. Die vollständigen Lösungen der folgenden Integrodifferentialgleichungen sind für die zur Zeit $t = 0$ angegebenen Anfangswerte anzugeben.

a) $\frac{dx}{dt} + 6x + 8\int x(\tau)\,d\tau = 0; \quad x_0 = 0,\ x_0^{(-1)} = \int\limits_{-\infty}^{0} x(\tau)\,d\tau = -1;$

b) $\frac{dx}{dt} + 6x + 8\int x(\tau)\,d\tau = 12\,e^{2t}; \quad x_0 = x_0^{(-1)} = 0;$

c) $\frac{dx}{dt} + x - \int\limits_0^t x(\tau)\,d\tau + \int\limits_0^t\int\limits_0^\tau x(\tau_1)\,d\tau_1\,d\tau = t^2; \quad x_0 = 0;$

d) $\frac{d^2x}{dt^2} + \frac{dx}{dt} - x - \int\limits_0^t x(\tau)\,d\tau = 2t; \quad x_0 = 0,\ x_0' = -2;$

e) $x + \int\limits_0^t x(\tau)\,d\tau - \int\limits_0^t\int\limits_0^\tau x(\tau_1)\,d\tau_1\,d\tau - \int\limits_0^t\int\limits_0^\tau\int\limits_0^{\tau_1} x(\tau_2)\,d\tau_2\,d\tau_1\,d\tau = t^2.$

Warum brauchen in den Fällen c) bis e) die Anfangswerte $x^{(-1)}(0)$, $x^{(-2)}(0)$ und $x^{(-3)}(0)$ nicht angegeben zu werden?

II.9. Stelle die Integrodifferentialgleichung für das in Bild Ü.II.2 mit der Eingangsgröße $u_e(t)$ und der Ausgangsgröße $u_a(t)$ angegebene System auf. Bringe sie auf ein äquivalentes System von Differentialgleichungen und gebe in allgemeiner Form die zugehörigen Anfangswerte an.

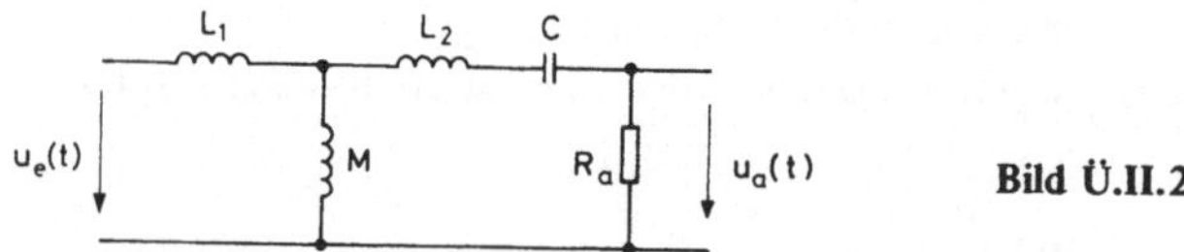

Bild Ü.II.2

II.10. Wie lautet die Sprungantwort (Übergangsfunktion) der Integrodifferentialgleichung

$$x'' + a_2 x' + a_1 x + a_0 \int\limits_0^t x(\tau)\,d\tau = b_0 \int\limits_0^t y(\tau)\,d\tau + b_1 y$$

für $x'(0) = x(0) = 0$ sowie $a_2 = 8$, $a_1 = 159$, $a_0 = 706$, $b_0 = 333$ und $b_1 = -3$?

II.11. Sind die folgenden Systeme von Differentialgleichungen degeneriert? Führe sie in Differentialgleichungen nach jeweils einer abhängigen Variablen $x(t)$ bzw. $y(t)$ über und gib die allgemeinen Lösungen an.

a) $(D-1)x + Dy = 2t+1, \quad (2D+1)x + 2Dy = t;$

b) $(D-3)x + (2D+4)y = 2\sin t, \; 3x + (D+2)y = 2e^{2t};$

c) $(D+1)x + (D-1)y = e^t, \; (D^2+D+1)x + (D^2-D+1)y = t^2;$

d) $Dx + (D+1)y = 1, \; (D+2)x - (D-1)z = 1, \; (D+1)y + (D+2)z = 0;$

e) $(D-14)x + 8y - 2z = t, \; -41x + (D+24)y - 7z = 0,$
$-73x + 44y + (D-15)z = 0;$

f) $(D-1)x + (D+2)y = 1+e^t, \; (D+2)y + (D+1)z = 2+e^t,$
$(D-1)x + (D+1)z = 3+e^t.$

II.12. Zeige, daß die folgenden Differentialgleichungssysteme degeneriert sind und gib alle Lösungen an, falls überhaupt welche existieren.

a) $(D-1)x + (2D+1)y = 0, \; (D+1)x + (2D+3)y = 0;$

b) $(D-1)x + Dy + 2Dz = \sin t, \; Dx - Dy + (D+1)z = t,$
$(D-3)x + 5Dy + (4D-2)z = 2t^2;$

c) $(D^2-1)x + (D^2+1)y = 0, \; (D+2)x + (D+2)y = 0.$

II.13. Zeige, daß die folgenden Differentialgleichungssysteme nicht degeneriert sind und gib die allgemeinen Lösungen an.

a) $(D+1)x + (D+2)y = 0, \qquad (7D-5)x + (8D-4)y = 0;$

b) $(D-8)x - 4y + (D-12)z = 0,$
$(D+1)x + Dy + (2D+1)z = 0,$
$(3D-6)x + (2D-4)y + (D^2+5D-11)z = 0.$

II.14. Zeige, daß ein nicht degeneriertes System der Form

$$\sum_{k=1}^{n} a_{ik}\frac{dx_k}{dt} + b_{ik}x_k = y_k(t) \qquad (i = 1, 2, \dots, n)$$

stets auf die grundlegende Form

$$\frac{dx_k}{dt} = c_{k1}x_1 + \dots + c_{kn}x_n + f_k(t)$$

gebracht werden kann. (Hinweis: betrachte die Ordnung des Systems).

II.15. Überführe die Differentialgleichungssysteme der Übungsaufgabe II.13. auf ein äquivalentes System von Dgln. 1. Ordnung und zwar einmal auf die im vorstehenden Beispiel angegebene grundlegende Form sowie bezüglich $x(t)$ in die Form von Gl. (III.65).

II.16. Ein gekoppeltes mechanisches schwingungsfähiges System wird durch das Differentialgleichungssystem

$$m_1\ddot{x}_1 + k_1 x_1 - k_2(x_2 - x_1) = 0$$

$$m_2\ddot{x}_2 + k_2(x_2 - x_1) + k_3 x_2 = 0$$

beschrieben. Bringe das obige Gleichungssystem auf ein System von Dgln. 1. Ordnung.

II.17. Bringe die Differentialgleichung

$$(D^k + a_{k-1}D^{k-1} + \ldots + a_1 D + a_0)\, x(t) = (b_1 D + b_0)\, y(t)$$

auf ein äquivalentes System von Dgln. 1. Ordnung.

II.18. Wie lautet das zu den Differentialgleichungen

$$(D^2 + 2D + 1)\, x_1 + (2D + 1)\, x_2 = y_1$$

$$(2D + 1)\, x_1 + (D^2 + 2D + 2)\, x_2 = Dy_1 + y_2$$

gehörige äquivalente System von Dgln. 1. Ordnung.

II.19. In welchem t-Intervall weist nach dem Existenz- und Eindeutigkeitssatz die Differentialgleichung

$$\frac{dx}{dt} = \frac{2}{t^2 - 1}$$

eine eindeutige Lösung auf? Gib die allgemeine Lösung der Dgl. für die betreffenden Intervalle an!

II.20. In welchem Gebiet der x, t-Ebene hat nach dem erweiterten Existenz- und Eindeutigkeitssatz die Differentialgleichung

$$\frac{dx}{dt} = \frac{x^2 - 1}{2}$$

eine eindeutige Lösung? Löse die Dgl. durch Trennung der Veränderlichen; in welche Teilgebiete muß man dabei das Gebiet B aufspalten?

III. Transformationen

In Teil II führte die formelle Einführung des „Operators" D bei simultanen Dgl.-Gleichungssystemen auf ein entsprechendes algebraisches Gleichungssystem, wodurch sich für dessen Auflösung wesentliche Vereinfachungen ergaben. Es soll nun versucht werden, einen anderen Weg zu finden, um zu expliziten (algebraischen) Darstellungen für Differential- und Integrodifferentialgleichungssysteme zu gelangen. Bei der Behandlung von vielen physikalischen Problemen kommt man mit Hilfe einer *Transformation (Abbildung)* schneller zu den gewünschten Aussagen. So stellt z.B. die konforme Abbildung ein unentbehrliches Hilfsmittel bei der Behandlung von ebenen Potentialfeldern dar. Wir stellen uns deshalb die Frage: Gibt es *Transformationen,* welche die *transzendenten linearen Dgl.* in (explizite) *algebraische Gleichungen* überführen und wie müssen diese beschaffen sein? Diese Fragestellung veranlaßt uns, etwas allgemeiner auf den Transformationsgedanken einzugehen. Wir führen hierzu die sogenannte *„Funktionaltransformation"* ein und gelangen dabei auch zu den (abstrakten) *Räumen.* Diese Darstellungen gewinnen immer mehr Bedeutung für die Charakterisierung von modernen ingenieurwissenschaftlichen Aufgaben. Die nachfolgende kurze Behandlung der ersten beiden Abschnitte kann jedoch nur einen knappen Überblick über die grundlegenden Gedanken und ihre Zusammenhänge vermitteln; sie ist daher als Anregung gedacht. Der Leser, der sich nicht mit diesen erweiterten Zusammenhängen beschäftigen möchte, kann die beiden ersten Abschnitte überschlagen, ohne dabei im weiteren Text auf erhebliche Schwierigkeiten zu stoßen. In den anschließenden Abschnitten III.3 bis III.6 befassen wir uns mit der Darstellung von Systemen im Zustandsraum und einigen damit zusammenhängenden Problemen. Diese Betrachtungen sind allerdings für die moderne Behandlung von Regelungsproblemen fundamental.

1. Der allgemeine Transformationsgedanke

Wir gehen hierzu vom (allgemeinen) Funktionsbegriff aus. Die einfachste Funktion ist die *reelle Funktion einer reellen Veränderlichen* $x = f(t)$, die einem *Zahlenwert* wieder einen *Zahlenwert* zuordnet. Geometrisch bedeutet dies, daß die Punkte einer *eindimensionalen* t-Geraden auf die Punkte einer (eindimensionalen) x-Geraden abgebildet werden; siehe Bild III.1, wo z.B. die beiden Geraden rechtwinkelig zueinander angeordnet sind (Cartesisches-Koordinaten-System). Das Symbol f weist also auf die *punktweise Zuordnung (Abbildung)* hin. Als Beispiel für eine Zuordnung enthält die nachfolgende Tabelle (Logarithmen-Tafel) Zahlenwerte der Funktion $x = f(t) = \log t$.

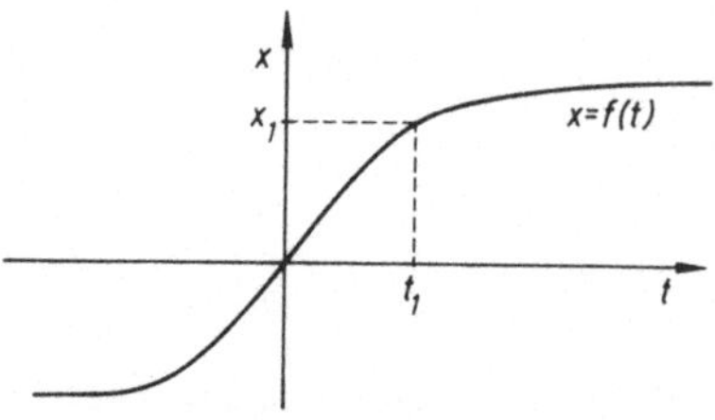

Bild III.1
Abbildung der Punkte der t-Geraden auf die der x-Geraden

Tabelle III.1

t	x(t) = log t
3,67	0,56467
17,30	1,23805
756,00	2,87852
48000,00	4,68124

Nun bringt aber schon diese punktweise Zuordnung (Transformation) bei bestimmten Berechnungen wesentliche Vereinfachungen. Die Multiplikation der Zahlen 3,67, 17,30 und 756,00 miteinander, führt bekannterweise auf eine Addition, wenn anstelle der Zahlen ihre zugehörigen Logarithmen genommen werden. Da zwischen den t-Werten und den entsprechenden Logarithmen eine *eindeutige Zuordnung* existiert, addieren wir, siehe Tabelle III.1, die entsprechenden Logarithmen, was (im Rahmen der Tafelgenauigkeit) 4,681 24 ergibt. Aber auch die *Umkehrung ist eindeutig*, weshalb man in Tabelle III.1 nur den zu x = 4,681 24 entsprechenden Wert t = 48 000,00 zu suchen braucht. Diesen Vorgang bezeichnet man als *inverse Transformation.* Die Transformation ist *umkehrbar eindeutig*, d.h. durch die jeweils (eindeutigen) Zuordnungen $x = \log t$ und $t = 10^x$ ergibt sich wieder der ursprüngliche Wert $t = 10^{\log t} = t$. Diese *umkehrbar eindeutigen Transformationen* sind gerade für die Untersuchung realer Systeme von besonderer Bedeutung. Denn oftmals werden die Gleichungen auf eine Form gebracht, die eine bessere Handhabung gewährleisten. Dabei geht aber häufig der direkte Zusammenhang mit dem physikalischen Geschehen verloren. Man möchte aber nach der Manipulation mit der transformierten Größe wieder auf das reale Geschehen schließen. Hierzu ist aber ein umkehrbar eindeutiger Zusammenhang unentbehrlich.

Zur formalen Berechnung wäre die genaue Kenntnis der Transformation nicht erforderlich. Man darf jedoch von keinem Wissenschaftler erwarten, daß er Zutrauen zu Verfahren gewinnt, von denen er keine klare Vorstellung besitzt. Andererseits wird man versuchen, die gewonnenen Verfahren auch auf andere Problemstellungen mit Vorteil anzuwenden, wie z.B. die Logarithmentafel zur Berechnung der $\sqrt[37,5]{72863}$, was nur durch Kenntnis der Transformationsvorschrift möglich ist.

1.1. Vektorräume

Wie wir sahen, läßt sich die reelle Funktion der reellen Veränderlichen $x = f(t)$ als eine Transformationsvorschrift der (eindimensionalen) Raumpunkte der t-Geraden in die der x-Geraden betrachten. Dabei genügt zur *Kennzeichnung der (Raum-) Punkte* sowohl der t- als auch der x-Geraden die Angabe *einer reellen Zahl.*

Zu einem *zweidimensionalen* Gebilde kommt man z.B. durch die komplexe Funktion einer komplexen Veränderlichen $w = f(z)$, die den Punkten (geordnete Zahlenpaare) der z-Ebene $z = x + iy$, die Punkte der w-Ebene $w = u + iv$ zuordnet. Ein Beispiel ist die gebrochene lineare Transformation $w = \frac{z+1}{z-1}$, die das Innere des Einheitskreises der z-Ebene auf die linke w-Halbebene *konform* (mit Ausnahme von $z = 1$) *abbildet.* In diesem Fall kann man die Darstellung $w = f(z)$ als Transformationsvorschrift der zweidimensionalen Raumpunkte z in die ebenfalls *zweidimensionalen Raumpunkte* w ansehen; zur Kennzeichnung der jeweiligen Raumpunkte benötigt man diesmal jedoch ein *geordnetes Zahlenpaar.*

Weiterhin bekannt sind die geometrischen Darstellungen eines Punktes in einem *dreidimensionalen* Raum durch Vektoren (geordnete Zahlentripel). Jeder Punkt eines solchen Raumes ist durch drei geordnete (reelle) Zahlen, die *Koordinaten* x_1, x_2, x_3 oder durch einen Vektor mit den drei Komponenten $\mathbf{x} = [x_1 \;\; x_2 \;\; x_3]$ bestimmt. Die Beziehung $\mathbf{y} = \mathbf{f}(\mathbf{x})$ stellt eine Transformation der 3-dimensionalen Vektoren $\mathbf{x}$ in die ebenfalls 3-dimensionalen Vektoren $\mathbf{y}$ dar[9]). Als Beispiel betrachten wir die bekannte lineare Transformation

$$\begin{aligned} y_1 &= a_{11}x_1 + a_{12}x_2 + a_{13}x_3 \\ y_2 &= a_{21}x_1 + a_{22}x_2 + a_{23}x_3 \\ y_3 &= a_{31}x_1 + a_{32}x_2 + a_{33}x_3 \;, \end{aligned} \tag{III.1 a}$$

die auch oft in der Form

$$y_\mu = \sum_{\nu=1}^{3} a_{\mu\nu}\, x_\nu \qquad (\mu = 1, 2, 3) \tag{III.1 b}$$

geschrieben wird.

Die äquivalente Schreibweise

$$\begin{bmatrix} y_1 \\ y_2 \\ y_3 \end{bmatrix} = \begin{bmatrix} a_{11} & a_{12} & a_{13} \\ a_{21} & a_{22} & a_{23} \\ a_{31} & a_{32} & a_{33} \end{bmatrix} \begin{bmatrix} x_1 \\ x_2 \\ x_3 \end{bmatrix} \tag{III.1 b}$$

oder kürzer

$$\mathbf{y} = \mathbf{A}\,\mathbf{x} \tag{III.1 c}$$

weist direkt auf die vektorelle Darstellung hin. Dabei kennzeichnen die kleinen Buchstaben $\mathbf{x}, \mathbf{y}$ in Gl. (III.1c) *Spaltenvektoren* und $\mathbf{A}$ die quadratische *Matrix* $[a_{ik}]$. Durch die Transformation Gln. (III.1) wird jeder Punkt des 3-dimensionalen Raumes $P(x_1, x_2, x_3)$ eindeutig in einen Punkt $P(y_1, y_2, y_3)$ eines ebenfalls 3-dimensionalen Raumes abgebildet. Zur Kennzeichnung eines Raumpunktes benötigt man dabei ein *geordnetes Zahlentripel.*

---

[9]) Vektoren und Matrizen sind durch halbfette Buchstaben bzw. bei griechischen Buchstaben aus drucktechnischen Gründen durch Unterstreichung gekennzeichnet.

Verallgemeinern wir diese Begriffe, so kommen wir zu einem n-gliedrigen oder n-dimensionalen Vektor $\mathbf{x} = [x_1 \dots x_n]$, mit den n Komponenten x_i. Er wird durch ein n-Tupel von Zahlen beschrieben und man spricht daher von einem *Vektor in einem n-dimensionalen Raum,* da zur Kennzeichnung eines Raumpunktes $P(x_1, \dots, x_n)$ n (reelle)[10]) Koordinaten notwendig sind. Natürlich reicht unser räumliches Anschauungsvermögen zur Vorstellung von n-dimensionalen Räumen mit $n > 3$ nicht aus. Die Verallgemeinerung bringt, auch bei der Behandlung von praktischen Problemen, wesentliche Vorteile mit sich. Es ist dabei allgemein üblich, die geometrischen Ausdrucksweisen und Betrachtungen der zwei- und dreidimensionalen Räume auch auf Räume mit höheren Dimensionen zu übertragen; diese Verbindung vermittelt vor allen Dingen den Anfängern mehr Zutrauen zur Abstraktion.

Entsprechend bildet z.B. die lineare Transformation

$$\begin{bmatrix} y_1 \\ y_2 \\ \cdot \\ \cdot \\ \cdot \\ y_n \end{bmatrix} \begin{bmatrix} a_{11} & a_{12} & \dots & a_{1n} \\ a_{21} & a_{22} & \dots & a_{2n} \\ \cdot & \cdot & & \cdot \\ \cdot & \cdot & & \cdot \\ \cdot & \cdot & & \cdot \\ a_{n1} & a_{n2} & \dots & a_{nn} \end{bmatrix} \begin{bmatrix} x_1 \\ x_2 \\ \cdot \\ \cdot \\ \cdot \\ x_n \end{bmatrix} \tag{III.2a}$$

oder kürzer ausgedrückt

$$\mathbf{y} = \mathbf{f}(\mathbf{x}) = \mathbf{A}\,\mathbf{x} \tag{III.2b}$$

den durch den Vektor $\mathbf{x}$ dargestellten Punkt auf einen Punkt $\mathbf{y}$ ab. Durch die Matrix $\mathbf{A}$, in der durch die vektorielle Schreibweise (Matrizenform) dargestellten Gln. (III.2), ist die Transformation $\mathbf{f}$ vollständig bestimmt. *Man spricht auch von der Abbildung des n-dimensionalen x-Raumes auf den n-dimensionalen y-Raum,* wobei man sich die beiden Räume als getrennt oder zusammenfallend denken kann. *Ein Raumpunkt wird dabei durch n geordnete (reelle) Zahlen charakterisiert.*

Setzt man diese Überlegungen fort, so gelangt man zu Räumen von *unendlich vielen Dimensionen.* Ein Vektor, der durch eine abzählbar unendliche Folge von Zahlen $\mathbf{x} = [x_1\ x_2 \dots x_n \dots]$ gegeben ist, kann somit als ein Punkt in einem *Raum von abzählbar unendlich vielen Dimensionen* betrachtet werden, dabei nehmen wir stets an, daß für diese Zahlen die Reihe $\sum_{k=1}^{\infty} |x_k|^2$ *konvergiert.* So ist z.B. die Potenzreihe $r(x) = \sum_{k=1}^{\infty} a_k x^k$ durch ihre unendlich vielen Koeffizienten a_k bestimmt und stellt

---

[10]) Sind die Komponenten komplexe Zahlen, so spricht man von einem komplexen Vektorraum, der bereits für $n > 1$ nicht mehr graphisch darstellbar ist.

daher einen Punkt eines Raumes mit abzählbar unendlich vielen Dimensionen dar. Auch hier bildet wieder entsprechend den endlich-dimensionalen Räumen z.B. die lineare Transformation

$$\begin{array}{l} y_1 = a_{11}x_1 + a_{12}x_2 + \ldots \\ y_2 = a_{21}x_1 + a_{22}x_2 + \ldots \\ \cdot \quad \cdot \quad \cdot \quad \cdot \\ \cdot \quad \cdot \quad \cdot \quad \cdot \\ \cdot \quad \cdot \quad \cdot \quad \cdot \end{array} \qquad \text{(III.3a)}$$

oder kürzer ausgedrückt

$$\mathbf{y} = \mathbf{A}\,\mathbf{x} \qquad \text{(III.3b)}$$

den durch den Vektor $\mathbf{x}$ dargestellten Punkt auf einen Punkt $\mathbf{y}$, mit ebenfalls *abzählbar unendlich vielen Dimensionen,* ab; dabei ist $\mathbf{A}$ eine unendliche Matrix mit den unendlich vielen Elementen a_{ik}. Die Gln. (III.3) bestimmen somit die *Abbildung des X-Raumes mit abzählbar unendlich vielen Dimensionen auf einen Y-Raum mit ebenfalls abzählbar unendlich vielen Dimensionen. Ein Punkt dieses Vektorraumes wird dabei durch abzählbar unendlich viele (reelle) Zahlen festgelegt.*

1.2. Funktionenräume

Hingegen ist eine in $a \leqslant t \leqslant b$ dargestellte Funktion $f(t)$ durch die *nichtabzählbaren unendlich vielen Werte* der reellen Zahlen bestimmt. Sie läßt sich als ein Punkt eines *unendlichvieldimensionalen Raumes* deuten, dessen *Dimensionszahl* jedoch *nicht abzählbar* sondern ein *Kontinuum* ist. Wir sehen auch hier $f(t)$ als „Vektor" an, in dem wir jedem Wert von t_0 aus $a \leqslant t \leqslant b$ die Zahl $f(t_0)$ als Komponente zuordnen. In diesem Fall durchläuft die unabhängige Veränderliche t, die die Rolle des *Komponentenindex* spielt, kontinuierlich alle Werte des obigen Intervalls und der dargestellte Vektor hat daher *kontinuierlich viele Komponenten.* Wir bezeichnen die Gesamtheit dieser Räume, im Gegensatz zu den vorstehenden Vektorräumen, als *Funktionenräume* [11]). In der selben Weise, wie bei den Vektorräumen, kann man schließlich einen *„Funktionsbegriff"* bilden, der den *Punkten* (Elementen) eines *Raumes mit kontinuierlicher Dimensionszahl,* dessen Elemente also Funktionen sind, wiederum die Punkte eines *nichtabzählbaren unendlichvieldimensionalen Raumes* zuordnet. Diesen Funktionsbegriff bezeichnet man als *Funktionaltransformation* und schreibt entsprechend der gewöhnlichen Funktion

$$F(x) = \mathcal{T}\,\{f(t)\}.^{*)} \qquad \text{(III.4)}$$

11) Die Punkte von Funktionenräumen können natürlich auch für Funktionen von mehreren (reellen oder auch komplexen) Veränderlichen definiert sein.

*) In der Regel werden Funktionaloperatoren in Frakturbuchstaben gesetzt. Da wir aus drucktechnischen Gründen davon absehen mußten, werden sie durch kursiv gesetzte Symbole hervorgehoben.

Die Funktionaltransformation bildet also *Funktionen* wieder in *Funktionen* ab, die wir als *Objektfunktion* oder *Originalfunktion* f(t) und *Resultatfunktion* oder *Bildfunktion* F(x) bezeichnen. Das Symbol T wird häufig *Funktionaloperator* genannt. Die Gesamtheit (Menge) aller Originalfunktionen für die T erklärt ist, heißt der *Originalraum, Originalbereich* oder allgemein der *Definitionsbereich* und die der Bildfunktion *Bildraum, Bildbereich* oder allgemein der *Wertebereich*. Eine solche Funktionaltransformation stellt z.B. die Integration

$$F(x) = \int_0^x f(t)\,dt$$

dar; es handelt sich um ein bestimmtes Integral mit variabler oberer Grenze. Bilden alle in $-\infty < t < +\infty$ stetigen Funktionen den Originalraum T_1, so besitzt der durch die Integration erhaltene Bildraum X_1 Funktionen, die in $-\infty < x < +\infty$ eine stetige Ableitung besitzen und für $x = 0$ den Wert Null haben, da dann das Integral wegen der gleichen oberen und unteren Grenze verschwindet. Wählen wir hingegen als Originalräum T_2 z.B. alle in $a \leqslant t \leqslant b$ stetigen Funktionen, so liegt ein anderer Definitionsbereich vor. Die Funktion $f(t) = \frac{1}{t}$ ist z.B. für $1 \leqslant t \leqslant 10$ ein Punkt von T_2 aber kein Punkt von T_1, da sie in $-\infty < t < +\infty$ an der Stelle $t = 0$ unstetig ist.

Die Funktion $f_2(t) = \begin{cases} t & \text{für} \quad a \leqslant t < \beta \quad \text{und} \quad \beta < t \leqslant b \\ \frac{1}{2} & \text{für} \quad t = \beta \end{cases}$

stimmt, ausgenommen an der Stelle $t = \beta$, mit der Funktion $f_1(t) = t$ überein. $f_2(t)$ ist an der Stelle $t = \beta$ unstetig und ist daher im Gegensatz zu $f_1(t)$ kein Punkt von T_1. Ändern wir also in diesem Fall lediglich eine der kontinuierlich vielen Komponenten von $f_1(t)$ ab, so kann die neue Funktion keinen Punkt des Raumes T_1 darstellen. Wie die Tabelle III.2 (Integraltafel) zeigt, bildet der *Integraloperator Funktionen wieder in Funktionen* ab.

Eine weitere Funktionaltransformation ist die Differentiation

$$F(x) = \frac{d}{dt}\, f(t)\Big|_{t=x}$$

oder mit unserem vorher eingeführten Symbol

$$F(x) = D\{f(t)\}\Big|_{t=x};$$

Tabelle III.2

f(t)	F(x)
1(t)	x
t	$\frac{x^2}{2}$
t^n	$\frac{x^{n+1}}{n+1}$
e^t	$e^x - 1$
$\sin t$	$-\cos x + 1$

im Schrifttum wird sehr häufig anstelle von D (bzw. Frakturbuchstaben) das Symbol D benutzt. Die obigen Transformationen (Integration und Differentiation) sind natürlich nur auf die Klasse der integrierbaren bzw. differenzierbaren Funktionen beschränkt. Während die Integration eine *umkehrbar eindeutige* Transformation darstellt, trifft dies bei der Differentiation nicht zu, denn es ist

$$f(x) = D\{f(t)\}\Big|_{t=x} = D\{f(t) + k\}\Big|_{t=x} \qquad (k = \text{const.})$$

So führen z.B. alle $t^2 + k$ auf $F(x) = 2x$. Legen wir jedoch im Originalbereich nur Funktionen mit $k = 0$ zugrunde, so stellt die Differentiation ebenfalls eine umkehrbar eindeutige Transformation dar. Ist $T\{f(t)\}$ eine *eindeutig umkehrbare Transformation,* so bezeichnen wir die *inverse Transformation* mit $T^{-1}\{F(x)\}$. Entsprechend Gln. (I.1) und (I.2) ist eine Funktionaltransformation *linear,* wenn

$$T\{f_1(t) + f_2(t)\} = T\{f_1(t)\} + T\{f_2(t)\} \tag{III.5}$$

und

$$T\{\lambda f(t)\} = \lambda\, T\{f(t)\} \qquad (\lambda = \text{const.}) \tag{III.6}$$

gilt. *Die Integration und die Differentiation sind also lineare Transformationen.*

1.3. Allgemeine Definition des Funktionsbegriffes

Betrachtet man nun bei dieser geometrischen Formulierung die *Gesamtheit der Raumpunkte als Mengen,* so kann man den Funktionsbegriff allgemeiner formulieren. Wir bezeichnen für den Rest des Abschnittes die Veränderlichen mit x und y um die Allgemeingültigkeit hervorzuheben. So läßt sich z.B. der gewöhnliche Funktionsbegriff folgendermaßen definieren.

> **Definition III.1:** X und Y seien zwei Mengen reeller Zahlen. Wenn jeder Zahl x aus X nach einer Vorschrift eindeutig eine Zahl y zugeordnet ist, so sagt man, daß auf der Menge X eine eindeutige Funktion $y = f(x)$ definiert sei, deren Wertebereich in der Menge Y liegt[12]). Die Menge X heißt Definitionsbereich der Funktion.

Für das Wesen der funktionellen Zuordnung ist es nicht nowendig, daß X und Y Mengen von reellen Zahlen sind. Betrachten wir nun z.B. X und Y als Funktionenmengen, so führt die obige Definition 1 auf die Funktionaltransformation Gl. (III.4).

Die vorstehenden Transformationen hatten gemeinsam, daß durch sie *Raumpunkte wieder auf Punkte von gleichartigen Räumen* abgebildet werden, d.h. z.B. Punkte eines n-dimensionalen Originalraumes auf Punkte eines n-dimensionalen Bildraumes. Dies ist

---

12) Es wird folgende Unterscheidung getroffen: Gilt der Sachverhalt für alle Elemente der Menge, so sagt man „auf einer Menge". Gilt er hingegen möglicherweise nicht für alle Elemente, so sagt man „in einer Menge".

aber für die Definition der Transformation nicht notwendig, wenn man unter den Mengen X und Y beliebige Mengen versteht. Mit der obigen Definition III.1 gelangen wir dann zu einem allgemeineren Funktionsbegriff. Bei der *Vektorfunktion*

$$\mathbf{y} = \mathbf{f}(x)$$

wird z.B. *jeder reellen Zahl x ein n-dimensionaler Vektor* **y** *zugeordnet;* es ist dann X eine Menge reeller Zahlen und Y eine Menge von n-gliedrigen Vektoren.

Ein anderes Beispiel stellt das bestimmte Integral

$$y = \int_a^b f(x)\,dx \qquad \text{(III.7a)}$$

dar. Hier besteht der Definitionsbereich X aus den Funktionen f(x) und der Wertebereich Y aus reellen Zahlen y, d.h. jeder Funktion f(x) wird eine Zahl y zugeordnet. Probleme dieser Art, die besonders für die strukturoptimalen Regelungsvorgänge interessant sind, behandelt die *Variationsrechnung.* Dort wird z.B., im Gegensatz zu den gewöhnlichen Maxima- bzw. Minimaaufgaben, wo man Zahlenwerte sucht, nach der *Funktion* $y = y(x)$ gefragt, die das Integral

$$J(y) = \int_a^b f(x, y, y')\,dx \qquad \text{(III.7b)}$$

zum Minimum macht. Die durch die Gleichung $y = y(x)$ definierte Kurve, für welche die Gl. (III.7b) einen Sinn hat, gehört einmal der Klasse derjenigen Funktionen an, die eine stetige Ableitung besitzen, und die zum anderen durch die Punkte $P_1(a, y(a))$ und $P_2(b, y(b))$ gehen. In diesem Fall ist X die Menge der Kurven (Funktionen) mit den angegebenen Eigenschaften und Y die Menge der reellen Zahlen.

Jede Vorschrift, mit deren Hilfe jedem Element einer Menge von Funktionen eine bestimmte reelle Zahl zugeordnet wird, bezeichnet man als ein Funktional. Die Integralausdrücke in Gln. (III.7) sind Funktionale, da ihr Wertebereich aus reellen Zahlen besteht.

2. Abstrakte Räume

Versteht man in der vorstehenden Definition III.1 unter X und Y nicht nur die Mengen von Zahlen und Funktionen, sondern ganz willkürliche (auch abstrakte) Mengen, so führt diese Verallgemeinerung zu den abstrakten Räumen.

Definition III.2: Es seien zwei beliebige Mengen X und Y gegeben und eine Vorschrift ordne jedem Element $x \in X$[13]) ein eindeutig bestimmtes Element $y \in Y$

---

13) $x \in X$ drückt aus, daß x ein Element der Menge X ist, d.h. x gehört zur Menge X. – Zum tieferen Eindringen in die Probleme und Gedanken dieses Abschnittes sind die Kenntnisse der grundlegenden Begriffe der Mengenlehre unentbehrlich.

zu, dann sprechen wir von einer abstrakten Funktion oder einem Operator $y = f(x)$ oder $y = fx$. Der Operator ist auf der Menge X definiert und sein Wertebereich liegt in der Menge Y. Das Symbol f weist dabei auf den Abbildungscharakter hin.

Man nennt diese Zuordnung auch eine Abbildung f von X in Y und schreibt: $f: X \to Y$. Der Operator f bildet also eindeutig Elemente der Menge X auf Elemente der Menge Y ab.

Besteht speziell der Wertebereich des Operators aus reellen Zahlen, so heißt der Operator ein *Funktional*; dies ist die Verallgemeinerung des schon kurz vorher erklärten Begriffes. Mit Ausnahme des *„Identitätsoperators"* I, d.h. $x = Ix$, und der *„Nulltransformation"* stellen die linearen Funktionale die einfachste unter den allgemeinen linearen Transformationen dar. In der modernen Mathematik bezeichnet man den Zweig, der sich vor allem mit den abstrakten Räumen – und speziell mit den Funktionenräumen sowie den Funktionalen – beschäftigt als Funktionalanalysis [16] und [17]. Da die natürliche Charakterisierung vieler Systeme einen Zusammenhang zwischen Eingangs- und Ausgangselementen (Funktionen) darstellt, sind diese Betrachtungen auch für reale Systeme von Interesse.

In diesem allgemeinen Sinne spricht man auch im Zusammenhang mit realen Systemen von Operatoren, indem man entweder das System selbst als Operator auffaßt, oder die entsprechenden Beziehungen, die das System charakterisieren, als Operator bezeichnet. Vielfach wird z.B. im technischen Schrifttum die Beziehung $y = fx$ als Operator gedeutet, der auf die „Eingangsgröße" x wirkt und dabei die „Ausgangsgröße" y hervorruft.

Mit der letzten Deutung läßt sich eine allgemeine Blockschaltbilddarstellung definieren. Dabei ist es gleichgültig, durch welche Beschreibungsform (z.B. Darstellung im Zeit- oder Frequenzbereich; analytische oder andere Formulierungen) das System charakterisiert wird. In diesem Zusammenhang ist es sinnvoll, dem Operator folgende Eigenschaften zuzuweisen.

Für das *Produkt* gilt:

$$fx = f_2 f_1 x = f_2(f_1 x), \qquad \text{(Reihenschaltung)}$$

vorausgesetzt der Wertebereich von f_1 ist im Definitionsbereich von f_2 enthalten; speziell schreibt man

$$ffx = f^2 x \quad \text{usw.}$$

Das heißt in Worten: der Operator f stellt die Transformation dar, die sich durch f_2 ergibt, wenn diese auf die durch $f_1 x$ hervorgerufene „Ausgangsgröße" wirkt. Das Produkt ist im allgemeinen *nicht kommutativ*, also

$$f_2 f_1 x \neq f_1 f_2 x,$$

d.h. die Ausgangsgröße hängt von der Reihenfolge der hintereinander liegenden Systeme ab. Die *Summe* wird durch

$$(f_1 \pm f_2)x = f_1 x \pm f_2 x \qquad \text{(Parallelschaltung)}$$

für alle x im gemeinsamen Definitionsbereich von f_1 und f_2 definiert. Das Produkt und die Addition lassen sich, in der hier definierten Form, unmittelbar auf n Operatoren ausdehnen.

Im allgemeinen ist auch

$$f(x + z) \neq fx + fz;$$

hingegen bei *linearen Operatoren* gilt

$$f(x + z) = fx + fz \qquad \text{(Superposition)}$$

und

$$f\lambda x = \lambda fx \qquad \lambda = \text{const.} \qquad \text{(Homogenität).}$$

Für die Systemuntersuchung sind hauptsächlich *Operatoren mit kausaler Eigenschaft* von Bedeutung. Deshalb legt man vielfach verschwindende Anfangswerte (energiefreie Systeme) zugrunde und betrachtet lediglich direkt erkennbare Ausgangsgrößen.

Der in Abschnitt II.10 symbolisch eingeführte Differentialoperator $D = \frac{d}{dt}$, der jeder stetig differenzierbaren Funktion $x(t)$ die Ableitung dieser Funktion zuordnet, ist ein Beispiel für einen abstrakten Operator. Die Einführung der abstrakten Funktionen gewinnt aber erst dann wesentlich an Bedeutung, wenn man mit ihnen ähnlich rechnen kann, wie mit den gewöhnlichen Funktionen.

In der elementaren Analysis hat der *Grenzwertbegriff (Konvergenz)* eine fundamentale Bedeutung, da man mit ihm Begriffe, wie die Stetigkeit und dgl. definieren kann. Das heißt, die Einführung des Grenzwertbegriffes stellt für das Operieren mit Funktionen eine wichtige Hilfe dar.

So heißt z.B. die Folge von reellen Zahlen mit dem Grenzwert x konvergent, wenn zu jeder Zahl $\epsilon > 0$ stets eine natürliche Zahl N angebbar ist, so daß $|x_n - x| < \epsilon$ für alle $n > N$ gilt.

Eine notwendige aber auch hinreichende Bedingung, daß eine Folge einen Grenzwert besitzt, ist das *Konvergenzprinzip von Cauchy*, das besagt: *Eine Folge* $\{x_\nu\}$ *ist dann und nur dann konvergent, wenn es zu jedem* $\epsilon > 0$ *eine natürliche Zahl N gibt, so daß* $|x_n - x_m| < \epsilon$ *für alle* $n > N$ *und* $m > N$ *gilt.*

Der Grenzwertbegriff läßt sich unmittelbar auf Folgen von komplexen Zahlen und n-dimensionalen Vektoren verallgemeinern. Für Funktionenfolgen hat man z.B. die gewöhnliche und die gleichmäßige Konvergenz eingeführt. Alle diese Konvergenzbegriffe haben gemeinsam, daß die Konvergenz einer Folge von Elementen x_n (die Zahlen,

Vektoren oder Funktionen sein können) gegen ein Element x eine ***unbeschränkte Annäherung*** von x_n an x bedeutet, d.h. die unbeschränkte Verringerung des ***Abstandes*** zwischen diesen Elementen bei wachsenden n. Je nachdem, wie man den Abstand zwischen den Elementen x_n und x versteht, erhalten wir verschiedene Definitionen des Grenzwertes.

2.1. Der metrische Raum

In Analogie zu der Definition des Abstandes $\rho(x, y)$ zweier Punkte $(x_1, x_2, \dots, x_n)$ und $(y_1, y_2, \dots, y_n)$ im n-dimensionalen (euklidischen) Vektor-Raum R^n durch

$$\rho(x, y) = \left[\sum_{k=1}^{n} (x_k - y_k)^2 \right]^{1/2} \tag{III.8}$$

führt man auch in abstrakten Räumen einen Abstandsbegriff ein. Es gilt folgende

Definition II.3: Eine Menge X heißt metrischer Raum, wenn für jedes Paar von Elementen (Punkten) x und y der Menge X ($x \epsilon X$, $y \epsilon X$) ein Abstand $\rho(x, y)$ definiert ist, der folgenden Bedingungen genügt:

1. $\rho(x, y) > 0$ für $x \neq y$, d.h. der Abstand ist eine nichtnegative reelle Zahl,
2. $\rho(x, x) = 0$ genau dann, wenn $x = y$ ist (Identität),
3. $\rho(x, y) = \rho(y, x)$ (Symmetrie)

und

4. $\rho(x, y) + \rho(y, z) \geqslant \rho(x, z)$ (Dreiecksungleichung).

Die Abstandsdefinition (Metrik) des n-dimensionalen euklidischen Raumes R^n Gl. (III.8) erfüllt die obigen Bedingungen. *Der euklidische Raum ist also ein metrischer Raum.*

Ebenso genügt der im vorhergehenden Abschnitt durch eine abzählbar unendliche Folge von reellen Zahlen $x = [x_1\ x_2 \dots x_n \dots]$ definierte Raum mit der Abstandsdefinition

$$\rho(x,y) = \left[\sum_{k=1}^{\infty} (x_k - y_k)^2 \right]^{1/2} \tag{III.9}$$

den Bedingungen in Definition III.3. Diese Folgen heißen Punkte des *metrischen Hilbertschen Raumes* l^2. Durch die sogenannte *„verallgemeinerte Vollständigkeitsrelation* (Fourier-Reihenentwicklung)" ist der Raum l^2 mit dem *Hilbertschen (Funktionen-) Raum* L^2 eng verknüpft. Dem Hilbertschen Raum L^2 (a, b) dessen Abstandsdefinition

$$\rho(x, y) = \left[\int_a^b [x(t) - y(t)]^2 \, dt \right]^{1/2} \tag{III.10}$$

analog zu der in Gl. (III.8) bzw. Gl. (III.9) ist, kommt bei den metrischen Funktionenräumen eine besondere Bedeutung zu; er bildet den *Raum der quadratisch integrablen Funktionen.* Durch die Einführung des Abstandes (Entfernung) wird der Raum metrisiert.

2.2. Definition des linearen Raumes

Die Hilbertschen Räume L^2 und l^2 sowie der euklidische Raum R^n sind außerdem *lineare Räume.* Dies gilt ebenso für die allgemeinen Hilbertschen Räume l^q mit der Abstandsdefinition

$$\rho(x, y) = \left[\sum_{k=1}^{\infty} (x_k - y_k)^q\right]^{1/q} \qquad \text{(III.11 a)}$$

und L^q mit der Abstandsdefinition

$$\rho(x, y) = \left[\int_a^b [x(t) - y(t)]^q \, dt\right]^{1/q} \qquad \text{(III.11 b)}$$

[14]).

Für die linearen Räume gilt:

Definition III.4: Eine Menge X mit den Elementen x, y, z, ... heißt linearer Raum, wenn folgende Bedingungen erfüllt sind:

1. Jedem Paar von Elementen x, y aus X ist eindeutig ein drittes (Summen-) Element $z = x + y$ zugeordnet, so daß
   a) $x + y = y + x$ ist, d.h. die Addition ist kommutativ,
   b) $(x + y) + z = x + (y + z)$ ist, d.h. die Addition ist assoziativ,
   c) ein Element $\ominus$ mit der Eigenschaft $x + \ominus = x$ für alle $x \epsilon X$ existiert (das Nullelement wird häufig auch durch 0 gekennzeichnet) und
   d) für alle $x \epsilon X$ ein Element $-x$ existiert, so daß $x + (-x) = \ominus$ ist.
2. Jedem Element $x \epsilon X$ und jeder Zahl α sowie β ist das Produkt αx so zugeordnet, daß
   a) $\alpha(\beta x) = (\alpha\beta) x$
   und
   b) $1 x = x$ gilt.
3. Die Operationen der Addition und Multiplikation hängen in der Weise
   a) $(\alpha + \beta) x = \alpha x + \beta x$
   und
   b) $\alpha(x + y) = \alpha x + \alpha y$
   zusammen.

Je nachdem, ob alle komplexen oder nur die reellen Zahlen zugelassen werden, spricht man von komplexen oder reellen linearen Räumen. Die gewöhnlichen Funktionen bilden somit einen linearen Raum.

---

[14]) Bei den Definitionen (III. 9) und (III. 10) liegen reelle Größen (Elemente) zugrunde. Sie gelten auch für komplexe Elemente, wenn man den Betrag des Summanden bzw. Integranden nimmt.

2.3. Die Norm

Den *Abstand* eines Raumpunktes *vom Nullelement* $\rho(x, 0)$ nennt man bei linearen Räumen die Norm von x und bezeichnet sie durch $\|x\|$. So ist z.B. die (Integral-)Norm von $L^2(a, b)$

$$\|x\| = \sqrt{\int_a^b x^2(t)\,dt}.$$

Durch sie wird jeder Funktion $x(t) \in L^2(a, b)$ eine Zahl zugeordnet. Wie aus der Definition III.3 hervorgeht, gilt:

1. $\|x\| \geqslant 0$ mit $\|x\| = 0$ genau dann, wenn $x(t) = \Theta$ ist,
2. $\|\alpha x\| = |\alpha|\,\|x\|$ (für einen beliebigen skalaren Faktor α) (III.12)

   und
3. $\|x + y\| \leqslant \|x\| + \|y\|$[15]).

Allgemein heißt ein linearer Raum normiert, wenn jedem Element $x \in X$ *eindeutig* eine *reelle Zahl,* die *Norm,* zugeordnet wird, für die die Bedingungen G. (III.12) gelten[16]).

Die Definition des Abstandsbegriffes in metrischen Räumen gestattet den Begriff des Grenzwertes einzuführen. Ein Element x eines metrischen Raumes X heißt Grenzwert einer Folge von Elementen $x_1, x_2, \ldots, x_n, \ldots$ aus X, wenn $\rho(x_n, x) \to 0$ für $n \to \infty$ geht, was wir in Anlehnung an die gewöhnliche Analysis $\lim\limits_{n \to \infty} x_n = x$ schreiben. In linearen normierten Räumen kann man durch $\rho(x, y) = \|x - y\|$ eine Metrik einführen, wodurch sich der Grenzwert ähnlich, wie oben für den gewöhnlichen Fall der Zahlengeraden angegeben, ergibt.

Definition III.5: Ein Element x des Raumes X heißt Grenzwert der Folge von Elementen $x_1\ x_2, \ldots, x_n, \ldots$ des Raumes, wenn es zu jeder Zahl $\epsilon > 0$ ein N gibt, so daß $\|x_n - x\| < \epsilon$ für alle $n > N$ gilt.

Für den Funktionenraum $L^2(a, b)$ gehe

$$\lim_{n \to \infty} \int_a^b [x_n(t) - x(t)]^2\,dt \to 0,$$

dann sagt man, die Funktionenfolge $\{x_n(t)\}$ *konvergiere im Mittel.*

---

15) Bei der Norm einer Matrix wird noch mit $x = \mathbf{X}$ und $y = \mathbf{Y}$ die zusätzliche Forderung $\|\mathbf{X}\,\mathbf{Y}\| \leqslant \|\mathbf{X}\| \cdot \|\mathbf{Y}\|$ erhoben; man spricht dann auch von einer *multiplikativen* Norm [31] und [32].

16) Einen nichtnormierbaren linearen Raum bilden z. B. die in Abschnitt V. 1 behandelten Distributionen.

Entsprechend dem gewöhnlichen Fall heißt eine Folge $\{x_n\}$ von Elementen eines metrischen Raumes X, *Cauchy- oder Fundamentalfolge,* wenn es zu jeder positiven Zahl $\epsilon > 0$ ein N gibt, so daß $\rho(x_n, x_m) < \epsilon$ für alle $n > N$ und $m > N$ gilt; bei normierten Räumen schreibt man für $\rho(x_n, x_m) < \epsilon$ häufig $\|x_n - x_m\| < \epsilon$. *Die Cauchysche Konvergenz ist bei metrischen Räumen für die Existenz eines Grenzwertes jedoch nur notwendig und nicht hinreichend,* da in metrischen Räumen eine konvergente Folge nicht gegen einen Grenzwert aus dem Raum konvergieren muß. Wenn jedoch in einem metrischen Raum X jede Fundamentalfolge gegen ein gewisses Element des Raumes (Grenzwert) konvergiert, so heißt der Raum X *vollständig.* Der n-dimensionale euklidische Raum sowie die Hilbertschen Räume l^2 und $L^2(a, b)$ sind Beispiele von vollständigen linearen normierten Räumen. Die vollständigen linearen normierten Räume heißen auch *Banach-Räume.*

Eine (gewisse) Verallgemeinerung der metrischen Räume stellen die sogenannten *topologischen Räume* (z.B. *Hausdorffscher Raum*) dar. Bei ihnen wird der Raum durch einen *„Umgebungsbegriff"* charakterisiert. Bei den metrischen Räumen können die Nachbarschaft (Umgebung) durch eine Metrik, also mit Hilfe von reellen Zahlen, beschrieben werden.

3. Beschreibung von Systemen durch Vektordifferentialgleichungen

Wie aus der vorstehenden Betrachtung hervorgeht, liegt die Bedeutung der Einführung von abstrakten Räumen in der Erweiterung der Begriffe und Methoden der elementaren Analysis auf allgemeinere Objekte. Diese Verallgemeinerung erlaubt es, von einem einheitlichen Gesichtspunkt aus an Fragen heranzugehen, die sonst jeweils in speziellen Gebieten separat betrachtet werden. Bei der abstrakten und allgemeinen Formulierung von Systemen im (Zustands-) Raum, geht es bei der Untersuchung des dynamischen Verhaltens besonders darum, *alle* möglichen Bewegungsvorgänge zu erfassen und nicht nur spezielle Vorgänge zu untersuchen, wie dies fast ausschließlich bei den klassischen Verfahren geschieht. Ein weiterer wichtiger Punkt, der besonders die Anwendung dieser allgemeinen Begriffe zur Behandlung von physikalischen Problemen begünstigt, ist die geometrische (topologische) Darstellung von Begriffen und Methoden der Analysis [19] und [20]. Dies gestattet in vielen Fällen Fragen der Analysis durch geometrische und auch algebraische Gedankengänge zu behandeln. So wird heute häufig bei der Behandlung von Systemen von gewöhnlichen Dgln., die z.B. ein lineares oder nichtlineares Regelsystem charakterisieren, von der *Vektordarstellung* ausgegangen. Die Darstellung von (realen) Systemen durch *Vektordifferentialgleichungen* und die damit verbundenen Behandlungs- und Betrachtungsweisen stellen eine grundlegende Voraussetzung für die moderne Regelungstheorie dar. Man spricht in der Regelungstechnik in diesem Zusammenhang häufig von der *Behandlung durch Zustandsgrößen (Zustandsvariable, Zustandsraum)* [21] bis [24]. Die nachfolgenden Abschnitte des III. Teiles sind dieser Betrachtungsweise gewidmet.

3.1. Lineare Systeme

Im Beispiel II.9, Abschnitt II.11, führten wir den Begriff der Zustandsvariablen an Hand der Dgl.-Systeme (II.69) und (II.70) ein. Mit Hilfe der Matrizenschreibweise

$$\begin{bmatrix} \dot{x}_1 \\ \dot{x}_2 \\ \dot{x}_3 \end{bmatrix} = \begin{bmatrix} a_{11} & a_{12} & a_{13} \\ a_{21} & a_{22} & a_{23} \\ a_{31} & a_{32} & a_{33} \end{bmatrix} \begin{bmatrix} x_1 \\ x_2 \\ x_3 \end{bmatrix}$$

oder kürzer in vektorieller Darstellung

$$\dot{\mathbf{x}} = \mathbf{A}\,\mathbf{x} \qquad \text{bzw.} \quad \frac{d\mathbf{x}}{dt} = \mathbf{A}\,\mathbf{x} \tag{III.13}$$

nimmt Gl. (II.69) die Form

$$\begin{bmatrix} \dot{x}_1 \\ \dot{x}_2 \\ \dot{x}_3 \end{bmatrix} = \begin{bmatrix} 0 & 1 & 0 \\ 0 & 0 & 1 \\ 0 & -\dfrac{b_1}{b_3} & -\dfrac{b_2}{b_3} \end{bmatrix} \begin{bmatrix} x_1 \\ x_2 \\ x_3 \end{bmatrix} + \begin{bmatrix} 0 \\ 0 \\ \dfrac{1}{b_3} \end{bmatrix} u_A \tag{III.14a}$$

und Gl. (II.70) die Form

$$\begin{bmatrix} \dot{x}_1 \\ \dot{x}_2 \\ \dot{x}_3 \end{bmatrix} = \begin{bmatrix} 0 & 1 & 0 \\ 0 & -\dfrac{D}{J} & \dfrac{K_A}{J} \\ 0 & -\dfrac{K_M}{L_A} & -\dfrac{R_A}{L_A} \end{bmatrix} \begin{bmatrix} x_1 \\ x_2 \\ x_3 \end{bmatrix} + \begin{bmatrix} 0 \\ 0 \\ \dfrac{1}{L_A} \end{bmatrix} u_A \tag{III.14b}$$

an, dabei ist $y = x_1$ die Ausgangsgröße und u_A die Eingangsgröße. Verallgemeinern wir diese Betrachtung auf das folgende lineare Dgl.-Gleichungssystem von n Gleichungen mit m verschiedenen Eingangsgrößen $u_i(t)$

$$\begin{aligned} \dot{x}_1(t) &= a_{11}x_1(t) + \dots + a_{1n}x_n(t) + b_{11}u_1(t) + \dots + b_{1m}u_m(t)\,, \\ \dot{x}_2(t) &= a_{21}x_1(t) + \dots + a_{2n}x_n(t) + b_{21}u_1(t) + \dots + b_{2m}u_m(t)\,, \\ &\cdot \quad \cdot \quad \cdot \quad \cdot \quad \cdot \quad \cdot \quad \cdot \quad \cdot \quad \cdot \quad \cdot \\ \dot{x}_n(t) &= a_{n1}x_1(t) + \dots + a_{nn}x_n(t) + b_{n1}u_1(t) + \dots + b_{nm}u_m(t)\,, \end{aligned} \tag{III.15a}$$

oder kürzer

$$\dot{x}_i(t) = \sum_{j=1}^{n} a_{ij}\,x_j(t) + \sum_{k=1}^{m} b_{ik}u_k(t) \qquad (i = 1, 2, \dots, n;\ \text{mit } m \leqslant n), \tag{III.15b}$$

so tritt der Vorteil der kompakten Schreibweise in Matrizenform

$$\dot{\mathbf{x}}(t) = \mathbf{A}\,\mathbf{x}(t) + \mathbf{B}\,\mathbf{u}(t) \tag{III.15c}$$

besonders klar hervor. In Gl. (III.15 c) sind:

$$\mathbf{x}(t) = \begin{bmatrix} x_1(t) \\ \vdots \\ x_n(t) \end{bmatrix}$$ der *Zustandsvektor* mit den *Zustandsvariablen* $x_i(t)$ $(i = 1, 2, \ldots, n)$,

$$\dot{\mathbf{x}}(t) = \frac{d\mathbf{x}}{dt} = \begin{bmatrix} \frac{dx_1(t)}{dt} \\ \vdots \\ \frac{dx_n(t)}{dt} \end{bmatrix}$$ der *abgeleitete Zustandsvektor* mit den Variablen $x_i(t)$ $(i = 1, 2, \ldots, n)$,

$$\mathbf{u}(t) = \begin{bmatrix} u_1(t) \\ \vdots \\ u_m(t) \end{bmatrix}$$ Der *Vektor der Eingangsgröße,* auch *Steuervektor* genannt, mit den *Eingangs- oder Steuergrößen* $u_i(t)$ $(i = 1, 2, \ldots, m)$

$$\mathbf{A} = \begin{bmatrix} a_{11} \ldots a_{1n} \\ \ldots\ldots \\ a_{n1} \ldots a_{nn} \end{bmatrix} = [a_{ij}]$$ die n, n-*Systemmatrix* und

$$\mathbf{B} = \begin{bmatrix} b_{11} \ldots b_{1m} \\ \vdots \quad\quad \vdots \\ b_{n1} \ldots b_{nm} \end{bmatrix} = [b_{ik}]$$ die n, m-*Eingangsmatrix.*

Allgemein gibt bei der Abkürzung $\mathbf{Q} = [q_{ik}]$ der *erste Index* die *Zeilenzahl* und der *zweite* die *Spaltenzahl* an; ist $i = k$, so heißt die Matrix *quadratisch.*

Die Matrizenmultiplikation in Gl. (III.15 c) führt auf Gl. (III.15 a); die beiden Gleichungen sind somit identisch.

Da im allgemeinen der Zustand sowie die Eingangs- und Ausgangsgrößen eines Systems durch einen *Vektor* beschrieben werden, bezeichnet man die Darstellung Gl. (III.13) und Gl. (III.15 c) als *Vektordifferentialgleichungen.* Dabei ist es natürlich völlig gleichgültig, ob man die Vektoren als *Spaltenvektoren* oder *Zeilenvektoren* auffaßt. Falls jedoch nicht ausdrücklich anders hervorgehoben, definieren wir wegen der Matrizenschreibweise, siehe z.B. Gl. (III.15 c), im Folgenden Vektoren allgemein als Spaltenvektoren, die sich auch als einspaltige Matrizen auffassen lassen. Die *Transponierung* einer einspaltigen Matrix führt auf eine einzeilige Matrix und damit auf einen Zeilenvektor, wir schreiben dann $\mathbf{x}^T = [x_1 \; x_2 \; \ldots \; x_n]$.

Zu der Beschreibung von physikalischen Systemen mittels Zustandsvariablen, müssen wir noch die Ausgangsgröße des Systems festlegen. In Beispiel II.9 (konstanterregter Gleichstrommotor) war die Ausgangsgröße des Systems eine der Zustandsvariablen, nämlich x_1. Das braucht jedoch nicht der Fall zu sein, vielmehr kann die Ausgangsgröße eine Funktion der Zustandsvariablen und auch der Eingangsgrößen sein. Außerdem können mehrere *Ausgangsgrößen* $y_1(t), y_2(t), \ldots, y_r(t)$ auftreten. Dann erhalten wir zusätzlich zu den Gln. (III.15) die Beziehung

$$y_i(t) = \sum_{j=1}^{n} c_{ij}\, x_j(t) + \sum_{k=1}^{m} d_{ik}\, u_k(t) \qquad (i = 1, 2, \ldots, r;\ \text{mit } r \leqslant n) \qquad \text{(III.16a)}$$

oder in Matrizenform

$$\mathbf{y}(t) = \mathbf{C}\,\mathbf{x}(t) + \mathbf{D}\,\mathbf{u}(t). \qquad \text{(III.16b)}$$

Dabei sind

$$\mathbf{y}(t) = \begin{bmatrix} y_1(t) \\ \vdots \\ y_r(t) \end{bmatrix}$$ der *Vektor der Ausgangsgröße* mit den *Ausgangsgrößen* $y_i(t) \quad (i = 1, 2, \ldots, r)$,

$$\mathbf{C} = \begin{bmatrix} c_{11} & \cdots & c_{1n} \\ \vdots & & \vdots \\ c_{r1} & \cdots & c_{rn} \end{bmatrix} = [c_{ij}]$$ die r, n-*Ausgangsmatrix* und

$$\mathbf{D} = \begin{bmatrix} d_{11} & \cdots & d_{1m} \\ \vdots & & \vdots \\ d_{r1} & \cdots & d_{rm} \end{bmatrix} = [d_{ik}]$$ die r, m-*Durchgangsmatrix*.

Ein lineares, zeitunabhängiges System mit *mehreren* Eingangs- und Ausgangsgrößen wird somit durch die Gleichungen

$$\dot{\mathbf{x}}(t) = \mathbf{A}\,\mathbf{x}(t) + \mathbf{B}\,\mathbf{u}(t) \qquad \text{(Zustandsgleichung)} \qquad \text{(III.15c)}$$

und

$$\mathbf{y}(t) = \mathbf{C}\,\mathbf{x}(t) + \mathbf{D}\,\mathbf{u}(t) \qquad \text{(Ausgangsgleichung)} \qquad \text{(III.16b)}$$

beschrieben. Eine oft benutzte graphische Darstellung des obigen Gleichungssystems zeigt Bild III.2; diese Darstellung hat natürlich nichts unmittelbar mit der Blockschaltbilddarstellung eines Regelkreises gemeinsam.

Treten noch andere Eingangsgrößen (additiv) auf, wie z.B. regellose Störungen (dynamisches Rauschen), so muß man lediglich den entsprechenden Term, z.B. $\mathbf{E}\,\mathbf{v}$, zu Gl. (III.15c) bzw. entsprechend bei Meßrauschen zu Gl. (III.16b), hinzuaddieren.

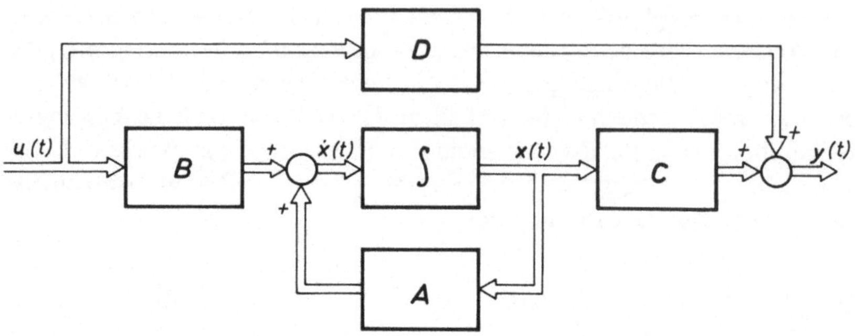

Bild III.2. Graphische Darstellung der Vektorgleichungen eines linearen, zeitunabhängigen Systems nach Gln. (III.15) und (III.16)

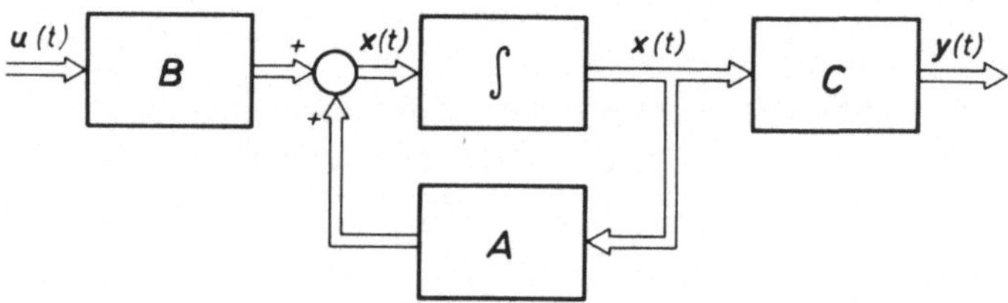

Bild III.3. Graphische Darstellung der Vektorgleichungen eines linearen, zeitunabhängigen Systems nach Gln. (III.17)

In vielen praktischen Fällen, sind jedoch die Ausgangsgrößen nicht direkt von den Eingangsgrößen abhängig, d.h. $\mathbf{D} = \mathbf{O}$. Ein lineares, zeitunabhängiges System wird dann durch die Gleichungen

$$\dot{\mathbf{x}} = \mathbf{A}\,\mathbf{x} + \mathbf{B}\,\mathbf{u} \tag{III.17a}$$

und

$$\mathbf{y} = \mathbf{C}\,\mathbf{x} \tag{III.17b}$$

beschrieben[17]). Die entsprechende graphische Darstellung des Gleichungssystems führt auf die etwas einfachere in Bild III.3 gezeichnete Form.

---

[17]) Auch hier lassen wir häufig, entsprechend der vorher getroffenen Vereinbarung, bei den Zustandsvariablen und ihren Ableitungen sowie bei den Ein- und Ausgangsgrößen die Zeitabhängigkeit weg; geben wir jedoch bei den (Koeffizienten-) Matrizen **A**, **B**, **C** und **D** keine (Zeit-) Abhängigkeit an, so handelt es sich stets um konstante Matrizen.

Für *eine* Eingangs- und Ausgangsgröße weisen die Gln. (III.15c) und (III.16b) die Form

$$\dot{\mathbf{x}} = \mathbf{A}\,\mathbf{x} + \mathbf{b}\,u \qquad \text{(III.18a)}$$

und

$$y = \mathbf{c}^T\,\mathbf{x} + du \qquad \text{(III.18b)}$$

auf. Dies geht auch aus den Gln. (III.14) des Beispiels II.9 mit

$$y = [1\;0\;0]\begin{bmatrix} x_1 \\ x_2 \\ x_3 \end{bmatrix} \quad \text{und } d = 0 \text{ (kein sprungfähiges System) hervor.}$$

Sind z.B. in Gl. (III.17a) einige oder alle der a_{ik} von **A** auch von der Zeit abhängig, so liegt ein lineares, zeitabhängiges System vor. Dieses wird in Analogie zu Gl. (III.17a) durch

$$\dot{\mathbf{x}} = \mathbf{A}(t)\,\mathbf{x} + \mathbf{B}\,\mathbf{u}$$

beschrieben. Ändert sich z.B. in Gl. (III.14b) der Ankerwiderstand durch Erwärmung mit der Zeit, dann ist wegen $R_A(t)$ auch die Matrix **A** eine Funktion der Zeit.

In Analogie zu den Gln. (III.15) und (III.16) ergeben sich für *zeitvariable Systeme* die Gleichungen

$$\dot{\mathbf{x}}(t) = \mathbf{A}(t)\,\mathbf{x}(t) + \mathbf{B}(t)\,\mathbf{u}(t) \qquad \text{(III.19a)}$$

und

$$\mathbf{y}(t) = \mathbf{C}(t)\,\mathbf{x}(t) + \mathbf{D}(t)\,\mathbf{u}(t). \qquad \text{(III.19b)}$$

Die graphische Darstellung von Bild III.2 bleibt auch für die Gln. (III.19) erhalten; lediglich die in den Blöcken angegebenen Matrizen werden zeitabhängig.

3.2. Nichtlineare Systeme

Es ist außerdem noch denkbar, daß einige oder alle der a_{ik} auch von den Zustandsveränderlichen x_i abhängen. Es handelt sich dann um eine *nichtlineare* Gleichung der Form

$$\dot{\mathbf{x}}(t) = \mathbf{A}(\mathbf{x})\,\mathbf{x}(t) + \mathbf{B}\,\mathbf{u}(t)$$

oder allgemeiner

$$\dot{\mathbf{x}}(t) = \mathbf{A}(\mathbf{x}, t)\,\mathbf{x}(t) + \mathbf{B}\,\mathbf{u}(t)$$

Dies ist z.B. in Gl. (III.14b) der Fall, wenn die Ankerinduktivität $L_A(x_3)$ vom Ankerstrom $i_A(t) = x_3(t)$ abhängt. Die erste Gleichung beschreibt ein zeitunabhängiges, die zweite ein zeitabhängiges, nichtlineares System.

Der Vektor $\mathbf{x}$ im Argument von $\mathbf{A}$ weist, wie in dem allgemeineren Fall

$$y = f(x_1, x_2, \ldots, x_n; t)$$

oder

$$y = f(\mathbf{x}, t) \tag{III.20}$$

definiert, lediglich auf die Abhängigkeit der Matrix von $x_1, \ldots, x_n$ hin. Es ist daher in Gl. (III.20) völlig unerheblich, ob es sich um einen Zeilen- oder Spaltenvektor handelt. Die „Vektor"-Schreibweise läßt sich auch zur Beschreibung des allgemeineren Gleichungssystems

$$\begin{aligned} y_1 &= f_1(\mathbf{x}, t), \\ y_2 &= f_2(\mathbf{x}, t), \\ &\cdot\ \cdot\ \cdot\ \cdot\ \cdot \\ y_s &= f_s(\mathbf{x}, t) \end{aligned}$$

durch

$$\mathbf{y} = \mathbf{f}(\mathbf{x}, t)$$

heranziehen. $\mathbf{y}$ ist dabei ein s-dimensionaler Spaltenvektor; die Komponenten des ebenfalls s-dimensionalen Vektors $\mathbf{f}$ hängen von dem z.B. n-dimensionalen Vektor $\mathbf{x}$ und von der Zeit t ab.

Entsprechend kann man das Dgl. System 1. Ordnung

$$\begin{aligned} \dot{x}_1 &= f_1(\mathbf{x}, \mathbf{u}, t), \\ \dot{x}_2 &= f_2(\mathbf{x}, \mathbf{u}, t), \\ &\cdot\ \cdot\ \cdot\ \cdot\ \cdot\ \cdot \\ \dot{x}_n &= f_n(\mathbf{x}, \mathbf{u}, t) \end{aligned} \tag{III.21 a}$$

kürzer durch

$$\dot{\mathbf{x}} = \mathbf{f}(\mathbf{x}, \mathbf{u}, t) \tag{III.21 b}$$

charakterisieren. In Gl. (III.21b) stellt $\mathbf{f}$ einen n-dimensionalen Spaltenvektor dar, wobei die einzelnen Komponenten von den n- bzw. m-dimensionalen Vektoren $\mathbf{x}$ und $\mathbf{u}$ sowie von der Zeit t abhängen.

Eigentlich würde es, wie bei den Gln. (II.71) bis (II.75), genügen, lediglich die t-Abhängigkeit bei $\mathbf{f}$ anzugeben, denn die Eingangsgröße stellt eine Zeitfunktion dar. Da aber bei regelungstechnischen Vorgängen die Eingangsfunktion eine wesentliche Einflußgröße darstellt, führen wir sie von nun an stets getrennt auf, um die Abhängigkeit von der Eingangsgröße hervorzuheben.

Das *freie System,* $\mathbf{u}(t) \equiv \mathbf{0}$, wird demnach durch

$$\dot{\mathbf{x}}(t) = \mathbf{f}(\mathbf{x}(t), t) \quad \text{(zeitabhängige Koeffizienten),} \tag{III.21 c}$$

das *stationäre System* durch

$$\dot{\mathbf{x}}(t) = \mathbf{f}(\mathbf{x}(t), \mathbf{u}(t)) \quad \text{(zeitunabhängige Koeffizienten)} \tag{III.21 d}$$

und das *autonome System* durch

$$\dot{\mathbf{x}}(t) = \mathbf{f}(\mathbf{x}(t)) \tag{III.21 e}$$

charakterisiert.

Die vorstehende Darstellung zur Beschreibung von Systemen ist nicht nur auf Differentialgleichungen beschränkt. Sie läßt sich verallgemeinern, wobei wir ausschließlich *kausale* und *deterministische Systeme* betrachten. Wie wir wissen, hängt bei einem solchen dynamischen System die Ausgangsgröße $\mathbf{y}(t)$ zu einem Zeitpunkt $t \geqslant t_0$ vom Zustand $\mathbf{x}(t_0)$ zum Anfangszeitpunkt t_0, von der Eingangsgröße $\mathbf{u}(t)$ im Beobachtungsintervall $(t_0, t]$ und vom Beobachtungsintervall selbst ab. Außerdem wissen wir, daß die Eingangsgröße nicht nur die Ausgangsgröße, sondern auch die Bedingungen bzw. den Zustand des betrachteten Systems beeinflußt; der Zustand $\mathbf{x}(t)$ zur Zeit t hängt daher ebenfalls vom Zustand $\mathbf{x}(t_0)$ zur Anfangszeit t_0, von der Eingangsgröße $\mathbf{u}(t)$ im betrachteten Intervall $(t_0, t]$ und vom Beobachtungsintervall selbst ab.

Grob läßt sich dies folgendermaßen ausdrücken. Es bilde die Menge aller Werte, die der zulässige Eingangsvektor $\mathbf{u}$ zum Zeitpunkt t annehmen kann, den *„Raum der Eingangsgröße"* U. Entsprechend bilde die Menge aller Werte, die der Zustandsvektor $\mathbf{x}$ zum Zeitpunkt t annehmen kann, den *„Zustandsraum"* Σ. Dann ist für das zulässige Beobachtungsintervall T zu jedem Zeitpunkt t in T der Zustand $\mathbf{x}(t)$ und die *Ausgangsgröße* $\mathbf{y}(t)$ des Systems eine Funktion des Anfangszustandes $\mathbf{x}(t_0)$ und des Eingangsvektors $\mathbf{u}(t)$, d.h.

$$\mathbf{x}(t) = \mathbf{g}[\mathbf{x}(t_0), \mathbf{u}(t_0, t)]$$

und

$$\mathbf{y}(t) = \mathbf{h}[\mathbf{x}(t_0), \mathbf{u}(t_0, t)],$$

wobei $\mathbf{g}$ und $\mathbf{h}$ *eindeutige* Funktionen ihres Arguments darstellen. Die beiden Gleichungen bezeichnet man auch als die *Zustands- und Ausgangsgleichung.* Im Falle, daß das entsprechende System einer gewöhnlichen Dgl. gehorcht, nehmen sie je nachdem die Form der Gln. (III.15) bis (III.21) und im Falle von gewöhnlichen Differenzengleichungen die Form der Gln. (VI.124) bis (VI.133) an. Die eindeutige Lösung des Systemzustandes zum Beobachtungszeitpunkt t für die Anfangswerte $t_0, \mathbf{x}(t_0)$ und die Anregung $\mathbf{u}(t)$ bezeichnet man häufig durch

$$\mathbf{x}(t) = \underline{\phi}_{\mathbf{u}}\left(\mathbf{x}(t_0), t, t_0\right).$$

Diese Schreibweise deutet auf die Abhängigkeit des gegenwärtigen Systemzustandes $\mathbf{x}(t)$ von der Eingangsgröße $\mathbf{u}(t)$, vom Anfangszustand $\mathbf{x}(t_0)$ sowie vom Anfangszeitpunkt t_0 hin.

Damit jedoch das (allgemeine) mathematische Modell eine brauchbare Beschreibung eines realen Systems liefert, müssen die Zustands- und Ausgangsgrößen bestimmte natürliche und erwünschte Eigenschaften aufweisen. Eine Verallgemeinerung und Abstraktion in diesem Sinne stellen die *axiomatischen Definitionen* von dynamischen Systemen dar, so z.B. im Sinne von *Nemytskii* [25] und [26] sowie [20], [24] bis [27].

3.3. Der Zustandsraum

Wie aus der Definition der Zustandsvariablen im Unterabschnitt II.11.1 hervorgeht, sind diese nicht durch n beliebige Koordinaten definiert, sondern diese Koordinaten müssen so gewählt werden, daß sie (zu dem jeweiligen Zeitpunkt) das System vollständig charakterisieren. Es läßt sich nun den Zustandsvariablen eine geometrische (topologische) Bedeutung zumessen, wenn man sie als Koordinaten eines Raumpunktes auffaßt. *Jedem Zeitpunkt entspricht dann ein Punkt oder Ortsvektor*

$$\mathbf{x}(t) = \begin{bmatrix} x_1(t) \\ x_2(t) \\ \vdots \\ x_n(t) \end{bmatrix} \quad \text{oder} \quad \mathbf{x}^T(t) = [x_1(t) \;\; x_2(t) \;\; \ldots \;\; x_n(t)] \tag{III.22}$$

in einem n-dimensionalen Raum. Er stellt somit für einen festen Zeitpunkt t ein *Bild des momentanen Systemzustandes* dar. Man bezeichnet daher $\mathbf{x}(t)$ als *Zustandspunkt* oder *Zustandsvektor* des Systems und die entsprechende Dgl. als *Vektordifferentialgleichung.* Stellen z.B. die $x_1(t), \ldots, x_n(t)$ nach dem $E.E_1$.-Satz die (allgemeine) Lösung eines Dgl.-Systems dar, das den Bewegungsablauf eines physikalischen Systems charakterisiert, dann läßt sich die Änderung, die der Zustandsvektor $\mathbf{x}(t)$ mit zunehmender Zeit $t > t_0$ beschreibt, als *stetige* Kurve in einem n-dimensionalen Raum ansehen, die bei $\mathbf{x}(t_0)$ beginnt; sie wird als *Zustandskurve* oder *Trajektorie* des Systems bezeichnet. Betrachtet man die x_1 bis x_n als Koordinaten eines Punktes, so führt diese Darstellung auf eine „kinematische Interpretation". Im Verlauf der Bewegung beschreibt der Punkt eine gewisse Bahn, weshalb man die Trajektorie oftmals als *Bahnkurve* oder kurz *Bahn* bezeichnet. Dieser Zusammenhang ist für einen 3-dimensionalen Raum in Bild III.4 dargestellt. Aus der Trajektorie lassen sich Rückschlüsse auf das Systemverhalten ziehen. Der gesamte Raum der Variablen $x_1, \ldots, x_n$ wird als *Zustands- oder Phasenraum* bezeichnet. Für ein System mit zwei Zustandsvariablen geht er in die *Zustands-* oder *Phasenebene* über. Die Phasenebene ist vor allen Dingen durch die Stabilitätsuntersuchung von (autonomen) nichtlinearen Dgl.-Systemen 2. Ordnung bekannt. Es handelt sich dabei allerdings um eine spezielle Zustands- oder Phasenebene, deren Achsen durch $x_1 = x$ und $x_2 = \dot{x}$ festgelegt sind.

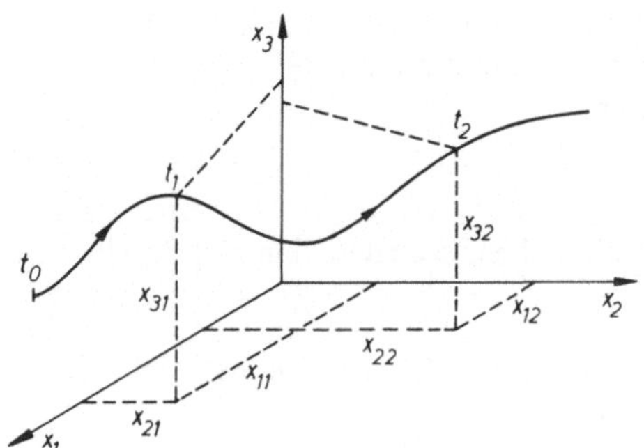

Bild III.4
Darstellung einer Trajektorie im Zustandsraum

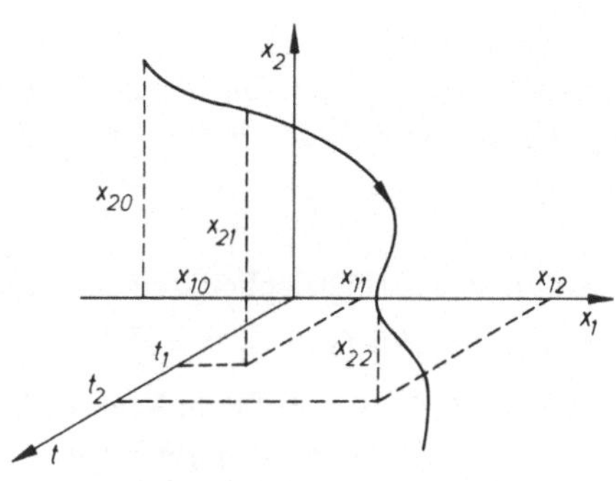

Bild III.5
Darstellung einer Integralkurve im Bewegungsraum; der Index i der Komponenten x_{ik} bezieht sich auf die x-, der Index k auf die t-Achse

Die Interpretation durch die Phasenebene unterscheidet sich natürlich von der üblichen Darstellung einer Lösung oder Integralkurve einer Dgl. Die Darstellung der Integralkurve für die Lösungen $x_1(t), \ldots, x_n(t)$ erfordert einen $(n+1)$-dimensionalen Raum, bei dem neben den n Koordinatenachsen $x_1, \ldots, x_n$ die Zeit t ebenfalls durch die Koordinaten auf einer Zeitachse festgelegt ist. Man spricht dann von der Darstellung im *Bewegungsraum.* Einen 3-dimensionalen Bewegungsraum zeigt Bild III.5.

Sehr häufig wird bei diesen Betrachtungen der *lineare euklidische (Vektor-) Raum* R^n zugrunde gelegt. Die Länge des Vektors $\mathbf{x}$ ist dabei durch die Norm, siehe Gl. (III.12),

$$\|\mathbf{x}\| = (x_1^2 + x_2^2 + \ldots + x_n^2)^{1/2}$$

definiert. Im euklidischen Raum ist die Norm identisch mit der üblichen Definition des absoluten Betrages eines Vektors $|\mathbf{x}|$. Der Abstand zweier Vektoren $\mathbf{x}$ und $\mathbf{y}$ ist dann

$$\|\mathbf{x}-\mathbf{y}\| = [(x_1-y_1)^2 + (x_2-y_2)^2 + \ldots + (x_n-y_n)^2]^{1/2}.$$

Aus der Definition des *Skalarproduktes*

$$<\mathbf{x}, \mathbf{y}> = \mathbf{x}^T \mathbf{y} = x_1 y_1 + x_2 y_2 + \ldots + x_n y_n = \sum_{i=1}^{n} x_i y_i$$

folgt

$$\|\mathbf{x}\|^2 = \mathbf{x}^T \mathbf{x} = x_1^2 + x_2^2 + \ldots + x_n^2.$$

Häufig werden *Bereiche des Raumes* durch die entsprechende *Punktmenge* definiert. So z.B. die Menge aller (Raum-) Punkte $\mathbf{x}$, die einen kleineren Abstand als r von $\mathbf{a}$ haben

$$\|\mathbf{x}-\mathbf{a}\| < r. \qquad \text{(III.23)}$$

In der Ebene stellt Gl. (III.23) das Innere eines Kreises mit dem Radius r um den Ursprung $\mathbf{a} = (a_1, a_2)$ dar. Die Menge der Punkte $\mathbf{x}$, welche der Ungleichung genügen, liegen also innerhalb des *kreisförmigen Bereiches*

$$(x_1 - a_1)^2 + (x_2 - a_2)^2 < r^2.$$

Ersetzt man das Ungleichheitszeichen durch die Gleichheitszeichen, dann ist durch

$$(x_1 - a_1)^2 + (x_2 - a_2)^2 = r^2$$

die Menge der Punkte auf dem Kreis definiert. Bei 3-dimensionalen Räumen stellt Gl. (III.23) den *kugelförmigen (sphärischen) Bereich*

$$(x_1 - a_1)^2 + (x_2 - a_2)^2 + (x_3 - a_3)^2 < r^2$$

dar, wobei

$$(x_1 - a_1)^2 + (x_2 - a_2)^2 + (x_3 - a_3)^2 = r^2$$

die Menge auf der Kugel bedeutet. Analog stellt für einen n-dimensionalen Raum $(n > 3)$ die Beziehung

$$(x_1 - a_1)^2 + (x_2 - a_2)^2 + \ldots + (x_n - a_n)^2 = r^2$$

eine sogenannte *„Hyperkugel"* dar. In diesem Fall definiert Gl. (III.23) den *sphärischen Bereich,* dessen Punkte innerhalb der *Hyperkugel* liegen. Man kennzeichnet oftmals die Menge der Punkte, die z.B. durch Gl. (III.23) definiert sind, durch die Schreibweise [27], [28]

$$X = \{\mathbf{x}: \|\mathbf{x} - \mathbf{a}\| < r\} \tag{III.24}$$

oder allgemein

$$X = \{x: P(x)\}. \tag{III.25}$$

Die Bezeichnungsweise in Gl. (III.25) weist darauf hin, daß die Menge $X = \{x\}$ die Eigenschaft $P(x)$ aufweist. Zum Beispiel bedeuten

$$X = \{x_1, x_2: 0 < x_1 < 1,\ 0 < x_2 < 1\}$$

die Punktmenge innerhalb des *Rechteckes* mit den Ecken $P_1(0, 0)$, $P_2(1, 0)$, $P_3(1, 1)$ und $P_4(0, 1)$ und

$$X = \{x_1, x_2, x_3: 1 < x_1^2 + x_2^2 + x_3^2 < 4\} = \{\mathbf{x}: 1 < \|\mathbf{x}\| < 2\}$$

die Punktmenge innerhalb der *konzentrischen Kugelschalen* mit dem inneren Radius 1 und dem äußeren Radius 2.

Gleichung (III.24) kann man auch als eine Definition der *„Umgebung"* auffassen und schreibt oft in Anlehnung bei gewöhnlichen Funktionen

$$\Omega = \{\mathbf{x}: \|\mathbf{x} - \mathbf{a}\| < \epsilon\}.$$

Die ϵ-Umgebung ist also die Punktmenge, die ***innerhalb der Hyperkugel*** um den Mittelpunkt $\mathbf{a}$ und dem Radius $\epsilon > 0$ liegt. Diese Überlegungen haben auch für reale Systeme einen Sinn. Stellen z.B. $S(\mathbf{x})$ und $S(\mathbf{y})$ zwei Zustände eines Systems S dar, dann kann man ihre „*Nähe*" durch $\|\mathbf{x}-\mathbf{y}\| < \epsilon$ charakterisieren, d.h. die Differenz der einzelnen Komponenten x_i und y_i ist kleiner als ϵ. Somit unterscheiden sich die beiden Zustände des Systems nur wenig. Mit diesen Überlegungen läßt sich leicht eine ***Stabilitätsdefinition für autonome (nichtlineare) Systeme***

$$\dot{\mathbf{x}} = \mathbf{f}(\mathbf{x})$$

angeben.

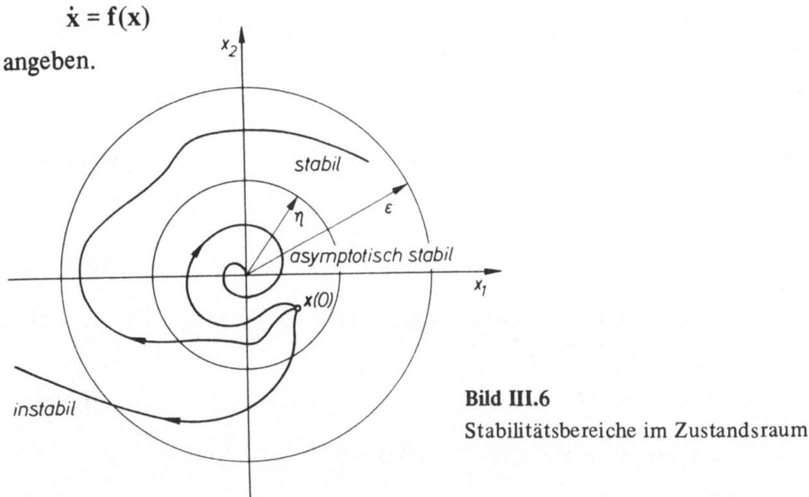

Bild III.6
Stabilitätsbereiche im Zustandsraum

Erfüllt Gl. (III.26) in dem sphärischen Bereich $\Omega = \{\mathbf{x}: \|\mathbf{x}\| < R\}$ den E.E$_1$.-Satz, dann ist das System bezüglich des Ursprungs $\mathbf{x} = \mathbf{0}$ stabil, wenn für *jeden* sphärischen Bereich $S(\epsilon)$ mit $\epsilon < R$ ein $S(\eta)$ mit $\eta < \epsilon$ so existiert, daß ein Bewegungsvorgang (Trajektorie), der in einem Punkt $\mathbf{x}(0)$ des sphärischen Bereiches $S(\eta)$ beginnt, für $t \geqslant 0$ den Bereich $S(\epsilon)$ nicht verläßt; siehe Bild III.6. Man spricht von einer ***asymptotischen Stabilität,*** wenn zusätzlich zur Stabilität der Bewegungsvorgang in einem Punkt $\mathbf{x}(0)$ beginnt, der in $S(\eta)$ mit $\eta > 0$ liegt, und mit zunehmender Zeit für $t \to \infty$ gegen den Ursprung $\mathbf{x} = \mathbf{0}$ strebt. Stellt z.B. der gesamte Zustandsraum den ***Einzugsbereich*** dar, d.h. η kann beliebig groß sein, dann bezeichnet man die Lösung $\mathbf{x} = \mathbf{0}$ ***asymptotisch stabil im Ganzen*** oder man spricht von der ***globalen Stabilität;*** in diesem Fall existiert natürlich nur ein Gleichgewichtszustand. Ist die (isolierte) Gleichgewichtslage, die wegen $\dot{\mathbf{x}} = \mathbf{0}$ den reellen Lösungen $\mathbf{f}(\mathbf{x}) = \mathbf{0}$ entspricht, nicht der Ursprung, sondern $\mathbf{x}^* = \mathbf{a}$, so kann man dieses Problem durch die Koordinatentransformation $\mathbf{x} = \mathbf{x}^* - \mathbf{a}$ auf das mit $\mathbf{x} = \mathbf{0}$ zurückführen. Hieraus ist ersichtlich, wie man ***Bewegungsvorgänge*** durch ***geometrische Vorstellungen*** charakterisieren kann. Im wesentlichen baut die ***Stabilitätsuntersuchung nach Ljapunov*** auf solchen geometrischen (topologischen) Betrachtungen auf. Wir gehen jedoch hier nicht weiter auf diese Probleme ein, sondern verweisen auf das Schrifttum, z.B. [28] bis [30].

4. Lösung der linearen Vektordifferentialgleichung

Die linearen Vektordifferentialgleichungen lösen wir nachfolgend auf zwei verschiedene Arten. Zuerst führen wir einen *integrierenden Faktor* ein, wodurch sich eine enge Lösungsanalogie zwischen der skalaren und vektoriellen Dgl. ergibt, die uns besonders geeignet für das Eindringen in die Problemstellung erscheint. Anschließend lösen wir die Vektordgl. mit Hilfe des bekannten *„Exponentialansatzes"*.

4.1. Lösung mittels integrierendem Faktor

Wir gehen von der (skalaren) linearen, zeitunabhängigen Dgl. 1. Ordnung

$$\frac{dx}{dt} = ax + bu(t) \qquad \text{(III.27a)}$$

oder

$$\frac{dx}{dt} - ax = bu(t) \qquad \text{(III.27b)}$$

aus, wobei $u(t)$ die Eingangsgröße darstellt. Multiplizieren wir Gl. (III.27b) mit dem *integrierenden Faktor* e^{-at}, so wird

$$\frac{dx}{dt}\, e^{-at} - axe^{-at} = bu(t)\, e^{-at}. \qquad \text{(III.28a)}$$

Wie man durch Differentiation sieht, ist Gl. (III.28a) mit

$$\frac{d}{dt}\,[e^{-at}\, x(t)] = bu(t)\, e^{-at} \qquad \text{(III.28b)}$$

identisch. Die Integration von Gl. (III.28b) nach t liefert die Beziehung

$$\int_{t_0}^{t} \frac{d}{d\tau}\,[e^{-a\tau}\, x(\tau)]\, d\tau = \int_{t_0}^{t} e^{-a\tau}\, bu(\tau)\, d\tau. \qquad \text{(III.28c)}$$

Führen wir die Integration der linken Seite von Gl. (III.28c) aus, dann gilt

$$e^{-at}\, x(t) - e^{-at_0}\, x(t_0) = \int_{t_0}^{t} e^{-a\tau}\, bu(\tau)\, d\tau$$

oder nach Umformung

$$x(t) = e^{a(t-t_0)}\, x(t_0) + \int_{t_0}^{t} e^{a(t-\tau)}\, bu(\tau)\, d\tau. \qquad \text{(III.29a)}$$

Wie man mit $u(t) \equiv 0$ erkennt, stellt der erste Ausdruck auf der rechten Seite von Gl. (III.29a) die *Eigenbewegung* dar, es handelt sich dabei um ein *normiertes Fundamentalsystem,* da, wie in Abschnitt II.4 erläutert, die Konstante $x(t_0)$ den Anfangswert darstellt. Für negative a strebt mit $t \to \infty$ die Eigenbewegung gegen Null. Für $t_0 = 0$ wird

$$x(t) = e^{at}\,x(0) + \int_0^t e^{a(t-\tau)}\,bu(\tau)\,d\tau. \qquad \text{(III.29b)}$$

Entsprechend gehen wir bei der (Vektor-) Dgl.

$$\frac{d\mathbf{x}}{dt} = \mathbf{A}\,\mathbf{x} + \mathbf{B}\,\mathbf{u}(t) \qquad \text{(III.30a)}$$

oder

$$\frac{d\mathbf{x}}{dt} - \mathbf{A}\,\mathbf{x} = \mathbf{B}\,\mathbf{u}(t) \qquad \text{(III.30b)}$$

vor. Multiplizieren wir, wie im skalaren Fall, die Gl. (III.30b) *formal* mit der *Matrizen-Exponentialfunktion* (integrierender Faktor) $e^{-\mathbf{A}t}$, dann wird

$$e^{-\mathbf{A}t}\,\frac{d\mathbf{x}}{dt} - e^{-\mathbf{A}t}\,\mathbf{A}\,\mathbf{x} = e^{-\mathbf{A}t}\,\mathbf{B}\,\mathbf{u}(t), \qquad \text{(III.31a)}$$

das sich analog den Gln. (III.28) auf die Form

$$\frac{d}{dt}\left[e^{-\mathbf{A}t}\mathbf{x}\right] = e^{-\mathbf{A}t}\,\mathbf{B}\,\mathbf{u}(t) \qquad \text{(III.31b)}$$

bringen läßt. Die Integration nach t liefert

$$\int_{t_0}^{t} \frac{d}{d\tau}\left(e^{-\mathbf{A}\tau}\mathbf{x}\right) d\tau = \int_{t_0}^{t} e^{-\mathbf{A}\tau}\,\mathbf{B}\,\mathbf{u}(\tau)\,d\tau.$$

Führt man wieder die Integration auf der linken Seite aus, dann ergibt sich

$$e^{-\mathbf{A}t}\,\mathbf{x}(t) - e^{-\mathbf{A}t_0}\,\mathbf{x}(t_0) = \int_{t_0}^{t} e^{-\mathbf{A}\tau}\,\mathbf{B}\,\mathbf{u}(\tau)\,d\tau$$

oder umgeformt

$$\mathbf{x}(t) = e^{\mathbf{A}(t-t_0)}\,\mathbf{x}(t_0) + \int_{t_0}^{t} e^{\mathbf{A}(t-\tau)}\,\mathbf{B}\,\mathbf{u}(\tau)\,d\tau \qquad \text{(III.32a)}$$

und für $t_0 = 0$

$$\mathbf{x}(t) = e^{\mathbf{A}t}\,\mathbf{x}(0) + \int_0^t e^{\mathbf{A}(t-\tau)}\,\mathbf{B}\,\mathbf{u}(\tau)\,d\tau. \qquad \text{(III.32b)}$$

Die Gln. (III.32) stellen somit, entsprechend den Gln. (III.29), die allgemeine Lösung der Gln. (III.30) dar. Der erste Ausdruck auf der rechten Seite der Gln. (III.32) charakterisiert wiederum die *Eigenbewegung;* es handelt sich um ein *normiertes Fundamentalsystem.*

4.2. Die Fundamentalmatrix

Diese Ableitung hat jedoch mathematisch nur dann einen Sinn, wenn die Matrizenfunktion

$$\underline{\phi}(t) = e^{\mathbf{A}t}, \qquad \text{(III.33)}$$

ihre Differentiation sowie Integration erklärt sind und gleichzeitig

$$\frac{d\underline{\phi}}{dt} = \mathbf{A}\underline{\phi} = \underline{\phi}\mathbf{A} \qquad \text{(III.34)}$$

mit

$$\underline{\phi}(0) = \mathbf{I}$$

gilt, wobei **I** die Einheitsmatrix bedeutet. $\underline{\phi}(t)$ wird als *Fundamental- oder Übergangsmatrix* des Systems bezeichnet und ist durch

$$\underline{\phi}(t) = e^{\mathbf{A}t} = \sum_{n=0}^{\infty} \frac{\mathbf{A}^n t^n}{n!} = \mathbf{I} + \mathbf{A}t + \mathbf{A}^2 \frac{t^2}{2!} + \ldots + \frac{\mathbf{A}^k t^k}{k!} + \ldots, \qquad \text{(III.35)}$$

mit $\mathbf{A}^2 = \mathbf{A}\,\mathbf{A}$ usw., definiert. Durch Differentiation von Gl. (III.35) wird

$$\frac{d\underline{\phi}}{dt} = \mathbf{A} + \mathbf{A}^2 t + \ldots + \frac{\mathbf{A}^k t^{k-1}}{(k-1)!} + \ldots = \mathbf{A}(\mathbf{I} + \mathbf{A}t + \ldots + \frac{\mathbf{A}^{k-1} t^{k-1}}{(k-1)!} + \ldots) =$$

$$= \mathbf{A} \sum_{n=0}^{\infty} \frac{\mathbf{A}^n t^n}{n!} = \mathbf{A}\underline{\phi} = \underline{\phi}\mathbf{A}, \qquad \text{(III.36)}$$

vorausgesetzt, daß die Matrix **A** unabhängig von t ist, d.h. die Gl. (III.34) gilt nur für eine Matrix **A** mit lauter konstanten Elementen. Es läßt sich zeigen, daß die unendliche Reihe Gl. (III.35) für alle *konstanten quadratischen Matrizen* in jedem endlichen Gebiet der t-Ebene *gleichmäßig konvergiert* [31] und [32]; somit ist $\underline{\phi}(t)$ erklärt. Gl. (III.36) bestätigt die Beziehung in Gl. (III.34). Einige weitere Eigenschaften der Fundamentalmatrix sind noch für die Betrachtung der allgemeinen Lösung Gln. (III.32) von Interesse:

1) $\underline{\phi}(0) = \mathbf{I}$;

2) $\underline{\phi}(t)$ ist eindeutig;

3) $\underline{\phi}(t)$ ist nie singulär, d.h. $\det \underline{\phi}(t) \neq 0$ für alle t;

4) $\underline{\phi}(t_2)\,\underline{\phi}(t_1) = \underline{\phi}(t_2 + t_1) = \underline{\phi}(t_1 + t_2)$;

5) $\underline{\phi}^{-1}(t) = \underline{\phi}(-t)$.

Eine Lösungsmatrix ist dann und nur dann eine Fundamentalmatrix (Fundamentalsystem), wenn $\det \underline{\phi}(t) \neq 0$ für alle t (im Lösungsintervall) gilt; mit $\det \underline{\phi}(t) \neq 0$ für irgendein zulässiges t, ist, entsprechend den Ausführungen im Unterabschnitt II.4.1, auch $\det \underline{\phi}(t) \neq 0$ für alle t – dies gilt auch für zeitvariable, lineare Systeme [10].

Die ersten beiden und mit $\det \mathbf{I} \neq 0$ auch die dritte der Eigenschaften der Fundamentalmatrix gehen unmittelbar aus Gl. (III.35) hervor. Die Gültigkeit der letzten beiden Eigenschaften lassen sich aus der Darstellung

$$e^{\mathbf{A}t_1}\, e^{\mathbf{A}t_2} = \left(\sum_{i=0}^{\infty} \frac{\mathbf{A}^i t_1^i}{i!}\right)\left(\sum_{k=0}^{\infty} \frac{\mathbf{A}^k t_2^k}{k!}\right) = \left(\mathbf{I} + \mathbf{A}t_1 + \frac{\mathbf{A}^2 t_1^2}{2!} + \frac{\mathbf{A}^3 t_1^3}{3!} + \ldots\right) \cdot$$

$$\cdot \left(\mathbf{I} + \mathbf{A}t_2 + \frac{\mathbf{A}^2 t_2^2}{2!} + \frac{\mathbf{A}^3 t_2^3}{3!} + \ldots\right) = \mathbf{I} + \mathbf{A}(t_1 + t_2) + \frac{\mathbf{A}^2}{2!}(t_1^2 + 2\,t_1 t_2 + t_2^2) +$$

$$+ \frac{\mathbf{A}^3}{3!}(t_1^3 + 3\,t_1^2 t_2 + 3\,t_1 t_2^2 + t_2^3) + \ldots = \sum_{n=0}^{\infty} \frac{\mathbf{A}^n (t_1 + t_2)^n}{n!} = e^{\mathbf{A}(t_1 + t_2)}$$

also aus

$$e^{\mathbf{A}t_1}\, e^{\mathbf{A}t_2} = e^{\mathbf{A}(t_1 + t_2)} \tag{III.37}$$

ableiten. Die fünfte Eigenschaft folgt unmittelbar aus Gl. (III.37). Setzen wir in Gl. (III.37) $t_1 = t$ und $t_2 = -t$, dann wird

$$\underline{\phi}(t)\,\underline{\phi}(-t) = \mathbf{I}, \quad \text{damit ist} \quad \underline{\phi}(-t) = \underline{\phi}^{-1}(t)$$

die inverse Matrix von $\underline{\phi}(t)$.

Auf einen Zusammenhang weisen wir nochmals ausdrücklich hin. Da die Matrizenmultiplikation nicht kommutativ ist, läßt sich für $e^{\mathbf{A}t}e^{\mathbf{B}t}$ keine der Gl. (III.37) entsprechende Beziehung angeben, d.h. gewöhnlich wird

$$e^{\mathbf{A}t}\, e^{\mathbf{B}t} \neq e^{(\mathbf{A} + \mathbf{B})\,t}$$

sein; siehe hierzu auch die Übungsaufgabe III.12.

Wie aus Gl. (III.34) hervorgeht, ist die Fundamentalmatrix eine Lösung der homogenen Dgl.

$$\dot{\mathbf{x}} = \mathbf{A}\,\mathbf{x}.$$

Nach Gl. (III.32b) gilt für $\mathbf{u}(t) \equiv \mathbf{0}$

$$\mathbf{x} = \underline{\phi}(t)\,\mathbf{x}(0) \tag{III.38a}$$

oder ausführlicher geschrieben

$$\begin{bmatrix} x_1 \\ x_2 \\ \cdot \\ \cdot \\ \cdot \\ x_n \end{bmatrix} = \begin{bmatrix} \phi_{11} & \phi_{12} \cdots & \phi_{1n} \\ \phi_{21} & \phi_{22} \cdots & \phi_{2n} \\ \cdot & \cdot & \cdot \\ \cdot & \cdot & \cdot \\ \cdot & \cdot & \cdot \\ \phi_{n1} & \phi_{n2} \cdots & \phi_{nn} \end{bmatrix} \begin{bmatrix} x_1(0) \\ x_2(0) \\ \cdot \\ \cdot \\ \cdot \\ x_n(0) \end{bmatrix}. \tag{III.38b}$$

Gl. (III.38b) läßt eine physikalische Interpretation der Fundamentalmatrix zu. Setzen wir mit Ausnahme von einem, alle Anfangswerte Null, z.B.

$$x_1(0) = 1 \text{ und } x_2(0) = x_3(0) = \ldots = x_n(0) = 0,$$

so wird $x_1(t) = \phi_{11}(t)$, $x_2(t) = \phi_{21}(t)$ usw. Das heißt also, $\phi_{i1}(t)$ stellt das Übergangsverhalten (Teil der Eigenbewegung) der i-ten Zustandsgröße dar, wenn für den Anfangszeitpunkt $t = 0$ der Anfangswert der ersten Zustandsgröße $x_1(0) = 1$ und alle anderen Anfangswerte Null sind. *Allgemein charakterisiert dann $\phi_{ij}(t)$ das Übergangsverhalten der i-ten Zustandsgröße für den Anfangswert der j-ten Zustandsgröße $x_j(0) = 1$ und alle anderen Anfangswerte $x_\nu(0) = 0$ für $\nu \neq j$.* Aus diesem Grund wird $\underline{\phi}(t)$ auch als *Übergangsmatrix* des betreffenden Systems bezeichnet.

Mit der Fundamentalmatrix $\underline{\phi}(t)$ nehmen die Gln. (III.32a) und (III.32b) die Form

$$\mathbf{x}(t) = \underline{\phi}(t - t_0)\,\mathbf{x}(t_0) + \int_{t_0}^{t} \underline{\phi}(t - \tau)\,\mathbf{B}\,\mathbf{u}(\tau)\,d\tau \qquad \text{(III.32c)}$$

und

$$\mathbf{x}(t) = \underline{\phi}(t)\,\mathbf{x}(0) + \int_{0}^{t} \underline{\phi}(t - \tau)\,\mathbf{B}\,\mathbf{u}(\tau)\,d\tau \qquad \text{(III.32d)}$$

an. Unter Berücksichtigung von

$$\underline{\phi}(t - \tau) = \underline{\phi}(t)\,\underline{\phi}(-\tau) = \underline{\phi}(t)\,\underline{\phi}^{-1}(\tau)$$

kann man für die Gln. (III.32c) und (III.32d) auch

$$\mathbf{x}(t) = \underline{\phi}(t - t_0)\,\mathbf{x}(t_0) + \int_{t_0}^{t} \underline{\phi}(t)\,\underline{\phi}^{-1}(\tau)\,\mathbf{B}\,\mathbf{u}(\tau)\,d\tau$$

und

$$\mathbf{x}(t) = \underline{\phi}(t)\,\mathbf{x}(0) + \int_{0}^{t} \underline{\phi}(t)\,\underline{\phi}^{-1}(\tau)\,\mathbf{B}\,\mathbf{u}(\tau)\,d\tau$$

schreiben. Die Gln. (III.32) gelten natürlich entsprechend auch für *eine* Eingangsgröße $u(t)$; die Matrix $\mathbf{B}$ ist dann als Spaltenvektor $\mathbf{b}$ und $\mathbf{u}(\tau)$ als Skalar $u(\tau)$ aufzufassen.

Durch Einsetzen von $\mathbf{x}(t)$ in die Gl. (III.16b) bzw. Gl. (III.18b) ergibt sich als Ausgangsgröße

$$\mathbf{y}(t) = \mathbf{C}\,\underline{\phi}(t - t_0)\,\mathbf{x}(t_0) + \mathbf{C}\int_{t_0}^{t} \underline{\phi}(t - \tau)\,\mathbf{B}\,\mathbf{u}(\tau)\,d\tau + \mathbf{D}\,\mathbf{u}(t) \qquad \text{(III.39a)}$$

bzw. bei *einer* Ausgangs- und Eingangsgröße

$$y(t) = \mathbf{c}^T \underline{\phi}(t - t_0)\, x(t_0) + \mathbf{c}^T \int_{t_0}^{t} \underline{\phi}(t - \tau)\, \mathbf{b}\, u(\tau)\, d\tau + d\,u(t)\,; \qquad \text{(III.39b)}$$

die anderen Schreibweisen lauten entsprechend.

● **Beispiel III.1:**

Man berechne mit Hilfe der Fundamentalmatrix die Lösung der verkürzten Dgl.

$$\frac{d\mathbf{x}}{dt} = \begin{bmatrix} 0 & 1 \\ 0 & 0 \end{bmatrix} \mathbf{x}$$

mit der Anfangsbedingung $\mathbf{x}(0) = \mathbf{x}_0$.

Zur Berechnung von $\underline{\phi}(t)$ nach der Definitionsgleichung

$$\underline{\phi}(t) = e^{\mathbf{A}t} = \mathbf{I} + \mathbf{A}t + \frac{\mathbf{A}^2 t^2}{2!} + \ldots + \frac{\mathbf{A}^n t^n}{n!} + \ldots \qquad \text{(III.35)}$$

müssen wir die Matrizen $\mathbf{A}^2$, $\mathbf{A}^3$ usw. ermitteln. Da bereits die Matrix

$$\mathbf{A} \cdot \mathbf{A} = \mathbf{A}^2 = \begin{bmatrix} 0 & 1 \\ 0 & 0 \end{bmatrix} \begin{bmatrix} 0 & 1 \\ 0 & 0 \end{bmatrix} = \begin{bmatrix} 0 & 0 \\ 0 & 0 \end{bmatrix} = \mathbf{0}$$

ist, sind alle $\mathbf{A}^2 = \mathbf{A}^3 = \mathbf{A}^n = \ldots = \mathbf{0}$. Die Fundamentalmatrix

$$\underline{\phi}(t) = \begin{bmatrix} 1 & 0 \\ 0 & 1 \end{bmatrix} + \begin{bmatrix} 0 & 1 \\ 0 & 0 \end{bmatrix} t + \frac{1}{2} \begin{bmatrix} 0 & 0 \\ 0 & 0 \end{bmatrix} t^2 + \mathbf{0} + \ldots = \begin{bmatrix} 1 & t \\ 0 & 1 \end{bmatrix}$$

in Gl. (III.32b) eingesetzt, liefert die gesuchte Lösung

$$\mathbf{x}(t) = \begin{bmatrix} 1 & t \\ 0 & 1 \end{bmatrix} \mathbf{x}_0$$

● der Differentialgleichung.

Der angegebene Lösungsweg führt leider nur in sehr wenigen Fällen auf eine so bequeme Berechnung der Fundamentalmatrix. In Teil V lernen wir mit der *Laplace-Transformation* Lösungsverfahren kennen, die sich in den meisten Fällen besser zur Ermittlung der Fundamentalmatrix eignen. Durch die Darstellung Gl. (III.35) läßt sich die Fundamentalmatrix prinzipell mit jeder gewünschten Genauigkeit ohne die Kenntnis der Eigenwerte λ_i, durch Bilden der Matritzenpotenzen $\mathbf{A}^n t^n = (\mathbf{A}\,t)^n$ für bestimmte t-Werte zahlenmäßig annähern. Weitere Einzelheiten zur Berechnung der Fundamentalmatrix enthält der Unterabschnitt V.3.2.

4.3. Diskussion der allgemeinen Lösung

Die Behandlung von Dgl.-Systemen, auch höherer Ordnung, erfordert im wesentlichen keinen erheblich größeren Arbeitsaufwand, als die einer einzelnen Dgl. 1. Ordnung, wenn man das Dgl.-System auf die Matrizendarstellung Gl. (III.30) bringt. Die kompakte Darstellung der Lösungen Gl. (III.32) eignet sich besonders für theoretische Untersuchungen. Die nun folgende Diskussion über gewisse Eigenschaften der Lösungen der linearen Dgl. macht dies deutlich. Der Einfachheit wegen gehen wir von der Darstellung

$$\mathbf{x}(t) = e^{\mathbf{A}t}\,\mathbf{x}(0) + \int_0^t e^{\mathbf{A}(t-\tau)}\,\mathbf{B}\,\mathbf{u}(\tau)\,d\tau \tag{III.32b}$$

aus, was jedoch keine Einschränkung der Allgemeinheit bedeutet. Da es sich hierbei um die Lösung einer linearen Dgl. handelt, gelten die in Teil I definierten *Linearitätsbeziehungen* der Superposition und der Homogenität, deren Bedeutung wir nachfolgend noch einmal betrachten. Wir sprechen streng genommen dann von einem linearen System, wenn die Dgln. (III.27) bzw. (III.30) für alle willkürlich wählbaren Anfangswerte gelten, d.h. die Lösungen Gln. (III.29) und Gln. (III.32) genügen nach dem Existenz- und Eindeutigkeitssatz in dem entsprechenden Zeitintervall diesen willkürlich vorgebbaren Anfangsbedingungen; für die homogene Dgl. liegt das Zeitintervall $-\infty < t < +\infty$ zugrunde. Wie aus Gl. (III.32b) mit $\mathbf{u}(t) \equiv \mathbf{0}$ hervorgeht, erfüllt die Lösung der *homogenen Dgl.* bezüglich der *Anfangswerte* die Linearitätsbeziehungen, da

$$\mathbf{x}(t) = \mathbf{x}_1(t) + \mathbf{x}_2(t) = e^{\mathbf{A}t}\mathbf{x}_1(0) + e^{\mathbf{A}t}\mathbf{x}_2(0) = e^{\mathbf{A}t}[\mathbf{x}_1(0) + \mathbf{x}_2(0)]$$

ist. *Die Eigenbewegungen genügen also bezüglich der Anfangswerte der Superposition und auch der Homogenität.*

Man kann leicht (freie) Systeme angeben, die nur dann ein lineares Verhalten aufweisen, wenn die Anfangswerte $t_0, \mathbf{x}(t_0)$ in einem ganz bestimmten Bereich liegen. Bild III.7 zeigt ein solches System, das durch die Gleichungen

$$x_a(t) = \begin{cases} x_{a1} & \text{für} \quad x_1(t) \geqslant x_{a1} \\ T_1\,\dot{x}_a + x_a = x_e(t) & \text{für} \quad |x_1(t)| \leqslant x_{a1} \\ -x_{a1} & \text{für} \quad x_1(t) \leqslant -x_{a1} \end{cases}$$

beschrieben wird.

Wählen wir nun für $x_e(t) \equiv 0$ die Anfangsbedingung $x_1(t_0) = x_0$ so, daß für alle $t \geqslant t_0$ $|x_1(t)| \leqslant x_{a1}$ bleibt, dann verhält sich für diesen Bereich der Anfangswerte das *freie* System in Bild III.7 wie ein lineares System. Man kann sogar Systeme angeben, bei denen der Bereich der Anfangswerte auf einen einzigen Punkt zusammenschrumpft, so z.B. das System in der Übungsaufgabe III.15, das sich nur für den Anfangswert $x(0) = 0$, aber für alle Eingangsgrößen, wie ein lineares System verhält [24].

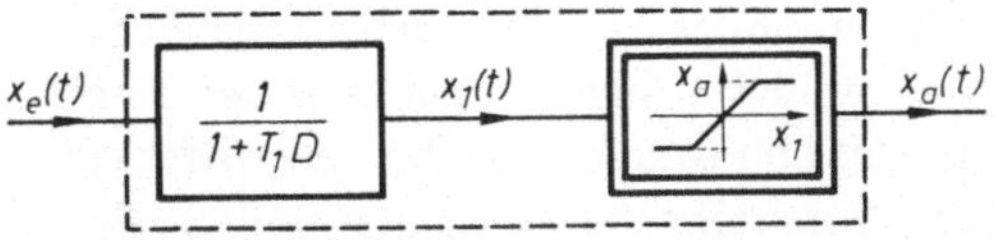

Bild III.7
System mit Begrenzung

Bezüglich der Eingangsgröße $x_e(t)$ lassen sich entsprechende Aussagen machen. Die Wahl der Eingangsgröße $x_e(t)$, damit für alle $t \geqslant t_0$ $|x_1(t)| \leqslant x_{a1}$ bleibt, hängt natürlich auch von den Anfangswerten ab. Geben wir keine Zusatzbedingungen für eine lineare Dgl. an, so setzen wir stillschweigend voraus, daß die Lösung für alle wirklich auftretenden Anfangswerte gilt. Tritt z.B. in unserem Fall die Sättigung bei sehr großen Eingangswerten auf, dann kann das System mit hinreichender Genauigkeit durch lineare Gleichungen beschrieben werden.

Weiterhin erkennen wir aus Gl. (III.32b), daß sich, wie in Teil II bereits erläutert, die Gesamtlösung der linearen Dgl. (III.27) aus der Eigenbewegung und dem Integralterm, der die Eingangsgröße enthält (spezielle Lösung), additiv zusammensetzt. Die homogene Lösung wird durch ein normiertes Fundamentalsystem beschrieben. Für verschwindende Anfangsbedingungen $\mathbf{x}(0) = \mathbf{0}$ (energiefreies System) charakterisiert somit der Integralausdruck die erzwungene Bewegung. Das *energiefreie* System erfüllt, wie für die beiden Eingangsgrößen $\mathbf{u}_1(t)$ und $\mathbf{u}_2(t)$ aus der Beziehung

$$\mathbf{x}(t) = \int_0^t e^{\mathbf{A}(t-\tau)} \mathbf{B}[\mathbf{u}_1(\tau) + \mathbf{u}_2(\tau)]\, d\tau = \int_0^t e^{\mathbf{A}(t-\tau)} \mathbf{B}\, \mathbf{u}_1(\tau)\, d\tau + \\ + \int_0^t e^{\mathbf{A}(t-\tau)} \mathbf{B}\, \mathbf{u}_2(\tau)\, d\tau$$

hervorgeht, die Linearitätsbeziehungen. Die in Teil I durchgeführte Prüfung, ob eine Dgl. linear ist oder nicht, bezog sich auf den *energiefreien Fall*, also auf verschwindende Anfangsbedingungen. Für $\mathbf{x}(0) = \mathbf{x}_0 \neq \mathbf{0}$ gelten jedoch die Linearitätsbeziehungen *nicht*, da

$$\mathbf{x}(t) = \mathbf{x}_1(t) + \mathbf{x}_2(t) = e^{\mathbf{A}t}\mathbf{x}_0 + \int_0^t e^{\mathbf{A}(t-\tau)} \mathbf{B}\, \mathbf{u}_1(\tau)\, d\tau + e^{\mathbf{A}t}\mathbf{x}_0 + \\ + \int_0^t e^{\mathbf{A}(t-\tau)} \mathbf{B}\, \mathbf{u}_2(\tau)\, d\tau = 2\, e^{\mathbf{A}t}\mathbf{x}_0 + \int_0^t e^{\mathbf{A}(t-\tau)} \mathbf{B}[\mathbf{u}_1(\tau) + \mathbf{u}_2(\tau)]\, d\tau \qquad \text{(III.40)} \\ \neq e^{\mathbf{A}t}\mathbf{x}_0 + \int_0^t e^{\mathbf{A}(t-\tau)} \mathbf{B}[\mathbf{u}_1(\tau) + \mathbf{u}_2(\tau)]\, d\tau\,.$$

Mit anderen Worten ausgedrückt heißt dies: Es ist für das Verhalten eines linearen Systems mit $\mathbf{x}(0) = \mathbf{x}_0 \neq \mathbf{0}$ *nicht* gleichgültig, ob auf das System zur *gleichen Zeit zwei Eingangsgrößen* $\mathbf{u}(t) = \mathbf{u}_1(t) + \mathbf{u}_2(t)$ wirken oder ob man die *Auswirkungen jeder einzelnen Eingangsgröße* mit den entsprechenden Anfangswerten betrachtet und die Ergebnisse dann addiert.

Legt man hingegen im Falle der getrennten Eingangsgrößen in Gl. (III.40) für den einen Ausgangsverlauf, z.B. für $\mathbf{x}_1(t)$, die Anfangsbedingung $\mathbf{x}(0) = \mathbf{x}_0 \neq \mathbf{0}$ und für den anderen Ausgangsverlauf $\mathbf{x}_2(t)$ die Anfangsbedingung $\mathbf{x}(0) = \mathbf{x}_0 = \mathbf{0}$ (energiefreies System) zugrunde, so liefert ihre Addition das gleiche Ergebnis, wie ein Vergleich mit dem Ausdruck nach dem Ungleichheitszeichen in Gl. (III.40) zeigt. Diese Tatsache steht in einer gewissen Analogie zu dem Ausdruck $x = a + bt$, für den die Linearitätsbeziehungen ebenfalls nicht gelten; siehe hierzu die Übungsaufgabe I.3.

4.4. Lösung mittels des Exponentialansatzes

Die Vektordifferentialgleichung (III.30 a) läßt sich auch mittels eines *Exponentialansatzes* finden. Dieses Lösungsverfahren steht in engem Zusammenhang mit dem in Teil II für skalare Dgln. angegebenen Lösungsschema. Hierzu gehen wir wieder von der Dgl.

$$\dot{\mathbf{x}}(t) = \mathbf{A}\,\mathbf{x}(t) + \mathbf{B}\,\mathbf{u}(t) \tag{III.30 a}$$

aus und betrachten zuerst die homogene Dgl.

$$\dot{\mathbf{x}}(t) = \mathbf{A}\,\mathbf{x}(t). \tag{III.41}$$

Der Exponentialansatz lautet hier

$$\mathbf{x}(t) = \mathbf{c}e^{\lambda t} \tag{III.42}$$

oder ausführlich

$$\begin{aligned} x_1(t) &= c_1\, e^{\lambda t};\\ x_2(t) &= c_2\, e^{\lambda t};\\ &\;\vdots\\ x_n(t) &= c_n\, e^{\lambda t}. \end{aligned}$$

Dieser Ansatz unterscheidet sich von dem bei einer einzelnen Dgl. durch das Hinzutreten der Konstanten c_j, also eines Vektors $\mathbf{c}$. Durch Einsetzen des Ansatzes Gl. (III.42) in die Dgl. (III.41) ergibt sich wegen $\dot{\mathbf{x}} = \lambda\mathbf{x}$ für den Vektor $\mathbf{x}$ das homogene Gleichungssystem

$$(\mathbf{A} - \lambda\mathbf{I})\,\mathbf{x} = \mathbf{0}. \tag{III.43}$$

Das Gleichungssystem (III.43) hat dann und nur dann eine *nichttriviale Lösung*, wenn die Determinante

$$|\mathbf{A} - \lambda \mathbf{I}| = 0$$

oder ausführlicher

$$\begin{vmatrix} a_{11} - \lambda & a_{12} & \dots & a_{1n} \\ a_{21} & a_{22} - \lambda & \dots & a_{2n} \\ \vdots & \vdots & & \vdots \\ a_{n1} & a_{n2} & \dots & a_{nn} - \lambda \end{vmatrix} = 0$$

ist. Die Determinante stellt aber ein Polynom in

$$f(\lambda) = |\mathbf{A} - \lambda \mathbf{I}| = (-\lambda)^n + b_{n-1}(-\lambda)^{n-1} + \dots + b_1(-\lambda) + b_0$$

dar, wobei das höchste Glied von dem Produkt der Haupt-Diagonalelemente resultiert. Es können also für $\mathbf{x} \neq \mathbf{0}$ höchstens n verschiedene Werte λ_i existieren, für die det $(\mathbf{A} - \lambda_i \mathbf{I}) = 0$ ist. $f(\lambda)$ wird als *charakteristische Gleichung* und λ_i als die *Eigenwerte* der (Koeffizienten-) *Matrix* **A** bezeichnet.

Das Dgl.-System (III.41) führt somit auf das *Eigenwertproblem der Koeffizientenmatrix* und die charakteristische Gleichung der Matrix wird zur charakteristischen Gleichung des Dgl.-Systems. Da der Faktor $e^{\lambda t}$ für kein endliches t verschwindet und es sich um ein homogenes Gleichungssystem handelt, kürzt sich der gemeinsame Faktor für jedes $e^{\lambda_i t}$ heraus. Mit Gl. (III.42) und Gl. (III.43) wird

$$\lambda \mathbf{c} = \mathbf{A}\,\mathbf{c}, \tag{III.44}$$

wobei man für verschiedene λ_i die $\mathbf{c}_i$ als *Eigenvektoren* bezeichnet. Für n verschiedene Eigenwerte λ_i ergeben sich aus Gl. (III.44) n *verschiedene Eigenvektoren* $\mathbf{c}_i$, die linear unabhängig sind. Überlagern wir die n partikulären Lösungen von Gl. (III.41) unter Hinzufügung der Integrationskonstanten k_i, so hat die allgemeine Lösung der homogenen Dgl. (III.41) die Form

$$\mathbf{x}(t) = k_1\,\mathbf{c}_1\,e^{\lambda_1 t} + k_2\,\mathbf{c}_2\,e^{\lambda_2 t} + \dots + k_n\,\mathbf{c}_n\,e^{\lambda_n t}. \tag{III.45}$$

Gl. (III.45) gilt auch für *Mehrfachwurzeln* λ, vorausgesetzt die *Eigenvektoren* $\mathbf{c}_i$ der Matrix **A** sind *linear unabhängig*, denn genau dann läßt sich Gl. (III.45) den n beliebig wählbaren Anfangsbedingungen $\mathbf{x}(0) = \mathbf{x}_0$ entsprechend

$$k_1\,\mathbf{c}_1 + k_2\,\mathbf{c}_2 + \dots + k_n\,\mathbf{c}_n = \mathbf{x}_0$$

oder kürzer

$$\mathbf{C}\,\mathbf{k} = \mathbf{x}_0$$

anpassen, wobei $\mathbf{C} = [\mathbf{c}_1\ \mathbf{c}_2\ \dots\ \mathbf{c}_n]$ eine nichtsinguläre Matrix der (linear unabhängigen) Eigenvektoren $\mathbf{k} = [k_1\ k_2\ \dots\ k_n]^T$ ist. Während die allgemeine Lösung einer einzelnen

Dgl. n-ter Ordnung im Falle einer r-fachen Wurzel λ der charakteristischen Gleichung auch Glieder der Form $t^{\nu-1}\, e^{\lambda t}$ ($\nu = 1, \dots, r$) enthält, ist dies für Gl. (III.41) nicht der Fall, wenn $\mathbf{C}$ nichtsingulär ist. Die lineare Unabhängigkeit wird auch bei teilweise gleichen Exponentialfunktionen allein durch die lineare Unabhängigkeit der Eigenvektoren $\mathbf{c}_i$ gewahrt. Man kann nun zeigen, daß dies immer dann zutrifft, wenn die *charakteristische Matrix* $\mathbf{A} - \lambda \mathbf{I}$ nur sogenannte *lineare Elementarteiler* besitzt [31] und [33]. Treten bei *Mehrfachwurzeln* auch *nichtlineare Elementarteiler* auf, dann führt der Produktansatz

$$\mathbf{x} = \mathbf{c}(t)\, e^{\lambda t}$$

zum Ziel, wobei die Elemente des Vektors $\mathbf{c}(t)$ *Polynome* in t von noch zu bestimmendem Grade sind.

Die allgemeine Lösung der inhomogenen Dgl. (III.30a) setzt sich, wie im Falle einer einzelnen Dgl., aus der Addition der allgemeinen homogenen Lösung $\mathbf{x}_h(t)$ und einer speziellen Lösung $\mathbf{x}_s(t)$ zusammen; es gilt also für die *allgemeine Lösung*

$$\mathbf{x}(t) = \mathbf{x}_h(t) + \mathbf{x}_s(t).$$

Die *spezielle Lösung,* die eine partikuläre Lösung der inhomogenen Dgl. darstellt, läßt sich wie bei einer einzelnen Dgl. durch *Variation der Konstanten* oder durch einen *„Faustregelansatz"* finden. So führt z.B. für die Eingangsgröße

$$\mathbf{u}(t) = \mathbf{u}_0\, t^m \qquad (m \geqslant 0, \text{ ganzzahlig})$$

der Polynomansatz

$$\mathbf{x}_s(t) = \mathbf{a}_0 + \mathbf{a}_1 t + \dots + \mathbf{a}_m t^m$$

durch Einsetzen in die Gl. (III.30a) zu

$$\mathbf{a}_1 + 2\mathbf{a}_2 t + \dots + m\,\mathbf{a}_m t^{m-1} = \mathbf{A}\,[\mathbf{a}_0 + \mathbf{a}_1 t + \dots + \mathbf{a}_m t^m] + \mathbf{B}\,\mathbf{u}_0 t^m,$$

woraus man durch Koeffizientenvergleich die Bedingungen

$$\begin{aligned} \mathbf{a}_1 &= \mathbf{A}\,\mathbf{a}_0 \\ 2\mathbf{a}_2 &= \mathbf{A}\,\mathbf{a}_1 \\ &\;\;\vdots \\ m\mathbf{a}_m &= \mathbf{A}\,\mathbf{a}_{m-1} \\ -\mathbf{B}\,\mathbf{u}_0 &= \mathbf{A}\,\mathbf{a}_m \end{aligned} \qquad \text{(III.46)}$$

erhält. Ist $\mathbf{A}$ *nichtsingulär,* so lassen sich aus Gl. (III.46) der Reihe nach die Vektoren $\mathbf{a}_m, \mathbf{a}_{m-1}, \dots, \mathbf{a}_0$ für einen beliebigen Vektor $\mathbf{u}_0$ bestimmen. Ist jedoch $\mathbf{A}$ *singulär,* so führt ein um eine höhere t-Potenz erweiterter Polynomansatz zum Ziel. Ganz analog kann man z.B. bei Eingangsgrößen $\mathbf{u}(t)$ vorgehen, die sich aus Kreis- oder Exponentialfunktionen usw. zusammensetzen [31]. Das folgende Beispiel illustriert den Berechnungsgang.

- **Beispiel III.2:**

Die allgemeine Lösung der Dgl.

$$\dot{x}_1 = -6x_1 + x_2 \qquad \text{oder} \qquad \dot{\mathbf{x}} = \begin{bmatrix} -6 & 1 \\ 5 & -2 \end{bmatrix} \mathbf{x} + \begin{bmatrix} 0 \\ 7t^2 \end{bmatrix}$$
$$\dot{x}_2 = 5x_1 - 2x_2 + 7t^2$$

mit der Anfangsbedingung $\mathbf{x}(0) = \mathbf{x}_0$ wird nach der vorstehenden Erläuterung durch Berechnung von $\mathbf{x}_h(t)$ und $\mathbf{x}_s(t)$ ermittelt.

Die Eigenwerte zur Bestimmung der homogenen Lösung ergeben sich aus

$$|\mathbf{A} - \lambda\mathbf{I}| = \begin{vmatrix} -6-\lambda & 1 \\ 5 & -2-\lambda \end{vmatrix} = (\lambda + 6)(\lambda + 2) - 5 = 0$$

zu $\lambda_1 = -1$ und $\lambda_2 = -7$. Der Eigenwert λ_1 in Gl. (III.44) eingesetzt liefert

$$\lambda_1 \mathbf{c}_1 = \mathbf{A}\mathbf{c}_1$$

oder mit $\mathbf{c}_1 = \begin{bmatrix} c_{11} \\ c_{12} \end{bmatrix}$

$$-c_{11} = -6c_{11} + c_{12} \qquad \text{und} \qquad -c_{12} = 5c_{11} - 2c_{12},$$

woraus

$$-5c_{11} + c_{12} = 0 \qquad \text{und} \qquad 5c_{11} + c_{12} = 0$$

folgen. Die beiden Gleichungen sind, wie es sein muß, linear abhängig und aus jeder von ihnen folgt $c_{11} : c_{12} = 1 : 5$; somit ist mit K = const. der Eigenvektor

$$\mathbf{c}_1 = K\begin{bmatrix} 1 \\ 5 \end{bmatrix}.$$

Entsprechend erhält man für den Eigenwert λ_2 mit $\mathbf{c}_2 = \begin{bmatrix} c_{21} \\ c_{22} \end{bmatrix}$ und Gl. (III.44) aus

$$-7c_{21} = -6c_{21} + c_{22} \qquad \text{und} \qquad -7c_{22} = 5c_{21} - 2c_{22}$$

den Eigenvektor

$$\mathbf{c}_2 = K\begin{bmatrix} 1 \\ -1 \end{bmatrix} \qquad (K = \text{const.}) .$$

Die beiden Eigenvektoren sind wegen $\begin{vmatrix} 1 & 1 \\ 5 & -1 \end{vmatrix} \neq 0$ linear unabhängig. Mit K = 1 hat nach Gl. (III.45) die allgemeine Lösung der homogenen Dgl. die Form

$$\mathbf{x}_h(t) = k_1\begin{bmatrix} 1 \\ 5 \end{bmatrix} e^{-t} + k_2\begin{bmatrix} 1 \\ -1 \end{bmatrix} e^{-7t}.$$

Die obige Gleichung stellt für die vorgegebene Anfangsbedingung $\mathbf{x}(0) = \mathbf{x}_0$, mit deren Hilfe sich die Integrationskonstanten k_1 und k_2 berechnen lassen, die Eigenbewegung des entsprechenden Systems dar.

Zur Berechnung der speziellen Lösung machen wir den Produktansatz

$$\mathbf{x}_S(t) = \mathbf{a}_0 + \mathbf{a}_1 t + \mathbf{a}_2 t^2$$

der nach Gl. (III.46) auf die Bedingungen

$$\mathbf{a}_1 = \begin{bmatrix} -6 & 1 \\ 5 & -2 \end{bmatrix} \mathbf{a}_0 \quad ,$$

$$2\mathbf{a}_2 = \begin{bmatrix} -6 & 1 \\ 5 & -2 \end{bmatrix} \mathbf{a}_1$$

und

$$-\begin{bmatrix} 0 \\ 7 \end{bmatrix} = \begin{bmatrix} -6 & 1 \\ 5 & -2 \end{bmatrix} \mathbf{a}_2$$

führt. Aus der letzten Gleichung folgt mit $\mathbf{a}_i = \begin{bmatrix} a_{i1} \\ a_{i2} \end{bmatrix}$ (i = 0, 1, 2,)

$$\begin{bmatrix} 0 \\ 7 \end{bmatrix} = \begin{bmatrix} -6\, a_{21} + a_{22} \\ 5\, a_{21} - 2 a_{22} \end{bmatrix}$$

oder

$$-6\, a_{21} + a_{22} = 0 \qquad \text{und} \qquad 5\, a_{21} - 2\, a_{22} = -7,$$

woraus sich a_{21} und a_{22} berechnen lassen; es ist $\mathbf{a}_2 = \begin{bmatrix} 1 \\ 6 \end{bmatrix}$.

Entsprechend erhält man durch Einsetzen von $\mathbf{a}_2$ in die mittlere Bedingungsgleichung $\mathbf{a}_1 = -\frac{2}{7}\begin{bmatrix} 8 \\ 41 \end{bmatrix}$ und mit $\mathbf{a}_1$ aus der ersten Beziehung $\mathbf{a}_0 = \frac{2}{49}\begin{bmatrix} 57 \\ 286 \end{bmatrix}$.

Die spezielle Lösung lautet somit

$$\mathbf{x}_S(t) = \frac{2}{49}\begin{bmatrix} 57 \\ 286 \end{bmatrix} - \frac{2}{7}\begin{bmatrix} 8 \\ 41 \end{bmatrix} t + \begin{bmatrix} 1 \\ 6 \end{bmatrix} t^2 .$$

Durch Addition der homogenen und speziellen Lösung erhalten wir schließlich die allgemeine Lösung der betrachteten Dgl.

$$\mathbf{x}(t) = k_1 \begin{bmatrix} 1 \\ 5 \end{bmatrix} e^{-t} + k_2 \begin{bmatrix} 1 \\ -1 \end{bmatrix} e^{-7t} + \frac{2}{49}\begin{bmatrix} 57 \\ 286 \end{bmatrix} - \frac{2}{7}\begin{bmatrix} 8 \\ 41 \end{bmatrix} t + \begin{bmatrix} 1 \\ 6 \end{bmatrix} t^2$$

oder

$$x_1(t) = k_1 e^{-t} + k_2 e^{-7t} + \frac{114}{49} + \frac{16}{7}\, t + t^2$$

und

$$x_2(t) = 5k_1 e^{-t} - k_2 e^{-7t} + \frac{572}{49} - \frac{82}{7} t + 6t^2.$$

Bei richtiger Lösung müssen natürlich die Werte $x_1, \dot{x}_1, x_2$ und $\dot{x}_2$ in die Dgl. eingesetzt diese erfüllen.

5. Die Steuerbarkeit und Beobachtbarkeit von linearen Systemen

Die beiden von *Kalman* [34] eingeführten Begriffe der *Steuerbarkeit* (engl. controllability) und der *Beobachtbarkeit* (engl. observability) von Systemen besitzen im Zusammenhang mit der Systemuntersuchung im Zustandsraum große Bedeutung. Ein System ist dann *vollständig steuerbar,* wenn *alle* Zustandsvariablen mindestens durch eine Eingangs- oder Steuergröße $u_i(t)$ beeinflußbar sind, d.h. *die Steuerbarkeit bezieht sich auf den Zusammenhang der Zustandsvariablen mit den Eingangsgrößen.* Nichtsteuerbare Zustandsvariable eines Systems besitzen keinen (funktionellen) Zusammenhang mit den Steuergrößen. Entsprechend ist ein System *vollständig beobachtbar,* wenn sich *alle* Zustandsvariablen aus den (meßbaren) Ausgangsgrößen ermitteln oder abschätzen lassen. *Die Beobachtbarkeit bezieht sich demnach auf den Zusammenhang der Zustandsvariablen mit den Ausgangsgrößen.* Die Begriffe der Steuerbarkeit und Beobachtbarkeit weisen somit einen *„dualen Charakter"* auf. Aus der folgenden Ableitung der Steuerbarkeit und Beobachtbarkeit gehen die erwähnten Zusammenhänge deutlich hervor. Wir beschränken uns dabei auf lineare, zeitunabhängige Systeme, die durch die Dgl.

$$\dot{\mathbf{x}} = \mathbf{A}\,\mathbf{x} + \mathbf{B}\,\mathbf{u} \tag{III.15}$$

und durch die allgemeine Ausgangsgröße

$$\mathbf{y} = \mathbf{C}\,\mathbf{x} + \mathbf{D}\,\mathbf{u} \tag{III.16}$$

charakterisiert werden.

5.1. Steuerbarkeit

Um die entsprechenden Gleichungen auf eine geeignetere Form zu bringen, gehen wir von der *linearen Vektortransformation*

$$\mathbf{x} = \mathbf{T}\,\mathbf{z} \tag{III.47}$$

aus. Die *nichtsinguläre* Transformationsmatrix $\mathbf{T}$ bildet die Zustandsvariable $\mathbf{x}$ in die Zustandsvariable $\mathbf{z}$ ab. Setzen wir Gl. (III.47) und ihre Ableitung $\dot{\mathbf{x}} = \mathbf{T}\,\dot{\mathbf{z}}$ in Gl. (III.15) ein, so wird

$$\mathbf{T}\,\dot{\mathbf{z}} = \mathbf{A}\,\mathbf{T}\,\mathbf{z} + \mathbf{B}\,\mathbf{u}$$

oder nach der Linksmultiplikation mit $\mathbf{T}^{-1}$

$$\dot{\mathbf{z}} = \mathbf{T}^{-1}\,\mathbf{A}\,\mathbf{T}\,\mathbf{z} + \mathbf{T}^{-1}\,\mathbf{B}\,\mathbf{u}. \tag{III.48}$$

Wie aus der Determinante

$$|\mathbf{T}^{-1}\mathbf{A}\mathbf{T}-\lambda\mathbf{I}| = |\mathbf{T}^{-1}(\mathbf{A}-\lambda\mathbf{I})\mathbf{T}| = |\mathbf{T}^{-1}|\,|\mathbf{A}-\lambda\mathbf{I}|\,|\mathbf{T}| = |\mathbf{A}-\lambda\mathbf{I}| = 0,$$

die man entsprechend der Ableitung von Gl. (III.43) erhält, hervorgeht, besitzen Gl. (III.15) und Gl. (III.48) die gleiche charakteristische Gleichung und damit die gleichen Eigenwerte λ_i. Man bezeichnet die Beziehung $\mathbf{P} = \mathbf{T}^{-1}\mathbf{A}\mathbf{T}$ als *Ähnlichkeitstransformation*. Beschränken wir uns weiterhin auf *lauter verschiedene Eigenwerte* (keine Mehrfachwurzeln), so existiert eine Ähnlichkeitstransformation

$$\Lambda = \mathbf{T}^{-1}\mathbf{A}\mathbf{T}, \tag{III.49}$$

bei der Λ die *Diagonalmatrix*

$$\Lambda = \begin{bmatrix} \lambda_1 & 0 & 0 \;\dots & 0 \\ 0 & \lambda_2 & 0 \;\dots & 0 \\ 0 & 0 & \lambda_3 \;\dots & 0 \\ \cdot & \cdot & \cdot & \cdot \\ \cdot & \cdot & \cdot & \cdot \\ \cdot & \cdot & \cdot & \cdot \\ 0 & 0 & 0 \;\dots & \lambda_n \end{bmatrix}$$

mit den verschiedenen Eigenwerten λ_i $(i = 1, \dots, n)$ darstellt. Die Transformation Gl. (III.49) auf Gl. (III.15) angewendet, liefert die Dgl.

$$\dot{\mathbf{z}} = \Lambda\mathbf{z} + \mathbf{T}^{-1}\mathbf{B}\mathbf{u}, \tag{III.50a}$$

oder in der skalaren Form

$$\begin{aligned} \dot{z}_1 &= \lambda_1 z_1 + g_{11}u_1 + g_{12}u_2 + \dots + g_{1m}u_m; \\ \dot{z}_2 &= \lambda_2 z_2 + g_{21}u_1 + g_{22}u_2 + \dots + g_{2m}u_m; \\ &\;\;\vdots \\ \dot{z}_n &= \lambda_n z_n + g_{n1}u_1 + g_{n2}u_2 + \dots + g_{nm}u_m; \end{aligned} \tag{III.50b}$$

wobei $\mathbf{G} = \mathbf{T}^{-1}\mathbf{B}$ ist. Nur für reelle λ_i sind die Gln. (III.50b) reell. Durch die Ähnlichkeitstransformation Gl. (III.49) erhalten wir eine *entkoppelte* Darstellung, d.h. jede Zustandsvariable z_i ist von den anderen Zustandsvariablen z_j $(i \neq j)$ entkoppelt, denn in jeder Zeile von Gl. (III.50b) tritt immer nur die gleiche Zustandsvariable auf. Ein lineares, zeitunabhängiges System mit lauter verschiedenen Eigenwerten ist daher *vollständig steuerbar*, wenn *jede Reihe* von $\mathbf{G} = \mathbf{T}^{-1}\mathbf{B}$ mindestens *ein nichtverschwindendes Element aufweist;* diese Forderung stellt (für verschiedene Eigenwerte) eine notwendige und hinreichende Bedingung dar.

Durch die Beschränkung auf lauter verschiedene Eigenwerte λ_i $(i = 1, 2, \dots, n)$ wird die Ableitung einfacher und übersichtlicher, was andererseits die Bedeutung der Steuerbarkeit leichter überblicken läßt. Für die meisten realen Systeme bedeutet die Voraussetzung verschiedener Eigenwerte keine Einschränkung, da man jede Matrix $\mathbf{A}$ durch eine solche mit lauter verschiedenen Eigenwerten mit hinreichender Genauigkeit approximieren kann [32]. Die Definition der Steuerbarkeit beschränkt sich natürlich nicht auf Systeme mit verschiedenen Eigenwerten. Die Ableitung bei mehrfachen Eigenwerten (Mehrfachwurzeln) läßt sich ganz analog wie oben durchführen; allerdings kann man dann die Matrix $\mathbf{A}$ im Fall der nichtlinearen Elementarteiler (siehe Abschnitt 4.4) nicht auf die Diagonalform bringen, sondern sie wird auf die *„Jordansche Normalform"* transformiert [20] und [34].

Zur Prüfung der vollständigen Steuerbarkeit ist es jedoch nicht erforderlich, die Ähnlichkeitstransformation auszuführen. Beschränken wir uns auf Systeme mit *einer* Eingangsgröße, so folgt aus Gl. (III.50b) mit $g_{i1} = g_i$

$$\dot{z}_i = \lambda_i z_i + g_i u \qquad (i = 1, \dots, n). \tag{III.51}$$

Sämtliche Zustandsvariablen in Gl. (III.51) und somit auch in der entsprechenden Gl. (III.15) sind dann und nur dann steuerbar, wenn alle $g_i \neq 0$ $(i = 1, 2, \dots, n)$ sind. Wir definieren nun die quadratische Matrix

$$\mathbf{M} = \begin{bmatrix} g_1 & \lambda_1 g_1 & \dots & \lambda_1^{n-1} g_1 \\ g_2 & \lambda_2 g_2 & \dots & \lambda_2^{n-1} g_2 \\ \cdot & & & \cdot \\ \cdot & & & \cdot \\ \cdot & & & \cdot \\ g_n & \lambda_n g_n & \dots & \lambda_n^{n-1} g_n \end{bmatrix} = [\mathbf{g} \;\; \Lambda \mathbf{g} \; \dots \; \Lambda^{n-1} \mathbf{g}],$$

wobei Λ wiederum die vorstehende Diagonalmatrix und $\mathbf{g} = \mathbf{T}^{-1} \mathbf{b}$ einen Spaltenvektor darstellen; siehe hierzu auch Gl. (III.18a). Da jedoch die Matrix Λ nur verschiedene Eigenwerte besitzt, erhalten wir dann und nur dann eine nichtsinguläre Matrix $\mathbf{M}$, wenn alle $g_i \neq 0$ $(i = 1, 2, \dots, n)$ sind. Verschwindet nämlich ein g_i, dann sind alle Elemente dieser Zeile von $\mathbf{M}$ gleich Null und damit die $\det \mathbf{M} = 0$.

Ziehen wir hingegen die g_1 bis g_n vor die $\det \mathbf{M}$, so ergibt sich die in Unterabschnitt II.5.1 definierte *Vandermondesche* Determinante, die für lauter verschiedene λ_i nicht verschwindet. Damit haben wir folgendes erreicht. ***Für die vollständige Steuerbarkeit eines Systems müssen alle*** $g_i \neq 0$ ***sein; das ist dann der Fall, wenn die Matrix*** $\mathbf{M}$ ***nichtsingulär ist, d.h.*** $\det \mathbf{M} \neq 0$.

Unter Beachtung der Beziehungen

$$\begin{aligned} \mathbf{g} &= \mathbf{T}^{-1} \mathbf{b}; \\ \Lambda \mathbf{g} &= \mathbf{T}^{-1} \mathbf{A} \mathbf{T} \mathbf{T}^{-1} \mathbf{b} = \mathbf{T}^{-1} \mathbf{A} \mathbf{b}; \\ \Lambda^2 \mathbf{g} &= (\mathbf{T}^{-1} \mathbf{A} \mathbf{T})(\mathbf{T}^{-1} \mathbf{A} \mathbf{T}) \mathbf{T}^{-1} \mathbf{b} = \mathbf{T}^{-1} \mathbf{A}^2 \mathbf{b}; \\ &\vdots \\ \Lambda^{n-1} \mathbf{g} &= \mathbf{T}^{-1} \mathbf{A}^{n-1} \mathbf{b} \end{aligned}$$

wird

$$\mathbf{M} = \mathbf{T}^{-1} [\mathbf{b} \;\; \mathbf{A b} \;\; \mathbf{A}^2\mathbf{b} \;\; \ldots \;\; \mathbf{A}^{n-1} \mathbf{b}].$$

Da aber $\mathbf{T}^{-1}$ *nichtsingulär* ist, kann die Matrix **M** dann und nur dann nichtsingulär sein, wenn auch die quadratische Matrix

$$\mathbf{S} = [\mathbf{b} \;\; \mathbf{A b} \;\; \mathbf{A}^2\mathbf{b} \;\; \ldots \;\; \mathbf{A}^{n-1} \mathbf{b}]$$

nichtsingulär ist, d.h. für $g_i \neq 0$ $(i = 1, 2, \ldots, n)$ muß $\det \mathbf{S} \neq 0$ sein. Damit erhalten wir für die vollständige Steuerbarkeit den folgenden Satz, der auch bei *mehrfachen* Eigenwerten gilt:

Satz III.1: Eine notwendige und hinreichende Bedingung für die vollständige Steuerbarkeit des linearen, zeitunabhängigen Systems mit einer Steuergröße (Eingangsgröße)

$$\dot{\mathbf{x}} = \mathbf{A x} + \mathbf{b u}$$

ist, daß die (quadratische) Matrix

$$\mathbf{S} = [\mathbf{b} \;\; \mathbf{A b} \;\; \mathbf{A}^2\mathbf{b} \;\; \ldots \;\; \mathbf{A}^{n-1} \mathbf{b}]$$

nichtsingulär ist, d.h. es muß die $\det \mathbf{S} \neq 0$ sein.

Entsprechend gilt bei *mehreren* Steuergrößen [35] bis [37] der allgemeinere

Satz III.2: Für die notwendige und hinreichende Bedingung der vollständigen Steuerbarkeit des durch Gl. (III.15) gegebenen Systems, muß der Rang der n,nm-Matrix

$$\mathbf{S} = [\mathbf{B} \;\; \mathbf{AB} \;\; \ldots \;\; \mathbf{A}^{n-1} \mathbf{B}]$$

gleich der Ordnung des Systems, also gleich n sein.

- **Beispiel III.3**:

Das System

$$\dot{x}_1 = x_2 \,;$$

$$\dot{x}_2 = x_3 \,;$$

$$\dot{x}_3 = -x_1 - 3x_2 - 2x_3 + u \,;$$

mit der Ausgangsgröße

$$y = x_1$$

ist vollständig steuerbar, denn mit

$$\mathbf{A} = \begin{bmatrix} 0 & 1 & 0 \\ 0 & 0 & 1 \\ -1 & -3 & -2 \end{bmatrix}, \quad \mathbf{A}^2 = \mathbf{AA} = \begin{bmatrix} 0 & 0 & 1 \\ -1 & -3 & -2 \\ 2 & 5 & 1 \end{bmatrix} \quad \text{und} \quad \mathbf{b} = \begin{bmatrix} 0 \\ 0 \\ 1 \end{bmatrix}$$

wird

$$\mathbf{S} = \begin{bmatrix} 0 & 0 & 1 \\ 0 & 1 & -2 \\ 1 & -2 & 1 \end{bmatrix}$$

und die det $\mathbf{S} = -1$. Wie auch schon vorher erläutert, ist die Wahl der Ausgangsgröße y ohne Einfluß auf die Steuerbarkeit eines Systems.

5.2. Beobachtbarkeit

Bei der Ableitung der *Beobachtbarkeit* gehen wir ähnlich, wie im vorstehenden Unterabschnitt, vor und beschränken uns auch auf Systeme mit lauter verschiedenen Eigenwerten. Setzen wir hierzu die Vektortransformation Gl. (III.47), deren Ähnlichkeitstransformation Gl. (III.49) auf die *Diagonalmatrix* Λ führt, in Gl. (III.16) ein, so wird

$$\mathbf{y} = \mathbf{CTz} + \mathbf{Du} = \mathbf{Hz} + \mathbf{Du}. \tag{III.52}$$

Wie vorher bereits erwähnt, stellt die Beobachtbarkeit einen Zusammenhang zwischen den Zustandsvariablen und den Ausgangsgrößen dar. Wir setzen daher in Gl. (III.52) $\mathbf{u} \equiv \mathbf{0}$, d.h. wir betrachten das anregunglos gedachte System

$$\mathbf{y} = \mathbf{Hz} = \begin{bmatrix} h_{11} & \dots & h_{1n} \\ \cdot & & \cdot \\ \cdot & & \cdot \\ \cdot & & \cdot \\ h_{r1} & \dots & h_{rn} \end{bmatrix} \begin{bmatrix} z_1 \\ \cdot \\ \cdot \\ \cdot \\ z_n \end{bmatrix} \tag{III.53a}$$

oder in der skalaren Form

$$\begin{aligned} y_1 &= h_{11} z_1 + h_{12} z_2 + \dots + h_{1n} z_n \\ y_2 &= h_{21} z_1 + h_{22} z_2 + \dots + h_{2n} z_n \\ &\cdot \qquad\qquad\qquad \cdot \\ &\cdot \qquad\qquad\qquad \cdot \\ &\cdot \qquad\qquad\qquad \cdot \\ y_r &= h_{r1} z_1 + h_{r2} z_2 + \dots + h_{rn} z_n , \end{aligned} \tag{III.53b}$$

wofür sich auch

$$\mathbf{y} = \mathbf{h}_1 z_1 + \mathbf{h}_2 z_2 + \dots + \mathbf{h}_n z_n \tag{III.53c}$$

schreiben läßt, wobei $\mathbf{h}_i$ die i-te Spalte von $\mathbf{H}$ darstellt. Die Zustandsvariable z_1 ist nur dann beobachtbar, wenn mindestens ein Element von $\mathbf{h}_1$ ungleich Null ist. Ein lineares, zeitunabhängiges System mit *lauter verschiedenen Eigenwerten* ist somit dann und nur dann *vollständig beobachtbar,* wenn mindestens ein Element in jeder Spalte von $\mathbf{H} = \mathbf{CT}$ von Null verschieden ist.

Auch zur Prüfung der vollständigen Beobachtbarkeit bedarf es nicht der Ausführung der Ähnlichkeitstransformation. Wir beschränken uns, ähnlich wie bei der Steuerbarkeit, auf ein System mit *einer* Ausgangsgröße, dann folgt aus Gl. (III.53b) mit $h_{1i} = h_i$

$$y = h_1 z_1 + h_2 z_2 + \dots + h_n z_n = [h_1 \; h_2 \; \dots \; h_n] \begin{bmatrix} z_1 \\ z_2 \\ \cdot \\ \cdot \\ \cdot \\ z_n \end{bmatrix} = \mathbf{h}^T \mathbf{z}. \qquad \text{(III.54)}$$

Sämtliche Zustandsvariablen in Gl. (III.54) und somit in der entsprechenden Gl. (III.18b) sind dann und nur dann beobachtbar, wenn alle Elemente $h_i \neq 0$ $(i = 1, 2, \dots, n)$ sind. Wir definieren nun die quadratische Matrix

$$\mathbf{N} = \begin{bmatrix} h_1 & \lambda_1 h_1 & \dots & \lambda_1^{n-1} h_1 \\ h_2 & \lambda_2 h_2 & \dots & \lambda_2^{n-1} h_2 \\ \cdot & & & \cdot \\ \cdot & & & \cdot \\ \cdot & & & \cdot \\ h_n & \lambda_n h_n & \dots & \lambda_n^{n-1} h_n \end{bmatrix} = [\mathbf{h} \;\; \Lambda \mathbf{h} \;\; \dots \;\; \Lambda^{n-1} \mathbf{h} \;,]$$

wobei Λ wiederum die vorstehende Diagonalmatrix und nach Gl. (III.52) für eine Ausgangsgröße $\mathbf{h}^T = \mathbf{c}^T \mathbf{T}$ oder (wegen $(\mathbf{AB})^T = \mathbf{B}^T \mathbf{A}^T$) $\mathbf{h} = \mathbf{T}^T \mathbf{c}$ bedeuten. Da jedoch alle λ_i voneinander verschieden vorausgesetzt wurden, erhalten wir dann und nur dann eine nichtsinguläre Matrix $\mathbf{N}$, wenn alle $h_i \neq 0$ $(i = 1, 2, \dots, n)$ sind. Verschwindet nämlich ein h_i, dann sind alle Elemente dieser Zeile von $\mathbf{N}$ gleich Null und damit die $\det \mathbf{N} = 0$.

Ziehen wir hingegen die h_1 bis h_n vor die $\det \mathbf{N}$, so ergibt sich wiederum die *Vandermondesche* Determinante, die für lauter verschiedene λ_i nicht verschwindet. Damit haben wir folgendes erreicht. ***Für die vollständige Beobachtbarkeit eines Systems müssen alle*** $h_i \neq 0$ ***sein. Das ist dann der Fall, wenn die Matrix*** $\mathbf{N}$ ***nichtsingulär ist, d.h.*** *det* $\mathbf{N} \neq 0$.

Unter Beachtung von $(\mathbf{T}^{-1} \mathbf{A} \mathbf{T})^T = \mathbf{T}^T \mathbf{A}^T (\mathbf{T}^{-1})^T = \mathbf{T}^T \mathbf{A}^T (\mathbf{T}^T)^{-1}$ und der Beziehung

$$\begin{aligned} \mathbf{h} &= \mathbf{T}^T \mathbf{c}; \\ \Lambda \mathbf{h} &= \Lambda^T \mathbf{h} = \mathbf{T}^T \mathbf{A}^T (\mathbf{T}^T)^{-1} \mathbf{T}^T \mathbf{c} = \mathbf{T}^T \mathbf{A}^T \mathbf{c}; \\ \Lambda^2 \mathbf{h} &= (\Lambda^T)^2 \mathbf{h} = \mathbf{T}^T \mathbf{A}^T (\mathbf{T}^T)^{-1} \mathbf{T}^T \mathbf{A}^T (\mathbf{T}^T)^{-1} \mathbf{T}^T \mathbf{c} = \mathbf{T}^T (\mathbf{A}^T)^2 \mathbf{c}; \\ &\cdot \\ &\cdot \\ &\cdot \\ \Lambda^{n-1} \mathbf{h} &= \mathbf{T}^T (\mathbf{A}^T)^{n-1} \mathbf{c} \end{aligned}$$

wird

$$\mathbf{N} = \mathbf{T}^T \left[\mathbf{c} \quad \mathbf{A}^T\mathbf{c} \quad (\mathbf{A}^T)^2\mathbf{c} \ \dots \ (\mathbf{A}^T)^{n-1}\mathbf{c} \right] .$$

Da aber $\mathbf{T}$ und damit $\mathbf{T}^T$ ***nichtsingulär*** sind, kann die Matrix $\mathbf{N}$ dann und nur dann nichtsingulär sein, wenn auch die quadratische Matrix

$$\mathbf{Q} = \left[\mathbf{c} \quad \mathbf{A}^T\mathbf{c} \quad (\mathbf{A}^T)^2\mathbf{c} \ \dots \ (\mathbf{A}^T)^{n-1}\mathbf{c} \right]$$

nichtsingulär ist, d.h. für $h_i \neq 0$ $(i = 1, 2, \dots, n)$ muß $\det \mathbf{Q} \neq 0$ sein. Damit erhalten wir für die vollständige Beobachtbarkeit den folgenden Satz, der auch bei *mehrfachen* Eigenwerten gilt:

> **Satz III.3**: Eine notwendige und hinreichende Bedingung für die vollständige Beobachtbarkeit eines linearen, zeitunabhängigen Systems
>
> $\dot{\mathbf{x}} = \mathbf{A}\mathbf{x} + \mathbf{b}\,u$
>
> mit der Ausgangsgröße
>
> $y = \mathbf{c}^T\mathbf{x}$
>
> ist, daß die (quadratische) Matrix
>
> $\mathbf{Q} = \left[\mathbf{c} \quad \mathbf{A}^T\mathbf{c} \quad (\mathbf{A}^T)^2\mathbf{c} \ \dots \ (\mathbf{A}^T)^{n-1}\mathbf{c} \right].$
>
> nichtsingulär ist, d.h. es muß die $\det \mathbf{Q} \neq 0$ sein.

Entsprechend gilt bei *mehreren* Ausgangsgrößen [35] bis [37] der allgemeinere

> **Satz III.4**: Für die notwendige und hinreichende Bedingung der Beobachtbarkeit des durch die Gln. (III.15) und (III.16) gegebenen Systems, muß der Rang der n, nr-Matrix
>
> $\mathbf{Q} = \left[\mathbf{C}^T \quad \mathbf{A}^T\mathbf{C}^T \ \dots \ (\mathbf{A}^T)^{n-1}\,\mathbf{C}^T \right]$
>
> gleich der Ordnung des Systems, also gleich n sein.

● **Beispiel III.4**:

Das System in Beispiel III.3 ist vollständig beobachtbar, denn mit

$$\mathbf{A}^T = \begin{bmatrix} 0 & 0 & -1 \\ 1 & 0 & -3 \\ 0 & 1 & -2 \end{bmatrix}, \quad (\mathbf{A}^T)^2 = \mathbf{A}^T\,\mathbf{A}^T = \begin{bmatrix} 0 & -1 & 2 \\ 0 & -3 & 5 \\ 1 & -2 & 1 \end{bmatrix} \quad \text{und} \quad \mathbf{c} = \begin{bmatrix} 1 \\ 0 \\ 0 \end{bmatrix}$$

wird

$$\mathbf{Q} = \begin{bmatrix} 1 & 0 & 0 \\ 0 & 1 & 0 \\ 0 & 0 & 1 \end{bmatrix}$$

● und die $\det \mathbf{Q} = 1$.

5.3. Bemerkungen zur Steuer- und Beobachtbarkeit

Wie man aus der vorstehenden Betrachtung ersieht, besitzen für lineare, zeitunabhängige Systeme die Steuer- und Beobachtbarkeit eine gewisse praktische Bedeutung. Bei einem solchen vollständig steuerbaren System lassen sich alle die den (verschiedenen) Eigenwerten entsprechenden Bewegungsvorgänge beeinflussen, d.h. mit anderen Worten, man kann jede Zustandsvariable eines Systems durch die Eingangsgrößen steuern. Entsprechend kann man bei einem solchen vollständig beobachtbaren System das Verhalten der Zustandsvariablen aus Messungen der Ausgangsgrößen ermitteln. Hierzu betrachten wir das folgende

- **Beispiel III.5:**

Für das in Bild III.8 dargestellte System gilt mit $u_C = v$:

$$L\frac{di}{dt} + R_1 i_1 + R_3 i_3 = u(t),$$

$$i_2 R_2 - v - i_1 R_1 = 0$$

und

$$i_4 R_4 + v - i_3 R_3 = 0\,.$$

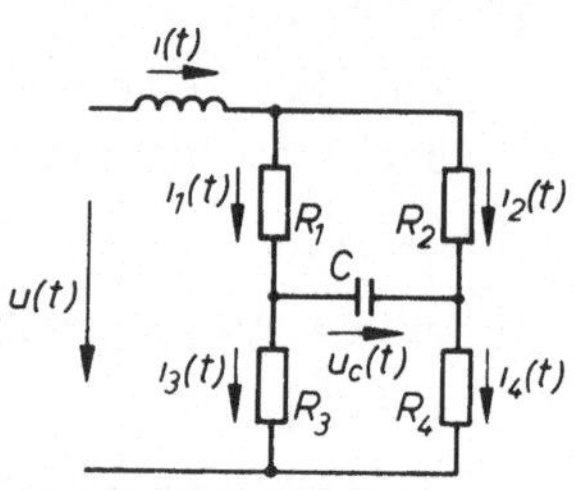

Bild III.8
Brückenschaltung

Mit $i = i_1 + i_2$ und $i = i_3 + i_4$ wird

$$i_1 = \frac{R_2}{R_1 + R_2}\,i - \frac{1}{R_1 + R_2}\,v \qquad i_3 = \frac{R_4}{R_3 + R_4}\,i + \frac{1}{R_3 + R_4}\,v$$

und bei Beachtung der ersten Gleichung

$$\frac{di}{dt} = -\frac{1}{L}\left(\frac{R_1 R_2}{R_1 + R_2} + \frac{R_3 R_4}{R_3 + R_4}\right) i + \frac{1}{L}\left(\frac{R_1}{R_1 + R_2} - \frac{R_3}{R_3 + R_4}\right) v + \frac{1}{L}\,u. \tag{III.55 a}$$

Außerdem folgt wegen $i_1 = i_C + i_3$ und $i_C = C\,\frac{dv}{dt}$

$$\frac{dv}{dt} = \frac{1}{C}\left(\frac{R_2}{R_1 + R_2} - \frac{R_4}{R_3 + R_4}\right) i - \frac{1}{C}\left(\frac{1}{R_1 + R_2} + \frac{1}{R_3 + R_4}\right) v\,. \tag{III.55 b}$$

Es ist also mit $i = x_1$ und $v = x_2$

$$\mathbf{A} = \begin{bmatrix} -\frac{1}{L}\left(\frac{R_1 R_2}{R_1 + R_2} + \frac{R_3 R_4}{R_3 + R_4}\right) & \frac{1}{L}\left(\frac{R_1}{R_1 + R_2} - \frac{R_3}{R_3 + R_4}\right) \\ \frac{1}{C}\left(\frac{R_2}{R_1 + R_2} - \frac{R_4}{R_3 + R_4}\right) & -\frac{1}{C}\left(\frac{1}{R_1 + R_2} + \frac{1}{R_3 + R_4}\right) \end{bmatrix}, \quad \mathbf{b} = \begin{bmatrix} \frac{1}{L} \\ 0 \end{bmatrix} \quad \text{und} \quad \mathbf{c} = \begin{bmatrix} 0 \\ 1 \end{bmatrix}.$$

Die Matrix

$$S = \begin{bmatrix} \frac{1}{L} & -\frac{1}{L^2}\left(\frac{R_1 R_2}{R_1 + R_2} + \frac{R_3 R_4}{R_3 + R_4}\right) \\ 0 & \frac{1}{LC}\left(\frac{R_2}{R_1 + R_2} - \frac{R_4}{R_3 + R_4}\right) \end{bmatrix}$$

ist dann und nur dann für positive R_1 bis R_4 singulär, wenn

$$\frac{R_2}{R_1 + R_2} = \frac{R_4}{R_3 + R_4} \quad \text{oder} \quad R_1 R_4 = R_2 R_3 \quad \text{ist.}$$

Die letzte Beziehung stellt die *Abgleichbedingung* für die Brückenschaltung dar. Es ist leicht einzusehen, daß im abgeglichenen Zustand die Eingangsgröße $u(t)$ die Spannung $u_C(t)$ nicht beeinflussen kann; es besteht dann keine Kopplung zwischen den Zustandsgrößen $i(t)$ und $u_C(t)$, da in Gl. (III.55a) der Beiwert von $u_C(t)$ und in Gl. (III.55b) der von $i(t)$ Null sind. Auch der Zustand $i(t)$ ist am Ausgang $y(t) = u_C(t)$ nicht beobachtbar. Nur im abgeglichenen Zustand stellt die Brückenschaltung ein nichtsteuerbares System dar; in allen anderen Fällen ist sie vollständig steuerbar. Entsprechend ist die Matrix

$$Q = \begin{bmatrix} 0 & \frac{1}{C}\left(\frac{R_2}{R_1 + R_2} - \frac{R_4}{R_3 + R_4}\right) \\ 1 & -\frac{1}{C}\left(\frac{1}{R_1 + R_2} + \frac{1}{R_3 + R_4}\right) \end{bmatrix}$$

dann und nur dann singulär, wenn

$$\frac{R_2}{R_1 + R_2} = \frac{R_4}{R_3 + R_4} \quad \text{oder} \quad R_1 R_4 = R_2 R_3 \quad \text{ist.}$$

Die in Bild III.4 gezeichnete Brückenschaltung stellt im abgeglichenen Zustand ein nicht steuerbares und nicht beobachtbares System dar. In allen anderen Fällen ist sie sowohl vollständig steuerbar als auch vollständig beobachtbar. •

Bei einem linearen, zeitunabhängigen System (mit einer Ein- und Ausgangsgröße) lassen sich dann und nur dann alle den Eigenwerten entsprechenden Bewegungsvorgänge steuern und am Ausgang erkennen, wenn das System vollständig steuer- und beobachtbar ist. Es kann daher ein solches System weder einen stabilen noch instabilen Anteil der Eigenbewegung besitzen, der nicht im Ausgangsverlauf erkennbar wäre. Wie in Unterabschnitt V.3.4. ausführlich erläutert, beschreibt dann die entsprechende *Übertragungsfunktion* das System vollständig und eindeutig, d.h. *es sind alle Nennerwurzeln ungleich denen des Zählers.*

Man kann allgemein zeigen, daß sich ein jedes lineares, zeitunabhängiges System S in die vier möglichen Teilsysteme mit den Eigenschaften

a) S^v vollständig steuerbar und vollständig beobachtbar

b) S^{nb} vollständig steuerbar, aber *nicht beobachtbar*

c) S^{ns} *nicht steuerbar,* aber vollständig beobachtbar

d) S^n *nicht steuerbar* und *nicht beobachtbar*

zerlegen läßt [20] und [35]. Die beiden Arbeiten enthalten auch Beziehungen über die Steuerbarkeit und Beobachtbarkeit von *zusammengesetzten Systemen,* d.h. man kann in bestimmten Fällen aus der Kenntnis der Steuer- und Beobachtbarkeit von Untersystemen auf die Steuer- und Beobachtbarkeit des Gesamtsystems schließen. Siehe hierzu auch die Beispiele V.16 und V.17.

Ursprünglich wurde die Steuer- und Beobachtbarkeit von *Kalman* im Zusammenhang mit der Theorie der optimalen Regelvorgänge eingeführt. Man findet daher auch oftmals die folgenden *allgemeineren Definitionen.* Ein System ist vollständig steuerbar, wenn es (zumindest theoretisch) in einem endlichen Zeitintervall von einem Anfangszustand auf einen gewünschten Endzustand gebracht werden kann. Genauer ausgedrückt, ist ein System dann vollständig steuerbar, wenn für ein beliebiges t_0 in dem endlichen geschlossenen Intervall $t_0 \leqslant t \leqslant t_1$ irgend ein (unbegrenztes) Steuersignal (Eingangsgröße) $\mathbf{u}(t)$ existiert, durch welches das System in dem endlichen Zeitintervall $t_1 - t_0$ von dem Anfangszustand $\mathbf{x}(t_0)$ in den gewünschten Endzustand $\mathbf{x}(t_1)$ gelangt („endliche Einstellzeit – deadbeat response"). Entsprechend ist ein lineares, zeitunabhängiges (freies) System vollständig beobachtbar, wenn sich der (Anfangs-) Zustand $\mathbf{x}(t_0)$ eindeutig aus der in einem endlichen Zeitintervall $t_1 - t_0$ bekannten (gemessenen) Ausgangsgröße $\mathbf{y}(t)$ ermitteln läßt. Für lineare, zeitunabhängige Systeme sind diese Definitionen denen in den Unterabschnitten III.5.1. und III.5.2. gleichwertig. Über weitere Einzelheiten, siehe die Ausführungen in Abschnitt VI.5.

Ist ein lineares, zeitinvariantes (kontinuierliches) System in dem endlichen Zeitintervall $t_0 \leqslant t \leqslant t_1$ steuer- und beobachtbar, dann gilt dies auch in dem längeren Zeitintervall $t_0 \leqslant t \leqslant t_2$ mit $t_1 < t_2$.

Neben der hier definierten Steuer- und Beobachtbarkeit sind auch noch einige erweiterte Definitionen bedeutungsvoll. Da die hier definierte Steuerbarkeit weder notwendig noch hinreichend für die Existenz einer Lösung zur Regelung der *Systemausgangsgröße* ist, bezieht man auch die Steuerbarkeit auf die Ausgangsgröße und spricht dann von der vollständigen *Steuerbarkeit der Ausgangsgröße* oder a-*Steuerbarkeit.* Zur Unterscheidung hierzu bezeichnet man vielfach ein System, das der vorher definierten Steuerbarkeit genügt, als zustands- oder z-steuerbar und spricht von der *Steuerbarkeit der Zustandsgrößen* oder z-*Steuerbarkeit.*

Ein System wird als vollständig a-steuerbar in dem endlichen Zeitintervall $t_0 \leqslant t \leqslant t_1$ bezeichnet, wenn ein nichtbegrenzter Steuervektor $\mathbf{u}(t)$ existiert, der eine gegebene Anfangsauslenkung $\mathbf{y}(t_0)$ im Zeitintervall $t_1 - t_0$ in die gewünschte Endauslenkung $\mathbf{y}(t_1)$ transformiert. Für die a-Steuerbarkeit gilt der folgende

Satz III.5: Für die notwendige und hinreichende Bedingung der vollständigen a-Steuerbarkeit des durch die Gln. (III.15) und (III.16) gegebenen Systems, muß im Falle $\mathbf{D} = \mathbf{0}$ der Rang der r,nm-Matrix

$$\mathbf{Y}_1 = [\mathbf{CB} \quad \mathbf{CAB} \quad \ldots \quad \mathbf{CA}^{n-1}\mathbf{B}]$$

und im Fall $\mathbf{D} \neq \mathbf{0}$ der Rang der r,(n + 1)m-Matrix

$$\mathbf{Y}_2 = [\mathbf{CB} \quad \mathbf{CAB} \quad \ldots \quad \mathbf{CA}^{n-1}\mathbf{B} \quad \mathbf{D}]$$

gleich r, der Anzahl der Ausgangsgrößen sein [37] und [38].

Man beachte, daß die vollständige Steuerbarkeit der Zustandsgrößen weder notwendig noch hinreichend für die vollständige Steuerbarkeit der Ausgangsgrößen ist; siehe hierzu auch die Übungsaufgaben III.26 bis III.29. Die Durchgangsmatrix $\mathbf{D}$ beeinflußt *nicht* die z-Steuerbarkeit, aber sie wirkt sich unterstützend auf die a-Steuerbarkeit aus. Für $\mathbf{C} = \mathbf{I}$ sind, wie ein Vergleich der Matrizen $\mathbf{Y}_1$ von Satz III.5 und $\mathbf{S}$ von Satz III.2 unmittelbar zeigt, die beiden Steuerbarkeitsbegriffe identisch. Die vollständige z-Steuerbarkeit im endlichen Zeitintervall $t_0 \leqslant t \leqslant t_1$ schließt dann und nur dann die vollständige a-Steuerbarkeit für $t_0 \leqslant t \leqslant t_1$ ein, wenn r Reihen von $\mathbf{C}$ linear unabhängig sind.

Es gibt zwar kein zweckmäßiges duales Konzept zur vollständigen a-Steuerbarkeit, aber es läßt sich ein geeignetes Gegenstück dazu angeben, nämlich die *Bestimmbarkeit der Ausgangsgröße* (engl. output predictability) [38].

Die vollständige a-Steuerbarkeit stellt zwar im allgemeinen für *nicht fest definierte* t_1 eine notwendige Bedingung für die Existenz einer Lösung des Regelungsproblems dar. Ist jedoch das Regelungsproblem auf ein *festes endliches Zeitintervall* begrenzt, so benötigt man stärkere Forderungen, wie die *strenge Steuerbarkeit.* Ein System wird streng (zustands- oder ausgangs-) steuerbar genannt, wenn es in jedem Intervall $t_0 \leqslant t \leqslant t_1$ vollständig steuerbar ist [38].

Die allgemeinere Definition der Steuer- und Beobachtbarkeit (mit Hilfe der endlichen Einstellzeit) kann man auch direkt zur Erweiterung der Begriffe der Steuer- und Beobachtbarkeit auf zeitvariable und nichtlineare Systeme heranziehen [20], [37] bis [40]. Für *zeitvariable Systeme* gilt der folgende

Satz III.6: Das System Gl. (III.19 a) ist dann und nur dann zum Zeitpunkt t_0 z-steuerbar, wenn die symmetrische Matrix, die sogenannte Gramsche Matrix,

$$\mathbf{W}(t_0, t) = \int_{t_0}^{t} \underline{\phi}(t_0, \tau)\, \mathbf{B}(\tau)\, \mathbf{B}^T(\tau)\, \underline{\phi}^T(t_0, \tau)\, d\tau$$

nichtsingulär oder gleichbedeutend positiv definit für ein $t_1 > t_0$ ist, wobei $\underline{\phi}(t, t_0)$ die im nächsten Abschnitt definierte (eindeutige) Fundamentalmatrix darstellt.

Ähnliche Sätze existieren auch für die vollständige a-Steuerbarkeit und Beobachtbarkeit von zeitvariablen Systemen [37].

Bei den *nichtlinearen Systemen* definiert man, ähnlich wie beim Stabilitätsbegriff, eine *lokale* oder *regionale Steuerbarkeit* [41]. Für die allgemeine nichtlineare Gl. (III.21 b) läßt sich z.B. folgende Definition aufstellen. Ein nichtlineares System ist im Ursprung zur Zeit t_0 vollständig *lokal steuerbar,* wenn das linearisierte System Gl. (III.19 a) mit den Koeffizienten

$$\mathbf{A}(t) = \left(\frac{\partial \mathbf{f}^T}{\partial \mathbf{x}}\right)^T \quad \text{und} \quad \mathbf{B}(t) = \left(\frac{\partial \mathbf{f}^T}{\partial \mathbf{x}}\right)^T$$

zur Zeit t_0 vollständig steuerbar ist; die Existenz der partiellen Ableitungen muß natürlich vorausgesetzt werden.

Über weitere Definitionen, wie die *differentielle Steuer- und Beobachtbarkeit,* siehe [42]. Diese erweiterten und etwas mehr abstrakten Definitionen sind im Zusammenhang mit der Existenz einer strukturoptimalen Lösung von Bedeutung.

6. Lineare, zeitabhängige Systeme

Wir betrachten *zeitvariable* Systeme, die sich mit hinreichender Genauigkeit durch die lineare Vektordgl.

$$\dot{\mathbf{x}}(t) = \mathbf{A}(t)\,\mathbf{x}(t) + \mathbf{B}(t)\,\mathbf{u}(t) \qquad \text{(III.19 a)}$$

mit der Ausgangsgröße

$$\mathbf{y}(t) = \mathbf{C}(t)\,\mathbf{x}(t) + \mathbf{D}(t)\,\mathbf{u}(t) \qquad \text{(III.19 b)}$$

beschreiben lassen. Man kann nun daran denken, zur Bestimmung der allgemeinen Lösung von Gl. (III.19 a), analog vorzugehen; wie im zeitunabhängigen Fall in Abschnitt III.4, zumal die skalare homogene Dgl.

$$\dot{x}(t) = a(t)\,x(t) \quad \text{mit} \quad x(t_0) = x_0, \qquad \text{(III.56)}$$

die (in dem betreffenden Zeitintervall nach dem E.E.-Satz existierende) Lösung in geschlossener Form

$$x(t) = e^{v(t)}\,x_0 \qquad \text{(III.57)}$$

aufweist, wobei

$$v(t) = \int_{t_0}^{t} a(\lambda)\,d\lambda$$

bedeutet. Wie man durch Einsetzen sieht, erfüllt $x(t)$ die skalare Dgl. identisch; außerdem nimmt für $t = t_0$, da das Integral Null wird, die Lösung den beliebig vorgebbaren Anfangswert x_0 an. Somit stellt $x(t)$ die allgemeine homogene Lösung dar.

Die Lösung

$$x(t) = e^{v(t)} x_0 + \int_{t_0}^{t} e^{v(t)} e^{-v(\tau)} u(\tau) d\tau$$

der entsprechenden *inhomogenen* Dgl.

$$\dot{x} = a(t) x(t) + u(t)$$

findet man z.B., wie anschließend für die Vektordgl. abgeleitet, mit Hilfe der Lösung der homogenen Dgl. (III.57) durch *Variation der Konstanten.*

6.1. Lösung der Vektorgleichung

Die Lösung der *homogenen* Dgl.

$$\dot{\mathbf{x}}(t) = \mathbf{A}(t)\,\mathbf{x}(t) \qquad \text{mit} \qquad \mathbf{x}(t_0) = \mathbf{x}_0 \tag{III.58}$$

würde dann in Analogie zum skalaren Fall

$$\mathbf{x}(t) = e^{\mathbf{V}(t)}\, \mathbf{x}(t_0) \tag{III.59}$$

mit

$$\mathbf{V}(t) = \int_{t_0}^{t} \mathbf{A}(\lambda)\, d\lambda$$

lauten. Setzen wir Gl. (III.59) in Gl. (III.58) ein, so kann diese dann und nur dann die Lösung von Gl. (III.58) sein, wenn

$$\frac{d}{dt} e^{\mathbf{V}(t)} = \frac{d\mathbf{V}(t)}{dt} e^{\mathbf{V}(t)}$$

gilt. Wie in dem speziellen Fall $\mathbf{V}(t) = \mathbf{A}t$, siehe Gl. (III.35), ist die *Matrix-Exponentialfunktion* durch

$$e^{\mathbf{V}(t)} = \mathbf{I} + \mathbf{V}(t) + \frac{1}{2!} \mathbf{V}^2(t) + \frac{1}{3!} \mathbf{V}^3(t) + \ldots$$

definiert. Bei gleichmäßiger Konvergenz der Reihe wird wegen $\frac{d}{dt}(\mathbf{AB}) = \frac{d\mathbf{A}}{dt}\mathbf{B} + \mathbf{A}\frac{d\mathbf{B}}{dt}$, siehe hierzu auch die Übungsaufgabe III.12,

$$\frac{d}{dt}\left[e^{\mathbf{V}(t)}\right] = \frac{d\mathbf{V}(t)}{dt} + \frac{1}{2!}\left[\frac{d\mathbf{V}(t)}{dt}\mathbf{V}(t) + \mathbf{V}(t)\frac{d\mathbf{V}(t)}{dt}\right] +$$

$$+ \frac{1}{3!}\left[\frac{d\mathbf{V}(t)}{dt}\mathbf{V}^2(t) + \mathbf{V}(t)\frac{d\mathbf{V}(t)}{dt}\mathbf{V}(t) + \mathbf{V}^2(t)\frac{d\mathbf{V}(t)}{dt}\right] + \ldots .$$

Dann und nur dann, wenn die beiden Matrizen $\frac{d\mathbf{V}(t)}{dt} = \mathbf{A}(t)$ und $\mathbf{V}(t) = \int_{t_0}^{t} \mathbf{A}(\tau)\, d\tau$ (für alle t und t_0) *vertauschbar* (kommutativ) sind, folgt aus der letzten Gleichung

$$\frac{d}{dt}\left[e^{\mathbf{V}(t)}\right] = \frac{d\mathbf{V}(t)}{dt}\left[\mathbf{I} + \mathbf{V}(t) + \frac{1}{2!}\mathbf{V}^2(t) + \ldots\right] = \frac{d\mathbf{V}(t)}{dt}\, e^{\mathbf{V}(t)} .$$

Siehe hierzu auch die Übungsaufgabe III.32.

Wie die Ableitung zeigt, besitzt Gl. (III.58) eine zum skalaren Fall Gl. (III.56) und Gl. (III.57) analoge Lösung Gl. (III.59) nur für den *speziellen Fall,* daß die beiden Matrizen $\frac{d\mathbf{V}(t)}{dt}$ und $\mathbf{V}(t)$ *kommutativ* sind.

Ein solcher Fall liegt vor, wenn z.B. $\mathbf{A}$ in Gl. (III.58) eine *konstante Matrix* darstellt. Es handelt sich dann um ein zeitunabhängiges System, dessen Lösung wir in Abschnitt III.4 ableiteten. Die Matrix

$$\mathbf{V}(t) = \int_{t_0}^{t} \mathbf{A}\, d\lambda = \mathbf{A}(t - t_0)$$

in Gl. (III.59) eingesetzt, liefert die homogene Lösung für zeitunabhängige Dgln., wie ein Vergleich mit Gl. (III.32a) zeigt.

Ist $\mathbf{V}(t)$ eine *Diagonalmatrix,* so liegt ein weiterer Fall vor, für den die Vertauschbarkeitsbedingung gilt. Es handelt sich dann um ein *entkoppeltes* Dgl.-System und jede einzelne Dgl. besitzt für sich die in Gl. (III.57) angegebene Lösung.

Wenn die Matrix $\mathbf{A}(t)$ auf die Form

$$\mathbf{A}(t) = f(t)\,\mathbf{K}$$

gebracht werden kann, wobei $\mathbf{K}$ eine konstante Matrix bedeutet, dann ist

$$\mathbf{V}(t)\,\frac{d\mathbf{V}(t)}{dt} = \mathbf{K}\int_{t_0}^{t} f(\tau)\, d\tau\, \mathbf{K}\, f(t) = \mathbf{K}\, f(t)\, \mathbf{K}\int_{t_0}^{t} f(\tau)\, d\tau = \frac{d\mathbf{V}(t)}{dt}\,\mathbf{V}(t)\, ;$$

Gl. (III.59) stellt wiederum die homogene Lösung dar. In diesem Fall treten also alle konstanten Elemente von $\mathbf{K}$ mit der gleichen Zeitfunktion multipliziert auf; natürlich können einige Elemente von $\mathbf{K}$ Null sein, aber mindestens eins sei von Null verschieden.

6.2. Die Fundamentalmatrix

Im allgemeinen Fall sind jedoch die beiden Matrizen $\mathbf{V}(t)$ und $\dot{\mathbf{V}}(t)$ nicht vertauschbar. Die Lösung der homogenen Dgl. läßt sich dann leider *nicht* in der Form von Gl. (III.59) angeben. Nach dem Existenz- und Eindeutigkeitssatz existiert jedoch in jedem (endlichen oder unendlichen) Zeitintervall, in dem die Koeffizienten des Dgl.-Systems und damit auch die Elemente $a_{ik}(t)$ der Matrix $\mathbf{A}(t)$ stetig sind, eine (Matrix-)Lösung der homogenen Dgl. (III.58). Es sei nun $\underline{\phi}(t, t_0)$ die (Matrix-) Lösung mit der Eigenschaft $\underline{\phi}(t, t_0) = \mathbf{I}$ für $t = t_0$, d.h. die Lösung

$$\mathbf{x}(t) = \underline{\phi}(t, t_0)\, \mathbf{x}(t_0) \tag{III.60}$$

nimmt, wie es sein muß, für $t = t_0$ die zulässigen Anfangswerte $\mathbf{x}(t_0)$ an. In Anlehnung an die zeitunabhängigen Systeme bezeichnen wir $\underline{\phi}(t, t_0)$ ebenfalls als *Übergangs- oder Fundamentalmatrix* der zeitabhängigen Systeme.

Durch *Variation der Konstanten* ermitteln wir nun mit $\underline{\phi}(t, t_0)$ die Lösung der *inhomogenen* Dgl. (III.19a). Hierzu machen wir den Ansatz

$$\mathbf{x}(t) = \underline{\phi}(t, t_0)\, \mathbf{c}_1(t). \tag{III.61}$$

Die Differentiation von Gl. (III.61) liefert dann

$$\dot{\mathbf{x}}(t) = \dot{\underline{\phi}}(t, t_0)\, \mathbf{c}_1(t) + \underline{\phi}(t, t_0)\, \dot{\mathbf{c}}_1(t).$$

Da nach Gl. (III.60) $\underline{\phi}(t, t_0)$ die Lösung der homogenen Dgl. (III.58) darstellt, gilt die Beziehung

$$\dot{\mathbf{x}} = \dot{\underline{\phi}}(t, t_0)\, \mathbf{x}_0 = \mathbf{A}\underline{\phi}(t, t_0)\, \mathbf{x}_0,$$

so daß

$$\dot{\mathbf{x}}(t) = \mathbf{A}(t)\, \underline{\phi}(t, t_0)\, \mathbf{c}_1(t) + \underline{\phi}(t, t_0)\, \dot{\mathbf{c}}_1(t)$$

und mit Gl. (III.61)

$$\dot{\mathbf{x}}(t) = \mathbf{A}(t)\, \mathbf{x}(t) + \underline{\phi}(t, t_0)\, \dot{\mathbf{c}}_1(t) \tag{III.62}$$

ist. Durch Vergleich von Gl. (III.62) und Gl. (III.19a) findet man die Beziehung

$$\underline{\phi}(t, t_0)\, \dot{\mathbf{c}}_1(t) = \mathbf{B}(t)\, \mathbf{u}(t),$$

die sich, falls $\underline{\phi}^{-1}(t, t_0)$ existiert, nach

$$\mathbf{c}_1(t) = \int_{t_0}^{t} \underline{\phi}^{-1}(\tau, t_0)\, \mathbf{B}(\tau)\, \mathbf{u}(\tau)\, d\tau + \mathbf{c}_2$$

auflösen läßt, wobei $\mathbf{c}_2$ die Integrationskonstante darstellt. $\mathbf{c}_1(t)$ in Gl. (III.61) eingesetzt, führt auf die Gleichung

$$\mathbf{x}(t) = \underline{\phi}(t, t_0)\, \mathbf{c}_2 + \underline{\phi}(t, t_0) \int_{t_0}^{t} \underline{\phi}^{-1}(\tau, t_0)\, \mathbf{B}(\tau)\, \mathbf{u}(\tau)\, d\tau$$

oder, da $\underline{\phi}(t, t_0)$ nicht von τ abhängt, auf

$$\mathbf{x}(t) = \underline{\phi}(t, t_0)\,\mathbf{c}_2 + \int_{t_0}^{t} \underline{\phi}(t, t_0)\,\underline{\phi}^{-1}(\tau, t_0)\,\mathbf{B}(\tau)\,\mathbf{u}(\tau)\,d\tau.$$

Mit der Beziehung

$$\underline{\phi}(t, t_0)\,\underline{\phi}^{-1}(\tau, t_0) = \underline{\phi}(t, t_0)\,\underline{\phi}(t_0, \tau) = \underline{\phi}(t, \tau), \tag{III.63}$$

deren Gültigkeit wir anschließend zeigen, wird

$$\mathbf{x}(t) = \underline{\phi}(t, t_0)\,\mathbf{c}_2 + \int_{t_0}^{t} \underline{\phi}(t,\tau)\,\mathbf{B}(\tau)\,\mathbf{u}(\tau)\,d\tau. \tag{III.64a}$$

Damit die Lösung Gl. (III.64a) alle beliebig vorgebbaren Anfangswerte annimmt, muß wegen $\underline{\phi}(t_0, t_0) = \mathbf{I}$ die konstante (Spalten-) Matrix $\mathbf{c}_2 = \mathbf{x}(t_0)$ sein. Wir erhalten schließlich die allgemeine Lösung

$$\mathbf{x}(t) = \underline{\phi}(t, t_0)\,\mathbf{x}(t_0) + \int_{t_0}^{t} \underline{\phi}(t, \tau)\,\mathbf{B}(\tau)\,\mathbf{u}(\tau)\,d\tau \tag{III.64b}$$

und durch Einsetzen von Gl. (III.64b) in Gl. (III.19b) die Ausgangsgröße

$$\mathbf{y}(t) = \mathbf{C}(t)\,\underline{\phi}(t, t_0)\,\mathbf{x}(t_0) + \mathbf{C}(t)\int_{t_0}^{t} \underline{\phi}(t, \tau)\,\mathbf{B}(\tau)\,\mathbf{u}(\tau)\,d\tau + \mathbf{D}(t)\,\mathbf{u}(t). \tag{III.65}$$

Für die Gültigkeit von Gl. (III.63) muß

$$\underline{\phi}(t, \tau) = \underline{\phi}(t, t_0)\,\underline{\phi}(t_0, \tau) \tag{III.66}$$

und

$$\underline{\phi}(t_0, \tau) = \underline{\phi}^{-1}(\tau, t_0) \tag{III.67}$$

sein. Da $\underline{\phi}(t, t_0)$ jedoch die Lösung der homogenen Dgl. darstellt, ergibt sich aus Gl. (III.64b) mit $\mathbf{u}(\tau) \equiv \mathbf{0}$

$$\mathbf{x}(t) = \underline{\phi}(t, t_0)\,\mathbf{x}(t_0) = \underline{\phi}(t, \tau)\,\mathbf{x}(\tau)$$

sowie (für $\tau \geqslant t_0$)

$$\mathbf{x}(\tau) = \underline{\phi}(\tau, t_0)\,\mathbf{x}(t_0). \tag{III.68a}$$

Hieraus folgt aber

$$\mathbf{x}(t) = \underline{\phi}(t, t_0)\,\mathbf{x}(t_0) = \underline{\phi}(t, \tau)\,\underline{\phi}(\tau, t_0)\,\mathbf{x}(t_0) \tag{III.68b}$$

und damit (wenn wir t_0 durch τ und τ durch t_0 ersetzen) Gl. (III.66). Die Gln. (III.68) besagen, daß man die Lösung $\mathbf{x}(t)$ im Intervall $t_0 \leqslant t < t_1$ in die Intervalle $t_0 \leqslant t \leqslant \tau$ und $\tau \leqslant t < t_1$ mit $\mathbf{x}(\tau)$, τ als Anfangswerte der Lösung im zweiten Intervall aufspalten kann.

Andererseits ist laut Definition $\underline{\phi}(\tau, \tau) = \mathbf{I}$. Setzen wir in Gl. (III.66) $t = \tau$, dann muß

$$\underline{\phi}(\tau, t_0)\, \underline{\phi}(t_0, \tau) = \underline{\phi}(\tau, \tau) = \mathbf{I}$$

sein. Die Multiplikation dieser letzten Gleichung mit $\underline{\phi}^{-1}(\tau, t_0)$ von links liefert Gl. (III.67), falls die inverse Matrix existiert. Wie man unter den *Stetigkeitsvoraussetzungen über die Koeffizienten* zeigen kann, ist $\underline{\phi}(t, t_0)$ für alle t und t_0 in dem entsprechenden Zeitintervall *nie singulär,* d.h. die inverse Matrix existiert stets [33]. Die Ableitung der Gl. (III.66) und Gl. (III.67) zeigen, daß die Fundamentalmatrix für zeitvariable Systeme $\underline{\phi}(t, t_0)$ ähnliche Eigenschaften aufweist, wie $\underline{\phi}(t)$ für zeitunabhängige Systeme.

Es sind dies im Existenzintervall:

1) $\underline{\phi}(t_0, t_0) = \underline{\phi}(t, t) = \mathbf{I}$;
2) $\underline{\phi}(t, t_0)$ ist eindeutig ;
3) $\underline{\phi}(t, t_0)$ ist nie singulär, d.h. $\det \underline{\phi}(t, t_0) \neq 0$ für alle t und t_0;
4) $\underline{\phi}(t, t_0)\, \underline{\phi}(t_0, \tau) = \underline{\phi}(t, \tau)$;
5) $\underline{\phi}(t, t_0) = \underline{\phi}^{-1}(t_0, t)$.

Auch im zeitvariablen Fall kommt der Fundamentalmatrix eine physikalische Bedeutung zu, die unmittelbar aus

$$\mathbf{x}(t) = \underline{\phi}(t, t_0)\, \mathbf{x}(t_0)$$

oder

$$x_i(t) = \sum_{j=1}^{n} \phi_{ij}(t, t_0)\, x_j(t_0)$$

hervorgeht. Es charakterisiert also $\phi_{ij}(t, t_0) = x_i(t)$ das Übergangsverhalten der i-ten Zustandsgröße, wenn der Anfangswert $x_j(t_0) = 1$ und alle anderen Anfangswerte $x_\nu(t_0) = 0$ für $\nu \neq j$ sind. Im Gegensatz zu zeitinvarianten Systemen, hängt natürlich hier das Übergangsverhalten vom gewählten Anfangszeitpunkt t_0 ab.

- **Beispiel III.6:**

Die Lösung des Dgl.-Systems

$$\dot{x}_1 = f(t)\, x_2$$
$$\dot{x}_2 = -2f(t)\, x_1 - 3f(t)\, x_2 + u(t)$$

soll berechnet werden. Das vorstehende Gleichungssystem hat die Form

$$\begin{bmatrix} \dot{x}_1 \\ \dot{x}_2 \end{bmatrix} = f(t) \begin{bmatrix} 0 & 1 \\ -2 & -3 \end{bmatrix} \begin{bmatrix} x_1 \\ x_2 \end{bmatrix} + \begin{bmatrix} 0 \\ 1 \end{bmatrix} u(t)$$

oder

$$\dot{\mathbf{x}} = f(t)\, \mathbf{K}\mathbf{x} + \mathbf{b}\, u.$$

Da alle Elemente der Matrix **K** mit ein und derselben Zeitfunktion multipliziert werden, weist die Lösung der homogenen Dgl. die Gestalt von Gl. (III.59) auf. Ein Vergleich von Gl. (III.64b) für $u(t) \equiv 0$ mit Gl. (III.59) ergibt

$$\underline{\phi}(t, t_0) = e^{\mathbf{V}(t)} \qquad \text{mit} \qquad \mathbf{V}(t) = \mathbf{K} \int_{t_0}^{t} f(\lambda)\, d\lambda .$$

Nach Beispiel V.12 besitzt für $f(t) \equiv 1$ das entsprechende homogene, zeitunabhängige System die Fundamentalmatrix

$$\underline{\phi}(t) = \begin{bmatrix} 2e^{-t} - e^{-2t} & e^{-t} - e^{-2t} \\ -2e^{-t} + 2e^{-2t} & -e^{-t} + 2e^{-2t} \end{bmatrix},$$

die auch in der Form

$$\underline{\phi}(t) = \mathbf{I} + \mathbf{K}t + \frac{\mathbf{K}^2 t^2}{2!} + \ldots$$

darstellbar ist. Entsprechend gilt für unseren Fall

$$\underline{\phi}(t, t_0) = \mathbf{I} + \mathbf{K} \int_{t_0}^{t} f(\lambda)\, d\lambda + \frac{\mathbf{K}^2}{2!} \left[\int_{t_0}^{t} f(\lambda)\, d\lambda \right]^2 + \ldots .$$

Mit

$$\xi = \int_{t_0}^{t} f(\lambda)\, d\lambda$$

wird daher

$$\underline{\phi}(t, t_0) = \begin{bmatrix} 2e^{-\xi} - e^{-2\xi} & e^{-\xi} - e^{-2\xi} \\ -2e^{-\xi} + 2e^{-2\xi} & -e^{-\xi} + e^{-2\xi} \end{bmatrix}.$$

Zum Beispiel für

$$f(t) = \frac{1}{1+t} \quad \text{ist} \quad \xi = \ln \frac{1+t}{1+t_0} \quad \text{und damit}$$

$$\underline{\phi}(t, t_0) = \begin{bmatrix} 2\,\dfrac{1+t_0}{1+t} - \left(\dfrac{1+t_0}{1+t}\right)^2 & \dfrac{1+t_0}{1+t} - \left(\dfrac{1+t_0}{1+t}\right)^2 \\[2ex] -2\,\dfrac{1+t_0}{1+t} + 2\left(\dfrac{1+t_0}{1+t}\right)^2 & -\dfrac{1+t_0}{1+t} + 2\left(\dfrac{1+t_0}{1+t}\right)^2 \end{bmatrix} =$$

$$= \begin{bmatrix} \phi_{11}(t, t_0) & \phi_{12}(t, t_0) \\ \phi_{21}(t, t_0) & \phi_{22}(t, t_0) \end{bmatrix}.$$

Die endgültige Lösung ergibt sich schließlich durch Einsetzen der Fundamentalmatrix in Gl. (III.64b):

$$\begin{bmatrix} x_1 \\ x_2 \end{bmatrix} = \begin{bmatrix} \phi_{11}(t, t_0) & \phi_{12}(t, t_0) \\ \phi_{21}(t, t_0) & \phi_{22}(t, t_0) \end{bmatrix} \begin{bmatrix} x_1(t_0) \\ x_2(t_0) \end{bmatrix} +$$

$$+ \int_{t_0}^{t} \begin{bmatrix} 2\,\frac{1+\tau}{1+t} - \left(\frac{1+\tau}{1+t}\right)^2 & \frac{1+\tau}{1+t} - \left(\frac{1+\tau}{1+t}\right)^2 \\ -2\,\frac{1+\tau}{1+t} + 2\left(\frac{1+\tau}{1+t}\right)^2 & -\frac{1+\tau}{1+t} + 2\left(\frac{1+\tau}{1+t}\right)^2 \end{bmatrix} \begin{bmatrix} 0 \\ 1 \end{bmatrix} u(\tau)\, d\tau\,.$$

Für $t_0 = 0$ und $u(t) = 1(t)$ erhalten wir bei Beachtung von Gl. (III.66)

$$\begin{bmatrix} x_1 \\ x_2 \end{bmatrix} = \frac{1}{(1+t)^2} \begin{bmatrix} 1+2t & t \\ -2t & 1-t \end{bmatrix} \begin{bmatrix} x_1(0) \\ x_2(0) \end{bmatrix} + \frac{1}{(1+t)^2} \begin{bmatrix} 1+2t & t \\ -2t & 1-t \end{bmatrix} \cdot$$

$$\cdot \int_0^t \begin{bmatrix} \tau - \tau^2 \\ 1 + 3\tau + 2\tau^2 \end{bmatrix} d\tau$$

oder nach Ausrechnung des Integrals

$$\begin{bmatrix} x_1 \\ x_2 \end{bmatrix} = \frac{1}{(1+t)^2} \begin{bmatrix} 1+2t & t \\ -2t & 1-t \end{bmatrix} \begin{bmatrix} x_1(0) \\ x_2(0) \end{bmatrix} + \frac{t}{(1+t)^2} \begin{bmatrix} \frac{1}{2}t + \frac{1}{6}t^2 \\ 1 + \frac{1}{2}t + \frac{1}{6}t^2 \end{bmatrix} \,.$$

Die allgemeine Lösung des Dgl.-Systems für $t_0 = 0$ und $u(t) = 1(t)$ lautet somit:

$$x_1(t) = \frac{1}{(1+t)^2} \left[(1+2t)\, x_1(0) + t\, x_2(0) + t\left(\frac{1}{2}t + \frac{1}{6}t^2\right)\right] \;;$$

$$x_2(t) = \frac{1}{(1+t)^2} \left[-2t\, x_1(0) + (1-t)\, x_2(0) + t\left(1 + \frac{1}{2}t + \frac{1}{6}t^2\right)\right] \,.$$

●

Die Lösung Gl. (III.64b) weist zwar eine ähnliche Form, wie die in Gl. (III.32c) für zeitunabhängige Systeme auf, ***aber die Bestimmung der Übergangsmatrix bereitet im allgemeinen für zeitvariable Systeme erheblich größere Schwierigkeiten als für zeitunabhängige Systeme.*** $\underline{\phi}(t, t_0)$ läßt sich nämlich in den meisten Fällen ***nicht durch eine einfache exponentielle Form*** ausdrücken. Nur in Sonderfällen, wie z.B. in Beispiel III.6, ist die Lösung von zeitvariablen Dgln. in geschlossener Form angebbar. Im allgemeinen ist man auf *Reihenentwicklungen* angewiesen, wenn man nicht numerische oder graphische Lösungsmethoden heranziehen will. Wir beschäftigen uns hier nicht mit den eingehenden Existenzfragen, sondern verweisen hierzu z.B. auf [11] und [33]. Die linearen Dgl.-Systeme haben jedoch die besondere Eigenschaft, daß ihre allgemeine homogene Lösung, in jedem Intervall in dem die Koeffizienten des Systems stetig sind, durch eine bestimmte *gleichmäßig konvergente Matrizenreihe* ausgedrückt werden kann. Zunächst geben wir eine Lösung in Reihenform an, die etwas spezieller ist; anschließend betrachten wir eine allgemeinere Entwicklung in eine Matrizenreihe [31].

6.3. Reihenentwicklungen

Wir betrachten wieder das homogene System Gl. (III.58), wobei die Elemente $a_{ik}(t)$ der quadratischen Matrix $\mathbf{A}(t)$ in einem endlichen oder unendlichen Intervall stetige und beliebig oft differenzierbare Funktionen von t sein mögen. Sind außerdem die Elemente $a_{ik}(t)$ in eine Potenzreihe nach t entwickelbar, die in einen gewissen t-Bereich konvergieren, so kann $\mathbf{A}(t)$ als Potenzreihe

$$\mathbf{A}(t) = \mathbf{K}_0 + \mathbf{K}_1\, t + \mathbf{K}_2\, t^2 + \ldots \tag{III.69}$$

mit den konstanten Matrizen $\mathbf{K}_\nu$ geschrieben werden. Dann führt, wenn der Reihenansatz

$$\mathbf{x}(t) = \mathbf{a}_0 + \mathbf{a}_1 t + \mathbf{a}_2\, t^2 + \ldots, \tag{III.70}$$

seine Ableitungen und Gl. (III.69) in Gl. (III.58) eingesetzt werden, ein *Koeffizientenvergleich* auf die Beziehungen

$$\begin{aligned} \mathbf{K}_0\,\mathbf{a}_0 &= \mathbf{a}_1 \\ \mathbf{K}_0\,\mathbf{a}_1 + \mathbf{K}_1\,\mathbf{a}_0 &= 2\mathbf{a}_2 \\ \mathbf{K}_0\,\mathbf{a}_2 + \mathbf{K}_1\,\mathbf{a}_1 + \mathbf{K}_2\,\mathbf{a}_0 &= 3\mathbf{a}_3 \\ \ldots\ldots\ldots\ldots &\ldots, \end{aligned} \tag{III.71}$$

woraus sich die Vektoren $\mathbf{a}_\nu$ der Reihe nach mit der Anfangsbedingung $\mathbf{x}(0) = \mathbf{x}_0 = \mathbf{a}_0$ bestimmen lassen. Im Falle der Konvergenz, gibt Gl. (III.70) durch Mitnahme genügend vieler Glieder der Reihe eine Näherung für ein bestimmtes t.

Die Integration von Gl. (III.58) liefert andererseits

$$\mathbf{x}(t) = \mathbf{x}_0 + \int_{t_0}^{t} \mathbf{A}(\lambda)\,\mathbf{x}(\lambda)\,d\lambda \qquad \mathbf{x}(t_0) = \mathbf{x}_0. \tag{III.72}$$

Bei der Gl. (III.72) handelt es sich um eine *Volterrasche (Vektor-) Integralgleichung* beziehungsweise um ein *Integralgleichungssystem;* siehe hierzu auch die Ausführungen am Ende des Unterabschnittes V.2.1. Setzen wir die Elemente $a_{ik}(t)$ in einem beliebigen (endlichen oder unendlichen) Zeitintervall als stetige Funktionen[18]) voraus, so erhalten wir durch die Methode der *sukzessiven Approximation* eine allgemeine Reihenentwicklung. Die *Näherungslösungen* $\mathbf{x}_\nu$ ($\nu = 0, 1, 2, \ldots$) ergeben sich mit Gl. (III.72) aus der Iterationsvorschrift

$$\mathbf{x}_{\nu+1} = \mathbf{x}_0 + \int_{t_0}^{t} \mathbf{A}(\tau)\,\mathbf{x}_\nu(\tau)\,d\tau. \tag{III.73}$$

Wählt man nun als *Ausgangsnäherung* $\mathbf{x}_0(t) = \mathbf{x}_0 = \mathbf{x}(t_0) = \text{const.}$, so ist nach Gl. (III.73) die *1. Näherung* durch

$$\mathbf{x}_1(t) = \mathbf{x}_0 + \int_{t_0}^{t} \mathbf{A}(\tau)\,d\tau\,\mathbf{x}_0$$

gegeben. Die 1. Näherung in das Integral von Gl. (III.73) eingesetzt, liefert als *2. Näherung*

$$\mathbf{x}_2(t) = \mathbf{x}_0 + \int_{t_0}^{t} \mathbf{A}(\tau)\,d\tau\,\mathbf{x}_0 + \int_{t_0}^{t} \mathbf{A}(\tau_1) \int_{t_0}^{\tau_1} \mathbf{A}(\tau_2)\,d\tau_2\,d\tau_1\,\mathbf{x}_0.$$

In dieser Weise fortfahrend erhält man $\mathbf{x}(t)$ in Form der *(Neumannschen) Reihe*

$$\mathbf{x}(t) = \Big[\mathbf{I} + \int_{t_0}^{t} \mathbf{A}(\tau)\,d\tau + \int_{t_0}^{t} \mathbf{A}(\tau_1) \int_{t_0}^{\tau_1} \mathbf{A}(\tau_2)\,d\tau_2\,d\tau_1 + {}$$

$$+ \int_{t_0}^{t} \mathbf{A}(\tau_1) \int_{t_0}^{\tau_1} \mathbf{A}(\tau_2) \int_{t_0}^{\tau_2} \mathbf{A}(\tau_3)\,d\tau_3\,d\tau_2\,d\tau_1 + \ldots\Big]\,\mathbf{x}_0. \tag{III.74}$$

Mit Einführung des *Integraloperators*

$$\mathbf{Q}(\mathbf{A}) = \int_{t_0}^{t} \mathbf{A}(\tau)\,d\tau$$

weist die in Klammern stehende *unendliche Matrizenreihe* die Gestalt

$$\Omega_{t_0}^{t}(\mathbf{A}) = \mathbf{I} + \mathbf{Q}(\mathbf{A}) + \mathbf{Q}(\mathbf{A}\mathbf{Q}(\mathbf{A})) + \mathbf{Q}(\mathbf{A}\mathbf{Q}(\mathbf{A}\mathbf{Q}(\mathbf{A}))) + \ldots \tag{III.75}$$

auf. Die durch die Reihe definierte quadratische Matrix $\Omega_{t_0}^{t}(\mathbf{A})$ wird auch *Matrizant* der Matrix $\mathbf{A}$ genannt.

---

18) Die folgende Betrachtung gilt auch, wenn man für die Funktionen $a_{ik}(t)$ anstelle der Stetigkeit nur die Beschränktheit und Riemann-Integrierbarkeit fordert.

Das erste Glied auf der rechten Seite der Gl. (III.75) stellt die Einheitsmatrix, das zweite Glied $\mathbf{Q(A)}$ das Integral von $\mathbf{A}$ zwischen den Grenzen t_0 und t, das dritte Glied die Multiplikation von $\mathbf{Q(A)}$ mit $\mathbf{A}$ von links und anschließender Integration des Produktes zwischen der Grenze t_0 und t, das vierte Glied die Multiplikation von $\mathbf{Q(AQ(A))}$ mit $\mathbf{A}$ von links und anschließender Integration des Produktes zwischen den Grenzen t_0 und t, usw. dar. Man bezeichnet daher die Glieder $\mathbf{Q}(\ldots)$ als *iterierte Matrizen.* Wie sich zeigen läßt, konvergiert die Reihe (III.75) für jede Matrix $\mathbf{A}(t)$ *absolut und gleichmäßig* in t im ganzen Intervall, in dem die Voraussetzungen über $a_{ik}(t)$ erfüllt sind [33].

Durch gliedweises Differenzieren von Gl. (III.75) nach t folgt

$$\frac{d}{dt}\,\Omega_{t_0}^{t}(\mathbf{A}) = \mathbf{A}(t) + \mathbf{A}(t)\,\mathbf{Q(A)} + \mathbf{A}(t)\,\mathbf{Q(AQ(A))} + \ldots = \mathbf{A}(t)\,\Omega_{t_0}^{t}(\mathbf{A}); \qquad \text{(III.76)}$$

da die durch die Differentiation erhaltene Reihe Gl. (III.76) sich nur um den Faktor $\mathbf{A}(t)$ von der Reihe Gl. (III.75) unterscheidet und damit ebenfalls gleichmäßig in t im ganzen Intervall konvergiert, ist die gliedweise Differentiation zulässig. $\Omega_{t_0}^{t}(\mathbf{A})$ stellt somit die *Lösung der homogenen Dgl.* Gl. (III.58) dar und kann daher als die vorher eingeführte *Übergangsmatrix* angesehen werden, d.h. es ist

$$\underline{\phi}(t, t_0) = \Omega_{t_0}^{t}(\mathbf{A}) \qquad \text{(III.77a)}$$

oder

$$\mathbf{x}(t) = \Omega_{t_0}^{t}(\mathbf{A})\,\mathbf{x}_0 = \underline{\phi}(t, t_0)\,\mathbf{x}_0. \qquad \text{(III.77b)}$$

$\Omega_{t_0}^{t}(\mathbf{A})$ besitzt daher die gleichen Eigenschaften, wie $\underline{\phi}(t, t_0)$; demnach existiert auch die inverse Matrix von $\Omega_{t_0}^{t}(\mathbf{A})$ und die Gln. (III.64) bis (III.68) gelten nach Gl. (III.77a) auch für $\Omega_{t_0}^{t}(\mathbf{A})$.

Abschließend sei noch vermerkt, daß für die praktische Berechnung das Bilden der *iterierten Matrizen* in der Regel recht mühsam sein wird. Es empfiehlt sich daher nur dann Gl. (III.76) heranzuziehen, wenn man mit wenigen Reihengliedern auskommt, was sich eventuell durch genügend feine Zerlegung des Gesamtintervalles erreichen läßt. Zerlegt man, z.B. das Gesamtintervall $[t_0, t]$ durch Einführung der Zwischenpunkte $t_1, t_2, \ldots, t_{n-1}$ in n Teile $\Delta t_k = t_k - t_{k-1}$ $(k = 1, 2, \ldots, n;\; t_n = t)$, so erhält man *Näherungslösungen* an den Zwischenstellen nach

$$\begin{aligned}
\mathbf{x}_1 &= \mathbf{x}_1(t_1) = \Omega_{t_0}^{t_1}(\mathbf{A})\,\mathbf{x}_0\\
\mathbf{x}_2 &= \mathbf{x}_2(t_2) = \Omega_{t_1}^{t_2}(\mathbf{A})\,\mathbf{x}_1\\
&\cdots\cdots\cdots\\
\mathbf{x}_n &= \mathbf{x}(t) = \Omega_{t_{n-1}}^{t_n}(\mathbf{A})\,\mathbf{x}_{n-1}\,.
\end{aligned}$$

Die Werte nacheinander in die vorangehende Gleichung eingesetzt, liefert die Darstellung

$$\mathbf{x}(t) = \Omega_{t_{n-1}}^{t_n}(\mathbf{A})\,\Omega_{t_{n-2}}^{t_{n-1}}(\mathbf{A}) \;\dots\; \Omega_{t_0}^{t_1}(\mathbf{A})\,\mathbf{x}_0 = \Omega_{t_0}^{t}(\mathbf{A})\,\mathbf{x}_0 \qquad (t_n = t)$$

mit

$$\Omega_{t_0}^{t}(\mathbf{A}) = \Omega_{t_{n-1}}^{t}(\mathbf{A})\,\Omega_{t_{n-2}}^{t_{n-1}}(\mathbf{A}) \;\dots\; \Omega_{t_0}^{t_1}(\mathbf{A}),$$

was mit der Produktregel Gl. (III.66) und ihrer Ableitung Gln. (III.68) übereinstimmt; siehe hierzu auch Kapitel XIV in Teil II von [33]. Weitere Abhandlungen über zeitvariable, lineare Systeme sind z.B. neben dem bereits in diesem Abschnitt zitierten Schrifttum in [11], [24] und [43] zu finden.

7. Übungsaufgaben

III.1. Zeige, daß die Punkte der reellen Geraden R mit der Abstandsdefinition

$$\rho(x, y) = |x - y| \qquad x, y \in R$$

einen metrischen Raum darstellen.

III.2. Es sei X eine nichtleere Menge und

$$\rho(x, y) = \begin{cases} 0 & \text{für } x = y \\ 1 & \text{für } x \neq y\,. \end{cases}$$

a) Weise nach, daß es sich um einen metrischen Raum handelt.

b) Wodurch unterscheidet sich für X = R der metrische Raum von dem der Übungsaufgabe III.1 ?

c) Welche Objekte (Größen) sind zur Bestimmung eines metrischen Raumes erforderlich?

III.3. Weise für den metrischen Raum die folgenden Eigenschaften nach:

a) Das Nullelement ist eindeutig.

b) Jedes Element besitzt eindeutig ein inverses Element $y = (-1)\,x$.

III.4. Prüfe die folgende Aussage. Die Menge R aller reellen Zahlen stellt einen linearen Raum dar, wenn man die Multiplikation und Addition im gewöhnlichen Sinne zugrundelegt. Hingegen für die Menge [0,1] der reellen Zahlen $0 \leqslant x \leqslant 1$ trifft dies nicht zu.

III.5. In einem n-dimensionalen Raum R^n sind unter anderem die folgenden Normen üblich:

$$\|\mathbf{x}\|_E = (\mathbf{x}^T\mathbf{x})^{1/2} = \left(\sum_{i=1}^{n} x_i^2\right)^{1/2} \qquad \text{(Euklidische Norm);}$$

$\|\mathbf{x}\|_M = \max \{|x_i|\}$ (maximales Element in $\mathbf{x}$);

$\|\mathbf{x}\|_S = \sum_{i=1}^{n} |x_i|$ (Summe der absoluten Werte).

a) Zeige, daß sie die Bedingungen (III.12.) erfüllen.

b) Zeichne im zweidimensionalen Fall die geometrischen Formen für $\|\mathbf{x}\|_E = 1$, $\|\mathbf{x}\|_M = 1$ und $\|\mathbf{x}\|_S = 1$.

c) Der Ausdruck mit dem reellen Gewichtsfaktor α

$$\|x\|_{E,\alpha} = \left(\sum_{i=1}^{n} \alpha_i x_i^2 \right)^{1/2}$$

stellt ebenfalls eine Norm dar; wie sieht für beliebige reelle α die geometrische Form $\|\mathbf{x}\|_{E,\alpha} = 1$ aus?

III.6. Zeichne die Gebiete, die durch folgende Punktmengen charakterisiert sind:

a) $X = \{[x_1\ x_2] : x_1^2 + 3x_2^2 \leqslant 6\}$;

b) $X = \{[x_1\ x_2] : x_1 \geqslant 2,\ x_2 \leqslant 4\}$;

c) $X = \{[x_1\ x_2] : x_1^2 + x_2^2 < 1 \text{ oder } (x_1 - 5)^2 + (x_2 - 6)^2 < 1\}$;

d) $X = \{[x_1\ x_2] : x_1 \geqslant x_2,\ x_1 \geqslant 0,\ x_2 \geqslant 0\}$;

e) $X = \{\mathbf{x} : \mathbf{x} = \mathbf{x}_1 + \lambda(\mathbf{x}_2 - \mathbf{x}_1)\}$ für $\mathbf{x}_1, \mathbf{x}_2 \in R^2$ und reelle λ.

III.7. Gib die Gleichgewichtslagen für das folgende System $\dot{\mathbf{x}} = \mathbf{A}\mathbf{x}$ an, wenn

a) $\mathbf{A} = \begin{bmatrix} 1 & 1 & 0 \\ 0 & 1 & 0 \\ 2 & 1 & 1 \end{bmatrix}$

und

b) $\mathbf{A} = \begin{bmatrix} 0 & 1 & 2 \\ 0 & 2 & 1 \\ 0 & 0 & 0 \end{bmatrix}$

ist.

Welche Aussage läßt sich für das obige lineare System bezüglich der Gleichgewichtslage bei singulärem und nichtsingulärem $\mathbf{A}$ treffen?

III.8. Stelle für den in Bild Ü.III.1 dargestellten Zweipunktregelkreis entsprechende Zustands- und Ausgangsgleichungen auf und gib für den betrachteten Fall die Systemmatrizen $\mathbf{f}(\mathbf{x})$ sowie $\mathbf{C}$ an.

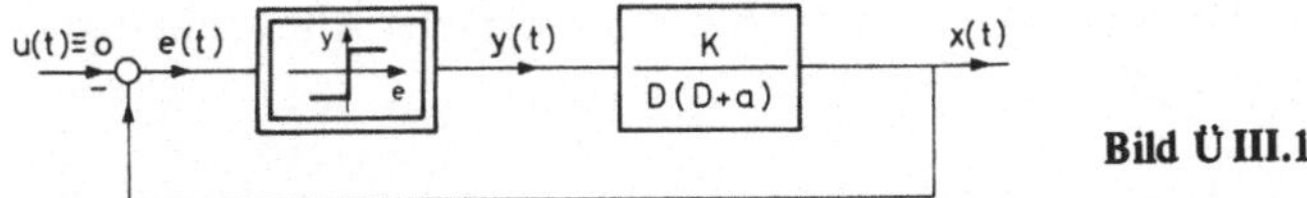

Bild Ü III.1

III.9. Leite für das in Bild Ü.II.1 dargestellte Netzwerk entsprechende Zustands- und Ausgangsgleichungen ab, wenn $x_1 = i_1$ und $x_2 = i_2$ gewählt werden. Wie lauten die zugehörigen Matrizen **A, B, C** und **D**?

III.10. Bestimme für die folgenden Gleichungen mit der Eingangsgröße u und der Ausgangsgröße y einen Satz von zugehörigen Matrizen **A, B, C** und **D**:

a) $(D+1)\ (D+2)\ (D+3)\, y = u$;

b) $(D^3 + 5\,D^2 + 5\,D + 1)\, y = (2D+1)\, u$.

III.11. Beschreibe das nichtlineare System mit der Eingangsgröße u und der Ausgangsgröße y

$$\ddot{y} + ay\dot{y} + by^3 = u$$

durch eine entsprechende Zustands- und Ausgangsgleichung und gib die Matrizen **A(x), B, C** und **D** an!

III.12. Zeige mit Hilfe der Definition der Matrixexponentialfunktion, daß

$$e^{(\mathbf{A}+\mathbf{B})t} = e^{\mathbf{A}t}\, e^{\mathbf{B}t}$$

dann und nur dann für alle t gilt, wenn **A** und **B** kommutativ sind.

III.13. Berechne die ersten neun Glieder der Reihendarstellung der Fundamentalmatrix für das durch die Differentialgleichung

$$\dddot{y} = ay \qquad (a = \text{const.})$$

charakterisierte System.

III.14. a) Bestimme mit Hilfe der Reihendarstellung die geschlossene Form der Fundamentalmatrix der Vektordifferentialgleichung

$$\begin{bmatrix} \dot{x}_1 \\ \dot{x}_2 \end{bmatrix} = \begin{bmatrix} -1 & 0 \\ 0 & -2 \end{bmatrix} \begin{bmatrix} x_1 \\ x_2 \end{bmatrix} + \begin{bmatrix} 2 \\ 0 \end{bmatrix} u \text{ mit } \begin{bmatrix} x_1(0) \\ x_2(0) \end{bmatrix} = 0$$

und berechne $\mathbf{x}(t)$ für $u(t) = \begin{cases} 0 & \text{für } t < 0 \\ e^{-t} & \text{für } t > 0. \end{cases}$

b) Berechne $\mathbf{x}(t)$, wenn die Systemmatrix die geänderte Form

$$\mathbf{A} = \begin{bmatrix} 0 & 1 \\ -2 & -3 \end{bmatrix}$$

aufweist. Unterwerfe hierzu das System zuerst der Ähnlichkeitstransformation $\mathbf{x} = \mathbf{T}\mathbf{z}$ mit

$$\mathbf{T} = \begin{bmatrix} 1 & 1 \\ -1 & -2 \end{bmatrix}.$$

III.15. Betrachte das in Bild Ü.III.2 dargestellte System mit der Eingangsgröße $u(t)$ und der Ausgangsgröße $i(t)$ sowie der Kondensatorspannung $u_C(t)$ als Zustandsgröße. Die Dioden D_1, D_2 und D_3 seien als ideal angenommen, d.h. sie werden vollständig durch die Eingangs- und Ausgangscharakteristik

$$u_d(t) = \begin{cases} 0 & \text{für } i_d(t) \geqslant 0 \\ \infty & \text{für } i_d(t) < 0, \end{cases}$$

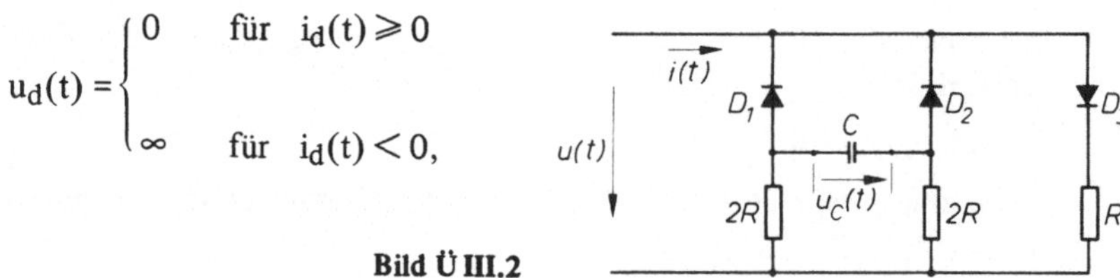

Bild Ü III.2

beschrieben, wobei $i_d(t)$ der Strom durch die Diode in Pfeilrichtung und $u_d(t)$ die Spannung an der Diode bedeuten. Erkläre, warum für die Anfangswerte $t = 0$, $u_C = 0$ das Netzwerk als lineares (gedächtnisloses) System angesehen werden kann und für alle $t = 0$, $u_C \neq 0$ als nichtlineares System betrachtet werden muß.

III.16. Wir betrachten das homogene Dgl.-System $\dot{\mathbf{x}} = \mathbf{A}\mathbf{x}$

$$\text{mit } \mathbf{A} = \begin{bmatrix} -2 & 2 & -3 \\ 2 & 1 & -6 \\ -1 & -2 & 0 \end{bmatrix}.$$

a) Bestimme die Eigenwerte der Matrix $\mathbf{A}$ und die drei zugehörigen Eigenvektoren $\mathbf{c}_1$, $\mathbf{c}_2$ und $\mathbf{c}_3$.

b) Berechne für die Anfangswerte $x_1(0) = 8$, $x_2(0) = x_3(0) = 0$ die allgemeine Lösung für $\mathbf{x}(t)$.

III.17. Berechne mit Hilfe der in Unterabschnitt III.4.4 abgeleiteten Methode die allgemeine Lösung des inhomogenen Differentialgleichungssystems

$$\dot{x}_1 = x_1 + 3x_2,$$

$$\dot{x}_2 = x_1 - x_2 + 8 \sin 2t.$$

III.18. Prüfe das folgende System

$\dot{x}_1 = x_2,$

$\dot{x}_2 = x_3,$

$\dot{x}_3 = -3x_2 - 4x_3 + 4,$

mit

$y = 2x_1 + 3x_2 + x_3$

auf die vollständige z-Steuer- und Beobachtbarkeit.

III.19. Die Ausgangsgröße des in Übungsbeispiel Ü.III.18 angegebenen Systems wird in

$y = 2x_1 + x_2$

geändert. Ist dieses geänderte System vollständig z-steuer- und beobachtbar?

III.20. Prüfe die in Übungsaufgabe III.10 dargestellten Systeme auf vollständige z-Steuer- und Beobachtbarkeit.

III.21. Zeige, daß jedes durch

$\dot{x}_1 = x_2,$

$\dot{x}_2 = x_3,$

$\dot{x}_3 = x_4,$

$\dot{x}_4 = -b_0 x_1 - b_1 x_2 - b_2 x_3 - b_3 x_4 + u$

und

$y = x_1$

charakterisierte System vollständig z-steuerbar ist. Verallgemeinere das Ergebnis.

III.22. Ist das folgende System

$$\begin{bmatrix} \dot{x}_1 \\ \dot{x}_2 \\ \dot{x}_3 \\ \dot{x}_4 \end{bmatrix} = \begin{bmatrix} -a & 0 & 0 & 0 \\ 0 & -b & 0 & 0 \\ 0 & 0 & -c & 0 \\ 0 & 0 & 0 & -d \end{bmatrix} \begin{bmatrix} x_1 \\ x_2 \\ x_3 \\ x_4 \end{bmatrix} + \begin{bmatrix} 0 \\ 0 \\ 1 \\ 1 \end{bmatrix} u$$

vollständig (zustands-) steuerbar, wenn a, b, c und d voneinander verschieden sind?

III.23. Ist das folgende System

$$\begin{bmatrix} \dot{x}_1 \\ \dot{x}_2 \\ \dot{x}_3 \end{bmatrix} = \begin{bmatrix} 0 & 1 & 0 \\ 0 & 0 & 1 \\ -6 & -11 & -6 \end{bmatrix} \begin{bmatrix} x_1 \\ x_2 \\ x_3 \end{bmatrix} + \begin{bmatrix} 0 \\ 0 \\ 1 \end{bmatrix} u$$

und

$$y = [4 \quad 5 \quad 1] \begin{bmatrix} x_1 \\ x_2 \\ x_3 \end{bmatrix}$$

vollständig beobachtbar?

III.24. Ein System sei durch Zustandsgleichung

$$\dot{\mathbf{x}} = \mathbf{A}\,\mathbf{x} + \mathbf{B}\,\mathbf{u}$$

mit

$$\mathbf{A} = \begin{bmatrix} 2 & 0 & 0 \\ 0 & 2 & 0 \\ 0 & 3 & 1 \end{bmatrix}$$

charakterisiert. Ist es für die folgenden Ausgangsgleichungen

a) $$y = [1 \quad 1 \quad 1] \begin{bmatrix} x_1 \\ x_2 \\ x_3 \end{bmatrix}$$

b) $$\begin{bmatrix} y_1 \\ y_2 \end{bmatrix} = \begin{bmatrix} 1 & 1 & 1 \\ 1 & 2 & 3 \end{bmatrix} \begin{bmatrix} x_1 \\ x_2 \\ x_3 \end{bmatrix}$$

vollständig beobachtbar?

III.25. Betrachte das System

$$\begin{bmatrix} \dot{x}_1 \\ \dot{x}_2 \end{bmatrix} = \begin{bmatrix} -4 & 0 \\ 0 & -2 \end{bmatrix} \begin{bmatrix} x_1 \\ x_2 \end{bmatrix} + \begin{bmatrix} 2 & k \\ 1 & 1 \end{bmatrix} \begin{bmatrix} u_1 \\ u_2 \end{bmatrix} \quad \text{mit } k = \text{const.}$$

a) Ist das System für alle k vollständig zustandssteuerbar?

b) Wie ändern sich die Verhältnisse für $k = 0$ und $u_1(t) \equiv 0$?

III.26. Wie aus der Ableitung der (Zustands-) Steuer- und Beobachtbarkeit unmittelbar hervorgeht, ist sowohl bei einer als auch bei mehreren Eingangsgrößen der Rang der Matrix **S** identisch mit den steuerbaren Zuständen; entsprechend gibt der Rang der Matrix **Q** die beobachtbaren Zustände an.

Prüfe die folgenden Systeme auf vollständige Steuer- und Beobachtbarkeit. Falls dies nicht zutrifft, bestimme die Anzahl der steuer- und die Anzahl der beobachtbaren Zustandsgrößen.

a) $\dot{\mathbf{x}} = \begin{bmatrix} 0 & 1 & 0 \\ 0 & 0 & 1 \\ 0 & -1 & -2 \end{bmatrix} \mathbf{x} + \begin{bmatrix} 0 \\ 1 \\ 1 \end{bmatrix} u; \quad y = [0 \quad 1 \quad 1]\,\mathbf{x}$

b) $\dot{\mathbf{x}} = \begin{bmatrix} 1 & 0 & 0 \\ 0 & 0 & 1 \\ 1 & -2 & -1 \end{bmatrix} \mathbf{x} + \begin{bmatrix} 0 \\ 0 \\ 1 \end{bmatrix} u; \quad y = [1 \quad 0 \quad 1]\,\mathbf{x}\,.$

III.27. Die Parallelschaltung zweier (idealer) Integratoren mit der gemeinsamen Eingangsgröße $u(t)$ und der Ausgangsgröße $y(t)$ wird durch die folgende Gleichung beschrieben:

$$\begin{aligned}\dot{x}_1 &= u \\ \dot{x}_2 &= u\end{aligned} \quad \text{und} \quad y = [1 \quad 1] \begin{bmatrix} x_1 \\ x_2 \end{bmatrix} \quad \text{mit} \quad \mathbf{x}(0) = \begin{bmatrix} x_{10} \\ x_{20} \end{bmatrix}.$$

a) Berechne die Ausgangsgröße $y(t)$ für das autonome und für das nichtautonome System.

b) Zeige, daß das System zwar nicht vollständig z-steuerbar, aber a-steuerbar ist.

III.28. Ein einfaches lineares System 2. Ordnung sei durch die folgenden Matrizen charakterisiert.

$$\mathbf{A} = \begin{bmatrix} 0 & 1 \\ 0 & -1 \end{bmatrix}, \quad \mathbf{b} = \begin{bmatrix} 1 \\ 0 \end{bmatrix}, \quad \mathbf{c} = \begin{bmatrix} 1 \\ 0 \end{bmatrix} \quad \text{und} \quad d = 0\,.$$

a) Ist das System
   - α) vollständig z-steuerbar,
   - β) vollständig beobachtbar,
   - γ) a-steuerbar?

b) Die Ausgangsmatrix werde in $\mathbf{c}^T = [0 \quad 1]$ geändert. Auf welche Ergebnisse führen in diesem Fall die Fragen α) bis γ)?

c) Welche allgemeinen Schlüsse lassen sich aus den Ergebnissen ziehen?

III.29. Zeige, daß ein vollständig z-steuer- und beobachtbares lineares, zeitinvariantes System auch vollständig a-steuerbar ist; warum handelt es sich jedoch lediglich um eine hinreichende Bedingung?

Gehe dabei von den allgemeinen Definitionen der Steuer- und Beobachtbarkeit aus und wähle $t_0 = 0$ und $t_1 = T$; dann muß für $0 \leqslant t \leqslant T$ ein $\mathbf{u}(t)$ so existieren, daß $\mathbf{y}(t) = \mathbf{0}$ ist, d.h.

$$\mathbf{C}\left\{e^{\mathbf{A}T}\mathbf{x}_0 + e^{\mathbf{A}T}\int_0^T e^{-\mathbf{A}\tau}\mathbf{B}\,\mathbf{u}(\tau)\,d\tau\right\} + \mathbf{D}\,\mathbf{u}(T) = \mathbf{0}.$$

Angenommen, das System ist vollständig beobachtbar, d.h., man kann den Anfangszustand $\mathbf{x}_0$ zur Zeit $t = 0$ berechnen. Schließe entsprechend für die vollständige z-Steuerbarkeit und leite daraus das gesuchte Ergebnis ab.

III.30. Berechne die Fundamentalmatrix $\underline{\phi}(t, t_0)$ für das zeitvariable System

$$\begin{bmatrix} \dot{x}_1 \\ \dot{x}_2 \end{bmatrix} = \begin{bmatrix} t & 1 \\ 1 & t \end{bmatrix} \begin{bmatrix} x_1 \\ x_2 \end{bmatrix} + \begin{bmatrix} u_1(t) \\ u_2(t) \end{bmatrix}$$

und zeige, daß sie die geschlossene Form

$$\underline{\phi}(t, t_0) = e^{(t^2 - t_0^2)/2} \begin{bmatrix} \cosh(t - t_0) & \sinh(t - t_0) \\ \sinh(t - t_0) & \cosh(t - t_0) \end{bmatrix}$$

hat.

Ermittle für die Anfangsbedingung $\mathbf{x}^T(0) = [x_{10} \quad x_{20}]$ die Lösung $\mathbf{x}(t)$.

III.31. Berechne mit Hilfe der Neumannschen Reihe für $t_0 = 0$ die Lösung $\mathbf{x}(t)$ der Differentialgleichung

$$\begin{bmatrix} \dot{x}_1 \\ \dot{x}_2 \end{bmatrix} = \begin{bmatrix} 1 & 0 \\ 1 & t \end{bmatrix} \begin{bmatrix} x_1 \\ x_2 \end{bmatrix} \quad \text{mit} \quad \mathbf{x}(0) = \begin{bmatrix} 1 \\ 0 \end{bmatrix}$$

und stelle die ersten vier Glieder der Reihendarstellung dar.

III.32. Wie man zeigen kann, läßt sich die Prüfung, ob $\mathbf{A}(t)$ und $\int_{t_0}^{t} \mathbf{A}(\tau)\, d\tau$ kommutativ sind, durch die Vertauschbarkeitsbedingung

$$\mathbf{A}(t_1)\,\mathbf{A}(t_2) = \mathbf{A}(t_2)\,\mathbf{A}(t_1) \quad \text{für alle} \quad t_1 \text{ und } t_2$$

ausdrücken. Prüfe mit Hilfe der beiden Möglichkeiten die Vertauschbarkeit folgender Systemmatrizen von linearen Systemen.

a) $\mathbf{A}(t) = \begin{bmatrix} 0 & 1 \\ 0 & t \end{bmatrix}$;

b) $\mathbf{A}(t) = \begin{bmatrix} e^t & 1 \\ 0 & e^t \end{bmatrix}$;

c) $\mathbf{A}(t) = \begin{bmatrix} 1 & e^{-t} \\ e^{-t} & 1 \end{bmatrix}$.

Wie lauten die zugehörigen Fundamentalmatrizen?

III.33. Zeige, daß sich die Eulersche Differentialgleichung n-ter Ordnung

$$t^n\, x^{(n)} + t^{n-1}\, a_{n-1} x^{(n-1)} + \ldots + t\, a_1 x' + a_0 x$$

$$(a_\nu = \text{const. für } \nu = 0, 1, \ldots, n-1)$$

mit der Substitution $t = e^\tau$ oder $\tau = \ln t$ in eine Differentialgleichung n-ter Ordnung mit konstanten Koeffizienten überführen läßt. Berechne mit Hilfe der angegebenen Transformationsvorschrift die Fundamentalmatrix $\underline{\phi}(t, t_0)$ des zeitvariablen Systems

$$t^2\ddot{x} + 4\,t\dot{x} + 2\,x = 0 \quad \text{mit} \quad x(t_0) = x_0 \quad \text{und} \quad \dot{x}(t_0) = \dot{x}_0.$$

IV. Die Laplace-Transformation

1. Die Integraltransformation

In Abschnitt II.10 gelang es, durch die formale Einführung des Operators D, das System von (transzendenten) linearen Dgln. mit konstanten Koeffizienten in ein solches von algebraischen Gleichungen in D umzuformen. Wir fragen uns nun, ob eine geeignete *Funktionaltransformation* existiert, die zu ähnlichen Ergebnissen führt. Da wir uns auf *lineare Gleichungen* beschränken, liegt es auch nahe eine *lineare Transformation* zu wählen. Die lineare Transformation Gln. (III.2)

$$y_i = \sum_{j=1}^{n} a_{ij} x_j \qquad (i = 1, 2, \dots, n)$$

bildet die Punkte des n-dimensionalen (Vektor-) Raumes X in Punkte des Raumes Y ab. Da wir jedoch eine Funktionaltransformation suchen, setzen wir anstelle des Summenzeichens ein Integral und anstelle der für endlich viele Indizes j definierten Werte x_j tritt die durch die unendlich vielen Werte $b \leqslant t \leqslant c$ definierte Funktion $x(t)$ oder allgemeiner $f(t)$; entsprechend wird die von zwei Indizes abhängige Matrix (a_{ij}) durch eine Funktion von zwei Variablen $k(s, t)$ und y_i durch $Y(s)$ oder allgemeiner $F(s)$ ersetzt. Damit erhalten wir die *lineare Integraltransformation*

$$F(s) = \int_b^c k(s, t)\, f(t)\, dt, \tag{IV.1}$$

für die sich nach der Definition Gl. (III.4) allgemein auch

$$F(s) = \mathcal{T}\{f(t)\} \tag{IV.2}$$

schreiben läßt. Wir bezeichnen im weiteren Text jeweils die *Originalfunktionen* mit *kleinen Buchstaben* und die *Bildfunktionen* durch *große Buchstaben.* Die Funktion $k(s, t)$ nennt man den *Kern.* Natürlich läßt sich die Integraltransformation Gl. (IV.1) nur auf Funktionen, für die das Integral existiert, anwenden; darauf kommen wir im nächsten Abschnitt zurück.

1.1. Ableitung einer geeigneten Integraltransformation

Gelingt es nun mit Hilfe der Transformation Gl. (IV.1) die transzendente Dgl.

$$a_1\, x'(t) + a_0\, x(t) = r(t) \qquad \text{mit} \quad x(0) = x_0 \tag{IV.3}$$

in eine algebraische Gleichung überzuführen, und wie muß der Kern beschaffen sein?

Da eine Dgl. höherer Ordnung auf ein System von Dgln. 1. Ordnung zurückführbar ist, bedeutet die Behandlung der Dgl. 1. Ordnung Gl. (IV.3) praktisch keine Einschränkung. Das Problem lautet dann: Ist es mit Hilfe der *Integraltransformation*

$$\mathcal{T}\{x(t)\} = X(s) = \int_b^c k(s, t)\, x(t)\, dt \qquad \text{(IV.1)}$$

möglich, die Dgl. (IV.3) in eine (in $X(s)$ explizite) Gleichung

$$a_1\, G(s)\, X(s) + a_0\, X(s) + \text{Anf.} = R(s) \qquad \text{(IV.4)}$$

überzuführen, wobei $G(s)$ einen ***algebraischen Ausdruck*** in s und *Anf.* ein Glied, das die ***Anfangsbedingungen*** der Dgl. berücksichtigt, darstellen. Wenden wir hierzu die Integraltransformation Gl. (IV.1), die nach der Definition der Gln. (III.5) und (III.6) linear ist, auf die einzelnen Glieder der Dgl. (IV.3) an, so gilt

$$\mathcal{T}\{a_0 x(t)\} = a_0\, \mathcal{T}\{x(t)\} = a_0 \int_b^c k(s, t)\, x(t)\, dt = a_0 X(s), \qquad \text{(IV.5 a)}$$

$$\mathcal{T}\{r(t)\} = \int_b^c k(s, t)\, r(t)\, dt = R(s) \qquad \text{(IV.5 b)}$$

und

$$\mathcal{T}\{a_1 x'(t)\} = a_1 \int_b^c k(s, t)\, x'(t)\, dt. \qquad \text{(IV.5 c)}$$

Die partielle Integration von Gl. (IV.5 c) liefert mit

$$\frac{dx}{dt}\, dt = dv \quad \text{also} \quad x(t) = v(t) \quad \text{und} \quad k(s, t) = u \quad \text{also} \quad \frac{du}{dt} = \frac{\partial k(s, t)}{\partial t} = k_t(s, t)$$

für in $b \leqslant t \leqslant c$ stetige $k(s, t)$ und $x(t)$, die außerdem eine stückweise stetige Ableitung besitzen,[19])

$$a_1\, \mathcal{T}\{x'(t)\} = a_1\, x(t)\, k(s, t)\Big|_b^c - a_1 \int_b^c k_t(s, t)\, x(t)\, dt. \qquad \text{(IV. 5 d)}$$

Untersuchungen über die Klasse der Funktionen der $x(t)$ angehören muß und über den Bereich des Parameters s, damit das Integral existiert, lassen wir im Moment außer

19) Die Betrachtung gilt auch für das offene Intervall $b < t < c$, wenn die betrachteten Funktionen Grenzwerte an den Stellen a und b besitzen.

Acht [44]. Wie ein Vergleich der Gln. (IV.5) mit Gl. (IV.4) zeigt, stellt Gl. (IV.4) dann die transformierte Dgl. (IV.3) dar, wenn die Beziehung

$$a_1\, G(s) \int_b^c k(s,t)\, x(t)\, dt + \text{Anf.} = a_1\, x(t)\, k(s,t) \Big|_b^c - a_1 \int_b^c k_t(s,t)\, x(t)\, dt$$

gilt. Der Ausdruck

$$a_1\, x(t)\, k(s,t) \Big|_b^c \tag{IV.6a}$$

berücksichtigt die Anfangsbedingungen, weshalb

$$a_1 \int_b^c G(s)\, k(s,t)\, x(t)\, dt = - a_1 \int_b^c k_t(s,t)\, x(t)\, dt$$

sein muß, woraus

$$G(s)\, k(s,t) = - k_t(s,t) \tag{IV.6b}$$

folgt. Da in Gl. (IV.6b) nur die Ableitung nach t vorkommt, läßt sich diese auch in der Form

$$\frac{d\, k(s,t)}{dt} = - G(s)\, k(s,t) \tag{IV.6c}$$

schreiben. Die lineare Dgl. (IV.6c) stellt also eine Bestimmungsgleichung für den Kern dar; ihre Lösung lautet

$$k(s,t) = C\, e^{-G(s)t} \tag{IV.7}$$

mit der beliebigen Konstanten C.

Bei der freien Wahl von $G(s)$ wird man es so wählen, daß die folgenden Bedingungen erfüllt sind:

1. Die Funktion $G(s)$ soll ein einfacher algebraischer Ausdruck sein.
2. Das Integral Gl. (IV.1) muß konvergieren.
3. Die Anfangsbedingungen müssen erfüllt sein.

Eine sehr einfache Funktion für $G(s)$ wäre eine Konstante. Dann würde jedoch der Kern lediglich eine Funktion von t sein und die Transformation Gl. (IV.1) ergäbe eine Konstante, d.h. sie wäre nicht eindeutig umkehrbar. Nach den Betrachtungen in Abschnitt II.10 ist es naheliegend, $G(s) = s$ zu wählen, dann ergibt sich mit $C = 1$ der Kern

$$k(s,t) = e^{-st}. \tag{IV.8}$$

Bei der Prüfung dieses *exponentiellen Kernes* bezüglich der Punkte 2 und 3, betrachten wir zuerst Punkt 3. Aus Gl. (IV.6a) folgt mit Gl. (IV.8)

$$\text{Anf.} = a_1\; x(t)\, e^{-st} \Big|_b^c .$$

Wählen wir $c = \infty$ (uneigentliches Integral), dann wird

$$\text{Anf.} = -\, a_1\; x(b)\, e^{-sb}.$$

Da uns bei den Anfangswertproblemen die Zeit $t = 0$ interessiert, ist es zweckmäßig, auch noch $b = 0$ zu wählen, was auf

$$\text{Anf.} = -\, a_1\; x(0)$$

führt. Da die Exponentialfunktion bezüglich der oberen Grenze ∞ eine große Klasse von Funktionen majorisiert, ist der Exponential-Kern Gl. (IV.8) auch hinsichtlich Punkt 2 sicherlich geeignet. Damit erhalten wir die lineare Integraltransformation

$$L\{x(t)\} = X(s) = \int_0^\infty e^{-st}\, x(t)\, dt, \tag{IV.9}$$

die *Laplace-Transformation* genannt wird; wir kennzeichnen sie im Folgenden, wie in Gl. (IV.9) angegeben, durch das Transformationssymbol L.

Aus Gl. (IV.5d) folgt für die Integralgrenzen $b = 0$ und $c = \infty$ sowie mit dem Exponential-Kern die Beziehung

$$L\{x'(t)\} = x(t)\, e^{-st}\Big|_0^\infty + \int_0^\infty s e^{-st}\, x(t)\, dt = -\, x(0) + s \int_0^\infty e^{-st}\, x(t)\, dt = s\, X(s) - x(0). \tag{IV.10}$$

Die Dgl. 2. Ordnung

$$a_2\; x''(t) + a_1\; x'(t) + a_0 x(t) = r(t) \quad \text{mit} \quad x(0) = x'(0) = 0 \tag{IV.11}$$

kann man mit $x(t) = y_1(t)$ und $x'(t) = y_1'(t) = y_2(t)$ auf das Dgl.-System 1. Ordnung

$$y_1'(t) = y_2(t) \tag{IV.12a}$$

und

$$a_2\; y_2'(t) = -\, a_1\; y_2(t) - a_0\; y_1(t) + r(t) \quad \text{mit} \quad y_1(0) = y_2(0) = 0 \tag{IV.12b}$$

bringen. Die L-Transformierte des Dgl.-Systems (IV.12) ergibt sich mit den Gln. (IV.9) und (IV.10) zu

$$s\, Y_1(s) = Y_2(s) \tag{IV.13a}$$

und

$$a_2\; s\, Y_2(s) = -\, a_1\; Y_2(s) - a_0\; Y_1(s) + R(s). \tag{IV.13b}$$

Ersetzen wir in Gl. (IV.13b) $Y_2(s)$ durch Gl. (IV.13a) und formen die Gleichung etwas um, so wird

$$(a_2 s^2 + a_1 s + a_0) X(s) = R(s). \tag{IV.14}$$

Gl. (IV.14) stellt die L-Transformierte der Dgl. (IV.11) (für verschwindende Anfangswerte) dar. Wie die vorstehende Ableitung zeigt, tritt durch die L-Transformation der Dgl. (IV.11) im Bildbereich ein Polynom 2. Grades in s auf; wie wir später noch ausführlich zeigen, ergeben sich entsprechend bei Dgln. höherer Ordnung auch Polynome höheren Grades. Polynome höheren als ersten Grades können jedoch, auch bei reellen Koeffizienten, komplexe Wurzeln besitzen. Da man aber mit diesen Polynomen rechnen möchte, ist es sinnvoll s als *komplexe Größe* zu wählen. Die L-Transformation bildet somit Funktionen mit dem *reellen* Argument t in Funktionen mit dem *komplexen Argument* $s = \sigma + i\omega$ ab.

Wie die vorstehenden Ausführungen dieses Abschnittes zeigen, gelingt es offenbar durch die *lineare Integraltransformation* mit dem *Exponential-Kern* Gl. (IV.9) die *transzendenten Dgln. in algebraische Gleichungen* überzuführen. Die Ableitung ist zwar mathematisch nicht exakt, da wir nicht die Zulässigkeit der einzelnen Operationen betrachteten, aber dennoch vermittelt diese *heuristische Ableitung* einen guten Einblick in das Wesen der Transformationen. Aus der Darstellung kann man folgern, daß es für lineare Dgln. mit konstanten Koeffizienten bezüglich unseren Forderungen sicherlich keinen Sinn hat, nach einem geeigneteren als dem Exponential-Kern zu suchen. Der Kern e^{-st} ist im unendlichen Intervall stetig, dort sowohl nach t als auch s beliebig oft differenzierbar und außerdem *symmetrisch*, d.h. $k(s, t) = k(t, s)$; diese Eigenschaften erweisen sich für die Transformation als Vorteil. Über andere lineare Integraltransformationen und ihre Bedeutung siehe z.B. [44] bis [46].

2. Eigenschaften der Laplace-Transformation

Wir verwenden nachfolgend ausschließlich die von *Doetsch* [46] bis [48] eingeführte Darstellung

$$F(s) = L\{f(t)\} = \int_0^\infty e^{-st} f(t)\, dt \tag{IV.9}$$

der L-Transformation, wobei s eine komplexe Zahl $s = \sigma + i\omega$ bedeutet. Die folgende Behandlung über die L-Transformation enthält eine Vielzahl von Betrachtungen, die sich an die Darstellungen von *Doetsch* in seinen grundlegenden Büchern [46] bis [48] anlehnen; auf Fragen im Zusammenhang mit der L-Transformation, die über den Rahmen unseres Buches hinausgehen, verweisen wir auf die oben zitierten Bücher von *Doetsch*. Dort werden jedoch, im Gegensatz zu Gl. (IV.9), die Originalfunktionen mit großen Buchstaben und die Bildfunktionen mit kleinen Buchstaben bezeichnet. Da aber in der Regelungstechnik in den meisten Arbeiten der Bildfunktion große Buchstaben zugeordnet werden, haben wir uns dieser Darstellung angeschlossen.

Einige Autoren benutzen die mit s multiplizierte L-Transformation

$$F(s) = T\{f(t)\} = s\int_0^\infty e^{-st} f(t)\, dt$$

und bezeichnen sie als *Carson-(Laplace-)Transformation;* manchmal auch nur Laplace-Transformation. Man muß daher bei der Verwendung von Transformationstabellen auf die Definition der Transformation achten, da für eine Zeitfunktion, für die beide Transformationen existieren, die entsprechende Bildfunktion der Carson-Laplace-Transformation die mit s multiplizierte Bildfunktion der L-Transformation darstellt.

In unserem Zusammenhang kommt der Carson-Laplace-Transformation keine allzu große Bedeutung zu. Jedoch in Verbindung mit der Operatorenrechnung besitzt sie gewisse Vorzüge gegenüber der L-Transformation.

2.1. Bemerkungen zum Integralbegriff

Für unsere Betrachtungen ist es ausreichend, den *Riemannschen Integralbegriff* zugrundezulegen, dann stellt der rechte Ausdruck von Gl. (IV.9) hinsichtlich der oberen Grenze ein *uneigentliches Riemannsches Integral* dar, das durch

$$\int_0^\infty e^{-st} f(t)\, dt = \lim_{\gamma\to\infty}\int_0^\gamma e^{-st} f(t)\, dt$$

definiert ist. Existiert das Integral für einen gegebenen (reellen) Wert von s, so bezeichnet man das Integral als *konvergent* für den entsprechenden Wert von s.

Wir setzen $f(t)$ als *reelle Funktion der reellen Variablen* t voraus. Wie aber aus der Behandlung der Dgl. in Abschnitt II.5 hervorgeht, treten bei der Untersuchung von (reellen) Systemen auch komplexe Funktionen einer reellen Variablen auf. Diese lassen sich jedoch immer auf die Form

$$f(t) = p(t) + i\,q(t)$$

bringen, wobei $p(t)$ und $q(t)$ reell sind. Dann ergibt sich für

$$\lim_{\gamma\to\infty}\int_0^\gamma e^{-st} f(t)\, dt = \lim_{\gamma\to\infty}\left[\int_0^\gamma e^{-st} p(t)\, dt + i\int_0^\gamma e^{-st} q(t)\, dt\right] =$$

$$= \lim_{\gamma\to\infty}\int_0^\gamma e^{-st} p(t)\, dt + i\lim_{\gamma\to\infty}\int_0^\gamma e^{-st} q(t)\, dt,$$

so daß die Voraussetzung von reellen Funktionen keine Einschränkung in dieser Hinsicht bedeutet, da ja in den beiden letzten Integralen $p(t)$ und $q(t)$ reelle Funktionen darstellen. Für komplexe s gilt dies wegen $e^{-st} = e^{-\sigma t}\cos\omega t - i\,e^{-\sigma t}\sin\omega t$ analog; siehe hierzu die Ausführungen in Unterabschnitt IV.5.3.

In eingehenden Abhandlungen wird vielfach anstelle des Integrales im *Riemannschen Sinn* das im *Lebesgueschen Sinn* zugrundegelegt. Der Lebesguesche Integralbegriff, der auf dem Begriff der meßbaren (Mengen-) Funktionen aufbaut, siehe z.B. Teil V von [2], Bd. 2 von [18] und [49], ist allgemeiner als der Riemannsche Integralbegriff. So ist z.B. die beschränkte Funktion

$$f(t) = \begin{cases} 0 & \text{für rationale } t \\ 1 & \text{für irrationale } t \end{cases}$$

im Lebesgueschen aber nicht im Riemannschen Sinn integrierbar. Wie bereits in Teil II erwähnt, sind solche Funktionen für die Behandlung von realen Systemen von untergeordneter Bedeutung. *Existiert jedoch das Integral im Riemannschen Sinn, so existiert es auch im Lebesgueschen Sinn und es bleiben für diesen Fall alle Aussagen unverändert.* Das heißt mit anderen Worten, solange es sich um Funktionen handelt, die im Riemannschen Sinn integrierbar sind, liefert das Riemannsche und das Lebesguesche Integral das selbe Ergebnis. Jedoch für theoretische Untersuchungen in der Mathematik, wie z.B. in der Theorie der trigonometrischen Reihen oder der Theorie der Funktionen-Räume, kommt dem Lebesgueschen Integral eine große Bedeutung zu; auch wird vielfach die Beweisführung mit Hilfe des Lebesgueschen Integralbegriffes wesentlich einfacher oder überhaupt erst durchführbar.

Eine Verallgemeinerung in einem anderen Sinne, die in der Analysis eine Rolle spielt, stellt das *Stieltjessche Integral* dar, dem sowohl der Riemannsche als auch der Lebesguesche Integralbegriff zugrunde liegen kann. Die Bedeutung des *Stieltjesschen Integrals* für die Anwendung liegt darin, daß in einem einzelnen Integralausdruck sowohl *diskrete* als auch *kontinuierliche* Größen zusammengefaßt sind; d.h. es schließt endliche oder unendliche Reihen und Integrale ein, siehe z.B. Bd. I und Bd. IV von [1] und Teil V von [2]. Die Definition der Laplace-Transformation durch ein Stieltjessches Integral

$$L_s\{\varphi(t)\} = \int_0^\infty e^{-st}\, d\varphi(t)$$

bezeichnet man als *Laplace-Stieltjes-Transformation* von $\varphi(t)$, [46] und [50]. Ist $\varphi(t)$ in $0 \leqslant t < \infty$ differenzierbar, so ist die Laplace-Stieltjes-Transformation durch das Riemannsche Integral

$$L_s\{\varphi(t)\} = \int_0^\infty e^{-st}\, \varphi'(t)\, dt$$

darstellbar.

2.2. Die Laplace-Integrale einiger typischer Funktionen

1. Für die Sprungfunktion $1(t) = \begin{cases} 1 & \text{für } t > 0 \\ 0 & \text{für } t < 0 \end{cases}$

gilt

$$\int_0^\infty e^{-st}\,dt = -\frac{1}{s}e^{-st}\Big|_0^\infty = \lim_{\gamma\to\infty}\frac{1}{s}(1 - e^{-s\gamma}).$$

Der Grenzwert $\gamma \to \infty$ hängt somit (für $s \neq 0$) vom Verhalten von

$$\lim_{\gamma\to\infty} e^{-s\gamma} = \lim_{\gamma\to\infty} e^{-\sigma\gamma}\,e^{-i\omega\gamma} = \lim_{\gamma\to\infty}\left[e^{-\sigma\gamma}(\cos\omega\gamma - i\sin\omega\gamma)\right]$$

ab. Der Grenzwert existiert dann und nur dann, wenn der Realteil von s, also σ, größer Null ist ($\text{Re}\, s > 0$), da die Sinus- und Kosinusfunktion für alle γ beschränkt sind. Damit gilt für die L-Transformierte der *Sprungfunktion*

$$L\{1(t)\} = \frac{1}{s} \quad \text{für} \quad \text{Re}\, s = \sigma > 0; \tag{IV.15}$$

für $\sigma \leqslant 0$ existiert sie nicht. Wir sehen also, daß die Werte von s, für die im Falle der Sprungfunktion das Laplace-Integral konvergiert, in der Halbebene $\text{Re}\, s > 0$ liegen, siehe Bild IV.1.

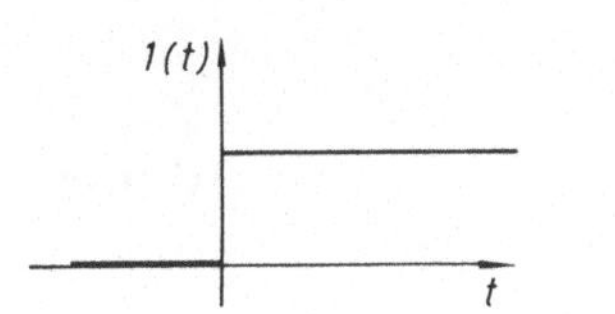

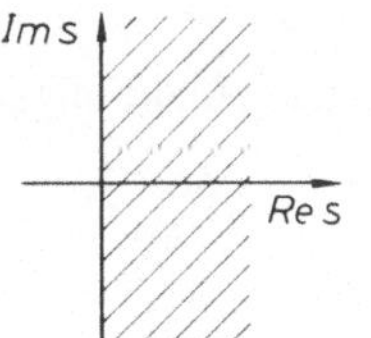

Bild IV.1.
Einheitssprungfunktion (links) und die Konvergenzhalbebene des zugehörigen Laplace-Integrals (rechts)

Die L-Transformierte der konstanten Funktion $f(t) \equiv 1$ $(-\infty < t < +\infty)$ und die der Sprungfunktion 1(t), sind jedoch gleich, wie man durch Einsetzen in Gl. (IV.9) sieht. Dies liegt daran, daß dem L-Integral nur das Intervall $0 \leqslant t < \infty$ zugrundeliegt, d.h. der Integrationsweg in Gl. (IV.9) ist stets die positiv reelle Achse. Es ist daher in diesem Fall gleichgültig, ob und wie f(t) in $-\infty < t < 0$ definiert ist. Da aber reale Systeme sehr häufig für den Fall untersucht werden, daß ein Vorgang zu einem endlichen Zeitpunkt einsetzt, den wir als Nullpunkt wählen können, genügt es, das einseitig unendliche Intervall $0 \leqslant t < \infty$ zu betrachten. Man bezeichnet daher die L-Transformation nach Gl. (IV.9) auch als *einseitige* Laplace-Transformation. Entsprechend bezeichnet man die Integraltransformation

$$L_{II}\{f(t)\} = \int_{-\infty}^{+\infty} e^{-st} f(t)\,dt$$

als *zweiseitige* Laplace-Transformation [46] und [51]; sie spielt z.B. bei der Untersuchung von Systemen mit regellosen (statistischen) Signalen eine Rolle, da die regellosen Signale im Intervall $-\infty < t < +\infty$ betrachtet werden. Im Gegensatz hierzu steht die *zweidimensionale* Laplace-Transformation, die durch

$$\mathcal{L}_{q,s}\{f(x,t)\} = \int_0^\infty \int_0^\infty e^{-qx} e^{-st} f(x,t)\,dx\,dt$$

definiert ist; sie hat vor allen Dingen im Zusammenhang mit den *linearen, partiellen Dgln.* Bedeutung [52]. Entsprechend kann man auch die Laplace-Transformation für mehrere Dimensionen definieren. Die mehrdimensionale $\mathcal{L}$-Transformation gewinnt in jüngster Zeit in der Regelungstechnik bei der Behandlung von nichtlinearen Systemen, die gewöhnlichen Dgln. gehorchen, durch *funktionalanalytische Methoden (Volterrasche Reihe)* ein vermehrtes Interesse. Mit Hilfe der *Funktional-Reihen* gelingt es auch für eine Klasse von nichtlinearen Systemen eine Blockschaltbildalgebra zu definieren [53] bis [58]. Da in diesem Buch ausschließlich die einseitige Laplace-Transformation Gl. (IV.9) verwendet wird, setzen wir für $t < 0$ die Funktionen $f(t) \equiv 0$ [20]).

Hingegen liefert das $\mathcal{L}$-Integral für eine Konstante K, was wir durch K 1(t) ausdrücken,

$$\mathcal{L}\{K1(t)\} = \int_0^\infty K e^{-st}\,dt = K\int_0^\infty e^{-st}\,dt = K\frac{1}{s} \quad \text{für} \quad \mathrm{Re}\,s > 0.$$

Wegen der Linearität der $\mathcal{L}$-Transformation gilt allgemein

$$\mathcal{L}\{K f(t)\} = K\,\mathcal{L}\{f(t)\} \qquad (K = \text{const.}), \tag{IV.16a}$$

und

$$\mathcal{L}\{f_1(t) + f_2(t)\} = \mathcal{L}\{f_1(t)\} + \mathcal{L}\{f_2(t)\}. \tag{IV16b}$$

2. Die Exponentialfunktion

$$f(t) = \begin{cases} e^{at} & \text{für } t > 0 \\ 0 & \text{für } t < 0 \end{cases} \qquad (a = \alpha + i\beta),$$

was sich auch durch

$$f(t) = e^{at}\,1(t)$$

ausdrücken läßt, besitzt das $\mathcal{L}$-Integral

$$F(s) = \int_0^\infty e^{-st} e^{at}\,dt = \int_0^\infty e^{-(s-a)t}\,dt = \frac{-e^{-(s-a)t}}{s-a}\Bigg|_0^\infty = \frac{1}{s-a} \quad \text{für } \mathrm{Re}\,s > \mathrm{Re}\,a. \tag{IV.17a}$$

---

[20]) Kommen sowohl die einseitige als auch zweiseitige Laplace-Transformationen vor, so kennzeichnet man häufig die einseitige Transformation in Anlehnung an obige Bezeichnungen durch $\mathcal{L}_I\{f(t)\}$.

Die Transformationsbeziehung zwischen $f(t)$ und $F(s)$ nennt man auch Korrespondenz, was vielfach durch

$$f(t) \circ\!\!-\!\!\bullet F(s) \text{ oder } F(s) \bullet\!\!-\!\!\circ f(t)$$

ausgedrückt wird, d.h. die *Originalfunktion* $f(t)$ entspricht der *Bildfunktion* $F(s)$. Für die Exponentialfunktion gilt somit

$$e^{at} \circ\!\!-\!\!\bullet \frac{1}{s-a} \quad \text{für } \operatorname{Re} s > \operatorname{Re} a. \tag{IV.17b}$$

Wenn nicht ausdrücklich anders hervorgehoben, setzen wir die Zeitfunktion für $t < 0$ als identisch Null voraus und lassen daher häufig wie in Gl. (IV.17b), die Einheitssprungfunktion weg.

• **Beispiel IV.1:**

Wählen wir $f(t) = e^{-\frac{t}{T}}\,1(t)$ mit reellem $T > 0$, so wird mit Gl. (IV.17b)

$$F(s) = \frac{1}{s + \frac{1}{T}} = \frac{T}{1 + Ts} \quad \text{für} \quad \sigma > -\frac{1}{T};$$

für $T = 0,1$ konvergiert das Integral in der in Bild IV.2 angegebenen Halbebene $\sigma > -10$; $\sigma = -10$ stellt die sogenannte *Konvergenzabszisse* dar. Die Konvergenzabszisse hängt somit von T ab. •

3. Die Kosinusfunktion

$$f(t) = \cos \beta t \qquad (\beta \text{ reell})$$

besitzt das L-Integral

$$F(s) = \int_0^\infty e^{-st} \cos \beta t \, dt = \frac{1}{2} \int_0^\infty e^{-st} (e^{i\beta t} + e^{-i\beta t})\, dt =$$

$$= \frac{1}{2}\left[\frac{1}{s - i\beta} + \frac{1}{s + i\beta}\right] = \frac{s}{s^2 + \beta^2}.$$

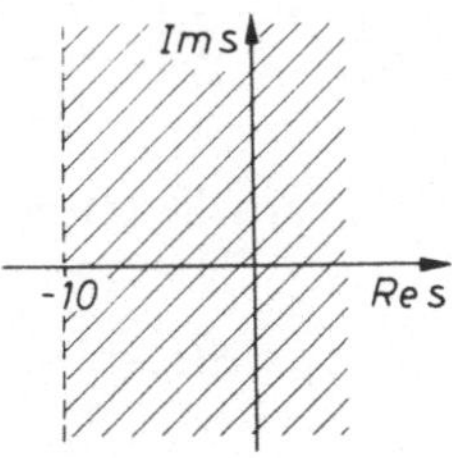

Bild IV.2
Konvergenzhalbebene

Das Integral konvergiert, wenn sowohl $\operatorname{Re} s > \operatorname{Re} i\beta$ als auch $\operatorname{Re} s > \operatorname{Re}(-i\beta)$ ist, d.h. für $\operatorname{Re} s > 0$. Das Integral besitzt somit die gleiche Konvergenzhalbebene wie die Sprungfunktion. Es gilt also

$$L\{\cos \beta t\} = \frac{s}{s^2 + \beta^2} \qquad \text{für} \qquad \operatorname{Re} s > 0. \tag{IV.18}$$

4. Entsprechend ergibt sich für die Sinusfunktion für ein reelles β

$$L\{\sin\beta t\} = \int_0^\infty e^{-st}\sin\beta t\,dt = \frac{1}{2i}\int_0^\infty e^{-st}(e^{i\beta t} - e^{-i\beta t})\,dt =$$

$$= \frac{1}{2i}\left[\frac{1}{s-i\beta} - \frac{1}{s+i\beta}\right] = \frac{\beta}{s^2+\beta^2} \qquad \text{für } \operatorname{Re} s > 0$$

oder

$$L\{\sin\beta t\} = \frac{\beta}{s^2+\beta^2} \qquad \text{für } \operatorname{Re} s > 0\,. \tag{IV.19}$$

5. Mit den Gln. (IV.15) und (IV.17b) und der Linearitätsbeziehung Gl. (VI.16) folgt für

$$f(t) = 1 - e^{-\frac{t}{T}} \qquad (T > 0,\ \text{reell})$$

$$F(s) = \int_0^\infty e^{-st}(1 - e^{-\frac{t}{T}})\,dt = \int_0^\infty e^{-st}\,dt - \int_0^\infty e^{-st}e^{-\frac{t}{T}}dt = \frac{1}{s} - \frac{T}{1+Ts} = \frac{1}{s(1+Ts)}\,.$$

Die L-Transformierte existiert natürlich nur für solche s, für die die beiden aufgespaltenen Integrale konvergieren; da wir $T > 0$ wählten, für $\operatorname{Re} s > 0$. Für reelle $T > 0$ gilt

$$L\left\{1 - e^{-\frac{t}{T}}\right\} = \frac{1}{s(1+Ts)} \qquad \text{für } \operatorname{Re} s > 0\,. \tag{IV.20}$$

6. Durch partielle Integration von

$$L\{t\} = F(s) = \int_0^\infty e^{-st}\,t\,dt$$

folgt

$$F(s) = -t\,\frac{1}{s}e^{-st}\Big|_0^\infty + \frac{1}{s}\int_0^\infty e^{-st}\,dt = \frac{1}{s}\left[-\frac{1}{s}e^{-st}\right]_0^\infty = \frac{1}{s^2} \qquad \text{für } \operatorname{Re} s > 0\,,$$

und allgemein durch wiederholte Anwendung der partiellen Integration mit $n = 1, 2, \ldots$

$$L\{t^n\} = \int_0^\infty e^{st}\,t^n\,dt = \frac{n!}{s^{n+1}} \qquad \text{für } \operatorname{Re} s > 0. \tag{IV.21}$$

7. Die Funktion

$$f(t) = t^{-1}$$

besitzt *keine* L-Transformierte, da das Integral

$$L\{t^{-1}\} = \int_0^\infty e^{-st}\, t^{-1}\, dt$$

an der unteren Grenze $t = 0$ *nicht existiert.*

In allen vorstehenden Fällen in denen die Bildfunktion existierte, ergab sich für die *Konvergenz eine Halbebene.* Wie im folgenden Unterabschnitt erläutert, trifft dies allgemein zu.

2.3. Konvergenzbetrachtungen

Die vorstehenden Beispiele veranlassen uns zu der Frage der zulässigen *Objektfunktionen,* für die das uneigentliche Integral Gl. (IV.9) konvergiert. Wir bezeichnen die Menge der zulässigen Objektfunktionen als 0_1-*Funktionen.* Die folgenden Bedingungen sind *hinreichend,* damit $f(t)$ eine 0_1-Funktion darstellt:

1. *$f(t)$ ist für alle reellen $t \geqslant 0$ höchstens mit Ausnahme von Unstetigkeitsstellen 1. Art und von isolierten Unendlichkeitsstellen (Ausnahmestellen) stetig.*

Ist es notwendig, die Definition von $f(t)$ für negative t zu ergänzen, so setzt man $f(t) = 0$ für $t < 0$. Für endliche t dürfen sich die Ausnahmestellen nicht häufen (keine eigentlichen Häufungspunkte). Wir bezeichnen diese stückweise stetigen Funktionen als Funktionen der Klasse S_2. Zum Beispiel die beschränkte stückweise stetige S_0-Funktion $f(t) = \sin\frac{1}{t}$, die für $t \to 0$ keinen Grenzwert besitzt – sie pendelt in der Nähe des Nullpunktes unendlich oft zwischen den Werten $+1$ und -1 hin und her – gehört nicht zur Klasse S_2. Die in Bild IV.3 gezeichnete Funktion $f(t)$ stellt eine stetige Funktion dar. Ihre Ableitung $f_1(t) = f'(t)$, die natürlich in den Punkten $t = t_\nu$ $(\nu = 1, \ldots, 4)$ nicht existiert, stellt eine stückweise stetige Funktion dar und gehört ebenfalls wie $f(t)$ zur Klasse S_2. In dem Intervall $0 \leqslant t < t_4$ ist sie beschränkt und besitzt in den Punkten $t = t_\nu$ $(\nu = 1, 2, 3)$ Unstetigkeiten erster Art. Im Punkt $t = t_4$ liegt eine isolierte Unendlichkeitsstelle vor. In Abschnitt V.1 erweitern wir den Bereich der Objektfunktionen auch auf verallgemeinerte Funktionen, wie die δ-Funktion und dergleichen.

2. *$f(t)$ ist in jedem endlichen Intervall $0 \leqslant t \leqslant T$ absolut (im Riemannschen Sinn) integrierbar.*

Jedes eigentliche Integral ist auch absolut integrierbar; jedoch in den *Ausnahmestellen,* in deren Umgebung $f(t)$ nicht beschränkt ist, soll die Funktion *absolut uneigentlich integrierbar* sein. Es sei (a, b) ein Intervall, das den Ausnahmepunkt t_0 enthält. In den

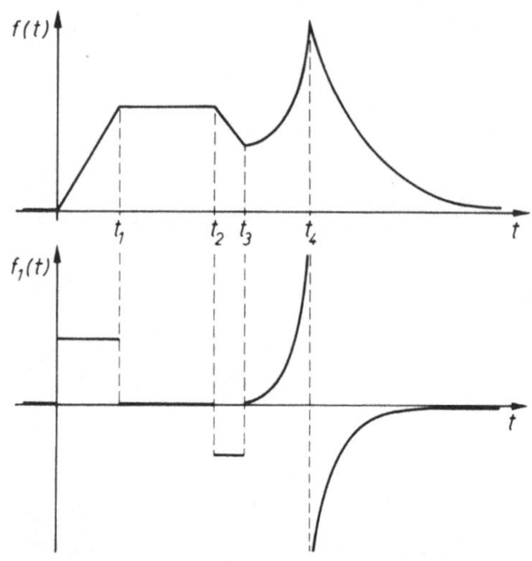

Bild IV.3
Funktionen der Klasse S_0

beiden Teilintervallen $(a, t_0 - \epsilon_1)$ und $(t_0 + \epsilon_2, b)$ bei beliebig kleinen $\epsilon_1, \epsilon_2 > 0$ sei f(t) und damit $|f(t)|$ eigentlich integrierbar. Dann soll

$$\lim_{\epsilon_1 \to 0} \int_a^{t_0 - \epsilon_1} |f(t)|\,dt + \lim_{\epsilon_2 \to 0} \int_{t_0 + \epsilon_2}^{b} |f(t)|\,dt$$

existieren; für $t_0 = a$ ist nur das zweite (rechtsseitiger Grenzwert) und für $t_0 = b$ das erste Integral (linksseitiger Grenzwert) zu betrachten.

Eine hinreichende Bedingung für die absolute Integrierbarkeit an der Ausnahmestelle ist, daß für die beiden Zahlen $M > 0$ und $0 < \mu < 1$

$$|(t - t_0)^\mu f(t)| < M$$

für $t \to t_0$ beschränkt bleibt. Die Funktion $\frac{1}{\sqrt{t}}$ ist an der Stelle $t_0 = 0$ absolut integrierbar, jedoch die Funktion $\frac{1}{t} \sin \frac{1}{t}$ konvergiert für $t_0 = 0$ nur gewöhnlich, aber nicht absolut; dagegen konvergiert nach der obigen Bedingung die Funktion $\frac{1}{\sqrt{t}} \sin \frac{1}{t}$ an der Stelle $t_0 = 0$ absolut [46].

Die obige Voraussetzung $|(t - t_0)^\mu f(t)| < M$ und damit die absolute Integrierbarkeit soll für jede im Endlichen gelegene Ausnahmestelle im Folgenden immer erfüllt sein, wenn wir von einer 0_1-Funktion sprechen.

3. *Die Funktion f(t) sei von exponentieller Ordnung* α_0.

Eine Funktion ist dann von *exponentieller Ordnung* α_0, wenn sie der Gleichung

$$\lim_{t \to \infty} f(t)\, e^{-at} = 0$$

für die reelle Zahl $\alpha > \alpha_0$ genügt, aber für $\alpha < \alpha_0$ nicht existiert; man schreibt hierfür auch $f(t) = \mathbf{O}(e^{\alpha_0 t})$. Da das Produkt einer beschränkten Funktion mit $e^{-\alpha t}$ für alle $\alpha > 0$ Null wird, ist $\alpha_0 = 0$. Wegen

$$\lim_{t \to \infty} t^n e^{-\alpha t} = 0$$

für $\alpha > 0$, ist die für $t \to \infty$ unbeschränkte Funktion t^n ebenfalls von der exponentiellen Ordnung $\alpha_0 = 0$. Für die mit zunehmendem t aufklingende Funktion e^{bt} ($b > 0$, reell) gilt

$$\lim_{t \to \infty} e^{-(\alpha - b)t} = 0$$

für $\alpha > b$; ihre exponentielle Ordnung ist b. Funktionen, die für ein endliches $t > T$ Null sind, besitzen ein α_0 von $-\infty$. Die Funktion e^{-t^2} ist nicht von exponentieller Ordnung, d.h. es gibt kein endliches α für das der vorstehende Grenzwert existiert. Man kann also erwarten, daß für Funktionen von exponentieller Ordnung α_0 im Bereich $-\infty \leqslant \alpha_0 < +\infty$ liegt.

Wir fragen nun nach der Konvergenz des Integrales Gl. (IV.9), wenn $f(t)$ eine 0_1-Funktion ist. Dabei legen wir zuerst solche 0_1-Funktionen $f(t)$ zugrunde, die den drei vorstehenden Bedingungen genügen; wir bezeichnen sie als 0_2-Funktionen. Konvergiert das uneigentliche Integral

$$\int_0^\infty |f(t)\, e^{-st}|\, dt = \int_0^\infty |f(t)|\, |e^{-(\sigma+i\omega)t}|\, dt = \int_0^\infty |f(t)|\, e^{-\sigma t} dt \quad (\mathrm{Re}\, s = \sigma), \qquad \text{(IV.22)}$$

so konvergiert auch das Integral

$$\int_0^\infty f(t)\, e^{-st}\, dt. \qquad \text{(IV.23)}$$

Wir betrachten nun die Konvergenz des rechten Integrales von Gl. (IV.22) in dem Bereich $\alpha_0 < \sigma$.

Für jedes σ in diesem Bereich können wir eine Zahl α_2 so wählen, daß $\alpha_0 < \alpha_2 < \sigma$ ausfällt. Da $f(t)$ von exponentieller Ordnung α_0 sein soll, existiert für alle positiven Zahlen ϵ ein T_0, so daß

$$|f(t)|\, e^{-\alpha_2 t} < \epsilon$$

ist, wenn wir $t > T_0$ wählen. Somit gilt:

$$\int_{T_0}^\infty |f(t)|\, e^{-\sigma t}\, dt = \int_{T_0}^\infty |f(t)|\, e^{-\alpha_2 t}\, e^{-(\sigma - \alpha_2)t}\, dt < \epsilon \int_{T_0}^\infty e^{-(\sigma - \alpha_2)t} dt. \qquad \text{(IV.24)}$$

Wegen $\sigma > \alpha_2$ konvergiert das rechte Integral. Wir erhalten daher die *absolute* und somit auch die *gewöhnliche (bedingte) Konvergenz* bezogen auf die obere (unendliche) Grenze in dem Bereich $\text{Re } s > \alpha_0$. Da e^{-st} in jedem endlichen Intervall $0 \leqslant t \leqslant T$ beschränkt bleibt und nach der 2. Bedingung $f(t)$ in $[0, T]$ absolut integrierbar vorausgesetzt wurde, konvergiert das Integral in jedem endlichen Intervall und damit auch in den zulässigen Unstetigkeitsstellen *gewöhnlich und absolut.*

In einem Bereich $\alpha_0 < \alpha_1 \leqslant \sigma$ konvergiert das Integral in Gl. (IV.23) sogar *gleichmäßig,* denn für jede Wahl von α_1 läßt sich ein α_2 mit der Eigenschaft $\alpha_0 < \alpha_2 < \alpha_1$ finden. Mit dieser Einführung kann man die Ungleichung (IV.24), die mit dem jetzt gewählten α_2 gültig bleibt, erweitern auf

$$\int_{T_0}^{\infty} |f(t)|\, e^{-\sigma t} < \epsilon \int_{T_0}^{\infty} e^{-(\sigma - \alpha_2)t}\, dt < \epsilon \int_{T_0}^{\infty} e^{-(\alpha_1 - \alpha_2)t}\, dt. \qquad \text{(IV.25)}$$

Das letzte Integral in Gl. (IV.25) konvergiert und zwar unabhängig von σ, was die gleichmäßige Konvergenz für $\alpha_0 < \alpha_1 \leqslant \text{Re } s$ ausdrückt. Es gilt somit folgender

Satz IV.1: Ist $f(t)$ eine 0_2-Funktion von $\mathbf{0}(e^{\alpha_0 t})$, dann konvergiert das L-Integral

$$\int_0^{\infty} f(t)\, e^{-st}\, dt$$

gewöhnlich und absolut in der Halbebene

$\alpha_0 < \text{Re } s$

und gleichmäßig bezüglich der unendlichen Grenze in der Halbebene

$\alpha_0 < \alpha_1 \leqslant \text{Re } s.$

Der gleichmäßigen Konvergenz kommt deshalb eine besondere Bedeutung zu, da sie die Voraussetzung für die Vertauschung der Reihenfolge des L-Integrals, z.B. mit einem (eigentlichen) Integral, einer Differentiation oder einem Grenzwert ist. Bezüglich einer im *Endlichen* gelegenen Ausnahmestelle konvergiert das L-Integral für eine 0_2-Funktion wegen der absoluten Integrierbarkeit (Bedingung 2), in *jeder rechten Halbebene* $\text{Re } s \geqslant \sigma_1$ (σ_1 ist eine beliebige reelle Zahl) *gleichmäßig.*

Wie also aus der vorstehenden Ableitung hervorgeht, konvergiert für eine 0_2-Funktion das Laplace-Integral absolut und gleichmäßig in einer Halbebene. Die drei Bedingungen, die zur Definition der 0_2-Funktionen führten, sind jedoch nur *hinreichend,* aber nicht *notwendig* für die Existenz des Laplace-Integrals.

Die folgenden Aussagen stellen eine Verallgemeinerung dar, und zwar brauchen die betrachteten, in jedem endlichen Intervall absolut integrierbaren S_2-Funktionen $f(t)$, *nicht* von exponentieller Ordnung zu sein. Wir verzichten auf eine Beweisführung, da für sehr viele praktische Untersuchungen die Menge der 0_2-Funktionen ausreicht.

Konvergiert für eine komplexe Zahl s_0 das Integral

$$\int_0^\infty f(t)\, e^{-s_0 t}\, dt,$$

so konvergiert es auch in der Halbebene $\text{Re}\, s > \text{Re}\, s_0$; im Winkelraum $|\text{arc}\,(s - s_0)| \leqslant \leqslant \psi < \frac{\pi}{2}$, der also, wie in Bild IV.4 gezeichnet, durch zwei in der Konvergenzhalbebene verlaufende Strahlen gebildet wird, die von s_0 ausgehen und mit der reellen Achse einen Winkel ψ einnehmen, der zwischen $+\frac{\pi}{2}$ und $-\frac{\pi}{2}$ liegt, konvergiert es bezüglich der oberen Grenze auch gleichmäßig. Das Gebiet besteht aus den Punkten, die sowohl auf, als auch innerhalb dieser Geraden liegen; siehe z.B. Bd. I von [46] und [59]. Stellt β die *Abszisse* der *gewöhnlichen* und α die der *absoluten Konvergenz* dar, so ist natürlich $\beta \leqslant \alpha$. Das genaue Gebiet der *gewöhnlichen Konvergenz* des Laplace-Integrals ist eine *Halbebene* $\text{Re}\, s > \beta$, deren Rand $\text{Re}\, s = \beta$ *ganz, teilweise oder gar nicht zum Konvergenzgebiet* gehören kann. Entsprechend ist das genaue Gebiet der *absoluten Konvergenz* des Laplace-Integrals eine *Halbebene* $\text{Re}\, s > \alpha$, deren *Rand* $\text{Re}\, s = \alpha$ entweder *ganz oder gar nicht zum absoluten Konvergenzgebiet* gehört. Sowohl α als auch β können $-\infty$ oder $+\infty$ sein [46]. Konvergiert also ein Laplace-Integral in einem Punkt s_0 absolut, so konvergiert es in der abgeschlossenen Halbebene $\text{Re}\, s \geqslant s_0$ ebenfalls absolut.

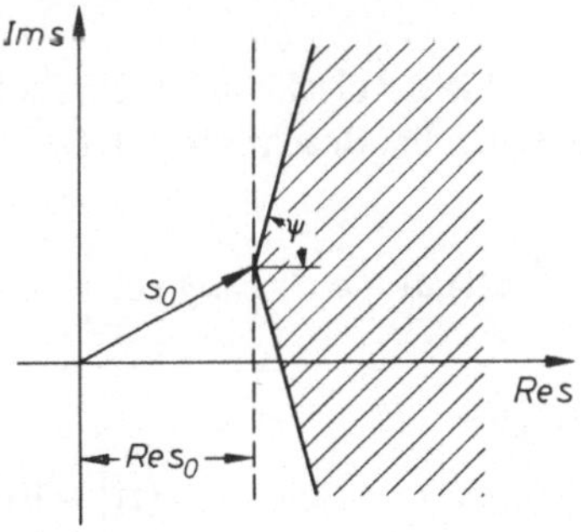

Bild IV.4
Gebiet der gleichmäßigen Konvergenz

2.4. Die eindeutige Umkehrbarkeit

Überlegungen, wie man durch eine geeignete Transformation auf einen einfacheren Funktionstypus gelangen kann, haben uns auf die Laplace-Transformation gebracht. Beim allgemeinen Transformationsgedanken in Teil III wiesen wir darauf hin, daß eine *umkehrbar eindeutige Zuordnung* zwischen der *Original-* und *Bildfunktion* für praktische Untersuchungen wichtig ist. Im Unterabschnitt IV.2.2 haben wir einige Korrespondenzen von einfachen Funktionen abgeleitet. Dies geschah jedoch, wie auch die

Betrachtungen des Unterabschnittes IV.2.3, im Hinblick auf die Frage, wann einer Originalfunktion durch die L-Transformation eine Bildfunktion zugeordnet wird; sie ist natürlich eindeutig, d.h. zu jedem f(t) gehört ein F(s). Nun muß man für eine eindeutige Umkehrbarkeit der L-Transformation auch die Zuordnung in umgekehrter Richtung betrachten, d.h. welche f(t) gehören zu einem bestimmten F(s); diese Zuordnung bezeichnen wir als *inverse Laplace-Transformation* oder kurz L^{-1}-Transformation. Ändert man z.B. f(t) in endlich vielen Stellen, so bleibt jedoch $F(s) = L\{f(t)\}$ ungeändert. Wählen wir z.B. die Sprungfunktion

$$1(t) = \begin{cases} 1 & \text{für } t > 0 \\ 0 & \text{für } t < 0, \end{cases}$$

so ist es für die L-Transformation gleichgültig, welchen (endlichen) Wert man 1(t) bei t = 0 zuordnet, es ist stets nach Gl. (IV.15)

$$F(s) = \frac{1}{s}.$$

Die inverse Laplace-Transformation kann somit *nicht eindeutig* sein. Allgemein läßt sich zeigen, daß die Bildfunktion F(s) ungeändert bleibt, wenn man die Originalfunktion an endlich vielen (isolierten) Stellen abändert, d.h. wenn man zu f(t) eine Funktion n(t) addiert, für die das bestimmte Integral mit variabler oberer Grenze

$$\int_0^t n(\tau)\, d\tau \equiv 0 \qquad \text{(IV.26)}$$

für alle $t \geqslant 0$ verschwindet; eine solche Funktion n(t) heißt *Nullfunktion.* In der Tat findet man bei Beachtung von Gl. (IV.26) durch partielle Integration

$$\int_0^\infty e^{-st}\, n(t)\, dt = e^{-st} \int_0^t n(\tau)\, d\tau \Big|_0^\infty + s \int_0^\infty e^{-st} \int_0^t n(\tau)\, d\tau\, dt = 0\,;$$

somit gilt

$$L\{f(t) + n(t)\} = L\{f(t)\} = F(s).$$

Glücklicherweise zeigt es sich, daß damit die *Vieldeutigkeit der Zuordnung schon vollständig erschöpft ist.* Es ergeben also nur um Nullfunktionen verschiedene Originalfunktionen ein und dieselbe Bildfunktion. *Wenn nicht ausdrücklich anders hervorgehoben, betrachten wir Originalfunktionen, die sich lediglich durch Nullfunktionen unterscheiden, nicht als verschieden. Dann gilt der folgende*

Satz IV.2: Stimmen die Bildfunktionen zweier Originalfunktionen in einer (rechten) Halbebene überein, – z.B. für 0_2-Funktionen in $\text{Re}\, s > \alpha_0$ – dann sind die beiden Originalfunktionen (mit Ausnahme von Nullfunktionen) identisch.

Die Vereinbahrung zwei Funktionen $f_1(t)$ und $f_2(t)$, die sich lediglich durch Nullfunktionen, wie z.B.

$$f_1(t) = \begin{cases} 0 & \text{für } t<0 \\ 1/2 & \text{für } t=0 \\ 1 & \text{für } t>0 \end{cases} \quad \text{und} \quad f_2(t) = \begin{cases} 0 & \text{für } t<0 \\ 1/3 & \text{für } t=0 \\ 1 & \text{für } t>0 \end{cases}$$

unterscheiden, nicht als verschieden anzusehen, ist für die meisten praktischen Belange ohne Bedeutung. Damit haben wir eine umkehrbar eindeutige Zuordnung für die $\mathcal{L}$-Transformation geschaffen.

Aus den Folgerungen, die zu Satz IV.2 führten, ergibt sich:

> **Satz IV.3:** Eine Bildfunktion $F(s)$, die nicht identisch verschwindet, kann nicht periodisch sein.

Denn besitzt $F(s) = F(s+\gamma)$ die Periode γ, so ist nach den obigen Ausführungen, wegen

$$\int_0^\infty e^{-st} f(t)\,dt - \int_0^\infty e^{-(s+\gamma)t} f(t)\,dt = \int_0^\infty e^{-st}(1-e^{-\gamma t}) f(t)\,dt \equiv 0,$$

$(1-e^{-\gamma t})$ und somit auch $f(t)$ eine Nullfunktion, woraus $F(s) = 0$ folgt; eingehende Betrachtungen hierzu enthalten die Bücher von *Doetsch* [46], Bd. I und [47].

Nach Satz IV. 3 können z.B. die (komplexe) Konstante $F(s) = C \neq 0$, da für die Konstante C jede beliebige Zahl eine Periode ist, die Exponentialfunktion $F(s) = e^{as}$ (a beliebig komplex), da sie die Periode $\frac{2\pi i}{a}$ hat, sowie die Kreis-, Hyperbelfunktionen oder allgemeiner, die Funktionen der Gestalt

$$F(s) = G(e^{as})$$

keine Bildfunktionen der $\mathcal{L}$-Transformation sein.

2.5. Ableitung weiterer Transformationsbeziehungen

Die Laplace-Transformation ist nach Satz IV.2 eindeutig umkehrbar. Man kann daher die Korrespondenzen von Funktionen, wie im Falle der Logarithmentafel, dazu benutzen, die inverse Transformation zu bestimmen. Im Anhang A sind die Korrespondenzen einiger wichtiger Funktionen zusammengestellt; eine ausführliche Tabelle enthält das Buch [48]. Obwohl diesen Tabellen eine große Bedeutung für die praktische Berechnung der $\mathcal{L}$-Transformation zukommt, sind noch andere Verfahren zur Berechnung der inversen Transformation wesentlich, die wir in den Abschnitten IV.4 und IV.5 behandeln.

Für die praktische Anwendung der $\mathcal{L}$-Transformation genügt es jedoch nicht, lediglich Tabellen über die Abbildung der einzelnen Funktionen zu haben, sondern man muß auch *Operationen (Transformationsregeln)*, wie z.B. die Differentiation oder Integration einer Funktion, ausführen, der dann eine gewisse Operation der korrespondierenden Funktion entspricht. Wir wenden uns nun einigen wichtigen Transformationsregeln zu, die wegen der Eindeutigkeit der Transformation in beiden Richtungen gelten:

1. *Linearität*

Aus der linearen Eigenschaft des Integralbegriffes folgt unmittelbar für

$$f(t) = f_1(t) \pm f_2(t)$$

$$\mathcal{L}\{f(t)\} = \mathcal{L}\{f_1(t) \pm f_2(t)\} = \mathcal{L}\{f_1(t)\} \pm \mathcal{L}\{f_2(t)\} = F_1(s) \pm F_2(s) = F(s).$$

Dabei muß natürlich vorausgesetzt werden, daß $f_1(t)$ und $f_2(t)$ $\mathcal{L}$-transformierbar sind. Haben $f_1(t)$ und $f_2(t)$ eine $\mathcal{L}$-Transformierte, dann gilt die obige Beziehung immer. Doch im umgekehrten Fall trifft dies nicht immer zu, d.h. man kann bei einer willkürlichen Aufspaltung von f(t) nicht erwarten, daß die einzelnen Funktionen $\mathcal{L}$-transformierbar sind. Die S_2-Funktion

$$f(t) = \frac{1 - e^{-t}}{t}$$

ist beschränkt und daher in jedem endlichen Intervall eigentlich und somit absolut integrierbar und außerdem von exponentieller Ordnung $\alpha_0 = 0$. Sie stellt somit eine 0_2-Funktion dar und besitzt eine $\mathcal{L}$-Transformierte, deren Wert wir in Unterabschnitt IV.5.2, Beispiel IV.9, mit Hilfe der Integration im Bildraum ermitteln. Es existiert also

$$\mathcal{L}\left\{\frac{1 - e^{-t}}{t}\right\} \quad \textit{aber nicht} \quad \mathcal{L}\left\{\frac{1}{t}\right\} - \mathcal{L}\left\{\frac{e^{-t}}{t}\right\},$$

da t^{-1} nach Fall 7 in Unterabschnitt IV.2.2 keine $\mathcal{L}$-Transformierte besitzt. Entsprechend gilt wegen der Eindeutigkeit für die inverse Transformation

$$\mathcal{L}^{-1}\{F(s)\} = \mathcal{L}^{-1}\{F_1(s) \pm F_2(s)\} = \mathcal{L}^{-1}\{F_1(s)\} \pm \mathcal{L}^{-1}\{F_2(s)\} = f_1(t) \pm f_2(t) = f(t),$$

vorausgesetzt $F_1(s)$ und $F_2(s)$ sind Bildfunktionen.

2. *Die Verschiebung*

$$f(t) = \begin{cases} g(t-a) & \text{für } t > a \\ 0 & \text{für } t < a, \end{cases} \tag{IV.27}$$

definieren wir (für $a > 0$) als Verschiebung einer Funktion (nach rechts), was sich auch durch $g(t-a)\,1(t-a)$ ausdrücken läßt. Um klare Vorstellungen von der Verschiebung zu bekommen, betrachten wir z.B. die in Bild IV.5a dargestellte Funktion, die in $-\infty < t < +\infty$ der Gleichung

$$g(t) = \begin{cases} g_1(t) & \text{für } t > 0 \\ g_2(t) & \text{für } t < 0 \end{cases} \tag{IV.28}$$

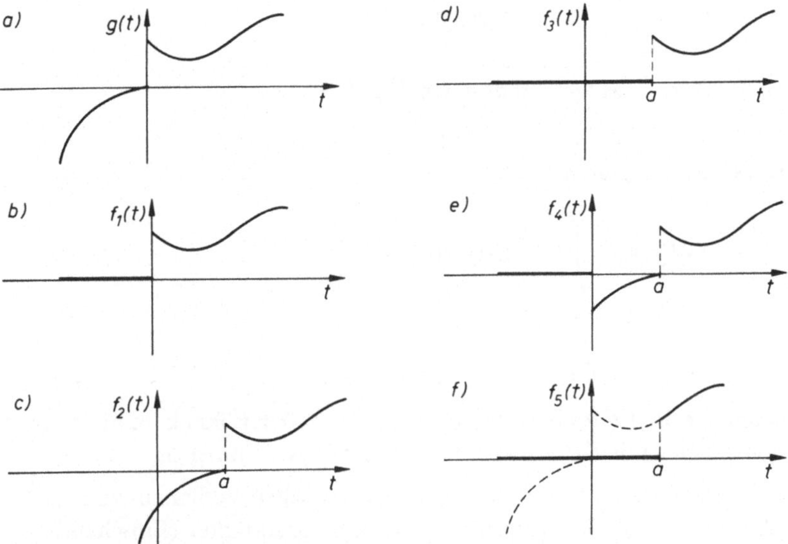

Bild IV.5. Verschobene und verkürzte Funktionen

gehorchen möge. Die Definition von g(t) an der Sprungstelle lassen wir offen, da wir Funktionen, die sich nur durch Nullfunktionen unterscheiden, nicht als verschieden ansehen. Die Funktion

$$f_1(t) = g(t)\,1(t) = \begin{cases} g_1(t) & \text{für } t > 0 \\ 0 & \text{für } t < 0 \end{cases},$$

siehe Bild IV.5b ist bezüglich der L-Transformation mit der von Bild IV.5a gleich, d.h. für beide Funktionen gilt

$$L\{g(t)\} = L\{f_1(t)\} = G_1(s).$$

Verschieben wir nun die Funktion Gl. (IV.28) um den Betrag a nach *rechts,* Bild IV.5c, so wird sie durch

$$f_2(t) = g(t-a) = \begin{cases} g_1(t-a) & \text{für } t > a \\ g_2(t-a) & \text{für } t < a \end{cases} \qquad (a > 0)$$

beschrieben. Die durch Gl. (IV.27) definierte Verschiebung

$$f_3(t) = g(t-a)\,1(t-a) = \begin{cases} g_1(t-a) & \text{für } t > a \\ 0 & \text{für } t < a \end{cases}$$

unterscheidet sich, wie auch aus Bild IV.5d hervorgeht, wesentlich von $f_2(t)$. Während $f_2(t)$ die um a (nach rechts) verschobene Funktion g(t) ist, stellt $f_3(t)$ die um a verschobene Funktion $f_1(t)$ dar.

Da in $f_3(t)$ die Integration erst bei $t = a$ beginnt, gilt

$$\mathcal{L}\{f_3(t)\} = \int_0^\infty e^{-st} g(t-a)\, 1(t-a)\, dt = \int_a^\infty e^{-st} g_1(t-a)\, dt.$$

Mit der Substitution $\tau = t - a$ wird

$$\int_0^\infty e^{-s(a+\tau)} g_1(\tau)\, d\tau = e^{-as} \int_0^\infty e^{-s\tau} g_1(\tau)\, d\tau = e^{-as} G_1(s).$$

Die Beziehung

$$\mathcal{L}\{f(t-a)\, 1(t-a)\} = e^{-as} F(s) \qquad (a > 0, \text{reell}) \qquad \text{(IV.29)}$$

stellt den sogenannten *ersten Verschiebungssatz* (nach rechts) dar; ihm kommt vor allen Dingen im Zusammenhang mit *Totzeitsystemen* eine große Bedeutung zu.

Da in den meisten Fällen bei der Untersuchung des dynamischen Verhaltens von realen Systemen, die auftretenden Zeitvorgänge bis zu einem bestimmten (Einschalt-) Zeitpunkt Null gesetzt werden, wollen wir in Anlehnung an das Schrifttum folgende Vereinbarung treffen. Falls nicht ausdrücklich anders angegeben, definieren wir Funktionen mit *negativem Argument* identisch Null, d.h. wir lassen die Multiplikation mit der entsprechenden Einheitssprungfunktion weg und schreiben, falls keine Mißverständnisse auftreten können, anstatt $f(t-a)\, 1(t-a)$ kürzer $f(t-a)$. Für $t < a$ fällt das Argument von $f(t-a)$ negativ aus und damit ist nach der vorstehenden Vereinbarung der letzte Ausdruck für $t < a$ identisch Null.

Immer dann jedoch, wenn wir die Sprungfunktion explizit mit angeben, soll die obige Vereinbarung nicht gelten, so z.B. für

$$f_4(t) = g(t-a)\, 1(t) = \begin{cases} g_1(t-a) & \text{für } t > a \\ g_2(t-a) & \text{für } 0 < t < a \\ 0 & \text{für } t < 0. \end{cases}$$

Den Verlauf von $f_4(t)$ zeigt Bild IV.5e. Die $\mathcal{L}$-Transformierte ist

$$\mathcal{L}\{f_4(t)\} = \int_0^\infty e^{-st} f_4(t)\, dt = \int_0^a e^{-st} g_2(t-a)\, dt + \int_0^\infty e^{-st} g_1(t-a)\, dt =$$

$$= G_{2a}(s) + e^{-as} G_1(s),$$

wobei $G_{2a}(s)$ die sogenannte *„endliche $\mathcal{L}$-Transformierte"* von 0 bis a bedeutet. $f_2(t)$ und $f_4(t)$ besitzen die gleiche Bildfunktion. Zum Unterschied hierzu beginnt die Integration der *verkürzten* Funktion

$$f_5(t) = g(t)\, 1(t-a) = \begin{cases} g_1(t) & \text{für } t > a \\ 0 & \text{für } t < a \end{cases},$$

wie Bild IV.5f zeigt, bei $t = a$. Es ist also

$$\mathcal{L}\{f_5(t)\} = \int_0^\infty e^{-st} g(t)\, 1(t-a)\, dt = \int_a^\infty e^{-st} g_1(t)\, dt =$$

$$= \int_0^\infty e^{-st} g_1(t)\, dt - \int_0^a e^{-st} g_1(t)\, dt = G_1(s) - G_{1a}(s).$$

Bilden wir jedoch die Funktion

$$f_6(t) = g(t+a)\, 1(t) = \begin{cases} g_1(t+a) & t > 0 \\ 0 & t < 0 \end{cases},$$

d.h. in Bild IV.5f ist die Ordinatenachse nach a verschoben (Nullpunkt), dann liefert entsprechend dem vorstehenden Fall die Substitution $\tau = t + a$

$$\mathcal{L}\{f_6(t)\} = \int_0^\infty e^{-st} g_1(t+a)\, dt = e^{as} \int_a^\infty e^{-s\tau} g_1(\tau)\, d\tau =$$

$$= e^{as} \left[\int_0^\infty e^{-s\tau} g_1(\tau)\, d\tau - \int_0^a e^{-s\tau} g_1(\tau)\, d\tau \right] = e^{as} \left[G_1(s) - G_{1a}(s) \right].$$

Die Beziehung

$$\mathcal{L}\{f(t+a)\} = e^{as} \left[F(s) - F_a(s) \right] \qquad (a > 0, \text{ reell}) \qquad \text{(IV.30)}$$

stellt den sogenannten *„zweiten Verschiebungssatz"* (nach links) dar.

Bei der Multiplikation einer Funktion $f(t)$ mit $1(t)$ oder allgemeiner mit $1(t - t_0)$, also z.B.

$$f(t)\, 1(t - t_0) = \begin{cases} f(t) & \text{für } t > t_0 \\ 0 & \text{für } t < t_0 \end{cases}$$

sprechen wir auch von der *verkürzten Funktion;* $f_1(t)$ und $f_3(t)$ bis $f_6(t)$ sind Beispiele für verkürzte Funktionen. Ist die Funktion $f(t)$ an der Stelle $t = t_0$ stetig, so soll fortan stillschweigend folgende Vereinbarung gelten. Weist die verkürzte Funktion $f(t)\, 1(t - t_0)$ an der Stelle t_0 einen Sprung auf, dann lassen wir, wie vorher schon erwähnt, die Definition an der Sprungstelle offen. Es hängt vom jeweiligen Zweck ab, ob und welchen Wert man an der Sprungstelle definiert (Nullfunktion). Sind hingegen der links- und rechtsseitige Grenzwert der verkürzten Funktion an der Stelle $t = t_0$ gleich, d.h. der Grenzwert $f(t_0+)=0$, so sei stets der verkürzten Funktion an der Stelle $t=t_0$ der Wert $f(t_0)$ zugeordnet; es gilt dann

$$f(t)\,1(t-t_0)=\begin{cases} f(t) & \text{für } t \geqslant t_0 \\ 0 & \text{für } t \leqslant t_0 \end{cases}.$$

3. *Die Ähnlichkeitsdeformation*

$$f(t)=f(at)$$

hat im allgemeinen nur für $a>0$ einen Sinn, da wir wegen der unteren Integrationsgrenze vereinbarungsgemäß die Funktionen für $t<0$ Null setzen. Für sie gilt mit $\tau = at$

$$L\{f(at)\}=\int_0^\infty e^{-st} f(at)\,dt=\frac{1}{a}\int_0^\infty e^{-(s/a)\tau} f(\tau)\,d\tau=\frac{1}{a}F\left(\frac{s}{a}\right).$$

Die Beziehung

$$L\{f(at)\}=\frac{1}{a}F\left(\frac{s}{a}\right) \qquad (a>0,\ \text{reell}) \qquad \text{(IV.31)}$$

stellt den *„Ähnlichkeitssatz"* dar.

Ersetzt man in Gl. (IV.31) a durch $\frac{1}{a}$, so folgt die Formel

$$L\left\{f\left(\frac{t}{a}\right)\right\}=a\,F(as)$$

oder wegen der eindeutigen Umkehrbarkeit der Transformation

$$F(as)=\frac{1}{a}L\left\{f\left(\frac{t}{a}\right)\right\}.$$

4. *Dämpfungssatz*

Ist a beliebig komplex, so finden wir die Bildfunktion des Produktes

$$f_1(t)=f(t)\,e^{-at}$$

durch

$$L\{e^{-at} f(t)\}=\int_0^\infty e^{-st}e^{-at} f(t)\,dt=\int_0^\infty e^{-(s+a)t} f(t)\,dt=F(s+a).$$

Die Beziehung

$$L\{e^{-at} f(t)\}=F(s+a) \qquad \text{für } \operatorname{Re} s>\beta-\operatorname{Re} a \qquad \text{(IV.32)}$$

wird als *„Dämpfungssatz"* bezeichnet.

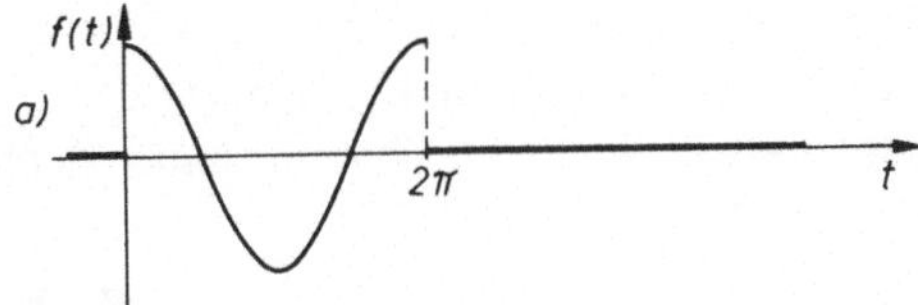

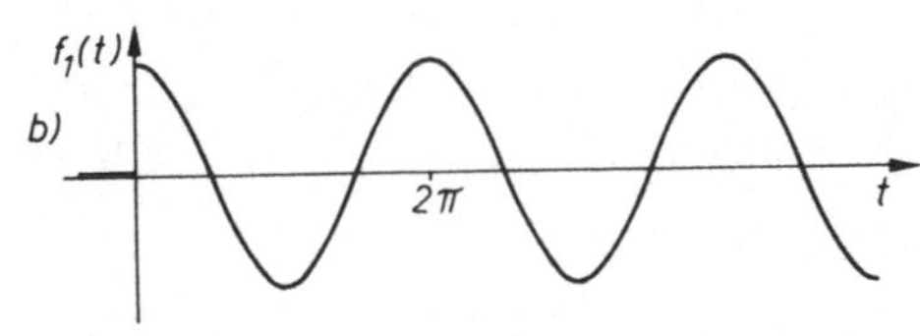

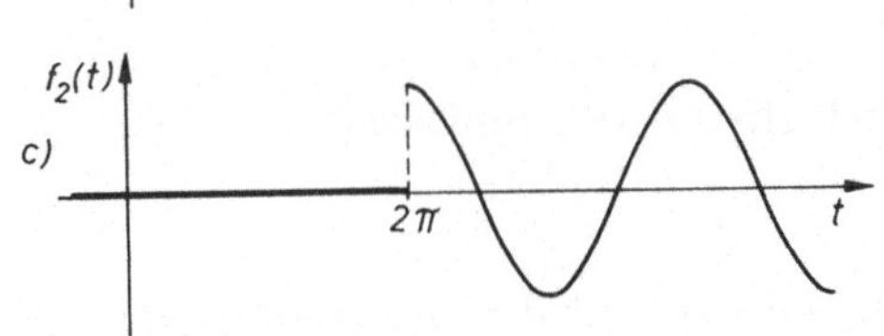

Bild IV.6
Sinusförmige Originalfunktionen

Multipliziert man nämlich eine reine Schwingung mit dem Faktor e^{-at} ($a > 0$, reell), so entsteht eine gedämpfte Schwingung. β stellt im obigen Dämpfungssatz die (einfache) Konvergenzabszisse von $f(t)$ dar. In Analogie zum Verschiebungssatz spricht man beim *Dämpfungssatz* auch von der *Verschiebung im Bildbereich.*

5. *Periodische Originalfunktionen*

Die in Bild IV.6a dargestellte Funktion

$$f(t) = \begin{cases} \cos t & \text{für } 0 \leqslant t < 2\pi \\ 0 & \text{für } t \geqslant 2\pi \end{cases}$$

läßt sich mit Hilfe des ersten Verschiebungssatzes berechnen, indem wir für $t \geqslant 0$ von der Kosinusfunktion Bild IV. 6b

$$f_1(t) = \cos t$$

die verschobene Kosinusfunktion Bild IV.6c

$$f_2(t) = \begin{cases} \cos(t - 2\pi) = \cos t & \text{für } t \geqslant 2\pi \\ 0 & \text{für } 0 \leqslant t < 2\pi \end{cases}$$

abziehen. Die L-Transformierte der Differenz ist mit Gl. (IV.18) und Gl. (IV.29)

$$F(s) = F_1(s) - F_2(s) = \frac{s}{s^2 + 1} - \frac{s}{s^2 + 1}\, e^{-2\pi s} = \frac{s}{s^2 + 1}\,(1 - e^{-2\pi s})\,.$$

Auf dieselbe Weise kann man bei jeder periodischen Funktion p(t), deren $\mathcal{L}$-Transformierte man kennt, die Bildfunktion der ersten Periode berechnen. Es sei $p_\gamma(t)$ die Funktion, die mit p(t) im *ersten* Periodizitätsintervall $0 \leqslant t < \gamma$ übereinstimmt, dann ist

$$P_\gamma(s) = P(s)\,(1 - e^{-\gamma s}) \tag{IV.33}$$

woraus (für $\gamma \neq 0$)

$$P(s) = \frac{1}{1 - e^{-\gamma s}} \int_0^\gamma e^{-st}\, p(t)\, dt = \frac{1}{1 - e^{-\gamma s}}\, P_\gamma(s) \tag{IV.34}$$

folgt.

Die $\mathcal{L}$-Transformierte einer *periodischen Funktion* läßt sich nach Gl. (IV.34) durch die *„endliche“* $\mathcal{L}$-Transformierte der ersten Periode $P_\gamma(s)$ ausdrücken.

6. *Differentiation im Originalraum*

Die Ableitung der Operation der Differentiation und auch der Integration einer Originalfunktion wird durch folgenden Satz erleichtert.

> **Satz IV.4:** Es sei
>
> $$g(t) = \int_0^t f(\tau)\, d\tau$$
>
> und $\mathcal{L}\{f(t)\}$ konvergiere für ein reelles $s = c_0 > 0$, so konvergiert auch $\mathcal{L}\{g(t)\}$ für $s = c_0$ und damit in der ganzen Halbebene $\operatorname{Re} s > c_0$.

Diese Aussage, die sich für eine große Klasse von Funktionen unmittelbar durch Integration prüfen läßt, erscheint plausibel, da die Integration die Funktionen in einem gewissen Sinne „glättet“; ein allgemeiner Beweis wird in [47] geführt. Außerdem ist $g(t) = \mathbf{0}(e^{c_0 t})$, so daß $\mathcal{L}\{g(t)\}$ für $\operatorname{Re} s > c_0$ sogar absolut konvergiert. Es ist darauf zu achten, daß c_0 als positiv vorausgesetzt wird. Ein entsprechender Satz läßt sich für die Differentiation einer Funktion nicht aussprechen, wie z.B. die 0_2-Funktion $f(t) = t^{-1/2}$ – siehe Gl. (IV.78b) – zeigt, denn die Ableitung $f'(t) = -\frac{1}{2}t^{-3/2}$ ist im Punkte $t = 0$ nicht integrierbar.

Ist f(t) für $t > 0$ differenzierbar und f'(t) außerdem eine 0_1-Funktion, die für ein reelles (positives) $c_0 > 0$ konvergiert, so konvergiert nach Satz IV.4 auch $\mathcal{L}\{f(t)\}$ für c_0. An der Stelle $t = 0$ braucht zwar die Funktion f(t) nicht differenzierbar zu sein, wie z.B. die Sprungfunktion $\mathbf{1}(t)$, aber es muß wenigstens

$$\lim_{t \to +0} f(t) = f(+0)$$

existieren. Da jedoch $f'(t)$ als 0_1-Funktion in jedem endlichen Intervall integrabel ist, existiert der Grenzwert $f(+0)$. Unter den obigen Voraussetzungen ergibt sich für

$$L\{f'(t)\} = \int_0^\infty e^{-st} f'(t)\, dt$$

durch partielle Integration mit $f'(t)\,dt = dv$ bzw. $f(t) = v$ und $e^{-st} = u$ bzw. $-s\,e^{-st}\,dt = du$

$$L\{f(t)\} = f(t)\, e^{-st} \Big|_0^\infty + s \int_0^\infty e^{-st} f(t)\, dt,$$

woraus schließlich

$$L\{f'(t)\} = -f(+0) + s\,F(s)$$

in Übereinstimmung mit Abschnitt IV.1 folgt.

Ist also $f(t)$ für $t > 0$ differenzierbar und $f'(t)$ eine 0_1-Funktion, dann gilt

$$L\{f'(t)\} = s\,F(s) - f(+0) \qquad \text{für } \operatorname{Re} s > c_0\,. \tag{IV.35}$$

Je nachdem, ob die Konvergenzabszisse $\beta < 0$ oder $\beta > 0$ ausfällt, muß $c_0 > 0$ oder $c_0 > \beta$ sein; dies gilt auch für die folgenden Gl. (IV.36) bis (IV.38).

Ist nun $f(t)$ für $t > 0$ zweimal differenzierbar und $f''(t)$ außerdem eine 0_1-Funktion – dann sind es nach Satz IV.4 auch $f'(t)$ und $f(t)$ –, so folgt durch partielle Integration

$$L\{f''(t)\} = \int_0^\infty e^{-st} f''(t)\, dt = f'(t)\, e^{-st} \Big|_0^\infty + s \int_0^\infty e^{-st} f'(t)\, dt.$$

Ersetzen wir das letzte Integral durch Gl. (IV.35), dann wird

$$L\{f''(t)\} = s^2\, F(s) - f(+0)\, s - f'(+0).$$

Entsprechend ergibt sich durch n-malige partielle Integration der

Satz IV.5: Ist $f(t)$ für $t > 0$ n-mal differenzierbar und $f^{(n)}(t)$ eine 0_1-Funktion – dann sind es auch $f^{(n-1)}(t), \ldots, f'(t)$ und $f(t)$ –, so folgt

$$L\{f^{(n)}(t)\} = s^n\, F(s) - s^{n-1} f(+0) - s^{n-2} f'(+0) - \ldots - s\,f^{(n-2)}(+0) - f^{(n-1)}(+0)$$

für $\operatorname{Re} s > c_0$. (IV.36)

Unter Benutzung von Gl. (IV.21) läßt sich Gl. (IV.36) auch auf die Form

$$L\{f^{(n)}(t)\} = s^n\, L\Big\{f(t) - f(+0) - \frac{f'(+0)}{1!}\, t - \ldots - \frac{f^{(n-2)}(+0)}{(n-2)!}\, t^{n-2} - \frac{f^{(n-1)}(+0)}{(n-1)!}\, t^{n-1}\Big\}$$

bringen.

7. *Integration im Originalraum*

Nach Satz IV.4 ist mit f(t) auch

$$g(t) = \int_0^t f(\tau)\, d\tau$$

eine 0_1-Funktion. Aus der Differentiationsregel Gl. (IV.35) folgt wegen der Integralgrenzen mit $g(+0) = 0$

$$\mathcal{L}\{g'(t)\} = \mathcal{L}\{f(t)\} = s\,\mathcal{L}\{g(t)\}$$

oder

$$\mathcal{L}\left\{\int_0^t f(\tau)\, d\tau\right\} = \mathcal{L}\{g(t)\} = \frac{1}{s}\mathcal{L}\{f(t)\} = \frac{1}{s}F(s).$$

Ist f(t) eine 0_1-Funktion, dann gilt

$$\mathcal{L}\left\{\int_0^t f(\tau)\, d\tau\right\} = \frac{1}{s}F(s) \qquad \text{für } \operatorname{Re} s > c_0\,. \tag{IV.37}$$

Entsprechend folgt für

$$g(t) = \int_0^t \int_0^{\tau_1} f(\tau)\, d\tau\, d\tau_1 \qquad \text{mit } g(0) = g'(0) = 0$$

$$\mathcal{L}\{g''(t)\} = \mathcal{L}\{f(t)\} = s^2\,\mathcal{L}\{g(t)\}$$

oder

$$\mathcal{L}\left\{\int_0^t \int_0^{\tau_1} f(\tau)\, d\tau\, d\tau_1\right\} = \mathcal{L}\{g(t)\} = \frac{1}{s^2}\,\mathcal{L}\{f(t)\} = \frac{1}{s^2}F(s).$$

Damit gilt allgemein für ein n-faches Integral

$$\int_0^t \int_0^{\tau_{n-1}} \cdots \int_0^{\tau_1} f(\tau)\, d\tau\, d\tau_1 \ldots d\tau_{n-1} \equiv \left(\int_0^t d\tau\right)^n f(\tau)$$

der

Satz IV.6: Ist f(t) eine 0_1-Funktion, dann gilt

$$\mathcal{L}\left\{\left(\int_0^t d\tau\right)^n f(\tau)\right\} = \frac{1}{s^n}F(s) \qquad \text{für } \operatorname{Re} s > c_0\,. \tag{IV.38}$$

Die Anwendung der vorstehenden Operationen zur Berechnung der L-Transformierten wollen wir an einigen Beispielen erläutern.

• **Beispiel IV.2:**

Gesucht sind die Bildfunktionen von $f(t) = \sinh \beta t$, $f(t) = \cosh \beta t$, $f(t) = e^{-at} \sin \beta t$ und $f(t) = e^{-at} \cos \beta t$.

Wegen der Linearität der L-Transformation ergibt sich mit Gl. (IV.17b)

$$L\{\sinh \beta t\} = \frac{1}{2} L\{e^{\beta t} - e^{-\beta t}\} = \frac{1}{2}\left[\frac{1}{s-\beta} - \frac{1}{s+\beta}\right] = \frac{\beta}{s^2 - \beta^2} \qquad \text{für } \operatorname{Re} s > |\beta|.$$

Entsprechend findet man

$$L\{\cosh \beta t\} = \frac{s}{s^2 - \beta^2} \qquad \text{für } \operatorname{Re} s > |\beta|.$$

Der Dämpfungssatz Gl. (IV.32) liefert unmittelbar mit Gl. (IV.17b)

$$L\{e^{-at} \sin \beta t\} = \frac{\beta}{(s+a)^2 + \beta^2} \qquad \text{für } \operatorname{Re} s > -a$$

und

$$L\{e^{-at} \cos \beta t\} = \frac{(s+a)}{(s+a)^2 + \beta^2} \qquad \text{für } \operatorname{Re} s > -a.$$

•

• **Beispiel IV.3:**

Zur Berechnung der Bildfunktion von $f(t) = (bt)^n e^{-at}$ $(b > 0)$ ermitteln wir zuerst mit Hilfe des Ähnlichkeitssatzes Gl. (IV.31) und Gl. (IV.21) die Beziehung

$$L\{(bt)^n\} = \frac{1}{b} \frac{n!}{(s/b)^{n+1}} = \frac{b^n n!}{s^{n+1}}$$

und erhalten dann durch Anwendung des Dämpfungssatzes Gl. (IV.32)

$$L\{(bt)^n e^{-at}\} = \frac{b^n n!}{(s+a)^{n+1}} \qquad \text{für } \operatorname{Re} s > -a.$$

Für $b = 1$ gilt die Korrespondenz

$$t^n e^{-at} \circ\!\!-\!\!\bullet \frac{n!}{(s+a)^{n+1}}.$$

•

• **Beispiel IV.4:**

Wie lautet die der Bildfunktion

$$F(s) = \frac{e^{-as}}{s^2 + 1} (1 - e^{-\pi s})$$

entsprechende Originalfunktion $f(t)$? Wir bringen hierzu die Bildfunktion auf die Form

$$F(s) = \frac{1}{s^2+1} e^{-as} + \frac{1}{s^2+1} e^{-(a+\pi)s} .$$

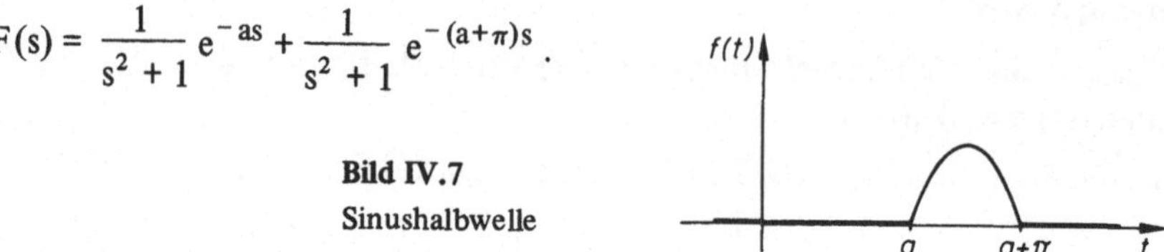

Bild IV.7
Sinushalbwelle

Auf Grund des Verschiebungssatzes Gl. (IV.29) ergibt sich mit Gl. (IV.19)

$$f(t) = \sin(t-a) + \sin[t-(a+\pi)] ,$$

wobei, wie vorher vereinbart, die Funktionen für negative Argumente identisch Null sind. Der Verlauf der Zeitfunktion, für die man auch

$$f(t) = \begin{cases} \sin(t-a) & \text{für } a \leqslant t \leqslant a+\pi \\ 0 & \text{für } t \leqslant a \text{ und } t \geqslant a+\pi \end{cases}$$

schreiben kann, zeigt Bild IV.7. Man hätte natürlich auch die Bildfunktion in

$$F(s) = \left[\frac{1}{s^2+1} + \frac{1}{s^2+1} e^{-\pi s}\right] e^{-as}$$

aufspalten können. Die entsprechende Zeitfunktion folgt dann aus der Addition der Sinusfunktion mit einer um π (nach rechts) verschobenen Sinusfunktion und der Verschiebung der gesamten Zeitfunktion um den Betrag a nach rechts.

Beispiel IV.5:

Wir betrachten die lineare Dgl. 1. Ordnung mit konstanten Koeffizienten

$$x'(t) + a_0 x(t) = r(t) , \tag{IV.39}$$

wobei die Anregungsfunktion $r(t)$ zur Klasse derjenigen für $t > 0$ stetigen Funktionen gehören möge, die für $t \to +0$ einen endlichen Grenzwert (Sprungstelle) besitzen. Dann existiert nach dem E.E.-Satz (Abschnitt II.2) und der Erweiterung nach Definition II.1 (Abschnitt II.8) im Intervall $t > 0$ eine stetige differenzierbare Funktion $x(t)$; außerdem stellt die Ableitung $x'(t)$ eine 0_2-Funktion dar, da sie in jedem endlichen Intervall beschränkt und damit eigentlich integrabel und, wie wir aus der allgemeinen Lösung von Gl. (IV.39) wissen, von exponentieller Ordnung ist. Die L-Transformation von Gl. (IV.39)

$$L\{x'(t)\} + a_0 L\{x(t)\} = L\{r(t)\}$$

führt mit Gl. (IV.35) auf die Beziehung

$$sX(s) - x(+0) + a_0 X(s) = R(s) ,$$

oder umgeformt

$$(s + a_0)\,X(s) = R(s) + x(+0)\,. \tag{IV.40a}$$

Anstelle der transzendenten Dgl. im Originalraum erhalten wir im Bildraum eine lineare algebraische Gleichung. Durch Auflösen von Gl. (IV.40a) wird

$$X(s) = \frac{R(s)}{s + a_0} + \frac{x(+0)}{s + a_0}\,. \tag{IV.40b}$$

Wählen wir z.B. $r(t) = 1(t)$, dann folgt mit $1(t) \circ\!\!-\!\!\bullet \frac{1}{s}$ und $\frac{1}{a_0} = T_1$

$$X(s) = \frac{T_1}{1 + T_1 s}\,\frac{1}{s} + \frac{x(+0)}{s + \frac{1}{T_1}}\,. \tag{IV.40c}$$

Mit den Korrespondenzen Gl. (IV.20) und Gl. (IV.17b) läßt sich die Lösung

$$x(t) = T_1\,(1 - e^{-\frac{t}{T_1}}) + x(+0)\,e^{-\frac{t}{T_1}} \tag{IV.41a}$$

unmittelbar angeben. Für ein energiefreies System, d.h. $x(+0) = 0$, folgt aus Gl. (IV.40b)

$$X(s) = \frac{T_1}{1 + T_1 s}\,R(s)$$

und mit $1(t) \circ\!\!-\!\!\bullet \frac{1}{s}$ aus Gl. (IV.41a)

$$x(t) = T_1(1 - e^{-\frac{t}{T_1}})\,. \tag{IV.41b}$$

Die Lösung der homogenen Dgl.

$$x(t) = x(+0)\,e^{-\frac{t}{T_1}}$$

findet man sofort mit $R(s) = 0$ aus den Gln. (IV.40b) und (IV.41a). Da die Gln. (IV.41) die vorgegebenen Anfangsbedingungen erfüllen, stellen sie die allgemeine Lösung der Dgl. (IV.39) dar. •

3. Die Lösung von linearen Funktionalgleichungen

In Beispiel IV.5 lösten wir die Dgl. auf folgende Weise: Mit Hilfe der $\mathcal{L}$-Transformation gelangten wir zu einer algebraischen Bildgleichung. Durch Umformung bzw. Lösung der algebraischen Bildgleichung brachten wir sie auf eine Form, die für die inverse $\mathcal{L}$-

Transformation geeignet erscheint. Die L^{-1}-Transformation lieferte dann das gewünschte Ergebnis. In allen Fällen, in denen die Laplace-Transformation anwendbar ist, handelte es sich um die nachfolgend dargestellte schematische Methode:

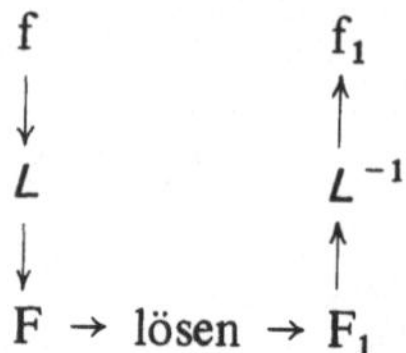

Die *Funktionalgleichung* f wird durch Anwendung der L-Transformation auf eine unter Umständen einfachere Gleichung F gebracht. Ist F_1 eine Lösung von F, dann ergibt $L^{-1}\{F_1\} = f_1$ die Lösung von f. Charakterisiert f z.B. eine lineare, gewöhnliche Dgl. mit konstanten Koeffizienten, so stellt F eine algebraische Gleichung in s dar. Durch Lösung der algebraischen Gleichung und anschließender Rücktransformation ergibt sich der gewünschte Zeitverlauf $f_1(t)$. Dabei ist natürlich Voraussetzung, daß die L-Transformierte existiert.

3.1. Differentialgleichungen n-ter Ordnung

Wenden wir auf die Dgl. n-ter Ordnung

$$b_n x_a^{(n)} + b_{n-1} x_a^{(n-1)} + \dots + b_1 x_a' + b_0 x_a = x_e(t) \qquad \text{(IV.42)}$$

die Differentiationsregel Gl. (IV.36) an, so ergibt sich im Bildbereich mit den Abkürzungen

$$x_a(+0) = x_{a0},\ x_a'(+0) = x_{a0}',\ \dots,\ x_a^{(n-1)}(+0) = x_{a0}^{(n-1)}$$

die Beziehung

$$\begin{aligned}
&b_n\left[s^n X_a(s) - x_{a0}s^{n-1} - x_{a0}'s^{n-2} - \dots - x_{a0}^{(n-3)}s^2 - x_{a0}^{(n-2)}s - x_{a0}^{(n-1)}\right] + \\
&+ b_{n-1}\left[s^{n-1}X_a(s) - x_{a0}s^{n-2} - x_{a0}'s^{n-3} - \dots - x_{a0}^{(n-3)}s - x_{a0}^{(n-2)}\right] + \\
&\quad\vdots \\
&+ b_2\left[s^2 X_a(s) - x_{a0}s - x_{a0}'\right] + \\
&+ b_1\left[sX_a(s) - x_{a0}\right] + \\
&+ b_0\ X_a(s) = X_e(s)\ .
\end{aligned}$$

Durch Umformung nimmt die obige Gleichung die Gestalt

$$X_a(s) = \frac{1}{b_0 + b_1 s + \ldots + b_n s^n} X_e(s) + x_{a0} \frac{b_1 + b_2 s + \ldots + b_n s^{n-1}}{b_0 + b_1 s + \ldots + b_n s^n} +$$

$$+ \ldots + x_{a0}^{(n-2)} \frac{b_{n-1} + b_n s}{b_0 + b_1 s + \ldots + b_n s^n} + x_{a0}^{(n-1)} \frac{b_n}{b_0 + b_1 s + \ldots + b_n s^n}$$

oder kürzer

$$X_a(s) = \frac{1}{\sum\limits_{\nu=0}^{n} b_\nu s^\nu} \left[X_e(s) + x_{a0} \sum_{\mu=1}^{n} b_\mu s^{\mu-1} + x'_{a0} \sum_{\mu=2}^{n} b_\mu s^{\mu-2} + \ldots + \right.$$

$$\left. + x_{a0}^{(n-2)} \sum_{\mu=n-1}^{n} b_\mu s^{\mu-n+1} + b_n x_{a0}^{(n-1)} \right] \qquad \text{(IV.43 a)}$$

an. Die Differentiationsregel erfordert jedoch, daß $x_a(t)$ eine n-mal differenzierbare Funktion und $x_a^{(n)}(t)$ eine 0_1-Funktion ist. Außerdem muß natürlich $x_e(t)$ eine L-Transformierte besitzen. Nach dem E.E.-Satz existiert für eine in $t > 0$ stetige Eingangsgröße $x_e(t)$ eine ebenfalls in $t > 0$ eindeutige und n-mal stetig differenzierbare Lösung $x_a(t)$. Sind für diesen Fall sowohl $x_e(t)$ als auch $x_a^{(n)}(t)$ zulässige 0_1-Funktionen, so muß die Lösung $x_a(t)$ die Gl. (IV.43 a) zur Bildfunktion haben.

Für die *homogene* Dgl. (IV.43 a) liefert somit diese Methode sicher die Lösung $x_a(t)$ des Anfangswertproblemes, da sich $x_a(t)$ aus einer Linearkombination von Fundamentallösungen der Gestalt $t^k e^{\lambda t}$ zusammensetzt, siehe Abschnitt II.5, deren sämtliche Ableitungen eine L-Transformierte besitzen, d.h. $x^{(n)}(t)$ ist eine 0_1-Funktion. Die homogene Lösung erhalten wir aus Gl. (IV.43a) indem wir $X_e(s) = 0$ setzen und die L^{-1}-Transformation bilden; es handelt sich dabei um ein *normiertes Fundamentalsystem,* da in der Lösung die vorgeschriebenen Anfangswerte direkt auftreten. Mit Hilfe des *„Faltungsintegrales"*, das wir später ableiten, läßt sich zeigen, daß für eine in $t > 0$ stetige 0_1-Funktion (sie ist laut Voraussetzung in jedem endlichen Intervall $0 \leqslant t \leqslant T$ absolut integrierbar) die L-Transformation auch auf die allgemeine Lösung des Anfangswertproblemes führt. Mit der Verallgemeinerung nach Definition II.1 liefert die Methode der L-Transformation auch für in $t > 0$ stückweise stetige 0_1-Funktionen $x_e(t)$, die nur Unstetigkeitsstellen erster Art (Sprungstellen) aufweisen, die allgemeine Lösung des Anfangswertproblemes [47]. Man kann also in allen Fällen, in denen die Eingangsgröße $x_e(t)$ von Gl. (IV.43a) eine 0_1-Funktion der Klasse S_1 darstellt, unbedenklich die Methode der L-Transformation zur Lösung der Dgl. (IV.43a) anwenden und erhält mit Sicherheit die allgemeine Lösung des Anfangswertproblems. Wie schon erwähnt, liefert diese Methode ein normiertes Fundamentalsystem, so daß die gegebenen Anfangswerte unmittelbar in der Lösung auftreten. Die allgemeine inhomogene Lösung $x_a(t)$ setzt sich also aus der *Eigenbewegung*

$$x_h(t) = L^{-1}\{ x_{a0}F_1(s) + x'_{a0}F_2(s) + \ldots + x_{a0}^{(n-1)} F_n(s) \}$$

und der *erzwungenen Bewegung*

$$x_s(t) = L^{-1}\left\{ \frac{1}{b_0 + b_1 s + \ldots + b_n s^n} X_e(s) \right\}$$

zusammen. Wie aus Gl. (IV.43 a) folgt, stellen $F_1(s)$ bis $F_n(s)$ *echt gebrochene* rationale Funktionen in s dar.

Zur Rücktransformation eignet sich oftmals die nach den Potenzen von s aufgelöste Darstellung

$$\begin{aligned} X_a(s) = \frac{1}{\sum\limits_{\nu=0}^{n} b_\nu s^\nu} \Big[& X_e(s) + b_1 x_{a0} + b_2 x'_{a0} + \ldots + b_{n-1} x_{a0}^{(n-2)} + b_n x_{a0}^{(n-1)} + \\ & + s(b_2 x_{a0} + \ldots + b_{n-1} x_{a0}^{(n-3)} + b_n x_{a0}^{(n-2)}) + \\ & \cdot \quad \cdot \quad \cdot \quad \cdot \quad \cdot \quad \cdot \quad \cdot \quad \cdot \quad \cdot \quad \cdot \quad \cdot \quad \cdot \\ & + s^{n-2}(b_{n-1} x_{a0} + b_n x'_{a0}) + s^{n-1} b_n x_{a0} \Big] \end{aligned}$$

oder kürzer

$$\begin{aligned} X_a(s) = \frac{1}{\sum\limits_{\nu=0}^{n} b_\nu s^\nu} \Big[& X_e(s) + \sum_{\mu=0}^{n-1} b_{\mu+1} x_{a0}^{(\mu)} + s \sum_{\mu=0}^{n-2} b_{\mu+2} x_{a0}^{(\mu)} + \ldots + \\ & + s^{n-2} \sum_{\mu=0}^{1} b_{\mu+n-1} x_{a0}^{(\mu)} + s^{n-1} b_n x_{a0} \Big] \end{aligned} \qquad \text{(IV.43 b)}$$

besser.

Sind nun die Anfangsbedingungen $x_{a0} = x'_{a0} = \ldots = x_{a0}^{(n-1)} = 0$ (energiefreies System), so folgt aus den Gln. (IV.43)

$$X_a(s) = \frac{1}{b_0 + b_1 s + \ldots + b_n s^n} X_e(s) \qquad \text{(IV.44 a)}$$

oder durch Umformung

$$\frac{X_a(s)}{X_e(s)} = G(s) = \frac{1}{b_0 + b_1 s + \ldots + b_n s^n} . \qquad \text{(IV.44 b)}$$

Die Anfangswerte $x_{a0} = x_a(+0)$ bis $x_{a0}^{(n-1)} = x_a^{(n-1)}(+0)$ sind jedoch für den Grenzwert $t \to +0$ gegeben. Wie wir aber aus dem E.E.-Satz bzw. aus der Definition II.1 wissen, stellt für eine Eingangsfunktion $x_e(t)$ der Klasse S_1 die Ausgangsgröße $x_a(t)$ eine $(n-1)$-mal stetig differenzierbare Funktion dar. Sind also bei einem energiefreien System $x_a(-0) = x_a'(-0) = \ldots = x_a^{(n-1)}(-0) = 0$, so kann man auch die Anfangswerte $x_a(+0) = x_a'(+0) = \ldots = x_a^{(n-1)}(+0) = 0$ setzen.

G(s) bezeichnen wir als *Übertragungsfunktion* (manchmal auch Übertragungsfaktor genannt). *G(s) stellt im Bildraum das Verhältnis der Ausgangs- zur Eingangsgröße unter verschwindenden Anfangsbedingungen dar.* [21])

Vielfach wird in den deutschsprachigen regelungstechnischen Büchern für die Übertragungsfunktion das Symbol F(s) verwendet. Wir schließen uns hier jedoch den Gepflogenheiten der angelsächsischen Literatur an und bezeichnen die Übertragungsfunktion mit G(s), damit uns im Bildbereich, analog dem allgemeinen Funktionssymbol im Originalbereich f(t), die Bezeichnung F(s) zur Verfügung steht. Andererseits stellt, wie wir später sehen, die üblicherweise mit g(t) bezeichnete Gewichtsfunktion die Korrespondenz zu G(s) dar.

Der Zusammenhang

$$X_a(s) = G(s)\, X_e(s) \qquad \text{(IV.44c)}$$

wird bei der Untersuchung von realen Systemen sehr häufig durch das in Bild IV.8 dargestellte Blockschaltbild charakterisiert. Wir heben aber nochmals hervor, daß dabei alle *Anfangsbedingungen zu Null* angenommen sind, d.h. das entsprechende System war zum Zeitpunkt $t = 0$ energiefrei. Bild IV.8 weist eine Analogie zu Bild II.8 auf. In Bild IV.8 sind jedoch die Ein- und Ausgangsgrößen Funktionen der komplexen Variablen s, in Bild II.8 hingegen sind sie Funktionen der reellen (Zeit-) Variablen t.

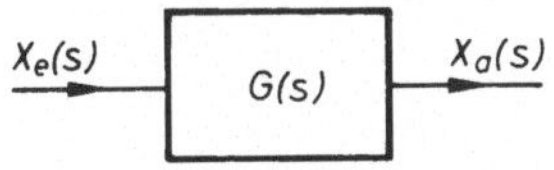

Bild IV.8
Blockschaltbilddarstellung

Eine physikalische Interpretation des Ausdruckes

$$L^{-1}\{G(s)\} = L^{-1}\left\{\frac{1}{b_0 + b_1 s + \ldots + b_n s^n}\right\} = g(t)$$

eines *energiefreien* Systems geben wir später.

---

21) In der Netzwerktheorie bezeichnet man vielfach anstelle von G (s) den inversen Ausdruck $G^{-1}(s) = \dfrac{X_e(s)}{X_a(s)}$ als Übertragungsfaktor.

Mit $X_e(s) = 0$ und den Anfangswerten $x_{a0} = x'_{a0} = \ldots = x_{a0}^{(n-2)} = 0$ sowie $x_{a0}^{(n-1)} = \frac{1}{b_n}$ ergibt sich aus Gl. (IV.43 a) die Beziehung

$$x_a(t) = L^{-1}\left\{\frac{1}{b_0 + b_1 s + \ldots + b_n s^n}\right\};$$

wegen der Eindeutigkeit der L-Transformation sind $x_a(t)$ und $g(t)$ identisch. Setzen wir in Gl. (IV.43a) $b_n = 1$, was sich durch Division leicht erreichen läßt, so entspricht der Zeitverlauf $g(t)$ dem Ausgangsverlauf der entsprechenden homogenen Dgl., wenn man den Anfangswert mit der höchsten Ableitung $x_{a0}^{(n-1)} = 1$ und alle anderen Anfangswerte gleich Null wählt.

3.2. Integrodifferentialgleichungen

Wie in Abschnitt II.9 gezeigt, werden die hier betrachteten linearen Systeme nicht ausschließlich durch Differentialgleichungen, sondern auch zum Teil durch Integrodifferentialgleichungen der (allgemeinen) Form

$$b_k x_a^{(k)} + b_{k-1} x_a^{(k-1)} + \ldots + b_1 x'_a + b_0 x_a + b_{-1} \int_{-\infty}^{t} x_a(\tau)\, d\tau \, +$$

$$+ b_{-2} \int_{-\infty}^{t} \int_{-\infty}^{\tau_1} x_a(\tau)\, d\tau\, d\tau_1 + \ldots + b_{-m}\left(\int_{-\infty}^{t} d\tau\right)^m x_a(\tau) = x_e(t) \qquad \text{(IV.45 a)}$$

beschrieben. Für unsere Betrachtung ist jedoch das Verhalten des Systems für $t \geqslant 0$ von Interesse. Um zu dem Wert der Integralausdrücke zum Zeitpunkt $t = 0$ zu gelangen, spalten wir das erste Integral auf in

$$\int_{-\infty}^{0} x_a(\tau)\, d\tau + \int_{0}^{t} x_a(\tau)\, d\tau = x_a^{(-1)}(0) + \int_{0}^{t} x_a(\tau)\, d\tau,$$

wobei aus physikalischen Gründen meistens nur der betreffende Wert des Systems zum Zeitpunkt $t = 0$ interessiert und nicht welcher zeitliche Verlauf für $t < 0$ zu dem gesuchten Wert führte. Wie in Abschnitt II.9, setzen wir wiederum stillschweigend voraus, daß das System für eine hinreichend große negative Zeit energiefrei war, d.h. an der unteren Grenze ist der Wert des Integrales Null. Die hochgestellte negative ganze Zahl in Klammern weist dabei auf die Integration hin, so bedeutet z.B.

$$x_a^{(-m)} = \left(\int_{-\infty}^{t} d\tau\right)^m x_a(\tau) = \int_{-\infty}^{t} \int_{-\infty}^{\tau_{m-1}} \ldots \int_{-\infty}^{\tau_1} x_a(\tau)\, d\tau\, d\tau_1 \ldots d\tau_{m-1}$$

die m-fache Integration von $x_a(t)$.

Entsprechend ergibt sich für die 2-fache Integration

$$\int_{-\infty}^{t}\int_{-\infty}^{\tau_1} x_a(\tau)\,d\tau\,d\tau_1 = \int_{-\infty}^{0}\left[\int_{-\infty}^{\tau_1} x_a(\tau)\,d\tau\right]d\tau_1 + \int_{0}^{t}\left[\int_{-\infty}^{\tau_1} x_a(\tau)\,d\tau\right]d\tau_1 =$$

$$= x_a^{(-2)}(0) + \int_0^t\left[\int_{-\infty}^{0} x_a(\tau)\,d\tau + \int_0^{\tau_1} x_a(\tau)\,d\tau\right]d\tau_1 =$$

$$= x_a^{(-2)}(0) + \int_0^t x_a^{(-1)}(0)\,d\tau_1 + \int_0^t\int_0^{\tau_1} x_a(\tau)\,d\tau\,d\tau_1 =$$

$$= x_a^{(-2)}(0) + x_a^{(-1)}(0)\,\tau_1\Big|_0^t + \int_0^t\int_0^{\tau_1} x_a(\tau)\,d\tau\,d\tau_1 =$$

$$= \int_0^t\int_0^{\tau_1} x_a(\tau)\,d\tau\,d\tau_1 + x_a^{(-1)}(0)\,t + x_a^{(-2)}(0)$$

und allgemein für eine m-fache Integration

$$\left(\int_{-\infty}^{t} d\tau\right)^m x_a(\tau) = \left(\int_0^t d\tau\right)^m x_a(\tau) + x_a^{(-1)}(0)\,\frac{t^{m-1}}{(m-1)!} +$$

$$+ x_a^{(-2)}(0)\,\frac{t^{m-2}}{(m-2)!} + \ldots + x_a^{(-m+1)}(0)\,t + x_a^{(-m)}(0). \qquad \text{(IV.46)}$$

Mit Gl. (IV.46) und den Abkürzungen

$$x_a^{(-1)}(0) = x_{a0}^{(-1)},\quad x_a^{(-2)}(0) = x_{a0}^{(-2)},\ \ldots,\ x_a^{(-m)}(0) = x_{a0}^{(-m)}$$

nimmt Gl. (IV.45 a) die folgende Gestalt an:

$$b_k x_a^{(k)} + b_{k-1} x_a^{(k-1)} + \ldots + b_1 x_a' + b_0 x_a + b_{-1}\int_0^t x_a(\tau)\,d\tau + b_{-1} x_{a0}^{(-1)} +$$

$$+ b_{-2}\left(\int_0^t d\tau\right)^2 x_a(\tau) + b_{-2} x_{a0}^{(-1)}\,t + b_{-2} x_{a0}^{(-2)} + \ldots + b_{-m}\left(\int_0^t d\tau\right)^m x_a(\tau) +$$

$$+ b_{-m} x_{a0}^{(-1)}\,\frac{t^{m-1}}{(m-1)!} + b_{-m} x_{a0}^{(-2)}\,\frac{t^{m-2}}{(m-2)!} + \ldots + b_{-m} x_{a0}^{(-m+1)}\,t + b_{-m} x_{a0}^{(-m)} =$$

$$= x_e(t). \qquad \text{(IV.45b)}$$

Wenden wir auf Gl. (IV.45b) die Operation der Differentiation Gl. (IV.36) sowie die der Integration Gl. (IV.38) an und beachten gleichzeitig noch nach Gl. (IV.21) die Korrespondenz $t^m \circ\!\!-\!\!\bullet \frac{m!}{s^{m+1}}$, so wird im Bildbereich – siehe auch Gl. (IV.43a) – :

$$\left(b_k s^k + b_{k-1} s^{k-1} + \ldots + b_1 s + b_0 + \frac{b_{-1}}{s} + \ldots + \frac{b_{-m}}{s^m}\right) X_a(s) -$$

$$- x_{a0} \sum_{\mu=1}^{k} b_\mu s^{\mu-1} - \ldots - x_{a0}^{(k-2)} \sum_{\mu=k-1}^{k} b_\mu s^{\mu-k+1} - b_n x_{a0}^{(k-1)} + x_{a0}^{(-1)} \sum_{\mu=1}^{m} b_{-\mu} \frac{1}{s^\mu} +$$

$$+ x_{a0}^{(-2)} \sum_{\mu=2}^{m} b_{-\mu} \frac{1}{s^{\mu-1}} + \ldots + \sum_{\mu=m-1}^{m} b_{-\mu} \frac{1}{s^{\mu-m+2}} + x_{a0}^{(-m)} b_{-m} \frac{1}{s} = X_e(s),$$

oder nach Umformung

$$X_a(s) = \frac{s^m}{b_{-m} + b_{-m+1} s + \ldots + b_0 s^m + b_1 s^{m+1} + \ldots + b_{k-1} s^{k-1+m} + b_k s^{k+m}} \Bigg[X_e(s) +$$

$$+ x_{a0} \sum_{\mu=1}^{k} b_\mu s^{\mu-1} + x'_{a0} \sum_{\mu=2}^{k} b_\mu s^{\mu-2} + \ldots + x_{a0}^{(n-2)} \sum_{\mu=k-1}^{k} b_\mu s^{\mu-k+1} + x_{a0}^{(n-1)} b_k -$$

$$- x_{a0}^{(-1)} \sum_{\mu=1}^{m} b_{-\mu} \frac{1}{s^\mu} - x_{a0}^{(-2)} \sum_{\mu=2}^{m} b_{-\mu} \frac{1}{s^{\mu-1}} - \ldots - x_{a0}^{(-m+1)} \sum_{\mu=m-1}^{m} b_{-\mu} \frac{1}{s^{\mu-m+2}} -$$

$$- x_{a0}^{(-m)} b_{-m} \frac{1}{s} \Bigg]. \qquad \text{(IV.47)}$$

Wie bei der Dgl. (IV.42) lassen sich die Werte

$$x_{a0}^{(-1)} = x_a^{(-1)}(0) \quad \text{bis} \quad x_{a0}^{(-m)} = x_a^{(-m)}(0)$$

als Anfangswerte betrachten. Wir führen daher bei der Lösung der Integrodgl. (IV.45a) für *nichtverschwindende* Anfangswerte die analogen Beziehungen

$$L\left\{\int_0^t x_a(\tau)\, d\tau\right\} = \frac{X_a(s)}{s} + x_{a0}^{(-1)} \frac{1}{s},$$

$$L\left\{\int_0^t \int_0^{\tau_1} x_a(\tau)\, d\tau\, d\tau_1\right\} = \frac{X_a(s)}{s^2} + x_{a0}^{(-1)} \frac{1}{s^2} + x_{a0}^{(-2)} \frac{1}{s}$$

und allgemein

$$L\left\{\left(\int_0^t d\tau\right)^m x_a(\tau)\right\} = \frac{X_a(s)}{s^m} + x_{a0}^{(-1)} \frac{1}{s^m} + x_{a0}^{(-2)} \frac{1}{s^{m-2}} + \ldots + x_{a0}^{(-m+1)} \frac{1}{s^2} + x_{a0}^{(-m)} \frac{1}{s}$$

ein. (IV.48)

Auch hier müssen wir wieder danach fragen, ob $x_a^{(k)}(t)$ eine k-mal differenzierbare 0_1-Funktion ist. Gehen wir analog, wie in Abschnitt II.9 vor, und setzen

$$\left(\int_0^t d\tau\right)^m x_a(\tau) = v(t)\,,$$

so ergibt sich mit Gl. (IV.45 a) für $t > 0$ die Dgl.

$$d_{k+m}\, v^{(k+m)} + d_{k+m-1}\, v^{(k+m-1)} + \ldots + d_1\, v' + d_0\, v = x_e(t) \qquad \text{(IV.49)}$$

mit den Anfangswerten

$$v(0) = x_{a0}^{(-m)},\; v'(0) = x_{a0}^{(-m+1)}, \ldots, v^{(m-1)}(0) = x_{a0}^{(-1)},\; v^{(m)}(0) = x_{a0}\,,$$

$$v^{(m+1)}(0) = x'_{a0}, \ldots, v^{(m+k-1)}(0) = x_{a0}^{(k-1)}$$

und die Abkürzung

$$d_{\nu+m} = b_\nu \qquad (\nu = -m, \ldots, -1, 0, 1, \ldots, k).$$

Nach dem E.E.-Satz existiert für eine in $t > 0$ stetige Eingangsgröße eine (m+k)-mal differenzierbare Lösung $v(t)$ und damit eine k-mal stetig differenzierbare Lösung $x_a(t)$. Für die verkürzte Gleichung (IV.45 a) stellt aus den gleichen Gründen, wie im vorhergehenden Unterabschnitt IV.3.1, $x_a(t)$ eine 0_1-Funktion dar; entsprechend dem Unterabschnitt IV.3.1 gestaltet sich auch die weitere Diskussion. Man kann auch hier wieder in allen Fällen, in denen die Eingangsgröße $x_e(t)$ von Gl. (IV.45 a) eine 0_1-Funktion der Klasse S_1 darstellt, unbedenklich die Methode der $\mathcal{L}$-Transformation zur Lösung der Integrodgl. (IV.45 a) anwenden.

War das System zum Zeitpunkt $t = 0$ energiefrei, so ist

$$x_{a0} = x'_{a0} = \ldots = x_{a0}^{(n-1)} = x_{a0}^{(-1)} = \ldots = x_{a0}^{(-m)} = 0$$

und es gilt nach Gl. (IV.47)

$$\frac{X_a(s)}{X_e(s)} = G(s) = \frac{s^m}{d_0 + d_1 s + \ldots + d_{n-1}\, s^{n-1} + d_n s^n}\,; \qquad \text{(IV.50)}$$

dabei wurden der Exponent von s mit $m+k = n$ und die Beiwerte wiederum mit $d_{\nu+m} = b_\nu$ $(\nu = -m, \ldots, -1, 0, 1, \ldots, k)$ abgekürzt.

- **Beispiel IV.6:**

Für das in Bild II.6 dargestellte System ergab sich nach Gl. (II.39 b) des Beispieles II.7 die Beziehung

$$\frac{L}{R}\,\frac{du_a}{dt} + u_a + \frac{1}{RC}\int_0^t u_a(\tau)\,d\tau + \frac{1}{RC}\,u_{a0}^{(-1)} = u_e(t)\,.$$

Die $\mathcal{L}$-Transformation liefert die Bildgleichung

$$\frac{L}{R} s\, U_a(s) - \frac{L}{R} u_{a0} + U_a(s) + \frac{1}{RC}\frac{1}{s} U_a(s) + \frac{1}{RC}\frac{1}{s} u_{a0}^{(-1)} = U_e(s)$$

oder umgeformt

$$U_a(s) = \frac{RCs}{LCs^2 + RCs + 1} U_e(s) + \frac{LCs}{LCs^2 + RCs + 1} u_{a0} - \frac{1}{LCs^2 + RCs + 1} u_{a0}^{(-1)} .$$

Für eine sprungförmige Eingangsgröße $u_e(t) = 1(t)$ findet man mit

$$1(t) \circ\!\!-\!\!\bullet \frac{1}{s} \text{ und } \mathcal{L}^{-1}\left\{\frac{1}{LCs^2 + RCs + 1}\right\} = x(t)$$

die Lösung im Zeitbereich

$$u_a(t) = RC\, x(t) + LC\, u_{a0} \frac{d}{dt}[x(t)] - u_{a0}^{(-1)} x(t) ,$$

da, wie in Beispiel II.7 erläutert, die erste Ableitung von x(t) existiert. Die Berechnung der inversen $\mathcal{L}$-Transformation für gebrochene rationale Funktionen in s ist Gegenstand des Abschnittes IV.4. ●

Mit der $\mathcal{L}$-Transformation haben wir also ein elegantes Verfahren zur Lösung von Integrodifferentialgleichungen gefunden. Bezüglich des Lösungsweges mittels der $\mathcal{L}$-Transformation bringt die Integrodgl. gegenüber der Dgl. keine zusätzlichen Schwierigkeiten mit sich. Die Übertragungsfunktion stellt in beiden Fällen eine gebrochene rationale Funktion in s dar. Wenn wir daher im Folgenden von Differentialgleichungen sprechen, so sollen, ohne daß wir besonders darauf hinweisen, auch die Integrodifferentialgleichungen mit eingeschlossen sein; sie lassen sich auf Dgln. überführen.

3.3. Differentialgleichungssysteme

Formell bringt die Lösung von Systemen von simultanen Dgl. keine Schwierigkeiten mit sich, denn man kann prinzipiell die linearen Dgln. bezüglich der gewünschten Eingangs- und Ausgangsgrößen auflösen. Auch kann man das System direkt der $\mathcal{L}$-Transformation unterwerfen und anschließend die Beziehung zwischen den gewünschten Eingangs- und Ausgangsgrößen im Bildbereich ermitteln. Es müssen jedoch bei der Lösung von Dgln.-Systemen einige Punkte beachtet werden. Dies wollen wir uns anhand des in Bild IV.9 gekennzeichneten Transformators klar machen. Nach Bild IV.9 wird der Transformator durch das System von (Integro-) Dgln.

$$L_1 \frac{di_1}{dt} + R_1 i_1 + M \frac{di_2}{dt} = u_e(t) \qquad \text{(IV.51 a)}$$

und
$$M \frac{di_1}{dt} + L_2 \frac{di_2}{dt} + R_2 i_2 + R_a i_2 + \frac{1}{C_a} \int_0^t i_2(\tau)\, d\tau + \frac{1}{C_a} i_{20}^{(-1)} = 0 \qquad \text{(IV.51b)}$$

beschrieben; M stellt die *Gegeninduktivität* dar, die ebenso wie die *Induktivitäten* L_1 und L_2 unabhängig von $i_1(t)$ bzw. $i_2(t)$ sein sollen (die Permeabilität ist unabhängig von der magnetischen Feldstärke).

Es sei nach dem Zusammenhang zwischen dem Sekundärstrom $i_2(t)$ (Ausgangsgröße) und der Eingangsspannung $u_e(t)$ gefragt. Hierzu wenden wir auf die Gln. (IV.51) die L-Transformation an und finden bei Beachtung von Gl. (IV.48) die Bildfunktionen

$$(L_1 s + R_1)\, I_1(s) + Ms\, I_2(s) = U_e(s) + L_1\, i_{10} + M\, i_{20} \qquad \text{(IV.52a)}$$

und

$$Ms\, I_1(s) + \left(L_2 s + R_2 + R_a + \frac{1}{C_a}\frac{1}{s}\right) I_2(s) = M\, i_{10} + L_2\, i_{20} - \frac{1}{C_a} i_{20}^{(-1)} \frac{1}{s}\,. \qquad \text{(IV.52b)}$$

Aus den Gln. (IV.52) folgt

$$I_2(s) = \frac{\begin{vmatrix} L_1 s + R_1 & U_e(s) + L_1\, i_{10} + M\, i_{20} \\ Ms & M\, i_{10} + L_2\, i_{20} - \frac{1}{C_a} i_{20}^{(-1)} \frac{1}{s} \end{vmatrix}}{\begin{vmatrix} L_1 s + R_1 & Ms \\ Ms & L_2 s + R_2 + R_a + \frac{1}{C_a}\frac{1}{s} \end{vmatrix}}$$

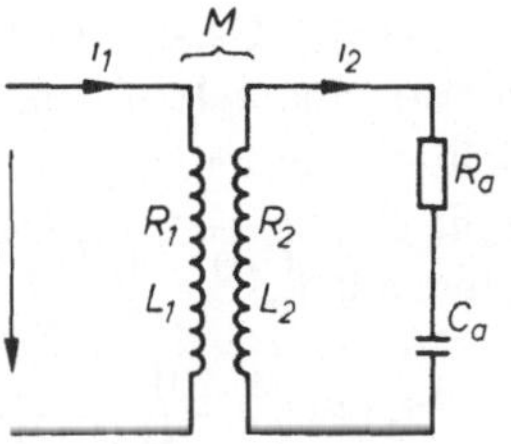

Bild IV.9
Ersatzschaltbild eines Transformators

oder nach der Ausrechnung der Determinanten und Multiplikation der Gleichung mit $C_a s$

$$I_2(s) = \frac{1}{R_1 + (C_a R_1 R_2 + C_a R_a R_1 + L_1)\, s + C_a (R_1 L_2 + R_2 L_1 + R_a L_1)\, s^2 + C_a (L_1 L_2 - M^2) s^3}$$
$$\cdot \left[-C_a M s^2 X_e(s) + i_{10} C_a R_1 M s + i_{20} \left((L_1 L_2 - M^2)\, s^2 + R_1 L_2 s \right) C_a - i_{20}^{(-1)} (L_1 s + R_1) \right]. \qquad \text{(IV.53)}$$

Es liegt nun die Frage nahe, ob die L^{-1}-Transformierte $i_2(t)$ unter entsprechenden Bedingungen, wie in den beiden vorausgehenden Unterabschnitten, die richtige Lösung des Anfangswertproblemes darstellt? Bevor wir auf diese Frage eingehen, betrachten wir den zweiten Lösungsweg, d.h. wir lösen das Dgl.-System (IV.51) im Zeitbereich nach der gewünschten Eingangs- und Ausgangsgröße auf. Da bei der Behandlung von Regelungsproblemen in vielen Fällen nur der Zusammenhang zwischen einer bestimmten Eingangs- und Ausgangsgröße interessiert, werden meist die Zwischengrößen von vorneherein eliminiert.

Differenzieren wir hierzu in unserem Fall die Gl. (IV.51 a) und setzen in die so erhaltene Gleichung $i_1'(t)$ und $i_1''(t)$ aus Gl. (IV.51 b) bzw. der differenzierten Gl. (IV.51 b) ein, so wird

$$(L_1 L_2 - M^2)\, i_2'' + (R_1 L_2 + R_2 L_1 + R_a L_1)\, i_2' + \left(R_1 R_2 + R_a R_1 + \frac{L_1}{C_a}\right) i_2 + \frac{R_1}{C_a} \int_0^t i_2(\tau)\, d\tau + \frac{1}{C_a} R_1\, i_{20}^{(-1)} = -M\, u_e'(t) \qquad \text{(IV.54 a)}$$

oder nach Differentiation und Multiplikation mit C_a

$$C_a (L_1 L_2 - M^2)\, i_2''' + C_a (R_1 L_2 + R_2 L_1 + R_a L_1)\, i_2'' + (C_a R_1 R_2 + C_a R_a R_1 + L_1)\, i_2' + R_1 i_2 = -M\, C_a u_e''(t). \qquad \text{(IV.54 b)}$$

Natürlich gilt strenggenommen Gl. (IV.54b) nur für eine zweimal differenzierbare Eingangsgröße $u_e(t)$. Die Auflösung kann man selbstverständlich auch mittels der in Abschnitt II.10 eingeführten Operatoren durchführen, was den Rechnungsgang vereinfacht. Zur Lösung der Gl. (IV.54b) benötigt man jedoch die Anfangswerte $i_2''(+0)$, $i_2'(+0)$ und $i_2(+0)$. Da aber in dem Dgl.-System (IV.51) die zweite und dritte Ableitung nicht auftritt, sind $i_2'(+0)$ und $i_2''(+0)$ von vornherein *nicht* durch das entsprechende physikalische System gegeben. Sie lassen sich jedoch aus dem Gleichungssystem (IV.51 a) ermitteln, da die Gleichungen für alle t erfüllt sein müssen; der Grenzübergang $t \to +0$ liefert mit $i_{20}^{(-1)} = i_2^{(-1)}(+0)$:

$$i_2'(+0) = -\frac{1}{M}\left[L_1 i_1'(+0) + R_1 i_1(+0) - u_e(+0)\right], \qquad \text{(IV.55 a)}$$

$$i_1'(+0) = -\frac{1}{M}\left[L_2 i_2'(+0) + R_2 i_2(+0) + R_a i_2(+0) + \frac{1}{C_a} i_2^{(-1)}(+0)\right]. \qquad \text{(IV.55 b)}$$

Durch Einsetzen von Gl. (IV.55b) in Gl. (IV.55a) wird mit $K_L = (L_1 L_2 - M^2)^{-1}$

$$i_2'(+0) = K_L \left[M R_1 i_1(+0) - L_1(R_1 + R_a)\, i_2(+0) - \frac{L_1}{C_a} i_2^{(-1)}(+0) - M u_e(+0)\right] \qquad \text{(IV.55 c)}$$

und durch Differentiation der Gl. (IV.55 c) und anschließendes Einsetzen der Gln. (IV.55b) und (IV.55c)

$$i_2''(+0) = K_L \Big[-K_L M R_1 (R_1 L_2 + R_1 L_1 + R_a L_1)\, i_1(+0) + K_L L_1 (R_1 + R_a)(R_1 L_2 + R_1 L_1 + R_a L_1) - \left(R_1 R_2 + R_1 R_a + \frac{L_1}{C_a}\right) i_2(+0) - \frac{R_1}{C_a} i_2^{(-1)}(+0) + K_L M (R_1 L_2 + R_1 L_1 + R_a L_1)\, u_e(+0) - M u_e'(+0)\Big]. \qquad \text{(IV.55 d)}$$

Die Gl. (IV.55 d) läßt sich natürlich auch aus Gl. (IV.54 a) ableiten, wenn man in diese für $i_2'(+0)$ die Gl. (IV.55 c) einsetzt. Aus den Gln. (IV.55) geht hervor, daß zwischen den Anfangswerten der Lösungen und ihren entsprechenden Ableitungen und den Anfangswerten der Eingangsfunktion Beziehungen bestehen, die man *Kompatibilitätsbedingungen* nennt. Sind die Anfangswerte $i_2(+0)$, $i_2'(+0)$ und $i_2''(+0)$ bekannt, dann kann man die Gl. (IV.54b), zumindest für eine zweimal differenzierbare Eingangsgröße, eindeutig lösen. Diese Anfangswerte können jedoch im vorliegenden Fall nicht beliebig vorgegeben werden. Liegen also die Anfangswerte so vor, daß die Kompatibilitätsbedingungen nicht erfüllt sind, dann kann das Dgl.-System für $t > 0$ keine Lösung mit diesen Anfangswerten haben. In anderen Worten bedeutet dies, daß die gefundenen Lösungen (für $t > 0$) Anfangswerte besitzen, die mit den gegebenen nicht übereinstimmen. Dies geht übrigens auch aus der L-transformierten Gl. (IV.54b),

$$C_a(L_1L_2 - M^2)\,[s^3\, I_2(s) - i_2(+0)\, s^2 - i_2'(+0)\, s - i_2''(+0)] + C_a(R_1L_2 + R_2L_1 + R_aL_1)\,\cdot$$

$$\cdot\,[s^2\, I_2(s) - i_2(+0)\, s - i_2'(+0)] + (C_aR_1R_2 + C_aR_aR_1 + L_1)\,[s\, I_2(s) - i_2(+0)] +$$

$$+ R_1\, I_2(s) = - M\, C_a\, [s^2\, U_e(s) - u_e(+0)\, s - u_e'(+0)]\,, \qquad \text{(IV.56)}$$

hervor. Die rechtsseitigen Anfangswerte $u_e(+0)$ und $u_e(+0)$ sind für ein gegebenes $u_e(t)$ bekannt. Die rechtsseitigen Anfangswerte $i_2(+0)$ und $i_2''(+0)$ sind nicht bekannt, sondern müssen erst, wie oben gezeigt, ermittelt werden. War das durch die Gln. (IV.51) charakterisierte System für $t = 0$ *energiefrei*, so erhält man, wie aus Gl. (IV.53) hervorgeht, die Übertragungsfunktion, da $i_{10} = i_{20} = i_{20}^{(-1)} = 0$ sind. Mit diesen Werten folgt jedoch aus Gl. (IV.56):

$$I_2(s) = \frac{-M\, C_a s^2}{R_1 + (C_aR_1R_2 + C_aR_aR_1 + L_1)\, s + C_a(R_1L_2 + R_2L_1 + R_aL_1)\, s^2 + C_a(L_1L_2 - M^2)\, s^3}\,\cdot$$

$$\cdot \left[U_e(s) - \frac{u_e(+0)}{s} - \frac{u_e'(+0)}{s^2} \right]$$

Diese Gleichung stimmt außer für $u_e(+0) = u_e'(+0) = 0$ nicht mit der entsprechenden Gl. (IV.53) überein, so z.B. ist für die Sprungfunktion $u_e(t) = 1(t)$ der Wert $u_e(+0) = 1$.

Wie wir in Teil II erläuterten, ist es bei einer Dgl. immer möglich, daß der zukünftige Zustand des betreffenden Systems sich stetig an den vergangenen anschließt. Wie soll man nun den Fall interpretieren, daß zwischen den vorgegebenen und den wirklich angenommenen Werten ein Unterschied besteht. Dies liegt daran, daß die Anfangswerte aus der Vergangenheit des durch die (Integro-) Differentialgleichungssysteme beschriebenen physikalischen Systems stammen. Es sind dies die Werte, mit denen das System von negativen Zeitwerten her in den t-Nullpunkt einläuft, d.h. z.B. für das System Gl. (IV.57) die Werte $i_1(-0)$, $i_1'(-0)$, ..., $i_2(-0)$, $i_2'(-0)$, ... usw. Wie jedoch aus der vorstehenden Ableitung hervorgeht, können offenbar die Lösungen bzw. ihre Ableitungen Sprünge aufweisen, d.h. es können $i_1(-0) \neq i_1(+0)$ bzw. $i_1'(-0) \neq i_1'(+0)$ usw. sein.

Im Hinblick auf das physikalische Geschehen erweitern wir die Definition der Lösung eines Dgl.-Systems. Ändert sich, infolge einer in $t = 0$ sprunghaften Eingangsgröße (bzw. sprunghafte Ableitungen der Eingangsgröße), dort ebenfalls die Ausgangsgröße (bzw. deren Ableitungen) sprunghaft, dann wollen wir für $t > 0$ als einzig mögliche Lösung diejenige betrachten, die für $t \to +0$ (bzw. deren Ableitungen) die aus den sprunghaften Eingangsgrößen resultierenden Grenzwerte annehmen; sie unterscheiden sich natürlich von den Grenzwerten $t \to -0$. Treten keine Sprünge in den Ausgangsgrößen auf, dann handelt es sich um zulässige Anfangswerte und die beiden Grenzwerte sind gleich. *Unter diesen Voraussetzungen ergeben sich auch im Falle des Nichterfülltseins der Kompatibilitätsbedingungen sinnvolle Lösungen.* Auch dann liefert für zulässige Eingangsgrößen die *L*-Transformation die entsprechende Lösung, wenn man das Dgl.-System zuerst *L*-transformiert und anschließend auflöst; eine eingehende Darstellung dieses Problems enthalten neben den Büchern von Doetsch [46] bis [48] die Aufsätze [60] und [61].

Die *unmittelbare* *L*-Transformation des Dgl.-Systems und die anschließende Auflösung des algebraischen Gleichungssystems hat nicht nur den Vorteil, daß man das Verfahren unbekümmert anwenden kann, um zu richtigen Ergebnissen zu gelangen, sondern es vereinfacht auch die Auflösung gegenüber der im Zeitbereich. Außerdem erhält man auf diese Weise die Anfangswerte in der Form, wie sie in den entsprechenden realen Systemen auftreten. War das System energiefrei, so sind in den Gln. (IV.52) auch die zugehörigen Anfangswerte Null, d.h. wir erhalten dann nach Auflösung des Gleichungssystems die entsprechende Übertragungsfunktion, wie auch aus Gl. (IV.53) hervorgeht. Zu dem selben Ergebnis gelangt man, wenn in Gl. (IV.56) formal alle Anfangswerte, auch die der Eingangsfunktion $u_e(+0)$ und $u_e'(+0)$, Null gesetzt werden; dies gilt ganz allgemein.

Wir fassen das Ergebnis dieses Unterabschnittes noch einmal zusammen. Dabei beschränken wir uns der Kürze wegen auf ein System von Dgln. 2. Ordnung. Liegt also ein simultanes Dgl.-System der Form

$$\begin{aligned} &[a_{11}x_1'' + b_{11}x_1' + c_{11}x_1] + [a_{12}x_2'' + b_{12}x_2' + c_{12}x_2] + \ldots = r_1(t), \\ &[a_{21}x_1'' + b_{21}x_1' + c_{21}x_1] + [a_{22}x_2'' + b_{22}x_2' + c_{22}x_2] + \ldots = r_2(t), \\ &\quad\vdots \qquad\qquad\qquad\qquad\qquad \vdots \qquad\qquad\qquad\qquad \vdots \end{aligned} \tag{IV.57}$$

vor, dann ist es zweckmäßig, *zuerst das System durch die L-Transformation in ein algebraisches Gleichungssystem überzuführen und dann nach den gewünschten Größen $X_a(s)$ und $X_e(s)$ aufzulösen.* Man erhält auf diese Weise für zulässige Eingangsfunktionen bedenkenlos die richtige Lösung. Für den Fall, daß das System zum Zeitpunkt $t = 0$ *energiefrei* war, führt das im Bildbereich auf die Übertragungsfunktion

$$\frac{X_a(s)}{X_e(s)} = G(s) = \frac{c_0 + c_1 s + \ldots + c_m s^m}{b_0 + b_1 s + \ldots + b_n s^n} \tag{IV.58}$$

mit $m \leqslant n$. Bei der $\mathcal{L}$-Transformation bereitet die Integrodgl. gegenüber den Dgln. keine zusätzlichen Schwierigkeiten, da sich in diesem Fall die Bildgleichung jeweils mit der entsprechenden Potenz von s erweitern läßt. Wurde das Dgl.-System im *Zeitbereich* nach der gewünschten Eingangs- und Ausgangsgröße aufgelöst, so liefert die $\mathcal{L}$-Transformierte für ein *energiefreies* System dann die richtige Lösung, wenn man *alle* Anfangsbedingungen, auch die der Eingangsgröße, Null setzt. Wir bezeichnen daher, wie vorher schon eingeführt, ein System als energiefrei, wenn alle Anfangswerte für $t \to -0$, die also aus der Vergangenheit resultieren, Null sind. Dann sind bei der Auflösung des entsprechenden Gleichungssystems mittels der $\mathcal{L}$-Transformation die für $t \to +0$ gegebenen Anfangswerte ebenfalls Null zu setzen.

In der Regelungstechnik spielt jedoch nicht nur die Auflösung der Dgl. von realen Systemen eine Rolle (Analyse), sondern bei Syntheseproblemen werden je gerade die (rationalen) Übertragungsglieder gesucht, die auf ein besseres Verhalten des Gesamtsystems bezüglich der betreffenden Eingangs- und Ausgangsgrößen führen. In diesem Fall liegen aber nur die Anfangswerte der aufgelösten Gleichung vor, die bei einer (späteren) physikalischen Realisierung des Kompensationsgliedes aus den Einzelgleichungen zu ermitteln sind. Glücklicherweise genügt es in den meisten Fällen, die Synthese für energiefreie Systeme auszuführen; dann kann man von der Übertragungsfunktion ausgehen.

Für die Fälle, bei denen man keine energiefreien Systeme betrachten kann, lassen sich, nach dem in [62] angegebenen Verfahren, die Anfangswerte bei $+0$ aus den Werten der Vergangenheit ermitteln. Die Frage, ob ein Dgl.-Gleichungssystem beliebig vorgebbare Anfangswerte für $t \to +0$ auch wirklich annimmt, läßt sich durch die folgende Bedingung beantworten. Wir beschränken uns dabei der Kürze wegen auf ein System von Dgln. 2. Ordnung. Es ist dann von 2. Ordnung, wenn die auftretenden Unbekannten Ableitungen bis höchstens 2. Ordnung besitzen. Dabei können natürlich auch einige oder alle, mit Ausnahme von einer Unbekannten, Ableitungen von niedrigerer Ordnung besitzen oder sogar ohne Ableitung vorkommen. Wir wollen dann trotzdem, wie in Gl. (IV.57), alle Funktionen mit sämtlichen Ableitungen anschreiben, wobei die betreffenden Koeffizienten den Wert Null aufweisen.

Man kann dann und nur dann die Anfangswerte $x_1(+0)$, $x_1'(+0)$; $x_2(+0)$, $x_2'(+0)$; ... des Gleichungssystems (IV.57) beliebig vorschreiben, d.h. sie werden von der Lösung auch wirklich angenommen, wenn die Koeffizientendeterminante aus den Koeffizienten der höchsten Ableitungen – hier 2. Ordnung –

$$\begin{vmatrix} a_{11} & a_{12} & \cdots \\ a_{21} & a_{22} & \cdots \\ \cdot & \cdot & \cdot \\ \cdot & \cdot & \cdot \\ \cdot & \cdot & \cdot \end{vmatrix} \neq 0$$

ist. Entsprechend lassen sich die Anfangswerte eines Systems von Dgln. n-ter Ordnung beliebig vorschreiben, wenn die Koeffizientendeterminante der Koeffizienten der n-ten Ableitungen ungleich Null ausfällt.

Zur Prüfung des Gleichungssystems (IV.51) bringen wir es durch die Substitution

$$\frac{1}{C_a}\int_0^t i_2(\tau)\,d\tau = u_2(t)$$

auf die Form:

$$0 \cdot i_1''(t) + L_1 i_1(t) + R_1 i_1(t) + C_a M\, u_2''(t) + 0 \cdot u_2'(t) + 0 \cdot u_2(t) = u_e(t)$$

und

$$0 \cdot i_1''(t) + M\, i_1'(t) + 0 \cdot i_1(t) + C_a L_2 u_2''(t) + C_a(R_2 + R_a)\, u_2'(t) + u_2(t) = 0.$$

Da

$$\begin{vmatrix} 0 & C_a M \\ 0 & C_a L_2 \end{vmatrix} = 0$$

ist, handelt es sich um ein *„anormales System"*, d.h. man kann von dem System nicht erwarten, daß es in allen Fällen die beliebig vorgebbaren Anfangswerte $i_1(+0)$, $i_1'(+0)$; $u_2(+0)$, $u_2(+0)$ annimmt.

4. Die inverse Laplace-Transformation rationaler Bildfunktionen

Die L-Transformation von (Integro-) Differentialgleichungen und Systemen von Dgln. führt, wie im vorausgehenden Abschnitt abgeleitet, für die entsprechende *homogene* Gleichung auf (gebrochene) *rationale Funktionen* in s; auch stellt die entsprechende Übertragungsfunktion eine (gebrochene) rationale Funktion dar. Außerdem ist die L-Transformierte einer großen Klasse von Funktionen $x_e(t)$, z.B. nach Unterabschnitt IV.2.2 die Sprungfunktion $1(t)$, die Exponentialfunktion e^t, die Potenzfunktion t^n, die Kreisfunktionen $\sin\beta t$, $\cos\beta t$ und andere, eine gebrochene rationale Funktion, so daß mit $G(s)$ auch

$$X_a(s) = G(s)\, X_e(s)$$

eine rationale Funktion darstellt. Für die Untersuchung von realen Systemen kommt daher der *gebrochenen rationalen Funktion* eine große Bedeutung zu. Die nachfolgende Betrachtung gilt also nicht nur für Übertragungsfunktionen, sondern für alle Fälle, in denen die Bildfunktion auf einen rationalen Ausdruck der Form

$$L\{f(t)\} = F(s) = \frac{Z(s)}{N(s)} = \frac{c_0 + c_1 s + \ldots + c_m s^m}{b_0 + b_1 s + \ldots + b_n s^n} \qquad \text{(IV.59a)}$$

führt. In diesem Abschnitt ermitteln wir die Originalfunktionen von echt gebrochenen Funktionen $F(s)$, d.h. in Gl. (IV.59a) ist $m < n$; der Fall $m = n$ wird in Abschnitt V.2 behandelt. Die Nullstellen des Zählers $Z(s)$ seien natürlich alle von denen des Nenners $N(s)$ verschieden; denn besitzen Zähler und Nenner gleiche Nullstellen, so lassen sich diese, wie man aus der entsprechenden Produktdarstellung erkennt, wegkürzen. *Sind die Nullstellen von $N(s)$ α_ν $(\nu = 1, \dots, n)$ alle von denen von $Z(s)$ verschieden, so stellen die α_ν auch die Pole von $F(s)$ dar.*

4.1. Einfache Pole

Dann existiert für $F(s)$ in Gl. (IV.59a) die Partialbruchzerlegung

$$F(s) = \frac{d_1}{s-\alpha_1} + \frac{d_2}{s-\alpha_2} + \dots + \frac{d_n}{s-\alpha_n}. \tag{IV.59b}$$

Die Nullstellen des Nenners (Pole) α_ν sind also alle voneinander verschieden. Die Koeffizienten d_1 bis d_n (Residuen der Pole) lassen sich auf mannigfache Weise finden, so z.B. durch Koeffizientenvergleich. Eine andere einfache Methode zur Bestimmung der d_ν $(\nu = 1, \dots, n)$ folgt aus der Darstellung

$$\frac{Z(s)}{N(s)} = \frac{d_1}{s-\alpha_1} + \frac{Z_1(s)}{N_1(s)}; \tag{IV.60a}$$

mit $N_1(s) = (s-\alpha_2)(s-\alpha_3)\dots(s-\alpha_n)$. Wie ein Vergleich des Zählers und des Nenners von Gl. (IV.60a) zeigt, ist

$$Z(s) = d_1 N_1(s) + (s-\alpha_1) Z_1(s) \tag{IV.60b}$$

und

$$N(s) = (s-\alpha_1) N_1(s). \tag{IV.60c}$$

Für $s = \alpha_1$ ergibt sich aus Gl. (IV.60b)

$$Z(\alpha_1) = d_1 N_1(\alpha_1). \tag{IV.60d}$$

Da wir die Pole alle voneinander verschieden voraussetzten, ist nach Gl. (IV.60a) $N_1(\alpha_1) \neq 0$. Setzt man in die nach s differenzierte Gl. (IV.60c)

$$N'(s) = N_1(s) + (s-\alpha_1) N_1'(s)$$

ebenfalls $s = \alpha_1$ ein, so wird

$$N'(\alpha_1) = N_1(\alpha_1). \tag{IV.60e}$$

Die nach d_1 aufgelöste Gl. (IV.60d) liefert unter Berücksichtigung von Gl. (IV.60e)

$$d_1 = \frac{Z(\alpha_1)}{N'(\alpha_1)}.$$

Entsprechend verfährt man für die anderen Pole α_2 bis α_n, so daß sich mit

$$d_\nu = \left.\frac{Z(s)}{N'(s)}\right|_{s=\alpha_\nu} = \frac{Z(\alpha_\nu)}{N'(\alpha_\nu)} \qquad (\nu = 1, \dots, n) \tag{IV.60f}$$

die Partialbruchentwicklung in der Form

$$F(s) = \sum_{\nu=1}^{n} \frac{Z(\alpha_\nu)}{N'(\alpha_\nu)} \cdot \frac{1}{s-\alpha_\nu} \tag{IV.61}$$

angeben läßt. Mit der Korrespondenz (IV.17b) ist für lauter einfache Pole

$$f(t) = \sum_{\nu=1}^{n} \frac{Z(\alpha_\nu)}{N'(\alpha_\nu)}\, e^{\alpha_\nu t}. \tag{IV.62}$$

- **Beispiel IV.7:**

Gl. (II.16) des Beispieles II.3

$$x''' - 3x'' - x' + 3x = r(t)$$

ist für die Eingangsgröße $r(t) = 1(t)$ und für die Anfangswerte $t_0 = 0, x_0 = 1, x_0' = 0$, $x_0'' = 0$ zu lösen. Die L-Transformation liefert nach Gl. (IV.43a) die allgemeine Bildgleichung

$$X_a(s) = \frac{R(s)}{3-s-3s^2+s^3} + \frac{-1-3s+s^2}{3-s-3s^2+s^3}\, x_0 + \frac{-3+s}{3-s-3s^2+s^3}\, x_0' + \frac{1}{3-s-3s^2+s^3}\, x_0''.$$

Mit $1(t) \circ\!\!-\!\!\bullet \frac{1}{s}$ und den vorgegebenen Anfangswerten ist

$$X_a(s) = \frac{1}{(3-s-3s^2+s^3)s} + \frac{-1-3s+s^2}{3-s-3s^2+s^3}.$$

Der Nenner des zweiten Gliedes auf der rechten Seite der obigen Gleichung hat die Nullstellen $\alpha_1 = 1$, $\alpha_2 = -1$, $\alpha_3 = +3$; der des ersten Gliedes weist außerdem noch die Wurzel $\alpha_4 = 0$ auf. Mit Hilfe der Beziehung

$$d_\nu = \frac{Z(\alpha_\nu)}{N'(\alpha_\nu)} = \left.\frac{Z(s)}{N'(s)}\right|_{s=\alpha_\nu} = \left.\frac{1}{3-2s-9s^2+4s^3}\right|_{s=\alpha_\nu}$$

finden wir für den ersten Ausdruck:

$$\alpha_1 = 1 : d_1 = -\tfrac{1}{4};\quad \alpha_2 = -1 : d_2 = -\tfrac{1}{8};\quad \alpha_3 = 3 : d_3 = \tfrac{1}{24} \text{ und } \alpha_4 = 0 : d_4 = \tfrac{1}{3}.$$

Entsprechend ist für den zweiten Ausdruck mit

$$d_\nu = \frac{Z(\alpha_\nu)}{N'(\alpha_\nu)} = \left.\frac{Z(s)}{N'(s)}\right|_{s=\alpha_\nu} = \left.\frac{-1-3s+s^2}{-1-6s+3s^2}\right|_{s=\alpha_\nu}:$$

$$\alpha_1 = 1 : d_1 = \frac{3}{4};\ \alpha_2 = -1 : d_2 = \frac{3}{8} \text{ und } \alpha_3 = 3 : d_3 = -\frac{1}{8}.$$

Die allgemeine Lösung der Dgl. lautet schließlich mit Gl. (IV.62)

$$x(t) = -\frac{1}{4}e^{t} - \frac{1}{8}e^{-t} + \frac{1}{24}e^{3t} + \frac{1}{3} + \frac{3}{4}e^{t} + \frac{3}{8}e^{-t} - \frac{1}{8}e^{3t}$$

oder umgeformt

$$x(t) = \frac{1}{2}e^{t} + \frac{1}{4}e^{-t} - \frac{1}{12}e^{3t} + \frac{1}{3}.$$

Es ist ein großer *Vorteil der L-Transformation, daß die Anfangswerte unmittelbar in der Lösung auftreten (normiertes Fundamentalsystem)* und nicht erst nachträglich eingearbeitet werden müssen. Wie bei allen Lösungsverfahren, liegt jedoch bei Dgln. höherer Ordnung die *Hauptschwierigkeit im Aufsuchen der Wurzeln des Nennerpolynoms* (charakteristische Gleichung).

4.2. Mehrfache Pole

Kommen im Nennerpolynom *gleiche Nullstellen* (mehrfache Pole) vor und bezeichnen wir wieder die zahlenmäßig verschiedenen Pole durch $\alpha_1, \dots, \alpha_r$ dann läßt sich Gl. (IV.59 a) auf die Form

$$F(s) = \frac{Z(s)}{N(s)} = \frac{Z(s)}{(s-\alpha_1)^{k_1}(s-\alpha_2)^{k_2}\dots(s-\alpha_r)^{k_r}} \qquad \text{(IV.63 a)}$$

bringen. Dabei ist jeder Nullstelle die entsprechende Vielfachheit k_ν ($\nu = 1, \dots, r$) zugeordnet und $k_1 + k_2 + \dots + k_r = n$. Wir setzen wieder die Wurzeln $Z(\alpha_\nu) \neq N(\alpha_\nu)$ voraus. Dann besitzt $F(s)$ die Partialbruchentwicklung

$$\begin{aligned} F(s) = {} & \frac{d_{11}}{s-\alpha_1} + \frac{d_{12}}{(s-\alpha_1)^2} + \dots + \frac{d_{1k_1}}{(s-\alpha_1)^{k_1}} + \\ & + \frac{d_{21}}{s-\alpha_2} + \frac{d_{22}}{(s-\alpha_2)^2} + \dots + \frac{d_{2k_2}}{(s-\alpha_2)^{k_2}} + \\ & \dots\dots\dots\dots \\ & + \frac{d_{r1}}{s-\alpha_r} + \frac{d_{r2}}{(s-\alpha_r)^2} + \dots + \frac{d_{rk_r}}{(s-\alpha_r)^{k_r}}. \end{aligned} \qquad \text{(IV.63 b)}$$

Betrachten wir die k_1-fache Wurzel α_1, so kann man Gl. (IV.63 a) durch

$$\frac{Z(s)}{N(s)} = \frac{d_{11}}{s-\alpha_1} + \frac{d_{12}}{(s-\alpha_1)^2} + \dots + \frac{d_{1k_1}}{(s-\alpha_1)^{k_1}} + Q(s) \qquad \text{(IV.64 a)}$$

mit $Q(\alpha_1) \neq 0$ ausdrücken. Multiplizieren wir Gl. (IV.64a) mit $(s-\alpha_1)^{k_1}$, so folgt:

$$\frac{Z(s)}{N(s)}(s-\alpha_1)^{k_1} = d_{11}(s-\alpha_1)^{k_1-1} + d_{12}(s-\alpha_1)^{k_1-2} + \ldots +$$

$$+ d_{1k_1} + (s-\alpha_1)^{k_1} G(s). \qquad \text{(IV.64b)}$$

Kürzt man nun auf der linken Seite der Gl. (IV.64b) den Faktor $(s-\alpha_1)^{k_1}$ gegen den von $N(s)$, dann entsteht ein Nennerpolynom

$$N_1(s) = \frac{N(s)}{(s-\alpha_1)^{k_1}}, \qquad \text{(IV.64c)}$$

das für $s = \alpha_1$ ungleich Null ist. Damit wird

$$\frac{Z(s)}{N_1(s)} - (s-\alpha_1)^{k_1} Q(s) = d_{11}(s-\alpha_1)^{k_1-1} + d_{12}(s-\alpha_1)^{k_1-2} + \ldots +$$

$$+ d_{1k_1-1}(s-\alpha_1) + d_{1k_1}. \qquad \text{(IV.64d)}$$

Setzt man in Gl. (IV.64d) wiederum $s = \alpha_1$, so ergibt sich aus ihr d_{1k_1}, aus der nach s differenzierten Gl. (IV.64d) d_{1k_1-1}, usw. bis zur $(k_1 - 1)$-ten Ableitung (Taylorsche Formel). Die Koeffizienten lassen sich somit aus der Beziehung

$$d_{1\mu} = \frac{1}{(k_1-\mu)!}\left\{\frac{d^{k_1-\mu}}{ds^{k_1-\mu}}\left[\frac{Z(s)}{N(s)} - (s-\alpha_1)^{k_1} Q(s)\right]\right\}\Bigg|_{s=\alpha_1} \qquad \text{(IV.65a)}$$

$$(\mu = 1, 2, \ldots, k_1)$$

berechnen. Die „Nullte" Ableitung stellt dabei die Funktion selbst dar. Da jedoch bis zur $(k_1 - 1)$-ten Ableitung für $s = \alpha_1$ das Glied $(s-\alpha_1)^{k_1} Q(s) = 0$ ist, folgt aus Gl. (IV.65a), wenn man gleichzeitig die Beziehung für $N_1(s)$ von Gl. (IV.64c) einsetzt, die Bestimmungsgleichung für die Koeffizienten

$$d_{1\mu} = \frac{1}{(k_1-\mu)!}\left\{\frac{d^{k_1-\mu}}{ds^{k_1-\mu}}\left[\frac{Z(s)}{N(s)}(s-\alpha_1)^{k_1}\right]\right\}\Bigg|_{s=\alpha_1}$$

$$(\mu = 1, 2, \ldots, k_1). \qquad \text{(IV.65b)}$$

Ganz analog ergeben sich, wenn anstelle von α_1 die Wurzel α_ν betrachtet wird, die Koeffizienten $d_{\nu\mu}$ $(\mu = 1, 2, \ldots, k_\nu)$. Für die Koeffizienten $d_{\nu\mu}$ der r (zahlenmäßig) verschiedenen Wurzeln gilt daher allgemein die Beziehung

$$d_{\nu\mu} = \frac{1}{(k_\nu-\mu)!}\left\{\frac{d^{k_\nu-\mu}}{ds^{k_\nu-\mu}}\left[\frac{Z(s)}{N(s)}(s-\alpha_\nu)^{k_\nu}\right]\right\}\Bigg|_{s=\alpha_\nu}$$

$$(\mu = 1, 2, \ldots, k_\nu). \qquad \text{(IV.65c)}$$

Die entsprechende Gl. (IV.60f) für einfache Pole ist natürlich als Spezialfall in Gl. (IV.65 c) enthalten; dies ist leicht einzusehen, wenn man in Gl. (IV.65 c) $k_\nu = 1$ und N(s) durch den Ausdruck in Gl. (IV.60c) ersetzt.

Wie in Beispiel IV.3 mit Hilfe der Korrespondenz (IV.21) und des Dämpfungssatzes Gl. (IV.32) gezeigt, ist

$$L^{-1}\left\{\frac{1}{(s-\alpha_\nu)^{k_\nu}}\right\} = \frac{1}{(k_\nu - 1)!}\, t^{k_\nu - 1}\, e^{\alpha_\nu t},$$

und wir erhalten aus Gl. (IV.64a) im Zeitbereich für die r k_ν-fachen Pole α_ν

$$f(t) = \sum_{\nu=1}^{r} \left(d_{\nu 1} + \frac{d_{\nu 2}}{1!}\, t + \ldots + \frac{d_{\nu k_\nu}}{(k_\nu - 1)!}\, t^{k_\nu - 1}\right) e^{\alpha_\nu t}. \qquad \text{(IV.66)}$$

- **Beispiel IV.8:**

Die Lösung der homogenen Dgl.

$$x^{(V)} + 7x^{(IV)} + 20x''' + 32x'' + 28x' + 12x = 0$$

mit den Anfangswerten $t_0 = 0$, $x_0 = 1$, $x_0' = \ldots = x_0^{(IV)} = 0$ wird gesucht.

Die entsprechende Bildgleichung

$$X(s) = \frac{s^4 + 7s^3 + 20s^2 + 32s + 28}{s^5 + 7s^4 + 20s^3 + 32s^2 + 28s + 12}$$

stellt also eine echt gebrochene rationale Funktion dar; wie dies aus den Gln. (IV.43) hervorgeht, setzt sich die Bildfunktion einer homogenen Dgl. immer aus Gliedern von echt gebrochenen rationalen Ausdrücken zusammen. Aus Beispiel II.4 wissen wir, daß das Nennerpolynom, das identisch mit der charakteristischen Gleichung ist, die zweifachen Wurzeln $\alpha_1 = -1 - i$, $\alpha_2 = -1 + i$ und die einfache Wurzel $\alpha_3 = -3$ besitzt. Zuerst berechnen wir nach Gl. (IV.65 c) bzw. Gl. (IV.65 b)

$$d_{12} = \left[\frac{s^4 + 7s^3 + 20s^2 + 32s + 28}{(s+1+i)^2\,(s+1-i)^2\,(s+3)}\,(s+1-i)^2\right]\Bigg|_{s=\alpha_1=-1-i} =$$

$$= \left[\frac{s^4 + 7s^3 + 20s^2 + 32s + 28}{(s+1-i)^2\,(s+3)}\right]\Bigg|_{s=-1-i} = \frac{1}{10}\,(-9+3i) = \frac{Z(\alpha_1)}{N_2(\alpha_1)},$$

wobei $N_2(s) = (s+1-i)^2\,(s+3) = s^3 + (5-2i)\,s^2 + (6-8i)\,s - 6i$ darstellt. Um zu den Koeffizienten d_{11} zu gelangen, formen wir den entsprechenden Ausdruck erst etwas um. Aus Gl. (IV.65 c) folgt für

$$d_{11} = \left\{ \frac{d}{ds} \left[\frac{Z(s)}{N_1(s)} \right] \right\} \Bigg|_{s=\alpha_1=-1-i} = \left\{ \frac{Z'(s) N_2(s) - Z(s) N_2'(s)}{N_2(s)^2} \right\} \Bigg|_{s=\alpha_1}$$

$$= \left\{ \frac{Z'(s) - \frac{Z(s)}{N_2(s)} N_2'(s)}{N_2(s)} \right\} \Bigg|_{s=\alpha_1} = \frac{Z'(\alpha_1) - \frac{Z(\alpha_1)}{N_2(\alpha_1)} N_2'(\alpha_1)}{N_2(\alpha_1)} = \frac{Z'(\alpha_1) - d_{21} N_2'(\alpha_1)}{N_2(\alpha_1)} .$$

Diese Umformung führt auf einen erheblich geringeren Rechenaufwand zur Bestimmung von d_{11}, als das unmittelbare Einsetzen der Zähler- und Nennerpolynome in Gl. (IV.65c). Für die Berechnung der Koeffizienten von mehrfachen Polen mit größerer Vielfachheit ist es sinnvoll analog vorzugehen. Die Werte

$$Z'(\alpha_1) = [4s^3 + 21s^2 + 40s + 32] \Big|_{s=-1-i} = -6i ,$$

$$N_2(\alpha_1) = [s^3 + (5-2i)\, s^2 + (6-8i)\, s - 6i] \Big|_{s=-1-i} = -8 + 4i ,$$

und

$$N_2'(\alpha_1) = [3s^2 + 2\,(5-2i)\, s + 6 - 8i] \Big|_{s=-1-i} = -8 - 8i$$

$$d_{12} = \frac{1}{10} (-9 + 3i)$$

in den obigen Ausdruck eingesetzt, ergeben für

$$d_{11} = \frac{1}{10} (4,2 + 15,6i) .$$

Da die Bildfunktion $X(s)$ sowohl im Zähler als auch im Nenner nur reelle Koeffizienten besitzt, müssen die Werte von d_{21} und d_{22} konjugiert komplex zu denen von d_{11} und d_{12} sein, also ist

$$d_{21} = \frac{1}{10} (4,2 - 15,6i) \text{ und } d_{22} = \frac{1}{10} (-9 - 3i) .$$

Mit Gl. (IV.65c) oder Gl. (IV.60f) wird

$$d_{31} = d_3 = \frac{Z(s)}{N'(s)} \Bigg|_{s=-3} = \frac{0,8}{5} .$$

Setzen wir die Werte für d_{11}, d_{12}, d_{21}, d_{22} und d_{31} in Gl. (IV.66) ein, so ergibt sich nach einer Umformung die Lösung der homogenen Dgl.

$$x(t) = \frac{1}{5} [0,8e^{-3t} + 4,2e^{-t} \cos t + 15,6e^{-t} \sin t - 9te^{-t} \cos t + 3te^{-t} \sin t] ,$$

● die natürlich mit der von Beispiel II.4 identisch ist.

4.3. Übergangsfunktion

Die *Übergangsfunktion* stellt den Zeitverlauf der Ausgangsgröße $x_a(t)$ dar, wenn als Eingangsgröße $x_e(t)$ eine *(Einheits-) Sprungfunktion* wirkt; wir bezeichnen daher die Übergangsfunktion zur besseren Unterscheidung gegenüber der vorher definierten Übertragungsfunktion oftmals auch als *„Sprungantwort"*. Nach Gl. (IV.58) stellt für reale Systeme, die Dgl.-Systemen gehorchen, die Übertragungsfunktion in

$$X_a(s) = G(s)\, X_e(s)$$

eine gebrochene rationale Funktion dar. Die Bildfunktion $X_e(s) = \frac{1}{s}$ der Einheitssprungfunktion $1(t)$ liefert dann mit der obigen Gleichung

$$X_a(s) = X_ü(s) = G(s)\,\frac{1}{s}\,. \qquad \text{(IV.67a)}$$

Hat $G(s)$ nur einfache Pole, von denen keiner Null ist, so läßt sich Gl. (IV.67a) auf die Form

$$\frac{Z(s)}{sN(s)} = \frac{Z(s)}{s(s-\alpha_1)\,...\,(s-\alpha_n)} = \frac{d_0}{s} + \frac{d_1}{s-\alpha_1} + ... + \frac{d_n}{s-\alpha_n} \qquad \text{(IV.67b)}$$

bringen. Aus Gl. (IV.67b) folgt, wenn wir diese mit s multiplizieren und anschließend $s = 0$ setzen,

$$d_0 = \frac{Z(0)}{N(0)}\,. \qquad \text{(IV.68a)}$$

Die restlichen $d_1, ..., d_n$ bestimmen wir, wie in den beiden vorausgehenden Unterabschnitten. Hierzu bilden wir

$$\frac{Z(s)}{sN(s)} = \frac{d_1}{s-\alpha_1} + \frac{Z_1(s)}{sN_1(s)} \qquad \text{(IV.68b)}$$

oder durch Auflösen

$$Z(s) = d_1\, sN_1(s) + (s-\alpha_1)\, Z_1(s) \qquad \text{(IV.68c)}$$

und

$$sN(s) = s(s-\alpha_1)\, N_1(s)\,. \qquad \text{(IV.68d)}$$

Kürzen wir Gl. (IV.68d) durch s und bilden anschließend die Ableitung, dann wird

$$N'(s) = N_1'(s) + (s-\alpha_1)\, N_1'(s)\,. \qquad \text{(IV.68e)}$$

Durch Einsetzen von $s = \alpha_1$ ergibt sich aus den Gln. (IV.68 c) und (IV.68 e)

$$d_1 = \frac{Z(\alpha_1)}{\alpha_1 N'(\alpha_1)} .$$

Auf entsprechende Weise gelingt es, die anderen Konstanten $d_2, \dots, d_n$ zu ermitteln; allgemein ist dann

$$d_\nu = \frac{Z(\alpha_\nu)}{\alpha_\nu N'(\alpha_\nu)} \qquad (\nu = 1, 2, \dots, n) . \tag{IV.68 f}$$

Die L^{-1}-Transformation von Gl. (IV.67b) liefert mit den Gln. (IV.68a) und (IV.68f) die *Sprungantwort* (Übergangsfunktion)

$$x_{ü}(t) = \frac{Z(0)}{N(0)} + \sum_{\nu=1}^{n} \frac{Z(\alpha_\nu)}{\alpha_\nu N'(\alpha_\nu)} e^{\alpha_\nu t} . \tag{IV.69}$$

Haben alle α_ν $(\nu = 1, 2, \dots, n)$ einen negativen Realteil, dann strebt für $t \to \infty$ der Summenausdruck in Gl. (IV.69) gegen Null, d.h. er bildet den *Einschwingvorgang* und $\frac{Z(0)}{N(0)}$ ist der *eingeschwungene Zustand.* Hierin liegt auch der rechnerische Vorteil gegenüber der Darstellung von Gl. (IV.61) (für einfache Wurzeln) mit $\nu = 0, 1, \dots, n$, da dort der eingeschwungene Zustand durch $\frac{Z(0)}{N'(0)}$ gegeben ist. Man beachte, daß per Definition $N(s)$ in Gl. (IV.62) gleich dem Ausdruck $sN(s)$ von Gl. (IV.67b) ist.

Gl. (IV.69) wird in der Literatur häufig als *Heavisidescher Entwicklungssatz* bezeichnet. Sie liefert jedoch *nur dann die Sprungantwort,* wenn es sich um ein *energiefreies* System handelt, dessen Übertragungsfunktion $G(s)$ *keine mehrfachen Pole und auch keinen Pol im Ursprung* $(s = 0)$ besitzt.

5. Weitere Eigenschaften der Laplace-Transformation

Die Laplace-Transformation ordnet nach Satz IV.2 jeder zulässigen reellwertigen Originalfunktion $f(t)$ eindeutig eine komplexe Bildfunktion $F(s)$ zu. Nach dem in Abschnitt IV.3 gezeigten Transformationsschema und den Ausführungen im vorstehenden Abschnitt für rationale Funktionen, erleichtert das „Lösen" der Bildfunktion $F(s)$ das Aufsuchen der L^{-1}-Transformation. Für das „Rechnen" mit der Bildfunktion wäre es sicher von großem Vorteil, wenn die komplexe Bildfunktion $F(s)$ eine analytische Funktion darstellen würde, da sich dann die sehr leistungsfähigen Sätze der (komplexen) *Funktionentheorie* anwenden ließen.

5.1. Die Laplace-Transformation als analytische Funktion

Die (eindeutige) Funktion F(s) ist dann ***regulär oder analytisch***[22]), wenn in einem zusammenhängenden Bereich die *Cauchy-Riemannschen Differentialgleichungen*

$$\frac{\partial U}{\partial \sigma} = \frac{\partial V}{\partial \omega} \quad \text{und} \quad \frac{\partial U}{\partial \omega} = -\frac{\partial V}{\partial \sigma} \tag{IV.70}$$

gelten. Zur Prüfung, ob F(s) die Dgl. (IV.70) erfüllt, spalten wir für reelle f(t) das $\mathcal{L}$-Integral in

$$F(s) = \int_0^\infty e^{-st} f(t)\,dt = \int_0^\infty e^{-(\sigma+i\omega)t} f(t)\,dt = \int_0^\infty e^{-\sigma t} f(t) \cos \omega t\,dt +$$

$$+ i \int_0^\infty - e^{-\sigma t} f(t) \sin \omega t = U(\sigma, \omega) + i\,V(\sigma, \omega)$$

auf. Ist nun $F(s) = F(\sigma + i\omega) = U(\sigma, \omega) + i\,V(\sigma, \omega)$ *analytisch*, dann müssen die Beziehungen

$$\frac{\partial}{\partial \sigma}\left\{\int_0^\infty e^{-\sigma t} f(t) \cos \omega t\,dt\right\} = \frac{\partial}{\partial \omega}\left\{-\int_0^\infty e^{-\sigma t} f(t) \sin \omega t\,dt\right\} \tag{IV.71a}$$

und

$$\frac{\partial}{\partial \omega}\left\{\int_0^\infty e^{-\sigma t} f(t) \cos \omega t\,dt\right\} = -\frac{\partial}{\partial \sigma}\left\{-\int_0^\infty e^{-\sigma t} f(t) \sin \omega t\,dt\right\} \tag{IV.71b}$$

gelten. Durch Vertauschung der Integration und Differentiation wird

$$\frac{\partial U}{\partial \sigma} = \frac{\partial V}{\partial \omega} = -\int_0^\infty t\,e^{-\sigma t} f(t) \cos \omega t\,dt \tag{IV.72a}$$

und

$$\frac{\partial U}{\partial \omega} = -\frac{\partial V}{\partial \sigma} = -\int_0^\infty t\,e^{-\sigma t} f(t) \sin \omega t\,dt \tag{IV.72b}$$

---

22) Es ist darauf zu achten, daß im Schrifttum das Wort analytisch in zweierlei Hinsicht für eindeutige Funktionen gebraucht wird. Einmal in dem hier definierten Sinne, dann ist analytisch gleichbedeutend mit regulär (auch holomorph). Bei der anderen Definition spricht man von einer Funktion im obigen Sinne nur von einer regulären (holomorphen) Funktion, hingegen darf die analytische Funktion in der vollständigen Ebene Pole oder wesentliche Singularitäten aufweisen. Es stellen dann z. B. die rationalen und die meromorphen Funktionen analytische Funktionen in der ganzen Ebene dar.

und wir sehen, daß für den Fall einer zulässigen Vertauschung von Integration und Differentiation die *Cauchy-Riemannschen* Dgln. erfüllt sind.

Für eine 0_2-Funktion, die (für $t \geqslant 0$) nur Unstetigkeiten erster Art aufweist, ist der Integrand der reellen Integrale der Gln. (IV.71) eine stetige Funktion von σ, ω, t mit Ausnahme der endlichen Sprünge von $f(t)$. Die Integrale konvergieren für $f(t)$ von $\mathbf{0}(e^{\alpha_0 t})$ in der Halbebene $\sigma \geqslant \sigma_1 > \alpha_0$ gleichmäßig. Da aber $f(t)\, t^n$ von exponentieller Ordnung $\alpha_1 > \alpha_0$ ist, konvergieren die Integrale der Gln. (IV.72) ebenfalls gleichmäßig und ihr Integrand weist bezüglich der Stetigkeit die gleichen Eigenschaften auf, wie der der Gln. (IV.71) [63]. Daher ist die Vertauschung zulässig. Die Funktion $F(s)$ ist also unter den obigen Bedingungen in der Halbebene $\sigma > \alpha_0$ analytisch. Diese Überlegungen gelten ganz entsprechend auch für *nichtbeschränkte* 0_2-Funktionen und es gilt somit der folgende

> **Satz IV.7:** Die Bildfunktion $F(s)$ ist im Innern der (gewöhnlichen) Konvergenzhalbebene $\operatorname{Re} s > \beta$ analytisch und daher beliebig oft differenzierbar.

Wir sehen also, daß die L-Transformation die ***reellen Funktionen,*** die in dem Intervall $t \geqslant 0$ definiert sind, in ***analytische Funktionen,*** die in der Halbebene $\operatorname{Re} s > \beta$ definiert sind, abbildet.

Da Funktionen, die für ein endliches $t > T$ Null sind, die exponentielle Ordnung $\alpha_0 = -\infty$ besitzen, stellt nach Satz IV.7 die *endliche* L-Transformation

$$F_T(s) = \int_0^T e^{-st} f(t)\, dt$$

eine in der *ganzen s-Ebene analytische* und damit eine *ganze Funktion* dar.

5.2. Differentiation und Integration im Bildraum

Nach Satz IV.7 stellt die Bildfunktion in der Konvergenzhalbebene eine analytische Funktion dar und ist deshalb beliebig oft differenzierbar, d.h. es gilt

$$F^{(n)}(s) = \frac{d^n F(s)}{ds^n} = \frac{d^n}{ds^n}\left\{\int_0^\infty f(t)\, e^{-st}\, dt\right\} \qquad (n = 1, 2, \ldots).$$

Da jedoch für $\mathbf{0}(e^{\alpha_0 t})$ das Integral in jeder Halbebene $\sigma > \sigma_1 \geqslant \alpha_0$ gleichmäßig bezüglich σ und ω konvergiert, lassen sich entsprechend den obigen Überlegungen die Differentiation und Integration vertauschen, woraus für die Differentiation im Bildraum

$$F^{(n)}(s) = \int_0^\infty (-t)^n f(t)\, e^{-st}\, dt = L\{(-t)^n f(t)\} \qquad (\operatorname{Re} s > \alpha_0) \qquad \text{(IV.73)}$$

folgt. Die Differentiation im Bildraum nach Gl. (IV.73) kann z.B. für das Auffinden von Bildfunktionen sehr nützlich sein, nämlich dann, wenn $L\{f(t)\} = F(s)$ bekannt ist und die Bildfunktion der mit einer Potenz multiplizierten Originalfunktion gesucht wird. Mit $L\{1(t)\} = \frac{1}{s}$ für $\text{Re}\, s > 0$ ergibt Gl. (IV.73)

$$L\{t\} = -\frac{d}{ds}\left[\frac{1}{s}\right] = \frac{1}{s^2} \qquad \text{für Re}\, s > 0$$

und die n-fache Ableitung liefert Gl. (IV.21).

• **Beispiel IV.9:**

Gesucht sind mit Hilfe der Differentiationsregel im Bildraum die Bildfunktionen von $f(t) = t \sin \beta t$ und $f(t) = t \cos \beta t$. Nach Gl. (IV.19) ist

$$L\{\sin \beta t\} = \frac{\beta}{s^2 + \beta^2} \qquad \text{für Re}\, s > 0$$

und damit wird

$$L\{t \sin \beta t\} = -\frac{d}{ds}\left[\frac{\beta}{s^2 + \beta^2}\right] = \frac{2\beta s}{(s^2 + \beta^2)^2} \qquad \text{für Re}\, s > 0\,.$$

Entsprechend gilt

$$L\{t \cos \beta t\} = -\frac{d}{ds}\left[\frac{s}{s^2 + \beta^2}\right] = \frac{s^2 - \beta^2}{(s^2 + \beta^2)^2} \qquad \text{für Re}\, s > 0\,.$$

Durch Anwendung des Dämpfungssatzes Gl. (IV.32) ergeben sich außerdem unmittelbar die Korrespondenzen

$$L\{e^{-at}\, t \sin \beta t\} = \frac{2\beta(s+a)}{[(s+a)^2 + \beta^2]^2} \qquad \text{für Re}\, s > -a$$

sowie

$$L\{e^{-at}\, t \cos \beta t\} = \frac{(s+a)^2 - \beta^2}{[(s+a)^2 + \beta^2]^2} \qquad \text{für Re}\, s > -a\,.$$ •

Zur Ableitung der Integration im Bildraum gehen wir von der Beziehung

$$L\left\{\frac{f(t)}{t}\right\} = Q(s) \tag{IV.74a}$$

aus, wobei natürlich $q(t) = \frac{f(t)}{t}$ eine *Objektfunktion* sein muß, was dann sicher für die 0_1-Funktion $f(t)$ zutrifft, wenn der Grenzwert von $\frac{f(t)}{t}$ für $t \to +0$ existiert.

Dann folgt mit Gl. (IV.73) aus Gl. (IV.74a)

$$\mathcal{L}\{f(t)\} = \mathcal{L}\{t\,q(t)\} = F(s) = -\frac{dQ(s)}{ds}$$

oder durch Integration längs einer Halbgeraden, die mit der reellen Achse einen Winkel φ mit $|\varphi| < \frac{\pi}{2}$ einschließt,

$$\int_s^\infty F(p)\,dp = Q(s)\,, \qquad \text{(IV.74b)}$$

da, wie aus der Definition des $\mathcal{L}$-Integrales Gl. (IV.9) hervorgeht, für Re $s \to +\infty$ entlang einer solchen Halbgeraden der Integrand und damit das Integral Null ist, d.h. es gilt für die obere Grenze

$$\lim_{\text{Re}\, s \to +\infty} Q(s) = 0\,.$$

Darüber hinaus ist für Integrale im Bildbereich, deren Integrationswege sich ins Unendliche erstrecken, der folgende Satz hilfreich.

Satz IV.8: Konvergiert $\mathcal{L}\{f(t)\} = F(s)$ für Re $s > \alpha_0$, so strebt

$F(s) \to 0$ für $s \to \infty$

und zwar gleichmäßig in jeden Winkelraum

$|\text{arc}\,(s - s_0)| \leqslant \psi < \frac{\pi}{2}$ mit Re $s_0 > \alpha_0$.

Dieser Satz liefert also eine gewisse Aussage über das Verhalten von $F(s)$ im Unendlichen. Jedoch über das Verhalten entlang vertikaler Geraden (z.B. imaginäre Achse) wird nichts ausgesagt [47].

Aus den Gln. (IV.74) ergibt sich unmittelbar für die Integration im Bildraum

$$Q(s) = \mathcal{L}\left\{\frac{f(t)}{t}\right\} = \int_s^\infty F(p)\,dp\,. \qquad \text{(IV.75a)}$$

Ist $f(t)$ eine 0_2-Funktion von $\mathbf{0}(e^{\alpha_0 t})$ und existiert der Grenzwert $\frac{f(t)}{t}$ für $t \to +0$, dann existiert in Gl. (IV.75a) $Q(s)$ für Re $s > \alpha_0$. Unter entsprechenden Voraussetzungen ergibt sich durch n-fache Integration

$$\mathcal{L}\left\{\frac{f(t)}{t^n}\right\} = \int_s^\infty \int_{p_1}^\infty \cdots \int_{p_{n-1}}^\infty F(p_n)\,dp_n \ldots dp_2\,dp_1 = \left(\int_s^\infty dp\right)^n F(p) \qquad \text{(IV.75b)}$$

oder

$$L\left\{\frac{f(t)}{t^n}\right\} = \frac{1}{(n-1)!}\int_s^\infty (p-s)^{n-1}\,F(p)\,dp\,, \tag{IV.75c}$$

wie sich durch Differentiation nach s prüfen läßt.

- **Beispiel IV.10:**

In Unterabschnitt IV.2.5 stellten wir bei der Betrachtung über die Linearität fest, daß die Bildfunktion

$$L\left\{\frac{1-e^{-t}}{t}\right\}$$

existiert, die wir mit Hilfe der Integrationsregel im Bildraum ermitteln. Sind $a > b > 0$ reelle Zahlen, dann gilt mit Gl. (IV.17) und Gl. (IV.75 a) die Beziehung

$$L\left\{\frac{e^{-at}-e^{-bt}}{t}\right\} = \int_s^\infty \left(\frac{1}{p+a} - \frac{1}{p+b}\right) dp = \log\frac{p+a}{p+b}\Big|_s^\infty = \log\frac{s+b}{s+a}$$

für $\operatorname{Re} s > -b$. Daraus folgt für $a = 0$ und $b = 1$ die gesuchte Bildfunktion

$$L\left\{\frac{1-e^{-t}}{t}\right\} = \log\left(1+\frac{1}{s}\right) \qquad (\operatorname{Re} s > 0).$$

•

Nach Satz IV.4 ist mit $f(t)$ auch $g(t) = \int_0^t f(\tau)\,d\tau$ eine Bildfunktion.

Die Anwendung von Gl. (IV.38) und Gl. (IV.75 a) liefert daher

$$L\left\{\int_0^t \frac{f(\tau)}{\tau}\,d\tau\right\} = \frac{1}{s}\int_s^\infty F(p)\,dp$$

und allgemein mit Gl. (IV.75 b)

$$L\left\{\left(\int_0^t d\tau\right)^n \frac{f(\tau)}{\tau}\right\} = \frac{1}{s^n}\int_s^\infty F(p)\,dp. \tag{IV.76}$$

- **Beispiel IV.11:**

Wie lautet die Bildfunktion der *Integralsinusfunktion*

$$\operatorname{Si}(kt) = \int_0^t \frac{\sin k\tau}{\tau}\,d\tau,$$

wenn k eine reelle Konstante darstellt? Wir setzen hierzu die Bildfunktion von Gl. (IV.19) in den Integralausdruck von Gl. (IV.75 a) ein und erhalten

$$L\left\{\frac{\sin kt}{t}\right\} = \int_s^\infty \frac{k}{p^2+k^2}\,dp = \frac{\pi}{2} - \arctan\frac{s}{k} = \operatorname{arc\,cot}\frac{s}{k} = \arctan\frac{k}{s}$$

für Re s > 0, woraus mit Gl. (IV.76) die Beziehung

$$L\{\mathrm{Si}(kt)\} = \frac{1}{s}\operatorname{arc\,cot}\frac{s}{k} = \frac{1}{s}\arctan\frac{k}{s} \qquad (\mathrm{Re}\, s > 0)$$

● folgt.

Die Differentiation und Integration im Bildraum gestatten also, unter entsprechenden Bedingungen, die Bildfunktionen, einer mit einer Potenz von t multiplizierten bzw. dividierten Originalfunktion, zu finden. Es liegt nun nahe, diese Beziehungen auf *zeitvariable Dgln.*, deren Koeffizienten rationale Funktionen von t oder durch solche approximierbar sind, anzuwenden. Sie lassen sich durch Multiplikation mit dem Hauptnenner auf Dgln. mit Polynomkoeffizienten überführen.

Als Beispiel hierzu betrachten wir die *Besselsche Dgl.*

$$tx'' - (2a-1)\,x' + tx = 0 \qquad \text{(a reell)}$$

mit $x(+0) = 1$ und $x'(+0) = 0$. Mit den Beziehungen Gl. (IV.73) und Gl. (IV.36) ergibt sich im Bildraum unter der Annahme, daß $x''(t)$ eine L-Transformierte besitzt, die Gleichung

$$-\frac{d}{ds}\left[s^2X(s) - sx(+0) - x'(+0)\right] - (2a-1)\left[sX(s) - x(+0)\right] - \frac{dX(s)}{ds} = 0$$

oder durch Umformung

$$(s^2+1)\,X'(s) + (2a+1)\,sX(s) = 2ax(+0).$$

Die obige Gleichung stellt in s zwar ebenfalls eine Dgl. mit variablen Koeffizienten dar, aber sie ist lediglich von erster Ordnung und daher durch Quadratur lösbar. Für a = 0 wird

$$X'(s) = -\frac{s}{s^2+1}\,X(s)$$

und nach den Gln. (III.56) und (III.57) besitzt sie die Lösung

$$X(s) = Ke^{V(s)},$$

wobei

$$V(s) = -\int \frac{s}{s^2+1}\,ds = \frac{1}{2}\ln(s^2+1)$$

ist. Die Lösung für X(s) lautet daher

$$X(s) = K_1 \frac{1}{\sqrt{s^2 + 1}}.$$

Mit der Korrespondenz

$$\frac{1}{\sqrt{s^2 + 1}} \bullet\!\!-\!\!\circ\, J_0(t),$$

wobei $J_0(t)$ die *Besselsche Funktion nullter Ordnung* bedeutet, folgt schließlich

$$x(t) = K_1 J_0(t).$$

Die Probe, durch Einsetzen der Lösung in die Ausgangsgleichung, zeigt, daß sie tatsächlich eine (partikuläre) Lösung darstellt; es erübrigt sich dann die Voraussetzungen nachzuprüfen. Durch die L-Transformation erhalten wir aber leider *nur eine* (partikuläre) Lösung der zeitvariablen Dgl. 2. Ordnung. Dies deutet darauf hin, daß die 2. Ableitung der zu J_0 (t) linear unabhängigen Lösung offensichtlich keine L-Transformierte besitzt. Sie läßt sich also nicht mit Hilfe der L-Transformation finden. Hingegen kann man bei linearen Dgln. 2. Ordnung, wenn eine Lösung bekannt ist, eine weitere dazu linear unabhängige Lösung durch bloße Quadraturen bestimmen.

Ist allgemein die *zeitvariable Dgl.* von der *Ordnung n* und ist der *höchste Grad der Polynomkoeffizienten* m, so entsteht im Bildbereich eine Dgl. m-ter Ordnung, deren Koeffizienten Polynome von höchstens n-ten Grades sind. Für $m < n$ weist somit die *Bildgleichung einen niedrigeren Grad als die Originalgleichung* auf, so daß die Gleichung im Bildbereich eine einfachere Bauart besitzt; allerdings gibt es dann mindestens $n - m$ linear unabhängige Lösungen der Originalgleichung, deren n-te Ableitung keine L-Transformierte haben. Im Falle n = m kann unter Umständen die Bildgleichung von einfacherer Form als die Originalgleichung sein. Sind die Polynomkoeffizienten nur vom ersten Grad, so entstehen zwar im Bildbereich Dgln. 1. Ordnung, die sich stets durch Quadraturen lösen lassen, aber zum Auffinden von weiteren linear unabhängigen Lösungen, muß man dann doch auf andere Verfahren zurückgreifen.

Für $a \neq 0$ aber $x(+0) = 0$ wird

$$X'(s) = -(2a + 1) \frac{s}{s^2 + 1} X(s)$$

und entsprechend

$$X(s) = K(s^2 + 1)^{-a - 1/2}.$$

Im Falle $a \leqslant -1/2$ *existiert überhaupt keine Lösung,* deren 2. Ableitung eine L-Transformierte darstellt, da X(s) für $s \to \infty$ nicht gegen Null strebt und nach Satz IV.8 daher keine L-Transformierte sein kann. Wie die vorstehende Ableitung zeigt, ist in dieser Form die Anwendungsmöglichkeit der L-Transformation begrenzt.

Für verschiedene Typen von *linearen Dgln. mit Polynomkoeffizienten* wurden auch noch andere *Integraltransformationen,* wie z.B. die *Mellin-Transformation,* die *Hankel-Transformation* und weitere herangezogen [12], [45] und [64]. Andere Lösungsmethoden beruhen auf dem Ansatz der Lösungen als komplexe Wegintegrale, z.B. [46] und [47]. Weitere Operatorenmethoden zur Lösung von *zeitvariablen linearen Dgln.* sind in [11] und [14] zu finden.

5.3. Analytische Fortsetzung

Bevor wir im nächsten Abschnitt auf die Darstellung der inversen Laplace-Transformation in Form eines (komplexen) Integralausdruckes kommen, wollen wir noch auf eine wichtige Tatsache hinweisen. Die L-Transformierte stellt nach Satz IV.7 in der Konvergenzhalbebene eine *analytische Funktion* dar. So konvergiert z.B. nach Gl. (IV.15) das L-Integral für die Sprungfunktion $1(t)$ in der Halbebene $\operatorname{Re} s > 0$ und besitzt dort den Wert $F(s) = \frac{1}{s}$. Die Bildfunktion $F(s) = \frac{1}{s}$ ist jedoch nicht nur in der Halbebene $\operatorname{Re} s > 0$, sondern in der gesamten Ebene mit Ausnahme des Ursprungs $s = 0$ analytisch. Auf die Bildfunktion werden deshalb, so wie wir das z.B. in Abschnitt IV.4 taten, *stillschweigend die Sätze der Funktionentheorie angewendet,* ohne darauf Rücksicht zu nehmen, ob man dabei im *Konvergenzgebiet* des L-Integrals bleibt. Man muß sich dann natürlich fragen, ob dies zulässig ist. Eine Antwort hierauf liefert das *Prinzip der analytischen Fortsetzung.* Um uns dieses Prinzip klar zu machen, gehen wir von der folgenden Betrachtung aus.

Die Potenzreihe

$$F_1(s) = \sum_{n=0}^{\infty} s^n \qquad (s = \sigma + i\omega)$$

konvergiert für $|s| < 1$ und ist, wie in Bild IV.10 gezeichnet, im Gebiet G_1, das den Einheitskreis um den Nullpunkt $s = 0$ darstellt, analytisch. Für $|s| \geqslant 1$ hingegen ist $F_1(s)$ nicht definiert, da die Reihe divergiert. Entsprechend ist wegen $\left|\frac{s-i}{1-i}\right| = \frac{1}{\sqrt{2}}|s-i| < 1$ die Reihe

$$F_2(s) = \frac{1}{1-i} \sum_{n=0}^{\infty} \left(\frac{s-i}{1-i}\right)^n$$

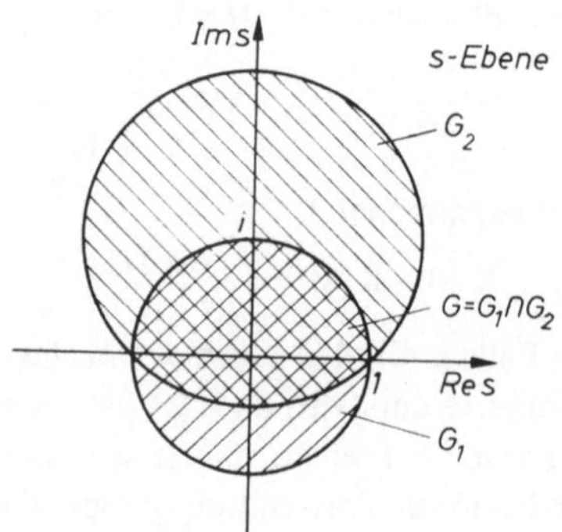

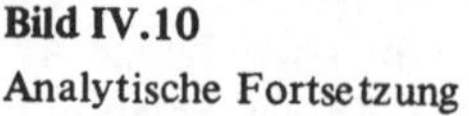
Bild IV.10
Analytische Fortsetzung

für $|s-i|<\sqrt{2}$, d.h. in dem Gebiet G_2, das den Kreis um den Punkt i mit dem Radius $\sqrt{2}$ darstellt, analytisch. In *beiden Fällen* lassen sich die *Werte der geometrischen Reihen in ihren Konvergenzgebieten geschlossen angeben* und zwar erhält man jeweils den Wert

$$F(s) = \frac{1}{1-s} \; .$$

Die beiden Funktionen $F_1(s)$ und $F_2(s)$ sind als *Teildarstellungen* oder *„Elemente"* ein und derselben Funktion $F(s)$ anzusehen, die in dem aus G_1 und G_2 gebildeten Gesamtgebiet, siehe Bild IV.10, regulär ist. Da die beiden regulären Funktionen $F_1(s)$ und $F_2(s)$ ein gemeinsames Gebiet G besitzen, wo beide übereinstimmen ($G = G_1 \cap G_2$), stellt $F_2(s)$ die analytische Fortsetzung der in G_1 gegebenen Funktion $F_1(s)$ in das Gebiet G_2 dar. In der gleichen Weise kann man $F_1(s)$ als analytische Fortsetzung von $F_2(s)$ betrachten. In diesem Fall lassen sich weitere Kreise bestimmen, die in einem Teilgebiet mit dem von $G = G_1 \cup G_2$ übereinstimmen und man erhält ein größeres analytisches Gebiet $G = G_1 \cup G_2 \cup G_3$. Fährt man in dieser Weise fort, so läßt sich schließlich $F_1(s)$ in die *gesamte Ebene mit Ausnahme des Punktes* $s = 1$ *analytisch fortsetzen.* Durch diese Teildarstellungen wird in diesem Gesamtgebiet eine reguläre Funktion

$$F(s) = \begin{cases} F_1(s) & \text{für} \quad |s| < 1 \\ F_2(s) & \text{für} \quad |s-i| < \sqrt{2} \\ \cdot & \\ \cdot & \\ \cdot & \end{cases} \qquad \text{(IV.77 a)}$$

bestimmt, die in diesem einfachen Fall in der *expliziten Form*

$$F(s) = \frac{1}{1-s} \qquad \text{(IV.77 b)}$$

angebbar ist; dies ist jedoch nicht immer möglich. *Die beiden Darstellungen der Gln. (IV.77) drücken ein und dieselbe funktionale Beziehung aus.* Bei Gl. (IV.77 b) spricht man auch von der *„globalen Definition".* Die L-Transformation liefert in den von uns betrachteten Fällen gerade diese globale Definition, so daß man ohne Bedenken mit den Bildfunktionen rechnen kann.

Der obige Sachverhalt läßt sich verallgemeinern und wir fassen das Prinzip der analytischen Fortsetzung in dem folgenden Satz zusammen [65]:

> **Satz IV.9**: In einem Gebiet G_1 sei eine reguläre Funktion $F_1(s)$ gegeben, und es sei G_2 ein anderes Gebiet, das mit G_1 ein gewisses Teilgebiet G (aber auch nur dieses) gemeinsam hat. Wenn es dann eine in G_2 reguläre Funktion $F_2(s)$ gibt, die in G mit $F_1(s)$ übereinstimmt, so kann es nur eine einzige geben. $F_1(s)$

und $F_2(s)$ sind Elemente ein und derselben durch sie bestimmten und im Gesamtgebiet regulären Funktion $F(s)$; die Teildarstellungen $F_1(s)$ und $F_2(s)$ heißen analytische Fortsetzung voneinander.

Diese Überlegungen führen auch zu einer Rechtfertigung, von der wir stillschweigend bei der expliziten Berechnung des $\mathcal{L}$-Integrals Gl. (IV.9) ausgingen.

In den meisten Fällen führten wir die Integration mit Hilfe der Methoden aus, wie sie für *reelle* Integranden gelten, obwohl e^{-st} einen komplexen Ausdruck darstellt. Eine Möglichkeit diese Schwierigkeiten zu umgehen ist, wie bereits in den Unterabschnitten IV.2.1 und IV.2.2 gezeigt, die Exponentialfunktion in $e^{-st} = e^{-\sigma t} \cos \omega t - i e^{-\sigma t} \sin \omega t$ aufzuspalten; dann erhält man zwei Integrale mit reellem Integranden. Diese Methode ist jedoch komplizierter als notwendig. Eine einfachere und rechnerisch geeignetere Methode beruht darauf, daß die $\mathcal{L}$-Transformierte $F(s)$ eine analytische Funktion z.B. in der Konvergenzhalbebene $\operatorname{Re} s = \sigma > \alpha_0$ darstellt. Führt man die Integration für die reelle Funktion $s = \sigma = x$ [23]) aus, so erhält man die reelle Funktion $\psi(x)$, die entlang der reellen Achse $x > \alpha_0$ mit der Funktion $F(s)$ identisch ist, d.h. $\psi(x) = F(x)$ für $x > \alpha_0$. Da jedoch nach dem Identitätssatz für analytische Funktionen [65], zwei in einem Gebiet reguläre Funktionen, die längs eines (wenn auch noch so kleinen) Wegstückes übereinstimmen, in diesem Gebiet überall einander gleich sind, muß $\psi(s) \equiv F(s)$ sein, wenn $\psi(s)$ eine analytische Funktion in der Halbebene ist. Es ist dabei noch wichtig zu wissen, daß die Fortsetzung einer Funktion einer reellen Veränderlichen ins Komplexe (falls überhaupt möglich) nur auf eine einzige Art durchgeführt werden kann.

Die $\mathcal{L}$-Transformierte läßt sich also dadurch finden, daß man die Integration so ausführt, als ob s eine reelle Variable sei. Das bedeutet, wenn man $F(\sigma)$ kennt, ergibt sich $F(s)$ durch Substitution von σ durch s. Besonders in solchen Fällen, in denen eine *mehrdeutige Funktion* $F(s)$ auftritt, ist eine *gewisse Vorsicht am Platze.*

- **Beispiel IV.12:**

Die Funktion $f(t) = \frac{1}{\sqrt{t}}$ ist an ihrer Ausnahmestelle $t = 0$ absolut integrierbar, da

$$\lim_{\epsilon \to 0} \int_{\epsilon}^{b} \left| \frac{1}{\sqrt{t}} \right| dt = \lim_{\epsilon \to 0} \int_{\epsilon}^{b} t^{-1/2}\, dt = \lim_{\epsilon \to 0} \left[\frac{1}{2} \sqrt{t} \right] \Bigg|_{\epsilon}^{b} = \frac{1}{2} \sqrt{b}$$

mit $b > \epsilon = \text{const.}$ existiert. Außerdem ist sie von exponentieller Ordnung $\alpha_0 = 0$, so daß sie für $\operatorname{Re} s > 0$ eine $\mathcal{L}$-Transformierte besitzt. In diesem Fall erscheint es wesentlich s durch σ zu ersetzen. Mit der Substitution $\sigma t = u$ folgt

$$\int_0^\infty t^{-1/2} e^{-\sigma t}\, dt = \frac{1}{\sqrt{\sigma}} \int_0^\infty e^{-u} u^{1/2}\, du = \frac{1}{\sqrt{\sigma}} \Gamma\left(\frac{1}{2}\right) = \left(\frac{\pi}{\sigma}\right)^{1/2} \quad (\sigma > 0)\,. \qquad \text{(IV.78a)}$$

[23]) Um die Allgemeingültigkeit hervorzuheben, haben wir hier $\sigma = x$ gesetzt.

Wir beschränken uns bei den Wurzelausdrücken auf den *positiven Zweig (Hauptzweig).* Die Funktion $\sqrt{\sigma}$ setzen wir lediglich auf das *Blatt der Riemannschen Fläche* der Funktion $s^{1/2}$ analytisch fort, in dem die Punkte von $\sqrt{\sigma}$ liegen. Für diesen nun eindeutigen Zweig der Funktion $s^{1/2}$ schreiben wir $\sqrt{s}$, so daß schließlich für

$$L\left\{\frac{1}{\sqrt{t}}\right\}=\sqrt{\frac{\pi}{s}} \qquad (\mathrm{Re}\, s>0) \qquad \text{(IV.78b)}$$

folgt. Entsprechend findet man allgemein (für den Hauptzweig) mit der Substitution $\sigma t = u$ für reelle $a > -1$

$$\int_0^\infty e^{-\sigma t}\, t^a\, dt = \frac{1}{\sigma^{a+1}} \int_0^\infty e^{-u}\, u^a\, du = \frac{\Gamma(a+1)}{\sigma^{a+1}}$$

oder durch analytische Fortsetzung

$$L\{t^a\} = \frac{\Gamma(a+1)}{s^{a+1}} \qquad \text{für } a > -1 \;\; (\mathrm{Re}\, s > 0), \qquad \text{(IV.78c)}$$

• da der zweite Integralausdruck, wie in Gl. (IV.78a) die *Gammafunktion* darstellt.

5.4. Die allgemeine Umkehrformel

Eine allgemeine Beziehung für die *inverse L-Transformation* läßt sich aus dem *Fourierschen Integraltheorem* ableiten, das wir nicht beweisen wollen, siehe hierzu z.B. [1] Bd. IV, [2] Teil II und V sowie [59]. Es besagt:

Satz IV.10: Die Funktion $f(t)$ erfülle in jedem endlichen Intervall die Dirichletschen Bedingungen und sie sei über das unendliche Intervall im Riemannschen Sinne absolut integrierbar, d.h. es konvergiere das Integral

$$\int_{-\infty}^{+\infty} |f(t)|\, dt\, , \qquad \text{(IV.79)}$$

dann konvergiert das Integral

$$F(\omega) = \int_{-\infty}^{+\infty} f(t)\, e^{-i\omega t}\, dt \qquad \text{(IV.80a)}$$

bezüglich der unendlichen Grenzen für alle reellen ω gleichmäßig. Die durch das Fourier-Integral Gl. (IV.80a) definierte Funktion $F(\omega)$ ist außerdem mit $f(t)$ durch das inverse Fourier-Integral

$$f(t) = \frac{1}{2\pi} \int_{-\infty}^{+\infty} F(\omega)\, e^{i\omega t}\, d\omega \qquad \text{verknüpft.} \qquad \text{(IV.80b)}$$

Einige Bemerkungen zu Satz IV.10 sind notwendig:

1. Die Funktion f(t) erfüllt dann die *Dirichletschen Bedingungen,* wenn in (a, b)
   A) f(t) eine S_1-Funktion ist, also nur Unstetigkeiten erster Art aufweist und
   B) f(t) nur endlich viele (begrenzte) Schwankungen, also nur endlich viele Maxima und Minima hat.

Anders ausgedrückt bedeutet die Eigenschaft B), daß man die Funktion in (a, b) in *endlich viele Teilintervalle* zerlegen kann, in der sie monoton ist. Die Funktion $f(t) = \sin \frac{1}{t}$ besitzt z.B. diese Eigenschaft nicht.

2. Anstelle der *Dirichletschen Bedingungen* fordert man häufig, daß die Funktion (in jedem endlichen Intervall) von *beschränkter Variation* ist. Über die Definition der Klasse von (reellen) Funktionen mit beschränkter Variation, die vor allem im Zusammenhang mit dem *Stieltjesschen Integralbegriff* von Bedeutung sind, siehe [1] Bd. IV. Ist f(t) in (a, b) von beschränkter Variation, so sind in ihr auch die Dirichletschen Bedingungen enthalten.

3. Diese (hinreichenden) Bedingungen stellen nicht die allgemeinste Aussage für die *Existenz der Fourier-Integrale* dar, aber für unsere Belange sind sie ausreichend.

4. Im allgemeinen ist $F(\omega) = R(\omega) + i X(\omega)$ eine komplexe Funktion des reellen Parameter ω. In manchen Büchern werden auch die Gln. (IV.80) mit $F(i\omega)$ anstatt $F(\omega)$ definiert.

5. Das Integral Gl. (IV.80b) ist dabei im Sinne des *Cauchyschen Hauptwertes,* d.h.

$$f(t) = \frac{1}{2\pi} \int_{-\infty}^{+\infty} F(\omega)\, e^{i\omega t}\, d\omega = \frac{1}{2\pi} \lim_{\gamma \to \infty} \int_{-\gamma}^{+\gamma} F(\omega)\, e^{i\omega t}\, d\omega$$ [24])

zu verstehen. Existieren jedoch die Grenzwerte des uneigentlichen Integrals

$$\int_{-\infty}^{+\infty} F(\omega)\, e^{i\omega t}\, d\omega = \lim_{\gamma_1 \to \infty} \int_{-\gamma_1}^{0} F(\omega)\, e^{i\omega t}\, d\omega + \lim_{\gamma_2 \to \infty} \int_{0}^{\gamma_2} F(\omega)\, e^{i\omega t}\, d\omega,$$

dann liefern sie das selbe Ergebnis wie der Hauptwert, bei dem wegen $\gamma_1 = \gamma_2 = \gamma$ die Integration über ein *symmetrisch zum Ursprung* gelegenes Intervall erfolgt. Ist z.B. der Integrand eine ungerade Funktion, für welche die einzelnen Grenzwerte nicht kon-

---

24) Gelegentlich schreibt man, um in diesem Fall hervorzuheben, daß es sich um den (Cauchyschen) Hauptwert (valor principalis) handelt $\text{V.P.} \int_{-\infty}^{+\infty} \ldots\, d\omega$.

vergieren, so kann dennoch der Hauptwert existieren, wie das Beispiel für $t = 0$ und $\gamma > 0$

$$\lim_{\gamma \to \infty} \int_{-\gamma}^{+\gamma} \frac{\omega}{1+\omega^2} \, d\omega = \lim_{\gamma \to \infty} \left[\frac{1}{2} \ln(1+\gamma^2) - \frac{1}{2} \ln(1+\gamma^2) \right] = 0$$

zeigt; die einzelnen Grenzwerte existieren jedoch nicht.

6. Das Integral Gl. (IV.80b) liefert an den Sprungstellen den Mittelwert der Grenzwerte von links und von rechts, wir definieren daher

$$f(t) = \frac{f(t+0) + f(t-0)}{2} .$$

An einer Stetigkeitsstelle gilt $f(t+0) = f(t-0)$; da wir aber Funktionen, die sich lediglich durch Nullfunktionen unterscheiden, nicht als verschieden ansehen, ist es hier bedeutungslos, daß wir in diesem speziellen Fall der Funktion $f(t)$ an einer Sprungstelle den obigen Mittelwert zuordnen.

7. Die Bedingung Gl. (IV.79) stellt eine sehr starke Einschränkung dar, denn sie ist schon bei Funktionen wie $f(t) = t^n$ oder e^{at} nicht erfüllt, d.h. diese Funktionen sind von der Umkehrung ausgeschlossen.

Ersetzen wir daher aus dem letzten Grunde $f(t)$ durch $e^{-\sigma t} f(t)$ mit einer geeignet gewählten (reellen) Konstanten $\sigma > 0$ und beachten gleichzeitig, daß der (einseitigen) L-Transformation nur das einseitige unendliche Intervall $0 \leqslant t < \infty$ zugrundeliegt, d.h. $f(t) = 0$, für $t < 0$, so ergibt sich aus Gl. (IV.80a) die Bildfunktion

$$F(\omega) = \int_0^\infty f(t) \, e^{-\sigma t} \, e^{-i\omega t} \, dt$$

oder wenn man σ als *Parameter* auffaßt (und sich die Gl. ins Komplexe fortgesetzt denkt)

$$\int_0^\infty f(t) \, e^{-\sigma t} \, e^{-i\omega t} \, dt = \int_0^\infty f(t) \, e^{-(\sigma + i\omega)t} = F(\sigma + i\omega) = F(s).$$

Die Gl. (IV.80b) liefert

$$\frac{1}{2\pi} \int_{-\infty}^{+\infty} F(\omega) \, e^{i\omega t} \, d\omega = e^{-\sigma t} f(t) \qquad \text{für} \quad t > 0$$

und Null für $t < 0$. Daraus folgt

$$\frac{1}{2\pi} \int_{-\infty}^{+\infty} F(\sigma + i\omega) \, e^{(\sigma + i\omega)t} \, d\omega = \begin{cases} f(t) & \text{für } t > 0 \\ 0 & \text{für } t < 0 . \end{cases}$$

Mit $\sigma + i\omega = s$ erstreckt sich für ein festes σ_1 die *Integration* von $\sigma_1 - i\infty$ bis $\sigma_1 + i\infty$, also in der *komplexen Ebene* entlang der zur imaginären Achse *parallelen* Geraden mit der Abszisse σ_1. Dann ist wegen $ds = i\,d\omega$

$$\frac{1}{2\pi i}\int_{\sigma_1 - i\infty}^{\sigma_1 + i\infty} F(s)\, e^{st}\, ds = \begin{cases} f(t) & \text{für } t > 0 \\ 0 & \text{für } t < 0 . \end{cases}$$

Dieser Integralausdruck stellt die allgemeine (komplexe) Umkehrformel der L-Transformation dar. Das Integral ist ebenfalls im Sinne des *Cauchyschen Hauptwertes* definiert; es liefert auch an einer *Sprungstelle wieder den Mittelwert,* also für $t = 0$ den Wert $\frac{1}{2} f(+0)$, da $f(-0) = 0$ ist.

Das Ergebnis fassen wir im folgenden Satz zusammen:

Satz IV.11: Es konvergiere $L\,\{f(t)\} = F(s)$ für ein reelles $s = \sigma_0$ und damit für $\mathrm{Re}\, s \geqslant \sigma_0$ absolut, d.h.

$$\int_0^\infty e^{-\sigma_0 t}\, |f(t)|\, dt < \infty . \qquad \text{(IV.81)}$$

An jeder Stelle $t > 0$, wo $f(t)$ in einer Umgebung von beschränkter Variation ist, gilt die allgemeine Umkehrformel

$$\frac{f(t+0) + f(t-0)}{2} = \text{V.P.}\, \frac{1}{2\pi i}\int_{\sigma_1 - i\infty}^{\sigma_1 + i\infty} F(s)\, e^{st}\, ds \qquad (\sigma_1 \geqslant \sigma_0) . \quad \text{(IV.82)}$$

Für $t = 0$ fordern wir, daß $f(t)$ in dem rechtsseitigen Intervall von beschränkter Variation ist, dann gilt entsprechend

$$\frac{f(+0)}{2} = \text{V.P.}\, \frac{1}{2\pi i}\int_{\sigma_1 - i\infty}^{\sigma_1 + i\infty} F(s)\, ds \qquad (\sigma_1 \geqslant \sigma_0) .$$

Die Abszisse des zur imaginären Achse parallelen Integrationsweges muß also für ein gegebenes $F(s)$ *rechts von allen singulären Punkten,* also in der analytischen Halbebene, verlaufen. Das Umkehrintegral Gl. (IV.82) liefert daher eine eindeutige Funktion $f(t)\, 1(t)$. Die *allgemeine Umkehrformel der L-Transformation* Gl. (IV.82) ist wegen der Forderung Gl. (IV.81) *wesentlich weitreichender, als die der Fourier-Transformation* Gl. (IV.80b). So erfüllen z.B. die Funktionen $f(t) = t^n$ und e^{at} für alle $a < \sigma_0$ zwar die Gl. (IV.81), aber nicht Gl. (IV.79). Dennoch ist die allgemeine Umkehrformel

$$f(t) = \frac{1}{2\pi i}\int_{\sigma_1 - i\infty}^{\sigma_1 + i\infty} F(s)\, e^{st}\, ds \qquad \text{(IV.82)}$$

nicht völlig befriedigend, denn es wird nach Satz IV.11 ebenso, wie bei dem *Fourierschen* Integraltheorem Satz IV.10, die beschränkte Variation von f(t) in jedem endlichen Intervall gefordert, während wir in Unterabschnitt IV.2.3 für eine 0_1-Funktion in jedem endlichen Intervall nur die absolute Integrierbarkeit forderten und insbesondere isolierte Unendlichkeitsstellen zuließen, für die natürlich Gl. (IV.82) versagen muß.

Auf einen wesentlichen Punkt wollen wir noch hinweisen. In Satz IV.11 wird F(s) als L-Transformierte vorausgesetzt. Dies ist wichtig, denn die Funktion f(t), die man aus Gl. (IV.82) bekommt, wenn man für F(s) eine beliebige, in der Halbebene Re $s \geqslant \sigma_0$ reguläre Funktion nimmt, muß keineswegs F(s) als L-Transformierte haben. Beispiele hierfür sind die (mindestens in einer Halbebene regulären) Funktionen $F(s) = C \neq 0$ mit C als (komplexe) Konstante oder $F(s) = e^{as}$ (a beliebig komplex), die nach Satz IV.3 im Unterabschnitt IV.2.4 keine Bildfunktion der L-Transformation sein können[25]).

Nach Satz IV.8 konvergiert die L-Transformierte F(s) gegen Null, wenn s durch reelle Werte oder sogar auf einem Strahl der komplexen Ebene, der eine Neigung $< \frac{\pi}{2}$ gegen die positive reelle Achse hat, gegen Unendlich strebt. Dies stellt jedoch nur eine *notwendige* Bedingung dar, wie e^{-s} zeigt, das für $s \to \infty$ gegen 0 strebt, aber nach Satz IV.3 keine Bildfunktion sein kann. Einige *hinreichende* (aber leider nicht notwendige) Bedingungen für die Darstellbarkeit einer Funktion F(s) als L-Transformierte einer Funktion f(t), d.h. unter welchen Bedingungen für F(s)

$$L\left\{L^{-1}\{F(s)\}\right\} = F(s)$$

ist, lassen sich angeben. Aus dem *Fourierschen* Integraltheorem ergibt sich die folgende notwendige Bedingung. Konvergiert die in einer Halbebene Re $s > \sigma_0$ *analytische Funktion* F(s) in jeder Halbebene $\sigma \geqslant \sigma_1 > \sigma_0$ für $s \to \infty$ gleichmäßig gegen Null und ist

$$\text{V.P.} \int_{-\infty}^{+\infty} |F(\sigma + i\omega)| \, d\omega < \infty ,$$

so stellt F(s) die L-Transformierte einer Funktion f(t) dar. Eine andere *hinreichende* Bedingung folgt unmittelbar aus Abschnitt 4, nämlich daß F(s) eine *echt gebrochene rationale Funktion* in s darstellt (d.h. $n > m$ in Gl. (IV.59 a)). Nach dem ersten Verschiebungssatz Gl. (IV.29) ist mit Q(s) für reelle $T \geqslant 0$ auch $F(s) = Q(s)\, e^{-sT}$ eine L-Transformierte. Eine weitere *hinreichende* Bedingung stellt der in Unterabschnitt IV.6.3 angegebene Faltungssatz IV.13 dar.

Im folgenden Satz fassen wir dieses Ergebnis zusammen.

Satz IV.12: Eine Funktion F(s) stellt die L-Transformierte einer Funktion f(t) dar, wenn eine der folgenden Bedingungen gilt:

25) Läßt man hingegen „verallgemeinerte" Funktionen, wie z. B. die δ-Funktion zu, so treten auch Ausdrücke dieser Art als Bildfunktionen auf. Darauf gehen wir in Unterabschnitt V. 1.8 ein.

a) Es existiert für die Zahl σ_0 eine in $\operatorname{Re} s > \sigma_0$ analytische Funktion $F(s)$, die in jeder Halbebene $\sigma \geqslant \sigma_1 > \sigma_0$ für $s \to \infty$ gleichmäßig gegen Null strebt und

$$\text{V.P.} \int_{-\infty}^{+\infty} |F(\sigma + i\omega)| \, d\omega < \infty;$$

b) $F(s)$ ist eine echt gebrochene rationale Funktion in s;

c) $Q(s)$ stellt eine $\mathcal{L}$-Transformierte dar und $F(s)$ ist von der Form

$$F(s) = Q(s)\, e^{-sT} \qquad (T \geqslant 0, \text{ reell});$$

d) $F(s) = G(s)\,H(s)$, falls das Faltungsintegral existiert.

Die Bedingungen in Satz IV.12 sind für viele auftretende Fälle zur Prüfung, ob eine komplexe Funktion $F(s)$ eine $\mathcal{L}$-Transformierte darstellt, ausreichend.

• **Beispiel IV.13:**

$F(s) = \dfrac{e^{-s}}{s}$ stellt nach Fall c) in Satz IV.12 eine $\mathcal{L}$-Transformierte dar. Wir zeigen, daß $F(s)$ auch den Fall a) erfüllt. Wie man sieht, ist $F(s)$ in der Halbebene $\operatorname{Re} s > 0$ regulär; außerdem strebt es für jede Halbebene $\sigma > 0$ gleichmäßig für $s \to \infty$ gegen Null, da

$$F(s) = \frac{e^{-\sigma}}{\sqrt{\sigma^2 + \omega^2}}\, e^{-i\varphi} \qquad \text{mit } \varphi = \left(\omega + \arctan \frac{\omega}{\sigma}\right)$$

unabhängig von φ, sowohl für $\sigma \to \infty$ als auch $\omega \to \infty$ (und natürlich für beide gemeinsam), gegen Null strebt und

$$\text{V.P.} \int_{-\infty}^{+\infty} |F(\sigma + i\omega)| \, d\omega = \text{V.P.} \int_{-\infty}^{+\infty} \frac{e^{-\sigma}}{\sqrt{\sigma^2 + \omega^2}} \, d\omega =$$

$$= \lim_{\omega \to \infty} e^{-\sigma} \left[\ln \left| \omega + \sqrt{\sigma^2 + \omega^2} \right| - \ln \left| \omega + \sqrt{\sigma^2 + \omega^2} \right| \right] = 0.$$

•

5.5. Berechnung des komplexen Umkehrintegrals

In vielen Fällen kann man das *komplexe Umkehrintegral* Gl. (IV.82) berechnen, indem man es durch ein Integral über eine *geschlossene Kurve* $C + \Gamma_1$ der in Bild IV.11 gezeichneten Art ersetzt, wobei Γ_1 ein *Kreisbogen* vom Radius R ist, und dann $R \to \infty$ gehen läßt. Der Kreisbogen Γ_1, also $s = \sigma_1 + Re^{i\Theta}$ mit $R > 0$, verläuft in der Halbebene $\operatorname{Re} s \leqslant \sigma_1$, d.h. $\frac{\pi}{2} \leqslant \Theta \leqslant \frac{3\pi}{2}$. Ist im Gebiet $R > R_0 > 0$ und $\frac{\pi}{2} \leqslant \Theta \leqslant \frac{3\pi}{2}$ die Funktion $F(s)$ *analytisch* und gilt in diesem Gebiet

$$\lim_{R \to \infty} F(s) = \lim_{R \to \infty} F(\sigma_1 + Re^{i\Theta}) = 0 \qquad \text{(IV.83 a)}$$

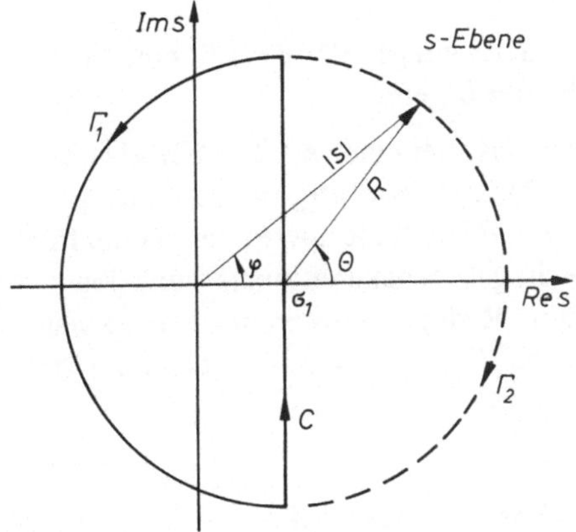

Bild IV.11
Verlauf der Integrationswege Γ_1 und Γ_2

gleichmäßig bezüglich Θ, d.h. man kann für jedes beliebige kleine $\epsilon > 0$ eine solche Zahl $R_0 > 0$ bestimmen, daß $|F(s)| < \epsilon$ für alle s mit $R > R_0$ und $\frac{\pi}{2} \leqslant \Theta \leqslant \frac{3\pi}{2}$ ausfällt[26]), so gilt nach dem *Jordanschen Hilfssatz,* siehe z.B. Teil III.2 von [2] und [59],

$$\lim_{R \to \infty} \int_{\Gamma_1} e^{st} F(s)\, ds = 0 \qquad \text{für } t > 0. \tag{IV.84a}$$

Entsprechend gilt für Γ_2, siehe Bild IV.11, wenn

$$\lim_{R \to \infty} F(s) = \lim_{R \to \infty} F(\sigma_1 + Re^{i\Theta}) = 0 \tag{IV.83b}$$

gleichmäßig bezüglich Θ in $-\frac{\pi}{2} \leqslant \Theta \leqslant \frac{\pi}{2}$ ist,

$$\lim_{R \to \infty} \int_{\Gamma_2} e^{st} F(s)\, ds = 0 \qquad \text{für } t < 0. \tag{IV.84b}$$

Diese Bedingungen müssen also für $t > 0$ bzw. $t < 0$ erfüllt sein. Vielfach genügen, die in praktischen Fällen auftretenden Bildfunktionen F(s), der stärkeren Bedingung

$$\lim_{|s| \to \infty} F(s) = \lim_{R \to \infty} F(Re^{i\varphi}) = 0 \tag{IV.83c}$$

gleichmäßig für alle φ, d.h. die Funktion muß mit wachsendem R unabhängig von φ gegen Null gehen; in ihr sind natürlich die beiden obigen Bedingungen (IV.83a) und (IV.83b) enthalten. Häufig findet man auch die Forderung

$$\lim_{R \to \infty} |F(s)| = 0.$$

---

26) Diese Bedingung ist z. B. erfüllt, wenn auf Γ_1 bzw. Γ_2 die häufig in der Literatur angegebene Bedingung $|s^k F(s)| < M$ oder $|F(s)| < MR^{-k}$ mit M und $k > 0$ gilt.

Sie schließt für den jeweiligen Bereich die obigen Bedingungen (IV.83) mit ein, da wegen $F(s) = |F(s)| e^{i\phi}$ mit $|F(s)| \to 0$ auch $F(s) \to 0$ geht.

Sind die Gleichungen (IV.84) erfüllt, so kann man das über eine *vertikale Gerade* zu integrierende komplexe Umkehrintegral Gl. (IV.82) durch ein Integral über einen *geschlossenen Integrationsweg* ersetzen, und die Residuenmethode anwenden, da die Integrale Gl. (IV.84) keinen Beitrag liefern. Eine echt gebrochene rationale Funktion erfüllt die Gl. (IV.83 c). Für sie läßt sich der Radius R des Kreises immer so groß wählen, daß *alle* Pole im Innern der geschlossenen Kurve $C + \Gamma_1$ liegen. Dann ist für $t > 0$ mit Gl. (IV.82) und dem Residuensatz

$$f(t) = \frac{1}{2\pi i} \int_{\sigma_1 - i\infty}^{\sigma_1 + i\infty} e^{st} F(s)\, ds = \frac{1}{2\pi i} \oint_{R_\nu} e^{st} F(s)\, ds = \sum \operatorname{Res}\left[e^{st} F(s)\right] = \sum_{\nu=0}^{n} r_\nu(t), \tag{IV.85}$$

da sich dieser Wert nicht mehr ändert, wenn $R \to \infty$ geht; $r_\nu(t)$ bedeutet das *Residuum* von $e^{st} F(s)$ in dem Pol s_ν. Für $t < 0$ ist der Integrand $e^{st} F(s)$ in dem durch $C + \Gamma_2$ abgeschlossenen Gebiet analytisch, so daß das Integral nach dem *Cauchyschen Integralsatz* den Wert Null ergibt. Damit man auf die selbe Weise zu dem für $t = 0$ in Satz IV.11 angegebenen Wert $f(+0)/2$ kommt, muß wegen der entsprechenden Forderung

$$\lim_{R \to \infty} R\, F(\sigma_1 + Re^{i\Theta}) = 0,$$

für das Verschwinden des (für $t = 0$ gegebenen) Integralausdruckes Gl. (IV.84 a), der Grad des Nennerpolynoms der (echt) gebrochenen rationalen Funktion um *zwei* höher sein, als der des Zählerpolynoms. Diese Tatsache ist für uns von untergeordneter Bedeutung, da wir Funktionen, die sich lediglich um Nullfunktionen unterscheiden, als gleich betrachten. Ist $F(s)$ allgemeiner eine *meromorphe Funktion* (z.B. Systeme mit Totzeit), d.h. sie besitzt im Endlichen nur Pole, so kann man eine Folge von Kreisen R_ν mit $\lim_{\nu \to \infty} R_\nu = +\infty$ betrachten, von denen keiner durch einen Pol von $F(s)$ hindurchgeht. Gilt dann auf jedem Kreis die Gl. (IV.83 a), so folgt wegen Gl. (IV.85)

$$f(t) = \frac{1}{2\pi i} \int_{\sigma_1 - i\infty}^{\sigma_1 + i\infty} e^{st} F(s)\, ds = \frac{1}{2\pi i} \lim_{\nu \to \infty} \oint_{R_\nu} e^{st} F(s)\, ds =$$

$$= \lim_{\nu \to \infty} \sum \operatorname{Res}\left[e^{st} F(s)\right] = \sum_{\nu=0}^{\infty} r_\nu(t)\,;$$

dabei sind in der letzten Summe diejenigen $r_\nu(t)$, die den Polen zwischen zwei aufeinanderfolgenden Kreisen entsprechen, jeweils zu einem Reihenglied zusammenzufassen.

Bei *mehrdeutigen Funktionen* $F(s)$ schließlich ist eventuell ein *Verzweigungsschnitt* erforderlich, damit der geschlossene Integrationsweg vollständig in einem Blatt der *Riemannschen Ebene* verläuft.

Diese Ableitung zeigt ganz offensichtlich, wie weittragend das *Prinzip der analytischen Fortsetzung* ist, denn einmal verläuft der Weg Γ_1 teilweise außerhalb der Konvergenzhalbebene und zum anderen betrachten wir auch *negative Zeiten* t. Liegt also die Bildfunktion erst einmal vor, so kann man auf diese komplexe Funktion die sehr leistungsfähigen Sätze der Funktionentheorie anwenden. Die Auswertung dieser (Kurven-) Integrale stellt somit ein rein funktionentheoretisches Problem dar, das wir aus Platzgründen nicht weiter verfolgen. Eine eingehende Darstellung im Zusammenhang mit der $\mathcal{L}$-Transformation sind in [46], [47], [59] und [66] zu finden.

Oftmals ist es zur Bestimmung der Originalfunktion f(t) von Vorteil, F(s) in eine Reihe von Bildfunktionen zu entwickeln, deren Originalfunktionen bekannt sind, und sie dann gliedweise zu übersetzen. Da dies jedoch auf eine Vertauschung des $\mathcal{L}$-Integrals mit einer unendlichen Reihe hinaus läuft, ist die Umkehrung durch Reihenentwicklung nur unter gewissen Voraussetzungen richtig, siehe hierzu [46] bis [48].

Zur Behandlung der Systeme von *linearen Dgln. mit konstanten Koeffizienten* sind die Betrachtungen der letzten drei Unterabschnitte nicht von so großer Bedeutung, da deren Bildfunktionen im Wesentlichen eine gebrochene rationale Funktion darstellen. Zum anderen gibt es ausführliche Transformationstabellen, siehe z.B. [48], die in den meisten Fällen zur Berechnung der Lösungen ausreichen, so daß man das komplexe Umkehrintegral umgehen kann. Anders verhält es sich schon mit den *linearen partiellen Dgln.* Wir haben die Grundgedanken, die auf das Umkehrintegral führten, dargestellt, da einmal diese Betrachtungen für die Behandlung vieler Ingenierprobleme grundlegend sind und zum anderen kommen wir im weiteren Text auf den Begriff des komplexen Umkehrintegrals zurück. Außerdem stellt die $\mathcal{L}$-Transformation ein wichtiges Hilfsmittel bei der Lösung von linearen gewöhnlichen Differential-Differenzengleichungen dar [67] und [68], die wegen der in Regelungssystemen auftretenden Systeme mit Totzeit ein vermehrtes Interesse finden. Diese Lösungen führen nicht auf so einfache Beziehungen, wie die der linearen Dgl., und man ist durchaus auf die allgemeine Umkehrformel angewiesen. Auch im Zusammenhang mit der mehrdimensionalen $\mathcal{L}$-Transformation zur Lösung von nichtlinearen Dgln., siehe Unterabschnitt IV.2.2, sind diese Gedanken grundlegend.

Diese erweiterte, für praktische Zwecke, interessante Anwendung der $\mathcal{L}$-Transformation und die heute zur Verfügung stehenden schnellen digitalen Rechner, begünstigen die Anstrengungen zur *numerischen Berechnung* der Originalfunktion. Ohne über den Umweg der Auswertung des komplexen Kurvenintegrals oder der Potenzreihenentwicklung zu gehen, versucht man einen *Algorithmus* aufzustellen, der es gestattet, die *numerischen Werte der Originalfunktion f(t) aus einer Anzahl von Werten der Bildfunktion F(s) direkt zu berechnen.* Nun stellt jedoch die $\mathcal{L}^{-1}$-Transformation einen *unbegrenzten Operator* dar, d.h. in unserem Fall, daß *kleine* Werteänderungen von F(s) *extrem große* Änderungen von f(t) hervorrufen können. Ein Beispiel stellt

$$\mathcal{L}\{\sin\beta t\} = \frac{\beta}{s^2+\beta^2}$$

dar. Für $s \geqslant 0$ geht mit $\beta \to \infty$ die Bildfunktion gleichmäßig gegen Null, wohingegen die Originalfunktion immer schneller zwischen den festen Grenzen ± 1 für $\beta \to \infty$ oszilliert. Jedoch für viele physikalische Anwendungen sind die auftretenden Funktionen *relativ glatt,* so daß sich Verfahren zur numerischen Berechnung angeben lassen, siehe hierzu [69].

6. Die Faltung von Funktionen

Nicht nur im Zusammenhang mit der L-Transformation, sondern ganz allgemein bei der Untersuchung von (linearen) Funktionalgleichungen, spielt die Beziehung

$$f_3(t) = \int_0^t f_1(\tau)\, f_2(t-\tau)\, d\tau, \tag{IV.86a}$$

die man als *Faltung von Funktionen* bezeichnet, eine sehr wichtige Rolle. Sind die Funktionen $f_1(t)$ und $f_2(t)$ für $t < 0$ identisch Null und für $t \geqslant 0$ definiert und stetig, so ist die durch die Faltung Gl. (IV.86a) definierte Funktion $f_3(t)$ für $t \geqslant 0$ definiert und ebenfalls stetig. Die Stetigkeit von $f_3(t)$ ist leicht einzusehen, denn für $\tau = 0$ bis $\tau = t$ ist sowohl $f_1(\tau)$ als auch $f_2(t-\tau)$ stetig und somit erst recht das Integral, da eine differenzierbare Funktion immer stetig ist. Die Faltung verhält sich in mancher Hinsicht wie ein Produkt, weshalb häufig für Gl. (IV.86a) symbolisch

$$f_3(t) = f_1(t) * f_2(t)$$

geschrieben wird; der Stern als Operatorzeichen weist dabei auf die Faltung hin. So ist z.B. auch das *Faltungsprodukt* von der *Reihenfolge der Funktionen* $f_1(t)$ und $f_2(t)$ *unabhängig (kommutativ),* denn die Substitution $t-\tau = u$ bzw. $-d\tau = du$ in Gl. (IV.86a) eingesetzt, liefert:

$$f_1(t) * f_2(t) = \int_0^t f_1(\tau)\, f_2(t-\tau)\, d\tau = \int_0^t f_1(t-u)\, f_2(u)\, du = f_2(t) * f_1(t). \tag{IV.86b}$$

Sie ist aber auch *assoziativ,* d.h. (wenn wir das Argument weglassen)

$$(f_1 * f_2) * f_3 = f_1 * (f_2 * f_3),$$

so daß es bei endlich vielen Funktionen $f_1 * f_2 * \ldots * f_n$ gleichgültig ist, in welcher Reihenfolge die Faltungen ausgerechnet werden.

Im Gegensatz zur L-Transformation, die bei der Abbildung über die Theorie der komplexen Funktionen geht, gelangt man bei dem in Abschnitt II.10 zur Lösung der linearen Dgl. *formal eingeführten Operatorbegriff* D und auch bei dem *„Heaviside-Kalkül"* auf direktem algebraischem Wege zu den gewünschten Darstellungen; diese beiden letztgenannten Verfahren entbehren jedoch einer mathematisch exakten Begründung. Eine exakte Begründung der Operatorenrechnung auf direktem algebraischem Wege hat

Miskusinski gegeben [15]. Er geht dabei vom Faltungsintegral Gl. (IV.86b) aus. Die Operatorenrechnung von *Miskusinski* erlaubt es außerdem der (Diracschen) δ-Funktion eine fundierte mathematische Basis zu geben. In [70] wird eine andere Begründung der Operatoren und der verallgemeinerten Funktionen im Zusammenhang mit den linearen Übertragungssystemen gegeben. Die Begründung dieses Operatorenbegriffes bezieht sich im wesentlichen lediglich auf zeitinvariante, lineare gewöhnliche Dgln.

Dem Faltungsbegriff kommt also in der *Operatorenrechnung von Miskusinski* eine fundamentale Bedeutung zu. Außerdem spielt er in der *Theorie der Integralgleichungen* und den eng damit zusammenhängenden *Integraltransformationen* eine große Rolle [44]. Die Bedeutung des Faltungsintegrales für die L-Transformation geht aus der folgenden Betrachtung hervor.

6.1. Zusammenhang der Faltung mit der Laplace-Transformation

Die Eingangs- und Ausgangsgrößen eines linearen Systems hängen im Bildbereich, wie aus Gl. (IV.58) hervorgeht, durch die einfache Beziehung

$$X_a(s) = G(s)\, X_e(s)$$

zusammen. Es ist daher sicherlich von großem Interesse herauszufinden, wie die, der Multiplikation im Bildbereich, entsprechende Zeitfunktion $x_a(t) = L^{-1}\{G(s)\, X_e(s)\}$ mit den einzelnen Zeitfunktionen $L^{-1}\{G(s)\} = g(t)$ und $L^{-1}\{X_e(s)\} = x_e(t)$ zusammenhängt. $g(t)$ wird allgemein als *Gewichtsfunktion* bezeichnet. Mit einer solchen Beziehung lassen sich dann in vielen Fällen allgemeinere Aussagen über die Eigenschaften von Systemen machen, ohne die einzelnen Lösungen explizit zu kennen.

Betrachten wir hierzu das Produkt

$$F(s) = F_1(s)\, F_2(s),$$

so kann man nach Gl. (IV.82) hierfür auch

$$f(t) = L^{-1}\{F(s)\} = \frac{1}{2\pi i} \int_{\sigma_1 - i\infty}^{\sigma_1 + i\infty} F_1(s)\, F_2(s)\, e^{st}\, ds$$

schreiben. In diesem Integralausdruck ersetzen wir $F_2(s)$ durch das entsprechende L-Integral, was auf

$$f(t) = \frac{1}{2\pi i} \int_{\sigma_1 - i\infty}^{\sigma_1 + i\infty} F_1(s) \left[\int_0^\infty f_2(\tau)\, e^{-s\tau}\, d\tau \right] e^{st}\, ds$$

führt. Vertauschen wir nun rein formal (ohne die Gültigkeit dieses Schrittes zu prüfen) die beiden Integrale, dann wird

$$f(t) = \int_0^\infty f_2(\tau) \left[\frac{1}{2\pi i} \int_{\sigma_1 - i\infty}^{\sigma_1 + i\infty} F_1(s)\, e^{s(t-\tau)}\, ds \right] d\tau.$$

Aus dem Verschiebungssatz Gl. (IV.29)

$$L\{f_1(t-\tau)\} = \begin{cases} F_1(s)\, e^{-s\tau} & \text{für } t>\tau \\ 0 & \text{für } t<\tau \end{cases}$$

folgt

$$\frac{1}{2\pi i} \int\limits_{\sigma_1 - i\infty}^{\sigma_1 + i\infty} (F_1(s)\, e^{-s\tau})\, e^{st}\, ds = \begin{cases} f_1(t-\tau) & \text{für } t>\tau \\ 0 & \text{für } t<\tau \end{cases}.$$

Damit erhalten wir schließlich für die *inverse Transformation*

$$L^{-1}\{F_1(s)\, F_2(s)\} = \int\limits_0^\infty f_1(t-\tau)\, f_2(\tau)\, d\tau = \int\limits_0^t f_1(t-\tau)\, f_2(\tau)\, d\tau, \qquad \text{(IV.87a)}$$

da für $\tau > t$ $f_1(t-\tau) \equiv 0$ ist; siehe hierzu auch Bild IV.12. Wie wir im nächsten Unterabschnitt zeigen, liefert diese ***heuristische*** Ableitung, die natürlich in dieser Form in keiner Weise einen Beweis darstellt, unter bestimmten Voraussetzungen, ein richtiges Ergebnis, d.h. die L^{-1}-Transformation eines Produktes $F_1(s)\, F_2(s)$ führt auf die Faltung $f_1(t) * f_2(t)$.

Stellt also z.B. $F_1(s) = G(s)$ die Übertragungsfunktion und $F_2(s) = X_e(s)$ die L-Transformierte der Eingangsgröße eines Systems dar, so gilt folgende wichtige Beziehung: *Die Ausgangsgröße eines (energiefreien) Systems läßt sich durch die Faltung der Gewichtsfunktion mit der Eingangsfunktion, also durch*

$$x_a(t) = g(t) * x_e(t) = \int\limits_0^t g(t-\tau)\, x_e(\tau)\, d\tau = \int\limits_0^t g(\tau)\, x_e(t-\tau)\, d\tau \qquad \text{(IV.87b)}$$

ausdrücken.

- **Beispiel IV.14:**

Auf ein (energiefreies) System mit der Übertragungsfunktion

$$G(s) = \frac{1}{1+Ts}\,\frac{1}{s} \qquad \text{(PI-Glied)}$$

wird zum Zeitpunkt $t = 0$ die Eingangsgröße $x_e(t) = t$ aufgeschaltet. Der gesuchte Ausgangsverlauf läßt sich wegen $X_a(s) = G(s)\, X_e(s)$ durch das Faltungsintegral Gl. (IV.87) berechnen. Beachtet man, daß nach Gl. (IV.20) die Gewichtsfunktion

$$g(t) = 1 - e^{-\frac{t}{T}}$$

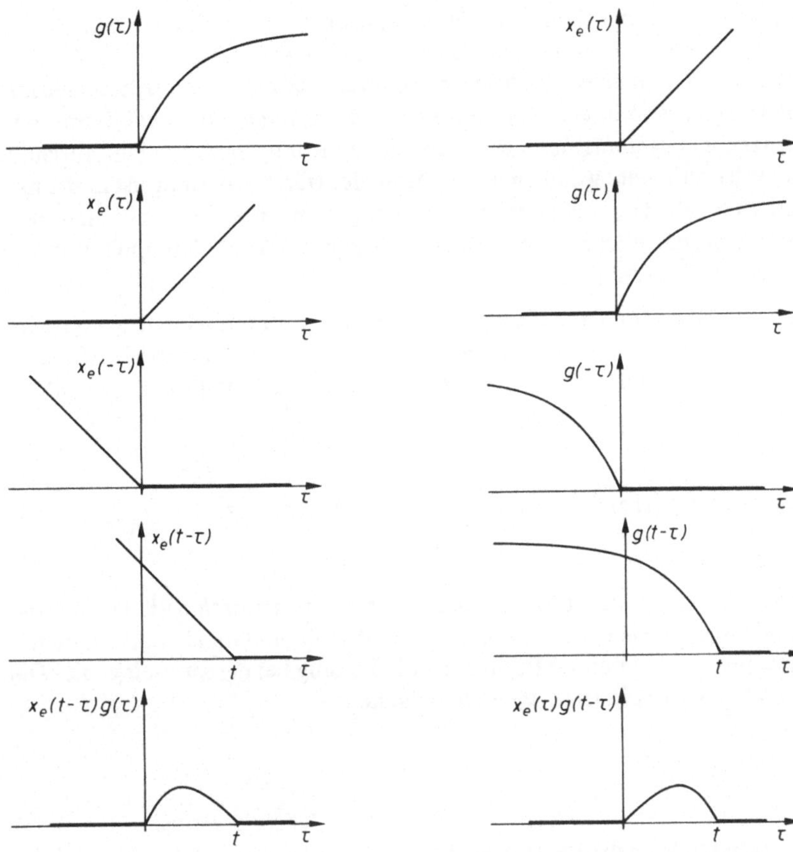

Bild IV.12. Faltung von Funktionen

ist, dann wird

$$x_a(t) = \int_0^t \left(1 - e^{-\frac{t-\tau}{T}}\right) \tau d\tau = \int_0^t \tau d\tau - e^{-\frac{t}{T}} \int_0^t \tau\, e^{\frac{\tau}{T}}\, d\tau =$$

$$= \frac{\tau^2}{2}\Big|_0^t - e^{-\frac{t}{T}} (\tau - T)\, T\, e^{\frac{\tau}{T}} \Big|_0^t = T^2 \left(1 - e^{-\frac{t}{T}}\right) - T\,t + \frac{t^2}{2} .$$

In Bild IV.12 sind der Verlauf der beiden Zeitfunktionen $g(t)$, $x_e(t)$ und der des Integranden des Faltungsintegrals Gl. (IV.86b) eingezeichnet. Wie daraus klar hervorgeht, ist der Integrand für Zeitfunktionen, die für $t < 0$ identisch Null sind, sowohl für $\tau < 0$ als auch $\tau > t$ identisch Null. Für jedes *feste* $t = t_1$ stellt die Fläche unter dem Integranden den Funktionswert für das Faltungsintegral zum Zeitpunkt $t = t_1$ dar. *Lassen wir somit t in einem bestimmten Intervall variieren, so liefern die entsprechenden Flächen den Verlauf der Funktion in dem betreffenden Intervall.* Damit haben wir gleichzeitig ein *graphisches* Verfahren zur Ermittlung eines Ausgangsverlaufes nach Gl. (IV.87b) gefunden, wenn eine oder beide der (für $t \geqslant 0$ stetigen) Zeitfunktionen graphisch gegeben oder analytisch schwer angebbar sind; zur praktischen Ermittlung eines Ausgangsverlaufes, siehe die Ausführungen über die Multiplikation von Transformierten in [71] und [72].

Unter welchen Bedingungen das *Faltungsintegral existiert,* untersuchen wir im nachfolgenden Unterabschnitt. Bei der einseitigen L-Transformation werden die Zeitfunktionen für $t < 0$ identisch Null gesetzt. Man kann daher das Faltungsprodukt Gl. (IV.86b) auch in der Form

$$\int_0^t f_1(t-\tau)\, f_2(\tau)\, d\tau = \int_0^t f_1(\tau)\, f_2(t-\tau)\, d\tau = \int_{-\infty}^{+\infty} f_1(t-\tau)\, f_2(\tau)\, d\tau = \int_{-\infty}^{+\infty} f_1(\tau)\, f_2(t-\tau)\, d\tau$$

schreiben, denn der Integrand ist für $\tau < 0$ und für $\tau > t$ *identisch Null.* Diese Darstellung mit den unendlichen Grenzen findet man oftmals aus Gründen der einheitlichen Schreibweise, da sie in dieser Form auch die Faltung bei der *zweiseitigen L-Transformation* und bei der *Fouriertransformation* darstellt.

6.2. Die Existenz des Faltungsintegrales

Nun beschränkt sich aber die Klasse der Funktionen, die eine L-Transformierte besitzen, nicht auf die – bei Gl. (IV.86a) geforderten – für $t \geqslant 0$ definierten stetigen Funktionen. Es liegt nun die Frage nahe, ob nicht die *Existenz des Faltungsintegrales,* wie bei den 0_1-Funktionen vorausgesetzt, schon für *absolut integrierbare Funktionen gesichert ist?* Das folgende Beispiel zeigt, daß dies leider nicht einmal für 0_2-Funktionen zutrifft.

Mit $f_1(t) = \dfrac{1}{\sqrt{t}}$ ist auch $f_2(t) = \dfrac{1}{\sqrt{|1-t|}}$ eine 0_2-Funktion, siehe Beispiel IV.9. Die Faltung

$$f_1(t) * f_2(t) = \int_0^t \tau^{-1/2}\, |t-(1-\tau)|^{-1/2}\, d\tau$$

existiert für $t = 1$ nicht, da

$$f(1) = \int_0^1 \tau^{-1/2} |1 - (1-\tau)|^{1/2} \, d\tau = \int_0^1 \tau^{-1} \, d\tau$$

wegen der unteren Grenze nicht existiert[27]).

Nachfolgend geben wir zwei für praktische Belange wichtige Fälle an, für welche die Faltung $f_1 * f_2$ für *alle* t existiert; die beiden Funktionen werden dabei als *absolut integrabel* vorausgesetzt [47].

1. Eine der beiden Funktionen $f_1(t)$ und $f_2(t)$ ist in jedem endlichen Intervall beschränkt, also z.B.

   $|f_1(\tau)| \leqslant M_t$ für $0 \leqslant \tau \leqslant t$.

   Mit dieser Voraussetzung ergibt sich für den Betrag der Faltung in $0 \leqslant t \leqslant T$

   $$|f_1(t) * f_2(t)| \leqslant M_t \int_0^t |f_2(\tau)| \, d\tau \leqslant M_T \int_0^T |f_2(\tau)| \, d\tau;$$

   da aber $f_2(\tau)$ absolut integrabel ist, bleibt der Betrag beschränkt. Für $t \to 0$ strebt das Integral gegen Null, d.h. $f(t) = f_1(t) * f_2(t)$ ergibt für $t \to 0$ den Wert Null. Es läßt sich zeigen, daß $f(t)$ für $t \geqslant 0$ stetig ist.

2. Die beiden absolut integrablen Funktionen $f_1(t)$ und $f_2(t)$ sind in jedem endlichen Intervall $0 < T_1 \leqslant t \leqslant T_2$, das den Nullpunkt nicht enthält, beschränkt. Dann ist die einzige Stelle, wo diese Funktion uneigentlich integrabel sein kann, der Nullpunkt. Für einen festen Wert $t > 0$ gilt mit der Voraussetzung

   $|f_1(\tau)| \leqslant M_1$ und $|f_2(\tau)| \leqslant M_2$ beide für $\frac{t}{2} \leqslant \tau \leqslant t$

   $$\left| \int_0^{t/2} f_1(\tau) \, f_2(t-\tau) \, d\tau \right| \leqslant M_2 \int_0^{t/2} |f_1(\tau)| \, d\tau$$

   und

   $$\left| \int_{t/2}^{t} f_1(\tau) \, f_2(t-\tau) \, d\tau \right| \leqslant M_1 \int_{t/2}^{t} |f_2(\tau)| \, d\tau;$$

   damit existiert auch $f_1(t) * f_2(t)$. Der Voraussetzung $|f_2(\tau)| \leqslant M_2$ für $\frac{t}{2} \leqslant \tau < t$

---

27) **Es läßt sich jedoch zeigen, daß die Faltung von 0_1-Funktionen auf eine stückweise stetige Funktion führt, d. h. es treten keine Häufungspunkte an den Ausnahmestellen auf. Tritt im Integranden des Faltungsintegrales eine Unendlichkeitsstelle auf, so liegt natürlich ein uneigentliches Integral vor und man kann den Funktionswert wieder als Flächeninhalt deuten.**

entspricht nämlich die Bedingung $|f_2(t-\tau)| < M_2$ für $0 \leq \tau < \frac{t}{2}$, woraus die erste Gleichung folgt. Wie sich ebenfalls zeigen läßt, ist in diesem Fall $f(t)$ für $t > 0$ stetig.

Es gilt nun der folgende Faltungssatz.

Satz IV.13: Konvergiert $L\{f_1(t)\}$ und $L\{f_2(t)\}$ für $\text{Re}\, s > \sigma_0$ absolut und ist eine der beiden Funktionen $f_1(t)$, $f_2(t)$ in jedem endlichen Intervall $0 \leq t \leq T$ beschränkt (Fall 1) oder $f_1(t)$ und $f_2(t)$ sind in jedem linksseitig offenen endlichen Intervall $0 < T_1 \leq t \leq T_2$ beschränkt (Fall 2), so konvergiert $L\{f_1(t) * f_2(t)\}$ auch für σ_0 absolut und es ist

$$L\{f_1(t) * f_2(t)\} = L\{f_1(t)\} \cdot L\{f_2(t)\}.$$

Sind nämlich $L\{f_1(t)\}$ und $L\{f_2(t)\}$ für $\text{Re}\, s = \sigma_0$ absolut konvergent, so ist

$$L\{f_1(t)\} \cdot L\{f_2(t)\} = \int_0^\infty e^{-\sigma_0 \tau} f_1(\tau)\, d\tau \cdot \int_0^\infty e^{-\sigma_0 u} f_2(u)\, du.$$

Das zweite Integral ziehen wir unter das erste, denn es stellt als bestimmtes Integral mit $\sigma_0 = \text{const.}$ eine Konstante dar. Gleichzeitig führen wir durch die Substitution $u = t - \tau$ die neue Integrationsvariable t ein und erhalten das (iterierte) Integral

$$\int_0^\infty e^{-\sigma_0 \tau} f_1(\tau) \left[\int_0^\infty e^{-\sigma_0 (t-\tau)} f_2(t-\tau)\, dt \right] d\tau .$$

Eigentlich müßte man bei dem über t zu integrierenden Integral als untere Grenze den Wert τ angeben. Mit der Voraussetzung $f_2(u) = 0$ für $u < 0$, ist jedoch der Wert von $f_2(t-\tau)$ in $0 \leq \tau \leq t$ Null. Da die Integrale absolut (und damit auch gleichmäßig) konvergieren, läßt sich die Reihenfolge der Integrationen vertauschen, wobei die neuen Integrale

$$\int_0^\infty e^{-\sigma_0 t} \left[\int_0^\infty f_1(\tau) f_2(t-\tau)\, d\tau \right] dt$$

wegen der Voraussetzungen in Fall 1 und 2, ebenfalls absolut konvergieren. Der in eckigen Klammern stehende Ausdruck stellt aber nach Gl. (IV.87 a) die Faltung der beiden Funktionen $f_1(t)$ und $f_2(t)$ dar. Wegen der analytischen Fortsetzung gilt die Behauptung des Satzes auch für alle s mit $\text{Re}\, s = \sigma_0$ und erst recht für $\text{Re}\, s \geq \sigma_0$.

Wie dieser Beweis zeigt, liefert die ***heuristische Ableitung*** des vorhergehenden Unterabschnittes, für die in Satz IV.13 angegebenen Bedingungen, ein richtiges Ergebnis. Der *Faltungssatz gilt auch noch dann,* wenn eines der beiden Integrale $L\{f_1(t)\}$ und $L\{f_2(t)\}$ *absolut* und das andere *einfach* konvergiert; allerdings ist dann $L\{f_1(t) * f_2(t)\}$ ebenfalls nur einfach konvergent [47]. Aus dem vorstehenden Beweis geht außerdem, durch wiederholte Anwendung des Faltungssatzes, die bereits vorher erwähnte assoziative Eigenschaft

$$\mathcal{L}\{(f_1 * f_2) * f_3\} = \mathcal{L}\{f_1 * f_2\} \cdot \mathcal{L}\{f_3\} = \mathcal{L}\{f_1\} \cdot \mathcal{L}\{f_2\} \cdot \mathcal{L}\{f_3\} =$$

$$= \mathcal{L}\{f_1 * (f_2 * f_3)\}$$

bei der Faltung von mehreren Faktoren hervor.

6.3. Die komplexe Faltung

Zwischen dem *Laplace-Integral* und dem allgemeinen *Umkehrintegral* bestehen eine Anzahl von interessanten Entsprechungen. So gilt z.B.:

$$\mathcal{L}\{f(t-a)\} = e^{-as} F(s); \tag{IV.29}$$

$$\mathcal{L}^{-1}\{F(s+a)\} = e^{-at} f(t); \tag{IV.32}$$

$$\mathcal{L}\{f^{(n)}(t)\} = s^n F(s) \quad \text{(verschwindende Anfangswerte)}; \tag{IV.36}$$

$$\mathcal{L}^{-1}\{F^{(n)}(s)\} = (-t)^n f(t); \tag{IV.73}$$

$$\mathcal{L}\left\{\left(\int_0^t d\tau\right)^n f(\tau)\right\} = \frac{1}{s^n} F(s); \tag{IV.38}$$

$$\mathcal{L}^{-1}\left\{\left(\int_s^\infty dp\right)^n F(p)\right\} = \frac{1}{t^n} f(t). \tag{IV.75b}$$

Dem *Produkt zweier Bildfunktionen* der $\mathcal{L}$-Transformation entspricht, nach dem vorangehenden Unterabschnitt, im *Originalbereich die Faltung* der beiden korrespondierenden Originalfunktionen. Die vorstehenden Entsprechungen lassen nun vermuten, daß für das *Produkt zweier Originalfunktionen* (Zeitfunktionen) eine ähnliche Beziehung existiert.

Wir suchen also

$$\mathcal{L}\{f_1(t) f_2(t)\} = \int_0^\infty f_1(t) f_2(t) e^{-st} dt, \tag{IV.88}$$

wenn

$$F_1(s) = \int_0^\infty f_1(t) e^{-st} dt \qquad \text{für } \operatorname{Re} s > \sigma_1 \tag{IV.89a}$$

und

$$F_2(s) = \int_0^\infty f_2(t)\, e^{-st}\, dt \qquad \text{für Re } s > \sigma_2 \tag{IV.89b}$$

existieren. Handelt es sich bei dem Produkt $f(t) = f_1(t)\, f_2(t)$ um eine S_2-Funktion, die in jedem endlichen Intervall $0 \leqslant t \leqslant T$ (im Riemannschen Sinn) absolut integrierbar ist – siehe Unterabschnitt IV.2.3 –, so konvergiert das Integral Gl. (IV.88) für $\text{Re } s = \sigma > \sigma_1 + \sigma_2$, denn für $t \to \infty$ kann nach Gl. (IV.89 a) $f_1(t)$ nicht stärker als $e^{\sigma_1 t}$ und entsprechend nach Gl. (IV.89 b) $f_2(t)$ nicht stärker als $e^{\sigma_2 t}$ wachsen. Das Produkt kann demnach für $t \to \infty$ nicht stärker als $e^{\sigma_1 t}\, e^{\sigma_2 t} = e^{(\sigma_1 + \sigma_2)t}$ wachsen. Für die Existenz des Integrals Gl. (IV.88) ist es jedoch nicht hinreichend, daß $f_1(t)$ und $f_2(t)$ 0_2-Funktionen darstellen. Zum Beispiel ist mit $f_1(t) = \frac{1}{\sqrt{t}}$ und $f_2(t) = \frac{1}{\sqrt{t}}$ die Funktion $f(t) = \frac{1}{t}$ nicht in $[0, 1]$ integrierbar. Hinreichend für die Existenz des Integrals ist jedoch, wenn eine der beiden 0_2-Funktionen $f_1(t)$ und $f_2(t)$ in jedem endlichen Intervall beschränkt ist.

Ersetzen wir in Gl. (IV.88) $f_2(t)$ durch das Umkehrintegral

$$f_2(t) = \frac{1}{2\pi i} \int_{c-i\infty}^{c+i\infty} F_2(w)\, e^{wt}\, dw \qquad \text{Re } w = c > \sigma_2$$

dann wird

$$\int_0^\infty f_1(t)\, f_2(t)\, e^{-st}\, dt = \frac{1}{2\pi i} \int_0^\infty f_1(t)\, dt \int_{c-i\infty}^{c+i\infty} F_2(w)\, e^{(w-s)t}\, dw \qquad (c > \sigma_2)$$

oder wieder durch *formales* Vertauschen der beiden Integrale

$$\int_0^\infty f_1(t)\, f_2(t)\, e^{-st}\, dt = \frac{1}{2\pi i} \int_{c-i\infty}^{c+i\infty} F_2(w)\, dw \int_0^\infty f_1(t)\, e^{-(s-w)t}\, dt \qquad (c > \sigma_2).$$

Mit der Beziehung

$$\int_0^\infty f_1(t)\, e^{-(w-s)t}\, dw = F_1(s-w) \qquad \text{für Re}\,(s-w) > \sigma_1 \tag{IV.89c}$$

wird schließlich

$$L\{f_1(t)\, f_2(t)\} = \frac{1}{2\pi i} \int_{c-i\infty}^{c+i\infty} F_1(s-w)\, F_2(w)\, dw, \tag{IV.90a}$$

was in Anlehnung an die Faltung (von Zeitfunktionen) Gl. (IV.86b) oftmals auch in der Form

$$\frac{1}{2\pi i}\int_{c-i\infty}^{c+i\infty} F_1(s-w)\,F_2(w)\,dw = F_1(s) \circ F_2(s)$$

geschrieben wird.

Die Abszisse c der Integrationsgeraden von Gl. (IV.90a) liegt dabei wegen

$$\mathrm{Re}(s-w) = \mathrm{Re}\,s - \mathrm{Re}\,w = \sigma - c > \sigma_1 \quad \text{und} \quad \mathrm{Re}\,w = c > \sigma_2$$

in dem Streifen

$$\sigma_2 < c < \sigma - \sigma_1 \quad \text{für alle } s \text{ mit } \mathrm{Re}\,s > \sigma_1 + \sigma_2;$$

siehe Bild IV.13. Die *Integrationsgerade* mit der Abszisse c verläuft also in der w-Ebene in den *Halbebenen der absoluten Konvergenz* der entsprechenden L-Integrale Gl. (IV.89b) und Gl. (IV.89c). Die Pole von $F_2(w)$ liegen in der w-Ebene jeweils gegenüber den Polen von $F_1(s-w)$ auf der entgegengesetzten Seite der Integrationsgeraden; in dem in Bild IV.13 gezeichneten Fall, liegen die Pole von $F_1(s-w)$ *rechts* und die von $F_2(w)$ *links* der Geraden mit der Abszisse c. Zur Auswertung des komplexen Faltungsintegrals Gl. (IV.90a) läßt sich wiederum die in Unterabschnitt IV.5.5 erläuterte *Residuenmethode* anwenden, falls die Integrale über die hinzugefügten Halbkreise für $R \to \infty$ gegen Null konvergieren. Ist es z.B. in dem in Bild IV.13 dargestellten Fall erlaubt, einen Halbkreis in der Halbebene $\mathrm{Re}\,w > c$ hinzuzufügen (Schließung des Integrationsweges nach rechts), so liefert die Integration die Summe der Residuen von $F_1(s-w)$ und entsprechend für $\mathrm{Re}\,w < c$ (Schließung des Integrationsweges nach links) die Summe der Residuen von $F_2(w)$. Da die Integration in der w-Ebene erfolgt, werden natürlich die Pole von $F(s-w)$ in der w-Ebene (und nicht in der s-Ebene) be-

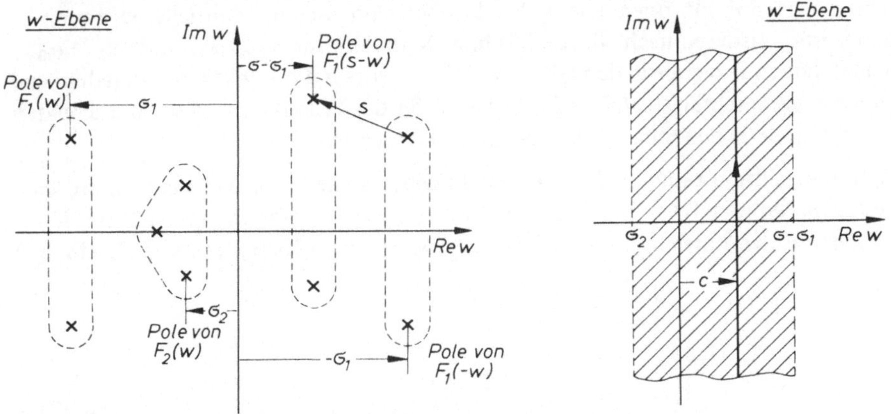

Bild IV.13. Zur Ableitung des Integrationsweges der komplexen Faltung

trachtet. Es kann vorkommen, daß die *Schließung des Integrationsweges sowohl nach rechts als auch nach links oder nur nach rechts bzw. links statthaft ist.*

Dem *Produkt zweier Originalfunktionen* entspricht nach der vorstehenden heuristischen Ableitung die *komplexe Faltung der Bildfunktionen.* Der folgende Satz gibt die Bedingungen an, unter denen die komplexe Faltung existiert [47].

Satz IV.14: Konvergieren für die reelle Zahl α_1 die Integrale

$$\int_0^\infty e^{-\alpha_1 t} |f_1(t)| \, dt \quad \text{und} \quad \int_0^\infty e^{-2\alpha_1 t} |f_1(t)|^2 \, dt \tag{IV.91a}$$

sowie für die reelle Zahl α_2 die Integrale

$$\int_0^\infty e^{-\alpha_2 t} |f_2(t)| \, dt \quad \text{und} \quad \int_0^\infty e^{-2\alpha_2 t} |f_2(t)|^2 \, dt, \tag{IV.91b}$$

so gilt für alle $\operatorname{Re} s \geqslant \alpha_1 + \alpha_2$

$$L\{f_1(t)\, f_2(t)\} = \frac{1}{2\pi i} \int_{c-i\infty}^{c+i\infty} F_1(w)\, F_2(s-w)\, dw = \frac{1}{2\pi i} \int_{c-i\infty}^{c+i\infty} F_1(s-w)\, F_2(w)\, dw \tag{IV.90b}$$

mit $\alpha_1 \leqslant c \leqslant \operatorname{Re} s - \alpha_2$ für das erste und $\alpha_2 \leqslant c \leqslant \operatorname{Re} s - \alpha_1$ für das zweite Integral.

Eine *hinreichende* Bedingung für die *Existenz der Integrale* in den Gln. (IV.91) und damit der komplexen Faltung ist, daß sowohl $f_1(t)$ als auch $f_2(t)$ eine in jedem endlichen Intervall beschränkte 0_2-Funktion darstellen; Beispiele hierzu sind alle S_1-Funktionen, Polynome und Exponentialfunktionen sowie teilweise die aus ihnen zusammengesetzten Funktionen. Die 0_2-Funktionen sind von exponentieller Ordnung α_0 und somit existieren nach Gl. (IV.25) bzw. Satz IV.1 für $\alpha_1 > \alpha_{0_1}$ und $\alpha_2 > \alpha_{0_2}$ die beiden linken Integrale in den Gln. (IV.91); da jedoch die Funktionen in jedem endlichen Intervall beschränkt sind, trifft dies auch für das Produkt zu, weshalb die beiden rechten Integrale in den Gln. (IV.91) ebenfalls konvergieren.

Ist somit die Bildfunktion von $f_1(t)$ eine echt gebrochene rationale Funktion mit lauter *Einfachpolen* und $f_2(t)$ eine beliebige (beschränkte) 0_2-Funktion, so gilt mit Gl. (IV.62), den Linearitätsbeziehungen Gln. (IV.16) und dem Dämpfungssatz Gl. (IV.32)

$$L\{f_1(t)\; f_2(t)\} = L\left\{\sum_{\nu=1}^{n} \frac{Z(\alpha_\nu)}{N'(\alpha_\nu)}\, e^{\alpha_\nu t}\, f_2(t)\right\} =$$

$$= \sum_{\nu=1}^{n} \frac{Z(\alpha_\nu)}{N'(\alpha_\nu)} \cdot L\left\{e^{\alpha_\nu t}\, f_2(t)\right\} = \sum_{\nu=1}^{n} \frac{Z(\alpha_\nu)}{N'(\alpha_\nu)}\, F_2(s-\alpha_\nu). \tag{IV.92a}$$

Unter entsprechenden Bedingungen folgt für den Fall, daß $F_1(s)$ die r k_ν-fachen Pole α_ν enthält, aus Gl. (IV.66) und Gl. (IV.73)

$$L\{f_1(t)\ f_2(t)\} = L\left\{\sum_{\nu=1}^{r} d_{\nu 1} + \frac{d_{\nu 2}}{1!}\ t + \ldots + \frac{d_{\nu k_\nu}}{(k_\nu - 1)!}\ t^{k_\nu - 1}\ e^{a_\nu t}\ f_2(t)\right\} =$$

$$= \sum_{\nu=1}^{r} d_{\nu 1}\ F_2(s-\alpha_\nu) - \frac{d_{\nu 2}}{1!}\ \frac{d}{ds}\ F_2(s-\alpha_\nu) + \ldots +$$

$$+ d_{\nu k_\nu}\ \frac{(-1)^{k_\nu}}{(k_\nu - 1)!}\ \frac{d^{k_\nu - 1}}{ds^{k_\nu - 1}}\ F_2(s-\alpha_\nu); \qquad \text{(IV.92b)}$$

die $d_{\nu\mu}$ sind durch Gl. (IV.65 c) gegeben.

In diesen Fällen braucht man somit das komplexe Faltungsintegral nicht auszuwerten, sondern erhält direkt die Bildfunktion des Produktes zweier Originalfunktionen [73].

● **Beispiel IV.15:**

Die Berechnung der Bildfunktion zweier Originalfunktionen illustrieren wir an dem Vorgang der Amplitudenmodulation. Es sei $\cos \Omega t$ die *Trägerschwingung,* f(t) der zu *modulierende Zeitvorgang* und m = const. der *Modulationsgrad.* Dann weist das modulierte Signal die Form

$$q(t) = A\,[1 + m\,f(t)]\cos \Omega t \qquad (A = \text{const.})$$

auf. Daraus folgt

$$L\{q(t)\} = A\,[L\{\cos \Omega t\} + m L\{f(t)\cos \Omega t\}]$$

oder mit

$$L\{\cos \Omega t\} = \frac{s}{s^2 + \Omega^2} = \frac{1/2}{s - i\Omega} + \frac{1/2}{s + i\Omega}$$

und Gl. (IV.92a)

$$Q(s) = A\left[\frac{s}{s^2 + \Omega^2} + \frac{m}{2}\,[F(s - i\Omega) + F(s + i\Omega)]\right].$$

Wählen wir z.B. $f(t) = \sin \omega t$, dann wird wegen $F(s) = \dfrac{\omega}{s^2 + \omega^2}$

$$Q(s) = A\left[\frac{s}{s^2 + \Omega^2} + \frac{m}{2}\left(\frac{\omega}{(s - i\Omega)^2 + \omega^2} + \frac{\omega}{(s + i\Omega)^2 + \omega^2}\right)\right]$$

oder durch Umformung

$$Q(s) = A\left[\frac{s}{s^2 + \Omega^2} + \frac{m}{2}\left(\frac{\Omega + \omega}{s^2 + (\Omega + \omega)^2} - \frac{\Omega - \omega}{s^2 + (\Omega - \omega)^2}\right)\right].$$

●

Der Vorgang der Amplitudenmodulation stellt wegen des multiplikativen Charakters eine *nichtlineare Operation* dar. Es liegt daher die Frage nahe, ob die L-Transformation auch zur Untersuchung von gewissen *nichtlinearen Systemen* mit Vorteil angewendet werden kann, obwohl sie als lineare Transformation in der Hauptsache auf lineare Probleme zugeschnitten ist.

Wenden wir z.B. die L-Transformation auf die Riccatische Dgl.

$$\frac{dx}{dt} + x^2 = 0 \qquad (t \geqslant 0) \qquad \text{(IV.93a)}$$

an, so wird mit der komplexen Faltung und $x(+0) = x(0)$

$$sX(s) + \frac{1}{2\pi i} \int_{c-i\infty}^{c+i\infty} X(w)\, X(s-w)\, dw = x(0). \qquad \text{(IV.93b)}$$

Leider führt die L-Transformation der Gl. (IV.93a) im Bildbereich auf *keinen einfacheren* Gleichungstypus, sondern auf eine *Integralgleichung im Komplexen.*

Außerdem tritt hierbei noch eine weitere grundlegende Frage auf, die allgemein bei der Anwendung von Transformationen zur Lösung von Funktionalgleichungen große Bedeutung hat. *Selbst wenn man die Lösung dieser Integralgleichung (IV.93b) findet, muß sie nicht die allgemeine (oder überhaupt nur eine) Lösung von Gl. (IV.93a) darstellen, da ja die komplexe Faltung nur für eine ganz bestimmte Klasse von Funktionen gilt; auch ist die Transformation der Ableitung von Funktionen an bestimmte Voraussetzungen gebunden.* Bei der Behandlung der linearen, zeitinvarianten Dgl. gelang es mit Hilfe des Existenz- und Eindeutigkeitssatzes und durch die Kenntnis der Lösungen dieses Problem im wesentlichen zu umgehen; der Wert solcher allgemeinen Aussagen wird dabei deutlich. Trotzdem sind solche *heuristischen* Untersuchungen nicht bedeutungslos, denn man kann die so gefundenen Funktionen *nachträglich verifizieren,* ob und unter welchen Bedingungen sie eine Lösung des Problems darstellen. Vielfach führt auch das *Fortsetzungsprinzip* weiter, d.h. gilt z.B. die Lösung in einem eng abgegrenzten Teilbereich, so läßt sie sich oftmals auch sinnvoll in einem größeren Bereich fortsetzen. Ein Beispiel hierzu ist die analytische Fortsetzung.

Die Lösung der Riccatischen Dgl. (IV.93a) lautet

$$x(t) = \frac{x(0)}{x(0)\,t + 1} = \frac{1}{t + \frac{1}{x(0)}} = \frac{1}{t+a} \qquad (x(0) \neq 0),$$

wie sich durch Einsetzen prüfen läßt. Sie ist eine 0_2-Funktion und besitzt demnach eine L-Transformierte. Es gilt die Korrespondenz

$$\frac{1}{t+a} \circ\!\!-\!\!\bullet -e^{as}\, \mathrm{Ei}(-as),$$

wobei $\mathrm{Ei}(x)$ das sogenannte *Exponential-Integral (Integralexponentielle)* darstellt: siehe z.B. Bd. I, Seite 268 von [74] oder S. 257 von [75].

6.4. Die Parsevalschen Gleichungen

Mit der komplexen Variablen $s = \sigma + i\omega$ gilt für die *reelle* Funktion $f(t)$

$$F(s) = \int_0^\infty e^{-st} f(t)\,dt = \int_0^\infty e^{-\sigma t} f(t) \cos \omega t\,dt - i \int_0^\infty e^{-\sigma t} f(t) \sin \omega t\,dt =$$

$$= U(\sigma, \omega) - i\,V(\sigma, \omega). \qquad \text{(IV.94a)}$$

Setzen wir in Gl. (IV.94a) die konjugiert komplexe Variable $\bar{s} = \sigma - i\omega$ ein, so folgt unmittelbar die Beziehung

$$F(\bar{s}) = \overline{F(s)}, \qquad \text{(IV.94b)}$$

d.h. für *reelle Funktionen $f(t)$ ist es gleichgültig, ob man in Gl. (IV.94a) die konjugiert komplexe Größe von s einsetzt oder den konjugiert komplexen Ausdruck der Bildfunktion $F(s)$ bildet.*

Für *komplexe* Funktionen einer reellen Veränderlichen $f(t) = p(t) + i\,q(t)$ erhält man entsprechend

$$F(s) = L\{f(t)\} = \int_0^\infty e^{-st} f(t)\,dt = \int_0^\infty e^{-st} p(t)\,dt + i \int_0^\infty e^{-st} q(t)\,dt =$$

$$= U_1(\sigma, \omega) - i\,V_1(\sigma, \omega) + i\,[U_2(\sigma, \omega) - iV_2(\sigma, \omega)] =$$

$$= U_1(\sigma, \omega) + V_2(\sigma, \omega) - i\,[V_1(\sigma, \omega) - U_2(\sigma, \omega)] \qquad \text{(IV.95a)}$$

und

$$L\{\overline{f(t)}\} = \int_0^\infty e^{-st}\,\overline{f(t)}\,dt = \int_0^\infty e^{-st} p(t)\,dt - i \int_0^\infty e^{-st} q(t)\,dt =$$

$$= U_1(\sigma, \omega) - iV_2(\sigma, \omega) - i\,[U_2(\sigma, \omega) - iV_2(\sigma, \omega)] =$$

$$= U_1(\sigma, \omega) - V_2(\sigma, \omega) - i\,[V_1(\sigma, \omega) + U_2(\sigma, \omega)]. \qquad \text{(IV.95b)}$$

Die Bildfunktion von Gl. (IV.95a) nimmt für $\bar{s}$ die Form

$$F(\bar{s}) = U_1(\sigma, \omega) - V_2(\sigma, \omega) + i\,[V_1(\sigma, \omega) + U_2(\sigma, \omega)]$$

an; bilden wir hiervon den konjugiert komplexen Wert, so stimmt die Bildfunktion mit der von Gl. (IV.95b) überein, d.h. es ist

$$L\{\overline{f(t)}\} = \overline{F(\bar{s})}. \qquad \text{(IV.96)}$$

Die Voraussetzungen des Satzes IV.14 bleiben erhalten, wenn wir anstelle von $f_2(t)$ in Gl. (IV.90b) $\overline{f_2(t)}$ einsetzen. Wählen wir außerdem speziell $s = \alpha_1 + \alpha_2$ und $c = \alpha_1$, so wird

$$\int_0^\infty e^{-(\alpha_1+\alpha_2)t} f_1(t)\, \overline{f_2(t)}\, dt = \frac{1}{2\pi i} \int_{\alpha_1 - i\infty}^{\alpha_1 + i\infty} F_1(w)\, \overline{F_2(\alpha_1 + \alpha_2 - \overline{w})}\, dw$$

oder mit $w = \alpha_1 + iy$, $\overline{w} = \alpha_1 - iy$

$$\int_0^\infty e^{-(\alpha_1+\alpha_2)t} f_1(t)\, \overline{f_2(t)}\, dt = \frac{1}{2\pi} \int_{-\infty}^{+\infty} F_1(\alpha_1 + iy)\, \overline{F_2(\alpha_2 + iy)}\, dy. \tag{IV.97a}$$

Gl. (IV.97a), die somit unter der Voraussetzung Gln. (IV.91) gilt, bezeichnet man als die *verallgemeinerte Parsevalsche Gleichung* für die *L*-Transformation [47] und [48]. Für $f_1(t) = f_2(t)$, $\alpha_1 = \alpha_2 = \sigma$ und $y = \omega$ geht sie in die *Parsevalsche Gleichung für die L-Transformation*

$$\int_0^\infty e^{-2\sigma t} |f(t)|^2\, dt = \frac{1}{2\pi} \int_{-\infty}^{+\infty} |F(\sigma + i\omega)|^2\, d\omega \tag{IV.97b}$$

über, vorausgesetzt es ist

$$\int_0^\infty e^{-\sigma t} |f(t)|\, dt < \infty \quad \text{und} \quad \int_0^\infty e^{-2\sigma t} |f(t)|^2\, dt < \infty.$$

Gilt dies auch für $\sigma = 0$, d.h. die Integrale

$$\int_0^\infty |f(t)|\, dt \quad \text{und} \quad \int_0^\infty |f(t)|^2\, dt$$

konvergieren, dann nimmt Gl. (IV.97b) die Gestalt

$$\int_0^\infty |f(t)|^2\, dt = \frac{1}{2\pi} \int_{-\infty}^{+\infty} |F(i\omega)|^2\, d\omega \text{ [28]} \tag{IV.97c}$$

an; sie stellt die *Parsevalsche Gleichung für die Fourier-Transformierte* dar und gilt für *Funktionen f(t), die für* $t < 0$ *identisch Null sind.* Analoge Beziehungen gelten für die *Parsevalschen Gleichungen* der *zweiseitigen Laplace-Transformation* und der *Fourier-Transformation,* wenn sich die Grenzen der (Zeit-) Integrale in den Voraussetzungen und in den Gln. (IV.97) von $-\infty$ bis $+\infty$ erstrecken. Die Parsevalsche Gleichung gilt also für jede in $(-\infty, +\infty)$ *quadratisch integrierbare Funktion mit der Fourier-Transformierten* $F_1(\omega) = F(i\omega)$.

---

[28]) Für reelle $f(t)$ sind die Betragsstriche überflüssig.

Die Parsevalsche Gleichung (IV.97 c) läßt eine interessante physikalische Deutung zu. Stellt z.B. $f(t)$ den Ausgangsstrom eines elektrischen Netzwerkes dar, so liefert Gl. (IV.97 c) die an einem Widerstand von $1\,[\Omega]$ geleistete Gesamtenergie, die sich somit auch durch die Amplitudendichte $|F(i\omega)|$ ausdrücken läßt. Zwischen den Frequenzen ω_1 und ω_2 liegende Energieanteil beträgt somit

$$\frac{1}{2\pi}\int_{\omega_1}^{\omega_2} |F(i\omega)|^2\, d\omega.$$

Ist

$$f(t) = 0 \quad \text{für} \quad t<0 \qquad \text{und} \qquad \int_0^\infty |f(t)|\, dt < \infty, \tag{IV.98 a}$$

so folgt außerdem aus Gl. (IV.97 c)

$$F\{f(t)\} = L\{f(t)\}\Big|_{s=i\omega}. \tag{IV.98 b}$$

Die Fourier-Transformierte läßt sich also aus der Laplace-Transformierten ermitteln, wenn man in $F(s)$ die Variable s durch $i\omega$ ersetzt, also $F(i\omega)$ bildet. Es sei aber ausdrücklich hervorgehoben, daß man nur dann mit Sicherheit ein richtiges Ergebnis erhält, wenn die Voraussetzungen Gl. (IV.98a) erfüllt sind. Leider trifft dies schon für so einfache Funktionen, wie z.B. die Sprungfunktion $1(t)$ oder die Sinusfunktion $\sin(\omega t + \varphi)$ nicht zu. Über weitere Zusammenhänge mit der *Fouriertransformation* siehe z.B. [3], [11], [59] und [76] bis [79].

Im Zusammenhang mit komplexen Funktionen einer reellen Veränderlichen sind oftmals die Beziehungen

$$L\{\text{Re}[f(t)]\} = \text{Re}[L\{f(t)\}] \tag{IV.99 a}$$

und

$$L\{\text{Im}[f(t)]\} = \text{Im}[L\{f(t)\}] \tag{IV.99 b}$$

nützlich, die unmittelbar aus Gl. (IV.95 a) hervorgehen.

7. Grenzwertsätze

Das Verhalten der Zeitfunktion für $t \to \infty$ läßt sich unter bestimmten Bedingungen auch aus der korrespondierenden Bildfunktion ermitteln. Hierzu bilden wir

$$\lim_{s\to 0}\int_0^\infty \frac{df}{dt}\, e^{-st}\, dt = \lim_{s\to 0} sF(s) - f(+0) \tag{IV.100 a}$$

und setzen voraus, daß das obige Integral existiert. Konvergiert es für $s = 0$ und damit nach Unterabschnitt IV.2.3, wegen $|\text{arc}(s-0)| \leqslant \psi < \frac{\pi}{2}$ für alle *nichtnegativen reellen* s *gleichmäßig*, so kann man den *Grenzwert* und das *Integral vertauschen;* es ist dann (für reelle s)

$$\lim_{s\to 0}\int_0^\infty \frac{df}{dt}\,e^{-st}\,dt = \int_0^\infty \frac{df}{dt}\lim_{s\to 0} e^{-st}\,dt = \lim_{t\to\infty}\int_0^t \frac{df}{d\tau}\,d\tau = \lim_{t\to\infty} f(t) - f(+0). \tag{IV.100b}$$

Die Gln. (IV.100) liefern unter den angegebenen sehr einschneidenden Bedingungen unmittelbar die Beziehung (IV.101).

Es ist jedoch besonders der Fall von Interesse für den der Grenzwert existiert. Unter der Voraussetzung, daß $f(t)$ für $t\to\infty$ einen endlichen Grenzwert besitzt, gilt der nachfolgende *Endwertsatz.*

Satz IV.15: Existieren $L\{f(t)\} = F(s)$ und der Grenzwert $\lim_{t\to\infty} f(t) = f(+\infty)$, so ist (für reelle s)

$$f(+\infty) = \lim_{s\to 0} s\,F(s). \tag{IV.101}$$

Mit Hilfe von Satz IV.15 läßt sich $f(+\infty)$ aus $F(s)$ bestimmen, wenn die Existenz, aber nicht der Wert von $f(+\infty)$ bekannt ist. Die Voraussetzung der Existenz von $f(+\infty)$ bewirkt es bedauerlicher Weise, daß sich der Endwertsatz nicht zur Stabilitätsprüfung eignet. Das folgende Beispiel verdeutlicht diese Tatsache.

• **Beispiel IV.16**:

Wählen wir in Beispiel IV.5 $a_0 = a > 0$, so strebt für $t\to\infty$ die homogene Lösung

$$x(t) = x(+0)\,e^{-at}$$

gegen Null. Das gleiche Ergebnis liefert nach dem Satz IV.15

$$\lim_{s\to 0} s\,\frac{x(+0)}{s+a} = 0.$$

Hingegen mit $a_0 = a < 0$ wächst für $t\to\infty$ die homogene Lösung

$$x(t) = x(+0)\,e^{at}$$

über alle Grenzen; der Grenzwert liefert jedoch

$$\lim_{s\to 0} s\,\frac{x(+0)}{s-a} = 0.$$

Ebenso ergibt für

$F(s) = \frac{1}{s^2+1}$ der Grenzwert $\lim_{s\to 0}\frac{s}{s^2+1} = 0$, obwohl die korrespondierende

• Zeitfunktion $f(t) = \sin t$ für $t\to\infty$ keinen Grenzwert besitzt.

Es muß jedoch, wenn $\lim sF(s) = A$ für $s \to 0$ existiert, entweder $f(+\infty) = A$ sein oder $f(t)$ hat überhaupt keinen Grenzwert.

Dem Endwertsatz entspricht für $t \to 0$ der nachfolgende *Anfangswertsatz.*

Satz IV.16: Existieren $L\{f(t)\}$ und der Grenzwert $\lim\limits_{t\to 0} f(t) = f(+0)$, so ist (für reelle s)

$$f(+0) = \lim_{s\to\infty} sF(s). \tag{IV.102}$$

Setzen wir wiederum die Existenz des nachfolgenden Integrals voraus, dann ist

$$\lim_{s\to\infty} \int_0^\infty \frac{df}{dt} e^{-st}\, dt = \lim_{s\to\infty} sF(s) - f(+0). \tag{IV.103}$$

Da nach Satz IV.8, für $s \to \infty$ eine L-Transformierte gleichmäßig gegen Null konvergiert, folgt aus Gl. (IV.103) unmittelbar die Beziehung (IV.102). – Da eine Konstante, also $f(+0)$, keine L-Transformierte darstellt, gilt die Ableitung in dieser Form streng genommen nur für $f(+0) = 0$, dann muß jedoch $\lim sF(s)$ für $s \to \infty$ gegen Null streben, was auch aus Gl. (IV.102) folgt. –

Die Grenzwertsätze IV.15 und IV.16, deren Beweis in [46], Band I geführt wird, sind dann für die Systemuntersuchung bedeutungsvoll, wenn man von vornherein weiß, daß der entsprechende Grenzwert für $f(t)$ existiert, aber sein Wert unbekannt ist.

8. Partielle Differentialgleichungen

Im Hinblick auf die zunehmende Bedeutung der *Regelung von chemischen Prozessen,* die Systeme mit *örtlich verteilten Parametern* darstellen [80], betrachten wir noch kurz einige grundlegende Gedanken zur Lösung von ***partiellen Dgln.*** mittels L-Transformation.

Die lineare Dgl. zweiter Ordnung

$$a_{11}\frac{\partial^2 y(x,t)}{\partial x^2} + a_{12}\frac{\partial^2 y(x,t)}{\partial x\,\partial t} + a_{22}\frac{\partial^2 y(x,t)}{\partial t^2} + b_1\frac{\partial y(x,t)}{\partial x} + $$

$$+ b_2\frac{\partial y(x,t)}{\partial t} + cy(x,t) = f(x,t) \tag{IV.104}$$

habe konstante Koeffizienten. Dann kann man daran denken die Lösung $y(x, t)$ mit der L-Transformation zu ermitteln. Dabei müssen wir die Funktion $y(x, t)$ und die vorkommenden Ableitungen der L-Transformation unterwerfen, die jedoch die Integration hinsichtlich nur einer Variablen darstellt. Betrachten wir t als *Variable* und halten x *bezüglich der Transformation fest,* dann hängt die L-Transformierte

$$Y(x, s) = \int_0^\infty y(x, t)\, e^{-st}\, dt \tag{IV.105}$$

zusätzlich noch von dem *Parameter* x ab.

Sind an der Stelle $t = +0$ die Anfangswerte

$$y(x, +0) = y_0(x) \quad \text{und} \quad y_t(x, +0) = y_1(x) \quad (\text{falls } a_{22} \neq 0)$$

vorgegeben, dann folgt mit dem Differentiationssatz IV.5, wenn man x wiederum festgehalten denkt,

$$L\left\{\frac{\partial y(x, t)}{\partial t}\right\} = s\, Y(x, s) - y_0(x) \tag{IV.106a}$$

und

$$L\left\{\frac{\partial^2 y(x, t)}{\partial t^2}\right\} = s^2\, Y(x, s) - y_0(x)\, s - y_1(x). \tag{IV.106b}$$

Wir setzen außerdem voraus, daß man die L-Transformation in bezug auf t und die Differentiation nach x miteinander vertauschen darf, d.h. es muß

$$L\left\{\frac{\partial y(x, t)}{\partial x}\right\} = \int_0^\infty \frac{\partial y(x, t)}{\partial x}\, e^{-st}\, dt = \frac{\partial}{\partial x}\int_0^\infty y(x, t)\, e^{-st}\, dt = \frac{\partial}{\partial x} Y(x, s) = Y_x(x, s) \tag{IV.107a}$$

und damit

$$L\left\{\frac{\partial^2 y(x, t)}{\partial x^2}\right\} = \frac{\partial^2 Y(x, s)}{\partial x^2} = Y_{xx}(x, s) \tag{IV.107b}$$

sowie

$$L\left\{\frac{\partial^2 y(x, t)}{\partial x\, \partial t}\right\} = \frac{\partial}{\partial x} L\left\{\frac{\partial y(x, t)}{\partial t}\right\} = \frac{\partial}{\partial x}[s\, Y(x, s) - y_0(x)] =$$

$$= s\, Y_x(x, s) - y_0'(x) \tag{IV.107c}$$

gelten.

Mit den Gln. (IV.105) bis (IV.107) erhalten wir durch die (formale) L-Transformation von Gl. (IV.104) im Bildbereich

$$a_{11}\, Y_{xx}(x, s) + a_{12}\, [s\, Y_x(x, s) - y_0'(x)] + a_{22}\, [s^2\, Y(x, s) - s\, y_0(x) - y_1(x)] +$$

$$+ b_1\, Y_x(x, s) + b_2\, [s\, Y(x, s) - y_0(x)] + c\, Y(x, s) = F(x, s). \tag{IV.108a}$$

Obwohl die gesuchte Funktion $Y(x, s)$ ebenfalls eine Funktion von zwei Veränderlichen ist, treten in der Gl. (IV.108a) keine Ableitungen nach der zweiten Veränderlichen mehr auf, und die *partiellen* Ableitungen lassen sich durch *gewöhnliche* Ableitungen ersetzen. Man kann daher die Gleichung

$$a_{11} \frac{d^2 Y(x,s)}{dx^2} + (a_{12} s + b_1) \frac{d Y(x,s)}{dx} + (a_{22} s^2 + b_2 s + c) Y(x,s) = \qquad \text{(IV.108b)}$$
$$= a_{12} \frac{dy_0(x)}{dx} + (a_{22} s + b_2) y_0(x) + a_{22} y_1(x) + F(x,s)$$

als eine *gewöhnliche Dgl.* in Bezug auf x mit einem Parameter s auffassen. Die Dgln. (IV.108) stellen somit eine wesentlich einfachere Beziehung als die Ausgangsgleichung dar. Waren bei dem ursprünglichen Problem außerdem noch an zwei festen Stellen x_1, x_2 Randbedingungen der Form

$$y(x_1, t) = y_2(t) \quad \text{und} \quad y(x_2, t) = y_3(t)$$

vorgegeben, so erhält man durch *formale* Transformation dieser Beziehungen die Randbedingungen

$$Y(x_1, s) = Y_2(s) \quad \text{und} \quad Y(x_2, s) = Y_3(s)$$

für die Bildgleichung. Läßt sich dieses Randwertproblem durch eine L-Transformierte lösen, dann führt die L^{-1}-Transformation zur Lösung der Ausgangsgleichung (IV.104) mit den ursprünglichen Anfangs- und Randbedingungen. *Ob die so gefundene Funktion $y(x, t)$ tatsächlich die gesuchte Lösung der Ausgangsgleichung darstellt, muß man nachträglich, wegen der getroffenen Annahmen, verifizieren;* hier gelten sinngemäß dieselben Überlegungen, wie wir sie am Ende des Unterabschnittes IV.6.3 bei der Lösung der Riccatischen Dgl. anstellten.

Entsprechend kann man auch bei Gleichungen höherer Ordnung vorgehen. Es läuft somit die Anwendung der L-Transformation zur Lösung des im Originalraum gestellten Randwertproblems einer partiellen Dgl. mit zwei unabhängigen Variablen auf die Lösung eines Randwertproblems für eine gewöhnliche Dgl. im Bildraum hinaus; wenn diese gelöst ist, erhält man die Lösung des ursprünglichen Problems durch die Umkehrung der L-Transformation. Man kann nun daran denken zur Lösung der gewöhnlichen Dgl. bezüglich x im Bildraum nochmal die L-Transformation anzuwenden. Dieses Lösungsverfahren führt dann auf die bereits erwähnte *zweidimensionale* L-Transformation [52]. Entsprechend kann man natürlich auch vorgehen, wenn Gleichungen mit mehr als zwei unabhängigen Veränderlichen auftreten. Dann liefert die einmalige Anwendung der L-Transformation zwar wieder eine partielle Dgl., aber die Anzahl der unabhängigen Veränderlichen hat sich um eins verkleinert. In diesem Zusammenhang ist oftmals noch die zur Differentiation nach einem Parameter Gl. (IV.107a) analoge Beziehung

$$\mathcal{L}\left\{\int_{x_1}^{x_2} f(x,t)\,dx\right\} = \int_0^\infty e^{-st} \int_{x_1}^{x_2} f(x,t)\,dx\,dt = \int_{x_1}^{x_2} \int_0^\infty f(x,t)\,e^{-st}\,dt\,dx = $$

$$= \int_{x_1}^{x_2} F(x,s)\,dx$$

nützlich, vorausgesetzt die Vertauschung der beiden Operationen ist statthaft.

9. Übungsaufgaben

IV.1. Bestimme die Laplace-Transformierte der folgenden Originalfunktionen:

a) $f(t) = \sin t + 2\cos t$;

b) $f(t) = \cos^2 t$;

c) $f(t) = \cos t \; \cos 2t$;

d) $f(t) = \cos at \sinh at$;

e) $f(t) = \left(\frac{1}{a^3} - \frac{2t}{a^4} + \frac{t^2}{2a^5}\right) e^{-t/a}$;

f) $f(t) = \frac{1}{a^2}\left(e^{at} - 1 - at\right)$.

IV.2. Zeige, daß die Funktion $f(t) = \sin(e^{t^2})$ von exponentieller Ordnung ($\alpha = 0$) ist, während dies für $f'(t)$ nicht zutrifft.

IV.3. Berechne die Laplace-Transformierte für den in Bild Ü.IV.1. dargestellten Zeitverlauf und gib für die Bildfunktion einen geschlossenen Ausdruck an.

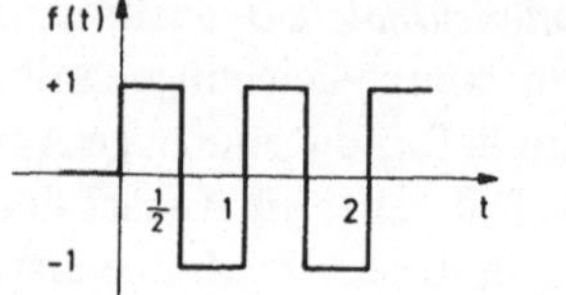

Bild Ü.IV.1

IV.4. Welche der folgenden Funktionen sind von exponentieller Ordnung? Bestimme gegebenenfalls α_0.

a) $f(t) = \frac{1}{\sqrt{t}}$; b) $f(t) = \sin t^2$;

c) $f(t) = e^{\sqrt{t^3}}$; d) $f(t) = \frac{\sin t}{t}$;

e) $f(t) = \log t$; f) $f(t) = \frac{\log t}{\sqrt{t^3}}$; g) $f(t) = e^{t \log t}$.

IV.5. Zu den folgenden Originalfunktionen $f(t)$ sind die korrespondierenden Bildfunktionen $F(s)$ zu ermitteln. Stelle die Funktionen $f(t)$ graphisch dar.

a) $$f(t) = \begin{cases} \frac{2}{T}\, t & \text{für } 0 < t < \frac{T}{2} \\ 2 - \frac{2}{T}\, t & \text{für } \frac{T}{2} < t < T \\ 0 & \text{für } T < t; \end{cases}$$

b) $$f(t) = \begin{cases} e^{at} \sin bt & \text{für } 0 < t < \frac{\pi}{b} \\ 0 & \text{für } \frac{\pi}{b} < t; \end{cases}$$

c) $$f(t) = \begin{cases} 0 & \text{für } 0 < t < \frac{\pi}{b} \\ \sin(bt - \pi) & \text{für } \frac{\pi}{b} < t < \frac{2\pi}{b} \\ 0 & \text{für } \frac{2\pi}{b} < 0; \end{cases}$$

d) $f(t) = |\sin a t|$.

IV.6. Ermittle die inverse Laplace-Transformation der folgenden Bildfunktionen:

a) $F(s) = \frac{s+1}{s^2 + 2s}$;

b) $F(s) = \frac{a^2}{s(s+a)}$;

c) $F(s) = \dfrac{s}{(1 + as)(1 + bs)^2}$;

d) $F(s) = \dfrac{s^2 - 2a^2}{s(s^2 - 4a^2)}$;

e) $F(s) = \dfrac{2a^2 s}{s^4 + 4a^4}$.

IV.7. Bestimme für die folgenden Bildfunktionen $F(s)$ die entsprechenden Originalfunktionen $f(t)$ und stelle diese graphisch dar.

a) $\dfrac{e^{-bs}}{s^2}$;

b) $\dfrac{e^{-\pi s}}{s^2 + 1}$;

c) $\dfrac{s e^{-s/2}}{s^2 + \pi^2}$;

d) $\dfrac{e^{-s}}{s^2} + \dfrac{e^{-2s}}{(s-1)^3}$.

IV.8. Gib die inverse Laplace-Transformation der folgenden Bildfunktionen an:

a) $F(s) = \dfrac{4s^2 + 2s - 1}{s^4 + s}$;

b) $F(s) = \dfrac{2s^2 + 8s + 8}{s^3 + 5s^2 + 9s + 5}$;

c) $F(s) = \dfrac{3s^3 + 4s^2 + 3s + 2}{s^4 + 5s^3 + 9s^2 + 7s + 2}$;

d) $F(s) = \dfrac{(s+3)(s+2)}{(s+1)^2 (s+4)^2 (s^2 + 4s + 8)}$.

IV.9. Zeige, daß die folgenden Originalfunktionen $f(t)$ den Bedingungen der Integration im Bildraum genügen und berechne die zugehörigen Bildfunktionen $F(s)$:

a) $f(t) = \dfrac{1 - \cos at}{t}$;

b) $f(t) = \dfrac{1 - \cosh at}{t}$;

c) $f(t) = \dfrac{e^t - \cos t}{t}$.

IV.10. Gehe von der Bildfunktion $F(s) = \mathcal{L}\left\{\frac{1}{\sqrt{t}}\right\}$ aus und bestimme mit Hilfe geeigneter Transformationsregeln die Bildfunktionen:

a) $\mathcal{L}\left\{\frac{1+2\,bt}{\sqrt{t}}\,e^{bt}\right\}$;

b) $\mathcal{L}\left\{\frac{1}{\sqrt{t^3}}\,(e^{bt}-e^{at})\right\}$.

IV.11. Wie lauten mit $G(s) = \frac{X(s)}{U(s)}$ die zu den Übertragungsfunktionen

a) $G(s) = \frac{6\,s^2+s-1}{s^3+s}$;

b) $G(s) = \frac{4\,s^2+8\,s+8}{s^3+4s^2+4s+2}$;

c) $G(s) = \frac{3s^3+8\,s^2+9\,s+4}{s^4+5\,s^3+9\,s^2+7\,s+2}$

korrespondierenden Differentialgleichungen? Gib für $u(t) = 1(t)$ die zugehörigen Lösungen an, wenn es sich einmal um ein energiefreies System und zum anderen um ein System mit den Anfangswerten $t = 0$, x_0, x_0', x_0'' bzw. x_0''' handelt.

IV.12. Die Integrodifferentialgleichung

$$x' + 5\,x + 9\int_0^t x(\tau)\,d\tau + 5\int_0^t\int_0^\tau x(\tau_1)\,d\tau_1\,d\tau = (2+t)\,1(t)$$

charakterisiere ein energiefreies System. Bestimme mit Hilfe der Laplace-Transformation die zugehörige Bildgleichung und berechne daraus die allgemeine Lösung.

IV.13. Ermittle mit Hilfe der Laplace-Transformation die allgemeine Lösung der Integrodifferentialgleichung von Übungsaufgabe II.8.

IV.14. Berechne mit Hilfe der Laplace-Transformation die Übergangsfunktion der Integrodifferentialgleichung von Übungsaufgabe II.10.

IV.15. Die allgemeine Lösung für $t \geqslant 0$ des Differentialgleichungssystems

$$(2D-1)\,x(t) + (D+13)\,y(t) = 16e^{2t},$$

$$(2D-3)\,x(t) - (D-7)\,y(t) = 0$$

und den Anfangswerten $x_0 = 1$, $y_0 = 0$ für $t = 0$ mit Hilfe der Laplace-Transformation zu bestimmen.

IV.16. Prüfe, ob es sich bei den Differentialgleichungssystemen der Übungsaufgaben II.11, II.12 und II.13 um normale Systeme im Sinne der Kompatibilitätsbedingungen handelt und gib mit Hilfe der Laplace-Transformation die Lösungen für $x(t)$, $y(t)$ sowie $z(t)$ an, falls sie existieren.

IV.17. Die allgemeine Lösung des energiefreien Systems

$$x' + \int_0^t x(\tau)\, d\tau + y' + 26 \int_0^t y(\tau)\, d\tau = t\, 1(t),$$

$$x' + \int_0^t x(\tau)\, d\tau + 2y' + 10 \int_0^t y(\tau)\, d\tau = 1(t)$$

ist mit Hilfe der Laplace-Transformation zu berechnen.

IV.18. Zeige, daß sich die Ausgangsgröße $x_a(t)$ eines durch die Differentialgleichung

$$\sum_{\nu=1}^{n} D^{\nu} x_a(t) = \sum_{\mu=1}^{m} D^{\mu} x_e(t) \qquad (m \leqslant n)$$

charakterisierten Systems, das zum Anfangszeitpunkt $t = 0$ nicht energiefrei ist, durch die Beziehung

$$x_a(t) = \int_0^t g(\tau)\, x_e(t-\tau)\, d\tau + x_0(t) = \int_0^t g(t-\tau)\, x_e(\tau)\, d\tau + x_0(t) \qquad (t \geqslant 0)$$

ausdrücken läßt, wobei $g(t)$ die entsprechende Gewichtsfunktion und $x_e(t)$ eine zulässige Eingangsgröße darstellen.

a) Was charakterisiert die Funktion $x_0(t)$?

b) Unter welchen Voraussetzungen ist $x_0(t)$ identisch Null?

c) Welcher Beschränkung unterliegt nach Satz VI.13 die Eingangsgröße?

IV.19. Der lineare Teil eines durch Bild Ü. III.1 charakterisierten Systems genüge der in der vorstehenden Übungsaufgabe angegebenen Differentialgleichung, der nichtlineare Teil sei gedächtnislos und durch $y(t) = \psi(e(t))$ beschrieben und $u(t)$ eine zulässige Eingangsgröße. Zeige, daß unter analogen Voraussetzungen, wie in Ü.IV.18 das Signal $e(t)$ der Integralgleichung

$$r(t) = e(t) + \int_0^t g(t-\tau)\, \psi(e(\tau))\, d\tau \qquad (t \geqslant 0)$$

mit $r(t) = u(t) - x_0(t)$ genügt.

IV.20. Drücke die folgenden inversen Laplace-Transformationen durch die Faltung aus:

a) $L^{-1}\left\{\frac{5s}{s^2-1}\ \frac{2}{s^2-1}\right\}$, b) $L^{-1}\left\{\frac{1}{s^2}\ \frac{1}{s-a}\right\}$,

c) $L^{-1}\left\{\frac{e^{-2s}}{s}\ \frac{1-e^{-s}}{s}\right\}$ d) $L^{-1}\left\{\frac{1}{(s^2+\beta^2)^2}\right\}$.

IV.21. Bestimme die folgenden Bildfunktionen:

a) $L\{t\,e^t * 1(t-2)\}$;

b) $L\left\{\int_0^t \tau^2(t-\tau-1)^2\,d\tau\right\}$;

c) $L\left\{e^{2t}\int_0^t e^{-2\tau}\sin\tau\,d\tau\right\}$.

IV.22. Die beiden 0_2-Funktionen

$f_1(t) = \frac{1}{\sqrt{t}}$ und $f_2(t) = \sqrt{\frac{2}{\pi t}}$

besitzen die L-Transformierten $\sqrt{\frac{\pi}{s}}$ sowie $\sqrt{\frac{2}{s}}$.

Die formale Anwendung der Faltungsoperation führt auf die Beziehung

$L\left\{f_1(t) * f_2(t)\right\} = \frac{\sqrt{2\pi}}{s}$. Ist dieses Ergebnis richtig? Gib eine exakte Begründung.

IV.23. Berechne die folgenden Faltungen:

a) $L^{-1}\left\{\frac{1}{(s+2)(s+1)^2}\right\} * t^2\,1(t)$;

b) $L^{-1}\left\{\frac{s}{s^2+4s+3}\right\} * e^t(1+t)\,1(t)$;

c) $L^{-1}\left\{\frac{a-b}{(s-a)(s-b)}\right\} * 1(t)$.

IV.24. Beweise die folgenden Beziehungen:

a) $e^{at} * e^{at} * \ldots * e^{at} = \dfrac{t^{n-1}e^{at}}{(n-1)!}$ (n Faktoren);

b) $t^m e^{at} * t^n e^{at} = \dfrac{m!\,n!}{(m+n+1)!}\, t^{m+n+1}e^{at}$ (m, n natürliche Zahlen).

IV.25. Drücke die inverse Laplace-Transformation der Bildfunktion
$F(s) = [(s-a_1)(s-a_2)\ldots(s-a_n)]^{-1}$
durch ein Faltungsprodukt von n Faktoren aus.

IV.26. Beweise mit Hilfe der Faltung die Gültigkeit von

$$L^{-1}\left\{\frac{1}{\sqrt{s}\,(s-1)}\right\} = e^t \operatorname{erf}\left(\sqrt{t}\right),$$

wobei $\operatorname{erf}\left(\sqrt{t}\right) = \frac{2}{\pi}\int_0^t e^{-\tau^2}\,d\tau$ das Fehlerintegral bedeutet.

IV.27. Drücke die vollständige Lösung für $x(t)$ und $y(t)$ des in Übungsaufgabe IV.17 gegebenen Systems durch die Faltung aus, wenn die allgemeinen Eingangsgrößen $f_1(t)$ und $f_2(t)$ zugrundegelegt werden, d.h., bringe sie auf die Form

$x(t) = g_{11}(t) * f_1(t) + g_{12}(t) * f_2(t)$

sowie

$y(t) = g_{21}(t) * f_1(t) + g_{22}(t) * f_2(t)$.

IV.28. Drücke wie in der vorstehenden Übungsaufgabe die allgemeine Lösung des in Ü.IV.15 gegebenen Systems durch die Faltung aus, wenn wiederum die allgemeinen Eingangsgrößen $f_1(t)$ und $f_2(t)$ zugrunde gelegt werden.

IV.29. Stelle die Originalfunktion $f(t) = f_1(t)\,f_2(t)$ mit

a) $f_1(t) = t$, $f_2(t) = te^t$;

b) $f_1(t) = \sin t$, $f_2(t) = t^2$

als komplexes Faltungsintegral dar und gib die Lösungen an.

IV.30. Beweise mittels der komplexen Faltung die Gültigkeit von

$L\{e^{-at} f(t)\} = F(s+a)$.

IV.31. Prüfe mit Hilfe des Anfangswertsatzes, falls er anwendbar ist, die Grenzwerte $t \to +0$ der folgenden Funktionen:

a) $f(t) = e^t$: b) $f(t) = t e^t$; c) $f(t) = 1(t) - 1(t-1)$;

d) $f(t) = e^{2t}\, 1(t-2)$; e) $f(t) = \frac{\cos \beta t}{\sqrt{t}}$; f) $f(t) = \frac{2t}{\sqrt{\pi t}}$.

IV.32. Prüfe mit Hilfe des Endwertsatzes, falls er anwendbar ist, den Grenzwert $t \to +\infty$ der folgenden Funktionen:

a) $f(t) = 1 - e^{-t}$;

b) $f(t) = t\,[1(t) - 1(t-1)]$;

c) $f(t) = e^{-t} \sin \beta t + t$;

d) $f(t) = e^t\,[1(t-2) - 1(t-3)] + 5 \cdot 1(t-5)$;

e) $f(t) = \frac{\cos \beta t}{\sqrt{t}}$;

f) $f(t) = \frac{2t}{\sqrt{\pi t}}$.

V. Kontinuierliche Systeme

In diesem V. Teil des Buches betrachten wir einige Probleme, die vor allem im Hinblick auf die Behandlung von realen Systemen bedeutungsvoll sind. Hierbei erweisen sich die Laplace-Transformation und die Faltung als sehr nützlich. Es zeigt sich jedoch, daß man die bisherigen Betrachtungen noch erweitern muß, um auch *„verallgemeinerte" Funktionen,* wie die *Deltafunktion* usw., zuzulassen. Wir stellen deshalb eine etwas längere Betrachtung über diese verallgemeinerten Funktionen voran. Diese Betrachtung soll einmal zeigen, wo und warum beim Rechnen mit diesen verallgemeinerten Funktionen Schwierigkeiten im Sinne der üblichen Analysis auftreten, und zum anderen das Verständnis für die vielfach rein formal durchgeführten Rechenoperationen vertiefen.

1. Verallgemeinerte Funktionen

Kennt man die Sprungantwort eines Systems (z.B. durch Messung), so folgt wegen

$$X_{ü}(s) = G(s)\,\frac{1}{s} \qquad \text{oder} \qquad s\,X_{ü}(s) = G(s)$$

die Gewichtsfunktion aus

$$g(t) = \frac{d\,x_{ü}(t)}{dt}\,,$$

vorausgesetzt $x_{ü}(t)$ *ist differenzierbar.* Der obige Ausdruck liefert, in die Faltung Gl. (IV.87b) eingesetzt, die als *Duhamelsches Integral* bekannte Beziehung

$$x_a(t) = x'_{ü}(t) * x_e(t) = \int_0^t x'_{ü}(\tau)\,x_e(t-\tau)\,d\tau\,.$$

Bei einem sprungfähigen System tritt jedoch z.B. für $x_e(t) = 1(t)$ an der Stelle $t = 0$ ein Sprung auf, und somit ist $x_{ü}(t)$ dort nicht differenzierbar; es existieren aber die rechts- und linksseitigen Ableitungen.

Die Sprungfunktionen oder allgemeiner die S_1-Funktionen stellen jedoch bei der Untersuchung von physikalischen Systemen sehr wichtige Zeitfunktionen dar. Man möchte daher erreichen, daß sie in einem *gewissen Sinne differenzierbar* sind und daß man mit ihren *„Ableitungen" rechnen kann.*

1.1. Deltafunktionen

In der Literatur wird die *„verallgemeinerte Ableitung"* der Sprungfunktion durch die *Impuls- oder Diracsche Deltafunktion* $\delta(t)$ charakterisiert. Sie stellt eine Erregung dar, die zu allen Zeiten $t \neq 0$ verschwindet, während sie für $t = 0$ *schlagartig* einen unendlich großen Wert annimmt, derart, daß sie aus einem Integral

$$\int_{-\infty}^{+\infty} h(t)\,\delta(t)\,dt$$

den Wert $h(0)$ heraushebt, wenn $h(t)$ an der Stelle $t = 0$ *stetig* ist, d.h. anders ausgedrückt:

$$\delta(t) = \begin{cases} 0 & \text{für } t \neq 0 \\ \infty & \text{für } t = 0 \end{cases} \quad \text{aber} \int_{-\infty}^{+\infty} h(t)\,\delta(t)\,dt = h(0) \tag{V.1a}$$

oder allgemein

$$\delta(t - t_0) = \begin{cases} 0 & \text{für } t \neq t_0 \\ \infty & \text{für } t = t_0 \end{cases} \quad \text{aber} \int_{-\infty}^{+\infty} h(t)\,\delta(t - t_0)\,dt = h(t_0). \tag{V.1b}$$

Diese Eigenschaft, im gesamten Zeitintervall *nur an einer* Stelle von Null verschieden zu sein und doch einen *endlichen Integralwert* („Fläche") aufzuweisen, *besitzt keine wirkliche mathematische Funktion* im Sinne der klassischen Analysis. Das Rechnen mit solchen Funktionen kann daher nicht nach den Gesetzen für wirkliche Funktionen erfolgen.

In den meisten Fällen wird die obige Definition der Gln. (V.1) zugrundegelegt und die „verallgemeinerte Funktion" $\delta(t)$ als formale Abkürzung betrachtet, die bei geeigneter Anwendung in der Analysis sinnvolle Ergebnisse liefert. Durch Einführung des *Stieltjesschen Integralbegriffes* lassen sich einige der formalen Operationen mit der (symbolischen) δ-Funktion auf eine solide mathematische Basis bringen. Eine andere viel weitreichendere mathematisch exakte Darstellung zur Behandlung von verallgemeinerten Funktionen, die *Theorie der (Zeit-) Distributionen,* findet in jüngster Zeit immer mehr Beachtung. Wir schließen uns eng an die in [81] bzw. [72] gewählte elementare Darstellung an, die für unsere Zwecke ausreicht. Sie erscheint uns wegen ihrer Anschaulichkeit als Einführung in den Problemkreis sehr geeignet. Eine weitreichendere und weiter verallgemeinerungsfähige Darstellung, die heute weitgehend in der modernen Mathematik verwendet wird, macht von sogenannten „Testfunktionen" Gebrauch; siehe [12], [24] und [82].

Um eine gewisse anschauliche Vorstellung von der δ-Funktion zu bekommen, gehen wir von der Einheitssprungfunktion $1(t)$ aus, die wir als *Grenzfunktion (Grenzwert) einer Funktionenfolge* $\{ f_n(t) \}$ definieren, wobei die Glieder der Folge stetige Funktionen $f_n(t)$ sind. Durch Funktionenfolgen lassen sich unstetige Funktionen anschaulich mathematisch beschreiben; so z.B. erfüllt die Beziehung

$$1(t) = \lim_{n\to\infty} f_n(t) = \lim_{n\to\infty} \frac{1}{1+e^{-nt}} = \begin{cases} 1 & \text{für } t>0 \\ 1/2 & \text{für } t=0 \\ 0 & \text{für } t<0 \end{cases}$$

die obigen Bedingungen, d.h. die Grenzfunktion, der im Intervall $-\infty < t < +\infty$ aus stetigen Funktionen bestehenden Folge, stellt die gewünschte Funktion dar; siehe Bild V.1. In diesem Abschnitt sei stets $\left\{\frac{1}{1+e^{-nt}}\right\} = \left\{h_n(t)\right\}$.

Will man nun die Ableitung der Sprungfunktion definieren, so soll

$$\frac{d\,1(t)}{dt} = \frac{d}{dt}\left[\lim_{n\to\infty} \frac{1}{1+e^{-nt}}\right]$$

gelten. Vertauschen wir *rein formal* die Differentiation und den Grenzwert, dann läßt sich die Differentiation ausführen, da die Funktionen $f_n(t)$ differenzierbar sind. Es wird

$$\frac{d\,1(t)}{dt} = \lim_{n\to\infty}\left[\frac{d}{dt}\frac{1}{1+e^{-nt}}\right] = \lim_{n\to\infty}\frac{n\,e^{-n}}{(1+e^{-nt})^2} =$$

$$= \lim_{n\to\infty}\frac{n}{2+e^{nt}+e^{-nt}} = \lim_{n\to\infty} h_n'(t) = \begin{cases} 0 & \text{für } t \neq 0 \\ \infty & \text{für } t = 0. \end{cases}$$

Die Glieder der Funktionenfolge $h_n'(t)$ sind in Bild V.2 dargestellt. Mit zunehmendem n nähern sich die Funktionen $h_n'(t)$ immer mehr der Form der δ-Funktion an. Dieses rein formale Vorgehen führt auf eine Grenzfunktion, die das liefert, was wir von der δ-Funktion erwarten. Es ist also sehr verlockend, die δ-Funktion durch die Ableitung von stetigen, die Sprungfunktion 1(t) approximierenden Funktionen, zu repräsentieren; dies um so mehr, da, wie unser Beispiel zeigt, mit zunehmenden n die Approximation der Grenzkurve immer besser wird. Diese Darstellung ist für die *analytische*

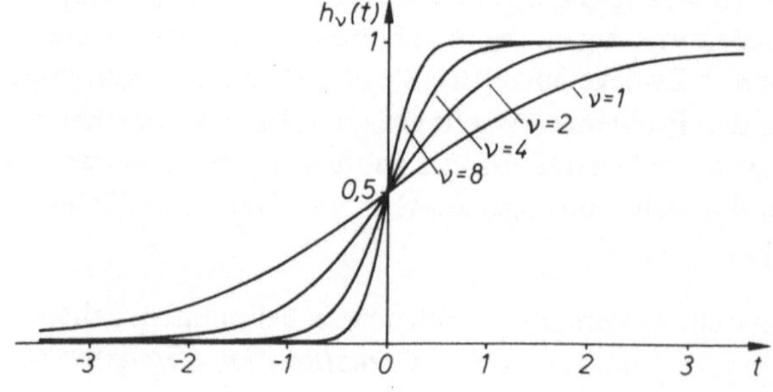

Bild V.1
Die Funktionenfolge
$h_n(t) = \left\{\frac{1}{1+e^{-nt}}\right\}$

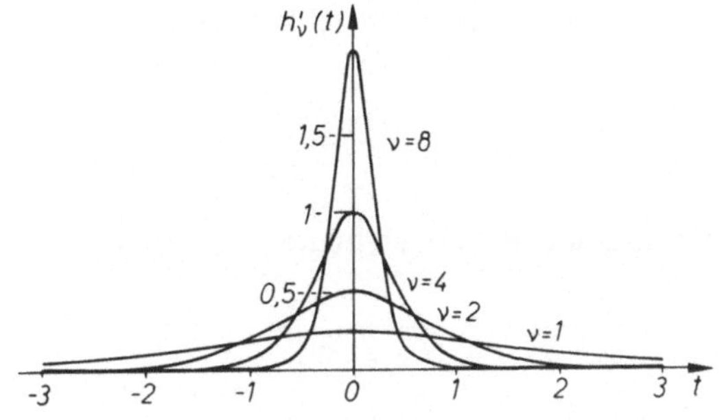

Bild V.2
Die Funktionenfolge
$h'_n(t) = \left\{ \frac{n}{2 + e^{nt} + e^{-nt}} \right\}$

Behandlung von Systemen jedoch nur dann von Bedeutung, wenn gewährleistet ist, daß man mit den Funktionsfolgen rechnen kann, d.h. im obigen Fall, wenn man den Grenzwert und die Ableitung vertauschen darf. Die *Vertauschung der beiden Operationen* ist aber leider mathematisch nur dann zulässig, d.h. man erhält trotz Vertauschung mit Sicherheit ein richtiges Ergebnis, falls die durch die Differentiation entstandene Folge $\{h'_n(t)\}$ *gleichmäßig konvergiert.* Dies trifft aber in unserem Fall nicht zu, da das an der Stelle $t = 0$ auftretende Maximum der Funktionen $h'_n(t)$ für $n \to \infty$ über alle Grenzen wächst. Auch umgekehrt, wenn man aus der δ-Funktion die Sprungfunktion durch Integration erhalten will, ist die Vertauschung der Integration mit dem Grenzwert nicht statthaft, da die Folge $\{h'_n(t)\}$ nicht gleichmäßig konvergiert.

Die Forderung der gleichmäßigen Konvergenz bedeutet lediglich, wie bereits oben erwähnt, daß die *Vertauschung der Operationen mit Sicherheit auf ein „richtiges" Ergebnis führt.* Wie aus unserem Beispiel ersichtlich, muß jedoch die formale Vertauschung der Operationen *kein „sinnloses"* Ergebnis liefern. *Bei nicht gleichmäßig konvergenten Funktionenfolgen brauchen sich also die gemeinsamen Eigenschaften der Funktionen $f_n(t)$ nicht auf die Grenzfunktion $f(t)$ zu übertragen; man darf daher mit der δ-Funktion nicht wie mit gewöhnlichen Funktionen rechen.*

Es gilt jedoch der

> **Satz V.1:** Die Grenzfunktion
>
> $$f(t) = \lim_{n \to \infty} f_n(t)$$
>
> einer im Intervall (a, b) gleichmäßig konvergenten Folge stetiger Funktionen $f_n(t)$ ist in (a, b) stetig.

Ist also die Grenzfunktion einer konvergenten Folge stetiger Funktionen $f_n(t)$ an einer Stelle des betrachteten Intervalls unstetig, dann kann die Konvergenz nicht gleichmäßig sein; die Umkehrung gilt jedoch nicht, d.h. es gibt Folgen stetiger Funktionen, die nicht gleichmäßig konvergieren und dennoch eine stetige Grenzfunktion haben [1] und [2].

Führen wir das obige Beispiel noch weiter, in dem wir die zweite Ableitung der Sprungfunktion

$$\frac{d^2\,1(t)}{dt^2} = \frac{d^2}{dt^2}\left[\lim_{n\to\infty} \frac{1}{1+e^{-nt}}\right]$$

wiederum durch *formales* Vertauschen der beiden Operationen bilden, dann wird

$$\frac{d^2\,1(t)}{dt^2} = \lim_{n\to\infty}\left[\frac{d^2}{dt^2}\,\frac{1}{1+e^{-nt}}\right] = \lim_{n\to\infty}\left[\frac{d}{dt}\,\frac{n}{2+e^{nt}+e^{-nt}}\right] =$$

$$= \lim_{n\to\infty} \frac{n^2\,(e^{-nt}-e^{nt})}{(2+e^{nt}+e^{-nt})^2} = \lim_{n\to\infty} h_n''(t)\,.$$

Wie Bild V.3 zeigt, liefert diese Darstellung für $n\to\infty$ das, was wir von der Ableitung der Deltafunktion $\delta'(t)$ erwarten; entsprechend führt eine $(k+1)$-fache Ableitung auf das, was wir von $\delta^{(k)}(t)$ erwarten, nämlich einen $(k+1)$-fachen „Stoß" in $t=0$. Die Funktionen $h_n'(t)$ sind *gerade,* $h_n''(t)$ *ungerade,* $h_n'''(t)$ *gerade* usw. Diese Deutung läßt auf die *Eigenschaft der Deltafunktion*

$$\delta^{(k)}(-t) = (-1)^k\,\delta^{(k)}(t)$$

schließen; d.h. $\delta(-t)=\delta(t)$ ist eine gerade, $\delta'(-t)=-\delta'(t)$ eine ungerade, $\delta''(-t) = \delta''(t)$ eine gerade verallgemeinerte Funktion und so weiter.

Bezüglich der Integration der Sprungfunktion können wir analog vorgehen, d.h. wir setzen

$$\int_{-\infty}^{t} 1(\tau)\,d\tau = \int_{-\infty}^{t} \lim_{n\to\infty} h_n(\tau)\,d\tau\,.$$

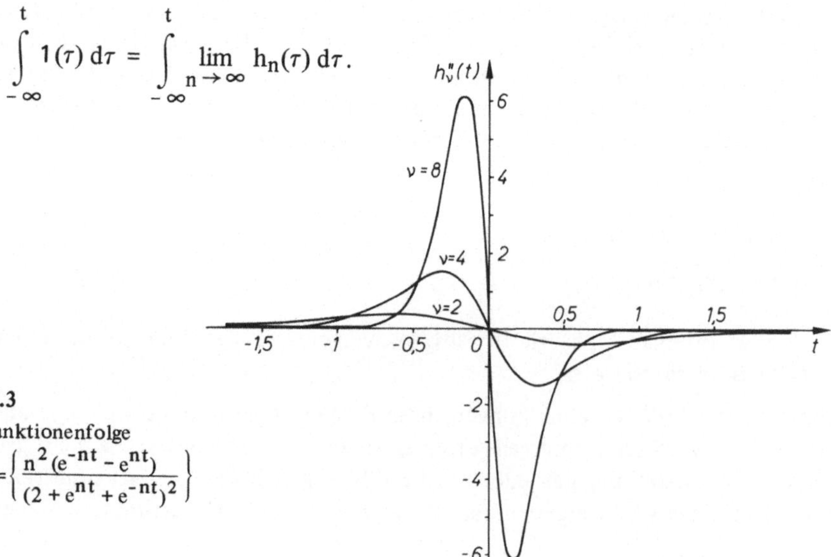

Bild V.3
Die Funktionenfolge
$$h_n''(t) = \left\{\frac{n^2(e^{-nt}-e^{nt})}{(2+e^{nt}+e^{-nt})^2}\right\}$$

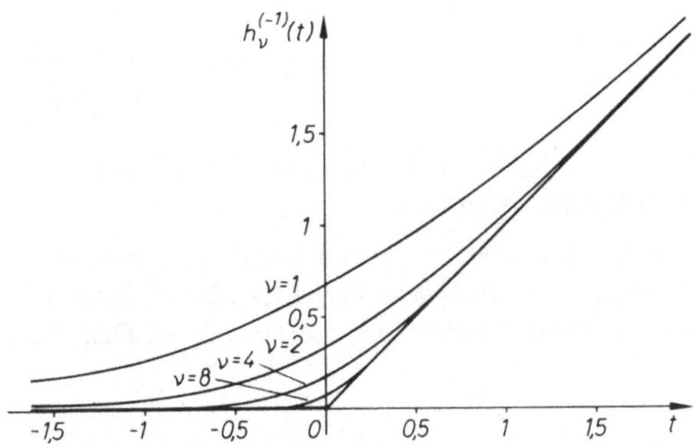

Bild V.4
Die Funktionenfolge
$h_n^{(-1)}(t) = \{\frac{1}{n} \ln(e^{nt}+1)\}$

Natürlich läßt sich die Integration von $1(t)$ durch Aufspaltung des Integrationsintervalles direkt durchführen. Wir gehen jedoch wieder von der Funktionenfolge aus. Sie konvergiert aber nach Satz V.1 nicht gleichmäßig. Vertauschen wir dennoch die Integration und den Grenzübergang miteinander, so wird

$$\lim_{n\to\infty} \int_{-\infty}^{t} h_n(\tau)\, d\tau = \lim_{n\to\infty} \frac{1}{n} \ln(e^{nt}+1) = \lim_{n\to\infty} h_n^{(-1)}(t) = \begin{cases} t & \text{für } t \geqslant 0 \\ 0 & \text{für } t \leqslant 0 \end{cases}.$$

Auch in diesem Fall liefert, wie Bild V.4 zeigt, die formale Vertauschung ein sinnvolles Ergebnis.

Die stetigen Funktionen $h_n^{(-1)}(t)$ heißen *Integral- oder Stammfunktionen* von $h_n(t)$; entsprechend sind $h_n^{(-1)}(t)$ und $h_n(t)$ Stammfunktionen von $h_n'(t)$. Die Folge $\{h_n^{(-1)}(t)\}$ konvergiert in jedem endlichen Intervall gleichmäßig gegen die (stetige) Grenzfunktion. Die gleichen Überlegungen gelten natürlich auch für $1(t-t_0)$, d.h. der Sprung tritt an der Stelle $t = t_0$ auf, wenn man die Funktionenfolge $\{h_n(t-t_0)\}$ zugrundelegt.

Neben $\{h_n(t)\}$ *existieren jedoch noch viele Funktionenfolgen mit den gleichen Eigenschaften.* Ein weiteres Beispiel stellt die Folge aus den in $(-\infty, +\infty)$ stetigen Funktionen (Hauptwert)

$$f_n(t) = k_n(t) = \frac{1}{2} + \frac{1}{\pi} \text{ arc tan } nt$$

dar. Daß sie die gleiche Eigenschaft, wie $h_n(t)$ aufweist, geht aus

$$\lim_{n\to\infty} k_n(t) = \lim_{n\to\infty} \left[\frac{1}{2} + \frac{1}{\pi} \text{ arc tan } nt\right] = \begin{cases} 1 & \text{für } t > 0 \\ 1/2 & \text{für } t = 0, \\ 0 & \text{für } t < 0 \end{cases}$$

$$\lim_{n\to\infty} k_n'(t) = \lim_{n\to\infty} \frac{n}{\pi(1+n^2t^2)} = \begin{cases} 0 & \text{für } t \neq 0 \\ \infty & \text{für } t = 0 \end{cases}$$

sowie

$$\lim_{n\to\infty} k_n^{(-1)}(t) = \lim_{n\to\infty}\left[t\left(\frac{1}{2}+\frac{1}{\pi}\ \text{arc tan}\ nt\right)-\frac{1}{2\pi n}\ \ln(1+n^2t^2)\right]=\begin{cases} t \text{ für } t\geqslant 0\\ 0 \text{ für } t\leqslant 0\end{cases}$$

hervor; $\{k_n^{(-1)}(t)\}$ konvergiert ebenso wie $\{h_n^{(-1)}(t)\}$ in jedem endlichen Intervall gleichmäßig gegen die in Bild V.4 dargestellte Grenzkurve.

Bei der Anwendung der Funktionenfolgen zur Erklärung unstetiger Funktionen muß natürlich gewährleistet bleiben, daß *Folgen mit ähnlichem Verhalten als gleichwertig gelten und man mit ihnen rechnen kann.* Diese Aufgabe löst die *Theorie der Distributionen.*

1.2. Definition der Distributionen

Nach dem vorausgehenden Unterabschnitt konvergieren in jedem endlichen Intervall die Folgen $\{h_n^{(-1)}(t)\}$ und $\{k_n^{(-1)}(t)\}$, deren Glieder Stammfunktionen von $h_n(t)$, $k_n(t)$, $h_n'(t)$, $k_n'(t)$ usw. darstellen, gleichmäßig gegen die gleiche Grenzfunktion. Allgemein bilden Funktionenfolgen, deren Stammfunktionen gleichmäßig konvergente Folgen darstellen, die Grundlage der Distributionentheorie; sie werden als *Fundamentalfolgen* bezeichnet. Es gilt folgende

Definition V.1: Eine Folge stetiger Funktionen $\{f_n(t)\}$ heißt Fundamentalfolge in $a<t<b$, wenn eine Folge von (Integral-) Funktionen $\{F_n(t)\}$ und eine ganze Zahl $k\geqslant 0$ derart existieren, daß

1. $F_n^{(k)}(t) = f_n(t)$ (V.2a)

ist und

2. $\{F_n(t)\}$ fast gleichmäßig in $a<t<b$ gegen $F(t)$ konvergiert. (V.2b)

Die Folge $F_n(t)$ konvergiert *fast gleichmäßig* im Intervall $a<t<b$ gegen $F(t)$, wenn sie in jedem endlichen, abgeschlossenen Intervall $a<a_1\leqslant t\leqslant b_1<b$ *gleichmäßig* konvergiert. Ein Beispiel hierzu sind die Potenzreihen, deren Partialsummen in jedem, im Konvergenzintervall R enthaltenen, abgeschlossenen Intervall gleichmäßig konvergieren, während sie in den Randpunkten oft gar nicht konvergieren; sie sind also in R fast gleichmäßig konvergent. Jede gleichmäßig konvergente Folge konvergiert natürlich auch fast gleichmäßig.

Die nachfolgend in Definition V.2 angegebene Äquivalenzbeziehung gewährleistet, daß zwei Folgen mit ähnlichem Verhalten als gleichwertig gelten.

Definition V.2: Zwei Fundamentalfolgen heißen äquivalent

$\{f_n(t)\}\sim\{g_n(t)\}$,

wenn es (Integral-)Folgen $\{F_n(t)\}$ und $\{G_n(t)\}$ und eine ganze Zahl $k\geqslant 0$ gibt, so daß

1. $F_n^{(k)}(t) = f_n(t)$ und $G_n^{(k)}(t) = g_n(t)$

ist und

2. $\{F_n(t)\}$ sowie $\{G_n(t)\}$ fast gleichmäßig gegen dieselbe Grenzfunktion konvergieren.

In diesem Sinne sind die Folgen $\{h_n'(t)\}$ und $\{k_n'(t)\}$ äquivalent, da sie für $k = 2$ aus den fast gleichmäßig gegen die Rampenfunktion

$r(t) = \begin{cases} t \text{ für } t \geqslant 0 \\ 0 \text{ für } t \leqslant 0 \end{cases}$ konvergierenden Folgen $\left\{h_n^{(-1)}(t)\right\} = \left\{H_n(t)\right\}$ bzw.

$\left\{k_n^{(-1)}(t)\right\} = \left\{K_n(t)\right\}$ hervorgehen.

Die in Definition V. 2 angegebene *Äquivalenz* hat den *Charakter einer Gleichheit,* da sie die

Reflexivität: $\{f_n(t)\} \sim \{f_n(t)\}$, die

Symmetrie: mit $\{f_n(t)\} \sim \{g_n(t)\}$ ist auch $\{g_n(t)\} \sim \{f_n(t)\}$ und die

Transivität: mit $\{f_n(t)\} \sim \{g_n(t)\}$ und $\{g_n(t)\} \sim \{q_n(t)\}$ ist auch $\{f_n(t)\} \sim \{q_n(t)\}$.

erfüllt. *Mit den obigen Bedingungen, kann man die Gesamtheit aller in $a < t < b$ definierten Fundamentalfolgen so in (abstrakte) Klassen ohne gemeinsames Element aufteilen, daß zwei Fundamentalfolgen dann und nur dann zur gleichen Klasse gehören, wenn sie äquivalent sind.*

Definition V.3: Eine Klasse äquivalenter Fundamentalfolgen wird Distribution genannt und mit $[f_n(t)]$ bezeichnet.

Es ist dann für das Rechnen mit einer Distribution gleichgültig, welche Fundamentalfolge der betreffenden Äquivalenzklasse man gerade wählt. Nachfolgend geben wir, meistens ohne strengen Beweis, einige Eigenschaften sowie Rechenregeln der Distributionen an. Damit sind die beiden am Ende des vorausgehenden Unterabschnittes gestellten Forderungen der „Gleichheit" ähnlicher Folgen und die Möglichkeit mit den Funktionenfolgen zu rechnen erfüllt. Wegen der Beweise siehe [81] und zum Teil auch [72]. Nachfolgend geben wir einige spezielle Distributionen an:

a) Jede stetige Funktion $f(t)$ ist gleichzeitig eine Distribution $[f(t)]$.

Denn die nur aus den Gliedern $f(t)$ bestehende Folge $\{f(t)\} = f(t), f(t), \ldots$ konvergiert sicherlich fast gleichmäßig gegen die Funktion $f(t)$. $\{f(t)\}$ ist somit eine Fundamentalfolge mit $k = 0$. Die *Distribution stellt daher einen Oberbegriff* dar, und man kann keinen Fehler begehen, wenn man die Rechenvorschriften für die Distributionen auf eine stetige Funktion anwendet. Die *Rampenfunktion* $r(t)$ ist stetig und damit eine Distribution $[r(t)]$. Die Funktionenfolgen $\{h_n^{(-1)}(t)\}$ und $\{k_n^{(-1)}(t)\}$ konvergieren ja in jedem endlichen Intervall gleichmäßig gegen $r(t)$ und sind daher im Sinne der Distribution äquivalent mit der Folge $\{r(t)\}$; es ist also $[r(t)] = [h_n^{(-1)}(t)] = [k_n^{(-1)}(t)]$. Man kann daher anstatt mit $r(t)$ auch mit $\{h_n^{(-1)}(t)\}$ oder $\{k_n^{(-1)}(t)\}$ rechnen.

b) Die Einheitssprungfunktion stellt eine Distribution dar.

Die äquivalenten Folgen $\{h_n(t)\}$ und $\{k_n(t)\}$ erfüllen die Gln. (V.2) für $k = 1$; sie sind demnach Fundamentalfolgen. Die Distribution $[h_n(t)] = [k_n(t)]$ besitzt die Eigenschaften, die wir der Sprungfunktion zuschreiben. Wir bezeichnen sie deshalb mit $1(t)$.

c) Die Deltafunktion stellt eine Distribution dar.

Die äquivalenten Folgen $\{h_n'(t)\}$ und $\{k_n'(t)\}$ erfüllen die Gln. (V.2) für $k = 2$. Die durch diese Fundamentalfolgen dargestellte Distribution $[h_n'(t)] = [k_n'(t)]$ bezeichnen wir mit $\delta(t)$, da sie, wie auch nachfolgend hervorgeht, die Eigenschaft aufweist, die wir der δ-Funktion zuschreiben. Aus entsprechenden Überlegungen stellen auch $\delta'(t)$, $\delta''(t)$, usw. Distributionen dar.

Da die *Distributionen* nicht nur die Klasse der gewöhnlichen Funktionen umfassen, bezeichnen wir sie, vor allen Dingen im Hinblick auf die Deltafunktionen, auch als *verallgemeinerte Funktionen.*

1.3. Algebraische Operationen mit Distributionen

Definition V.4: Unter der Summe bzw. der Differenz zweier Distributionen $f(t) = [f_n(t)]$ und $g(t) = [g_n(t)]$ wird die Distribution $f(t) \pm g(t) = [f_n(t) \pm g_n(t)]$ verstanden[29]).

Damit diese Definition sinnvoll ist, muß natürlich einmal mit $\{f_n(t)\}$ und $\{g_n(t)\}$ auch $\{f_n(t) \pm g_n(t)\}$ eine Fundamentalfolge sein; zum anderen darf die Definition von $\{f_n(t) \pm g_n(t)\}$ nicht von der gerade gewählten Fundamentalfolge der entsprechenden Äquivalenzklasse abhängen, d.h. mit $\{f_n(t)\} \sim \{\bar{f}_n(t)\}$ und $\{g_n(t)\} \sim \{\bar{g}_n(t)\}$ ist auch $\{f_n(t) \pm g_n(t)\} \sim \{\bar{f}_n(t) \pm \bar{g}_n(t)\}$.

Definition V.5: Unter dem Produkt $c\,f(t)$ einer Distribution $f(t) = [f_n(t)]$ mit einer komplexen Zahl c wird die Distribution $[c\,f_n(t)]$ definiert.

Mit diesen beiden Definitionen läßt sich zeigen, daß die Distributionen, genau wie die gewöhnlichen Funktionen, einen *linearen Raum* darstellen, d.h. sie erfüllen die Bedingungen von Definition III.4.

---

29) Da die Distributionen eine Verallgemeinerung der gewöhnlichen Funktionen sind, bezeichnen wir sie ebenfalls durch die üblichen Funktionssymbole $f(t)$, $g(t)$ usw.. Es sei jedoch hervorgehoben, daß diese Bezeichnungen für Distributionen einen rein symbolischen Charakter besitzen, d. h. im allgemeinen darf man die Variable t nicht durch eine Zahl ersetzen.

Für die beiden Distributionen f(t) und g(t) gilt also z.B.

$$c(f(t) + g(t)) = c\,f(t) + c\,g(t),$$

was unmittelbar aus

$$c\,[f_n(t) + g_n(t)] = [c\,f_n(t) + c\,g_n(t)] = [c\,f_n(t)] + [c\,g_n(t)] = c[f_n(t)] + c[g_n(t)]$$

folgt. Ebenso ist

$$0 + f(t) = f(t) \text{ oder genauer } [0] + [f_n(t)] = [f_n(t)]$$

und

$$0 \cdot f(t) = 0 \text{ oder genauer } 0\,[f_n(t)] = [0\,f_n(t)] = [0].$$

In der letzten Gleichung bedeutet also das links vom Gleichheitszeichen stehende Symbol 0, die *Zahl Null*, das rechts stehende Symbol 0, die *Distribution Null*. Vielfach wird für die beiden verschiedenen Begriffe das gleiche Symbol verwendet, da diese Doppeldeutigkeit in den meisten Fällen auf keine Mißverständnisse führt.

Für die Sprungfunktion und für die δ-Funktion mit der Amplitude a (a beliebig reell) gilt demnach:

$$a\,1(t) = a[k_n(t)] = [a\,k_n(t)]$$

und

$$a\,\delta(t) = a[k_n'(t)] = [a\,h_n'(t)].$$

Ebenso findet man die aus einer gewöhnlichen Funktion f(t) und einer verschobenen Sprungfunktion bzw. Deltafunktion überlagerten Distribution durch:

$$f(t) + 1(t - t_0) = [f(t)] + [h_n(t - t_0)] = [f(t) + h_n(t - t_0)]$$

und

$$f(t) + \delta(t - t_0) = [f(t)] + [h_n'(t - t_0)] = [f(t) + h_n'(t - t_0)]\,.$$

Die entsprechenden Fundamentalfolgen lauten

$\{f(t) + h_n(t - t_0)\}$ bzw. $\{f(t) + h_n'(t - t_0)\}$; siehe hierzu auch die Übungsaufgabe V.1.

Die Summe von verallgemeinerten Funktionen erhält man wegen

$$(c_1 + c_2)\,f(t) = c_1\,f(t) + c_2\,f(t) = c_1\,[f_n(t)] + c_2\,[f_n(t)]$$

durch *Zusammenfassung der Summenglieder mit der gleichen Distribution,* also z.B.

$$\left(3\delta(t) + 7\delta(t-1) + 2\;1(t) + 10e^{-t}\right) + \left(4\delta(t) - 3\delta(t-1) - 2\delta'(t-2) + 3\sin t\right) =$$

$$= 10e^{-t} + 3\sin t + 2\;1(t) + 7\delta(t) + 4\delta(t-1) - 2\delta'(t-2).$$

Offensichtlich ist eine Gleichung mit verallgemeinerten Funktionen nur dann im Sinne der Distribution gleich, wenn die entsprechenden Koeffizienten gleich sind, d.h. z.B. für die Gleichung

$$a_1\,\delta(t) + a_2\,\delta'(t) + a_3\,\delta(t-1) = 7\delta(t) - 4\delta'(t),$$

daß die Zahlen die Bedingungen

$$a_1 = 7, \; a_2 = -4 \text{ und } a_3 = 0$$

erfüllen müssen. Wir weisen ausdrücklich darauf hin, daß es sich um eine *Gleichung im Sinne der Distributionen* handelt, d.h. die linke und die rechte Seite müssen *nicht* für jedes t den gleichen Wert aufweisen. Es gilt also

$$(a_1 - 7)[h_n'(t)] + (a_2 + 4)[h_n''(t)] + a_3 [h_n'(t-1)] = [0]$$

oder, da es gleichgültig ist, welche Folge wir aus der entsprechenden Äquivalenzklasse wählen, z.B. auch

$$a_1[h_n'(t)] - 7[k_n'(t)] + (a_2 + 4)[h_n''(t)] + a_3 [h_n'(t-1)] = [0].$$

Denken wir uns in die vorstehende Gleichung, anstelle der Distributionen, die entsprechenden Fundamentalfolgen eingesetzt, so liefert diese Gleichung natürlich für $a_1 = 7$, $a_2 = -4$ und $a_3 = 0$ für kein (festes) endliches n eine Identität in t.

Bisher betrachteten wir die Multiplikation einer Distribution mit einer Zahl. In analoger Weise wird auch die Multiplikation einer Distribution mit einer Funktion definiert, wobei wir allerdings die Funktion als *unendlich oft differenzierbar* voraussetzen. Die Polynome, die Exponentialfunktion sowie die durch Addition und Multiplikation aus ihnen zusammengesetzten Funktionen gehören zu der, für uns wichtigen Klasse von Funktionen, die in jedem endlichen Intervall, unendlich oft differenzierbar sind.

Definition V.6: Als Produkt einer unendlich oft differenzierbaren Funktion $q(t)$ mit der Distribution $f(t) = [f_n(t)]$ wird die Distribution $q(t) f(t) = [q(t) f_n(t)]$ definiert.

Wie bei der Addition muß man natürlich wieder fordern, daß $\{q(t) f_n(t)\}$ eine Fundamentalfolge ist, die nicht von der gerade gewählten Fundamentalfolge der entsprechenden Äquivalenzklasse abhängt. Die Gültigkeit der Beziehungen

$$q(t)\,\delta(t-t_0) = [q(t)\, h_n'(t-t_0)] = q(t_0)\,\delta(t-t_0) \tag{V.3a}$$

oder für $t_0 = 0$

$$q(t)\,\delta(t) = q(0)\,\delta(t) \tag{V.3b}$$

erscheint plausibel, wenn man die zugehörige Fundamentalfolge betrachtet; wir werden sie jedoch im nächsten Unterabschnitt mit Hilfe der Differentiationsregel ableiten. Selbstverständlich ist $q(t)$ an der Stelle t_0 stetig, da sie als unendlich oft differenzierbar vorausgesetzt wurde.

Aus der Definition des Produktes gehen unmittelbar die folgenden Beziehungen

$$q_1(t)(q_2(t) f(t)) = (q_1(t) q_2(t)) f(t),$$

$$(q_1(t) + q_2(t)) f(t) = q_1(t) f(t) + q_2(t) f(t)$$

und

$$q(t)(f(t) + g(t)) = q(t) f(t) + q(t) g(t)$$

hervor. Falls $f(t)$ eine gewöhnliche Funktion ist, stellt das oben definierte Produkt das der gewöhnlichen Funktionen dar, da dann die entsprechenden Fundamentalfolgen sicher gleichmäßig konvergieren.

Das Produkt von Distributionen ist nicht definiert, da die Multiplikation von Distributionen im allgemeinen Fall nicht sinnvoll erklärt werden kann. So ist z.B. das Produkt von δ-Funktionen miteinander nicht erklärt.

1.4. Differentiation von Distributionen

Im Hinblick auf die im vorangehenden Unterabschnitt dargelegten Gedanken, definiert man:

> **Definition V.7:** als m-te Ableitung $[f_n(t)]^{(m)}$ der Distribution $[f_n(t)]$ wird die Distribution $[f_n^{(m)}(t)]$ definiert.

Auch hier gelten für die Distributionen $f(t) = [f_n(t)]$ und $g(t) = [g_n(t)]$ und der beliebigen Zahl c die Differentiationsregeln:

$$\left(f(t) + g(t)\right)^{(m)} = f^{(m)}(t) + g^{(m)}(t), \qquad \left(c\,f(t)\right)^{(m)} = c\left(f^{(m)}(t)\right),$$

$$\left(f^{(m)}(t)\right)^{(k)} = f^{(m+k)}(t).$$

Stellt die Distribution eine Funktion mit einer m-fachen stetigen Ableitung dar, dann ist die m-te Ableitung im Sinne der Distribution identisch mit der m-ten Ableitung im gewöhnlichen Sinne.

Das Integral

$$r(t) = \int_0^t 1(\tau)\,d\tau = \begin{cases} t & \text{für } t \geqslant 0 \\ 0 & \text{für } t \leqslant 0 \end{cases}$$

ist eine stetige Funktion und daher eine Distribution. $1(t)$ ist also die Ableitung im Distributionssinne von $r(t)$; sie ist auch die gewöhnliche Ableitung mit Ausnahme des Punktes $t = 0$. Daraus folgt

$$[r(t)]'' = 1'(t) = [h_n^{(-1)}(t)]''$$

oder, da die Funktionen $h_n^{(-1)}(t)$ differenzierbar sind,

$$1'(t) = [h_n^{(-1)}(t)]'' = [h_n'(t)] = \delta(t).$$

Die δ-Funktion stellt somit die zweite Ableitung der stetigen Funktion $r(t)$ oder die erste Ableitung von $1(t)$ dar; entsprechend verhält es sich mit den höheren Ableitungen der δ-Funktion.

Es gilt der folgende wichtige

> **Satz V.2:** Jede Distribution ist in der Form $[p_n(t)]$ darstellbar, wobei die $p_n(t)$ Polynome sind.

Für eine in einem abgeschlossenen Intervall [a, b] stetige Funktion folgt die Gültigkeit des Satzes V.2 aus dem *Approximationssatz von Weierstraß* der besagt, daß jede in [a, b] stetige Funktion in [a, b] gleichmäßig durch Polynome approximiert werden kann; siehe z.B. [1] Bd. IV und [2] Teil II.

Aus Satz V.2 folgt unmittelbar der

> **Satz V.3:** Jede Distribution ist beliebig oft (im Distributionensinne) differenzierbar.

Die Gleichung $f^{(m)}(t) = 0$ ist dann und nur dann erfüllt, wenn die Distribution $f(t)$ ein Polynom mit dem Grad $k < m$ darstellt. $f'(t) = 0$ ist somit nur für die konstante Funktion $f(t)$ erfüllbar. Ebenso ist die Gleichung $f'(t) = g\ (t)$ dann und nur dann erfüllt, wenn sich die beiden Distributionen $f(t)$ und $g(t)$ lediglich um eine konstante Funktion unterscheiden.

Nach Definition V.1 konvergiert die Folge der entsprechenden Stammfunktionen einer Distribution fast gleichmäßig gegen die Grenzfunktion. Nach Satz V.1 ist die Grenzfunktion demnach in dem betreffenden Intervall stetig. Daraus folgt der grundlegende

> **Satz V.4:** Jede Distribution ist die (Distributionen-) Ableitung irgend einer Ordnung einer stetigen Funktion.

Aus den Definitionen V.6 und V.7 ergibt sich die Gleichung für die Differentiation eines Produktes einer unendlich oft differenzierbaren gewöhnlichen Funktion $q(t)$ mit einer Distribution $f(t)$ entsprechend dem Produkt von Funktionen zu:

$$\left(q(t)\,[f_n(t)]\right)' = [q(t)\,f_n(t)]' = q'(t)\,[f_n(t)] + q(t)\,[f_n(t)]' = q'(t)\,f(t) + q(t)\,f'(t). \tag{V.4}$$

Wenden wir auf die Gleichung

$$\int_0^t q'(\tau)\,1(\tau - t_0)\,d\tau = \int_{t_0}^t q'(\tau)\,1(\tau - t_0)\,d\tau = [q(t) - q(t_0)]\,1(t - t_0)$$

die Produktregel an, so wird

$$q'(t)\,1(t-t_0) = q'(t)\,1(t-t_0) + [q(t) - q(t_0)]\,\delta(t-t_0),$$

woraus sich die Beziehungen der Gln. (V.3)

$$q(t)\,\delta(t-t_0) = q(t_0)\,\delta(t-t_0) \tag{V.3a}$$

oder für $t_0 = 0$

$$q(t)\,\delta(t) = q(0)\,\delta(t) \tag{V.3b}$$

ergeben.

● **Beispiel V.1:**

Die drei ersten Ableitungen der in Bild II.5 angegebenen Funktion sind zu berechnen, d.h. wir suchen die Ableitungen der Funktion

$$f(t) = t^2[1(t) - 1(t-a)],$$

die an der Stelle $t = a$ eine Unstetigkeit aufweist. Mit der Produktregel wird

$$f'(t) = 2t[1(t) - 1(t-a)] - t^2[\delta(t) - \delta(t-a)]$$

oder mit den Gln. (V.3)

$$f'(t) = 2t[1(t) - 1(t-a)] - a^2\,\delta(t-a).$$

Entsprechend folgt

$$f''(t) = 2[1(t) - 1(t-a)] - a^2\,\delta(t-a) - a^2\,\delta'(t-a)$$

und

● $$f'''(t) = 2\delta(t) - 2\delta(t-a) - a^2\,\delta'(t-a) - a^2\,\delta''(t-a).$$

Allgemein gilt demnach für $f(t) = q(t)\,1(t-t_0)$

$$f'(t) = q'(t)\,1(t-t_0) + q(t_0)\,\delta(t-t_0);$$

$$f''(t) = q''(t)\,1(t-t_0) + q'(t_0)\,\delta(t) + q(t_0)\,\delta'(t-t_0);$$

.

.

.

$$f^{(k)}(t) = q^{(k)}(t)\,1(t-t_0) + \sum_{i=1}^{k} q^{(k-i)}(t_0)\,\delta^{(k-i)}(t-t_0). \qquad \text{(V.5)}$$

Außer im Falle $q(t_0) = 0$, tritt in den obigen Ableitungen eine Unstetigkeit bei $t = t_0$ auf.

Entsprechend liefert die Produktregel und Gl. (V.3a) die Gleichung

$$q'(t)\,\delta(t-t_0) + q(t)\,\delta'(t-t_0) = \big(q(t)\,\delta(t-t_0)\big)' = q(t_0)\,\delta'(t-t_0)$$

oder umgeformt

$$q(t)\,\delta'(t-t_0) = q(t_0)\,\delta'(t-t_0) - q'(t_0)\,\delta(t-t_0).$$

Ähnliche Überlegungen führen auf die allgemeine Beziehung

$$q(t)\,\delta^{(k)}(t-t_0) = \sum_{i=0}^{k} (-1)^i \binom{k}{i} q^{(i)}(t_0)\,\delta^{(k-i)}(t-t_0). \qquad \text{(V.6)}$$

Laut Voraussetzung muß $q(t)$ in den Gln. (V.5) und (V.6) die Ableitung beliebiger Ordnung im gesamten Zeitintervall besitzen. An sich genügt es für diese Gleichungen $q(t)$ als k-mal stetig differenzierbar vorauszusetzen.

1.5. Der Bereich der Distributionen

a) Wir erweitern den Bereich der Distributionen, indem wir nachweisen, daß neben den stetigen auch die ***integrierbaren Funktionen*** zu dem Bereich gehören. Für die integrierbare Funktion $f(t)$ stellt

$$f^{(-1)}(t) = \int_a^t f(\tau)\,d\tau$$

eine stetige Funktion und damit nach Unterabschnitt V.1.2 eine Distribution dar. $f^{(-1)}(t)$ ist aber nach Satz V.3 immer differenzierbar, d.h. im Sinne der Distributionen gilt $\left(f^{(-1)}(t)\right)' = f(t)$. Da die Ableitungen einer Distribution natürlich wieder auf eine Distribution führen, stellt auch $f(t)$ eine Distribution dar. *Ist die obige Distribution $f(t)$ eine stetig differenzierbare Funktion, dann stimmt, wegen Definition V.7, die Distributionenableitung mit der gewöhnlichen Ableitung überein.*

- **Beispiel V.2:**

Die in dem Zeitintervall $(-\infty, +\infty)$ für alle $t \neq 0$ stetige, aber im Punkt $t = 0$ unbestimmte Funktion

$$f(t) = \sin\frac{1}{t}$$

stellt dort eine stückweise stetige Funktion dar und ist daher, nach einem Satz der Integralrechnung, integrierbar. Für ein beliebiges $a > 0$ ist

$$f^{(-1)}(t) = \int_t^a \sin\frac{1}{\tau}\,d\tau$$

oder mit der Substitution $1/\tau = u$

$$f^{(-1)}(t) = \int_{1/a}^{1/t} \frac{\sin u}{u^2}\,du.$$

Die partielle Integration liefert

$$f^{(-1)}(t) = -t\sin\frac{1}{t} + a\sin\frac{1}{a} + \int_{1/a}^{1/t} \frac{\cos u}{u}\,du,$$

was für $t \to 0$, wegen $\lim\limits_{t\to 0} t\sin\frac{1}{t} = 0$, gegen

$$f^{(-1)}(0) = a\sin\frac{1}{a} + \int_{1/a}^{\infty} \frac{\cos u}{u}\,du$$

strebt. Die *Integralkosinusfunktion*

$$\mathrm{Ci}(t) = -\int_t^{\infty} \frac{\cos u}{u}\, du$$

existiert für alle $t \neq 0$ und wegen $\frac{1}{a} > 0$ somit auch $f^{(-1)}(0)$. Die im Intervall $(-\infty, +\infty)$ definierte Funktion stellt daher die Distribution $[\sin 1/t]$ dar.

b) Eine wichtige Klasse von Funktionen, nämlich die ***gebrochenen rationalen Funktionen*** gehören nicht zu den in $-\infty < t < +\infty$ integrierbaren Funktionen. So ist z.B.

$$f(t) = \frac{1}{t}$$

im Nullpunkt unstetig und auch nicht integrierbar. Sie stellt zwar nach den bisherigen Ausführungen eine Distribution sowohl in $-\infty < t < 0$ als auch in $0 < t < +\infty$, aber nicht in $-\infty < t < +\infty$ dar. Es gelten jedoch für alle $t \neq 0$ die Ableitungen

$$f(t) = \frac{1}{t} = (\ln|t|)' = \Big(t(\ln|t| - 1)\Big)''.$$

Die Funktion $\ln|t|$ stellt eine in $-\infty < t < +\infty$ integrierbare Funktion und damit nach a) eine Distribution dar; die Funktion $t(\ln|t| - 1)$ ist demnach (auch für $t = 0$) stetig. Die zweimalige unbestimmte Integration liefert somit

$$f^{(-2)}(t) = t(\ln|t| - 1) + C.$$

Aus dieser Betrachtung läßt sich folgender Schluß ziehen:

Unstetige Funktionen, die nach einer endlichen Anzahl von (unbestimmten) Integrationen auf eine stetige Funktion führen, kann man als Distributionen ansehen.

Alle rationalen Funktionen gehören demnach zum Bereich der Distributionen, denn es läßt sich z.B. die gebrochene rationale Funktion $1/(t - t_0)^k$ als k-fache Distributionenableitung der Funktion

$$\frac{(-1)^{k-1}}{(k-1)!} \cdot \ln|t - t_0|$$

betrachten; die $(k+1)$-fache Integration von $1/(t - t_0)^k$ ergibt somit eine stetige Funktion. Entsprechend gehören

$$\tan t = (-\ln|\cos t|)', \quad \cot t = (\ln|\sin t|)'$$

sowie die *Gammafunktion*, die *Elliptischen Funktionen* usw. zum Bereich der Distributionen; der damit eine große Klasse von Funktionen umfaßt. Die Funktion $f(t) = e^{-1/t}$ ist an der Stelle $t = 0$ und damit im Intervall $0 \leqslant t < \infty$ unstetig. Sie führt jedoch, wie man zeigen kann [72], nach einer endlichen Anzahl von Integrationen nicht auf eine stetige Funktion. Sie gehört daher *nicht* zu dem von uns angegebenen Bereich der Distributionen.

c) Es sei $q(t)$ eine für alle t beliebig oft differenzierbare (reelle) Zeitfunktion mit den Eigenschaften $a < q(t) < b$ und $q'(t) \neq 0$ für alle t. Außerdem sei $f(t) = [f_n(t)]$ eine im Intervall $a < t < b$ erklärte Distribution, dann wird als Substitution der Veränderlichen die Distribution $f(q(t)) = [f_n(q(t))]$ verstanden, da unter diesen Voraussetzungen mit der beliebig gewählten Fundamentalfolge einer Äquivalenzklasse $\{f_n(t)\}$ auch $\{f_n(q(t))\}$ eine Fundamentalfolge darstellt. Daraus folgt z.B. unmittelbar wegen

$$[f_n(q(t))]' = \left[\left(f_n(q(t))\right)'\right] = [f_n'(q(t))\,q'(t)] = [f_n'(q(t))]\,q'(t)$$

die Beziehung

$$\left(f(q(t))\right)' = f'(q(t))\,\varphi'(t) = \varphi'(t)\,f'(q(t)). \tag{V.7}$$

Aus Gl. (V.7) ergibt sich speziell für die Distribution

$$\left(1(q(t))\right)' = q'(t)\,\delta(q(t)) \quad \text{oder} \quad \delta(q(t)) = \frac{1}{q'(t)}\,1\left(q(t)\right)' \quad ; \tag{V.8}$$

laut Voraussetzung ist $q'(t) \neq 0$ für alle t. Wir unterscheiden nun zwei Fälle

α) $q(t) \neq 0$ für alle t, dann ist für alle Werte von t entweder $q(t) > 0$ oder $q(t) < 0$ und damit

$$1\left(q(t)\right) = 1 \quad \text{für} \quad q(t) > 0 \quad \text{oder} \quad 1\left(q(t)\right) = 0 \quad \text{für} \quad q(t) < 0$$

woraus, wegen $1'\left(q(t)\right) \equiv \mathbf{0}$,

$$\delta\left(q(t)\right) = 0 \qquad (q(t) \neq 0 \ \text{für alle} \ t)$$

folgt.

β) $q(t) \neq 0$ für alle $t \neq t_0$ und $q(t_0) = 0$, dann ist entweder

$$1\left(q(t)\right) = 1(t - t_0) \ \text{für} \ q'(t_0) > 0 \ \text{oder} \ 1\left(q(t)\right) = 1 - 1(t - t_0) \ \text{für} \ q'(t_0) < 0;$$

die Ableitung ergibt

$$1'\left(q(t)\right) = \delta(t - t_0) \ \text{für} \ q'(t_0) > 0 \ \text{oder} \ 1'\left(q(t)\right) = -\delta(t - t_0) \ \text{für} \ q(t_0) < 0.$$

Setzt man in Gl. (V.8) für $1'\left(q(t)\right)$ die obigen Distributionen ein und beachtet gleichzeitig Gl. (V.3 a), so wird schließlich

$$\delta\left(q(t)\right) = \frac{1}{|q'(t_0)|}\,\delta(t - t_0) \quad \left(q(t) \neq 0 \ \text{für alle} \ t \neq t_0, \ \text{aber} \ q(t_0) = 0\right). \tag{V.9}$$

• **Beispiel V.3:**

Wählen wir $q(t) = at + b$ $(a, b = \text{const.})$ dann ist $t_0 = -\frac{b}{a}$ die Stelle an der $q(t)$ verschwindet. Mit Gl. (V.9) und $q'(t_0) = a$ wird

$$\delta(at + b) = \frac{1}{|a|}\,\delta\left(t + \frac{b}{a}\right) \tag{V.10a}$$

oder mit b = 0

$$\delta(at) = \frac{1}{|a|}\,\delta(t). \qquad \text{(V.10b)}$$

Durch weitere k-fache Differentiation von Gl. (V.10a) findet man mit Gl. (V.7) die *allgemeinere Beziehung*

$$\delta^{(k)}(at+b) = \frac{1}{|a|a^k}\,\delta^{(k)}\left(t+\frac{b}{a}\right) \qquad \text{(V.10c)}$$

oder wiederum für b = 0

• $$\delta^{(k)}(at) = \frac{1}{|a|a^k}\,\delta^{(k)}(t). \qquad \text{(V.10d)}$$

1.6. Das Integral einer Distribution

In Unterabschnitt V.1.1 wiesen wir bereits darauf hin, daß bei der (formalen) Einführung der δ-Funktion vielfach die Gln. (V.1) als Definition an den Anfang gestellt werden. Wie wir nachfolgend zeigen, gelten die Gln. (V.1) natürlich auch für Distributionen. Es handelt sich jedoch bei den Ausdrücken in Gln. (V.1) um ***bestimmte Integrale, also um eine Zahl.*** In Anlehnung an den Begriff des bestimmten Integrals bei gewöhnlichen Funktionen, ist es zweckmäßig, zuerst nach dem *Wert einer Distribution* in einem Punkt zu fragen. Da eine stetige Funktion in jedem Punkt des Definitionsintervalles einen bestimmten Wert besitzt und außerdem eine Distribution darstellt, wird man natürlich den Wert einer Distribution an einer Stelle $t = t_0$ so definieren, daß er mit dem Wert der Funktion an der Stelle $t = t_0$ übereinstimmt. Wir gehen nicht weiter auf die genauere Definition eines Wertes einer Distribution in einem Punkt ein. Es wird jedoch, analog wie in der gewöhnlichen Analysis, durch die Beziehung

$$\lim_{\alpha \to 0} f(\alpha t + t_0) = c \qquad (c = \text{const.})$$

definiert. Existiert der Grenzwert, d.h. die Distribution f(t) strebt im Sinne der Distributionenkonvergenz (siehe den nachfolgenden Unterabschnitt) bei Annäherung an den Punkt t_0 gegen c, so bezeichnet man $f(t_0) = c$ als den Wert der Distribution im Punkte t_0 und sagt der Punkt t_0 ist *regulär*; im anderen Falle ist er *singulär.* Daraus folgt die wichtige Beziehung:

Ist die Distribution f(t) eine integrierbare Funktion und in t_0 stetig, dann ist der Punkt t_0 regulär und damit der Wert von f(t) in t_0 (im Distributionensinne) gleich $f(t_0)$. Dies gilt in entsprechender Form auch für die Werte $\pm\infty$, d.h. $f(\pm\infty) = c$, wenn die Distribution f(t) eine stetige Funktion ist, für die der gewöhnliche Grenzwert c für $t \to \pm\infty$ existiert.

Die Distribution $1(t)$ besitzt somit für $t < 0$ den Wert Null und für $t > 0$ den Wert Eins, hat aber, wie man zeigen kann, in $t = 0$ keinen Wert, es liegt dort ein singulärer Punkt vor. Entsprechend besitzt die Distribution $\delta(t)$ für alle $t \neq 0$ den Wert Null und für $t = 0$ einen singulären Punkt. Wie sich zeigen läßt, hat die Distribution $[\sin 1/t]$ an der Stelle $t = 0$ den Wert Null.

Als unbestimmtes Integral einer in $a < t < b$ definierten Distribution $f(t)$ soll jede Distribution $f^{(-1)}(t)$ verstanden werden, für die $\left(f^{(-1)}(t)\right)' = f(t)$ in $a < t < b$ gilt. *Für jede Distribution existiert somit das unbestimmte Integral* und es ist, wie bei gewöhnlichen Funktionen, bis auf eine Konstante bestimmt. Für den Fall, daß die Distribution eine gewöhnliche Funktion darstellt, stimmen natürlich die Definitionen überein. Es sei die Distribution $\left(f^{(-1)}(\tau)\right)' = f(\tau)$ in $a < \tau < b$ definiert. Für zwei in dem Intervall (a, b) liegende Werte α, β führt man nun die folgende Beziehung

$$\int_{\alpha}^{\beta} f(\tau + t)\, dt = f^{(-1)}(\tau + \beta) - f^{(-1)}(\tau + \alpha) \tag{V.11a}$$

ein. Da das unbestimmte Integral einer Distribution immer existiert, kennzeichnet der linke (Integral-) Ausdruck in Gl. (V.11a) die Distribution $f^{(-1)}(\tau + \beta) - f^{(-1)}(\tau + \alpha)$, die in dem gemeinsamen Teil der Intervalle $(a - \alpha) < \tau < (b - \alpha)$ und $(a - \beta) < \tau < (b - \beta)$ definiert ist. *Besitzt nun diese Distribution für* $\tau = 0$ *einen Wert,* so ist

$$\int_{\alpha}^{\beta} f(t)\, dt = f^{(-1)}(\beta) - f^{(-1)}(\alpha) \tag{V.11b}$$

eine Zahl. Man bezeichnet den Ausdruck $\int_{\alpha}^{\beta} f(t)\, dt$ als das *bestimmte Integral der Distribution* $f(t)$. *Hat also das unbestimmte Integral* $f^{(-1)}(t)$ *der Distribution* $f(t)$ *für* α *und* β *reguläre Punkte, dann gilt Gl. (V.11b);* α, β oder beide können auch unendlich sein, dann ist z.B.

$$\int_{-\infty}^{+\infty} f(t)\, dt = f^{(-1)}(+\infty) - f^{(-1)}(-\infty).$$

Handelt es sich bei der Distribution um eine integrierbare Funktion, so stellt die Gl. (V.11b) das bestimmte Integral im gewöhnlichen Sinne dar.

- **Beispiel V.4:**

Nach Gl. (V.11a) ist

$$\int_{-\alpha}^{+\alpha} \delta(\tau + t)\, dt = 1(\tau + \alpha) - 1(\tau - \alpha) \qquad (\alpha > 0).$$

Da die obigen Distributionen für $\tau = 0$ die Werte $1(\alpha) = 1$ und $1(-\alpha) = 0$ besitzen, gilt für $\tau = 0$

$$\int_{-\alpha}^{+\alpha} \delta(t)\, dt = 1(\alpha) - 1(-\alpha) = 1.$$

Wie daraus hervorgeht, müssen die Grenzen des Integrals $\neq 0$ sein, da sonst bei der entsprechenden Distribution für $\tau = 0$ ein singulärer Punkt vorliegt.

Unter den angegebenen Voraussetzungen gelten für die Gln. (V.11) die bekannten Integrationsregeln, so z.B.

$$\int_{\alpha}^{\beta} f(t+\tau)\, d\tau + \int_{\beta}^{\gamma} f(t+\tau)\, d\tau = \int_{\alpha}^{\gamma} f(t+\tau)\, d\tau \tag{V.12a}$$

und

$$\left(\int_{\alpha}^{\beta} f(t+\tau)\, d\tau\right)' = \int_{\alpha}^{\beta} f'(t+\tau)\, d\tau = f(t+\beta) - f(t+\alpha); \tag{V.12b}$$

entsprechende Beziehungen ergeben sich für $\tau = 0$, falls die Distributionen regulär sind, was man vor allem bei der Aufspaltung des Integrationsintervalles Gl. (V.12a) bedenken muß. Insbesondere gilt auch die *partielle Integration.* Denn integriert man Gl. (V.4) und ersetzt gleichzeitig t durch $t + \tau$, so ergibt sich bei Beachtung von Gl. (V.12b) für $\tau = 0$

$$\int_{\alpha}^{\beta} q(t)\, f(t)\, dt = q(\beta)\, f(\beta) - q(\alpha)\, f(\alpha) - \int_{\alpha}^{\beta} q'(t)\, f(t)\, dt; \tag{V.12c}$$

die gewöhnliche Funktion $q(t)$ wird dabei als beliebig oft differenzierbar vorausgesetzt.

Die partielle Integration nach Gl. (V.12c) ergibt für das Integral

$$\int_{\alpha}^{\beta} q(t)\, \delta(t-t_0)\, dt = q(\beta)\, 1(\beta - t_0) - q(\alpha)\, 1(\alpha - t_0) - \int_{\alpha}^{\beta} q'(t)\, 1(t-t_0)\, dt.$$

Für $\alpha < t_0 < \beta$ ist:

$$\begin{matrix} 1(\alpha - t_0) = 0, \\ 1(\beta - t_0) = 1 \end{matrix} \quad \text{und} \quad 1(t-t_0) = \begin{cases} 0 & \text{für } t < t_0 \\ 1 & \text{für } t > t_0\,. \end{cases}$$

Damit wird schließlich

$$\int_{\alpha}^{\beta} q(t)\, \delta(t-t_0)\, dt = q(\beta) - \int_{t_0}^{\beta} q'(t)\, dt = q(\beta) - [q(\beta) - q(t_0)] = q(t_0)\,. \tag{V.13}$$

Diese Beziehung gilt für alle α und β, solange die *singuläre* Stelle der δ-Funktion innerhalb des Integrationsintervalles liegt, also auch für $\alpha = -\infty$ und $\beta = +\infty$. Damit haben wir schließlich die Gln. (V.1) bewiesen. Für $t_0 < \alpha < \beta$ wird

$$\int_{\alpha}^{\beta} q(t)\,\delta(t-t_0)\,dt = q(\beta) - q(\alpha) - \int_{\alpha}^{\beta} q'(t)\,dt = 0$$

und ebenso für $\alpha < \beta < t_0$.

1.7. Periodische Distributionen

Bei Systemuntersuchungen spielen Folgen von Distributionen und speziell periodische Distributionen eine große Rolle. Auch hier wollen wir uns die wichtigsten Beziehungen klar machen, ohne im einzelnen auf die Beweise einzugehen. Die nachfolgende Definition gibt an, was man unter der Konvergenz einer Folge von Distributionen $\{f_\nu(t)\}$ versteht. Wir bezeichnen den *Index mit* ν, um hervorzuheben, daß es sich *nicht um eine Fundamentalfolge* $\{f_n(t)\}$, *sondern um eine Folge von Distributionen handelt.*

Definition V.8: Eine Folge von Distributionen $\{f_\nu(t)\}$ konvergiert gegen eine Distribution $f(t)$

$f_\nu(t) \to f(t)$,

wenn es eine ganze Zahl $k \geqslant 0$, eine stetige Funktion $f(t)$ und eine Folge stetiger Funktionen $\{f_\nu(t)\}$ gibt, so daß $F_\nu(t)$ fast gleichmäßig gegen $f(t)$ konvergiert und $F_\nu^{(k)}(t) = f_\nu(t)$ sowie $F^{(k)}(t) = f(t)$ sind.

Falls der Grenzwert existiert, ist er eindeutig. Konvergiert eine Folge stetiger (bzw. integrierbarer) Funktionen $\{f_\nu(t)\}$ fast gleichmäßig gegen $f(t)$, dann konvergiert sie auch im Distributionensinne gegen $f(t)$. Aus der Definition V.8 folgt der

Satz V.5: Jede konvergente Folge von Distributionen darf man gliedweise differenzieren, d.h. für alle ganzzahligen $m \geqslant 0$ gilt mit $f_\nu(t) \to f(t)$ auch $f_\nu^{(m)}(t) \to f^{(m)}(t)$.

Entsprechend konvergiert eine Reihe von Distributionen

$$\sum_{\nu=1}^{\infty} g_\nu(t)$$

gegen die Distribution oder Summe $g(t)$, wenn die Folge der Partialsummen (der Distributionen)

$$f_\nu(t) = g_1(t) + g_2(t) + \dots + g_\nu(t)$$

gegen $g(t)$ konvergiert. Für eine Distributionenreihe gilt entsprechend der folgende

Satz V.6: Jede konvergente Reihe von Distributionen darf man gliedweise differenzieren, d.h. es gilt

$$\left(\sum_\nu g_\nu(t)\right)' = \sum_\nu g'_\nu(t).$$

Die Sätze V.3 bis V.5 sind für die praktische Anwendung der Distributionen von besonderer Wichtigkeit, denn sie zeigen, daß man jede Funktion ohne irgendeine Einschränkung differenzieren kann und außerdem die Differentiation und den Grenzwert vertauschen darf. Durch die Einführung der Distributionen entfallen somit die im Unterabschnitt V.1.1 erläuterten zusätzlichen Annahmen für die Vertauschung der beiden Operationen.

Wie in der gewöhnlichen Analysis, heißt eine im Intervall $-\infty < t < +\infty$ erklärte Distribution periodisch mit der Periode T, wenn

$$f(t+T) = f(t)$$

ist. Für periodische Distributionen gilt der grundlegende

Satz V.7: Jede periodische Distribution läßt sich eindeutig durch die trigonometrische Reihe

$$f(t) = \frac{a_0}{T} + \frac{2}{T}\sum_{\nu=1}^{\infty}(a_\nu \cos \nu\omega t + b_\nu \sin \nu\omega t)$$

mit $\omega = \frac{2\pi}{T}$ darstellen, wobei

$$a_\nu = \int_{-T/2}^{+T/2} f(t) \cos \nu\omega t \, dt \qquad (\nu = 0, 1, 2, ...)$$

und

$$b_\nu = \int_{-T/2}^{+T/2} f(t) \sin \nu\omega t \, dt \qquad (\nu = 1, 2, ...)$$

sind.

• **Beispiel V.5:**

Die Distributionenreihe

$$\delta_T(t) = \sum_{\nu=-\infty}^{+\infty} \delta(t - \nu T)$$

besitzt nach Satz V.6 die Fourierkoeffizienten

$$a_\nu = \int_{-T/2}^{+T/2} \delta_T(t) \cos \nu\omega t \, dt = \int_{-T/2}^{+T/2} \delta(t) \cos \nu\omega t \, dt = \cos 0 = 1$$

und entsprechend

$$b_\nu = \int_{-T/2}^{+T/2} \delta_T(t) \sin \nu\omega t \, dt = \int_{-T/2}^{+T/2} \delta(t) \sin \nu\omega t \, dt = \sin 0 = 0$$

und damit die Fourier-Entwicklung

$$\delta_T(t) = \frac{2}{T}\left(\frac{1}{2} + \cos \omega t + \cos 2\,\omega t + \ldots\right);$$

● sie konvergiert im üblichen Sinne allerdings in keinem Punkt.

1.8. Die Laplace-Transformation von Distributionen

Die Distributionen führten wir hauptsächlich im Hinblick auf die δ-Funktion und ihre Ableitungen ein. Wir betrachteten daher in diesem Abschnitt nicht die allgemeinste Darstellungsmöglichkeit, sondern beschränken uns auf Distributionen $f(t)$, die auf der ganzen reellen Achse definiert sind und für alle $t < t_0$ den Wert Null haben. Dann läßt sich $f(t)$ im Intervall $-\infty < t < t_0$ als *Nulldistribution,* d.h. als Folge von lauter Nullen, ansehen. Wie man zeigen kann, existiert dann eine zu $\{f_n(t)\}$ auf der ganzen reellen Achse äquivalente Fundamentalfolge $\{f_{1n}(t)\}$, deren Stammfunktionen $F_{1n}(t)$ in dem Intervall $-\infty < t < (a + t_0)$ mit a = const. identisch Null sind [72]. Der Einfachheit wegen wählen wir $t_0 + a = 0$; dies bedeutet keine Einschränkung, da sich ja anstelle der Distribution $f(t)$ die Distribution $f\big(t - (a + t_0)\big)$ betrachten läßt. Durch die folgende Voraussetzung schränken wir die Klasse der Distributionen noch weiter ein.

Voraussetzung V.1: Die (nach Definition V.1) stetigen Stammfunktionen $F_{1n}(t)$ mit der Eigenschaft $F_{1n}^{(k)}(t) = f_{1n}(t)$ seien von exponentieller Ordnung α_0, d.h.

$$|F_{1n}(t)|\, e^{-\alpha_0 t} < \epsilon \qquad \text{für alle } n \text{ und } t \to \infty.$$

Mit der Voraussetzung V.1 existieren nach Unterabschnitt IV.2.3 die (gewöhnlichen) L-Transformierten $L\{F_{1n}(t)\}$; man beachte, daß es sich dabei um die L-Transformierte der jeweiligen Funktion $F_{1n}(t)$ und nicht einer Funktionenfolge handelt; steht das Transformationssymbol L vor einer geschweiften Klammer, also allgemein $L\{f_n(t)\}$, so verstehen wir darunter stets die L-Transformierte der in der geschweiften Klammer stehenden Funktion $f_n(t)$.

Die L-Transformation einer Distribution wird nun folgendermaßen definiert.

Definition V.9: Erfüllt eine Distribution die Voraussetzung V.1, dann bezeichnet man den Grenzwert

$$\lim_{n\to\infty} L\left\{F_{1n}^{(k)}(t)\right\} = \lim_{n\to\infty} L\left\{f_{1n}(t)\right\} = L\left\{f(t)\right\}$$

als ihre L-Transformierte.

Es läßt sich nun nachweisen, daß die so definierte L-Transformation von Distributionen *eindeutig* ist, d.h. aus $L\{f(t)\} = L\{g(t)\}$ folgt $f(t) = g(t)$, und für *integrierbare Funktionen* fällt sie mit der *gewöhnlichen Laplace-Transformation zusammen.* Außerdem kann jede Distribution $f(t)$, die die Voraussetzung V.1 erfüllt, als Ableitung einer stetigen L-transformierbaren Funktion dargestellt werden. Es gilt somit die folgende wichtige Beziehung

$$L\{f'(t)\} = s\,L\{f(t)\} = s\,F(s). \qquad \text{(V.14)}$$

Die Gl. (V.14) scheint jedoch in einem gewissen Widerspruch zu Gl. (IV.35) zu stehen, denn die letztere enthält noch die konstante Größe $f(+0)$. Auf dieses Problem kommen wir nach dem folgenden Beispiel zurück.

• **Beispiel V.6:**

Die L-Transformierte der δ-Funktion sowie ihre Ableitungen ist gesucht. Wir beschreiten dabei zwei verschiedene Lösungswege. Im *ersten* Fall erhält man die L-Transformierte der δ-Funktion

$$\delta(t - t_0) = 1'(t - t_0) \qquad (t_0 \geqslant 0)$$

mit Hilfe von Gl. (V.14); es ist also

$$L\{\delta(t - t_0)\} = s\,L\{1(t)\} = s\int_{t_0}^{\infty} e^{-st}\,dt = e^{-st_0}.$$

Damit haben wir die Transformationsbeziehungen

$$L\{\delta(t - t_0)\} = e^{-st_0} \qquad \text{(V.15 a)}$$

und für $t_0 = 0$

$$L\{\delta(t)\} = 1 \qquad \text{(V.15 b)}$$

gefunden. Durch wiederholte Anwendung von Gl. (V.14) wird schließlich

$$L\{\delta^{(k)}(t - t_0)\} = s^{k-1}\,e^{-st_0} \qquad \text{(V.15 c)}$$

und für $t_0 = 0$

$$L\{\delta^{(k)}(t)\} = s^{k-1}. \qquad \text{(V.15 d)}$$

Im *zweiten* Fall betrachten wir den in der *gewöhnlichen Analysis* häufig beschrittenen Weg. Nähert man die δ-Funktion durch Impulse der in Bild V.5 dargestellten Form

$$f_\epsilon(t) = \frac{1(t) - 1(t-\epsilon)}{\epsilon}$$

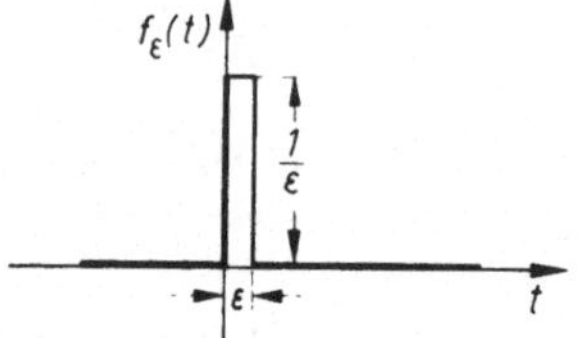

Bild V.5
Impuls mit „Einheitsfläche"

an, so wird

$$\delta(t) = \lim_{\epsilon \to 0} f_\epsilon(t),$$

d.h. wir bekommen für abnehmende ϵ Impulse mit abnehmender Breite und zunehmender Höhe, wobei der Flächeninhalt $\epsilon \cdot \frac{1}{\epsilon}$ immer Eins ist. Dann gilt für die L-Transformation

$$L\{\delta(t)\} = \int_0^\infty \lim_{\epsilon \to 0} f_\epsilon(t)\, e^{-st}\, dt.$$

Die Funktionenfolge $\{f_\epsilon(t)\}$ ist leider *nicht* gleichmäßig konvergent. Daher ist die Vertauschung der Reihenfolge von Integration und Grenzwert im gewöhnlichen Sinne *nicht* statthaft – jedoch im Sinne der Distributionen nach Definition V.9 ist dies zulässig –. Die (formale) Vertauschung der beiden Operationen liefert

$$\lim_{\epsilon \to 0} \frac{1}{\epsilon} \int_0^\infty [1(t) - 1(t-\epsilon)]\, dt = \lim_{\epsilon \to 0} \frac{1}{\epsilon} \left[\frac{1}{s} - \frac{1}{s} e^{-\epsilon s}\right] =$$

$$= \lim_{\epsilon \to 0} \left[\frac{1 - e^{-\epsilon s}}{s\epsilon}\right] = 1.$$

Im Sinne der gewöhnlichen Analysis stellt diese Ableitung natürlich keinen Beweis dar, sie liefert aber im Distributionensinne ein richtiges Ergebnis. •

Da wir bei der Laplace-Transformation alle Funktionen $f(t)$ für $t < 0$ identisch Null setzen, ist für in $t = 0$ stetige Funktionen $f(+0) = 0$ und damit stimmen in diesem Fall die Gln. (V.14) und (IV.35) überein.

Betrachten wir aber die in $t = 0$ unstetigen Funktionen $f(t) = q(t)\, 1(t)$ (mit $q(0) \neq 0$), dann gilt unter den in Gl. (V.5) gemachten Voraussetzungen

$$f'(t) = q'(t)\, 1(t) + q(0)\, \delta(t);$$

$q(t)$ ist dabei auch in $t = 0$ stetig. Besitzt $q(t)$ eine L-Transformierte, dann wird entsprechend

$$L\{f'(t)\} = L\{q'(t)\} + q(0)$$

oder

$$L\{f'(t)\} = sL\{q(t)\} - q(+0) + q(0).$$

Wegen der geforderten Stetigkeit von $q(t)$ ist, wie z.B. auch Bild V.6 zeigt, $q(0) = q(+0)$ und damit

$$L\{f'(t)\} = sL\{q(t)\} = sL\{f(t)\};$$

was in Übereinstimmung mit Gl. (V.14) steht.

Hierzu betrachten wir das

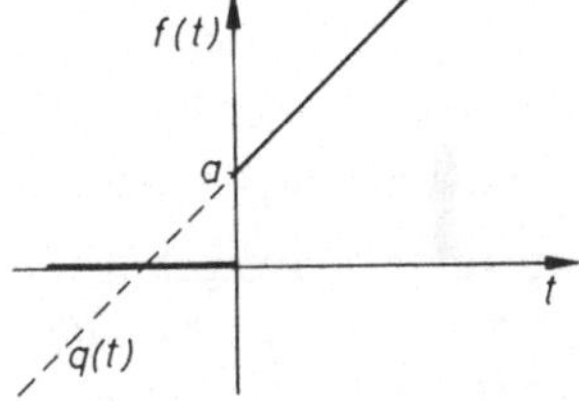

Bild V.6
Zeitfunktionen

- **Beispiel V.7:**

Die Ableitung der in Bild V.6 dargestellten Funktion

$$f(t) = q(t)\,1(t) = (t + a)\,1(t) \tag{V.16}$$

ergibt nach Gl. (V.5)

$$f'(t) = 1(t) + a\,\delta(t). \tag{V.17a}$$

Sie besitzt damit die L-Transformierte

$$L\{f'(t)\} = \frac{1}{s} + a. \tag{V.17b}$$

Das gleiche Ergebnis liefert auch unmittelbar die Anwendung von Gl. (V.14).
Wenden wir hingegen Satz IV.5 auf Gl. (V.17) an, so wird

$$L\{f'(t)\} = sF(s) + f(+0) = s\left(\frac{1}{s^2} + \frac{a}{s}\right) - a = \frac{1}{s} \tag{V.18a}$$

oder durch Rücktransformation

$$f'(t) = 1(t). \tag{V.18b}$$

Die Ergebnisse der Gln. (V.18) unterscheiden sich demnach von denen der Gln. (V.19); für $t > 0$ stimmen sie jedoch überein, da die Distribution $\delta(t)$ für $t > 0$ den Wert Null hat. •

Die vorstehende Betrachtung und die Überlegungen des Beispiels V.7 führen auf die folgende allgemeine Aussage. Ist die betreffende Funktion in $t = 0$ stetig, dann stimmen die Gln. (IV.35) und (V.14) überein, da $f(+0) = 0$ ist. Existiert $f(+0)$ nicht, z.B. für $f(t) = 1/\sqrt{t}$, dann sind die Voraussetzungen des Differentiationssatzes IV.5 nicht erfüllt, und Gl. (IV.35) ist nicht anwendbar. Treten jedoch (zum Zeitpunkt $t = 0$) Unstetigkeiten erster Art auf, so erfordert die Differentiationsregel für gewöhnliche Funktionen Gl. (IV.35) die (von Null verschiedene) konstante Größe $f(+0)$ hinzuzufügen, während bei der Differentiationsregel für Distributionen Gl. (V.14) die Größe $f(0)$ nicht auftritt, d.h. lasch ausgedrückt $f(0)$ ist Null zu setzen.

Da jedoch die betrachtete Funktion an der Unstetigkeitsstelle im klassischen Sinne nicht differenzierbar ist, gilt der Differentiationssatz IV.5 lediglich für $t > 0$; wir ließen ja bei der Ableitung der Differentiationsregel in Teil IV, die *verallgemeinerten Funktionen* unberücksichtigt. Für $t > 0$ stimmen aber die Gln. (IV.35) und (V.14) überein, so daß keineswegs ein Widerspruch vorliegt. Bei der Anwendung der L-Transformation ist jedoch dieser Sachverhalt zu beachten, damit sich durch unüberlegte Anwendung der Differentiationsregeln keine Fehler einschleichen.

Außerdem sei hervorgehoben, daß natürlich einige der in *Teil IV angegebenen Eigenschaften und Sätze für verallgemeinerte Funktionen nicht gelten,* obwohl, wie vorher bereits vermerkt, die L-Transformation von Distributionen für integrierbare Funktionen mit der gewöhnlichen L-Transformation übereinstimmt. So gestatten z.B. die Linearitätsbeziehungen unmittelbar die L-Transformierte von Ausdrücken der Form

$$f(t) = r(t) + a_1 \delta(t) + a_2 \delta(t - t_1) + \ldots + b_1 \delta'(t - t_2) + \ldots \qquad \text{(V.19a)}$$

zu finden, vorausgesetzt die Funktion $r(t)$ besitzt eine L-Transformierte im gewöhnlichen Sinne[30]); dann wird

$$F(s) = R(s) + a_1 + a_2 e^{-st_1} + \ldots + b_1 s e^{-st_2} + \ldots . \qquad \text{(V.19b)}$$

Nach Satz IV.3 kann $F(s)$ in Gl. (V.19b) *keine Bildfunktion im klassischen Sinne* sein, da sie nichtverschwindende periodische Ausdrücke enthält; dies geht übrigens auch sofort aus Satz IV.8 hervor, denn $F(s)$ strebt für $s \to \infty$ nicht gegen Null. Läßt man also verallgemeinerte Funktionen zu, so ist zu beachten, daß einige der Sätze und Aussagen in Teil IV, wie im vorstehenden Fall die Sätze IV.3 und IV.8, nicht mehr zu gelten brauchen.

Aus den Gln. (V.19) geht außerdem hervor, daß die zu den verallgemeinerten Funktionen δ, δ' usw. korrespondierenden Terme für alle s analytisch sind; $F(s)$ ist somit in der durch die Bildfunktion $R(s)$ bestimmten Halbebene $\mathrm{Re}\, s = \sigma > \alpha$ analytisch. Durch die δ-Funktionen wird der Bereich der analytischen Bildfunktionen auf Polynome $P(s)$ sowie alle Funktionen $P(s)\, e^{-cs}$ ($c \geqslant 0$, reell) erweitert. Die eindeutige Umkehrung der L-Transformation führt bei Distributionen ebenso, wie bei Funktionen auf komplexe Integrale. Die Auswertung dieser Integrale geschieht z.B. durch Multiplikation von $F(s)$ mit s^{-r}, d.h. im Integranden von Gl. (IV.82) steht anstelle von $F(s)\, e^{st}$

30) Alle in Verbindung mit der Laplace-Transformation bei verallgemeinerten Funktionen auftretende gewöhnliche Funktionen setzen wir fortan stillschweigend als Laplace-transformierbar voraus.

der Ausdruck $s^{-r} F(s) e^{st}$, wobei die Potenz von r so gewählt wird, daß die Bedingungen des Satzes IV.11 erfüllt sind. Liefert das so gewählte Integral Gl. (IV.82) den Wert $F_1(t)$, dann ist $f(t) = [F_1(t)]^{(r)}$; siehe z.B. [72]. In sehr vielen Fällen kann man jedoch F(s) auf die Form Gl. (V.19b) bringen. Dann lassen sich aber wegen der umkehrbar eindeutigen Zuordnung die korrespondierenden (Zeit-) Distributionen der *L*-Transformierten der δ-Funktionen und ihren Ableitungen unmittelbar angeben.

1.9. Faltung von Distributionen

Eine der wichtigsten Beziehungen aus der Theorie der *L*-Transformation stellt die Faltung dar. Es seien $f(t) = [f_n(t)]$ und $g(t) = [g_n(t)]$ zwei auf der ganzen reellen Achse definierte Distributionen, so existieren wiederum zwei zu $\{f_n(t)\}$ und $\{g_n(t)\}$ äquivalente Fundamentalfolgen $\{f_{1n}(t)\}$ und $\{g_{1n}(t)\}$, deren Stammfunktionen in dem Intervall $-\infty < t < a + t_0$ identisch Null sind. Wie man zeigen kann, existiert dann die Folge

$$\{h_n(t)\} = \left\{\int_0^t f_{1n}(\tau)\, g_{1n}(t-\tau)\, d\tau\right\} = f(t) * g(t)\,, \tag{V.20}$$

die man als die *Faltung von Distributionen definiert.* Gl. (V.20) gilt demnach auch für zwei δ-Funktionen, d.h. *die Faltung von δ-Funktionen ist definiert,* während das Produkt zweier δ-Funktionen nicht erklärt ist; siehe hierzu auch das Beispiel V.8. Die Faltung von Distributionen wurde auf die von gewöhnlichen Funktionen zurückgeführt. Daher besitzt die Faltung von Distributionen sowohl die *kommutative* Eigenschaft

$$f(t) * g(t) = g(t) * f(t)$$

als auch die *assoziative* Eigenschaft

$$\big(f_1(t) * f_2(t)\big) * f_3(t) = f_1(t) * \big(f_2(t) * f_3(t)\big).$$

Nach der Definition V.9 der *L*-Transformierten ist mit Voraussetzung V.1

$$L\{f(t) * g(t)\} = \lim_{n\to\infty} L\{h_n(t)\} = \lim_{n\to\infty} L\{f_{1n}(t)\}\, L\{g_{1n}(t)\} = L\{f(t)\} \cdot L\{g(t)\}.$$

Erfüllen also die Distributionen f(t) und g(t) die Voraussetzung V.1, so erfüllt auch die Distribution $f(t) * g(t)$ die Voraussetzung V.1 und es gilt

$$L\{f(t) * g(t)\} = L\{f(t)\} \cdot L\{g(t)\}\,. \tag{V.21}$$

• **Beispiel V.8:**

Mit Hilfe der *L*-Transformation sollen einige wichtige Beziehungen der Faltung mit δ-Funktionen berechnet werden. Die Anwendung der Gl. (V.21) auf die Faltung $f(t) * \delta(t)$ liefert

$$L\{f(t) * \delta(t)\} = L\{f(t)\} \cdot L\{\delta(t)\} = F(s) \cdot 1\,,$$

woraus die wichtige Beziehung

$$\delta(t) * f(t) = f(t) * \delta(t) = f(t) \tag{V.22a}$$

folgt; aus Gl. (V.22a) ergibt sich unmittelbar für $f(t) = \delta(t)$

$$\delta(t) * \delta(t) = \delta(t) = \int_0^t \delta(t-\tau)\,\delta(\tau)\,d\tau = \int_{-\infty}^{+\infty} \delta(t-\tau)\,\delta(\tau)\,d\tau.$$

Gleichgültig, ob es sich bei der Distribution $f(t)$ um gewöhnliche oder verallgemeinerte Funktionen handelt, liefert die Faltung mit $\delta(t)$ nach Gl. (V.22a) als Ergebnis wiederum $f(t)$. Ist jedoch $f(t)$ eine gewöhnliche Funktion, dann läßt sich mit

$$f(t) * \delta(t) = \int_0^t f(t-\tau)\,\delta(\tau)\,d\tau = \int_{-\infty}^{+\infty} f(t-\tau)\,\delta(\tau)\,d\tau = f(t) \qquad \text{(V.22b)}$$

folgende Überlegung anstellen. Für ein festes $t = t_1$ stellt der rechte Integralausdruck von Gl. (V.22b) ein bestimmtes Integral dar, das nach Gl. (V.1a) den Wert $f(t_1)$ hat. Besitzt nun $f(t)$ für alle $t \geqslant 0$ einen endlichen Wert, dann erhält man für jedes feste t_i aus dem Intervall den Wert $f(t_i)$; analog der Faltung von gewöhnlichen Funktionen in Abschnitt IV.6, stellt die Gesamtheit dieser $f(t_i)$-Werte $f(t)$ dar.

Entsprechend gilt für $a \geqslant 0$, $b \geqslant 0$ und k sowie $l = 0, 1, 2, \ldots$ für die beiden Distributionen $f(t)$ und $g(t)$

$$\begin{aligned} L\{f^{(k)}(t-a) * g^{(l)}(t-b)\} &= s^k F(s) e^{-as} s^l G(s) e^{-bs} = \\ &= s^{k+l} e^{-(a+b)s} F(s)\,G(s) = s^{k+l} e^{-(a+b)s} H(s), \end{aligned}$$

wobei $H(s) = L\{f(t) * g(t)\}$ darstellt. Die L^{-1}-Transformation liefert also

$$f^{(k)}(t-a) * g^{(l)}(t-b) = h^{(k+l)}(t-a-b). \qquad \text{(V.23a)}$$

In dem speziellen Fall $f^{(k)}(t-a) = \delta^{(k)}(t-a)$ und $g^{(l)}(t-b) = \delta^{(l)}(t-b)$ wird nach Gl. (V.23a)

$$\delta^{(k)}(t-a) * \delta^{(l)}(t-b) = \delta^{(k+l)}(t-a-b). \qquad \text{(V.23b)}$$

Für $a = 0$ und $b = 0$ ergeben sich aus den Gln. (V.23a) und (V.23b) die wichtigen Relationen

$$f^{(k)}(t) * g^{(l)}(t) = f^{(k+l)}(t) * g(t) = f(t) * g^{(k+l)}(t) = h^{(k+l)}(t) \qquad \text{(V.23c)}$$

und

• $$\delta^{(k)}(t) * \delta^{(l)}(t) = \delta^{(k+l)}(t). \qquad \text{(V.23d)}$$

Abschließend sind noch einige Bemerkungen angebracht. In den meisten Abhandlungen über verallgemeinerte Funktionen wird nicht die *Laplace-Transformation,* sondern die *Fouriertransformation* behandelt, siehe z.B. [12], [82] sowie bezüglich der Anwendung [11] und [79]. Zur Laplace-Transformation gelangt man dann durch entsprechende Überlegungen, wie wir sie für gewöhnliche Funktionen in Unterabschnitt IV.5.4 anstellten. Im Distributionensinne existieren neben der Fouriertransformierten der δ–

Funktion natürlich auch die der Sprungfunktion sowie der Sinusfunktion, usw.; es sind z.B. mit t_0 = const.

$F\{\delta(t)\} = 1,\ F\{\delta^{(k)}(t)\} = (i\omega)^k,\ F\{\delta(t-t_0)\} = e^{i\omega t_0},\ F\{\delta^{(k)}(t-t_0)\} = e^{-i\omega t_0}(i\omega)^k,$

$F\{1(t)\} = \frac{1}{i\omega} + \pi\delta(\omega)$, hingegen für die *Konstante* 1 gilt $F\{1\} = 2\pi\delta(\omega)$ und

$F\{\sin\beta t\ 1(t)\} = \frac{\pi}{2i}[\delta(\omega-\beta) - \delta(\omega+\beta)] + \frac{\beta}{\beta^2-\omega^2}$.

Wie die obigen Beispiele zeigen, führt die F-Transformation *auch im Bildbereich* auf δ-Funktionen. Siehe auch die Übungsaufgaben V.8 bis V.10.

Man kann sich natürlich die Frage stellen, ob im Zusammenhang mit der Untersuchung von realen Systemen verallgemeinerte Funktionen, wie z.B. die δ-Funktion, überhaupt von Interesse sind. Ganz abgesehen davon, daß bei der Lösung konkreter Aufgaben in der Physik in vielen Fällen die δ-Funktionen nur in der Zwischenrechnung und nicht im Endresultat auftreten, stellen sie oftmals eine gute Approximation von z.B. schlagartig einsetzenden physikalischen Vorgängen dar; Beispiele hierzu sind das Abfeuern eines Geschosses von einem Flugzeug, ein Pendel, auf das ein starker Stoß während eines sehr kleinen Zeitintervalles wirkt und Impulsfunktionen in der Nachrichtentechnik. Durch die Einführung der δ-Funktion wird, wie wir bei den Abtastsystemen in Teil VI noch sehen werden, der Rechnungsgang oftmals erheblich einfacher.

2. Einige Eigenschaften linearer Systeme

Im nachfolgenden Unterabschnitt werden wir sehen, daß den δ-Funktionen eine wichtige Bedeutung im Zusammenhang mit der Systemuntersuchung zukommt. Zuvor müssen wir uns aber die Frage stellen, wie die allgemeine Lösung der linearen Dgl.

$$(a_n D^n + a_{n-1} D^{n-1} + \dots + a_1 D + a_0)\, x(t) = f(t) \qquad \text{(V.24a)}$$

aussieht, wenn $f(t)$ eine verallgemeinerte Funktion nach Gl. (V.19a) darstellt, die also aus der linearen Kombination von δ-Funktionen, ihren Ableitungen sowie der gewöhnlichen Funktion $r(t)$ besteht.

Wir setzen hierzu zuerst einmal $f(t) \equiv r(t)$ als gewöhnliche Funktion voraus. Da jedoch jede Funktion als Distribution angesehen werden kann, ist jede Funktion, die die Dgl. im klassischen Sinne erfüllt, auch eine Lösung im Sinne der Distributionen. Es liegt nun die Frage nahe, ob außerdem noch weitere „Distributionen-Lösungen" existieren, die nicht in den Lösungen im klassischen Sinne enthalten sind. Wie sich zeigen läßt, ist dies für $f(t) \equiv r(t)$ nicht möglich [12] und [82]; dies gilt übrigens auch für lineare, zeitvariable Dgl., wenn die $a_i(t)$ $(i = 0, 1, \dots, n)$ in Gl. (V.24a) beliebig oft differenzierbare *gewöhnliche Funktionen sind. Unter diesen Voraussetzungen kann z.B. die Lösung der entsprechenden homogenen Dgl. und damit auch der homogenen Gl. (V.24a) außer den gewöhnlichen Funktionen keine verallgemeinerten Funktionen enthalten.*

Kehren wir zu der verallgemeinerten Eingangsgröße $f(t)$ zurück, so läßt sich wegen der Linearität von Gl. (V.24a) die Gesamtheit der Lösungen durch Addition der allgemeinen Lösung der homogenen Dgl., die keine δ-Funktionen enthalten kann, und einer speziellen Lösung gewinnen. Es sei nun m die Ordnung der höchsten Ableitung der in $f(t)$ auftretenden δ-Funktionen, dann erhält man durch (m+1)-fache Integration von $f(t)$ eine stückweise stetige Funktion $f^{(-m)}(t) = v(t)$, die nur Unstetigkeiten 1. Art aufweist, also eine S_1-Funktion. Für Gl. (V.24a) kann man auch

$$(a_n D^n + \dots + a_1 D + a_0)\, x(t) = D^{m+1}\, v(t) \qquad \text{(V.24b)}$$

schreiben. Wir drücken nun die Gl. (V.24b) durch die beiden Beziehungen

$$D^{m+1}\, y(t) = x(t) \qquad \text{(V.25a)}$$

und

$$(a_n D^n + \dots + a_1 D + a_0)\, y(t) = v(t) \qquad \text{(V.25b)}$$

aus. Ist nun $y(t)$ eine spezielle Lösung der Gl. (V.25b), so führt die (m+1)-fache (Distributionen-) Ableitung auf

$$D^{m+1}\, [(a_n D^n + \dots + a_1 D + a_0)\, y(t)] = D^{m+1}\, v(t)$$

oder mit der Beziehung Gl. (II.52d) auf

$$(a_n D^n + \dots + a_1 D + a_0)\, [D^{m+1}\, y(t)] = D^{m+1}\, v(t).$$

Die (m+1)-fache Ableitung der Lösung der Gl. (V.25b) stellt wegen der Gl. (V.25a) eine spezielle Lösung der Gl. (V.24a) dar. Die allgemeine Lösung der inhomogenen Gleichung ergibt sich dann aus der Addition der homogenen Lösung mit der speziellen Lösung.

- **Beispiel V.9:**

Die allgemeine Lösung der Dgl.

$$(D^2 + 2D + 1)\, x(t) = 24t + 2\delta(t) - 5\,\delta''(t-1) \qquad \text{(V.26)}$$

ist gesucht. Die charakteristische Gleichung besitzt die Doppelwurzel $\lambda_{1,2} = -1$. Nach Unterabschnitt II.5.3 lautet daher die homogene Lösung

$$x_h(t) = K_1\, e^{-t} + K_2\, t\, e^{-t}.$$

Integrieren wir die rechte Seite $(m+1) = 3$ mal, so wird

$$f^{(-1)}(t) = 12\, t^2 + 2\, 1(t) - 5\delta'(t-1),$$

$$f^{(-2)}(t) = 4\, t^3 + 2t\, 1(t) - 5\delta(t-1)$$

und

$$v(t) \equiv f^{(-3)}(t) = t^4 + t^2\, 1(t) - 5\, 1(t-1),$$

wenn man die Integrationskonstanten Null setzt. Entsprechend der Gl. (V.24b) wird

$$(D^2 + 2D + 1)\, x(t) = D^3\, [t^4 + t^2\, 1(t) - 5\, 1(t-1)]$$

oder mit den Gln. (V.25)

$$D^3\, y(t) = x(t) \tag{V.27a}$$

und

$$(D^2 + 2D + 1)\, y(t) = t^4 + t^2\, 1(t) - 5\, 1(t-1). \tag{V.27b}$$

Zur Berechnung der speziellen Lösung machen wir für jeden der drei rechten Terme einen *„Faustregelansatz"* der folgenden Form:

a) Term $t^4 : y_{s_1}(t) = A_0 + A_1 t + A_2 t^2 + A_3 t^3 + A_4 t^4$

b) Term $t^2\, 1(t) : y_{s_2}(t) = [B_0 + B_1 t + B_2 t^2 + D_1 e^{-t} + D_2 t\, e^{-t}]\, 1(t);$

c) Term $-5\, 1(t-1) : y_{s_3}(t) = [F_0 + F_1 e^{-(t-1)} + F_2 (t-1)\, e^{-(t-1)}]\, 1(t-1).$

Durch Einsetzen der entsprechenden speziellen Lösung in die Gl. (V.27b) und anschließendem Koeffizientenvergleich mit der jeweiligen rechten Seite, findet man die Konstanten A_ν bis F_ν, da nach Unterabschnitt V.1.3 eine Gleichung mit verallgemeinerten Funktionen nur dann im Sinne der Distributionen gleich ist, wenn die entsprechenden Koeffizienten gleich sind. In den beiden Fällen b) und c) ist die Differentiationsregel Gl. (V.5) anzuwenden und außerdem zu beachten, daß der Faustregelansatz noch die entsprechenden Glieder der homogenen Lösung enthält. Die Addition der drei speziellen Lösungen liefert

$$\begin{aligned} y_s(t) &= y_{s_1}(t) + y_{s_2}(t) + y_{s_3}(t) = t^4 - 8t^3 + 36t^2 - 96t + 120 + \\ &+ [t^2 - 4t + 6 - 6e^{-t} - 2t\, e^{-t}]\, 1(t) + [-5 + 5e^{-(t-1)} + \\ &+ 5(t+1)\, e^{-(t-1)}]\, 1(t-1). \end{aligned} \tag{V.28a}$$

Die dreimalige Ableitung der Gl. (V.28a) ergibt nach Gl. (V.27a) die gesuchte spezielle Lösung

$$\begin{aligned} D^3 y_s(t) \equiv x_s(t) &= 24t - 48 + 2t\, e^{-t}\, 1(t) + [10e^{-(t-1)} - 5(t-1)\, e^{-(t-1)}]\, 1(t-1) - \\ &- 5\,\delta(t-1), \end{aligned} \tag{V.28b}$$

wie sich leicht durch Einsetzen prüfen läßt. Die allgemeine Lösung der Gl. (V.26) lautet somit:

$$\begin{aligned} x(t) = x_h(t) + x_s(t) &= K_1\, e^{-t} + K_2 t e^{-t} + 24t - 48 + 2t e^{-t}\, 1(t) + \\ &+ [10e^{-(t-1)} - 5(t-1)e^{-(t-1)}]\, 1(t-1) - 5\delta(t-1). \end{aligned} \tag{V.29}$$

Da $v(t)$ in Gl. (V.25b) eine S_1-Funktion darstellt, existiert nach dem Existenz- und Eindeutigkeitssatz bzw. nach Abschnitt II.8 eine $(n-1)$-mal stetig differenzierbare Lösungsfunktion $y(t)$. Daher sind nach Gl. (V.25a) für $m + 1 < n - 1$ $x_a(t)$ und die

Ableitungen bis zur (n-m-2)-ten Ordnung stetig. Für $m + 1 = n$ enthält $x(t)$ Unstetigkeiten erster Art; für $m + 1 = n + 1$ δ-Funktionen, und für $m + 1 > n + 1$ Ableitungen der δ-Funktionen bis zur Ordnung $m - n$. *Ist demnach m die Ordnung der höchsten Ableitung der δ-Funktionen, die in f(t) von Gl. (V.24a) auftreten, so enthält x(t) für n = m + 1 Unstetigkeiten erster Art, für n = m Ausdrücke mit δ-Funktionen usw.*

Obwohl die allgemeine Lösung von Gl. (V.24a) n beliebige Konstanten enthält, folgt daraus nicht nowendigerweise, daß die Lösung eindeutig durch die Anfangswerte x_0, $x'_0, \ldots, x_0^{(n-1)}$, t_0 bestimmt ist. Dies ist dann sicher der Fall, wenn $f(t)$ keine Glieder der Form $\delta^{(k)}(t - t_0)$ $(k = 0, 1, \ldots)$ enthält, da dann $x_s(t)$ bis zur $(n - 1)$-ten Ableitung für $t = t_0$ einen ganz bestimmten Wert besitzt.

Enthält $f(t)$ auch Glieder der Form $\delta^{(k)}(t - t_0)$, so ergeben sich *Schwierigkeiten bei der Interpretation der Anfangsbedingungen* für t_0. Ist jedoch für alle diese Glieder $k < n$, dann kann man wieder daran denken, Anfangsbedingungen von rechts und von links einzuführen. Für unser Beispiel Gl. (V.29) ist für $t > 0$

$$x(t) = K_1 e^{-t} + K_2 t e^{-t} + 24t - 48 + 2te^{-t} + h_1(t-1)\, 1(t-1)$$

und

$$x'(t) = (-K_1 + K_2) e^{-t} - K_2 t e^{-t} + 24 + 2e^{-t} - 2te^{-t} + h_2(t-1)\, 1(t-1).$$

Daraus folgen mit den Anfangsbedingungen $x(+0) = x_{0+}$, $x'(+0) = x'_{0+}$ die Gleichungen:

$$x_{0+} = K_1 - 48 \quad \text{und} \quad x'_{0+} = -K_1 + K_2 + 26$$

und somit

$$K_1 = x_{0+} + 48 \quad \text{und} \quad K_2 = x_{0+} + x'_{0+} + 22.$$

Entsprechend ergibt sich für $t < 0$

$$x(t) = K_1 e^{-t} + K_2 t e^{\;t},$$

$$x'(t) = (-K_1 + K_2) e^{-t} - K_2 t e^{-t}$$

und damit

$$K_1 = x_{0-} \quad \text{sowie} \quad K_2 = x_{0-} + x'_{0-};$$

für $x_{0-} = x'_{0-} = 0$ wird $K_1 = K_2 = 0$ (triviale Lösung).

Analog kann man auch bei simultanen Systemen von linearen, zeitinvarianten Dgln. mit verallgemeinerten Eingangsfunktionen vorgehen, wenn man das Gleichungssystem, wie in Abschnitt II.10 durchgeführt, so nach Dgln. (höherer Ordnung) auflöst, daß in jeder dieser Dgln. die entsprechende abhängige Variable alleine auftritt. Interessant ist bei Dgl.-Systemen noch folgende Tatsache. *Durch den Eliminationsprozeß treten in den aufgelösten Dgln. auch Ableitungen der Eingangsgröße auf, so daß sie eine verallgemeinerte Eingangsfunktion aufweisen können, obwohl in dem ursprünglichen Dgl.-System keine verallgemeinerten Eingangsgrößen vorliegen.* Im Distributionensinne ist ja eine zu den S_1-Funktionen gehörende Eingangsgröße beliebig oft differenzierbar.

Abschließend sind noch einige Bemerkungen angebracht. Die vorstehende Ableitung stellt natürlich in keiner Weise einen Beweis für die Behandlung von Differentialgleichungen, die auf Distributionen führen, dar. Man kann jedoch für lineare, zeitunabhängige Dgln. (entsprechend Abschnitt II.6) zeigen, da die Differenz zweier allgemeiner Lösungen die homogene Dgl. (V.24a) erfüllt und damit eine Lösung im klassischen Sinne darstellt, daß sich die *allgemeine Lösung im Sinne der Distributionen aus der Summe einer speziellen „Distributionen"-Lösung und der „klassischen" homogenen Lösung zusammensetzt.* Damit läßt sich bei der Behandlung von linearen, zeitunabhängigen Systemen leicht verifizieren, ob eine allgemeine Lösung im Distributionensinne vorliegt.

Bezüglich der δ-Funktionen gilt dies auch für lineare, zeitvariable Dgln. der Form

$$a_n(t)\, x^{(n)} + \ldots + a_1(t)\, x' + a_0(t)\, x = f(t),$$

vorausgesetzt die gewöhnlichen Funktionen $a_\nu(t)$ ($\nu = 0, 1, \ldots, n$) sind unendlich oft differenzierbar und $a_n(t) \neq 0$ für alle t des betreffenden Intervalls.

Nullstellen von $a_n(t)$ bezeichnet man als singuläre Stellen der Dgl. Ein Beispiel hierzu stellt die Dgl. erster Ordnung

$$t x' + x = 0$$

dar. Die klassische Lösung $x = c t^{-1}$ ($c = \text{const.}$) existiert für $(0, +\infty)$ und $(-\infty, 0)$; aber in irgendeiner Umgebung von $t = 0$ ist sie nicht integrierbar. Nach Unterabschnitt V.1.6 liegt es nahe, in Anlehnung an die klassische Lösung, die Distribution $x(t) = c\,[\ln t]'$ zu wählen. Sie stellt tatsächlich eine Lösung im Distributionensinne dar, wie auch aus der äquivalenten Darstellung der Dgl. $(tx)' = 0$ oder durch Integration $tx = c$ hervorgeht [12]. Andererseits erfüllt aber $x(t) = a\delta(t)$ ($a = \text{const.}$) ebenfalls die obige Dgl., da wegen $q(t)\,\delta'(t) = q(0)\,\delta'(t) - q'(0)\,\delta(t)$ nach Gl. (V.6) $a t \delta'(t) = -a\delta(t)$ ist. Die Lösung $x(t) = c\,[\ln t]' + a\delta(t)$ erfüllt für beliebige a und c die Dgl. $t x' + x = 0$ identisch; *demnach besitzt die Dgl. 1. Ordnung eine zweiparametrige Schar von Distributionen-Lösungen.* Das letzte Beispiel zeigt, daß die – für lineare, zeitunabhängige und unter den oben angegebenen Bedingungen auch für zeitvariable Systeme – geltenden Lösungsanalogien nicht allgemein auf Dgln. mit Distributionen übertragen werden können. Generelle Aussagen über die allgemeine Lösung von Dgln. mit Distributionen sowie ihre genaue Definition behandeln wir hier nicht; siehe hierzu z.B. [82].

2.1. Die Gewichtsfunktion

Als Übertragungsfunktion definierten wir in Abschnitt IV.3 das Verhältnis der Ausgangs- zur Eingangsgröße im Bildraum, wobei verschwindende Anfangsbedingungen zugrundeliegen. Einer Dgl. n-ter Ordnung ist nach Gl. (IV.44b) die Übertragungsfunktion

$$\frac{X_a(s)}{X_e(s)} = G(s) = \frac{1}{b_0 + b_1 s + \ldots + b_n s^n} \qquad \text{(V.30a)}$$

zugeordnet. Die zu $G(s)$ korrespondierende Zeitfunktion $\mathcal{L}^{-1}\{G(s)\} = g(t)$ bezeichneten wir als *Gewichtsfunktion.* Durch Einführen der δ-Funktionen gelingt es, der Gewichtsfunktion eine weitere physikalische Deutung zu geben. Hierzu bringen wir die Gl. (V.30a) auf die Form

$$X_a(s) = G(s)\,X_e(s). \tag{V.30b}$$

Wählen wir als Eingangsgröße die δ-Funktion, so wird, da sie nach Gl. (V.15b) die $\mathcal{L}$-Transformierte $X_e(s) = 1$ hat,

$$X_a(s) = G(s) = \frac{1}{b_0 + b_1 s + \ldots + b_n s^n}\,. \tag{V.31}$$

Die Gewichtsfunktion $g(t)$ *stellt demnach für* $t > 0$ *das Übergangsverhalten auf die Impulserregung für den Fall dar, daß* $x_a(+0) = x_a'(+0) = \ldots = x_a^{(n-1)}(+0) = 0$ *gesetzt wird.* Man bezeichnet daher die *Gewichtsfunktion* $g(t)$, auch *Greensche-Funktion des Anfangswertproblems* genannt, vielfach als *Impulsantwort* (eines energiefreien Systems).

Wir müssen noch die Frage stellen, ob für die Eingangsgröße $\delta(t)$ die inverse Laplace-Transformierte $\mathcal{L}^{-1}\cdot\{G(s)\} = g(t)$ wirklich die richtige Lösung des Anfangswertproblems darstellt. Setzen wir, da es sich um ein energiefreies System handelt, $x_a(t) \equiv 0$ für $t < 0$, so ist

$$x_a(t) = \begin{cases} g(t) & \text{für } t > 0 \\ 0 & \text{für } t < 0 \end{cases} \quad \text{oder} \quad x_a(t) = g(t)\,1(t). \tag{V.32}$$

Würde die Lösung $x_a(t)$ tatsächlich die Anfangswerte $x_a(+0) = x_a'(+0) = \ldots = x_a^{(n-1)}(+0) = 0$ annehmen, dann wäre $x_a(t)$ eine gewöhnliche Funktion, die, nach der vorausgehenden Definition der Dgl. mit δ-Funktionen, sicher *nicht* die allgemeine Lösung darstellen kann.

In Unterabschnitt IV.3.1 fanden wir jedoch eine andere Deutung für die Gewichtsfunktion. Setzen wir nämlich in Gl. (IV.43a) $X_e(s) \equiv 0$ sowie $x_{a0} = x_{a0}' = \ldots = x_{a0}^{(n-2)} = 0$ und $x_{a0}^{(n-1)} = \frac{1}{b_n}$ ein, dann ergibt sich für $X_a(s)$ der gleiche Ausdruck wie in Gl. (V.31). Das heißt, $g(t)$ erfüllt für alle $t > 0$ die homogene Dgl.

$$b_n g^{(n)}(t) + b_{n-1} g^{(n-1)}(t) + \ldots + b_1 g'(t) + b_0 g(t) = 0 \tag{V.33a}$$

mit den Anfangswerten

$$g(+0) = g'(+0) = \ldots = g^{(n-2)}(+0) = 0 \text{ und } g^{(n-1)}(+0) = \frac{1}{b_n} \tag{V.33b}$$

oder, wenn wir den höchsten Koeffizienten $b_n = 1$ wählen, was sich immer durch Division erreichen läßt, die homogene Dgl.

$$g^{(n)}(t) + a_{n-1} g^{(n-1)}(t) + \ldots + a_1 g'(t) + a_0 g(t) = 0 \tag{V.33c}$$

mit den Anfangswerten

$$g(+0) = g'(+0) = \ldots = g^{(n-2)}(+0) = 0 \text{ und } g^{(n-1)}(+0) = 1. \tag{V.33d}$$

Die *unverkürzte* Lösung $g(t)$ der homogenen Dgl. gilt nicht nur für $t > 0$, sondern im gesamten t-Intervall und ist dort nach dem Existenz- und Eindeutigkeitssatz mindestens n-mal stetig differenzierbar, d.h. $g^{(\nu)}(+0) = g^{(\nu)}(-0) = g^{(\nu)}(0)$ für $\nu = 0, 1, \dots, n$; Bild V.7 enthält für $n = 3$ ein Beispiel für den Verlauf von $g(t)$, der für $t \leqslant 0$ gestrichelt und für $t > 0$ ausgezogen dargestellt ist. Nach der Definition Gl. (V.32) ist wegen $g^{(\nu)}(0) = 0$ für $\nu = 0, 1, \dots, n-2$ die *verkürzte* Ausgangsgröße $x_a(t)$ mit samt ihren Ableitungen bis zur (n-2)-ten Ordnung in $t = 0$ stetig, während $x_a^{(n-1)}(t)$ wegen der Anfangswerte Gl. (V.33d) den Sprung $x_a^{(n-1)}(+0) - x_a^{(n-1)}(-0) = g^{(n-1)}(0) - 0 = 1$ aufweist. Dies läßt sich auch durch die Beziehung

$$x_a^{(n-1)}(t) = g^{(n-1)}(t)\,1(t)$$

ausdrücken, wobei $g(t)$ im Intervall $(-\infty, +\infty)$ mindestens n-mal stetig differenzierbar ist – siehe hierzu die im Unterabschnitt IV.2.5 am Ende unter 2. (Verschiebung) gemachten Ausführungen. Wegen $g^{(n-1)}(0) = 1$ liefert die nochmalige Differentiation nach Gl. (V.5)

$$x_a^{(n)}(t) = g^{(n)}(t)\,1(t) + g^{(n-1)}(0)\;\delta(t) = g^{(n)}(t)\,1(t) + \delta(t),$$

so daß Gl. (V.32) tatsächlich im gesamten Zeitintervall die richtige Lösung im Distributionensinne liefert; Bild V.7 zeigt im Fall $n = 3$ eine Impulsantwort und ihre Ablei-

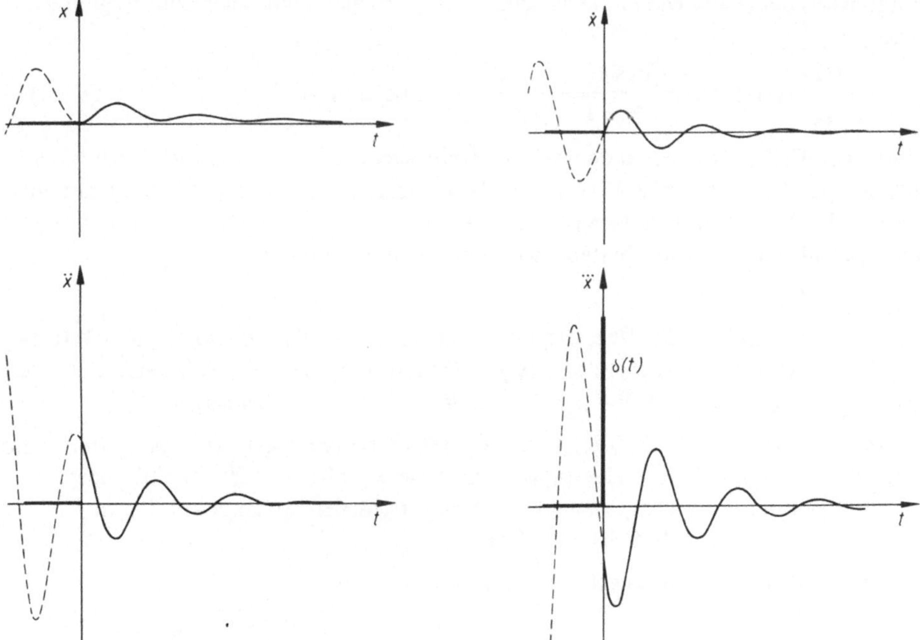

Bild V.7. Die Impulsantwort und ihre Ableitungen im Falle n = 3

tungen. Die $\mathcal{L}^{-1}$-Transformierte $g(t)$ der Übertragungsfunktion Gl. (V.31) stellt somit die *Impulsantwort* des *entsprechenden energiefreien Systems* dar; im Bildbereich müssen wieder, wie bei den simultanen Dgl.-Systemen in Unterabschnitt IV.3.3, alle Anfangswerte $x_a(+0) = \dots = x_a^{(n-1)}(+0) = 0$ gesetzt werden.

Die vorstehenden Überlegungen sind z.B. für die Nachbildung eines Systems am Analogrechner von großer Bedeutung. Zur Bestimmung des zeitlichen Verlaufs der Impulsantwort für $t > 0$ ist es nämlich nicht notwendig, eine impulsförmige Eingangsgröße aufzubringen, sondern man ermittelt die entsprechende homogene Lösung, in dem man den Anfangswert mit der höchsten Ableitung $x_a^{(n-1)}(+0) = \frac{1}{b_n}$ und alle anderen Anfangswerte gleich Null wählt – der „Sprung" wird jedoch nicht mitgeschrieben $(t > 0)$; dies läßt sich am Analogrechner leicht realisieren.

Die Impulsantwort entspricht also der homogenen Lösung für ganz bestimmte Anfangswerte. Diese Tatsache macht es plausibel, warum bei der Ermittlung der speziellen Lösung nach dem Faustregelansatz im Fall b) und c) noch die homogene Lösung hinzutritt.

Bisher betrachteten wir lediglich die Gewichtsfunktion einer Dgl., d.h. die korrespondierenden Übertragungsfunktionen haben die in Gl. (V.30a) bzw. Gl. (V.31) angegebene Form. Die Betrachtung gilt ganz entsprechend auch für Integrodgl. und für solche simultane Systeme von Dgln., die auf eine echt gebrochene rationale Übertragungsfunktion

$$\frac{X_a(s)}{X_e(s)} = G(s) = \frac{c_0 + c_1 s + \dots + c_m s^m}{b_0 + b_1 s + \dots + b_n s^n} \quad \text{mit } m < n \tag{V.34}$$

führen; den Fall $m \geqslant n$ behandeln wir im nachfolgenden Unterabschnitt. Bei einer impulsförmigen Eingangsgröße $\delta(t)$ stehen dann allerdings auf der rechten Seite der entsprechenden Dgl. auch Ableitungen der δ-Funktion. Für $m < n$ ist $\mathcal{L}^{-1}\{G(s)\} = g(t)$ eine S_1-Funktion und wir erhalten wiederum die Impulsantwort

$$x_a(t) = g(t)\,1(t)\,.$$

Die $\mathcal{L}^{-1}$-Transformierte der Übertragungsfunktion Gl. (V.34) stellt somit für $t > 0$ die Impulsantwort des entsprechenden energiefreien Systems dar; im Bildbereich sind wieder alle Anfangswerte $x_a(+0) = x_a'(+0) = \dots = x_a^{(n-1)}(+0) = 0$ zu setzen.

Ein Vergleich mit Gl. (IV.43b) zeigt, daß auch in diesem Fall $g(t)$ als Lösung der homogenen Dgl. betrachtet werden kann, wenn man die $x_a(+0), \dots, x_a^{(n-1)}(+0)$ geeignet wählt; sie sind jedoch im allgemeinen von Null verschieden. So folgt z.B. für $m = n - 1$ aus Gl. (V.34) und Gl. (IV.43b) mit $X_e(s) \equiv 0$

$$b_n x_a(+0) = c_m\,, \quad b_{n-1} x_a(+0) + b_n x_a'(+0) = c_{m-1}\,, \dots,$$

$$\sum_{\mu=0}^{n-1} b_{\mu+1} x_a^{(\mu)}(+0) = c_0\,. \tag{V.35}$$

Daß die Impulsantwort (eines energiefreien Systems) für $m = n - 1$ einen Sprung aufweist, geht unmittelbar aus Gl. (V.34) hervor. Ist nämlich

$$g_1(t) = L^{-1}\left\{\frac{1}{b_0 + b_1 s + \dots + b_n s^n}\right\},$$

so wird

$$g(t) = c_0 g_1(t) + c_1 g_1'(t) + \dots + c_{n-1} g_1^{(n-1)}(t);$$

nach den Gln. (V.33) besitzt die $(n-1)$-te Ableitung, wenn man die Funktionen für $t < 0$ gleich Null setzt (verkürzte Darstellung), an der Stelle $t = 0$ einen Sprung.

Da nach Satz IV.13 für ein (energiefreies) System, das eine echt gebrochene, rationale Übertragungsfunktion besitzt, die Faltung mit jeder Laplacetransformierbaren Eingangsfunktion $x_e(t)$ existiert, läßt sich nach Gl. (IV.87b) die Ausgangsgröße $x_a(t)$ durch die Faltung

$$x_a(t) = g(t) * x_e(t) = \int_0^t g(t-\tau)\, x_e(\tau)\, d\tau$$

ausdrücken; dabei ist $x_a(t)$ nach Fall 1 im Unterabschnitt IV.6.2 für $t \geqslant 0$ stetig. Falls nicht ausdrücklich anders vermerkt, setzen wir auch hier wieder $g(t)$ und $x_e(t)$ für $t < 0$ identisch Null voraus und lassen in den meisten Fällen die Einheitssprungfunktion weg. *Die Gewichtsfunktion besitzt also die wichtige Eigenschaft, daß sie mit jeder zulässigen Eingangsgröße gefaltet, den entsprechenden Ausgangsverlauf liefert.* Diesen Zusammenhang stellt man ebenfalls, wie im Falle von Gl. (IV.44c) durch Bild IV.8, mittels eines Blockschaltbildes dar. Das Blockschaltbild V.8 charakterisiert somit ein (energiefreies) zeitinvariantes, lineares System, für das die Relationen

$$X_a(s) = G(s)\, X_e(s) \qquad \text{(V.36a)}$$

oder

$$x_a(t) = g(t) * x_e(t) \qquad \text{(V.36b)}$$

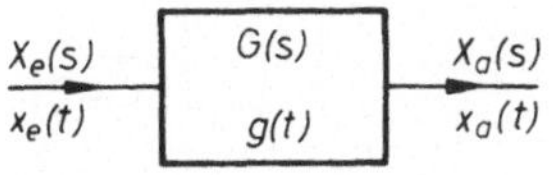

$X_e(s)$ / $x_e(t)$ → [$G(s)$ / $g(t)$] → $X_a(s)$ / $x_a(t)$

Bild V.8 Blockschaltbild

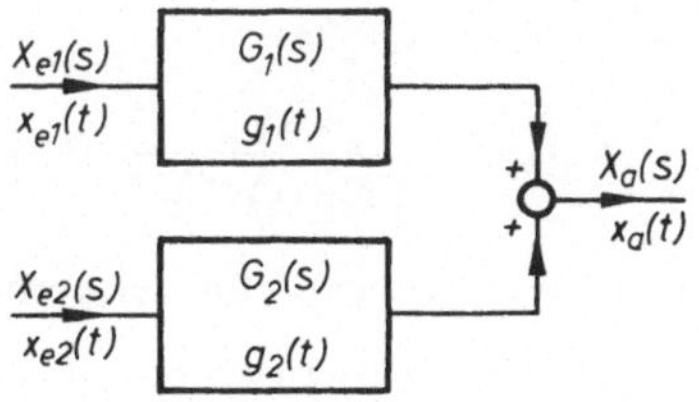

$X_{e1}(s)$ / $x_{e1}(t)$ → [$G_1(s)$ / $g_1(t)$]; $X_{e2}(s)$ / $x_{e2}(t)$ → [$G_2(s)$ / $g_2(t)$]; + + → $X_a(s)$ / $x_a(t)$

Bild V.9 Parallelschaltung

gelten. *Die Ausgangsgröße erhält man demnach im Bildbereich durch ein gewöhnliches Produkt, im Originalbereich hingegen durch ein Faltungsprodukt der Eingangsgröße mit $G(s)$ bzw. $g(t)$.* Die Analogien für die in Bild V.9 angegebene *Parallelschaltung*

$$X_a(s) = G_1(s)\, X_{e1}(s) + G_2(s)\, X_{e2}(s) \qquad \text{(V.37a)}$$

oder

$$x_a(t) = g_1(t) * x_{e1}(t) + g_2(t) * x_{e2}(t) \qquad \text{(V.37b)}$$

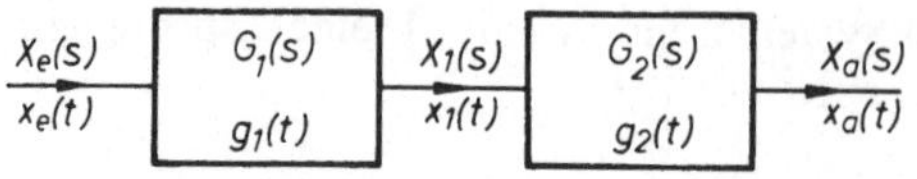

Bild V.10 Reihenschaltung

und für die in Bild V.10 angegebene *Reihenschaltung*

$$X_1(s) = G_1(s)\,X_e(s), \quad X_a(s) = G_2(s)\,X_1(s);$$

$$X_a(s) = G_1(s)\,G_2(s)\,X_e(s) = G(s)\,X_e(s) \tag{V.38a}$$

oder

$$x_1(t) = g_1(t) * x_e(t), \quad x_a(t) = g_2(t) * x_1(t);$$

$$x_a(t) = g_1(t) * g_2(t) * x_e(t) = g(t) * x_e(t) \tag{V.38b}$$

sind offensichtlich.

Hingegen für den Regelkreis nach Bild V.11 existiert keine so weitgehende Entsprechung.

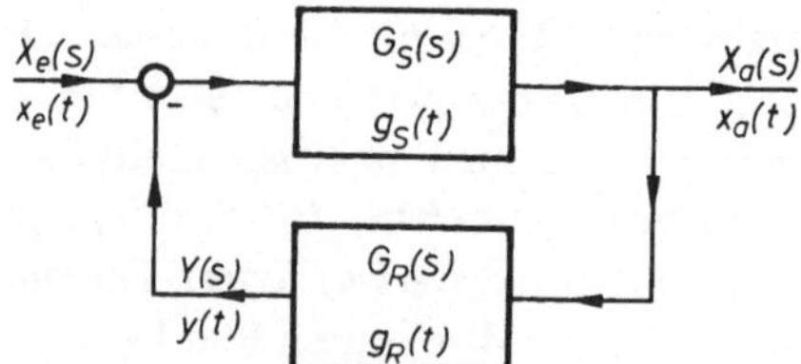

Bild V.11 Regelkreis

Mit den Beziehungen

$$[X_e(s) - Y(s)]\,G_S(s) = X_a(s) \qquad \text{und} \qquad Y(s) = G_R(s)\,X_a(s)$$

wird

$$X_a(s) = \frac{G_S(s)}{1 + G_R(s)\,G_S(s)}\,X_e(s). \tag{V.39}$$

Ein analoges Vorgehen im Zeitbereich liefert mit

$$[x_e(t) - y(t)] * g_S(t) = x_a(t) \tag{V.40}$$

und

$$y(t) = g_R(t) * x_a(t)$$

$$[x_e(t) - g_R(t) * x_a(t)] * g_S(t) = x_a(t)$$

oder umgeformt

$$\int_0^t x_e(\tau)\,g_S(t-\tau)\,d\tau = x_a(t) + \int_0^t x_a(\tau)\left[\int_0^{t-\tau} g_R(u)\,g_S(\tau-u)\,du\right]d\tau. \tag{V.41a}$$

Bezeichnen wir die Faltung der gegebenen Größen $g_R(t) * g_S(t) = g_0(t)$ als *Gewichtsfunktion des offenen Regelkreises,* so nimmt Gl. (V.41 a) die Form

$$x_a(t) = -\int_0^t x_a(\tau)\, g_0(t-\tau)\, d\tau + \int_0^t x_e(\tau)\, g_S(t-\tau)\, d\tau \tag{V.41b}$$

an. Sie ist vom Typus

$$x_a(t) = -\int_0^t x_a(\tau)\, g_0(t-\tau)\, d\tau + f(t), \tag{V.41c}$$

wenn wir die aus gegebenen Funktionen bestehende rechte Seite von Gl. (V.41 b) mit $f(t)$ abkürzen. Da die gesuchte Funktion $x_a(t)$ außerdem noch unter einem Integralzeichen auftritt, bezeichnet man die Gln. (V.41) auch als *Integralgleichungen zweiter Art;* fehlt auf der linken Seite von Gl. (V.41 c) der seperate Term $x_a(t)$, d.h. es steht nur der Integralterm mit der gesuchten Funktion $x_a(t)$ und dem Kern $g_0(t-\tau)$ dort, so handelt es sich um eine *Integralgleichung erster Art.* Sie sind linear und erfüllen daher die Beziehungen der Gln. (I.1) und (I.2). Bei variabler oberer Grenze t nennt man diese linearen Integralgleichungen *Volterrasche Integralgleichungen,* bei konstanten Integrationsgrenzen *Fredholmsche Integralgleichungen* [44], [48].

Aus obiger Darstellung ist ersichtlich, daß sich ein (energiefreier) Regelkreis, wie in Bild V.11 gezeichnet, nicht nur durch eine lineare Differentialgleichung, sondern auch durch eine (lineare) *Volterrasche Integralgleichung* beschreiben läßt, wobei die Gewichtsfunktion oder Impulsantwort $g_0(t-\tau)$ den Kern $K(t,\tau)$ darstellt. Will man noch zum Ausdruck bringen, daß der Kern der Integralgleichung $K(t,\tau) = g_0(t-\tau)$ nur von der Differenz $t-\tau$ abhängt, so spricht man auch von einer *Integralgleichung vom Faltungstypus.* Zur Lösung der Volterraschen Integralgleichung zweiter Art eignet sich dann die L-Transformation besonders gut, wenn sie, wie in Gl. (V.41 c), vom Falltungstypus ist, da sie im Bildraum auf die Darstellung von Gl. (V.39) führt.

Ermittelt man jedoch zuerst die Gewichtsfunktion des geschlossenen Regelkreises

$$g_{RK}(t) = L^{-1}\left\{\frac{G_S(s)}{1 + G_S(s)\, G_R(s)}\right\} \tag{V.42}$$

so ist nach Gl. (V.39) $x_a(t)$ ebenfalls in der analogen Form

$$x_a(t) = g_{RK}(t) * x_e(t) \tag{V.43}$$

angebbar.

Wie bereits vorher mehrfach hervorgehoben, muß man bei der Anwendung der L-Transformation auf Funktionalgleichungen prüfen, ob die so ermittelte Beziehung auch tatsächlich die gesuchte Lösung der ursprünglichen Gleichung darstellt. Wenden wir z.B. auf Gl. (V.41 c) die L-Transformation an und stellen

$$L\{x_a(t)\} = X_a(s), \quad L\{g_0(t)\} = G_0(s) \quad \text{und} \quad L\{f(t)\} = F(s)$$

L-Transformierte im *klassischen Sinne*[31]) dar, d.h. sie streben nach Satz IV.8 für $s \to \infty$ gegen Null, so wird

$$X_a(s) = \frac{F(s)}{1 + G_0(s)} \quad . \tag{V.44}$$

Gl. (V.44) läßt sich in diesem Fall nicht als Produkt von $F(s)$ und $\dfrac{1}{1+G_0(s)}$ auffassen und als Faltung darstellen, da $\dfrac{1}{1+G_0(s)}$ sicher keine Bildfunktion darstellt, denn sie strebt für $s \to \infty$ gegen 1. Diese Schwierigkeit läßt sich einmal umgehen, wenn man, wie in unserem Fall, weiß, daß $F(s) = G_S(s)\,X_e(s)$ ist, wobei sowohl $G_S(s)$ als auch $X_e(s)$ für $s \to \infty$ gegen Null streben. Dann kann Gl. (V.44) auch auf die Form

$$X_a(s) = \frac{G_S(s)}{1 + G_0(s)}\, X_e(s)$$

gebracht werden, die mit Gl. (V.42) auf die Gl. (V.43) führt.

Eine andere Möglichkeit ist Gl. (V.44) in

$$X_a(s) = F(s) + \frac{G_0(s)}{1 + G_0(s)}\, F(s) = F(s) + Q(s)\,F(s) \tag{V.45}$$

zu zerlegen, denn es streben laut Voraussetzung sowohl $F(s)$ als auch $Q(s)$ für $s \to \infty$ gegen Null. Ist nun $|G_0(s)| < 1$, was bei genügend großem Re s sicher zutrifft, so läßt sich $Q(s)$ in die geometrische Reihe

$$Q(s) = \frac{G_0(s)}{1 + G_0(s)} = \sum_{\nu=1}^{\infty} [G_0(s)]^{\nu} \tag{V.46a}$$

entwickeln. Hieraus folgt, *sofern die Integration und Summation vertauschbar sind,*

$$q(t) = \sum_{\nu=1}^{\infty} g_0(t)^{*\nu}, \tag{V.46b}$$

wo

$$g_0(t)^{*\nu} = g_0(t) * g_0(t) * \dots * g_0(t) \qquad (\nu = 1, 2, \dots)$$

---

[31]) Das heißt mit anderen Worten, wir beschränken uns auf Lösungen der Integralgleichungen $x_a(t)$, die Funktionen im gewöhnlichen Sinne darstellen, was aus physikalischen Überlegungen sicher sinnvoll erscheint.

das ν-malige Faltungsprodukt mit $g_0(t)^{*1} = g_0(t)$ bedeutet. Die Lösung der Integralgleichung (V.41 c) nimmt dann mit Gl. (V.45) und Gl. (V.46b) die Gestalt

$$x_a(t) = f(t) + \int_0^t q(t-\tau)\, f(\tau)\, d\tau \qquad \text{(V.47)}$$

an, wobei man $q(t)$ vielfach auch als *reziproken Kern* bezeichnet. Die in Gl. (V.46b) angegebene Darstellung von $q(t)$ als Summe der *„iterierten Kerne"* $g_0^{*\nu}$ stellt (für zeitinvariante Gleichungen) die sogenannte *Neumannsche Reihe* dar; der *Neumannschen Reihe kommt in der Theorie der Integralgleichungen, siehe* z.B. [1], [2] und [44], *eine wichtige Rolle zu.*

Wie in [46] bzw. [47] gezeigt wird, erfüllt die Funktion $x_a(t)$ in Gl. (V.47) die Integralgleichung (V.41 c) fast überall, d.h. Nullfunktionen werden ausgeschlossen (z.B. Sprungstellen); dabei ist $q(t)$ durch die für fast alle t konvergierende Reihe Gl. (V.46b) definiert. Bezeichnen wir jedoch in Gl. (V.40) die Regeldifferenz $x_e(t) - y(t) = x_d(t)$, dann wird

$$x_a(t) = \int_0^t g_S(t-\tau)\, x_d(\tau)\, d\tau. \qquad \text{(V.48)}$$

Für bekannte $g_S(t)$ und $x_d(t)$ findet man nach Gl. (V.48) die gesuchte Ausgangsgröße durch die Faltung $g_S(t) * x_d(t)$. Ist hingegen $g_S(t)$ und (z.B. durch Messung) $\mathbf{x_a}(t)$ bekannt, so stellt Gl. (V.48) für die gesuchte Größe $x_d(t)$ eine Volterrasche Integralgleichung erster Art dar. In dieser Darstellung existiert jedoch für das letzte Problem in den meisten Fällen keine Lösung für $x_d(t)$, da sich die Integralgleichungen erster Art nicht allgemein lösen lassen. Für Gl. (V.48) läßt sich zwar sofort die korrespondierende Bildgleichung

$$X_a(s) = G_S(s)\, X_d(s)$$

angeben und im Bildraum lösen

$$X_d(s) = \frac{X_a(s)}{G_S(s)},$$

aber weiter kommt man nicht, da $\frac{1}{G_S(s)}$ für $s \to \infty$ nicht gegen Null strebt und daher (im gewöhnlichen Sinne) keine L-Transformierte darstellt. Unter Umständen kommt man zum Ziel, wenn man Gl. (V.48) durch

$$x_a(s) * 1 = G_S(s) * X_d(s) * 1 \qquad \text{und} \qquad x_d(t) * 1 = \int_0^t x_d(\tau)\, d\tau = h(t)$$

setzt. Dann folgt

$$X_a(s)\, \frac{1}{s} = G_S(s) \cdot H(s) \qquad \text{oder} \qquad H(s) = \frac{1}{s\, G_S(s)} \cdot X_a(s).$$

Wenn auch $\frac{1}{G_S(s)}$ keine L-Transformierte ist, so kann doch $\frac{1}{sG_S(s)}$ eine solche sein. Ist das der Fall und setzen wir

$$L^{-1}\left\{\frac{1}{sG_S(s)}\right\} = G_1(s), \qquad \text{dann wird} \qquad \varphi(t) = G_1(s) * X_a(s)$$

und schließlich

$$x_d(t) = g_1(t) * x_a(t) = \int_0^t g_1(t-\tau)\, x_a(\tau)\, d\tau .$$

Das Verfahren läßt sich, falls nötig, erweitern, indem man zu einer mehrfachen Integration, also zu

$$x_a(t) * 1^{*n} = G_S(s) * x_d(t) * 1^{*n}$$

übergeht und entsprechend $\varphi(t) = x_d(t) * 1^{*n}$ setzt.

Bei der Darstellung von linearen, dynamischen Systemen durch Volterrasche Integralgleichungen stellt allgemein der Kern die entsprechende Impulsantwort dar; dies gilt auch für zeitvariable Systeme [83]. Bei zeitvariablen, linearen Systemen hängt natürlich die Impulsantwort (und damit der Kern) $g(t, \tau) = K(t, \tau)$ auch von dem jeweiligen Zeitpunkt τ ab, zu dem der Impuls aufgebracht wird. Im Gegensatz zu den *zeitinvarianten* führen daher die *zeitvariablen Systeme nicht auf lineare Integralgleichungen vom Faltungstypus,* sondern es gilt entsprechend Gl. (V.41 c)

$$x_a(t) = -\int_0^t g(t, \tau)\, x_a(\tau)\, d\tau + f(t). \tag{V.49}$$

Über die Bedeutung der *Gewichtsfunktion* in Verbindung mit *zeitvariablen Systemen* siehe z.B. Kapitel 8 in [11] und Kapitel 6 in [24]. Die Lösung von Gl. (V.49) führt z.B. wieder auf die *Neumannsche Reihe.* Diese Betrachtung hängt natürlich eng mit der in Unterabschnitt III.6 zusammen, bei der sich die Fundamentalmatrix ebenfalls durch eine Neumannsche Reihe ausdrücken läßt.

2.2. Die allgemeine rationale Übertragungsfunktion

Bisher betrachteten wir lediglich Systeme, die durch eine echt gebrochene rationale Übertragungsfunktion nach Gl. (V.34) charakterisiert werden. Für $m = n-1$ weist die (verkürzte) Impulsantwort einen Sprung auf; hingegen ist z.B. für eine sprunghafte Eingangsgröße $x_e(t)$ der nach Gl. (V.47) gegebene Ausgangsverlauf für $t \geqslant 0$ stetig. Nach dem vorangehenden Unterabschnitt liefert die L^{-1}-Transformierte der Übertragungsfunktion $G(s)$ mit $m < n$ die allgemeine Lösung $x_a(t)$ der Dgl. eines energiefreien Systems bei Impulsanregung; dabei sind sowohl für die Eingangs- als auch Ausgangsgröße die verkürzten Funktionen zugrundezulegen. Dies gilt auch, wenn die Eingangsgröße eine

0_2-Funktion darstellt. In diesem Fall strebt sowohl $G(s)$ als auch $G(s)\,X_e(s)$ für $s \to \infty$ gegen Null.

Im Fall $m = n$ strebt jedoch die Übertragungsfunktion

$$\frac{X_a(s)}{X_e(s)} = G(s) = \frac{c_0 + c_1\,s + \ldots + c_n\,s^n}{b_0 + b_1\,s + \ldots + b_n\,s^n} = \frac{c_n}{b_n} + \frac{h_0 + h_1\,s + \ldots + h_{n-1}\,s^{n-1}}{b_0 + b_1\,s + \ldots + b_n\,s^n} =$$

$$= \frac{c_n}{b_n} + G_1(s) \quad \text{mit } h_\nu = c_\nu - b_\nu \frac{c_n}{b_n} \quad (\nu = 0, 1, \ldots, n-1) \tag{V.50}$$

für $s \to \infty$ gegen $\frac{c_n}{b_n}$, da $G_1(s)$ als echt gebrochene rationale Übertragungsfunktion gegen Null strebt. $G(s)$ stellt somit im *gewöhnlichen Sinne keine* L-Transformierte dar. Im *verallgemeinerten* Sinne entspricht der Konstanten $\frac{c_n}{b_n}$ im Bildbereich die Beziehung $\frac{c_n}{b_n}\,\delta(t)$ im Zeitbereich; die δ-Funktion besitzt jedoch keine L-Transformierte im gewöhnlichen Sinne.

Ist die Eingangsgröße eine 0_2-Funktion, d.h. $L\{x_e(t)\}$ konvergiert für einen hinreichend großen $\operatorname{Re} s$ absolut, so wird mit Gl. (V.50)

$$X_a(s) = \frac{c_n}{b_n}\,X_e(s) + G_1(s)\,X_e(s)\,. \tag{V.51}$$

Die beiden Terme auf der rechten Seite von Gl. (V.51) stellen mit $X_e(s)$ ebenfalls gewöhnliche L-Transformierte dar; sie streben natürlich für $s \to \infty$ gegen Null. Die L^{-1}-Transformation von Gl. (V.51) liefert

$$x_a(t) = \frac{c_n}{b_n}\,x_e(t) + \int_0^t g_1(t-\tau)\,x_e(\tau)\,d\tau \qquad (m = n). \tag{V.52}$$

Die Gl. (V.52) stellt, wie sich leicht mit Hilfe der vorausgehenden Überlegungen zeigen läßt, die allgemeine Lösung eines (energiefreien) Systems dar, das durch eine rationale Übertragungsfunktion mit $m = n$ Gl. (V.50) charakterisiert wird. Aus Gl. (V.52) geht ebenfalls hervor, wie auch bei den Integrodgln. in Abschnitt II.9 bereits erläutert, daß bei sprunghaften Eingangsgrößen $x_e(t)$ auch die Ausgangsgröße $x_a(t)$ Sprünge (an der selben Stelle) aufweist, da nach dem Fall 1 bei der Ableitung des Faltungssatzes IV.13 der Integralausdruck für $t \geqslant 0$ stetig ist.

Wie bei den Ausführungen zu den Gln. (V.25) am Anfang dieses Abschnittes erläutert, gelangt man durch entsprechend oftmalige Integration der Eingangsgröße $x_e(t)$ und ihrer Ableitungen zu der allgemeinen *(Distributionen-) Lösung einer Dgl.* Diese Überlegungen lassen sich auch ganz analog auf die Lösung mit Hilfe der L-Transformation anwenden. Man kommt jedoch auf einfachere Weise zu den selben Ergebnissen, wenn man die *Eingangs- und Ausgangsgrößen als verallgemeinerte Funktionen* betrachtet und die Transformationseigenschaften nach Unterabschnitt V.1.8 zugrundelegt.

Für $x_e(t) = \delta(t)$ treten auf der rechten Seite der zu Gl. (V.50) korrespondierenden Dgl. Ableitungen der δ-Funktion bis zur n-ten Ordnung auf. Die Impulsantwort $x_a(t)$ enthält daher nach den auf Gl. (V.29) folgenden Ausführungen einen δ-Term. Mit $X_e(s) = L\{\delta(t)\} = 1$ enthält natürlich die L^{-1}-Transformierte von Gl. (V.50)

$$x_a(t) = \frac{c_n}{b_n}\,\delta(t) + g_1(t)\,1(t) \tag{V.53}$$

ebenfalls eine δ-Funktion. Falten wir die Impulsantwort (Gewichtsfunktion) Gl. (V.53) mit der (zulässigen) Eingangsgröße $x_e(t)$, dann wird bei Beachtung von Gl. (V.22b) der zugehörige Ausgangsverlauf

$$x_a(t) = g(t) * x_e(t) = \frac{c_n}{b_n}\,\delta(t) * x_e(t) + g_1(t) * x_e(t) = \frac{c_n}{b_n}\,x_e(t) + \int_0^t g_1(t-\tau)\,x_e(\tau)\,d\tau,$$

was mit Gl. (V.52) übereinstimmt.

Beschränken wir uns auf energiefreie Systeme mit Eingangsfunktionen $x_e(t)$, die aus einer linearen Kombination von S_1-Funktionen sowie eventuell δ-Funktionen (mit einer endlichen Ableitung) bestehen und für $t < 0$ Null sind, dann gilt allgemein:

Die Lösung der zeitinvarianten Dgl.

$$b_n x_a^{(n)} + \ldots + b_1 x_a' + b_0 x_a = c_0 x_e + c_1 x_e' + \ldots + c_m x_e^{(m)} \tag{V.54}$$

mit $b_n \neq 0$, $c_m \neq 0$ und m größer, gleich oder kleiner als n ist in der Form

$$x_a(t) = g(t) * x_e(t) \tag{V.55a}$$

darstellbar, wobei $g(t)$ die zur Dgl. gehörige Gewichtsfunktion bedeutet.

Lautet die Übertragungsfunktion

$$\frac{X_a(s)}{X_e(s)} = G(s) = \sum_{i=0}^{m-n} d_i\,s^i + G_1(s), \tag{V.56a}$$

wobei $G_1(s)$ eine *echt* gebrochene rationale Funktion in s darstellt, dann ist die Gewichtsfunktion durch

$$g(t) = \sum_{i=0}^{m-n} d_i\,\delta^{(i)}(t) + g_1(t)\,1(t) \tag{V.56b}$$

gegeben; dabei hat $g_1(t)$ die Gestalt von Gl. (IV.66). Für $n > m$ ist jeweils der Summenausdruck in den Gln. (V.56) Null zu setzen. Mit den Gln. (V.55a), (V.56b) und (V.22) lautet somit die explizite Darstellung der Lösung

$$x_a(t) = \sum_{i=0}^{m-n} d_i\,x_e^{(i)}(t) + g_1(t) * x_e(t). \tag{V.55b}$$

Nach der vorstehenden Ableitung ist die Impulsantwort auch als Lösung der homogenen Dgl. darstellbar. Man kann daher durch Einführung von δ-Funktionen sowie ihren Ableitungen die Lösung einer Dgl. mit vorgegebenen Anfangswerten für $t \to +0$ erhalten. Betrachten wir z.B. für eine stückweise stetige Eingangsfunktion der Klasse S_1 anstelle der Dgl. 1. Ordnung

$$(b_1 D + b_0)\, x_a(t) = x_e(t) \quad \text{mit} \quad x_a(+0) = x_{a0}$$

die Dgl.

$$(b_1 D + b_0)\, x_a(t) = x_e(t) + b_1 x_{a0}\, \delta(t),$$

dann liefert die *verallgemeinerte* $\mathcal{L}$-Transformation die Bildfunktion

$$X_a(s) = \frac{1}{b_1 s + b_0} X_e(s) + \frac{b_1 x_{a0}}{b_1 s + b_0}, \tag{V.57a}$$

woraus die Lösung

$$x_a(t) = g(t) * x_e(t) + x_{a0}\, e^{-(b_0/b_1)t}\, 1(t) \tag{V.57b}$$

folgt. Der erste Ausdruck auf der rechten Seite von Gl. (V.57b), der die erzwungene Bewegung charakterisiert, hat den Wert Null für $t = 0$; der zweite Ausdruck, der die Eigenbewegung darstellt, strebt zwar für $t \to -0$ ebenfalls gegen den Wert Null, aber für $t \to +0$ gegen den Wert x_{a0}. Die deltaförmige Eingangsgröße bewirkt somit einen Sprung der Ausgangsgröße $x_a(t)$ von 0 auf x_{a0} für $t = 0$. Die Bildfunktion Gl. (V.57a) stimmt für $n = 1$ mit der von Gl. (IV.43b) überein.

Entsprechend folgt für $n = 2$ mit $x_a(+0) = x_{a0}$ und $x_a'(+0) = x_{a0}'$ aus Gl. (IV.43b)

$$X_a(s) = \frac{1}{b_2 s^2 + b_1 s + b_0} X_e(s) + \frac{b_1 x_{a0} + b_2 x_{a0}'}{b_2 s^2 + b_1 s + b_0} + \frac{b_2 x_{a0}\, s}{b_2 s^2 + b_1 s + b_0}.$$

Die zugehörige Lösung

$$x_a(t) = g(t) * x_e(t) + (b_1 x_{a0} + b_2 x_{a0}')\, g(t)\, 1(t) + b_2 x_{a0}\, [g(t)\, 1(t)]'$$

weist daher für $t = 0$ einen Sprung von 0 auf x_{a0} und $x_a'(t)$ von 0 auf x_{a0}' auf, da nach Gl. (V.33b) $g(+0) = 0$ und $g'(+0) = \frac{1}{b_n}$ ist. Die gleiche Lösung besitzt auch die Dgl.

$$(b_2 D^2 + b_1 D + b_0)\, x_a(t) = x_e(t) + (b_1 x_{a0} + b_2 x_{a0}')\, \delta(t) + b_2 x_{a0}\, \delta'(t).$$

Durch Hinzufügen der δ-Funktion und ihrer Ableitung auf der rechten Seite der Dgl. gelingt es, die Anfangswerte $x_a(+0)$ und $x_a'(+0)$ durch Eingangsgrößen auszudrücken. Entsprechend muß man, wie ebenfalls aus Gl. (IV.43b) und auch aus Gl. (V.35) hervorgeht, bei einer Dgl. n-ter Ordnung mit den Anfangswerten $x_a(+0) = x_{a0}$, $x_a'(+0) = x_{a0}', \dots, x_a^{(n-1)}(+0) = x_{a0}^{(n-1)}$ auf der *rechten Seite* der Dgl. den Ausdruck mit verallgemeinerten Funktionen

$$b_n x_{a0} \delta^{(n-1)}(t) + (b_{n-1} x_{a0} + b_n x_{a0}') \delta^{(n-2)}(t) + \dots +$$

$$+ (b_1 x_{a0} + b_2 x_{a0}' + \dots + b_n x_{a0}^{(n-1)}) \delta(t) \quad \text{(V.58)}$$

hinzufügen. Die Ausgangsgröße lautet dann

$$x_a(t) = g(t) * x_e(t) + (b_1 x_{a0} + b_2 x_{a0}' + \dots + b_n x_{a0}^{(n-1)}) [g(t)\, 1(t)] + \dots +$$

$$+ (b_{n-1} x_{a0} + b_n x_{a0}') [g(t)\, 1(t)]^{(n-2)} + b_n x_{a0} [g(t)\, 1(t)]^{(n-1)}. \quad \text{(V.59a)}$$

Die Differentiation der in eckigen Klammern stehenden Ausdrücke von Gl. (V.59a) liefert nach Gl. (V.5)

$$[g(t)\, 1(t)]' = g(0)\, \delta(t) + g'(t)\, 1(t)$$

oder da nach Gl. (V.33b) alle Ausdrücke bis zur (n−2)-ten Ableitung von $g(t)$ an der Stelle $t = 0$ Null sind

$$[g(t)\, 1(t)]' = g'(t)\, 1(t);$$

für die zweite Ableitung gilt

$$[g(t)\, 1(t)]'' = [g'(t)\, 1(t)]' = g'(0)\, \delta(t) + g''(t)\, 1(t) = g''(t)\, 1(t)$$

und allgemein

$$[g(t)\, 1(t)]^{(n-1)} = g^{(n-2)}(0)\, \delta(t) + g^{(n-1)}(t)\, 1(t) = g^{(n-1)}(t)\, 1(t).$$

Es tritt also in der Lösung $x_a(t)$ keine δ-Funktion auf. Damit kann man Gl. (V.59a) auch in der Form

$$x_a(t) = g(t) * x_e(t) + (b_1 x_{a0} + b_2 x_{a0}' + \dots + b_n x_{a0}^{(n-1)})\, g(t) + \dots +$$

$$+ (b_{n-1} x_{a0} + b_n x_{a0}')\, g^{(n-2)}(t) + b_n x_{a0}\, g^{(n-1)}(t) \quad \text{für } t > 0 \quad \text{(V.59b)}$$

und

$$x_a(t) = 0 \quad \text{für } t < 0$$

angeben. Betrachten wir in Gl. (V.59b) $g(t)$ und $x_e(t)$ wieder als verkürzte Funktionen, dann entfällt die zusätzliche Gleichung für $t < 0$. Die Bestimmung des Ausgangsverlaufes $x_a(t)$ eines durch eine *Dgl. n-ter Ordnung* charakterisierten realen Systems mit Speicherwerten (Anfangswerte) erfordert für $t > 0$ nach Gl. (V.59b) *eine (Faltungs-) Integration und n−1 Differentiationen.* Wie wir in den Abschnitten II.8 und IV.3.1 zeigten, werden die Anfangswerte auch wirklich angenommen.

Die Lösung der Dgl.

$$(b_n D^n + \ldots + b_1 D + b_0)\, x_a(t) = x_e(t) \tag{V.60}$$

für alle möglichen Anfangswerte $x_{a0}, \ldots, x_{a0}^{(n-1)}$ *findet man demnach auch, wenn man zu der Dgl. (V.60) die verallgemeinerte Eingangsfunktion Gl. (V.58) hinzufügt und die Lösung der erweiterten Dgl.*

$$(b_n D^n + \ldots + b_1 D + b_0)\, x_a(t) = x_e(t) + (b_1 x_{a0} + \ldots + b_n x_{a0}^{(n-1)})\, \delta(t) + \\ + \ldots + b_n x_{a0}\, \delta^{(n-1)}(t)$$

für verschwindende Anfangswerte sucht; d.h. die Anfangswerte sind in der zusätzlichen (verallgemeinerten) Eingangsgröße aufgegangen. Der Vorteil der Einführung der zusätzlichen verallgemeinerten Funktionen liegt nicht so sehr in der Abkürzung des Rechenaufwandes zur Ermittlung einer bestimmten Lösung, sondern sie stellt mehr eine prinzipielle Vereinfachung dar. Mit dieser Maßnahme gelingt es auch die *Blockschaltbilddarstellungen auf Systeme mit Speicherwerten auszudehnen,* indem man die entsprechenden zusätzlichen (verallgemeinerten) Eingangsfunktionen hinzuaddiert.

Die vorstehenden Betrachtungen gelten nicht nur für Dgln. sondern entsprechend auch für Integrodgln. Der Integrodgl.

$$b_1 x_a'(t) + b_0 x_a(t) + b_{-1} \int_0^t x_a(\tau)\, d\tau + b_{-1}\, x_{a0}^{(-1)} = x_e(t)$$

entspricht nach Gl. (IV.47) wegen $k = m = 1$ im Bildbereich die Beziehung

$$X_a(s) = \frac{s}{b_{-1} + b_0 s + b_1 s^2} \left[X_e(s) + b_1 x_{a0} - b_{-1} x_{a0}^{(-1)} \frac{1}{s} \right].$$

Die zugehörige Lösung lautet daher

$$x_a(t) = g(t) * x_e(t) + b_1 x_{a0}\, g(t)\, 1(t) - b_{-1} x_{a0}^{(-1)} \int_0^t g(\tau)\, d\tau .$$

Auf die gleiche Lösung führt auch die (energiefreie) Integrodgl.

$$b_1 x_a'(t) + b_0 x_a(t) + b_{-1} \int_0^t x_a(\tau)\, d\tau = x_e(t) + b_1 x_{a0}\, \delta(t) - b_{-1} x_{a0}^{(-1)}\, 1(t).$$

Analog gilt für die allgemeine Darstellung der Integrodgl. in Gl. (IV.45b), wenn man die Summenausdrücke in der Bildgleichung (IV.47), wie im Fall der Dgl., nach sowohl positiven als auch negativen Potenzen von s auflöst und anschließend in den Zeitbereich übergeht, die Beziehung

$$x_a(t) = g(t) * x_e(t) + (b_1 x_{a0} + b_2 x'_{a0} + \ldots + b_k x_{a0}^{(k-1)})\,[g(t)\,1(t)] + \ldots +$$
$$+ (b_{k-1} x_{a0} + b_k x'_{a0})\,[g(t)\,1(t)]^{(k-2)} + b_k x_{a0}\,[g(t)\,1(t)]^{(k-1)} -$$
$$- (b_{-1} x_{a0}^{(-1)} + b_{-2} x_{a0}^{(-2)} + \ldots + b_{-m} x_{a0}^{(-m)})\Big[\int_0^t g(\tau)\,d\tau\Big] - \ldots -$$
$$- (b_{-m+1} x_{a0}^{(-1)} + b_{-m} x_{a0}^{(-2)})\Big[\Big(\int_0^t d\tau\Big)^{m-1} g(\tau)\Big] - b_{-m} x_{a0}^{(-1)}\Big[\Big(\int_0^t d\tau\Big)^{m} g(\tau)\Big]. \qquad \text{(V.61 a)}$$

Da aber aus entsprechenden Überlegungen, wie bei der vorstehenden Ableitung für die Dgl. angestellt, die Gewichtsfunktion $g(t)$ und ihre Ableitungen bis zur $(k-2)$-ten Ableitung an der Stelle $t = 0$ Null sind, nimmt Gl. (V.61 a) für $t > 0$ die Form

$$x_a(t) = g(t) * x_e(t) + (b_1 x_{a0} + b_2 x'_{a0} + \ldots + b_k x_{a0}^{(k-1)})\,g(t) + \ldots +$$
$$+ (b_{k-1} x_{a0} + b_k x'_{a0})\,g^{(k-2)}(t) + b_k x_{a0} g^{(k-1)}(t) - (b_{-1} x_{a0}^{(-1)} + b_{-2} x_{a0}^{(-2)} + \ldots +$$
$$+ b_{-m} x_{a0}^{(-m)}) \int_0^t g(\tau)\,d\tau - \ldots - (b_{-m+1} x_{a0}^{(-1)} + b_{-m} x_{a0}^{(-2)})\Big(\int_0^t d\tau\Big)^{m-1} g(\tau) -$$
$$- b_{-m} x_{a0}^{(-1)}\Big(\int_0^t d\tau\Big)^{m} g(\tau) \qquad \text{(V.61 b)}$$

an, für $t < 0$ ist $x_a(t) = 0$. Die Bestimmung des Ausgangsverlaufes $x_a(t)$ eines durch die *Integrodgl. (IV.47)* charakterisierten realen Systems mit Speicherwerten (Anfangswerte) erfordert für $t > 0$ nach Gl. (V.61 b) eine *(Faltungs-) Integration, k – 1 Differentiationen und m Integrationen.*

Auch in diesem Fall gelangt man zu dem selben Ergebnis, wenn man zu der energiefreien Integrodgl. (IV.45 b) die Eingangsgröße

$$(b_1 x_{a0} + b_2 x'_{a0} + \ldots + b_k x_{a0}^{(k-1)})\,\delta(t) + \ldots + (b_{k-1} x_{a0} + b_k x'_{a0})\,\delta^{(k-2)}(t) +$$
$$+ b_k x_{a0} \delta^{(k-1)}(t) - (b_{-1} x_{a0}^{(-1)} + b_{-2} x_{a0}^{(-2)} + \ldots + b_{-m} x_{a0}^{(-m)})\,1(t) -$$
$$- \ldots - (b_{-m+1} x_{a0}^{(-1)} + b_{-m} x_{a0}^{(-2)})\,\frac{t^{m-2}}{(m-2)!} - b_{-m} x_{a0}^{(-1)}\,\frac{t^{m-1}}{(m-1)!} \qquad \text{(V.62)}$$

hinzufügt. *Die Lösung der Integrodgl.*

$$b_k x_a^{(k)} + \ldots + b_1 x_a' + b_0 x_a + b_{-1} \int_0^t x_a(\tau)\, d\tau + b_{-2}\left(\int_0^t d\tau\right)^2 x_a(\tau) +$$

$$+ \ldots + b_{-m}\left(\int_0^t d\tau\right)^m x_a(\tau) = x_e(t) \tag{V.63}$$

für alle möglichen Anfangswerte $x_{a0}, \ldots, x_{a0}^{(k-1)}, x_{a0}^{(-1)}, \ldots, x_{a0}^{(-m)}$ *findet man demnach auch, wenn man zu der Integrodgl. (V.63) die verallgemeinerte Eingangsfunktion (V.62) hinzufügt und die Lösung der so erweiterten Integrodgl. für verschwindende Anfangswerte sucht.* Da auch hier die Anfangswerte in der zusätzlichen (verallgemeinerten) Eingangsgröße aufgehen, läßt sich die Blockschaltbilddarstellung auf Systeme mit Speicherwerten ausdehnen.

Entsprechende Überlegungen gelten auch für simultane Differentialgleichungssysteme, wobei es wiederum vorteilhaft ist, die Anfangswerte bei den einzelnen Gleichungen zu berücksichtigen und dann erst das System nach den gewünschten Beziehungen aufzulösen. Im umgekehrten Falle braucht bei Nichterfülltsein der Kompatibilitätsbedingungen das System die vorgeschriebenen Anfangswerte nicht anzunehmen. Eine eingehende Darstellung von Systemen mit Speicherwerten durch Blockschaltbilder und Beispiele hierzu sind in [84] zu finden.

Kehren wir zu unserer ursprünglichen Fragestellung, nämlich zu den Übertragungsfunktionen mit $m \geqslant n$, zurück, so waren wir bei der Gl. (V.54) von einem energiefreien System ausgegangen. Auf eine allgemeine Abhandlung über die Lösung von Dgl.-Systemen mit verallgemeinerten Eingangsgrößen und vorgegebenen Anfangswerten gehen wir hier nicht ein, siehe hierzu z.B. [70]. Man kann jedoch auch in diesem Fall nach den hier angegebenen Methoden, z.B. mit Hilfe der (verallgemeinerten) L-Transformation, eine Lösung ermitteln und anschließend verifizieren, ob es sich dabei um die allgemeine Lösung im Distributionensinne handelt.

2.3. Stabilitätsbetrachtungen

Die Frage nach der Stabilität wird bei den hier betrachteten linearen, zeitinvarianten Systemen mit der Übertragungsfunktion Gl. (V.34) durch das Verhalten der Lösungsfunktion für $t \to \infty$ beantwortet. Wir stellen daher die Frage, ob sich die Lösung mit wachsender Zeit einem endlichen Grenzwert nähert oder wenigstens beschränkt bleibt; z.B. besitzt die Funktion $f(t) = \sin \omega t$ keinen Grenzwert für $t \to \infty$, sie ist aber für alle t wegen $|\sin \omega t| \leqslant 1$ beschränkt.

Setzen wir das betrachtete System als *vollständig steuer- und beobachtbar* voraus, dann beschreibt die entsprechende Übertragungsfunktion das System vollständig und eindeutig. Da sich unter dieser Voraussetzung keine Zähler- und Nennerwurzeln gegenseitig wegheben können, siehe hierzu Abschnitt V.3 und [20], stimmt die Gewichtsfunktion mit der Eigenbewegung des Systems für die in Gl. (V.33b) angegebenen Anfangswerte überein. Für $m < n$ ergibt sich nach Gl. (IV.66)

$$g(t) = \sum_{\nu=1}^{r} \left(d_{\nu 1} + \frac{d_{\nu 2}}{1!}\, t + \ldots + \frac{d_{\nu k_\nu}}{(k_\nu - 1)!}\, t^{k_\nu - 1}\right) e^{s_\nu t} \tag{V.64}$$

$$(k_1 + k_2 + \ldots + k_r = n),$$

wenn $G(s)$ die r Pole s_ν mit der Vielfachheit k_ν aufweist. Aus Gl. (V.64) geht hervor, daß das Verhalten der Eigenbewegung $g(t)$ für $t \to \infty$ von den Polen der Übertragungsfunktion $s_\nu = \sigma_\nu + i\omega_\nu$ abhängt; hierzu unterscheiden wir verschiedene Fälle:

1. $\mathrm{Re}\, s = \sigma < 0$: Dann wächst die Exponentialfunktion wegen $e^{\sigma t} e^{i\omega t}$ für $t \to \infty$ unbegrenzt. Besitzt also $G(s)$ eine oder mehrere Pole mit $\sigma_\nu > 0$, so ist das durch Gl. (V.64) charakterisierte System instabil.
2. $\mathrm{Re}\, s = \sigma < 0$: Die Exponentialfunktion $e^{-\sigma t} e^{i\omega t}$ strebt für $t \to \infty$ stärker gegen Null, als die Potenz $t^{k_\nu - 1}$ gegen Unendlich. Hat demnach $G(s)$ lauter Pole mit $\sigma_\nu < 0$, so ist $\lim_{t \to \infty} g(t) = 0$.
3. $\mathrm{Re}\, s = \sigma = 0$:

   a) $s = 0$, d.h. $\mathrm{Im}\, s = \omega = 0$, dann wird $e^{st} = 1$. Hat $G(s)$ nur Pole mit $\sigma < 0$ und den *einfachen* Pol $s = s_1 = 0$, so ergibt sich für $\lim_{t \to \infty} g(t) = d_{11}$ ein konstanter Wert; hingegen für einen *mehrfachen* Pol $s = s_1 = 0$ strebt $\lim_{t \to \infty} g(t)$ monoton mit dem Wert $t^{k_\nu - 1}$ ($k_\nu \geq 2$ ganzzahlig) gegen Unendlich.

   b) $s = \pm i\omega$, d.h. die Wurzeln sind rein imaginär; sie treten immer in konjugiert komplexen Paaren auf, da die Beiwerte von $g(s)$ als reell zu betrachten sind. Hat $G(s)$ nur Pole mit $\sigma_\nu < 0$ und die einfachen Pole $s_\nu = \pm i\omega_\nu$, so oszilliert die Funktion $g(t)$ für $t \to \infty$ in endlichen Grenzen; tritt hingegen einer der Pole $s_\nu = \pm i\omega_\nu$ *mehrfach* auf, so strebt entsprechend a) $\lim_{t \to \infty} g(t)$ oszillatorisch mit dem größten der Werte $t^{k_\nu - 1}$ gegen Unendlich.

Daß wir die Gewichtsfunktion zugrundelegten, bedeutet in keiner Weise eine Einschränkung, denn die obigen Überlegungen gelten unverändert, wenn wir in Gl. (V.64) die $d_{\nu\mu}$ als beliebige Konstanten auffassen. Dann stellt jedoch Gl. (V.64) die allgemeine Lösung der entsprechenden homogenen Dgl. dar; auch ist für diese Betrachtung die Forderung $m < n$ unerheblich. Damit gilt: Die *Eigenbewegungen* eines nach der Auslenkung sich selbst überlassenen Systems bleiben für $t \to \infty$ und damit für alle $t \geq 0$ beschränkt (endliche Anfangswerte vorausgesetzt), wenn die charakteristische Gleichung nur Wurzeln mit $\mathrm{Re}\, s_\nu \leq 0$ besitzt und die Wurzeln $\mathrm{Re}\, s_\nu = 0$ einfach sind; hat die charakteristische Gleichung lediglich Wurzeln mit $\text{Re}\, s_\nu < 0$, dann streben die Eigenbewegungen für $t \to \infty$ gegen Null.

Da aber die Eigenbewegungen nicht von der speziellen Wahl des Fundamentalsystems abhängen, können wir auch ein normiertes Fundamentalsystem zugrundelegen. Wie in Unterabschnitt II.4.3 gezeigt, nehmen dann in der allgemeinen Lösung der homogenen Dgl. die Konstanten K_ν $(\nu = 1, \dots, n)$ unmittelbar die Anfangswerte an, so daß

$$x(t) = x_0 x_1(t) + x_0' x_2(t) + \dots + x_0^{(n-1)} x_n(t)$$

gilt. D.h. durch geeignete Wahl der Anfangswerte $x_0, \dots, x_0^{(n-1)}$ kann man also stabile Eigenbewegungen (und ihre Ableitungen) für alle $t > t_0$ unter jede beliebig kleine vorgegebene Schranke ϵ bringen. Mit der allgemeinen Stabilitätsdefinition am Ende des Abschnittes III.3, läßt sich dieser Sachverhalt folgendermaßen formulieren:

Satz V.8: Das vollständig steuer- und beobachtbare lineare System

$$L(D)\, x_a = 0 \qquad (\text{oder } \dot{\mathbf{x}} = \mathbf{A}\mathbf{x} \quad \text{mit} \quad x_a = \mathbf{c}^T \mathbf{x})$$

ist dann und nur dann stabil, wenn die charakteristische Gleichung nur Wurzeln (oder Eigenwerte) mit $\text{Re}\, s_\nu \leqslant 0$ besitzt und die Wurzeln (oder Eigenwerte) mit $\text{Re}\, s_\nu = 0$ einfach sind.

Besitzt die charakteristische Gleichung nur Wurzeln (oder Eigenwerte) mit $\text{Re}\, s_\nu < 0$, dann ist das System asymptotisch stabil im Ganzen.

Die Forderung der vollständigen Steuer- und Beobachtbarkeit des linearen Systems ist schon deswegen erforderlich, damit nicht durch Herauskürzen einer Nenner- und Zählerwurzel eine *aufklingende „Teilbewegung" verlorengeht.* So ist, z.B. für das System in Bild V.12, zwar das Einschwingverhalten von $\mathcal{L}^{-1}\{X_a(s)\} = g(t) = e^{-bt}$ für alle $t \geqslant 0$ beschränkt, aber $x_1(t) = \mathcal{L}^{-1}\{X_1(s)\} = e^{at}$ wächst für $t \to \infty$ über alle Grenzen. Ein

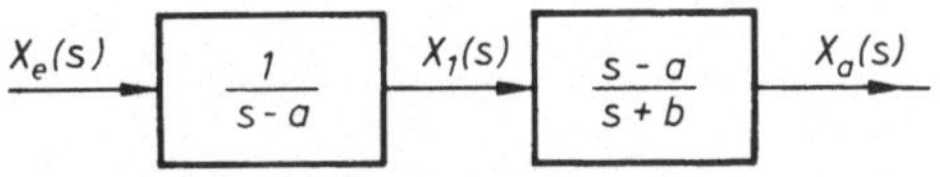

Bild V.12
Kompensation eines offenen Systems

solches System wird man, vor allem auch aus praktischen Erwägungen, nicht als stabil bezeichnen. Man muß daher bei der Kompensation von (offenen) Systemen, wie z.B. Bild V.12 zeigt, achtgeben, daß dieser Fall nicht eintritt, also entweder die vollständige Steuer- und Beobachtbarkeit des Gesamtsystems fordern oder darauf achten, daß alle auftretenden Eigenwerte in der Untersuchung enthalten sind.

Die Gleichgewichtslagen eines autonomen Systems $\dot{\mathbf{x}} = \mathbf{f}(\mathbf{x})$ sind, wie bereits in Unterabschnitt III.3 erwähnt, durch $\dot{\mathbf{x}} = \mathbf{0}$ also durch $\mathbf{f}(\mathbf{x}) = \mathbf{0}$ gegeben. Die Ruhelagen des linearen (autonomen) Systems $\dot{\mathbf{x}} = \mathbf{A}\mathbf{x}$ gehen somit aus dem linearen Gleichungssystem $\mathbf{A}\mathbf{x} = \mathbf{0}$ hervor. Ist die (Koeffizienten-) Matrix $\mathbf{A}$ *nichtsingulär,* dann hat das homogene Gleichungssystem $\mathbf{A}\mathbf{x} = \mathbf{0}$ nur die triviale Lösung $\mathbf{x} = \mathbf{0}$, d.h. der Ursprung $\mathbf{x} = \mathbf{0}$ stellt die einzige Ruhelage des durch die Dgl. $\dot{\mathbf{x}} = \mathbf{A}\,\mathbf{x}$ charakterisierten Systems dar. Dies trifft dann zu, wenn die charakteristische Gleichung *keine* Eigenwerte oder Wurzeln $s_\nu = 0$ (integrales Verhalten) besitzt. Dies geht z.B. auch aus Gl. (V.79 a) mit $b_0 = 0$ oder Gl. (V.82 a) bzw. Gl. (V.85 a) mit α_1 oder einem anderen $\alpha_\nu = 0$ hervor (freie Integratoren). Ist $\mathbf{A}$ singulär, dann hat das System neben $\mathbf{x} = \mathbf{0}$ unendlich viele Gleichgewichtslagen, die alle die Forderung $\mathbf{A}\,\mathbf{x} = \mathbf{0}$ erfüllen.

Bei einem linearen asymptotisch stabilen System, strebt also die Lösung und ihre Ableitungen für $t \to \infty$ gegen Null. Betrachtet man hingegen ein (schwach) stabiles System mit $\det \mathbf{A} \neq 0$, so führt es für $t \to \infty$ Dauerschwingungen um die Ruhelage $\mathbf{x} = \mathbf{0}$ aus. Die Amplitude dieser Dauerschwingung kann man jedoch mit Hilfe des Anfangswertes $\mathbf{x}_0$ beliebig klein machen, wie aus der allgemeinen Lösung $\mathbf{x}(t) = \underline{\phi}(t)\,\mathbf{x}_0$ hervorgeht. Dies ist eine wichtige Voraussetzung bei der allgemeinen Stabilitätsdefinition am Ende des Unterabschnittes III.3, denn es muß für *jeden* sphärischen Bereich $S(\epsilon)$ mit $\epsilon < R$ ein $S(\eta)$ derart existieren, daß der in $S(\eta)$ beginnende Bewegungsvorgang für $t \geqslant 0$ den Bereich $S(\epsilon)$ nicht verläßt.

- **Beispiel V.10:**

Die charakteristische Gleichung der Dgl.

$$x_a'' + \omega_0^2 x_a = 0 \quad \text{mit} \quad x_a(0) = x_{a0},\ x_a'(0) = x_{a0}' \quad \text{und} \quad \omega_0 > 0,$$

besitzt die Wurzeln $s_{1,2} = \pm\, i\omega_0$. Die Dgl. charakterisiert somit ein (schwach) stabiles System mit der (einzigen) Ruhelage $x_a = x_1 = 0$ und $x_a' = x_2 = 0$, da das äquivalente Dgl.-System

$$\begin{aligned} x_1' &= x_2, \\ x_2' &= -\omega_0^2 x_1 \end{aligned} \qquad \text{die} \quad \det \mathbf{A} = \begin{vmatrix} 0 & 1 \\ -\omega_0^2 & 0 \end{vmatrix} = \omega_0^2 \neq 0$$

aufweist. Aus dem Integral des Systems

$$x_a \equiv x_1 = k_1 \cos \omega_0 t + k_2 \sin \omega_0 t,$$

$$x_a' \equiv x_2 = -k_1 \omega_0 \sin \omega_0 t + k_2 \omega_0 \cos \omega_0 t$$

folgt für $t = 0$

$$x_{a0} = x_{10} = k_1 \quad \text{sowie} \quad x_{a0}' = x_{20} = k_2 \omega_0$$

und damit

$$x_1 = x_{10} \cos \omega_0 t + \frac{x_{20}}{\omega_0} \sin \omega_0 t,$$

$$x_2 = x_{20} \cos \omega_0 t - \omega_0 x_{10} \sin \omega_0 t$$

oder

$$\underline{\begin{bmatrix} x_1 \\ x_2 \end{bmatrix}} = \begin{bmatrix} \cos \omega_0 t & \dfrac{1}{\omega_0} \sin \omega_0 t \\ \cos \omega_0 t & -\omega_0 \sin \omega_0 t \end{bmatrix} \begin{bmatrix} x_{10} \\ x_{20} \end{bmatrix} = \underline{\phi}(t)\,\mathbf{x}_0 .$$

Wie es sein muß, hängt die Trajektorie von $\mathbf{x}_0$ ab (normiertes Fundamentalsystem). Für $t \geqslant 0$ gilt für den *Betrag und somit für die euklidische Norm* nach Gl. (III.12)

$$\|x_1(t)\| = \|x_{10} \cos \omega_0 t + \frac{x_{20}}{\omega_0} \sin \omega_0 t\| \leqslant |x_{10}|\, \|\cos \omega_0 t\| + \frac{1}{\omega_0} |x_{20}|\, \|\sin \omega_0 t\| \leqslant$$

$$\leqslant |x_{10}| + \frac{1}{\omega_0} |x_{20}|$$

und

$$\|x_2(t)\| = \|x_{20} \cos \omega_0 t - \omega_0 x_{10} \sin \omega_0 t\| \leqslant |x_{20}|\, \|\cos \omega_0 t\| +$$

$$+ \omega_0 |x_{10}|\, \|\sin \omega_0 t\| \leqslant |x_{20}| + \omega_0 |x_{10}|.$$

Sind daher x_{10} und x_{20} genügend klein, d.h. $\mathbf{x}_0$ liegt genügend nahe bei dem Ursprung $\mathbf{x} = \mathbf{0}$, so verbleibt auch $\|\mathbf{x}(t)\| = \sqrt{x_1^2(t) + x_2^2(t)}$ in dem beliebig engen Bereich $S(\epsilon)$. Die Lösungen $\mathbf{x}(t)$ streben jedoch nicht gegen die Gleichgewichtslage $\mathbf{x} = \mathbf{0}$, da sie Dauerschwingungen darstellen. Die charakteristische Gl. der Dgl. 2. Ordnung

$$x_a'' + a x_a' = 0 \qquad (a > 0)$$

hingegen weist die Wurzeln $s_1 = 0$ und $s_2 = -a$ auf. Dieses *Integralsystem* hat neben $x_1 = x_a = 0$ und $x_2 = x_a' = 0$ noch unendlich viele andere Gleichgewichtslagen, da das äquivalente Dgl.-System

$$\begin{aligned} x_1' &= x_2, \\ x_2' &= -a x_2 \end{aligned} \qquad \text{die} \quad \det \mathbf{A} = \begin{vmatrix} 0 & 1 \\ 0 & -a \end{vmatrix} = 0$$

aufweist. Dies geht auch unmittelbar aus dem Integral

$$\begin{aligned} x_1 &= x_{10} + \frac{1}{a}(1 - e^{-at})\, x_{20}, \\ x_2 &= e^{-at}\, x_{20} \end{aligned} \qquad \text{oder} \qquad \begin{bmatrix} x_1 \\ x_2 \end{bmatrix} = \begin{bmatrix} 1 & \frac{1}{a}(1 - e^{-at}) \\ 0 & e^{-at} \end{bmatrix} \begin{bmatrix} x_{10} \\ x_{20} \end{bmatrix}$$

hervor, denn für $t \to \infty$ strebt $x_1 = x_a$ gegen $x_{10} + \frac{1}{a} x_{20}$ und $x_2 = x_a'$ gegen Null; die Gleichgewichtslage hängt somit von $\mathbf{x}_0$ ab. Für jede Ruhelage kann man ein $\mathbf{x}_0$ so bestimmen, daß für $t \geqslant 0$ $\mathbf{x}(t)$ in dem beliebig vorgegebenen Bereich $S(\epsilon)$ bleibt, wie z.B. für $\mathbf{x} = \mathbf{0}$ aus

$$\|x_1(t)\| \leqslant |x_{10}| + \frac{1}{a} |x_{20}|\, \|1 - e^{-at}\| \leqslant |x_{10}| + \frac{1}{a} |x_{20}|$$

und

$$\|x_2(t)\| = |x_{20}|\, \|e^{-at}\| \leqslant |x_{20}|$$

• hervorgeht.

Eigentlich bezeichnet man die Ruhelage als stabil oder instabil. Da aber lineare Systeme, mit Ausnahme des Falles det **A** = 0, nur eine Ruhelage aufweisen, überträgt man diese Eigenschaften auf das entsprechende System und spricht in der selben Bedeutung von einem stabilen oder instabilen System.

In vielen Darstellungen, die sich ausschließlich auf *lineare, zeitinvariante* Systeme beziehen, sind folgende Stabilitätsdefinitionen üblich. Besitzt die charakteristische Gleichung *nur Wurzeln mit* $Re\ s_\nu < 0$, so bezeichnet man das entsprechende System als *stabil;* im *Falle* $Re\ s_\nu \leqslant 0$, *aber alle Wurzeln mit* $Re\ s_\nu = 0$ *einfach,* befindet sich das System an der *Stabilitätsgrenze.* Dabei muß man natürlich voraussetzen, daß die entsprechende Dgl. oder Übertragungsfunktion das System vollständig beschreibt.

Die *algebraischen* Stabilitätskriterien nach *Hurwitz* oder *Routh* sowie das *graphische* Kriterium nach *Nyquist* und viele andere, die für Stabilitätsuntersuchungen von linearen Systemen herangezogen werden, siehe z.B. [85] und [87] stellen nichts anderes als *notwendige und hinreichende Bedingungen* dafür dar, daß die charakteristische Gleichung lediglich Wurzeln mit *negativem Realteil* aufweist.

Für sehr viele praktische Regelungsprobleme reicht es jedoch nicht aus, lediglich das Verhalten der Eigenbewegung für $t \to \infty$ zu betrachten, sondern es müssen auch Eingangsgrößen, wie z.B. Störgrößen, in Erwägung gezogen werden. Die Eigenbewegungen, des durch die Gewichtsfunktion

$$g(t) = b_1 e^{-\sigma_1 t} + b_2 \qquad t > 0$$

charakterisierten Systems, sind wegen $s_1 = -\sigma_1$ $(\sigma_1 > 0)$ und $s_2 = 0$ (Stabilitätsgrenze) beschränkt. Für eine zulässige Eingangsgröße $x_e(t)$ liefert die Faltungsmultiplikation Gl. (IV.87 b) die zugehörige Ausgangsgröße $x_a(t)$. Für $x_e(t) = K \sin \omega t$ wird

$$x_a(t) = b_1 K \int_0^t e^{-\sigma_1 (t-\tau)} \sin \omega\tau \, d\tau + b_2 K \int_0^t \sin \omega\tau \, d\tau .$$

Durch Auswertung der Integrale nimmt die Gleichung die allgemeine Form

$$x_a(t) = a_1 \sin(\omega t + \varphi) + a_2 e^{-\sigma_1 t} + a_3$$

an. *$x_a(t)$ ist somit für alle $t \geqslant 0$ beschränkt.* Wirkt hingegen als Eingangsgröße die Sprungfunktion $x_a(t) = K\,1(t)$, dann folgt

$$x_a(t) = b_1 K \int_0^t e^{-\sigma_1 \tau} \, d\tau + b_2 K \int_0^t d\tau ,$$

was nach Ausführung der Integration auf

$$x_a(t) = b_1 K (1 - e^{-\sigma_1 t}) + b_3 K t$$

führt; *für $t \to \infty$ wächst $x_a(t)$ über alle Grenzen.*

Wie die Betrachtung zeigt, ist die *Ausgangsgröße* des obigen Systems für die *beiden beschränkten Eingangsgrößen* einmal *beschränkt* und einmal *unbeschränkt.* Ganz entsprechend verhalten sich auch Systeme, deren chrakteristische Gleichung, neben lauter Pole mit $\operatorname{Re} s_\nu < 0$, noch rein imaginäre Einfachwurzeln aufweist, die natürlich wegen der reellen Beiwerte in konjugierten Paaren auftreten. Hat z.B. in diesem Fall die Eingangsgröße $x_e(t) = \sin \omega t$ die gleiche Frequenz wie eine der Eigenschwingungen $e^{\pm i\omega t}$ (Resonanz), dann ist die Ausgangsgröße unbeschränkt, während sie für die sprungförmige Eingangsgröße $x_e(t) = K\,1(t)$ beschränkt bleibt.

Es ist jedoch eine der Hauptaufgaben von Regelsystemen, die Wirkungen von *unbekannten* Störgrößen, die das System beeinflussen, zu beseitigen; Regelsysteme mit den vorstehenden Eigenschaften erscheinen daher für viele praktische Anwendungen ungeeignet. Diese Überlegungen führen uns auf die folgende

> **Definition V.10:** Ein lineares erzwungenes System $L(D)\,x_a(t) = x_e(t)$ wird dann als stabil bezeichnet, wenn für alle beschränkten Eingangsgrößen $x_e(t)$ die Ausgangsgröße $x_a(t)$ für $t \geqslant 0$ ebenfalls beschränkt bleibt (totale Stabilität).

Die linearen, zeitinvarianten Systeme sind, wie wir nachfolgend zeigen, dann und nur dann nach der obigen Definition V.10 stabil, wenn alle Eigenwerte negative Realteile aufweisen; also das *freie* System asymptotisch global stabil ist. In allen anderen Fällen sprechen wir von einem instabilen System.

Nach den vorstehenden Ausführungen erfüllen Systeme, deren charakteristische Gleichung auch Wurzeln mit $\operatorname{Re} s_\nu \geqslant 0$ aufweist, die Stabilitätsdefinition V.10 nicht; es verbleibt also lediglich der Fall (alle) $\operatorname{Re} s_\nu < 0$. Um zu zeigen, daß im letzten Fall für jeden *beschränkten Eingangsverlauf* $x_e(t)$, d.h. es existiert sicher eine positive konstante M mit der Eigenschaft $|x_e(t)| \leqslant M$ für $t \geqslant 0$, auch der *Ausgangsverlauf beschränkt bleibt,* d.h. $|x_a(t)| \leqslant C_1 < \infty$ (C_1 = const.) für $t \geqslant 0$, gehen wir von der Gewichtsfunktion Gl. (V.64) aus. Sie stellt für $m < n$ eine lineare Kombination von Funktionen der Form $K t^r e^{st}$ $(r = 0, 1, \dots, k_\nu - 1)$ dar. Es genügt aber, da mit beschränkten Summanden auch die Summe beschränkt ist, das Faltungsprodukt $x_a(t) = K t^r e^{st} * x_e(t)$ zu betrachten, das für beschränkte $x_e(t)$ nach Satz IV.13 sicher existiert. Dann wird

$$|x_a(t)| = \left| \int_0^t K e^{s\tau} \tau^r x_e(t-\tau)\, d\tau \right| \leqslant \int_0^t |K e^{s\tau} \tau^r| \cdot |x_e(t-\tau)|\, d\tau \leqslant$$

$$\leqslant |K| \cdot M \int_0^t |e^{s\tau} \tau^r|\, d\tau = |K| \cdot M \int_0^t e^{-\sigma\tau} \tau^r\, d\tau = |K| M \left[r!\, \frac{1}{\sigma^{r+1}} - \right.$$

$$\left. - e^{-\sigma t} \sum_{\nu=0}^{r} \frac{r!}{(r-\nu)!}\, \frac{1}{\sigma^{\nu+1}}\, t^{r-\nu} \right] \leqslant C_1 < \infty$$

für alle $t \geqslant 0$ und $\operatorname{Re} s = -\sigma (\sigma > 0)$ sowie für alle nicht negativen ganzen Zahlen r.

Bei der Ableitung setzten wir $m < n$ voraus. Aber auch in dem bei physikalischen Systemen ebenfalls auftretenden Fall $m = n$ gelten entsprechende Aussagen, denn nach Gl. (V.52) ist

$$x_a(t) = \frac{c_n}{b_n} x_e(t) + g_1(t) * x_e(t),$$

wobei das Nennerpolynom von $L\{g_1(t)\} = G_1(s)$ einen höheren Grad, als das Zählerpolynom besitzt. Mit $x_e(t)$ sind auch die beiden Summanden und damit $x_a(t)$ beschränkt. Wir erhalten also den folgenden

Satz V.9: Ein vollständig steuer- und beobachtbares lineares, zeitinvariantes System ist dann und nur dann nach Definition V.10 stabil, wenn die charakteristische Gleichung oder die Übertragungsfunktion nur Wurzeln beziehungsweise Pole mit negativem Realteil besitzen.

In den weitaus meisten (klassischen) Büchern über lineare Systeme wird nicht auf die Stabilitätsdefinition eingegangen, sondern man bezeichnet ein lineares, zeitinvariantes System als stabil, wenn es die bekannten Stabilitätskriterien erfüllt. *Ein solches lineares System hat demnach die Eigenschaften, daß jede beschränkte Eingangsgröße auf einen ebenfalls beschränkten Ausgangsverlauf führt, außerdem ist das freie System asymptotisch global stabil.* Die betrachtete Gleichung muß natürlich das entsprechende System vollständig charakterisieren, was besonders beim Arbeiten mit der Übertragungsfunktion zu beachten ist.

Die vorstehende Betrachtung läßt sich in etwas allgemeinerer Form mit Hilfe der Zustandsgleichungen durchführen. Dabei muß man jedoch fordern, daß die Norm der Fundamentalmatrix $\underline{\phi}(t - t_0)$ für alle $t \geqslant t_0$ beschränkt bleibt. So ist z.B. ein freies lineares und zeitvariables System, das nach Gl. (V.64b) die Lösung $x(t) = \underline{\phi}(t, t_0) x(t_0)$ besitzt, nach der allgemeinen Stabilitätsdefinition in Abschnitt III.3 stabil, wenn für alle $t \geqslant 0$

$$\|\underline{\phi}(t, t_0)\| \leqslant C \qquad (C = \text{const.})$$

gilt; es ist dann und nur dann asymptotisch stabil, wenn zusätzlich für alle t_0

$$\lim_{t \to \infty} \|\underline{\phi}(t, t_0)\| = 0$$

gefordert wird [24].

Bei der Stabilitätsuntersuchung kommt es zunächst nur darauf an, festzustellen, ob überhaupt Stabilität vorliegt. In den meisten praktischen Fällen möchte man jedoch Genaueres über den asymptotischen Vorgang wissen, indem man z.B. den Verlauf von Übergangsvorgängen abschätzt oder Bedingungen für den optimalen Verlauf ermittelt. Ist die Stabilitätsbedingung erfüllt, so kann die *Regelgüte* auch danach beurteilt werden, *wie sich die Übergangsvorgänge ihrem stationären Wert für $t \to \infty$ nähern.* Als *grobes Gütemaß* dient vielfach die *Fläche der Regelabweichung* $x_w(t)$, die etwa durch

$$\int_0^\infty x_w(t)\,dt, \quad \int_0^\infty |x_w(t)|\,dt, \quad \int_0^\infty x_w^2(t)\,dt \quad \text{oder} \quad \int_0^\infty t\,|x_w(t)|\,dt$$

gemessen werden. Diese Kriterien bezeichnet man als *lineare, absolute* sowie *quadratische Regelfläche;* im letzten Fall hat sich die Bezeichnung *ITAE-Bedingung* (integral of time multiplied absolute value of error) eingebürgert [85], [87].

Die Optimierungsaufgabe besteht nun darin, die *Regelfläche* durch geeignete Wahl der noch verfügbaren Systemparameter, z.B. der Reglerparameter r_1 bis r_n, zu einem *Minimum* zu machen, was auf eine *„gewöhnliche Extremalaufgabe"* führt. Man spricht in diesem Fall auch von der *Parameteroptimierung* eines Regelsystems. Im Unterschied hierzu steht die *Strukturoptimierung,* bei der die Struktur des Reglers nicht von vornherein festgelegt ist; sie führt im Prinzip auf *Variationsprobleme,* siehe z.B. [21] und [27].

Die Parameteroptimierung beruht also auf der Ermittlung der Regelfläche. Dabei wird die Regelfläche $x_w(t) = x(t) - w(t)$ zugrundegelegt, wenn als Führungs- oder Eingangsgröße $w(t)$ die Einheitssprungfunktion $1(t)$ wirkt; $x(t)$ stellt dann die Übergangsfunktion dar. Da die Regelabweichung eine *reelle* Zeitfunktion darstellt, gilt im Falle der *quadratischen* Regelfläche

$$\int_0^\infty |x_w(t)|^2\,dt = \int_0^\infty x_w^2(t)\,dt.$$

Mit $x_w(t) \equiv f(t)$ und daher $\overline{F(i\omega)} = F(-i\omega)$ folgt unmittelbar aus der Parsevalschen Gl. (IV.97c)

$$\int_0^\infty f^2(t)\,dt = \frac{1}{2\pi}\int_{-\infty}^{+\infty} F(i\omega)\,F(-i\omega)\,d\omega = \frac{1}{2\pi i}\int_{-i\infty}^{+i\infty} F(s)\,F(-s)\,ds; \qquad \text{(V.65a)}$$

der rechte Integralausdruck geht durch die Substitution $s = i\omega$ aus dem mittleren hervor. Ist, wie bei den hier betrachteten (stabilen) linearen Systemen, $F(s)$ eine gebrochene rationale Funktion, dann nimmt das komplexe Integral in Gl. (V.65a) die Form

$$I_n = \frac{1}{2\pi i}\int_{-i\infty}^{+i\infty} \left|\frac{c_0 + c_1 s + \ldots + c_{n-1}s^{n-1}}{b_0 + b_1 s + \ldots + b_n s^n}\right|^2 ds = \frac{1}{2\pi i}\int_{-i\infty}^{+i\infty} \left|\frac{Z(s)}{N(s)}\right|^2 ds =$$

$$= \frac{1}{2\pi i}\int_{-i\infty}^{+i\infty} \frac{Z(s)\,Z(-s)}{N(s)\,N(-s)}\,ds \qquad \text{(V.65b)}$$

an. Das komplexe Integral Gl. (V.65b) und damit die quadratische Regelfläche kann man mit Hilfe der Residuenmethode ausrechnen. Es gibt jedoch im Schrifttum Tabellen, so daß sich die Ausrechnung erübrigt. Der Anhang E des Buches [88] enthält z.B. eine Tabelle für I_1 bis I_{10}; für I_1 bis I_3 gilt:

$$I_1 = \frac{c_0^2}{2 b_0 b_1}, \quad I_2 = \frac{c_1^2 b_0 + c_0^2 b_2}{2 b_0 b_1 b_2} \quad \text{und} \quad I_3 = \frac{c_2^2 b_0 b_1 + (c_1^2 - 2 c_0 c_2) b_0 b_3 + c_0^2 b_2 b_3}{2 b_0 b_3 (-b_0 b_3 + b_1 b_2)} .$$

Die quadratische Regelfläche hängt, wie auch die Ergebnisse I_1 bis I_3 zeigen, von den (System-) Parametern c_0 bis c_{n-1} und b_0 bis b_n welche die Reglerparameter r_1 bis r_n enthalten, ab; *sie läßt sich nach den Methoden der Differentialrechnung durch passende Wahl der Systemparameter zu einem Minimum machen.* Dabei wird natürlich ein stabiles System vorausgesetzt, d.h. es liegen keine Pole von $F(s)$ in Gl. (V.65 a) in der rechten Halbebene und auf der imaginären Achse, die den Integrationsweg darstellt.

Andernfalls konvergieren die Integrale $\int_0^\infty |x_w(t)| \, dt$ und $\int_0^\infty x_w^2(t) \, dt$ nicht, was den Voraussetzungen der Parsevalschen Gleichung widerspricht.

2.4. Frequenzgang

Sowohl zur Stabilitätsprüfung als auch zur Synthese und Analyse von linearen, zeitunabhängigen Systemen, haben sich die verschiedenen Frequenzgangdarstellungen sehr bewährt, [81], [82]. Um die allgemeine Darstellung und Bedeutung des Frequenzganges abzuleiten, gehen wir wiederum nach Gl. (IV.87b) von der Faltung $x_a(t) = g(t) * * x_e(t)$ aus, wobei als Eingangsgröße die spezielle Anregung $x_e(t) = e^{-i\omega t}$ zugrundeliegt; in ihr sind die harmonischen Anregungen $\sin \omega t$ und $\cos \omega t$ enthalten. Die zur Gewichtsfunktion $g(t)$ korrespondierende Übertragungsfunktion $G(s)$, sei eine gebrochene rationale Funktion mit $m \leqslant n$.

Der Ausgangsverlauf $x_a(t)$ eines energiefreien Systems ist somit durch

$$x_a(t) = g(t) * e^{i\omega t} = \int_0^t e^{i\omega(t-\tau)} g(\tau) \, d\tau = e^{i\omega t} \int_0^t e^{-i\omega\tau} g(\tau) \, d\tau \qquad \text{(V.66a)}$$

charakterisiert. Machen wir nun die Annahme, daß alle Pole s_ν von $L\{g(t)\} = G(s)$ *links* der imaginären Achse liegen, dann konvergiert wegen $\alpha_0 < 0$ nach Satz IV.1 $G(s)$ auf der imaginären Achse, d.h. es existiert

$$G(i\omega) = \int_0^\infty e^{-i\omega\tau} g(\tau) \, d\tau ;$$

mit anderen Worten, wir legen ein ***stabiles System*** zugrunde. Die Gl. (V.66a) läßt sich auch auf die Form

$$x_a(t) = e^{i\omega t}\left[\int_0^\infty e^{-i\omega\tau}\, g(\tau)\, d\tau - \int_t^\infty e^{-i\omega\tau}\, g(\tau)\, d\tau\right] =$$

$$= G(i\omega)\, e^{i\omega t} - e^{i\omega t}\int_t^\infty e^{-i\omega\tau}\, g(\tau)\, d\tau \qquad \text{(V.66b)}$$

bringen. Da $e^{i\omega t}$ beschränkt ist, strebt der zweite Summand in Gl. (V.66b) für $t \to \infty$ wegen der ***gleichen Integralgrenzen*** gegen Null.

Im ***eingeschwungenen Zustand*** ergibt sich also für alle ω wieder eine komplexe Schwingung, deren Amplitudenänderung und Phasenverschiebung bezogen auf die Eingangsschwingung $e^{i\omega t}$ aus $G(i\omega)$ hervorgeht. $G(i\omega)$ bezeichnet man als *Frequenzgang.*

Nach der vorstehenden Betrachtung, läßt sich der Frequenzgang eines stabilen Systems auf eine sehr einfache Weise finden, indem in der entsprechenden Übertragungsfunktion G(s) die komplexe Größe s durch iω ersetzt wird. Der Frequenzgang weist also mit Gl. (V.34) die Form

$$G(i\omega) = \frac{c_0 + c_1 i\omega + \ldots + c_m(i\omega)^m}{b_0 + b_1 i\omega + \ldots + b_n(i\omega)^n} = A(\omega)\, e^{i\varphi(\omega)} \quad (m \leqslant n) \qquad \text{(V.67)}$$

auf; dabei sind $A(\omega) = |G(i\omega)|$ und $\varphi(\omega) = \arctan \dfrac{\mathrm{Im}\,[G(i\omega)]}{\mathrm{Re}\,[G(i\omega)]}$.

Mit Hilfe des Prinzips der ***analytischen Fortsetzung*** gelingt es, entsprechend der Übertragungsfunktion, auch den ***Frequenzgang für instabile Systeme*** anzugeben. Er charakterisiert jedoch nicht mehr die Amplitudenänderung und Phasenverschiebung bezogen auf die harmonische Anregung im eingeschwungenen Zustand, der für instabile Eigenbewegungen und im Resonanzfall nicht existiert. Die physikalische Deutung geht also verloren. Aber $A(\omega)$ sowie $\varphi(\omega)$ liefern auch bei instabilen Systemen (den Resonanzfall ausgenommen) die Amplitudenänderung und Phasenverschiebung der nach dem Faustregelansatz ermittelten speziellen Lösung; siehe II.7.2.

Überlegungen rein physikalischer Natur lassen darauf schließen, daß bei einem realen System der Grad des Zählers m nicht größer als der des Nenners n sein kann. Denn die durch den Betrag $A(\omega)$ des Frequenzganges (V.67) gegebene Amplitude der harmonischen Schwingung muß im stationären Zustand bei unbegrenzter Zunahme der Frequenz einen beschränkten Wert annehmen, d.h. es muß

$$\lim_{\omega \to \infty} |G(i\omega)| < \infty$$

sein.

Der Frequenzgang charakterisiert somit für alle ω die harmonischen erzwungenen Schwingungen, die bei einem stabilen System für $t \to \infty$ als Folge der harmonischen Anregung auftreten.

Bei einem linearen System, das neben lauter Wurzeln mit negativem Realteil auch ein *Paar rein imaginärer (Einfach-) Wurzeln* $s_{1,2} = \pm i\omega$ aufweist (Stabilitätsgrenze), treten ebenfalls für $t \to \infty$ harmonische Schwingungen auf. In diesem Fall handelt es sich jedoch *nicht um erzwungene sondern um freie Schwingungen,* d.h. sie stellen eine harmonische Eigenbewegung dar. Da die, den Wurzeln mit negativem Realteil entsprechenden Teilbewegungen für $t \to \infty$ gegen Null streben, genügt es für den „eingeschwungenen Zustand" die Gleichung

$$g(t) = d_1 e^{-i\omega t} + d_2 e^{i\omega t} \qquad (\text{mit } d_1 = \alpha + i\beta \text{ und } d_2 = \alpha - i\beta)$$

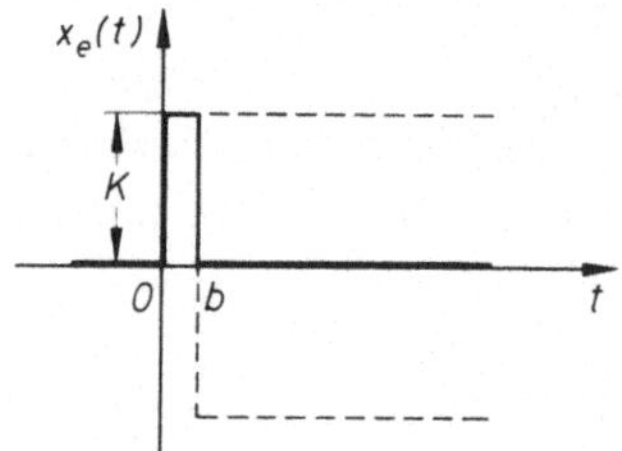

Bild V.13
Stoßförmige Anregung

zu betrachten. Wirkt nun, die in Bild V.13 dargestellte stoßförmige Anregung $K\,1(t) - K\,1(t-b)$, auf das System, so liefert die Faltung

$$x_a(t) = d_1 K\left[\int_0^t e^{-i\omega(t-\tau)}\,d\tau - \int_b^t e^{-i\omega(t-\tau)}\,d\tau\right] +$$

$$+ d_2 K\left[\int_0^t e^{i\omega(t-\tau)}\,d\tau - \int_b^t e^{i\omega(t-\tau)}\,d\tau\right] =$$

$$= d_1 K e^{-i\omega t}\int_0^b e^{i\omega\tau}\,d\tau + d_2 K e^{i\omega t}\int_0^b e^{-i\omega\tau}\,d\tau,$$

wenn jeweils das erste Integral in den eckigen Klammern in die Summe von zwei Integralen mit den Grenzen von 0 bis b und von b bis t $(t > b)$ aufgespaltet wird. Die Integration führt auf

$$x_a(t) = \frac{K}{\omega}\left[-i d_1\left(e^{-i\omega(t-b)} - e^{-i\omega t}\right) - i d_2\left(e^{i\omega(t-b)} - e^{i\omega t}\right)\right]$$

oder durch Umformung

$$x_a(t) = \frac{K}{\omega} A \sin(\omega t + \varphi).$$

Für $t \geqslant b$ wird das Einschwingverhalten durch die Eigenbewegung beschrieben; der Systemzustand zum Zeitpunkt $t = b$ gibt dabei die Anfangsauslenkung an. Die Amplitude der für $t \to \infty$ auftretenden harmonischen Eigenbewegung des (durch ein rein imaginäres Wurzelpaar) an der Stabilitätsgrenze befindlichen Systems ist somit proportional K.

Für eine genügend „kleine" Anregungsamplitude K bleibt die Amplitude der Ausgangsgröße unterhalb einer vorgebbaren Schranke. Dies hat für praktische Untersuchungen sehr bedeutungsvolle Konsequenzen. Liegen nur genügend kleine Anregungsamplituden vor, so spielt die harmonische Eigenbewegung eine untergeordnete Rolle.

3. Darstellung der Zustandsgleichungen im Bildbereich

Im vorausgehenden Text, leiteten wir zwei wesentlich verschiedene Beschreibungsformen für lineare, zeitunabhängige Systeme mit je einer Eingangs- und Ausgangsgröße her. Es sind dies einmal die *Zustandsgleichungen* (Vektordifferentialgleichungen)

$$\dot{\mathbf{x}}(t) = \mathbf{A}\,\mathbf{x}(t) + \mathbf{b}\,u(t) \tag{V.68a}$$

mit der Ausgangsgröße

$$y(t) = \mathbf{c}^T \mathbf{x}(t) + d\,u(t) \tag{V.68b}$$

sowie zum anderen die *Übertragungsfunktion*

$$G(s) = \frac{Y(s)}{U(s)} = \frac{c_0 + c_1 s + \ldots + c_{m-1} s^{m-1} + c_m s^m}{b_0 + b_1 s + \ldots + b_{n-1} s^{n-1} + s^n} = \frac{Z(s)}{N(s)},$$

die durch L-Transformation der Dgl. (höherer Ordnung), die den Zusammenhang zwischen der Ein- und Ausgangsgröße des entsprechenden (energiefreien) Systems darstellt, hervorgeht. Wie bei der Stabilitätsdefinition in Unterabschnitt V.2.3 bereits hervorgehoben wurde, *charakterisiert die Übertragungsfunktion ein System dann und nur dann vollständig, wenn das betrachtete System vollständig steuer- und beobachtbar ist.* Die vollständige Steuer- und Beobachtbarkeit der einzelnen Anlagenteile genügt leider nicht für die vollständige Steuer- und Beobachtbarkeit der gesamten Anlage.

Beide Beschreibungsformen haben natürlich ihre Vorzüge. So ist z.B. die Darstellung durch Zustandsgleichungen allgemeiner und schließt auch nicht steuer- und beobachtbare Anlagenteile mit ein. Im Gegensatz zu der Darstellung durch Übertragungsfunktionen geht jedoch im Falle der Zustandsgleichungen die unmittelbare Anlagenstruktur, z.B. Aufteilung in Regelstrecke und Regler, verloren. Auch spielen die von der Übertragungsfunktion ausgehenden Entwurfsverfahren, wie z.B. die Frequenzgangdarstellungen, eine große Rolle. Es ist jedoch immer darauf zu achten, daß die entsprechende Übertragungsfunktion tatsächlich das betrachtete System vollständig charakterisiert. Dies spielt besonders bei Mehrgrößenregelsystemen, die wir in Abschnitt V.4 behandeln, eine wichtige Rolle.

Gleichgültig welche Beschreibungsform wir wählen, es handelt sich jeweils um das gleiche (abstrakte) System. Sollen die beiden Beschreibungsformen äquivalent sein, dann müssen sie sich auf eine im wesentlichen eindeutige Weise ineinander überführen lassen. Diesem Zusammenhang gilt die Betrachtung dieses Abschnittes.

3.1. Zusammenhang zwischen Übertragungsfunktion und Zustandsgleichungen

Unterwerfen wir (formal) das Gleichungssystem (V.68) der L-Transformation, dann wird

$$s\,\mathbf{X}(s) - \mathbf{x}(0) = \mathbf{A}\,\mathbf{X}(s) + \mathbf{b}\,U(s) \tag{V.70a}$$

und

$$Y(s) = \mathbf{c}^T\mathbf{X}(s) + d\,U(s). \tag{V.70b}$$

Dabei stellt

$$\mathbf{X}(s) = L\{\mathbf{x}(t)\} = \begin{bmatrix} L\{x_1(t)\} \\ L\{x_2(t)\} \\ \cdot \\ \cdot \\ \cdot \\ L\{x_n(t)\} \end{bmatrix} = \begin{bmatrix} X_1(s) \\ X_2(s) \\ \cdot \\ \cdot \\ \cdot \\ X_n(s) \end{bmatrix}$$

einen *Spaltenvektor* dar, dessen Komponenten die Bildfunktionen $X_1(s)$ bis $X_n(s)$ sind. Wegen der eingeführten Bezeichnungsweise bei der L-Transformation kennzeichnen wir die Vektoren im Bildbereich durch große Buchstaben, wobei zu beachten ist, daß es sich bei $\mathbf{X}(s)$ um eine *einspaltige* Matrix handelt.

Aus Gl. (V.70a) folgt

$$(s\,\mathbf{I} - \mathbf{A})\,\mathbf{X}(s) = \mathbf{x}(0) + \mathbf{b}\,U(s)$$

oder

$$\mathbf{X}(s) = (s\,\mathbf{I} - \mathbf{A})^{-1}\,\mathbf{x}(0) + (s\,\mathbf{I} - \mathbf{A})^{-1}\,\mathbf{b}\,U(s) \tag{V.71a}$$

sowie durch Einsetzen von Gl. (V.71a) in Gl. (V.70b)

$$Y(s) = \mathbf{c}^T\,(s\mathbf{I} - \mathbf{A})^{-1}\,\mathbf{x}(0) + \mathbf{c}^T\,(s\,\mathbf{I} - \mathbf{A})^{-1}\,\mathbf{b}\,U(s) + d\,U(s). \tag{V.71b}$$

Definieren wir nun (falls die inverse Matrix existiert)

$$(s\,\mathbf{I} - \mathbf{A})^{-1} = \underline{\Phi}(s),$$

dann nehmen die Gln. (V.71) die Gestalt

$$\mathbf{X}(s) = \underline{\Phi}(s)\,\mathbf{x}(0) + \underline{\Phi}(s)\,\mathbf{b}\,U(s) \tag{V.71c}$$

sowie

$$Y(s) = \mathbf{c}^T\,\underline{\Phi}(s)\,\mathbf{x}(0) + \mathbf{c}^T\,\Phi(s)\,\mathbf{b}\,U(s) + d\,U(s) \tag{V.71d}$$

an.

Die L^{-1}-Transformation von Gl. (V.71 c) führt, da das Produkt der beiden Bildfunktionen $\underline{\Phi}(s)\,\mathbf{b}\,U(s)$ im Zeitbereich der Faltung entspricht, auf

$$\mathbf{x}(t) = \underline{\phi}(t)\,\mathbf{x}(0) + \int_0^t \underline{\phi}(t-\tau)\,\mathbf{b}\,u(\tau)\,d\tau,$$

was mit Gl. (III.32 c) übereinstimmt. Es ist somit

$$L\,\{\underline{\phi}(t)\} \equiv \underline{\Phi}(s) = (s\,\mathbf{I} - \mathbf{A})^{-1} \tag{V.72}$$

Da aber die Elemente der Fundamentalmatrix partikuläre Lösungen des homogenen Dgl.-Systems darstellen, sind sie alle von exponentieller Ordnung. Ist α_0 die „größte" exponentielle Ordnung, so existiert die vorstehende Ableitung für alle s mit $\mathrm{Re}\, s > \alpha_0$. Weiterhin ist nach den Ausführungen zu Gl. (III.43) die Determinante $|s\,\mathbf{I} - \mathbf{A}|$ nur für solche s gleich Null, die Eigenwerte von $\mathbf{A}$ darstellen; in diesem Fall existiert für $\mathrm{Re}\, s > \alpha_0$ $\underline{\Phi}(s) = (s\,\mathbf{I} - \mathbf{A})^{-1}$ mit Sicherheit.

Aus Gl. (V.71 b) bzw. (V.71 d) folgt unmittelbar mit $\mathbf{x}(0) = \mathbf{0}$ (energiefreies System)

$$G(s) = \frac{Y(s)}{U(s)} = \mathbf{c}^T\,(s\mathbf{I} - \mathbf{A})^{-1}\,\mathbf{b} + d = \mathbf{c}^T\,\underline{\Phi}(s)\,\mathbf{b} + d. \tag{V.73}$$

Zwar ist die Wahl der Zustandsvariablen nicht eindeutig, dennoch muß man unabhängig von ihrer Wahl für ein und dasselbe System immer auf die gleiche Übertragungsfunktion gelangen. Um dies zu zeigen, gehen wir von einem energiefreien System nach Gl. (V.70a) aus; dann gilt wegen $\mathbf{x}(0) = \mathbf{0}$

$$s\,\mathbf{X}(s) = \mathbf{A}\,\mathbf{X}(s) + \mathbf{b}\,U(s).$$

Die *Ähnlichkeitstransformation*

$$\mathbf{x}(t) = \mathbf{T}\,\mathbf{z}(t) \quad \text{oder im Bildbereich} \quad \mathbf{X}(s) = \mathbf{T}\,\mathbf{Z}(s)$$

führt auf

$$s\,\mathbf{T}\,\mathbf{Z}(s) = \mathbf{A}\,\mathbf{T}\,\mathbf{Z}(s) + \mathbf{b}\,U(s),$$

woraus

$$\mathbf{Z}(s) = [(s\,\mathbf{I} - \mathbf{A})\,\mathbf{T}]^{-1}\,\mathbf{b}\,U(s) = \mathbf{T}^{-1}\,(s\,\mathbf{I} - \mathbf{A})^{-1}\,\mathbf{b}\,U(s) \tag{V.74a}$$

folgt. Wenden wir auch auf Gl. (V.70b) die *Ähnlichkeitstransformation* an, so wird

$$Y(s) = \mathbf{c}^T \mathbf{T} \mathbf{Z}(s) + d\,U(s). \tag{V.74b}$$

Gl. (V.74a) in Gl. (V.74b) eingesetzt, liefert wiederum die Gl. (V.73)

$$\frac{Y(s)}{U(s)} = \mathbf{c}^T \mathbf{T}\mathbf{T}^{-1} (s\mathbf{I} - \mathbf{A})^{-1} \mathbf{b} + d = \mathbf{c}^T (s\mathbf{I} - \mathbf{A})^{-1} \mathbf{b} + d,$$

d.h. die *Übertragungsfunktion ist gegenüber jeder Ähnlichkeitstransformation invariant.* Der Übergang von der Darstellung eines vollständig steuer- und beobachtbaren Systems durch Zustandsgleichungen zu der durch die Übertragungsfunktion ist demnach eindeutig.

3.2. Zustandsdiagramme

Im umgekehrten Fall, d.h. beim Übergang von der Übertragungsfunktion zu den Zustandsgleichungen, dem wir uns nachfolgend zuwenden, trifft die Eindeutigkeit natürlich *nicht* zu. Wir erläutern im wesentlichen drei verschiedene Möglichkeiten, wie man aus der Übertragungsfunktion zu äquivalenten Darstellungen durch Zustandsgleichungen kommt.

3.2.1. Direkte Darstellung

Die Übertragungsfunktion Gl. (V.69) läßt sich im Falle $m < n$, den wir zuerst betrachten, auf die Form

$$Y(s) = c_0 \frac{1}{N(s)} U(s) + c_1 \frac{s}{N(s)} U(s) + \ldots + c_{n-1} \frac{s^{n-1}}{N(s)} U(s) \quad (m = n-1) \tag{V.75}$$

bringen. Man beachte, daß der „höchste" Koeffizient des Nennerpolynoms $b_n = 1$ gewählt wurde, was stets durch Division erreicht werden kann. Definieren wir nun

$$X_1(s) = \frac{1}{N(s)} U(s);\; X_2(s) = \frac{s}{N(s)} U(s); \ldots ; X_n(s) = \frac{s^{n-1}}{N(s)} U(s),$$

dann gilt im Zeitbereich

$$\dot{x}_1 = x_2; \quad \dot{x}_2 = x_3; \quad \ldots; \quad \dot{x}_{n-1} = x_n \tag{V.76a}$$

oder

$$\dot{x}_1 = x_2; \quad \ddot{x}_1 = x_3; \quad \ldots; \quad x_1^{(n-1)} = x_n. \tag{V.76b}$$

Außerdem ist

$$X_1(s) = \frac{1}{N(s)} U(s) = \frac{1}{b_0 + b_1 s + \ldots + b_{n-1} s^{n-1} + s^n} U(s),$$

was im Zeitbereich auf die Dgl. n-ter Ordnung

$$x_1^{(n)} + b_{n-1}x_1^{(n-1)} + \ldots + b_1\dot{x}_1 + b_0x_1 = u$$

oder mit den Beziehungen (V.76b) auf die Dgl. 1. Ordnung

$$\dot{x}_n + b_{n-1}x_n + \ldots + b_1x_2 + b_0x_1 = u \qquad \text{(V.77)}$$

führt. Die Dgln. 1. Ordnung in Gln. (V.76a) und (V.77) stellen die gesuchten Zustandsgleichungen

$$\begin{aligned} \dot{x}_1 &= x_2 \\ \dot{x}_2 &= x_3 \\ &\cdots\cdots \\ \dot{x}_{n-1} &= x_n \\ \dot{x}_n &= -b_0x_1 - b_1x_2 - \ldots - b_{n-1}x_n + u \end{aligned} \qquad \text{(V.78a)}$$

mit der Ausgangsgröße – siehe Gl. (V.75) –

$$y = c_0x_1 + c_1x_2 + \ldots + c_{n-1}x_n \qquad \text{(V.78b)}$$

dar. Liegt eine Übertragungsfunktion nach Gl. (V.69) mit $m < n$ vor, so kann man sofort die Zustandsgleichungen (V.68) anschreiben, da in den Matrizen

$$\mathbf{A} = \begin{bmatrix} 0 & 1 & 0 & \ldots & 0 & 0 \\ 0 & 0 & 1 & \ldots & 0 & 0 \\ . & . & . & . & . & . \\ 0 & 0 & 0 & \ldots & 0 & 1 \\ -b_0 & -b_1 & -b_2 & \ldots & -b_{n-2} & -b_{n-1} \end{bmatrix}, \quad \mathbf{b} = \begin{bmatrix} 0 \\ 0 \\ . \\ 0 \\ 1 \end{bmatrix} \qquad \text{(V.79a)}$$

und

$$\mathbf{c}^T = [c_0 \quad c_1 \quad \ldots \quad c_{n-2} \quad c_{n-1}] \qquad (m = n-1) \qquad \text{(V.79b)}$$

unmittelbar die Koeffizienten der Übertragungsfunktion auftreten; außerdem ist $d = 0$.

Die Gln. (V.78) lassen sich auch mit Hilfe von n *Integratoren deren Ausgänge die Zustandsgrößen charakterisieren,* sowie *Summations-* und reine *Proportionalglieder* in übersichtlicher Form in einem *Strukturdiagramm* darstellen. Bild V.14 zeigt, wenn man sich wegen $b_n = 0$ den gestrichelt gezeichneten Zweig wegdenkt, das entsprechende Strukturdiagramm oder, wie man auch sagt, die entsprechende *Realisierung.* Die Gln. (V.78) und damit auch die Matrizen Gln. (V.79) kann man unmittelbar aus dem in Bild V.14 gezeichneten Strukturdiagramm, das auch, da die Ausgänge der Integratoren die Zustandsvaraiblen darstellen, als *Zustandsdiagramm* bezeichnet wird, angeben.

Das Zustandsdiagramm läßt sich natürlich unmittelbar auf den Analogrechner übertragen. Dabei ist aber zu beachten, daß in der hier gewählten Darstellung die Integratoren keine Vorzeichenumkehr aufweisen; außerdem kann für die wirkliche Realisierung

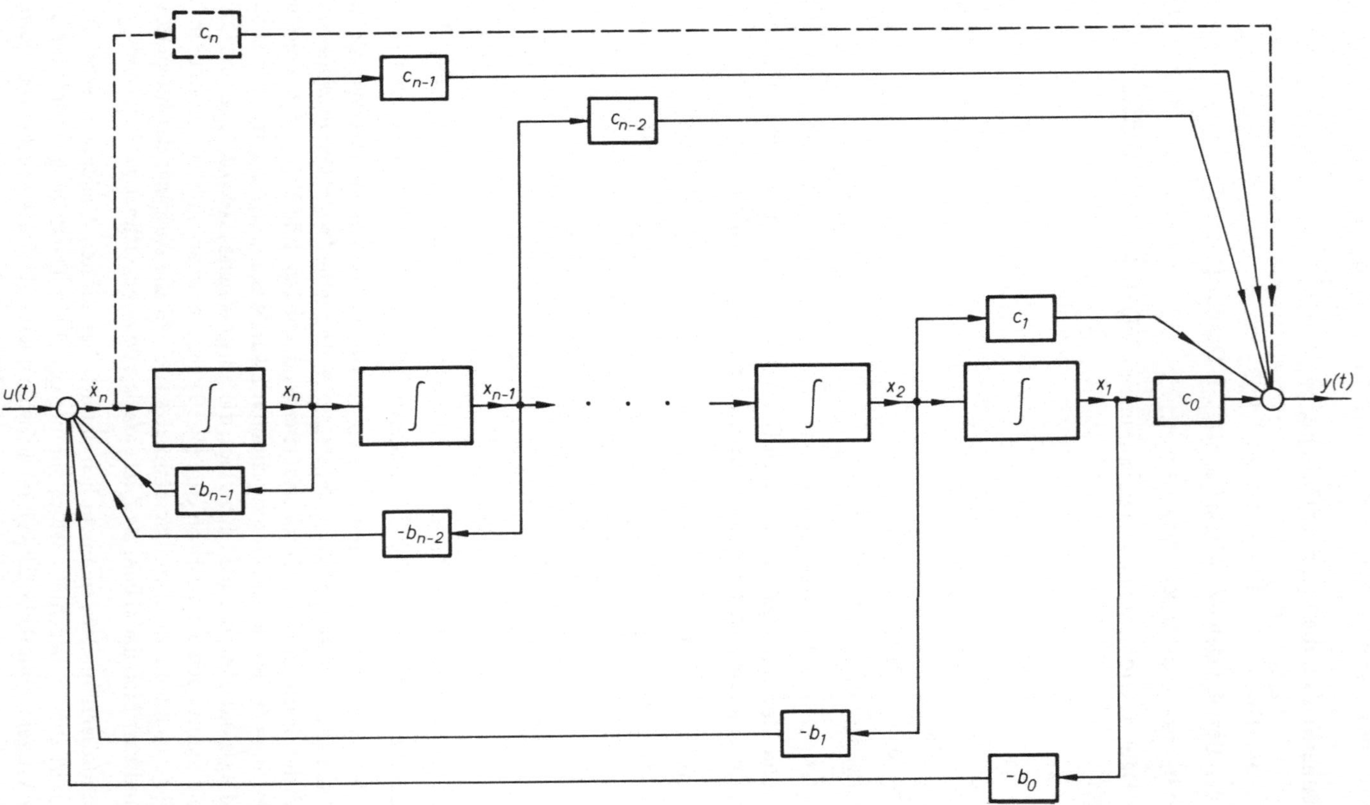

Bild V.14. Zustandsdiagramm nach der direkten Darstellung

am Analogrechner aus technischen Gründen (z.B. Übersteuerung der Verstärker) eine andere Darstellung erforderlich oder zumindest günstiger sein. Bei den Zustandsdiagrammen kommt es hauptsächlich auf den Zusammenhang mit den Zustandsgleichungen an.

Wie in [20] gezeigt, existiert für ein vollständig steuer- und beobachtbares System mit der gegebenen Übertragungsfunktion nach Gl. (V.69) immer eine Darstellung in der Form der Gln. (V.78) bzw. (V.79). *Liegen umgekehrt die Zustandsgleichungen in der in Gln. (V.78) bzw. (V.79) angegebenen Form vor, dann kann man in diesem Fall unmittelbar die entsprechende Übertragungsfunktion angeben.* Dies gilt übrigens auch, wenn der Nenner und Zähler einen oder mehrere gemeinsame Faktoren aufweisen, die man natürlich nicht herauskürzen darf.

Für $m = n$ (sprungfähiges System) nimmt Gl. (V.75) die Form

$$Y(s) = c_0 \frac{1}{N(s)} U(s) + c_1 \frac{s}{N(s)} U(s) + \ldots + c_{n-1} \frac{s^{n-1}}{N(s)} U(s) + c_n \frac{s^n}{N(s)} U(s)$$

oder im Zeitbereich

$$y(t) = c_0 x_1 + c_1 x_2 + \ldots + c_{n-1} x_n + c_n \dot{x}_n$$

an; es tritt also das Glied $c_n \dot{x}_n$ hinzu. Die Gln. (V.76) bis (V.78a) gelten jedoch unverändert. Wird daher $\dot{x}_n$ aus Gl. (V.78a) in die obige Gleichung eingesetzt, dann lautet die Ausgangsgröße

$$y = (c_0 - b_0 c_n) x_1 + (c_1 - b_1 c_n) x_2 + \ldots + (c_{n-1} - b_{n-1} c_n) x_n + c_n u .$$

Liegt also eine Übertragungsfunktion nach Gl. (V.69) mit $m = n$ vor, so bleiben in den Zustandsgleichungen (V.68), die sich wiederum sofort anschreiben lassen, die Matrizen $\mathbf{A}$ und $\mathbf{b}$ unverändert, aber

$$\mathbf{c}^T = [c_0 - b_0 c_n \quad c_1 - b_1 c_n \ldots c_{n-1} - b_{n-1} c_n] \qquad (m = n)$$

und

$$d = c_n .$$

Wir sehen daraus, daß bei *sprungfähigen Systemen die skalare Größe d in Gl. (V.68b) ungleich Null* ist. Im Zustandsdiagramm Bild V.14 tritt im Falle $m = n$ der gestrichelte Zweig hinzu.

3.2.2. Parallele Darstellung

Um zu einer anderen Wahl der Zustandsvariablen zu gelangen, gehen wir von der Partialbruchentwicklung der Übertragungsfunktion Gl. (V.79) aus. Zuerst betrachten wir den Fall, daß $N(s)$ lauter *verschiedene* Nullstellen α_i $(i = 1, \ldots, n)$ und *keinen gemeinsamen Faktor* mit $Z(s)$ besitzt, dann gilt nach Gl. (IV.59b)

$$Y(s) = \left[d_0 + \frac{d_1}{s - \alpha_1} + \frac{d_2}{s - \alpha_2} + \ldots + \frac{d_n}{s - \alpha_n} \right] U(s); \qquad \text{(V.80)}$$

dabei sind die d_ν ($\nu = 1, .., n$) durch Gl. (IV.60f) festgelegt und

$$d_0 = \lim_{s \to \infty} G(s).$$

Definieren wir

$$X_1(s) = \frac{1}{s-\alpha_1} U(s);\ X_2(s) = \frac{1}{s-\alpha_2} U(s);\ ...;\ X_n(s) = \frac{1}{s-\alpha_n} U(s),$$

dann ergeben sich im Zeitbereich die entsprechenden Dgln.

$$\begin{aligned} \dot{x}_1 &= \alpha_1 x_1 + u; \\ \dot{x}_2 &= \alpha_2 x_2 + u; \\ &\cdot\ \cdot\ \cdot\ \cdot\ \cdot \\ \dot{x}_n &= \alpha_n x_n + u \end{aligned} \qquad \text{(V.81 a)}$$

mit der Ausgangsgröße

$$y = d_1 x_1 + d_2 x_2 + ... + d_n x_n + d_0 u. \qquad \text{(V.81 b)}$$

Die Matrizen

$$\mathbf{A} = \begin{bmatrix} \alpha_1 & 0 & ... & 0 & 0 \\ 0 & \alpha_2 & ... & 0 & 0 \\ \cdot & \cdot & \cdot & \cdot & \cdot \\ 0 & 0 & ... & \alpha_{n-1} & 0 \\ 0 & 0 & ... & 0 & \alpha_n \end{bmatrix}, \quad \mathbf{b} = \begin{bmatrix} 1 \\ 1 \\ \cdot \\ \cdot \\ \cdot \\ 1 \\ 1 \end{bmatrix} \qquad \text{(V.82 a)}$$

$$\mathbf{c}^T = [d_1\ d_2\ ...\ d_{n-1}\ d_n] \qquad \text{(V.82 b)}$$

gelten in diesem Fall für $m \leqslant n$; es ist jedoch wieder $d = 0$ für $m < n$ und $d = d_0$ für $m = n$. Das entsprechende Zustandsdiagramm zeigt Bild V.15. Für $m < n$ entfällt wiederum der gestrichelt gezeichnete Zweig. Auch hier repräsentieren die Ausgänge der Integratoren die Zustandsvariablen.

Bei den Zustandsgleichungen (V.81 a) spricht man auch von der *entkoppelten Darstellung,* da in jeder Dgl. nur jeweils eine der n Zustandsvaraiblen auftritt; die zugehörige Matrix $\mathbf{A}$ hat demnach *Diagonalform.* Die Paralleldarstellung erscheint somit im ersten Moment als sehr vorteilhaft, aber leider muß man zu ihrer Bestimmung die n **Wurzeln** α_i ermitteln. Sind die einfachen Nullstellen α_i ($i = 1, ..., n$) alle reell, dann sind auch die Matrizen $\mathbf{A}$ und $\mathbf{c}^T$ und damit die „Proportionalglieder" in Bild V.15 reell; hingegen bei konjugiert komplexen Nullstellen weisen die beiden Matrizen auch komplexe Elemente auf. Um dies zu vermeiden, kann man jeweils in Gl. (V.80) die beiden Glieder mit den konjugiert komplexen Nullstellen zu einem (Nenner-) Ausdruck zweiter Ord-

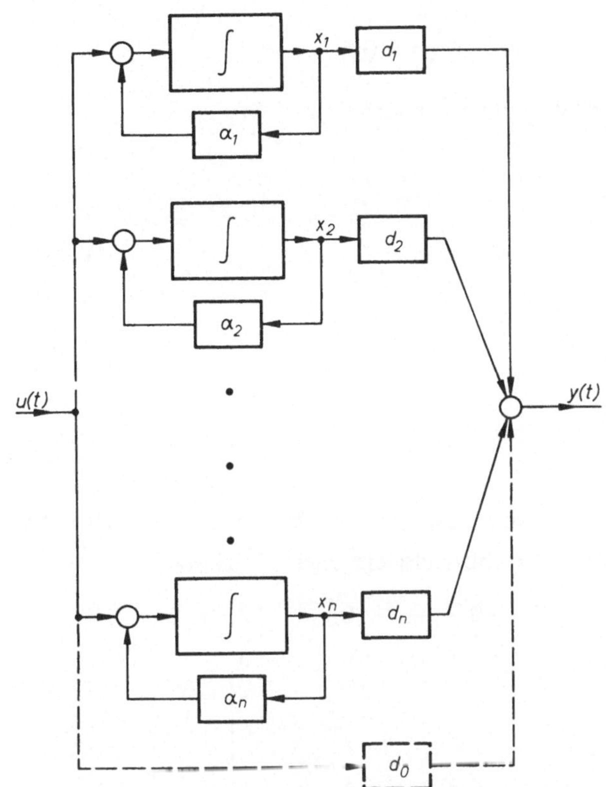

Bild V.15
Zustandsdiagramm für Einfachwurzeln nach der parallelen Darstellung

nung zusammenfassen und die Realisierung mit Hilfe der direkten Methode ausführen; siehe auch die Übungsaufgabe V.25. Allerdings geht dabei die entkoppelte Darstellung verloren und **A** ist nicht mehr diagonal. Man beachte, daß bei stabilen Systemen die (reellen) α_i und damit die Rückführungen der Integratoren in Bild V.15 negativ sind.

Hat das Polynom N(s) auch *mehrfache Wurzeln,* dann führt z.B. für eine k-fache Wurzel α_1 die Partialbruchentwicklung nach Gl. (IV.63b) auf den Ausdruck

$$Y(s) = \left[d_0 + \frac{d_{11}}{(s-\alpha_1)} + \frac{d_{12}}{(s-\alpha_1)^2} + \ldots + \frac{d_{1k}}{(s-\alpha_1)^k} + \frac{d_2}{s-\alpha_2} + \ldots + \frac{d_r}{s-\alpha_r}\right] U(s) \qquad \text{(V.83)}$$

mit $k + r + 1 = n$ und $d_{1\nu}$ nach Gl. (IV.65a).

Definieren wir

$$X_k(s) = \frac{1}{s-\alpha_1}\,U(s);\; X_{k-1}(s) = \frac{1}{s-\alpha_1}\,X_k(s)\,;\ldots;X_1(s) = \frac{1}{s-\alpha_1}\,X_2(s)$$

sowie

$$X_{k+1}(s) = \frac{1}{s-\alpha_2}\, U(s)\ ; \dots ;\ X_n(s) = \frac{1}{s-\alpha_r}\, U(s),$$

dann ergeben sich im Zeitbereich die entsprechenden Dgln.

$$\begin{aligned}
\dot{x}_1 &= \alpha_1 x_1 + x_2\,;\\
\dot{x}_2 &= \alpha_1 x_2 + x_3\,;\\
&\cdots\cdots\\
\dot{x}_{k-1} &= \alpha_1 x_{k-1} + x_k\,;\\
\dot{x}_k &= \alpha_1 x_k + u\,;\\
\dot{x}_{k+1} &= \alpha_2 x_{k+1} + u\,;\\
&\cdots\cdots\\
\dot{x}_n &= \alpha_r x_n + u
\end{aligned} \qquad \text{(V.84a)}$$

mit der Ausgangsgröße

$$y = d_{1k}x_1 + \dots + d_{12}x_{k-1} + d_{11}x_k + d_2x_{k+1} + \dots + d_r x_n + d_0 u\,. \qquad \text{(V.84b)}$$

In diesem Fall nehmen die Matrizen der Zustandsgleichungen die Gestalt

$$\mathbf{A} = \begin{bmatrix}
\alpha_1 & 1 & 0 & \dots & 0 & 0 & \dots & 0\\
0 & \alpha_1 & 1 & \dots & 0 & 0 & \dots & 0\\
\cdot & \cdot & \cdot & \cdot & \cdot & \cdot & \cdot & \cdot\\
0 & 0 & 0 & \dots & \alpha_1 & 0 & \dots & 0\\
0 & 0 & 0 & \dots & 0 & \alpha_2 & \dots & 0\\
\cdot & \cdot & \cdot & \cdot & \cdot & \cdot & \cdot & \cdot\\
0 & 0 & 0 & \dots & 0 & 0 & \dots & \alpha_r
\end{bmatrix}, \quad \mathbf{b} = \begin{bmatrix} 0\\ 0\\ \cdot\\ \cdot\\ \cdot\\ 1\\ 1\\ \cdot\\ \cdot\\ \cdot\\ 1 \end{bmatrix} \qquad \text{(V.85a)}$$

und

$$\mathbf{c}^T = [d_{1k}\ \dots\ d_{12}\ \ d_{11}\ \ d_2\ \dots\ d_r] \qquad \text{(V.85b)}$$

an; es ist wieder $d = 0$ für $m < n$ und $d = d_0$ für $m = n$. Bei Mehrfachpolen der Übertragungsfunktion $G(s)$ führt die ***Paralleldarstellung auf eine nichtdiagonale Matrix*** $\mathbf{A}$. In unserem Fall folgt in den ersten $k-1$ Zeilen unmittelbar auf das Diagonalelement α_1 noch das Element mit der Zahl 1; es handelt sich also um die Jordansche Normalform [31]. Bei Mehrfachpolen ist leider keine entkoppelte Darstellung der Zustandsgleichungen angebbar. Das entsprechende Zustandsdiagramm zeigt Bild V.16. Für $m < n$ entfällt wiederum der gestrichelt gezeichnete Zweig. Die Ausgänge der Integration repräsentieren auch hier die Zustandsvariablen.

3.2.3. Kettenförmige Darstellung

Für $m < n$ läßt sich die Übertragungsfunktion Gl. (V.69) auch durch die Produktform

$$Y(s) = \frac{K}{s-\alpha_1} \frac{s-\beta_1}{s-\alpha_2} \frac{s-\beta_2}{s-\alpha_3} \cdots \frac{s-\beta_{n-1}}{s-\alpha_n} U(s) \quad (m < n) \tag{V.86}$$

bringen. Definieren wir

$$X_1(s) = \frac{1}{s-\alpha_1} U(s); \; X_2(s) = \frac{s-\beta_1}{s-\alpha_2} X_1(s) \; ; \ldots ; X_n(s) = \frac{s-\beta_{n-1}}{s-\alpha_n} X_{n-1}(s),$$

dann ergeben sich im Zeitbereich die entsprechenden Dgln.

$$\begin{aligned}
\dot{x}_1 &= \alpha_1 x_1 + u \,; \\
\dot{x}_2 &= \alpha_2 x_2 + \dot{x}_1 - \beta_1 x_1 = \alpha_2 x_2 + (\alpha_1 - \beta_1)\, x_1 + u \,; \\
\dot{x}_3 &= \alpha_3 x_3 + \dot{x}_2 - \beta_2 x_2 = \alpha_3 x_3 + (\alpha_2 - \beta_2)\, x_2 + (\alpha_1 - \beta_1)\, x_1 + u \,; \\
&\cdots \\
\dot{x}_n &= \alpha_n x_n + (\alpha_{n-1} - \beta_{n-1})\, x_{n-1} + \ldots + (\alpha_2 - \beta_2)\, x_2 + (\alpha_1 - \beta_1)\, x_1 + u
\end{aligned} \tag{V.87a}$$

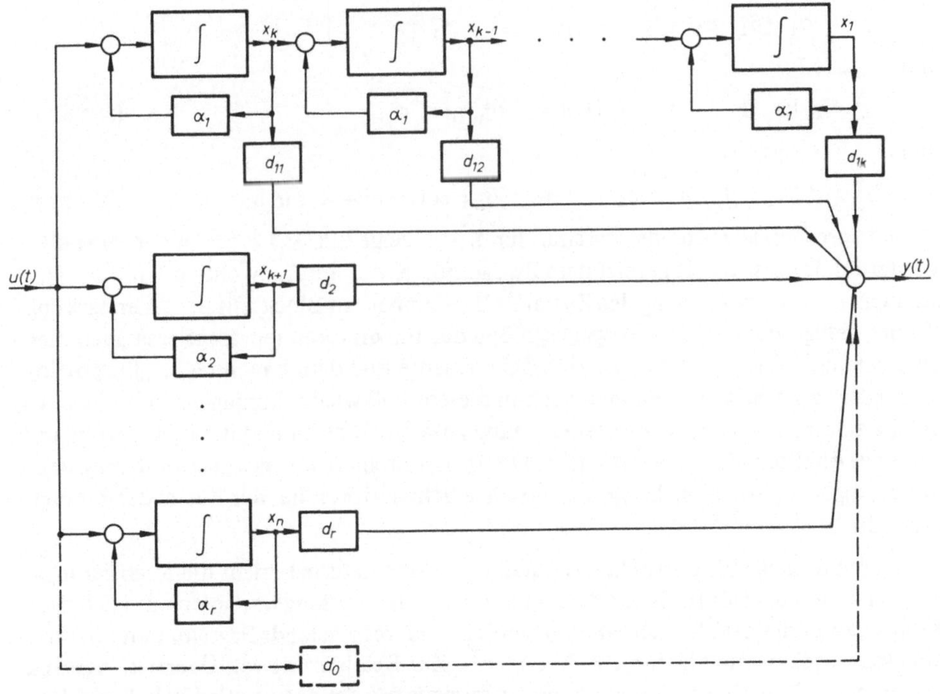

Bild V.16. Zustandsdiagramm nach der parallelen Darstellung

und die Ausgangsgröße

$$y = Kx_n. \tag{V.87b}$$

Für $m = n$ ändert sich wiederum lediglich die Ausgangsgröße. Wegen

$$Y(s) = K(s - \beta_n)\, X_n(s)$$

gilt

$$y(t) = K(\dot{x}_n - \beta_n x_n) = K\,[(\alpha_n - \beta_n)\,x_n + (\alpha_{n-1} - \beta_{n-1})\,x_{n-1} + \ldots + (\alpha_1 - \beta_1)\,x_1 + u]. \tag{V.87c}$$

Die Kettendarstellung führt daher auf die folgenden Matrizen

$$\mathbf{A} = \begin{bmatrix} \alpha_1 & 0 & 0 & \ldots & 0 \\ \alpha_1 - \beta_1 & \alpha_2 & 0 & \ldots & 0 \\ \alpha_1 - \beta_1 & \alpha_2 - \beta_2 & \alpha_3 & \ldots & 0 \\ \cdot & \cdot & \cdot & \cdot & \cdot \\ \alpha_1 - \beta_1 & \alpha_2 - \beta_2 & \alpha_3 - \beta_3 & \ldots & \alpha_n \end{bmatrix}, \quad \mathbf{b} = \begin{bmatrix} 1 \\ 1 \\ 1 \\ \cdot \\ \cdot \\ \cdot \\ 1 \end{bmatrix} \tag{V.88a}$$

und

$$\mathbf{c}^T = K\,[0 \quad 0 \quad \ldots \quad 1] \text{ sowie } d = 0 \text{ für } m < n \tag{V.88b}$$

und

$$\mathbf{c}^T = K\,[\alpha_1 - \beta_1 \quad \alpha_2 - \beta_2 \quad \ldots \quad \alpha_n - \beta_n] \text{ sowie } d = K \text{ für } m = n. \tag{V.88c}$$

Das entsprechende Zustandsdiagramm für $K = 1$ zeigt Bild V.17; für $m < n$ entfällt wiederum der gestrichelt gezeichnete Zweig. Für $K \neq 1$ muß sowohl im Falle $m = n$ als auch $m < n$ am Ausgang des Zustandsdiagrammes ein Block mit der „Verstärkung" K hinzugefügt werden. Die Ausgangsgrößen der Integratoren repräsentieren auch hier die Zustandsvariablen. Um reelle Matrizenelemente und damit auch reelle „Proportionalglieder" zu erhalten, kann man auch in diesem Fall wieder konjugiert komplexe Ausdrücke zu einem Ausdruck zweiter Ordnung zusammenfassen und die Realisierung mit Hilfe der direkten Methode ausführen. Der rechnerische Aufwand zur Ermittlung der notwendigen α_i sowie β_i bringt eine gewisse Schwierigkeit bei der Kettendarstellung mit sich.

Mit diesen drei charakteristischen Darstellungen sind natürlich nicht die Realisierungsmöglichkeiten erschöpft. Schon eine andere Wahl der Zustandsvariablen, als auch die Kombination der drei Verfahren, führt auf ein anderes Zustandsdiagramm und damit auf (teilweise) andere Matrizen **A**, **b** und $\mathbf{c}^T$. Zur Realisierung von Übertragungsfunktionen mit $m > n$ sind außerdem noch *Differenzierglieder* notwendig [24]; die wirkliche Nachbildung eines solchen Systems z.B. am Analogrechner, stellt dann in gewissen Grenzen, lediglich eine Approximation dar.

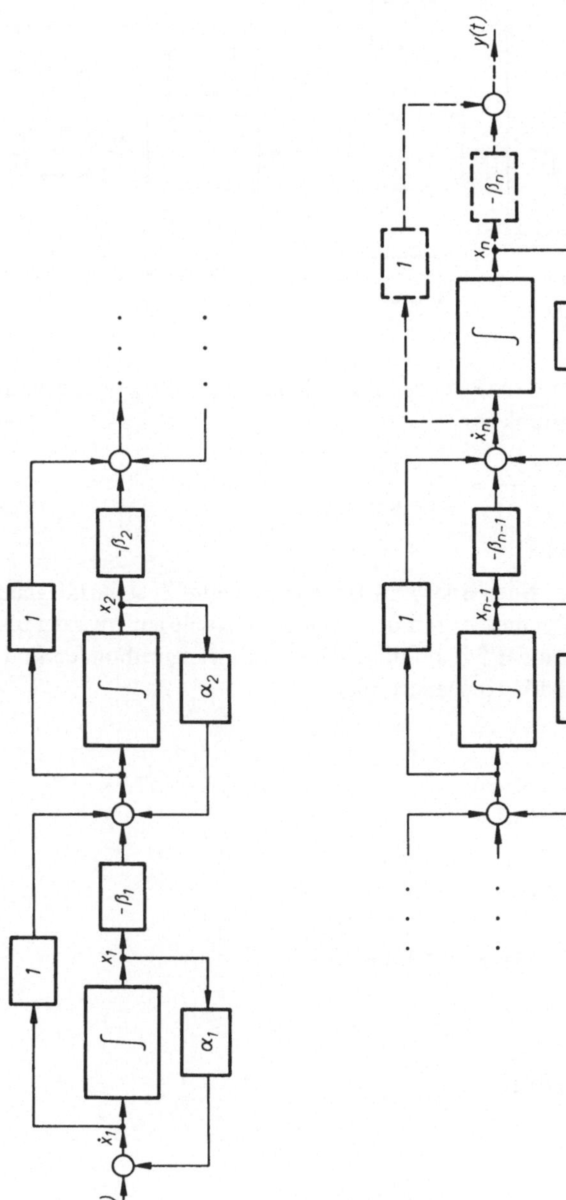

Bild V.17. Zustandsdiagramm nach der kettenförmigen Darstellung

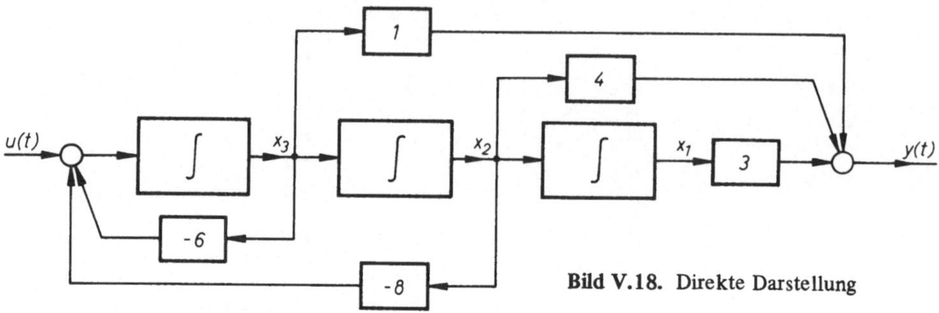

Bild V.18. Direkte Darstellung

• **Beispiel V.11:**

Wie lauten, nach den drei angegebenen Darstellungen, die Zustandsgleichungen eines durch die Übertragungsfunktion

$$G(s) = \frac{(s+1)(s+3)}{s(s+2)(s+4)} = \frac{3+4s+s^2}{8s+6s^2+s^3}$$

charakterisierten Systems?

a) *Direkte Darstellung.* Nach Bild V.14 finden wir, da im Zustandsdiagramm alle Koeffizienten des Zählerpolynoms c_i mit der Summationsstelle am Ausgang und die des Nennerpolynoms b_i mit der Summationsstelle am Eingang verbunden sind, unmittelbar die Realisierung Bild V.18. Daraus folgt

$$\dot{x}_1 = x_2 ,$$

$$\dot{x}_2 = x_3 ,$$

$$\dot{x}_3 = -8x_2 - 6x_3 + u$$

und

$$y = 3x_1 + 4x_2 + x_3 .$$

b) *Parallele Darstellung.* Die Realisierung von

$$G(s) = \frac{3/8}{s} + \frac{1/4}{s+2} + \frac{3/8}{s+4}$$

zeigt Bild V.19. Daraus folgt

$$\dot{x}_1 = u ,$$

$$\dot{x}_2 = -2x_2 + u ,$$

$$\dot{x}_3 = -4x_3 + u$$

und

$$y = 3/8x_1 + 1/4x_2 + 3/8x_3 .$$

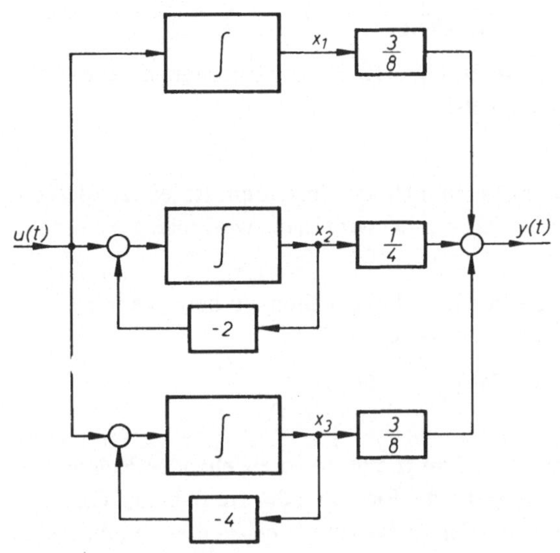

Bild V.19
Parallele Darstellung

c) *Kettenförmige Darstellung.* Die Realisierung von

$$G(s) = \frac{s+1}{s+2} \cdot \frac{s+3}{s+4} \cdot \frac{1}{s}$$

zeigt Bild V.20. Im Gegensatz zu Bild V.17 zeichneten wir hier, um die Realisierung der einzelnen Brüche hervorzuheben, zwei Summationsstellen zwischen den (ersten beiden) Integratoren; in Bild V.17 wurden diese der Einfachheit wegen zusammengefaßt. Aus Bild V.20 folgt

$$\begin{aligned} \dot{x}_1 &= 3x_2 - 4x_2 + x_3 - 2x_3 + u, \\ \dot{x}_2 &= - 4x_2 + x_3 - 2x_3 + u, \\ \dot{x}_3 &= - 2x_3 + u \end{aligned} \qquad \text{oder} \qquad \begin{aligned} \dot{x}_1 &= - x_2 - x_3 + u, \\ \dot{x}_2 &= - 4x_2 - x_3 + u, \\ \dot{x}_3 &= - 2x_3 + u \end{aligned}$$

und und

$$y = x_1 \qquad\qquad y = x_1 .$$

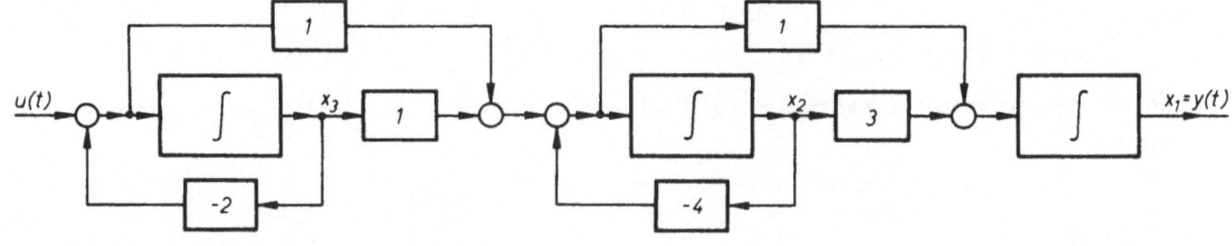

Bild V.20. Kettenförmige Darstellung

3.3. Bestimmung der Fundamentalmatrix

Um numerische Lösungen für x(t), siehe die Gln. (III.32), zu bekommen, ist es notwendig die (quadratische) Fundamentalmatrix

$$\underline{\phi}(t) = e^{\mathbf{A}t}$$

zu berechnen. Zu ihrer Berechnung existieren mehrere Verfahren. Ist jedoch die Zeilen- und damit die Spaltenanzahl größer als vier, so wird man zweckmäßigerweise Digitalrechner zu Hilfe nehmen.

Auf ein Verfahren, nämlich das der Reihendarstellung, haben wir bereits am Ende von Unterabschnitt III.4.2 hingewiesen. Für jedes feste t = T gilt

$$e^{\mathbf{A}T} = e^{\mathbf{M}} = \mathbf{I} + \mathbf{M} + \frac{\mathbf{M}}{2}\left(\frac{\mathbf{M}}{1!}\right) + \frac{\mathbf{M}}{3}\left(\frac{\mathbf{M}^2}{2!}\right) + \ldots + \frac{\mathbf{M}}{n}\,\frac{\mathbf{M}^{n-1}}{(n-1)!} + \ldots;$$

dabei ist jeweils der Klammerausdruck mit dem gesamten vorangehenden Reihenglied identisch. Durch Abbrechen der Reihe, wenn die Elemente der zusätzlichen Glieder vernachläßigbar gegenüber den Elementen der Partialsumme bis zu diesem Punkt sind, läßt sich die Fundamentalmatrix mit jeder gewünschten Genauigkeit für bestimmte t-Werte zahlenmäßig annähern, ohne die Eigenwerte λ_i bestimmen zu müssen. Die Programmierung zur numerischen Berechnung durch einen Rechenautomaten ist zwar einfach, aber aus Gründen der Konvergenz erfordert diese Methode in den meisten Fällen eine relativ lange Rechenzeit [89] und [90].

Eine andere Methode beruht auf der Anwendung der $\mathcal{L}$-Transformation. Sie geht unmittelbar aus Gl. (V.72) hervor, danach ist

$$\underline{\phi}(t) = \mathcal{L}^{-1}\{(s\mathbf{I} - \mathbf{A})^{-1}\}.$$

Zur Bestimmung von $\underline{\phi}(t)$ muß man zuerst von der mit s multiplizierten Einheitsmatrix **I** die Matrix **A** subtrahieren, dann von diesem Matrixausdruck im Bildbereich die inverse Matrix $\underline{\Phi}(s) = (s\mathbf{I} - \mathbf{A})^{-1}$ ermitteln und schließlich die Rücktransformation in den Zeitbereich durchführen.

- **Beispiel V.12:**

Zur Berechnung der Ausgangsgröße y(t) des durch die Gln.

$$\begin{aligned}\dot{x}_1 &= x_2;\\ \dot{x}_2 &= -2x_1 - 3x_2 + u\end{aligned} \qquad \text{mit } \mathbf{A} = \begin{bmatrix} 0 & 1 \\ -2 & -3 \end{bmatrix} \quad \text{und } \mathbf{b} = \begin{bmatrix} 0 \\ 1 \end{bmatrix}$$

gegebenen Systems, benötigen wir die Fundamentalmatrix $\underline{\phi}(t)$. Hierzu bilden wir zuerst

$$s\mathbf{I} - \mathbf{A} = \begin{bmatrix} s & 0 \\ 0 & s \end{bmatrix} - \begin{bmatrix} 0 & 1 \\ -2 & -3 \end{bmatrix} = \begin{bmatrix} s & -1 \\ 2 & s+3 \end{bmatrix}$$

und dann

$$\underline{\Phi}(s) = (s\mathbf{I} - \mathbf{A})^{-1} = \frac{\text{adj}\,(s\mathbf{I} - \mathbf{A})}{\det\,(s\mathbf{I} - \mathbf{A})},$$

wobei adj $(s\mathbf{I} - \mathbf{A})$ die *adjungierte* und $\det(s\mathbf{I} - \mathbf{A})$ die *Determinante* der *Matrix* $(s\mathbf{I} - \mathbf{A})$ bedeuten. Mit

$$\text{adj}\,(s\mathbf{I} - \mathbf{A}) = \begin{bmatrix} s+3 & 1 \\ -2 & s \end{bmatrix} \quad \text{und} \quad \det\,(s\mathbf{I} - \mathbf{A}) = \begin{vmatrix} s & -1 \\ 2 & s+3 \end{vmatrix} = s^2 + 3s + 2 = (s+1)(s+2)$$

folgt

$$\underline{\Phi}(s) = \frac{1}{(s+1)(s+2)} \begin{bmatrix} s+3 & 1 \\ -2 & s \end{bmatrix} = \begin{bmatrix} \dfrac{s+3}{(s+1)(s+2)} & \dfrac{1}{(s+1)(s+2)} \\ \dfrac{-2}{(s+1)(s+2)} & \dfrac{s}{(s+1)(s+2)} \end{bmatrix}.$$

Wegen

$$\phi_{12}(t) = L^{-1}\left\{\frac{1}{(s+1)(s+2)}\right\} = L^{-1}\left\{\frac{1}{s+1} - \frac{1}{s+2}\right\} = e^{-t} - e^{-2t},$$

$$\phi_{11}(t) = \frac{d}{dt}\phi_{12}(t) + 3\phi_{12}(t) = -e^{-t} + 2e^{-2t} + 3e^{-t} - 3e^{-2t} = 2e^{-t} - e^{-2t},$$

$$\phi_{21}(t) = -2\phi_{12}(t) = -2e^{-t} + 2e^{-2t}$$

sowie

$$\phi_{22}(t) = \frac{d}{dt}\phi_{12}(t) = -e^{-t} + 2e^{-2t}$$

erhalten wir schließlich

$$\underline{\phi}(t) = \begin{bmatrix} \phi_{11}(t) & \phi_{12}(t) \\ \phi_{21}(t) & \phi_{22}(t) \end{bmatrix} = \begin{bmatrix} 2e^{-t} - e^{-2t} & e^{-t} - e^{-2t} \\ -2e^{-t} + 2e^{-2t} & -e^{-t} + 2e^{-2t} \end{bmatrix}.$$

Wählen wir z.B. $y = x_1$, also $\mathbf{c}^T = [1 \quad 0]$ sowie $x_2 = \dot{x}_1 = \dot{y}$ und $d = 0$, dann gilt bei Beachtung der Gln. (III.32c) und (V.68b)

$$y(t) = \mathbf{c}^T \left[\underline{\phi}(t)\,\mathbf{x}(0) + \int_0^t \underline{\phi}(t-\tau)\,\mathbf{b}\,u(\tau)\,d\tau\right].$$

Wenn außerdem $u = 1(t)$ gesetzt wird, folgt daraus, wegen

$$y(t) = [1 \quad 0] \begin{bmatrix} \phi_{11}(t) & \phi_{12}(t) \\ \phi_{21}(t) & \phi_{22}(t) \end{bmatrix} \begin{bmatrix} x_1(0) \\ x_2(0) \end{bmatrix} + \int_0^t [1 \quad 0] \begin{bmatrix} \phi_{11}(t-\tau) & \phi_{12}(t-\tau) \\ \phi_{21}(t-\tau) & \phi_{22}(t-\tau) \end{bmatrix} \begin{bmatrix} 0 \\ 1 \end{bmatrix} d\tau$$

oder

$$y(t) = [2e^{-t} - e^{-2t} \quad e^{-t} - e^{-2t}] \begin{bmatrix} x_1(0) \\ x_2(0) \end{bmatrix} + \int_0^t e^{-(t-\tau)} - e^{-2(t-\tau)} \, d\tau,$$

mit $x_1(0) = y(0)$ und $x_2(0) = \dot{y}(0)$, schließlich der Ausgangsverlauf

- $$y(t) = (2e^{-t} - e^{-2t})\, y(0) + (e^{-t} - e^{-2t})\, \dot{y}(0) + \frac{1}{2} - e^{-t} + \frac{1}{2} e^{-2t}.$$

Wie auch das vorstehende Beispiel verdeutlicht, liegt bei Systemen höherer Ordnung die Schwierigkeit in der Berechnung der inversen Matrix $\underline{\Phi}(s) = (s\mathbf{I} - \mathbf{A})^{-1}$. Zur Berechnung von $\underline{\Phi}(s)$ oder auch unmittelbar $\underline{\phi}(t)$ haben sich einige Verfahren herausgebildet: Sie machen vom *Cayley-Hamiltonschen Theorem,* das besagt, daß jede beliebige quadratische Matrix **A** ihrem eigenen charakteristischen Polynom genügt, sowie von der *Interpolationsformel nach Sylvester* – sie stellt für *Matrizenpolynome* das Analogon zu der bekannten *Lagrangeschen Interpolationsformel* dar – Gebrauch; siehe hierzu z.B. [24], [37], [43] und [89]. Alle diese Verfahren, die auf die geschlossene Darstellung von $\underline{\phi}(t)$ abzielen, *erfordern leider die Berechnung der Eigenwerte.*

Wir wollen noch eine dritte Möglichkeit zur Berechnung von $\underline{\phi}(t)$ betrachten, die von der Realisierung ausgeht und damit im engen Zusammenhang mit dem physikalischen Geschehen steht. Nach Gl. (III.38b) gilt

$$x_i(t) = \sum_{j=1}^{n} \phi_{ij}(t)\, x_j(0) \qquad (i = 1, \dots, n).$$

Im Zustandsdiagramm (Analogrechenschaltung) stellen die Ausgangsgrößen der Integratoren die Zustandsvariablen dar. $x_i(t)$ charakterisiert demnach den Ausgangsverlauf des i-ten Integrators. Wir betrachten nun den Ausgangsverlauf des i-ten Integrators, wenn am ersten Integrator der Anfangswert $x_1(0) = 1$ liegt und die Anfangswerte aller anderen Integratoren Null sind, d.h. $x_2(0) = \dots = x_n(0) = 0$; in diesem Fall ist

$$x_i(t) = \phi_{i1}(t)\, x_1(0) = \phi_{i1}(t).$$

Nach den Ausführungen in Unterabschnitt V.2.1 ist es für den Ausgangsverlauf $x_i(t)$ für $t > 0$ gleichgültig, ob man den Integrator 1 (am Ausgang) mit dem *„Einheits"-Anfangswert* beaufschlagt oder am Eingang des Integrators 1 eine *„Einheits"-Impulsfunktion* $\delta(t)$ anbringt. Allgemein stellt daher $\phi_{ij}(t)$ die *Impulsantwort* des i-ten Integrators dar, wenn am Eingang des j-ten Integrators ein δ-Impuls liegt und alle Integratoren den Anfangswert Null aufweisen (energiefreies System). *$\phi_{ij}(t)$ läßt sich somit auch als Gewichtsfunktion und $\Phi_{ij}(s)$ als Übertragungsfunktion zwischen der i-ten „Ausgangsgröße" und der j-ten „Eingangsgröße" deuten.* Die Übertragungsfunktionen $\Phi_{ij}(s)$ bilden die Elemente der inversen Matrix $\underline{\Phi}(s) = (s\mathbf{I} - \mathbf{A})^{-1}$. Die Zustandsmatrix im Bildbereich $\underline{\Phi}(s)$ kann man somit unmittelbar aus den Zustandsdiagrammen bestimmen.

• **Beispiel V.13:**

Den Gleichungen

$\dot{x}_1 = x_2;$

$\dot{x}_2 = u$

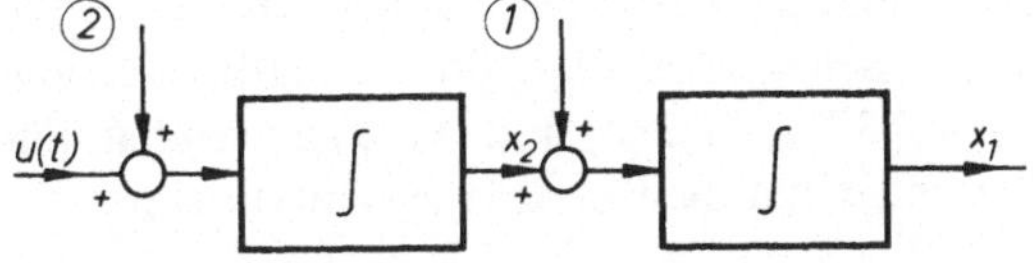

Bild V.21 Zustandsdiagramm zu Beispiel V.13

entspricht das im Bild V.21 gezeichnete Zustandsdiagramm. Allgemein kennzeichnen die *Indizes* der *Zustandsvariablen an den Integratorausgängen* die jeweilige *Ausgangsgröße* „i" und die in *Kreisen angegebenen Zahlen,* die impulsförmige *Eingangsgröße* „j". Aus Bild V.21 ergibt sich somit unmittelbar (für $t > 0$)

$$\phi_{11}(t) = L^{-1}\left\{\frac{1}{s}\right\} = 1 \qquad \phi_{21}(t) = L^{-1}\left\{\frac{1}{s^2}\right\} = t$$

$$\phi_{12}(t) = L^{-1}\left\{0\right\} = 0 \qquad \phi_{22}(t) = L^{-1}\left\{\frac{1}{s}\right\} = 1$$

und damit

$$\underline{\phi}(t) = \begin{bmatrix} 1 & t \\ 0 & 1 \end{bmatrix},$$

was mit dem Ergebnis von Beispiel III.1 übereinstimmt. In diesem Fall ist die Lösung nur deshalb so einfach, da sie sich durch bloße Integration (keine Rückführungen im Zustandsdiagramm) ergibt, was natürlich einen Spezialfall darstellt. •

• **Beispiel V.14:**

Mit Hilfe der Realisierung bestimmen wir wiederum die Fundamentalmatrix des in Beispiel V.12 gegebenen Systems. Die direkte Darstellung führt unmittelbar auf das Zustandsdiagramm in Bild V.22. Da zur Bestimmung der Fundamentalmatrix die Ausgangsgröße y (und auch die Eingangsgröße u) nicht erforderlich ist, ließen wir den Teil weg, der lediglich mit der Ausgangsgröße y zusammenhängt; dies gilt natürlich für alle Realisierungsformen. Denken wir uns in Bild V.22 die Integratoren durch Blöcke

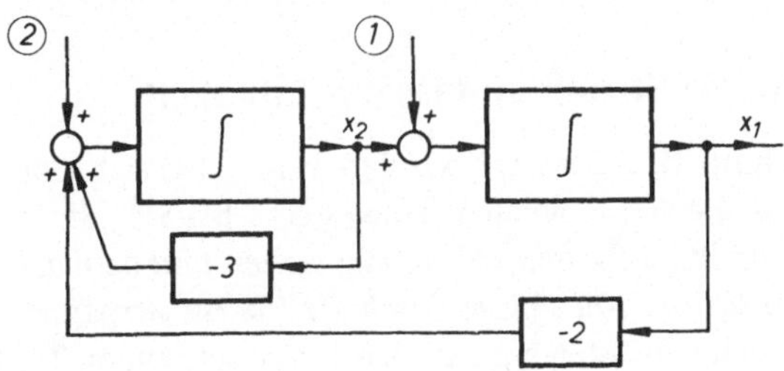

Bild V.22
Zustandsdiagramm zu Beispiel V.14

mit $\frac{1}{s}$ und die Zustandsvariablen durch ihre Bildfunktionen $X_1(s)$ bzw. $X_2(s)$ ersetzt, dann lassen sich auf diese Blockschaltbilddarstellung die üblichen Umformungsregeln Gln. (V.37a), (V.38a) und (V.39) anwenden. Für die jeweiligen Ein- und Ausgangsgrößen finden wir die Übertragungsfunktionen:

$$\Phi_{11}(s) = \frac{\frac{1}{s}}{1+\frac{1}{s}\left[2\frac{1}{s+3}\right]} = \frac{s+3}{s^2+3s+2} = \frac{s+3}{(s+1)(s+2)} \; ;$$

$$\Phi_{12}(s) = \frac{\frac{1}{s+3}\frac{1}{s}}{1+\frac{1}{s}\left[2\frac{1}{s+3}\right]} = \frac{1}{s^2+3s+2} = \frac{1}{(s+1)(s+2)} \; ;$$

$$\Phi_{21}(s) = \frac{-\frac{2}{s}\frac{1}{s+3}}{1+\frac{1}{s}\left[2\frac{1}{s+3}\right]} = \frac{-2}{s^2+3s+2} = \frac{-2}{(s+1)(s+2)} \; ;$$

$$\Phi_{22}(s) = \frac{\frac{1}{s+3}}{1+\frac{1}{s}\left[2\frac{1}{s+3}\right]} = \frac{s}{s^2+3s+2} = \frac{s}{(s+1)(s+2)} \; .$$

Im Bildbereich lautet daher in Übereinstimmung mit Beispiel V.12 die Fundamentalmatrix

$$\underline{\Phi}(s) = (s\mathbf{I} - \mathbf{A})^{-1} = \begin{bmatrix} \frac{s+3}{(s+1)(s+2)} & \frac{1}{(s+1)(s+2)} \\ \frac{-2}{(s+1)(s+2)} & \frac{s}{(s+1)(s+2)} \end{bmatrix} .$$

Die (elementweise) L^{-1}-Transformation, für die man ebenfalls die Pole (Eigenwerte) ermitteln muß, liefert die gesuchte Fundamentalmatrix $\underline{\phi}(t)$.

Anstelle der *Blockschaltbilddarstellung* werden vielfach *Signalflußdiagramme* verwendet, für die sich z.B. nach dem Verfahren von *Mason,* siehe z.B. [22], [24], [89] oder [91], auf schematische Weise die jeweiligen Übertragungsfunktionen bestimmen lassen.

3.4. Übertragungsfunktion und die Steuer- und Beobachtbarkeit

Bei den Ausführungen in Unterabschnitt III.5.3 wiesen wir darauf hin, daß sich jedes lineare, zeitunabhängige System S in die vier möglichen Teilsysteme S^v, S^{nb}, S^{ns} und S^n aufspalten läßt. *Ist daher das betrachtete System vollständig steuer- und beobachtbar, d.h. $S = S^v$, dann wird es eindeutig und vollständig durch die Übertragungsfunktion charakterisiert.* Von dieser Tatsache machten wir öfters im vorausgehenden Text

Gebrauch und wiesen gleichzeitig darauf hin, daß sich in diesem Fall *keine Zähler- und Nennerwurzel gegenseitig herausheben kann.* Auf diesen Zusammenhang wollen wir nachfolgend eingehen.

Daß eine Übertragungsfunktion, bei der sich Zähler- und Nennerwurzeln gegenseitig herauskürzen, das betrachtete reale System nicht vollständig beschreiben kann, ist leicht einzusehen, denn dadurch würde sich ja die Ordnung des (homogenen) Systems verringern. So ist z.B. das in Bild V.12 dargestellte System von zweiter Ordnung; es gehorcht den Zustandsgleichungen

$$\dot{x}_1 = x_2 ,$$

$$\dot{x}_2 = abx_1 - (b - a)\, x_2 + u \qquad (u \equiv x_e)$$

und

$$y = -\, ax_1 + x_2 \qquad (y \equiv x_a).$$

Die zugehörige Übertragungsfunktion

$$\frac{Y(s)}{U(s)} = \frac{s-a}{(s-a)(s+b)} = \frac{1}{s+b}$$

ist jedoch von erster Ordnung. Das Gesamtsystem kann demnach nicht vollständig steuer- und beobachtbar sein und zwar ist es nach Satz III.2 wegen

$$\det \mathbf{Q} = \det [\mathbf{c} \quad \mathbf{A}^T \mathbf{c}] = \det \begin{bmatrix} -a & ab \\ 1 & -b \end{bmatrix} = 0$$

nicht beobachtbar. Dies läßt sich in diesem Fall auch unmittelbar erkennen, da die herausgekürzte „Eigenbewegung" am Ausgang nicht auftritt.

Allgemein gilt nach den Gln. (V.71) für *eine* Eingangs- und Ausgangsgröße

$$\mathbf{X}(s) = (s\mathbf{I} - \mathbf{A})^{-1}\, \mathbf{x}(0) + (s\mathbf{I} - \mathbf{A})^{-1}\, \mathbf{b}\, U(s) \tag{V.71 a}$$

und

$$Y(s) = \mathbf{c}^T\, (s\mathbf{I} - \mathbf{A})^{-1}\, \mathbf{x}(0) + \mathbf{c}^T\, (s\mathbf{I} - \mathbf{A})^{-1}\, \mathbf{b}\, U(s) + d\, U(s), \tag{V.71 b}$$

dabei ist $(s\mathbf{I} - \mathbf{A})^{-1}\mathbf{b}$ ein *n-dimensionaler Spaltenvektor, dessen Komponenten echt gebrochene rationale Funktionen von* s *darstellen;* dies läßt sich in der Form

$$\underline{\Phi}(s)\, \mathbf{b} = (s\mathbf{I} - \mathbf{A})^{-1}\mathbf{b} = \begin{bmatrix} \frac{A_{11}(s)}{\Delta(s)} & \cdots & \frac{A_{1n}(s)}{\Delta(s)} \\ \cdot & \cdot\;\cdot\;\cdot & \cdot \\ \frac{A_{n1}(s)}{\Delta(s)} & \cdots & \frac{A_{nn}(s)}{\Delta(s)} \end{bmatrix} \begin{bmatrix} b_1 \\ \vdots \\ b_n \end{bmatrix} = \begin{bmatrix} \frac{P_1(s)}{\Delta s} \\ \vdots \\ \frac{P_n(s)}{\Delta(s)} \end{bmatrix} \tag{V.89 a}$$

ausdrücken, wobei $P_i(s) = \sum_{k=1}^{n} b_i A_{ik}(s)$ $(i = 1, 2, \dots, n)$ *Polynome* in s, $A_{ik}(s)$ die *Elemente der (adjungierten) Matrix* $\operatorname{adj}(s\mathbf{I} - \mathbf{A})$ und $\Delta(s) = \det(s\mathbf{I} - \mathbf{A})$ bedeuten. Entsprechend ist $\mathbf{c}^T(s\mathbf{I} - \mathbf{A})^{-1}$ ein *n-dimensionaler Zeilenvektor, dessen Komponenten ebenfalls echt gebrochene rationale Funktionen von s darstellen;* in

$$\mathbf{c}^T \underline{\Phi}(s) = \mathbf{c}^T (s\mathbf{I} - \mathbf{A})^{-1} = \begin{bmatrix} \frac{Q_1(s)}{\Delta(s)} & \dots & \frac{Q_n(s)}{\Delta(s)} \end{bmatrix} \tag{V.89b}$$

sind die $Q_i(s)$ $(i = 1, 2, \dots, n)$ wiederum *Polynome* in s.

Wir wollen nun folgende Vereinbarung treffen: Tritt in *keiner* der Komponenten des Vektors $\underline{\Phi}(s)\,\mathbf{b}$ bzw. $\mathbf{c}^T \underline{\Phi}(s)$ eine *gemeinsame Zähler- und Nennerwurzel* auf, d.h. $P_1(s)$ bis $P_n(s)$ bzw. $Q_1(s)$ bis $Q_n(s)$ haben *keinen gemeinsamen Faktor* mit $\Delta(s)$, dann sagen wir der betreffende Vektor sei *„kürzungsfrei"* oder in dem *Vektor treten keine „Kürzungen"* auf.

Aus Gl. (V.71 a) läßt sich nun, da die Komponenten von $\mathbf{X}(s)$ die Zustandsvariablen und $U(s)$ die Eingangsgröße charakterisieren, rein intuitiv der folgende Schluß ziehen. Treten in $(s\mathbf{I} - \mathbf{A})^{-1}\mathbf{b}$ Kürzungen auf, dann ist das betrachtete System S wegen der *„herausgekürzten Eigenbewegung" nicht vollständig steuerbar.* Analog folgt aus Gl. (V.71 b), da die Komponenten von $\mathbf{x}(0)$ die Anfangswerte der Zustandsvariablen und $Y(s)$ die Ausgangsgröße charakterisieren, ebenfalls rein intuitiv der Schluß: Treten in $\mathbf{c}^T(s\mathbf{I} - \mathbf{A})^{-1}$ Kürzungen auf, dann ist die *„herausgekürzte Eigenbewegung"* in der Ausgangsgröße *nicht beobachtbar.*

Exakter wird dieser Sachverhalt durch die beiden folgenden Sätze, die eine notwendige und hinreichende Bedingung für die Steuer- bzw. Beobachtbarkeit darstellen, ausgedrückt. Wir wollen die beiden Sätze nicht beweisen; siehe hierzu [20] und [92].

Satz V.10: Das System S ist dann und nur dann vollständig steuerbar, wenn der Spaltenvektor $(s\mathbf{I} - \mathbf{A})^{-1}\mathbf{b}$ keine Kürzungen aufweist.

Satz V.11: Das System S ist dann und nur dann vollständig beobachtbar, wenn der Zeilenvektor $\mathbf{c}^T(s\mathbf{I} - \mathbf{A})^{-1}$ keine Kürzungen aufweist.

Um zu zeigen, daß sich bei einem vollständig steuer- und beobachtbaren System S in der entsprechenden Übertragungsfunktion

$$\frac{Y(s)}{U(s)} = \mathbf{c}^T (s\mathbf{I} - \mathbf{A})^{-1}\mathbf{b} \qquad (m < n)$$

keine Zähler- gegen Nennerwurzel heraushebt, gehen wir von der Darstellung Gl. (V.79) aus. Ein in dieser Darstellung gegebenes System fällt immer vollständig steuerbar aus. Dies läßt sich einmal aus dem zugehörigen Zustandsdiagramm ersehen. Andererseits nimmt, wie wir nachfolgend zeigen, die (in Satz III.1 angegebene) det $\mathbf{S}$ nur entweder den Wert $+1$ oder -1 an. Nach Gl. (V.79 a) wird mit $q = n - 2$ und $r = n - 1$

$$\mathbf{b} = \begin{bmatrix} 0 \\ 0 \\ \cdot \\ \cdot \\ \cdot \\ 0 \\ 0 \\ 1 \end{bmatrix}, \mathbf{A}\,\mathbf{b} = \begin{bmatrix} 0 \\ 0 \\ \cdot \\ \cdot \\ \cdot \\ 0 \\ 1 \\ a_{n2} \end{bmatrix}, \mathbf{A}^2\mathbf{b} = \begin{bmatrix} 0 \\ 0 \\ \cdot \\ \cdot \\ \cdot \\ 1 \\ a_{r3} \\ a_{n3} \end{bmatrix}, \ldots, \mathbf{A}^{n-2}\mathbf{b} = \begin{bmatrix} 0 \\ 1 \\ \cdot \\ \cdot \\ \cdot \\ a_{qr} \\ a_{rr} \\ a_{nr} \end{bmatrix} \quad \text{und } \mathbf{A}^{n-1}\mathbf{b} = \begin{bmatrix} 1 \\ a_{2n} \\ \cdot \\ \cdot \\ \cdot \\ a_{qn} \\ a_{rn} \\ a_{nn} \end{bmatrix},$$

wobei die Elemente a_{ik} aus der letzten Spalte der Matrizen $\mathbf{A}^{k-1}$ $(k = 2, \ldots, n)$ resultieren. **S** stellt demnach eine *Dreiecksmatrix* dar, deren Form aus der

$$\det \mathbf{S} = \begin{vmatrix} 0 & 0 & 0 & \cdots & 0 & 1 \\ 0 & 0 & 0 & \cdots & 1 & a_{2n} \\ \cdot & \cdot & \cdot & \cdots & \cdot & \cdot \\ 0 & 0 & 1 & \cdots & a_{qr} & a_{qn} \\ 0 & 1 & a_{r3} & \cdots & a_{rr} & a_{rn} \\ 1 & a_{n2} & a_{n3} & \cdots & a_{nr} & a_{nn} \end{vmatrix}$$

hervorgeht. Sie ist identisch mit der mit $(-1)^n$ multiplizierten $(n-1)$-reihigen Unterdeterminante, die durch Streichen der n – ten Zeile und der 1. Spalte hervorgeht. Gehen wir entsprechend bei der $(n-1)$-reihigen Unterdeterminante vor, so liefert dies eine $(n-2)$-reihige Unterdeterminante; so fortfahrend gelangen wir zu der 2-reihigen Determinante mit dem Wert -1, woraus stets $\det \mathbf{S} \neq 0$ folgt.

Ist das System auch vollständig beobachtbar, so muß nach Satz V.11

$$\mathbf{c}^T (s\mathbf{I} - \mathbf{A})^{-1} = \begin{bmatrix} \dfrac{Q_1(s)}{\Delta(s)} & \cdots & \dfrac{Q_n(s)}{\Delta(s)} \end{bmatrix} \tag{V.89b}$$

kürzungsfrei sein. Dann kann auch die Übertragungsfunktion

$$\mathbf{c}^T (s\mathbf{I} - \mathbf{A})^{-1}\mathbf{b} = \begin{bmatrix} \dfrac{Q_1(s)}{\Delta(s)} & \cdots & \dfrac{Q_n(s)}{\Delta(s)} \end{bmatrix} \begin{bmatrix} 0 \\ 0 \\ \cdot \\ \cdot \\ \cdot \\ 0 \\ 1 \end{bmatrix} = \frac{Q_n(s)}{\Delta(s)}$$

keinen gemeinsamen Faktor besitzen. Da aber nach Abschnitt V.3.1 die Übertragungsfunktion eines Systems S unabhängig von der Wahl der Zustandsvariablen (bzw. des Zustandsdiagrammes) ist, gilt diese Betrachtung für alle Darstellungen mit $m < n$.

Allgemein, also auch im Falle m = n, kann man folgendermaßen schließen. Ist das durch Gln. (V.68) gegebene System n-ter Ordnung vollständig steuer- und beobachtbar, dann muß auch die Übertragungsfunktion von n-ter Ordnung sein, also n Pole aufweisen. Da aber nach der vorausgehenden Ableitung die adjungierte Matrix von $(s\mathbf{I}-\mathbf{A})$ und damit auch alle $P_i(s)$ sowie $Q_i(s)$ Polynome in s darstellen, besitzen sie im Endlichen keine Pole. Die im Endlichen gelegenen Pole der Elemente der Gln. (V.89) ergeben sich demnach aus den Nullstellen von $\Delta(s) = \det(s\mathbf{I}-\mathbf{A})$. Falls keine Kürzungen auftreten, sind diese jedoch mit den Eigenwerten der Matrix $\mathbf{A}$ identisch, siehe Unterabschnitt III.4.4. Die entsprechende Übertragungsfunktion

$$\mathbf{c}^T(s\mathbf{I}-\mathbf{A})^{-1}\mathbf{b} + d = \frac{1}{\Delta(s)}\,[b_1Q_1(s) + b_2Q_2(s) + \ldots + b_nQ_n(s)] + d = \frac{Z(s)}{\Delta(s)},$$

mit dem Polynom $Z(s)$, ist aber dann und nur dann von n-ter Ordnung, wenn $Z(s)$ und $\Delta(s)$ kürzungsfrei sind.

Es ist jedoch, wie schon mehrfach erwähnt, darauf zu achten, daß zusammengesetzte Systeme, deren Einzelsysteme alle vollständig steuer- und beobachtbar sind, nicht diese Eigenschaften besitzen müssen. Im nachfolgenden Beispiel sind die *Einzelsysteme vollständig steuer- und beobachtbar, aber die vollständige Steuerbarkeit bzw. Beobachtbarkeit des Gesamtsystems geht verloren.*

• **Beispiel V.15:**

Die beiden Einzelsysteme

System 1: $\dot{x}_1 = -x_1 + u_1;\quad y_1 = x_1 + u_1$

System 2: $\dot{x}_2 = -2x_2 + u_2;\quad y_2 = x_2 - 2u_2$

werden durch Zusammenschaltung der Ausgangsgröße des Systems 1 mit der Eingangsgröße des Systems 2 *(Reihenschaltung)* zu einem (Gesamt-) System verbunden, d.h. $y_1 = u_2$; die Ausgangsgröße sei $y = y_2 = x_2 - 2u_2$, dann gilt:

$$\dot{x}_1 = -x_1 + u_1\,,\qquad \dot{x}_2 = -2x_2 + u_2 = -2x_2 + x_1 + u_1$$

oder

$$\begin{bmatrix}\dot{x}_1\\ \dot{x}_2\end{bmatrix} = \begin{bmatrix}-1 & 0\\ 1 & -2\end{bmatrix}\begin{bmatrix}x_1\\ x_2\end{bmatrix} + \begin{bmatrix}1\\ 1\end{bmatrix}u_1$$

und

$$y = x_2 - 2u_2 = x_2 - 2x_1 - 2u_1$$

und

$$y = [-2 \quad 1]\begin{bmatrix}x_1\\ x_2\end{bmatrix} - 2u_1\,.$$

Das *Gesamtsystem* ist nach Satz III.1 wegen

$$\det\mathbf{S} = \det[\mathbf{b}\ \ \mathbf{Ab}] = \det\begin{bmatrix}1 & -1\\ 1 & -1\end{bmatrix} = 0$$

nicht vollständig steuerbar.

Die Gesamtübertragungsfunktion

$$\frac{Y(s)}{U_1(s)} = \frac{-2(s+\frac{2}{3})}{s+1}$$

besitzt ein Nennerpolynom erster Ordnung, was auf ein System 1. Ordnung schließen ließe. Kürzt man jedoch in der komplexen Übertragungsfunktion den Faktor $(s+2)$ nicht heraus und stellt mit diesem Ausdruck das Zustandsdiagramm auf, dann liefert dieses eine Realisierung mit zwei Integratoren. Nach den Ausführungen in Unterabschnitt II.10.3 handelt es sich wegen

$$\begin{vmatrix} a_{11} & a_{12} \\ a_{21} & a_{22} \end{vmatrix} = \begin{vmatrix} 1 & 0 \\ 0 & 1 \end{vmatrix} = 1$$

um ein System 2. Ordnung.

Das *Gesamtsystem ist jedoch vollständig beobachtbar,* da die

$$\det \mathbf{Q} = \det [\mathbf{c} \quad \mathbf{A}^T \mathbf{c}] = \begin{vmatrix} -2 & 3 \\ 1 & -2 \end{vmatrix},$$

● wie in Satz III.3 gefordert, ungleich Null ausfällt.

● **Beispiel V.16:**

Werden hingegen die beiden Einzelsysteme

System 1: $\dot{x}_1 = -x_1 + u_1$ und System 2: $\dot{x}_2 = -x_2 + u_2$

$y_1 = x_1$ $\qquad y_2 = x_2$

durch Subtraktion der Ausgangsgrößen *(Parallelschaltung)* zu einem (Gesamt-) System verbunden, d.h. $y = x_1 - x_2$, dann gilt, wenn wir zuerst eine gemeinsame Eingangsgröße $(u_1 = u_2 = u)$ zugrundelegen

$$\dot{x}_1 = -x_1 + u, \qquad \begin{bmatrix} \dot{x}_1 \\ \dot{x}_2 \end{bmatrix} = \begin{bmatrix} -1 & 0 \\ 0 & -1 \end{bmatrix} \begin{bmatrix} x_1 \\ x_2 \end{bmatrix} + \begin{bmatrix} 1 \\ 1 \end{bmatrix} u$$

$$\dot{x}_2 = -x_2 + u$$

und oder und

$$y = x_1 - x_2 \qquad y = [1 \quad -1] \begin{bmatrix} x_1 \\ x_2 \end{bmatrix}.$$

Da sich beide Eigenbewegungen gegenseitig herausheben, ist das Gesamtsystem nach Satz III.3 nicht vollständig beobachtbar, da

$$\det \mathbf{Q} = \det [\mathbf{c} \quad \mathbf{A}^T \mathbf{c}] = \begin{vmatrix} 1 & -1 \\ -1 & +1 \end{vmatrix} = 0$$

ist. Die Gl. (V.73) liefert die Gesamtübertragungsfunktion

$$\frac{Y(s)}{U(s)} = [1 \quad -1] \begin{bmatrix} \frac{s+1}{(s+1)(s+1)} & 0 \\ 0 & \frac{s+1}{(s+1)(s+1)} \end{bmatrix} \begin{bmatrix} 1 \\ 1 \end{bmatrix} .$$

Bei einer *gemeinsamen Eingangsgröße* ist das *Gesamtsystem* wegen

$$\det \mathbf{S} = \det [\mathbf{b} \quad \mathbf{A}\mathbf{b}] = \begin{vmatrix} 1 & -1 \\ 1 & -1 \end{vmatrix} = 0$$

auch *nicht vollständig steuerbar.*

Liegen hingegen zwei getrennte Eingangsgrößen u_1 und u_2 vor, dann ist natürlich das System

$$\begin{bmatrix} \dot{x}_1 \\ \dot{x}_2 \end{bmatrix} = \begin{bmatrix} -1 & 0 \\ 0 & -1 \end{bmatrix} \begin{bmatrix} x_1 \\ x_2 \end{bmatrix} + \begin{bmatrix} 1 & 0 \\ 0 & 1 \end{bmatrix} \begin{bmatrix} u_1 \\ u_2 \end{bmatrix} \quad \text{und} \quad y = [1 \quad -1] \begin{bmatrix} x_1 \\ x_2 \end{bmatrix}$$

zwar wiederum *nicht vollständig beobachtbar,* aber nach Satz III.2 *vollständig steuerbar,* da die Matrix

$$\mathbf{S} = \begin{bmatrix} 1 & 0 & -1 & 0 \\ 0 & 1 & 0 & -1 \end{bmatrix}$$

den *Rang* 2 besitzt; wie in Beispiel V.15 erläutert, handelt es sich auch hier um ein Gesamtsystem 2. Ordnung. •

Wie aus dem nachfolgenden Abschnitt hervorgeht, ist die Tatsache, daß zusammengesetzte Systeme nicht vollständig steuer- und beobachtbar zu sein brauchen, auch wenn das für die Einzelsysteme zutrifft, besonders bei den Mehrgrößenregelsystemen zu beachten. Diese fallen im allgemeinen wesentlich umfangreicher als die Eingrößenregelsysteme aus, wodurch die Ergebnisse nicht so einfach überblickbar sind.

4. Mehrgrößenregelsysteme

Besitzt ein reales System mehrere Ausgangsgrößen (Regelgrößen), so sprechen wir von einem Mehrgrößen(-regel)-System; vielfach werden sie auch Mehrfachregelsysteme genannt. Aus den Gln. (III.15c) und (III.16b) folgt für die p Ausgangsgrößen $y_1, y_2, \ldots, y_p$ und die q Eingangsgrößen $u_1, u_2, \ldots, u_q$ die Beziehung

$$\dot{\mathbf{x}}(t) = \mathbf{A}\mathbf{x}(t) + \mathbf{B}\mathbf{u}(t) \quad \text{und} \tag{V.90a}$$

$$\mathbf{y}(t) = \mathbf{C}\mathbf{x}(t) + \mathbf{D}\mathbf{u}(t) \tag{V.90b}$$

mit der n, n-Systemmatrix **A**, wobei n (bei Minimalrealisierungen) die Ordnung des Systems angibt, der n, q-Eingangsmatrix **B**, der p, n-Ausgangsmatrix **C** sowie der p, q-Durchgangsmatrix **D**. Für reale Systeme ist q und p $\leqslant$ n, d.h. die Anzahl sowohl der Eingangs- als auch der Ausgangsgrößen ist kleiner oder höchstens gleich der Ordnung des Systems.

Die (formale) *L*-Transformation der Gln. (V.90) liefert im Bildbereich die Beziehungen

$$s\mathbf{X}(s) - \mathbf{x}(0) = \mathbf{A}\mathbf{X}(s) + \mathbf{B}\mathbf{U}(s) \tag{V.91a}$$

sowie

$$\mathbf{Y}(s) = \mathbf{C}\mathbf{X}(s) + \mathbf{D}\mathbf{U}(s). \tag{V.91b}$$

Aus Gl. (V.91a) folgt

$$\mathbf{X}(s) = (s\mathbf{I} - \mathbf{A})^{-1}\,\mathbf{B}\mathbf{U}(s) + (s\mathbf{I} - \mathbf{A})^{-1}\,\mathbf{x}(0),$$

das in Gl. (V.91b) eingesetzt, zu der Gleichung

$$\mathbf{Y}(s) = \mathbf{C}(s\mathbf{I} - \mathbf{A})^{-1}\,\mathbf{x}(0) + \mathbf{C}(s\mathbf{I} - \mathbf{A})^{-1}\,\mathbf{B}\mathbf{U}(s) + \mathbf{D}\mathbf{U}(s) \tag{V.92a}$$

führt. Ein energiefreies System wird daher durch

$$\mathbf{Y}(s) = \mathbf{C}(s\mathbf{I} - \mathbf{A})^{-1}\,\mathbf{B}\mathbf{U}(s) + \mathbf{D}\mathbf{U}(s) = \mathbf{G}(s)\,\mathbf{U}(s) \tag{V.92b}$$

mit $\mathbf{G}(s) = \mathbf{C}(s\mathbf{I} - \mathbf{A})^{-1}\,\mathbf{B} + \mathbf{D}$ beschrieben.

Da es sich bei der Gleichung

$$\mathbf{Y}(s) = \mathbf{G}(s)\,\mathbf{U}(s)$$

um eine *Matrizengleichung* handelt, darf natürlich die *Multiplikationsreihenfolge nicht vertauscht werden;* dies macht sofort die Darstellung

$$\begin{bmatrix} Y_1(s) \\ \cdot \\ \cdot \\ \cdot \\ Y_p(s) \end{bmatrix} = \begin{bmatrix} G_{11}(s) \ldots G_{1q}(s) \\ \\ \cdot \;\; \cdot \;\; \cdot \;\; \cdot \;\; \cdot \;\; \cdot \\ \\ G_{p1}(s) \ldots G_{pq}(s) \end{bmatrix} \begin{bmatrix} U_1(s) \\ \cdot \\ \cdot \\ \cdot \\ U_q(s) \end{bmatrix} \tag{V.92c}$$

deutlich. Bei *umfangreichen Umformungen* ist es daher sehr ratsam, immer die *Verträglichkeit der Multiplikation* aufgrund der *Dimensionen der Matrizen* zu prüfen; außerdem erleichtert es, z.B. bei der folgenden Synthese, den Zusammenhang der Gleichungssysteme zu erfassen. Wie aus Gl. (V.92c) hervorgeht, stellt $G_{11}(s)$ die (komplexe) Übertragungsfunktion zwischen der Ausgangsgröße $Y_1(s)$ und der Eingangsgröße $U_1(s)$ dar. Allgemein charakterisiert demnach $G_{ik}(s)$ die Übertragungsfunktion zwischen der i-ten Ausgangsgröße $Y_i(s)$ und der k-ten Eingangsgröße $U_k(s)$. Entsprechend gilt unter Beachtung der Voraussetzungen in Unterabschnitt IV.6.2 im Zeitbereich

$$\mathbf{y}(t) = \mathbf{g}(t) * \mathbf{u}(t) \tag{V.93a}$$

oder

$$\begin{bmatrix} y_1(t) \\ \cdot \\ \cdot \\ y_p(t) \end{bmatrix} = \int_0^t \begin{bmatrix} g_{11}(t-\tau) \dots g_{1q}(t-\tau) \\ \cdot\ \cdot\ \cdot\ \cdot\ \cdot\ \cdot\ \cdot\ \cdot \\ g_{p1}(t-\tau) \dots g_{pq}(t-\tau) \end{bmatrix} \begin{bmatrix} u_1(\tau) \\ \cdot \\ \cdot \\ u_q(\tau) \end{bmatrix} d\tau =$$

$$= \begin{bmatrix} \int_0^t g_{11}(t-\tau)\, u_1(\tau)\, d\tau \ \dots \int_0^t g_{1q}(t-\tau)\, u_q(\tau)\, d\tau \\ \cdot\ \cdot\ \cdot\ \cdot\ \cdot\ \cdot\ \cdot\ \cdot\ \cdot\ \cdot\ \cdot\ \cdot\ \cdot\ \cdot \\ \int_0^t g_{p1}(t-\tau)\, u_1(\tau)\, d\tau \ \dots \int_0^t g_{pq}(t-\tau)\, u_q(\tau)\, d\tau \end{bmatrix} . \tag{V.93b}$$

Die Elemente $g_{ik}(t)$ der *Impulsantwort-Matrix* stellen den *zeitlichen Verlauf* der *i-ten Ausgangsgröße* eines *energiefreien Systems* dar; wenn der *k-te Eingang* mit einer *Einheits-Impulsfunktion* beaufschlagt wird $(\mathbf{D} = \mathbf{0})$.

Ähnlich, wie bei den Systemen mit einer Eingangs- und Ausgangsgröße, lassen sich die Beziehungen Gln. (V.92b), (V.92c) und (V.93) mittels des Blockschaltbildes V.23 darstellen.

Die beiden Beschreibungsformen, nämlich der *Darstellung durch Zustandsveränderliche* und durch die (komplexe) *Übertragungsmatrix*, sind *dann und nur dann identisch*, wenn ein *vollständig steuer- und beobachtbares System* vorliegt. Die Bedingungen hierfür wurden in Abschnitt III.5 abgeleitet und gehen aus den Sätzen III.2 und III.4 her-

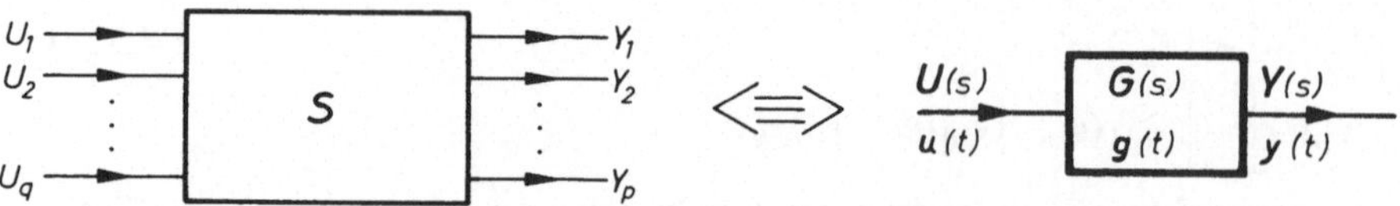

Bild V.23. Blockschaltbilddarstellung eines Mehrgrößensystems

vor. Die Übertragungsmatrix **G**(s) charakterisiert daher wiederum nur den *vollständig steuer- und beobachtbaren Teil des entsprechenden Systems S =* {**A, B, C, D**}.

Für Systeme mit einer Eingangs- und einer Ausgangsgröße stellt die Übertragungsfunktion $G(s) = \frac{Y(s)}{U(s)}$ einen skalaren Ausdruck dar, der im allgemeinen ein Nennerpolynom von höherem als 1. Grade aufweist, d.h. der Zusammenhang wird im Zeitbereich durch eine Dgl. höherer als 1. Ordnung beschrieben. Genauso besitzen häufig die Übertragungsfunktionen, die durch die Elemente $G_{ik}(s) = \frac{Y_i(s)}{U_k(s)}$ dargestellt werden, Nennerpolynome von höherem als 1. Grade, d.h. der Zusammenhang zwischen der i-ten Ausgangsgröße und der k-ten Eingangsgröße wird im Zeitbereich durch eine Dgl. höherer als 1. Ordnung gekennzeichnet. Man beachte also, daß es sich bei der *Matrizendarstellung* Gl. (V.92b) bzw. (V.92c) *nicht* um die *Darstellung der Zustandsgleichungen im Bildbereich* handeln kann. Hat das betrachtete System n **Zustandsvariable**, $q \leqslant n$ Eingangsgrößen und $p \leqslant n$ Ausgangsgrößen, so handelt es sich bei **A** um eine n, n-Matrix, während die Matrix **G**(s) wegen $pq \leqslant nn$ meist eine geringere Anzahl von Elementen aufweist, was gelegentlich von Vorteil sein kann.

4.1. Das Klemmenverhalten

Wie bei den Systemen mit einer Eingangs- und einer Ausgangsgröße, führt die Darstellung durch Übertragungsmatrizen auf algebraische Beziehungen, die eine unmittelbare Verbindung zur Struktur (Blockschaltbilddarstellung) des betrachteten realen Systems besitzen. Im Bildbereich kann man somit nach den Gesetzen der Matrixalgebra rechnen.

Im allgemeinen Fall unterscheidet sich jedoch die Anzahl der Eingangsgrößen q von der der Ausgangsgrößen p. Bei einem linearen Regelkreis wird man daher fordern, wie in Bild V.24 angegeben, daß jede Variable y_i (i = 1, 2, ... , q) eine Kombination von allen z_i (i = 1, 2, ... , q) und x_j (j = 1, 2, ... , p) darstellt. Der Regler **R** möge daher durch die Gleichungen

$$\begin{aligned} Y_1 &= H_{11} Z_1 + H_{12} Z_2 + \ldots + H_{1q} Z_q + K_{11} X_1 + K_{12} X_2 + \ldots + K_{1p} X_p; \\ Y_2 &= H_{21} Z_1 + H_{22} Z_2 + \ldots + H_{2q} Z_q + K_{21} X_1 + K_{22} X_2 + \ldots + K_{2p} X_p; \\ &\cdots \\ Y_q &= H_{q1} Z_1 + H_{q2} Z_2 + \ldots + H_{qq} Z_q + K_{q1} X_1 + K_{q2} X_2 + \ldots + K_{qp} X_p \end{aligned}$$

beschrieben werden; dabei sind die Größen Y_i, H_{ij} und X_k (i und j = 1, ... , q; k = 1, ... , p) Funktionen der komplexen Variablen s.

In Matrizenform hat die obige Gleichung mit der q, q-Matrix H(s) und der q, p-Matrix **K**(s) die Form

$$\mathbf{Y}(s) = \mathbf{H}(s)\,\mathbf{Z}(s) + \mathbf{K}(s)\,\mathbf{X}(s). \qquad \text{(V.94a)}$$

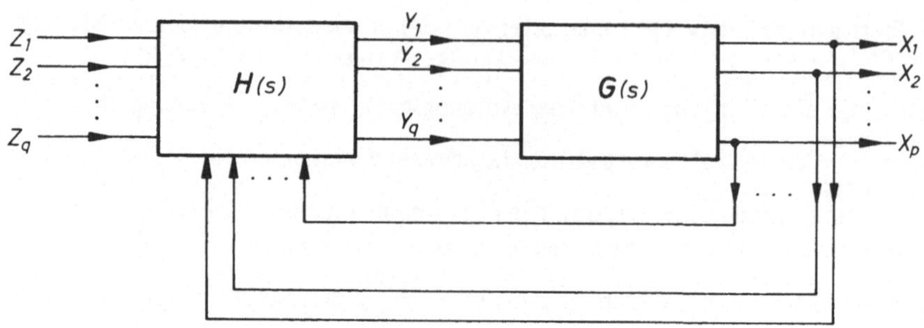

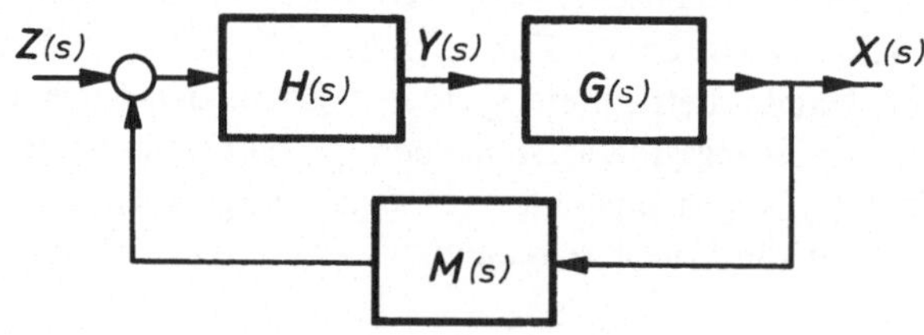

Bild V.24. Blockschaltbild eines Mehrgrößenregelkreises

Formell läßt sich die Gl. (V.94a) z.B. in

$$\mathbf{Y}(s) = \mathbf{H}(s)\,\mathbf{Z}(s) + \mathbf{H}(s)\,\mathbf{M}(s)\,\mathbf{X}(s) = \mathbf{H}(s)\,[\mathbf{Z}(s) + \mathbf{M}(s)\,\mathbf{X}(s)] \qquad \text{(V.94b)}$$

aufspalten, wobei $\mathbf{M}(s)$ eine q, p-Matrix darstellt; siehe Bild V.24. Berücksichtigen wir noch die Beziehung

$$\mathbf{X}(s) = \mathbf{G}(s)\,\mathbf{Y}(s),$$

so ergibt sich mit Gl. (V.94b) für den Regelkreis nach Bild V.24 die Beziehung

$$\mathbf{X}(s) = \mathbf{G}(s)\,\mathbf{H}(s)\,\mathbf{Z}(s) + \mathbf{G}(s)\,\mathbf{H}(s)\,\mathbf{M}(s)\,\mathbf{X}(s),$$

woraus schließlich

$$\mathbf{X}(s) = [\mathbf{I} - \mathbf{G}(s)\,\mathbf{H}(s)\,\mathbf{M}(s)]^{-1}\,\mathbf{G}(s)\,\mathbf{H}(s)\,\mathbf{Z}(s) \qquad \text{(V.95)}$$

für den Regelkreis folgt, vorausgesetzt die p, p-Matrix $[\mathbf{I} - \mathbf{G}(s)\,\mathbf{H}(s)\,\mathbf{M}(s)]$ ist *nichtsingulär.* Die Beziehung zwischen der Eingangsgröße $\mathbf{Z}(s)$ und der Ausgangsgröße $\mathbf{X}(s)$ wird also durch die Übertragungsmatrix des geschlossenen Kreises

$$\mathbf{G}_K(s) = [\mathbf{I} - \mathbf{G}(s)\,\mathbf{H}(s)\,\mathbf{M}(s)]^{-1}\,\mathbf{G}(s)\,\mathbf{H}(s) \qquad \text{(V.96a)}$$

bestimmt; die obige Gl. (V.96a) eignet sich besonders für die *Analyse* von Mehrgrößenregelsystemen.

Wird hingegen nach dem Regler gefragt, der bei einer gegebenen Regelstrecke auf ein gewünschtes Übertragungsverhalten des Mehrgrößenregelkreises führt *(Synthese)*, so ist die Darstellung Gl. (V.96 a) ungünstig, da die gesuchten Größen in der inversen Matrix auftreten. Wir multiplizieren deshalb die Gl. (V.96 a) mit $[\mathbf{I} - \mathbf{G}(s)\,\mathbf{H}(s)\mathbf{M}(s)]$ von links, was auf

$$\mathbf{G}_K(s) - \mathbf{G}(s)\,\mathbf{H}(s)\,\mathbf{M}(s)\,\mathbf{G}_K(s) = \mathbf{G}(s)\,\mathbf{H}(s)$$

oder

$$\mathbf{G}_K(s) = \mathbf{G}(s)\,\mathbf{H}(s)\,[\mathbf{I} + \mathbf{M}(s)\,\mathbf{G}_K(s)] = \mathbf{G}(s)\,\mathbf{H}(s) + \mathbf{G}(s)\,\mathbf{K}(s)\,\mathbf{G}_K(s) \qquad \text{(V.96b)}$$

führt. Das *Syntheseproblem* besteht also darin, aus Gl. (V.96 b) den Regler abzuleiten, der das gewünschte Systemverhalten $\mathbf{G}_K(s)$ liefert; es wird in Gl. (V.96 b) durch die beiden unbekannten Matrizen $\mathbf{H}(s)$ und $\mathbf{K}(s)$ charakterisiert. Soll Gl. (V.96 b) erfüllt sein, dann müssen die Elemente der Matrix auf der linken Seite mit denen der Matrix auf der rechten Seite des Gleichheitszeichens identisch sein. Da $\mathbf{G}_K(s)$ von Typ q, p ist, handelt es sich um ein System von q p Gleichungen. Die Anzahl der (unbekannten) Elemente von $\mathbf{H}(s)$ und $\mathbf{K}(s)$ sind jedoch $q^2 + q\,p$. Die Gl. (V.96 b) stellt demnach ein Gleichungssystem von q p Gleichungen mit $q^2 + q\,p$ Unbekannten dar. Um dieses Gleichungssystem lösen zu können, müssen zwangsweise q^2 Gleichungen hinzugefügt werden; die Lösung ist somit *nicht eindeutig.* Diese q^2 Gleichungen lassen sich zwar *prinzipiell willkürlich festlegen, aber zweckmäßigerweise wird man sie aufgrund von physikalischen Überlegungen bzw. Fragen der physikalischen Realisierbarkeit auswählen.* Die mathematische Lösbarkeit bietet natürlich keinerlei Gewähr für die physikalische Realisierbarkeit des so ermittelten Reglers; sie führt z.B. bei den gesuchten Matrizen $\mathbf{H}(s)$ und $\mathbf{K}(s)$ auf Elemente, die unecht gebrochene rationale Funktionen in s mit einem höheren Zähler- als Nennerpolynomgrad darstellen.

Aus dieser Betrachtung lassen sich einige grundsätzliche Aussagen für die Untersuchung von Mehrgrößenregelkreisen machen.

a) Die physikalische Realisierbarkeit ist bei den Syntheseverfahren stets zu beachten. Die Synthese erfordert daher eine besonders enge Bindung zu dem wirklichen physikalischen Geschehen.

b) Bei Mehrgrößenregelungen kommt es nicht nur auf das Verhalten zwischen den Eingangs- und Ausgangsgrößen (Klemmenverhalten) an, sondern im besonderen Maße auf die innere Struktur (Kopplungen) des zu entwerfenden Systems; diese Tatsache erschwert den Entwurf umfangreicher Systeme erheblich.

c) Im allgemeinen Fall führen Systeme mit rechteckigen Übertragungsmatrizen ($q \neq p$) auf nichteindeutige lösbare Regelungssysteme. Um zu einer quadratischen Matrix zu gelangen, muß man daher geeignete Zusatzbedingungen angeben, die man mehr oder weniger geschickt auswählen kann. Diese Auswahl stellt für den Bearbeiter von Mehrgrößenregelsystemen eine wesentliche Aufgabe dar.

d) Wie aus Gl. (V.96b) hervorgeht, ist z.B. die Anzahl der Gleichungen mit derjenigen der gesuchten Funktionen identisch, wenn eine quadratische Regelstrecke ($q = p$) vorliegt und gleichzeitig entweder $\mathbf{H}(s) = \mathbf{I}$ oder $\mathbf{K}(s) = \mathbf{I}$ gesetzt wird.

e) Kann man noch über die Regelstrecke selbst verfügen, z.B. beim Entwurf eines Folgeregelsystems, so unterscheidet sich dieses Syntheseverfahren von der oben angeführten Synthese. Dabei spielt vor allem die Art der (gewählten) inneren Kopplung der Regelstrecke eine große Rolle.

4.2. Die innere Struktur

Wie vorstehend erwähnt, kommt es bei Mehrgrößenregelsystemen nicht nur auf das Klemmenverhalten, sondern besonders auf die innere Struktur an. Für *quadratische Systeme* ($q = p$) haben sich zwei typische Strukturen herausgebildet, die man als *P-kanonische* bzw. *V-kanonische Systemstrukturen* bezeichnet; siehe [93] und [94].

Bei der *P-kanonischen Systemstruktur* hängt *jede Ausgangsgröße* einzig und *allein* von *allen Eingängen* ab. Die (internen) Summierstellen liegen alle, wie in Bild V.25 gezeichnet, vor den Ausgängen. Das P-kanonische System wird demnach durch die Gleichung

$$\mathbf{Y}(s) = \mathbf{P}(s)\,\mathbf{U}(s) \tag{V.97}$$

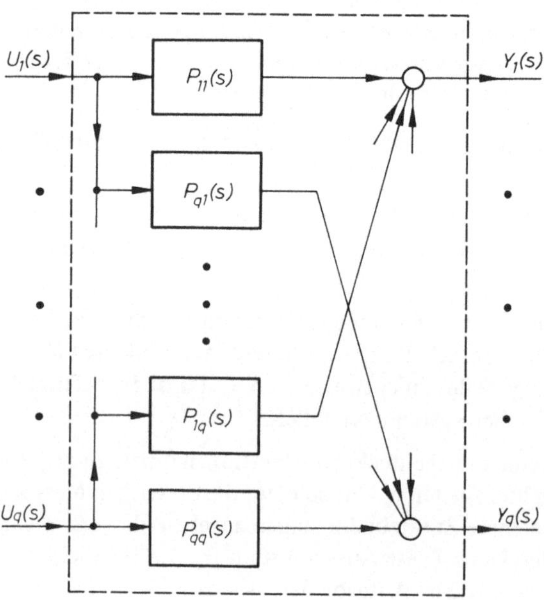

Bild V.25
Blockschaltbild der P-kanonischen Struktur

beschrieben. Die Elemente $P_{ij}(s)$ der quadratischen Matrix $\mathbf{P}(s)$ charakterisieren für $i \neq j$ die (rückwirkungsfreien) Kopplungsglieder des in Bild V.25 dargestellten energiefreien Systems. Die *P-kanonische Systemstruktur* wird man vor allem bei *Untersuchungen über das Klemmenverhalten* heranziehen.

Bei der *V-kanonischen Systemstruktur* hängt *jede Ausgangsgröße* von nur *einer Eingangsgröße,* aber von *allen anderen Ausgangsgrößen* ab. Die (internen) Summierungsstellen liegen alle, wie in Bild V.26 gezeichnet, an den Eingängen. Das V-kanonische System wird demnach durch die Gleichung

$$\mathbf{Y}(s) = \mathbf{G}(s)\,[\mathbf{U}(s) + \mathbf{K}(s)\,\mathbf{Y}(s)] \tag{V.98}$$

beschrieben. Die quadratische Matrix $\mathbf{G}(s)$ stellt eine *Diagonalmatrix* dar, d.h. alle Elemente, mit Ausnahme die der Hauptdiagonalen, sind identisch Null. Die (rückwirkungsfreien) Kopplungsglieder $K_{ij}(s)$ sind in der Matrix $\mathbf{K}(s)$ enthalten, deren *Hauptdiagonalelemente alle identisch Null* sind. Die *V-kanonische Systemstruktur* wird man z.B. dann wählen, wenn sich die *Parameteränderungen eines jeden Teilübertragungssystems auf mehrere oder alle Systemausgänge auswirken.*

Die beiden Systemstrukturen kann man natürlich (für entsprechende *nichtsinguläre* Matrizen) ineinander überführen, indem man Gl. (V.98) so umformt, daß sie die Form von Gl. (V.97) annimmt. Aus Gl. (V.98) folgt

$$\mathbf{Y}(s) = \mathbf{G}(s)\;\mathbf{U}(s) + \;\mathbf{G}(s)\,\mathbf{K}(s)\,\mathbf{Y}(s)$$

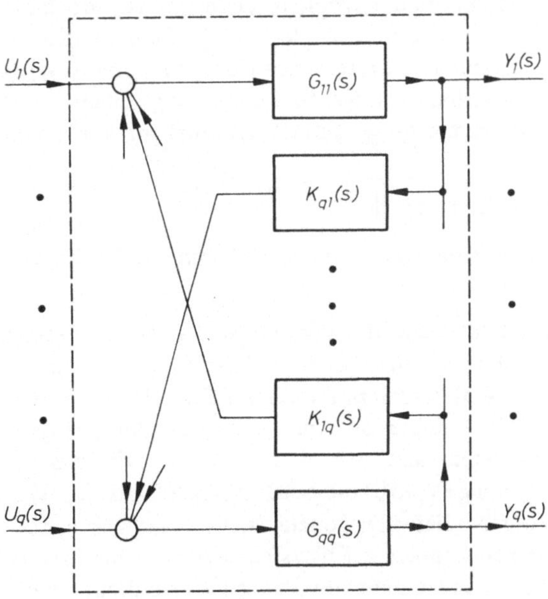

Bild V.26
Blockschaltbild der V-kanonischen Struktur

oder

$$\mathbf{Y}(s) = [\mathbf{I} - \mathbf{G}(s)\,\mathbf{K}(s)]^{-1}\,\mathbf{G}(s)\,\mathbf{U}(s),$$

d.h.

$$\mathbf{P}(s) = [\mathbf{I} - \mathbf{G}(s)\,\mathbf{K}(s)]^{-1}\,\mathbf{G}(s).$$

Im umgekehrten Fall spalten wir $\mathbf{P}(s)$ in $\mathbf{P}_1(s) + \mathbf{P}_2(s)$ auf, wobei $\mathbf{P}_1(s)$ eine *Diagonalmatrix* mit den Elementen $P_{ii}(s)$ darstellt; $\mathbf{P}_2(s)$ enthält daher neben *lauter Nullelementen in der Hauptdiagonalen* die Elemente $P_{ij}(s)$ $i \neq j$. Gl. (V.97) läßt sich daher auf die Form

$$\mathbf{Y}(s) = \mathbf{P}_1(s)\,\mathbf{U}(s) + \mathbf{P}_2(s)\,\mathbf{U}(s) = \mathbf{P}_1(s)\,[\mathbf{U}(s) + \mathbf{P}_1^{-1}(s)\,\mathbf{P}_2(s)\,\mathbf{U}(s)] \qquad \text{(V.99)}$$

bringen. Für eine *nichtsinguläre* Matrix $\mathbf{P}(s)$ gilt aber wegen Gl. (V.97)

$$\mathbf{U}(s) = \mathbf{P}^{-1}(s)\,\mathbf{Y}(s).$$

Diese Beziehung in Gl. (V.99) eingesetzt, liefert schließlich die Gleichung

$$\mathbf{Y}(s) = \mathbf{P}_1(s)\,[\mathbf{U}(s) + \mathbf{P}_1^{-1}(s)\,\mathbf{P}_2(s)\,\mathbf{P}^{-1}(s)\,\mathbf{Y}(s)],$$

d.h.

$$\mathbf{P}_1(s) = \mathbf{G}(s) \qquad \text{und} \qquad \mathbf{P}_1^{-1}(s)\,\mathbf{P}_2(s)\,\mathbf{P}^{-1}(s) = \mathbf{K}(s).$$

Prinzipiell kann man also bei einer gegebenen kanonischen Systemstruktur die andere ermitteln. Über zweckmäßige Berechnungsmethoden siehe [93] und [94]. Welche Systemstruktur man zugrundelegt, hängt ganz von der Problemstellung ab. Ist jedoch die Anzahl der Ein- und Ausgänge verschieden, so kann keine V-Struktur für das Gesamtsystem angegeben werden. Nimmt man aber an, daß zwischen jedem Ein- und Ausgang lediglich ein Teilsystem liegt, wobei wiederum die internen Summierungsstellen nur an den Eingängen (V-Struktur) und / oder an den Ausgängen (P-Struktur) auftreten, dann wird

$$\mathbf{Y}(s) = \mathbf{P}_p(s)\,\mathbf{U}(s) + \mathbf{G}_v(s)\,[\mathbf{U}(s) + \mathbf{K}_v(s)\,\mathbf{Y}(s)],$$

was man auch als *H-Struktur* bezeichnet. Über *weitere, auch nichtkanonische Strukturen,* siehe [93].

Bei realen Systemen ist es oftmals von Bedeutung, die Kopplungen zwischen einzelnen oder allen Regelgrößen zu verringern oder ganz auszuschalten. Beschränken wir uns wiederum auf *quadratische* Systeme $(q = p)$, was in praktischen Fällen vielfach keine allzugroße Einschränkung bedeutet, da man immer bestimmte Ein- oder Ausgangsgrößen unbeachtet lassen und damit eliminieren kann, so heißt dies für die *vollständige Entkopplung,* daß in der Synthesegleichung (V.96b) die quadratische Matrix $\mathbf{G}_K(s)$ Diagonalform haben muß. Durch Vorgabe dieser Diagonalelemente, läßt sich außerdem noch (zumindest theoretisch) den entkoppelten Teilsystemen ein gewünschtes dynamisches Verhalten zuordnen. Auch kann man daran denken, auf die entkoppelten

Teilsysteme die Untersuchungsmethoden der Eingrößenregelkreise ($q = p = 1$) anzuwenden. So wird z.B., da wegen $q = p$ alle Matrizen in Gl. (V.96b) quadratisch sind, mit $\mathbf{H}(s) = \mathbf{I}$ – siehe die vorstehende Bemerkung d) –

$$\mathbf{G_K}(s) - \mathbf{G}(s)\,\mathbf{M}(s)\,\mathbf{G_K}(s) = \mathbf{G}(s)$$

oder durch Linksmultiplikation mit $\mathbf{G}^{-1}(s)$

$$\mathbf{G}^{-1}(s)\,\mathbf{G_K}(s) - \mathbf{I} = \mathbf{M}(s)\,\mathbf{G_K}(s),$$

woraus

$$\mathbf{M}(s) = \mathbf{G}^{-1}(s) - \mathbf{G_K}^{-1}(s) \tag{V.100a}$$

folgt.

Wählen wir hingegen $\mathbf{M}(s) = \mathbf{I}$, dann wird nach Gl. (V.96b)

$$\mathbf{G_K}(s) - \mathbf{G}(s)\,\mathbf{H}(s)\,\mathbf{G_K}(s) = \mathbf{G}(s)\,\mathbf{H}(s)$$

oder durch Umformung

$$\mathbf{H}(s) = \mathbf{G}^{-1}(s)\,\mathbf{G_K}(s)\,[\mathbf{I} - \mathbf{G_K}(s)]^{-1}. \tag{V.100b}$$

Eine andere Möglichkeit liefert mit $\mathbf{M}(s) = \mathbf{0}$

$$\mathbf{H}(s) = \mathbf{G}^{-1}(s)\,\mathbf{G_K}(s). \tag{V.100c}$$

Welche Beziehung man zugrundelegt, hängt auch hier wieder von der Problemstellung ab; außerdem führen diese Forderungen – vor allem, wenn man neben der Entkopplung gleichzeitig das dynamische Verhalten vorschreibt – leicht auf *unrealisierbare* $\mathbf{H}(s)$ bzw. $\mathbf{K}(s)$ und / oder auf ein bzw. mehrere *instabile Teilsysteme.* Man muß also bei der Behandlung von realen Mehrgrößenregelsystemen die Ergebnisse sehr kritisch prüfen, was leider nur bei Systemen sehr niedriger Ordnung relativ leicht durchführbar ist.

• **Beispiel V.17:**

In der Umgebung eines Arbeitspunktes (Sollwert) läßt sich ein *Turbopropellerluftstrahlmotor* mit einiger Genauigkeit durch folgende (linearisierte) Gleichungen

$$Y_1(s) = \frac{-a_1}{1 + Ts}\,U_1(s) + \frac{a_2}{1 + Ts}\,U_2(s)$$

und

$$Y_2(s) = \frac{a_3}{1 + Ts}\,U_1(s) + \frac{a_4 - a_5 s}{1 + Ts}\,U_2(s)$$

beschreiben [95], wobei $Y_1(s)$ die *Umdrehungsgeschwindigkeit,* $Y_2(s)$ die *Turbineneinlaßtemperatur,* $U_1(s)$ den *Propelleranstellwinkel* und $U_2(s)$ den *Brennstoffzufluß* (im Bildbereich) charakterisieren.

Die Übertragungsmatrix sei in einem speziellen Fall durch

$$\mathbf{G}(s) = \begin{bmatrix} \dfrac{-2}{1+s} & \dfrac{3}{1+s} \\[2ex] \dfrac{4}{1+s} & \dfrac{2(1+4s)}{1+s} \end{bmatrix}$$

gegeben [96]. Es soll eine Entkopplung ermittelt werden, welche die Hauptdiagonalglieder unverändert läßt, d.h.

$$\mathbf{G}_K(s) = \begin{bmatrix} \dfrac{-2}{1+s} & 0 \\[2ex] 0 & \dfrac{2(1+4s)}{1+s} \end{bmatrix} . \qquad (V.101)$$

Wählen wir zuerst den Fall $\mathbf{H}(s) = \mathbf{I}$, dann nimmt der Regler nach Gl. (V.100 a) die Form

$$\mathbf{M}(s) = \mathbf{G}^{-1}(s) - \mathbf{G}_K^{-1}(s) \qquad (V.102\,a)$$

an. Für *nichtsinguläre Matrizen* $\mathbf{G}(s)$ und $\mathbf{G}_K(s)$ existieren

$$\mathbf{G}^{-1}(s) = \begin{bmatrix} \dfrac{1+4s}{8} & \dfrac{3}{16} \\[2ex] \dfrac{1}{4} & \dfrac{1}{8} \end{bmatrix} \quad \text{und} \quad \mathbf{G}_K^{-1}(s) = \begin{bmatrix} \dfrac{s+1}{-2} & 0 \\[2ex] 0 & \dfrac{s+1}{2+8s} \end{bmatrix} ;$$

mit Gl. (V.102 a) ergibt sich daher für die *vollständige Entkopplung der Regler*

$$\mathbf{M}(s) = \begin{bmatrix} \dfrac{3}{8} & \dfrac{3}{16} \\[2ex] \dfrac{1}{4} & \dfrac{-3}{8(1+4s)} \end{bmatrix} . \qquad (V.102\,b)$$

Hingegen der Fall $\mathbf{M}(s) = \mathbf{I}$ *(Einheitsrückführung)* führt nach Gl. (V.100 c) auf das *Kompensationsglied*

$$\mathbf{H}(s) = \mathbf{G}^{-1}(s)\,\mathbf{G}_K(s) = \begin{bmatrix} \dfrac{1+4s}{4(1+s)} & \dfrac{3(1+4s)}{8(1+s)} \\[2ex] \dfrac{-1}{2(1+s)} & \dfrac{1+4s}{4(1+s)} \end{bmatrix} . \qquad (V.102\,c)$$

Vom Standpunkt der Realisierung aus, eignet sich der Regler Gl. (V.102b) besser als der von Gl. (V.102c). In diesem einfachen Fall des Zweigrößenregelsystems läßt sich leicht überblicken, daß die Entkopplung keine (Stabilitäts-) Schwierigkeiten mit sich bringt; siehe hierzu auch das Beispiel V.18.

Zum Schluß dieses Abschnittes sind einige kritische Bemerkungen zu den Synthesemethoden im Bildbereich mit Hilfe der Übertragungsmatrizen notwendig.

Wie vorher schon erwähnt, charakterisiert die Übertragungsmatrix nur den vollständig steuer- und beobachtbaren Teil des Mehrgrößenregelsystems. Sie kann daher ein gegebenes System dann und nur dann vollständig beschreiben, wenn es vollständig steuer- und beobachtbar ist. Bei der Synthese (z.B. Entkopplung) werden nun solche Kompensationsglieder gesucht, die dem betrachteten System die gewünschten Eigenschaften verleihen. Aber leider brauchen zusammengesetzte Systeme, deren Einzelsysteme alle vollständig steuer- und beobachtbar sind, nicht diese Eigenschaften aufzuweisen [35].

Es nützt also nichts, wenn man, wie häufig im Schrifttum zu finden, von vornherein die Voraussetzung der vollständigen Steuer- und Beobachtbarkeit macht und dann die Synthese im Bildbereich ausführt. So z.B., indem man bei der Entkopplung, wie wir es vorher stillschweigend taten, lediglich von der Gesamtübertragungsmatrix fordert, daß sie diagonal ausfällt. Ergeben sich dabei z.B. Kürzungen oder fallen durch Subtraktion zwei Eigenbewegungen heraus, dann beschreibt die Übertragungsfunktion des entkoppelten Systems das dynamische Verhalten des Gesamtsystems nicht vollständig, denn es ist nicht vollständig steuer- und beobachtbar; dies gilt unverändert, auch wenn das ursprüngliche System vollständig steuer- und beobachtbar war.

Bei Stabilitätsuntersuchungen und bei der Entkopplung von umfangreichen Systemen, bei denen sich die Ergebnisse nicht so leicht verifizieren lassen, führt dies oftmals auf Schwierigkeiten; darauf haben z.B. [20] und [35] hingewiesen. Außerdem führt die Synthese im Bildbereich vielfach auf physikalisch nicht realisierbare Elemente der Matrizen. Um diese Schwierigkeiten zu umgehen und außerdem um bei umfangreichen Systemen zu einer geeigneten Darstellung für Digitalrechner zu kommen, wird man versuchen die Synthese mit Hilfe der Darstellung im Zustandsraum durchzuführen; Beiträge hierzu sind in [97] und [98] zu finden.

Bei den im Schrifttum fast ausschließlich verwendeten kanonischen P- und V-Systemstrukturen sowie der H-Systemstruktur treten die inneren Verbindungen (Summationsstellen) lediglich am Eingang oder / und am Ausgang auf. Dies stellt eine starke Einschränkung dar, die nicht immer mit experimentellen Erfahrungen übereinstimmt. Überhaupt scheint für die Behandlung der linearen Mehrgrößenregelsysteme der inneren Struktur eine erheblich größere Bedeutung zuzukommen als man allgemein annahm. Eine eingehende Untersuchung über die Eigenschaften der verschiedenen möglichen Strukturen ist für ein tieferes Verständnis der Mehrgrößenregelsysteme unerläßlich [98].

In den meisten praktischen Fällen führt die Kompensation (Entkopplung) mit Hilfe der Übertragungsmatrizen auf ein nicht vollständig steuer- und beobachtbares System S. Man muß daher der gewünschten (Gesamt-) Übertragungsfunktion zusätzliche Beschränkungen auferlegen, damit das System S vollständig steuer- und beobachtbar ausfällt. Es ist jedoch für viele praktische Fälle hinreichend, wenn man bei der Entkopplung lediglich fordert, daß die instabilen Eigenbewegungen steuer- und beobachtbar sind, wodurch sich die Anzahl der Beschränkungen verringert. Bis jetzt scheint in vielen Fällen für die Kompensation eine Kombination der beiden Darstellungen durch Übertragungsmatrizen und Zustandsgleichungen am zweckmäßigsten zu sein; siehe z.B. [35] und [97].

Führt man also die Kompensation im Bildbereich aus und ist das kompensierte System S nicht vollständig steuer- und beobachtbar, so darf man zur Ableitung der Zustandsgleichungen nicht von der Gesamtübertragungsmatrix ausgehen, sondern es ist die so erhaltene Systemstruktur zugrunde zu legen. Wie man dabei vorgehen kann, zeigt für den Fall von Beispiel V.17 das nachfolgende Beispiel.

- **Beispiel V.18:**

Wir betrachten die Entkopplung des Zweigrößenregelsystems mittels des Reglers Gl. (V.102b). Um zu den Zustandsgleichungen zu gelangen, gehen wir von dem Blockschaltbild V.27, das das Gesamtsystem charakterisiert, aus. Es liefert im Bildbereich die Beziehungen

$$2(s+1)\,Y_1(s) + 3\,\frac{s+1}{4s+1}\,Y_2(s) = -4\,U_1(s) + 6\,U_2(s) \qquad \text{(V.103a)}$$

und

$$-2(s+1)\,Y_1(s) + (s+1)\,Y_2(s) = 4\,U_1(s) + 2(4s+1)\,U_2(s). \qquad \text{(V.103b)}$$

Wird Gl. (V.103a) mit $(4s + 1)$ multipliziert, dann ergibt der anschließende Übergang in den Zeitbereich die Dgl.

$$8\ddot{y}_1(t) + 10\dot{y}_1(t) + 2y_1(t) + 3\dot{y}_2(t) + 3y_3(t) = -4u_1(t) - 16\dot{u}_1(t) + $$

$$+ 6u_2(t) + 24\dot{u}_2(t) \qquad \text{(V.104a)}$$

und

$$-2\dot{y}_1(t) - 2y_1(t) + \dot{y}_2(t) + y_2(t) = 4u_1(t) + 2u_2(t) + 8\dot{u}_2(t). \qquad \text{(V.104b)}$$

Es ist nun zweckmäßig ein zu den Gln. (V.104) gehöriges Zustandsdiagramm aufzustellen. Die Ausgänge der Integratoren stellen dann wiederum die Zustandsvariablen dar. Hierzu bringen wir die Gln. (V.104) auf die Form

$$\ddot{y}_1 + \frac{3}{8}\dot{y}_2 + 2\dot{u}_1 - 3\dot{u}_2 = -\frac{5}{4}\dot{y}_1 - \frac{1}{4}y_1 - \frac{3}{8}y_2 - \frac{1}{2}u_1 + \frac{3}{4}u_2 \qquad \text{(V.104c)}$$

und

$$\dot{y}_2 - 8\dot{u}_2 = 2\dot{y}_1 + 2y_1 - y_2 + 4u_1 + 2u_2. \qquad \text{(V.104d)}$$

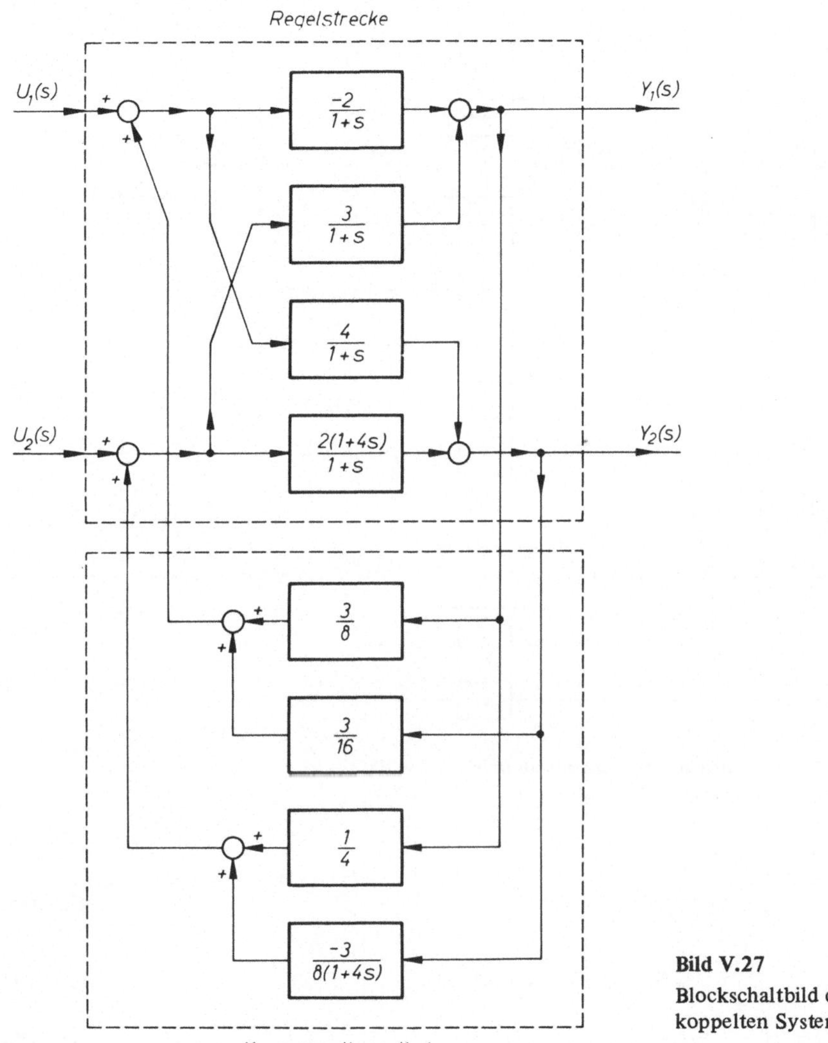

Bild V.27
Blockschaltbild des entkoppelten Systems

Das entsprechende Zustandsdiagramm zeigt Bild V.28. Daraus entnehmen wir die folgenden Beziehungen:

$$y_1 = x_1; \tag{V.105a}$$

$$y_2 - 8u_2 = x_3 \quad \text{oder} \quad y_2 = x_3 + 8u_2; \tag{V.105b}$$

$$\dot{y}_1 + \frac{3}{8}y_2 + 2u_1 - 3u_2 = x_2 \quad \text{oder} \quad \dot{y}_1 = x_2 - \frac{3}{8}y_2 - 2u_1 + 3u_2 \tag{V.105c}$$

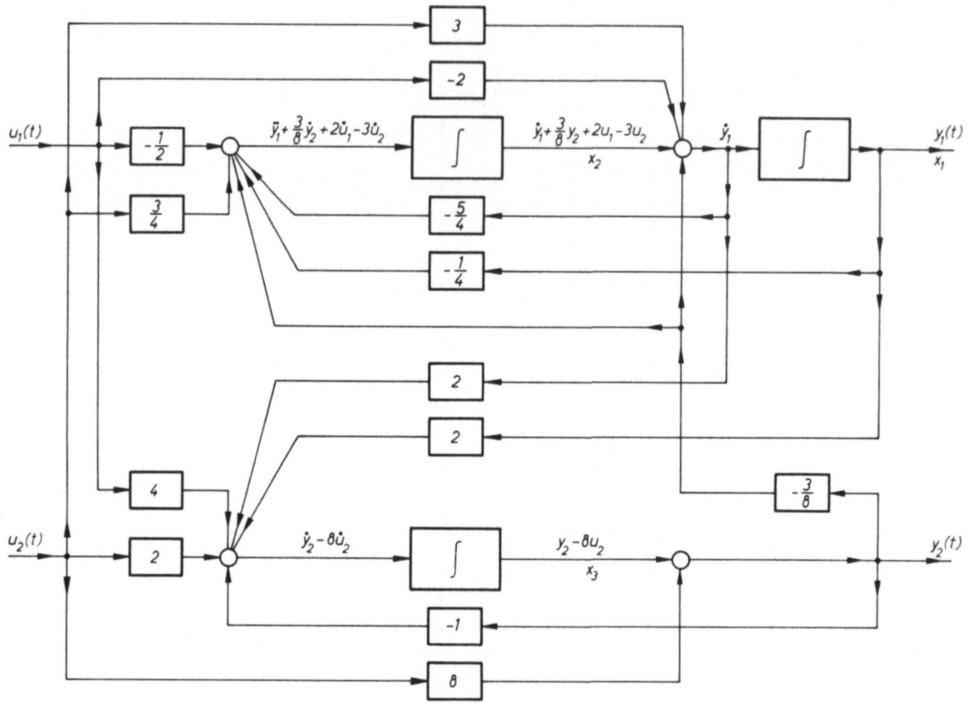

Bild V.28. Zustandsdiagramm des entkoppelten Systems

sowie

$$\dot{x}_1 = \dot{y}_1 = x_2 - \frac{3}{8} y_2 - 2u_1 + 3u_2 \,; \tag{V.106a}$$

$$\dot{x}_2 = -\frac{5}{4} \dot{y}_1 - \frac{1}{4} x_1 - \frac{3}{8} y_2 - \frac{1}{2} u_1 + \frac{3}{4} u_2 \,; \tag{V.106b}$$

$$\dot{x}_3 = 2\dot{y}_1 + 2y_1 - y_2 + 4u_1 + 2u_2 . \tag{V.106c}$$

Die Gln. (V.105) in die Gln. (V.106) eingesetzt, führen schließlich auf die gesuchten Zustandsgleichungen

$$\dot{x}_1 = x_2 - \frac{3}{8} x_3 - 2u_1 \,;$$

$$\dot{x}_2 = -\frac{1}{4} x_1 - \frac{5}{4} x_2 + \frac{3}{32} x_3 + 2u_1 - \frac{9}{4} u_2 \,;$$

$$\dot{x}_3 = 2x_1 + 2x_2 - \frac{7}{4} x_3 - 6u_2$$

sowie mit den Gln. (V.104a) bzw. (V.104b)

$$y_1 = x_1$$
$$y_2 = x_3 + 8u_2 .$$

Es ist also

$$\mathbf{A} = \begin{bmatrix} 0 & 1 & -\frac{3}{8} \\ -\frac{1}{4} & -\frac{5}{4} & \frac{3}{32} \\ 2 & 2 & -\frac{7}{4} \end{bmatrix}, \mathbf{B} = \begin{bmatrix} -2 & 0 \\ 2 & -\frac{9}{4} \\ 0 & -6 \end{bmatrix}, \mathbf{C} = \begin{bmatrix} 1 & 0 & 0 \\ 0 & 0 & 1 \end{bmatrix} \text{ und}$$

$$\mathbf{D} = \begin{bmatrix} 0 & 0 \\ 0 & 8 \end{bmatrix} .$$

•

Das vorstehende Beispiel läßt einige Zusammenhänge deutlich erkennen.

a) Mit Hilfe des Zustandsdiagrammes (Realisierung) gelingt es in der angegebenen Weise immer, die zu einer vorliegenden Übertragungsmatrix gehörigen Zustandsgleichungen zu bestimmen. Selbstverständlich handelt es sich um eine spezielle Darstellung, die man natürlich auch auf rein analytischem Wege aus den Gln. (V.104) erhält.

b) Die zur Übertragungsmatrix des entkoppelten Systems Gl. (V.101) gehörigen Zustandsgleichungen lauten hingegen – wenn man in gleicher Weise vorgeht –

$$\dot{x}_1 = -x_1 + 2u_1 \qquad \text{und} \qquad \dot{x}_2 = -x_2 - 6u_2 .$$

Im Gegensatz zu den Gln. (V.106), die ein System von 3. Ordnung beschreiben, liegt hier lediglich ein System 2. Ordnung vor. Das entkoppelte System kann daher nicht vollständig steuer- und beobachtbar sein. Über die Definition und Berechnung der Ordnung eines Systems (bei Minimalrealisierung), siehe den Unterabschnitt II.10.3.

c) Sind daher, wie in unserem Fall, die Einzelsysteme vollständig steuer- und beobachtbar, d.h. die einzelnen Übertragungsfunktionen charakterisieren den jeweiligen Systemteil vollständig, dann ist es zweckmäßig die Zustandsgleichungen entsprechend dem Beispiel V.18 aus der Systemstruktur abzuleiten und nicht von der (kompensierten) Gesamtübertragungsmatrix auszugehen. Die weitere Untersuchung (z.B. Stabilitätsprüfung) ist dann mit Hilfe der Zustandsgleichungen durchzuführen.

d) Zur Realisierung eines durch **G**(s) gegebenen Übertragungsverhaltens genügt es, lediglich vollständig steuer- und beobachtbare Systeme $\mathbf{S} = \{\mathbf{A}, \mathbf{B}, \mathbf{C}, \mathbf{D}\}$ zu betrachten. Da in diesem Fall die quadratische Systemmatrix **A** minimale Abmessungen aufweist, werden sie auch als *„Minimalrealisierungen"* bezeichnet. Anschaulich bedeutet dies, daß das System mit „minimaler Anzahl von Energiespeichern" auskommt (Minimalpolynom). Die Minimalrealisierung ist invariant gegenüber jeder Ähnlichkeitstransformation, d.h. diese Transformation auf Minimalrealisierungen angewandt, führt wieder auf Minimalrealisierungen. In jüngster Zeit haben Algorithmen zur Minimalrealisierung, besonders im Hinblick auf die Behandlung von Mehrgrößensystemen mit Hilfe von Digitalrechnern, viel Beachtung gefunden; siehe z.B. [20] und [99].

Auf einen Punkt wollen wir schließlich noch hinweisen. Zur Berechnung der Übertragungsmatrix aus den Zustandsgleichungen kann man zwar die Gl. (V.92b) heranziehen, aber hierzu muß die inverse Matrix von $(s\mathbf{I} - \mathbf{A})$ ermittelt werden. In vielen praktischen Fällen ist es oftmals zweckmäßiger, die Zustandsgleichungen direkt der (formalen) L-Transformation zu unterwerfen und das so erhaltene algebraische Gleichungssystem in s nach den Ein- und Ausgangsgrößen aufzulösen.

5. Übungsaufgaben

V.1. Die Distribution $f(t) = f_1(t) + f_2(t)$ setze sich aus der stetigen Funktion $f_1(t) = t$ und der Sprungfunktion $f_2(t) = 1(t - t_0)$ zusammen. Gib eine zugehörige Fundamentalfolge an und berechne für n = 1, 2, 4 und 8 die entsprechenden Glieder der Funktionenfolge; diese Glieder sind gemeinsam mit der Distribution f(t) in einem kartesischen Koordinatensystem darzustellen.

V.2. Stellen die Folgen

$$f_{n1}(t) = \begin{cases} \frac{n}{2}\cos t & \text{für } |t| \leqslant \frac{\pi}{2n} \\ 0 & \text{sonst,} \end{cases}$$

$$f_{n2}(t) = \begin{cases} n[1 - n|t|] & \text{für } |t| \leqslant \frac{1}{n} \\ 0 & \text{sonst} \end{cases} \quad \text{und}$$

$$f_{n3}(t) = \begin{cases} \frac{n}{2} & \text{für } |t| < \frac{1}{n} \\ 0 & \text{sonst} \end{cases}$$

Fundamentalfolgen in unserem Sinne dar? Falls ja, sind sie zu den im Unterabschnitt V.1.1. definierten Folgen $\{h_n(t)\}$ bzw. $\{k_n(t)\}$ äquivalent? Zeichne für n = 1, 2 und 4 die entsprechenden Glieder der obigen Funktionenfolgen.

V.3. Zeige, daß die (Dirichletsche) Folge

$$f_n(t) = \frac{1}{\pi} \frac{\sin nt}{t}$$

eine Fundamentalfolge in unserem Sinne darstellt, d.h., es gilt im Distributionensinne

$$\lim_{n \to \infty} \frac{1}{\pi} \frac{\sin nt}{t} = \delta(t).$$

Zeichne für n = 1, 3 und 6 die entsprechenden Glieder der Funktionenfolge $\{f_n(t)\}$.

V.4. Bestimme jeweils für die nachfolgenden Gleichungen die konstanten Koeffizienten a_ν (beachte dabei, daß der Koeffizientenvergleich nur für konstante Koeffizienten gültig ist).

a) $a_1[1(t) - 3\,\delta(t)] - 6\,[\sin t + \delta(t)] +$
$+ a_2[\sin t + 3t + 2\,\delta(t) + \frac{1}{3}\delta''(t)] +$
$+ a_3\,1(t) - a_4\,\delta(t) = 18t + 7\,1(t) + 2\,\delta''(t) + a_4\,\delta(t-2);$

b) $(a_1 + a_2 \sin t)\,\delta'(t) + a_3 t\,\delta(t-1) +$
$+ (a_4 + e^{-t})\,\delta'(t-1) = 4\,\delta(t) + 1{,}5\,\delta'(t) + 7\,\delta(t-1);$

c) $[a_1(t-1) + a_2\,e^{-t}]\,\delta''(t) + a_3\,\delta(t-1) + a_4\,\delta'(t) = 4\,\delta(t) + 7\,\delta'(t) + 2\,\delta''(t).$

V.5. Berechne die beiden ersten Ableitungen der folgenden Ausdrücke:

a) $1(t) - 3\,1(t-1) + |t|;$

b) $(e^t + t)[1 - 1(t)] + t^2\,1(t);$

c) $[1(t - \frac{\pi}{2}) - 1(t - \pi)]\cos t.$

V.6. Wie lauten die nachstehenden Distributionen (Substitution der Veränderlichen)?

a) $\delta(e^{at} - 1) \qquad -\infty < t < \infty;$

b) $\delta(\cos t) \qquad 0 \leqslant t \leqslant \pi.$

V.7. Bestimme die folgenden Integrale:

a) $\displaystyle\int [1(t) + 7i\,\delta'(t)]\,dt;$

b) $\displaystyle\int_{-\infty}^{+\infty} [e^t\,\delta(t) - t^2\,\delta(t-3)]\,dt;$

c) $\int\limits_{-\infty}^{+\infty} \sin 3t\,\delta'(t-\pi)\,dt$;

d) $\int \frac{1+\delta(t-2)}{1+t^2}\,dt$.

V.8. Mit Hilfe der in Unterabschnitt V.1.6 abgeleiteten Beziehungen sind die folgenden Integrale zu berechnen.

In den Fällen a) bis c) und e) bis h) ist zu beachten, daß die abgeleiteten Beziehungen, wenn δ-Funktionen bzw. deren Ableitungen im Integranten auftreten, streng genommen lediglich für ein festes ω gelten. Wie man jedoch zeigen kann, siehe Unterabschnitt V.1.8 und [82], liefert in diesen Fällen auch für einen Parameter ω die (formale) Anwendung der abgeleiteten Beziehungen ein richtiges Ergebnis im Distributionensinne.

A. Endliche Fourier-Transformation ($T > 0$, ω endlich und $n = 0, \pm 1, \pm 2, \ldots$)

a) $\int\limits_{0}^{T} \delta(t-t_0)\,e^{-in\omega t}\,dt \qquad (0 < t_0 < T)$;

b) $\int\limits_{0}^{T} \delta'(t-t_0)\,e^{-in\omega t}\,dt \qquad (0 < t_0 < T)$;

c) $\int\limits_{0}^{T} \delta^{(m)}(t-t_0)\,e^{in\omega t}\,dt \qquad (0 < t_0 < T)$;

d) $\int\limits_{-2}^{+2} [e^t + 2\,\delta(t) - 3\,\delta'(t-2)]\,e^{in\pi t}\,dt$.

Welche Schwierigkeiten ergeben sich in den Fällen a) bis c) für $t_0 = 0$?

B. Fourier-Transformation ($-\infty < t < +\infty$; ω endlich)

e) $\int\limits_{-\infty}^{+\infty} \delta(t-t_0)\,e^{-i\omega t}\,dt$;

f) $\int_{-\infty}^{+\infty} \delta'(t - t_0)\, e^{i\omega t}\, dt$;

g) $\int_{-\infty}^{+\infty} \delta^{(m)}(t - t_0)\, e^{-i\omega t}\, dt$;

h) $\int_{-\infty}^{+\infty} [e^{-t}\, 1(t) + 2\,\delta(t) - 3\,\delta'(t-2)]\, e^{-i\omega t}\, dt$.

V.9. Nach der Übungsaufgabe V.3 gilt im Distributionensinne $\lim_{n \to \infty} \frac{1}{\pi} \frac{\sin nt}{t} = \delta(t)$. Die Funktion $\frac{1}{\pi} \frac{\sin nt}{t}$ erhält man durch Integration der Funktion $\frac{1}{2} e^{i\omega t}$ nach dem Parameter ω in den Grenzen von $-n$ bis n. Wie in Übungsaufgabe V.8 bereits angedeutet, gilt folglich im Distributionensinne [82] die Beziehung

$$\lim_{n \to \infty} \frac{1}{2\pi} \int_{-n}^{+n} e^{i\omega t}\, d\omega = \delta(t) .$$

Das obige Integral läßt sich entsprechend der Definition (IV.80b) als das inverse Fourier-Integral ansehen, d.h. die verallgemeinerte Funktion besitzt die Korrespondenz $\delta(t) \circ\!\!-\!\!\bullet\ 1$.

Die Symmetrie-Eigenschaft der Fouriertransformation folgt aus

$f(t) = \frac{1}{2\pi} \int_{-\infty}^{+\infty} F(\omega) e^{i\omega t}\, d\omega$ durch Vertauschung der Variablen t und ω,

was auf $2\pi f(-\omega) = \int_{-\infty}^{+\infty} F(t) e^{-i\omega t}\, dt$ führt; wenn also $F(\omega)$ das Fourierintegral von $f(t)$ darstellt, erhältman die Korrespondenz $F(t) \circ\!\!-\!\!\bullet\ 2\pi f(-\omega)$.

Da $\delta(t)$ eine gerade Funktion darstellt, gilt somit $\int_{-\infty}^{+\infty} 1\, e^{-i\omega t}\, dt = 2\pi\,\delta(\omega)$.

Berechne mit Hilfe der angegebenen Überlegung die verallgemeinerten Fourier-Transformierten für

a) $f(t) = e^{i\omega_0 t}$; b) $f(t) = \sin \omega_0 t$; c) $f(t) = \cos \omega_0 t$;

d) $f(t) = t$; e) $f(t) = t^n$.

V.10. Prüfe durch Einsetzen der entsprechenden Bildfunktion in das inverse Fourier-Integral (IV.80b) die Gültigkeit der Korrespondenz $\operatorname{sgn} t \circ\!\!-\!\!\bullet \frac{2}{i\omega}$.

Berechne mit Hilfe der angegebenen Korrespondenz und den in der Übungsaufgabe V.9 abgeleiteten Beziehungen die folgenden verallgemeinerten Bildfunktionen:

a) $f(t) = 1(t)$; b) $f(t) = 1(t - t_0)$;

c) $f(t) = e^{i\omega_0 t}\, 1(t)$; d) $f(t) = e^{i\omega_0 t}\, 1(t - t_0)$;

e) $f(t) = \sin \omega_0 t\; 1(t)$; f) $f(t) = \cos \omega_0 t\; 1(t)$.

V.11. Berechne die folgenden Laplace-Integrale:

a) $L\{2\, 1(t) - \delta(t-3) + \delta'''(t-5)\}$;

b) $L\{(4 + 6 \sin t)\,\delta'(t) + 2t\,\delta(t-1) + 3e^{-t}\,\delta'(t-2)\}$;

c) $L\{\delta(t) + \delta(t-1) + \ldots + \delta(t-n)\}$;

d) $L^{-1}\{(1 + 3s)e^{-2s} + s^3 + 1 + s^{-1}\}$;

e) $L^{-1}\{2s^2 + 3s^3 + s^4 - s^5 + \frac{s^6}{2!} + \ldots + (-1)^n \frac{s^{n+4}}{n!} + \ldots\}$.

V.12. Die folgenden Faltungsintegrale sind zu berechnen:

a) $t^2\, 1(t) * \delta(t)$; b) $t^3\, 1(t) * \delta'''(t)$;

c) $(2 + e^{-t})\,\delta'(t-1) * \delta'''(t-2)$;

d) $[t\, 1(t-1) + \delta(t)] * [e^t\, 1(t) + 2\,\delta''(t-2)]$.

V.13. Wie lauten die Impulsantworten der durch die folgenden Übertragungsfunktionen definierten (energiefreien) Systeme:

a) $G(s) = \dfrac{s^2 (s + 0{,}5)(s + 1{,}5)}{(s + 1)(s + 2)}$; b) $G(s) = \dfrac{s^3 + 5s^2 - 34s}{(s + 4)(s + 2)^2}$;

c) $G(s) = \dfrac{(s + 0{,}5)\, s^3}{(s + 1)^2 (s + 3)}\, e^{-3s}$.

V.14. Berechne für die Systeme in Übungsaufgabe V.13 mit Hilfe der Faltungsmultiplikation die zugehörigen Ausgangsverläufe, wenn die folgenden Eingangsgrößen zugrunde liegen:

a) $2\,\delta(t) - 3\,\delta'(t)$; b) $1(t-1) + 2\,\delta(t-2)$;

c) $(2 + 3 \sin t)\,\delta'(t)$; d) $\delta(t-1) + 2\,\delta'(t-2) - 3\,\delta''(t-3)$.

V.15. Stelle die unendliche Reihe

$$f(t) = -1 + 2 \sum_{\nu=-\infty}^{+\infty} [1(t - 2\nu\pi) - 1(t - (2\nu + 1)\pi)]$$

sowie ihre „Ableitung“ $f'(t)$ graphisch dar.
Die trigonometrische Darstellung der Reihe $f'(t)$ ist einmal mit Hilfe von Satz V.7 und zum anderen durch Entwicklung von $f(t)$ in eine gewöhnliche Fourierreihe mit anschließender gliedweisen Differentiation zu bestimmen.

V.16. Berechne im Zeitbereich die (allgemeinen) Impulsantworten der folgenden Differentialgleichungen:

a) $(D + 2)\,x(t) = D\,u(t)$; b) $(D + 3D + 2)\,x(t) = (4D + 2)\,u(t)$;

c) $(D + 1)\,x(t) = (D^2 + D + 1)\,u(t)$.

Wie verhält es sich mit den Anfangswerten?

V.17. Berechne im Zeitbereich die Lösungen der folgenden (Systeme von) Differentialgleichungen:

a) $(D + 2)\,x(t) = \delta(t - 1) + 2\,\delta'(t)$;

b) $(D - 1)\,x(t) + 3y(t) = 8\;1(t)$;
$x(t) + (D + 1)\,y(t) = 16\;1(t - 1)$;

c) $(D - 4)\,x(t) + (D - 2)\,y(t) + (D + 2)\,z(t) = 1(t)$,
$(D - 2)\,x(t) - (D + 4)\,y(t) + (D + 4)\,z(t) = 0$,
$(D - 3)\,x(t) + (2D + 1)\,y(t) - (D - 1)\,z(t) = 0$.

Wie verhält es sich mit den Anfangswerten?

V.18. Löse die Übungsaufgaben V.8 und V.9 mit Hilfe der (verallgemeinerten) Laplace-Transformation.

V.19. Bestimme die Lösung für $t \geqslant 0$ der folgenden Gleichungssysteme:

a) $(3D + 5 + 2D^{-1})\,x(t) = 0$ mit $x_0 = 1$, $x_0^{(-1)} = 0$ für $t = 0$;

b) $(D^2 + D + 1 + D^{-1})\,x(t) = e^{-t}\,1(t)$ mit $x_0 = 1$, $x_0' = x_0^{(-1)} = 0$ für $t = 0$;

c) $(D - 1)\,x(t) - 2y(t) = t$
$-12x(t) + (D + 1)\,y(t) = 0$ mit $x_0 = y_0 = 0$ für $t = 0$;

d) $(D - 1)\,x(t) - 2y(t) = a\,\delta(t)$
$-12\,x(t) + (D + 1)\,y(t) = b\,\delta(t)$ (a, b = const.)
$x(t) \to 0$, $y(t) \to 0$ für $t \to 0-$.

Welche Werte werden für $t \to 0+$ angenommen?

e) $(2D + 1 - 3D^{-1})\,x(t) + (D + 5 - 6D^{-1})\,y(t) = 0$

$(D - D^{-1})\,x(t) + (D + 1 - 2D^{-1})\,y(t) = 0$

mit $x_0 = 1$, $y_0 = 2$, $x_0^{(-1)} = 3$ für $t = 0$.

V.20. Drücke in den Fällen a), b) und e) in Übungsaufgabe V.19 die Anfangswerte durch (verallgemeinerte) Eingangsgrößen aus und stelle den Zusammenhang durch ein Blockschaltbild dar.

V.21. Die Regelstrecke eines Nachlaufregelkreises, die aus einem Servomotor mit Verstärker besteht, sei mit guter Näherung durch die komplexe Übertragungsfunktion

$$\frac{X(s)}{Y(s)} = \frac{K}{s(s + \omega_1)}$$

mit der Motorzeitkonstante $\omega_1 = \frac{1}{T_M}$ und der Verstärkung V beschreibbar.

Als Regler diene ein (idealer) PI-Regler, d.h.,

$$\frac{X_w(s)}{Y(s)} = r_0 + \frac{r_{-1}}{s}\ .$$

Berechne die Reglereinstellwerte r_0 (Proportionalanteil) und r_0/r_{-1} (Nachstellzeit), die für den Nachlaufregelkreis eine minimale quadratische Regelfläche $[X_w(s) = X(s) - W(s)]$ liefern.

V.22. Betrachte die durch die Zustandsgleichungen (III.17) charakterisierten Systeme mit

a)
$$\mathbf{A} = \begin{bmatrix} -1 & 0 & 0 \\ 1 & -2 & 0 \\ 0 & 0 & -4 \end{bmatrix}, \quad \mathbf{b} = \begin{bmatrix} 1 \\ 0 \\ 0 \end{bmatrix}, \quad \mathbf{c} = \begin{bmatrix} 1 \\ -2 \\ 1 \end{bmatrix} \quad \text{und } d = 0,$$

b)
$$\mathbf{A} = \begin{bmatrix} 0 & 1 & 0 \\ 0 & 0 & 1 \\ -1 & -3 & -4 \end{bmatrix}, \quad \mathbf{b} = \begin{bmatrix} 0 \\ 0 \\ 10 \end{bmatrix}, \quad \mathbf{c} = \begin{bmatrix} 1 \\ 0 \\ 0 \end{bmatrix} \quad \text{und } d = 0$$

sowie

c)
$$\mathbf{A} = \begin{bmatrix} 0 & 1 & 0 \\ 0 & 0 & 1 \\ -9 & -3 & -1 \end{bmatrix}, \quad \mathbf{b} = \begin{bmatrix} 0 \\ 0 \\ k \end{bmatrix}, \quad \mathbf{c} = \begin{bmatrix} 4 \\ 1 \\ 0 \end{bmatrix} \quad \text{und } d = 0.$$

1. Berechne mit Hilfe von Gl. (V.73) die komplexe Übertragungsfunktion $G(s) = \frac{Y(s)}{U(s)}$.
2. Ist das System vollständig steuer- und/oder beobachtbar?

V.23. Leite für das durch die Dgl.

$$\dddot{x} + 6\ddot{x} + 11\dot{x} + 6x = 8u + 17\dot{u} + 8\ddot{u} + \dddot{u}$$

charakterisierte System die Zustandsgleichungen für die direkte und parallele Darstellung her und zeichne die zugehörigen Zustandsdiagramme.

V.24. Gib für das in Beispiel V.11 gegebene System durch Kombination von je einer a) direkten und parallelen, b) direkten und kettenförmigen sowie c) parallelen und kettenförmigen Darstellung weitere Zustandsgleichungen an und zeichne die zugehörigen Zustandsdiagramme.

V.25. Wie lautet die parallele Darstellung des durch die Übertragungsfunktion

$$G(s) = \frac{10 + 5s}{(s^2 + 2s + 5)(s + 1)}$$

charakterisierten Systems? Zeichne das zugehörige Zustandsdiagramm. Gib außerdem eine Zustandsrealisierung an, wenn das Gesamtsystem wieder durch parallele Darstellung ausgedrückt wird, wobei allerdings der quadratische Ausdruck für sich der direkten Darstellung genügen soll.

V.26. Zeige mit Hilfe der Sätze V.10 und V.11, daß das System

$$\dot{x}(t) = \begin{bmatrix} 0 & 1 & 0 \\ 0 & 0 & 1 \\ -a & -b & -c \end{bmatrix} x(t) + \begin{bmatrix} 0 \\ 0 \\ 1 \end{bmatrix} u(t) \quad \text{und} \quad y(t) = [1 \quad 0 \quad 0]\, x(t)$$

für alle Werte a, b und c vollständig steuer- und beobachtbar ist. Wie lautet die zugehörige komplexe Übertragungsfunktion? Verallgemeinere das Ergebnis.

V.27. Betrachte das durch die Übertragungsfunktion

$$G(s) = \frac{K}{(s + a)^2 (s + b)(s + c)} \qquad (a \neq b \neq c)$$

charakterisierte System.

1. Wie lauten die Zustandsgleichungen in paralleler Darstellung? Ist das System vollständig steuer- und beobachtbar?
2. Multipliziere die Übertragungsfunktion mit $(s + a)^2 (s + b)$. Welche Form nimmt dann die Zustandsgleichung in paralleler Darstellung an? Gib die Anzahl der steuerbaren und die Anzahl der beobachtbaren Zustände an.

V.28. Untersuche mit Hilfe der Sätze V.10 und V.11 die Steuer- und Beobachtbarkeit der durch die folgenden Matrizen definierten Systeme und gib die Anzahl der nichtsteuer- bzw. nichtbeobachtbaren Zustände an.

a)
$$\mathbf{A} = \begin{bmatrix} 1 & 1 \\ 1 & 0 \end{bmatrix}, \qquad \mathbf{b} = \begin{bmatrix} 1 \\ 0 \end{bmatrix}, \qquad \mathbf{c} = \begin{bmatrix} 1 \\ 1 \end{bmatrix} \quad \text{und} \quad d = 0;$$

b) $\mathbf{A} = \begin{bmatrix} 1 & 0 & 0 \\ 0 & 0 & 1 \\ 1 & -2 & -1 \end{bmatrix}$, $\mathbf{b} = \begin{bmatrix} 0 \\ 0 \\ 1 \end{bmatrix}$, $\mathbf{c} = \begin{bmatrix} 1 \\ 0 \\ 1 \end{bmatrix}$ und $d = 0$;

c) $\mathbf{A} = \begin{bmatrix} 0 & 1 & 0 \\ 0 & 0 & 1 \\ 0 & -1 & -2 \end{bmatrix}$, $\mathbf{b} = \begin{bmatrix} 0 \\ 1 \\ 1 \end{bmatrix}$, $\mathbf{c} = \begin{bmatrix} 0 \\ 1 \\ 1 \end{bmatrix}$ und $d = 0$.

Leite die jeweiligen komplexen Übertragungsfunktionen her.

V.29. Zeichne das Zustandsdiagramm für das durch die folgenden Matrizen charakterisierte System:

$$\mathbf{A} = \begin{bmatrix} -1 & 0 & 0 \\ 0 & -2 & 0 \\ 0 & 0 & -3 \end{bmatrix}, \quad \mathbf{b} = \begin{bmatrix} 1 \\ 1 \\ 0 \end{bmatrix}, \quad \mathbf{c} = \begin{bmatrix} 1 \\ 0 \\ 2 \end{bmatrix} \quad \text{und } d = 0.$$

Läßt sich aus der Zustandsrealisierung bereits erkennen, ob das System vollständig steuer- und beobachtbar ist?
Unterteile gegebenenfalls das Zustandsdiagramm des Gesamtsystems in die Teilsysteme S^v, S^{nb}, S^{ns} und S^n.

V.30. Berechne mit Hilfe der Laplace-Transformation die Fundamentalmatrix der folgenden Systeme und gib für die Eingangsgröße $u(t) = 1(t)$ die vollständige Lösung für $\mathbf{x}(t)$ an.

a) $\dot{x}_1 = -3x_1 - x_2 + u$
$\dot{x}_2 = 2x_1$
mit $x_1(0) = x_2(0) = 0$;

b) $\dot{x}_1 = -x_1 + x_2$
$\dot{x}_2 = -2x_2 + u$
mit $x_1(0) = -1$ und $x_2(0) = 0$.

Die zugehörigen Trajektorien sind in der x_1, x_2 - Zustandsebene darzustellen.

V.31. Wie lauten für die direkte, parallele und kettenförmige Darstellung die Zustandsgleichungen eines durch die Übertragungsfunktion

$$G(s) = \frac{2(s+4)}{s(s+1)(s+2)}$$

vollständig charakterisierten Systems? Zeichne die zugehörigen Zustandsdiagramme. Berechne außerdem die Fundamentalmatrix des Systems und gib die Lösung der Zustandsgleichungen in allgemeiner Form an.

V.32. Für das in Beispiel V.15 angegebene Gesamtsystem ist das zugehörige Zustandsdiagramm durch Zeichnen der Zustandsdiagramme der Einzelsysteme und anschließender Verbindung der entsprechenden Größen zu ermitteln.

V.33. Die folgenden Mehrgrößensysteme mit je zwei Eingangs- und Ausgangsgrößen werden durch die Differentialgleichungen

a) $\ddot{y}_1 + 3\dot{y}_1 + 2y_2 = u_1$
$\ddot{y}_2 + \dot{y}_1 + y_2 = u_2$

sowie

b) $\dot{y}_1 + y_1 = u_1 + 2u_2$
$\ddot{y}_2 + 3\dot{y}_2 + 2y_2 = u_1 + u_2 + \dot{u}_2$

charakterisiert. Gib in beiden Fällen ein zugehöriges Zustandsdiagramm an.

V.34. Ermittle für das durch die Differentialgleichungen

$\dot{y}_1 + y_2 = u_1 + u_2$
$\dot{y}_2 + y_1 = u_2$

beschriebene Mehrgrößensystem die zugehörige (komplexe) Übertragungsmatrix und zeichne ein Blockschaltbild. Stelle anhand des Blockschaltbildes ein Zustandsdiagramm auf.

V.35. Zeichne für das in P-kanonischer Systemstruktur gegebene Mehrgrößensystem

$$\begin{bmatrix} Y_1(s) \\ Y_2(s) \end{bmatrix} = \begin{bmatrix} H_{11}(s) & H_{12}(s) \\ H_{21}(s) & H_{22}(s) \end{bmatrix} \begin{bmatrix} U_1(s) \\ U_2(s) \end{bmatrix}$$

das zugehörige Blockschaltbild.

1. Für die Fälle

a) $H_{11}(s) = \frac{1}{s}$, $H_{12}(s) = \frac{1}{s(s+2)}$, $H_{21}(s) = 0$ und $H_{22}(s) = \frac{1}{s+2}$

sowie

b) $H_{11}(s) = \frac{K_1}{(s+a_1)(s+a_2)}$, $H_{12}(s) = \frac{K_3}{s+a_4}$, $H_{21}(s) = \frac{K_2}{s+a_3}$ und

$H_{22}(s) = \frac{K_4}{s(s+a_5)}$

ist eine Zustandsdarstellung gesucht.

2. Eine dritte Ausgangsgröße wird dadurch geschaffen, indem das Ausgangssignal des Blockes $H_{21}(s)$ zusätzlich einen weiteren Block mit der konstanten Übertragungsfunktion K_5 zugeführt wird, dessen Ausgangsgröße das Ausgangssignal $Y_3(s)$ darstellt. Gib für dieses erweiterte System ebenfalls eine Zustandsdarstellung an.

VI. Diskontinuierliche Systeme

Bei der Systemeinteilung in Abschnitt I.3 haben wir aus Zweckmäßigkeitsgründen zwischen *kontinuierlichen* und *diskontinuierlichen* Systemen unterschieden. Die vorausgehenden Betrachtungen galten im wesentlichen den (linearen) Differentialgleichungen, also der Behandlung von kontinuierlichen Systemen. Bei der Behandlung von praktischen Problemen treten jedoch auch Fälle auf, in denen sich eine andere Beschreibungsart, nämlich die der *Differenzengleichungen,* besser eignet. Ein solcher Fall liegt z.B. dann vor, wenn die Eingangsgröße eines Systems eine stückweise stetige Funktion darstellt, die aus sehr vielen oder sogar aus unendlich vielen Stücken besteht. Bild I.6 zeigt z.B. eine solche (*intermittierend* wirkende) Eingangsgröße.

In realen Systemen können sie z.B. aus überwiegend technischen oder wirtschaftlichen Gründen auftreten. Beispiele für den ersten Fall sind Radargeräte, bei denen pro Umdrehung von einem Ziel ein Signal auftritt, oder Digitalrechner, die wegen der endlichen Rechenzeit nur zu bestimmten Zeitpunkten Signale liefern; die Rechner liefern zwar diskrete, quantisierte Signale, die sich jedoch mit Hilfe von Digital-/Analogwandler in diskontinuierliche Zeitsignale umformen lassen. Die Regelung mehrerer Strecken mit einem Regler, der periodisch nacheinander auf die einzelnen Strecken geschaltet wird, so z.B. die Stabilisierung des Nullpunktfehlers (Drift) mehrerer Rechenverstärker durch einen Rückführverstärker, geschieht im wesentlichen aus wirtschaftlichen Motiven. Ein anderes Beispiel ist die Fernmessung mehrerer Größen mit einem Kanal (Zeitmultiplex-Verfahren).

In jüngster Zeit zeigt sich auch, daß die Wirkungsweise von bestimmten Regelvorgängen im Organismus und das Verhalten des Menschen als Regler, in gewissen Fällen durch diskontinuierlich arbeitende Modelle besser beschreibbar sind.

1. Einleitung

In diesem letzten Teil des Buches betrachten wir im wesentlichen lineare, zeitinvariante Systeme, deren Eingangssignale „*abgetastete*" Verläufe darstellen, wobei die Abtastzeitpunkte (für $t \geqslant 0$) periodisch auftreten mögen. Bild VI.1 zeigt einen solchen Verlauf. Er unterscheidet sich von dem in Bild I.6 gezeichneten Verlauf dadurch, daß alle auftretenden Rechteckimpulse der Breite h die selbe Form aufweisen. Die Amplitude der Rechteckimpulse in Bild VI.1 entspricht jeweils dem Wert, den die kontinuierliche Eingangsgröße zum Abtastzeitpunkt aufweist. Wird ein offenes System (oder Teilsystem) bei einer kontinuierlichen Anregung durch eine lineare Differentialgleichung

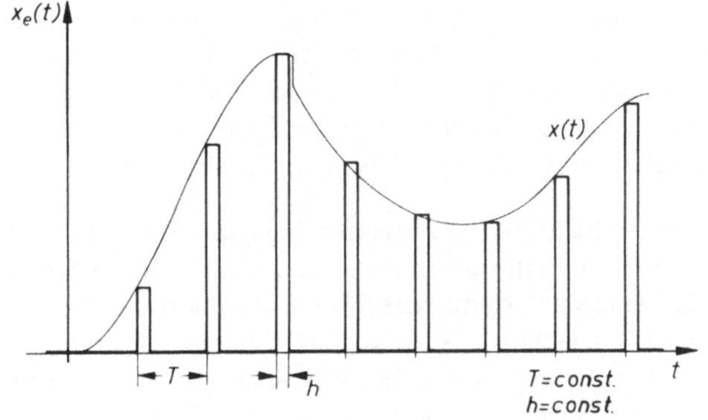

Bild VI.1
Abgetastete Funktion mit T und h = const.

charakterisiert, so gehorcht es natürlich auch für abgetastete Eingangsgrößen einer linearen Dgl., wobei die homogene Lösung in beiden Fällen identisch ist. Setzt sich die Eingangsgröße aus nur wenigen stetigen Teilfunktionen zusammen, dann ist die allgemeine Lösung durch intervallweise Berechnung relativ leicht zu finden. Hingegen bei abgetasteten Eingangsgrößen, besteht die Gesamtlösung aus unendlich vielen Teilstücken. Beschränkt man sich jedoch bezüglich der Lösung (Ausgangsgröße) lediglich auf die Abtastzeitpunkte, so gelangt man zu einer linearen Differenzengleichung, die bei zeitinvarianten Systemen ebenfalls konstante Koeffizienten aufweist. Bei dieser speziellen Form von diskontinuierlichen Systemen sprechen wir auch von (linearen) Abtastsystemen. Die Beschränkung auf die Abtastzeitpunkte führt vor allen Dingen bei zusammengesetzten Systemen (Regelkreise) auf eine erhebliche Reduzierung des Rechenaufwandes.

Es zeigt sich, daß zwischen der Lösung von linearen Differenzengleichungen und den linearen Dgln. einige weitgehende Analogien bestehen. Die *Gesamtlösung der linearen Differenzengleichung* (in geschlossener Form) setzt sich ebenfalls aus der *Addition einer homogenen Lösung (Fundamentalsystem) und einer partikulären Lösung der inhomogenen Gleichung* (spezielle Lösung) zusammen. Außerdem existieren *Funktionaltransformationen,* die im Bildbereich ebenfalls algebraische Ausdrücke liefern; damit gelingt es auch für Abtastsysteme eine entsprechende „Blockschaltbildalgebra" einzuführen.

Wir beschäftigen uns zuerst mit der Ableitung der Differenzengleichung und deren Lösungen und anschließend mit den Transformationsmethoden.

2. Lineare Differenzengleichungen

Wie schon vorher erläutert, gelingt es, das Verhalten der Abtastsysteme zu den *Abtastzeitpunkten* durch Differenzengleichungen zu beschreiben. Um das Verständnis für den Zusammenhang der Differenzengleichung mit dem durch sie charakterisierten realen Systemen zu fördern und um die Voraussetzungen, unter denen diese Beschreibung gilt, klar hervorzuheben, leiten wir zuerst auf klassische Weise die Differenzengleichung aus der entsprechenden Differentialgleichung ab. Wir beschränken uns dabei auf ein System 2. Ordnung. Einmal bringt eine Erweiterung auf Gleichungen höherer Ordnung keine prinzipiellen Schwierigkeiten mit sich und zum anderen beinhaltet die spätere Behandlung mit Hilfe der Zustandsgleichungen sowieso diese Verallgemeinerung.

Die Differenzengleichungen sind jedoch nicht nur im Zusammenhang mit den diskontinuierlichen Systemen bedeutungsvoll, sondern auch in vielen anderen Bereichen der modernen Systembehandlung. Die diskreten Systeme, wie diskrete stochastische Prozesse (Markovsche-Ketten), werden z.B. ebenfalls durch diesen Gleichungstypus charakterisiert. Auch bei der numerischen Berechnung spielen die Differenzengleichungen eine große Rolle. Wir leiten daher auch die allgemeine Lösung von linearen Differenzengleichungen mit konstanten Koeffizienten ab.

2.1. Beschreibung des Abtastvorganges

Da bei den Abtastsystemen die Eingangsgröße in jedem Abtastintervall den selben prinzipiellen Verlauf aufweist, kann man den Eingangsverlauf für eine *periodische* [32]) *Abtastung* in der Form

$$x_e(t) = x(nT)\, x_p(t) \tag{VI.1}$$

angeben, wobei $x(nT)$ die Werte des kontinuierlichen Verlaufs zu den Abtastzeitpunkten $t = nT$ $(n = 0, 1, \ldots)$ und $x_p(t)$ eine *periodische Tastfunktion* darstellen. In Bild VI.1 z.B. läßt sich $x_p(t)$ als (periodische) Folge von Rechteckimpulsen mit der Höhe 1 und der Breite h auffassen, die zu den Abtastpunkten $t = nT$ auftreten.

Für eine im Intervall $-\infty < t < +\infty$ vorgegebene S_1-Funktion $q(t)$ ist daher die Tastfunktion durch

$$x_p(t) = \sum_{n=0}^{\infty} q(t - nT)\,[1(t - nT) - 1(t - (n+1)T)] \tag{VI.2a}$$

beschreibbar. Bild VI.2a verdeutlicht diesen Zusammenhang; die gestrichelt gezeichnete Kurve $q(t)$ charakterisiert dabei einen stetigen Verlauf. Für die Definition der Tastfunktion nach Gl. (VI.2a) genügt es jedoch, den Verlauf von $q(t)$ lediglich im ersten Abtastintervall $0 \leqslant t < T$ zu kennen. Um zu einem eindeutigen Verlauf zu kommen, den wir voraussetzen müssen, definieren wir fortan den Wert zum Abtastzeitpunkt $t = nT$ durch den jeweiligen *rechtsseitigen Grenzwert.*

[32]) Die Periodizität bezieht sich hier ausschließlich auf das Intervall $t > 0$. Die Eingangs- und Ausgangsgrößen werden für $t < 0$ identisch Null vorausgesetzt.

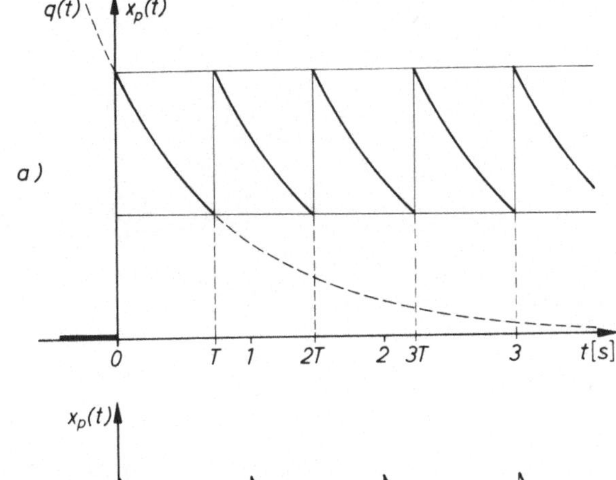

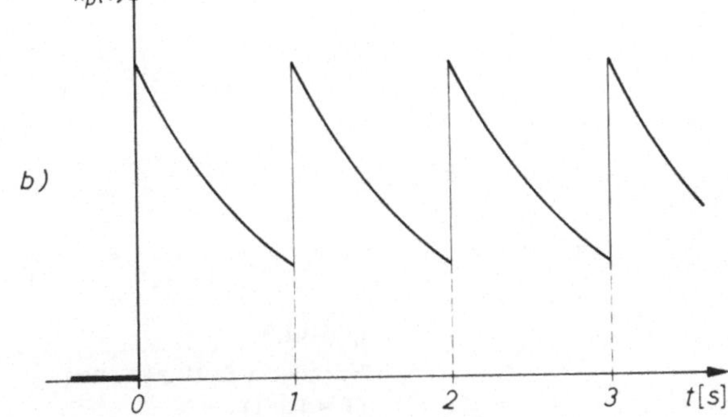

Bild VI.2
Periodische Tastfunktion
a) Periodendauer T = 0,75 [s]
b) Normierte Darstellung T = 1 [s]

Der Einfachheit wegen, werden vielfach die Tastfunktionen und auch die abgetasteten Funktionen durch die Substitution $t' = \frac{t}{T}$ auf die Periodendauer T normiert. Gl. (VI.2a) nimmt dann, wenn wir t' wieder durch t ersetzen, die Form

$$x_p(t) = \sum_{n=0}^{\infty} q(t-n)\,[1(t-n) - 1(t-(n+1))] \tag{VI.2b}$$

an; Bild VI.2b zeigt den Verlauf einer solchen *normierten Tastfunktion.* Da in Gl. (VI.2b) in jedem Intervall $n \leqslant t < n+1$ $(n = 0, 1, 2, ...)$ den selben Verlauf hat, führen wir für t die Beziehung

$$t = n + \tau \qquad (\text{sowie } dt = d\tau \text{ usw.}) \quad \text{mit} \quad 0 \leqslant \tau < 1$$

ein. Im normierten Fall gilt daher für die Tastfunktion im $(n+1)$-ten Abtastintervall $n \leqslant t < n+1$ ($n = 0$ ergibt das 1. Abtastintervall $0 \leqslant t < 1$)

$$x_p(t) = x_p(n+\tau) \quad n \leqslant t < n+1 \qquad (n = 0, 1, ...;\ 0 \leqslant \tau < 1) \tag{VI.2c}$$

oder wegen der Periodizität (für $t \geqslant 0$) einfacher

$$x_p(t) = x_p(\tau) = q(\tau) \ \text{in} \ n \leqslant t < n+1 \ (0 \leqslant \tau < 1;\ n = 0, 1, ...). \tag{VI.2d}$$

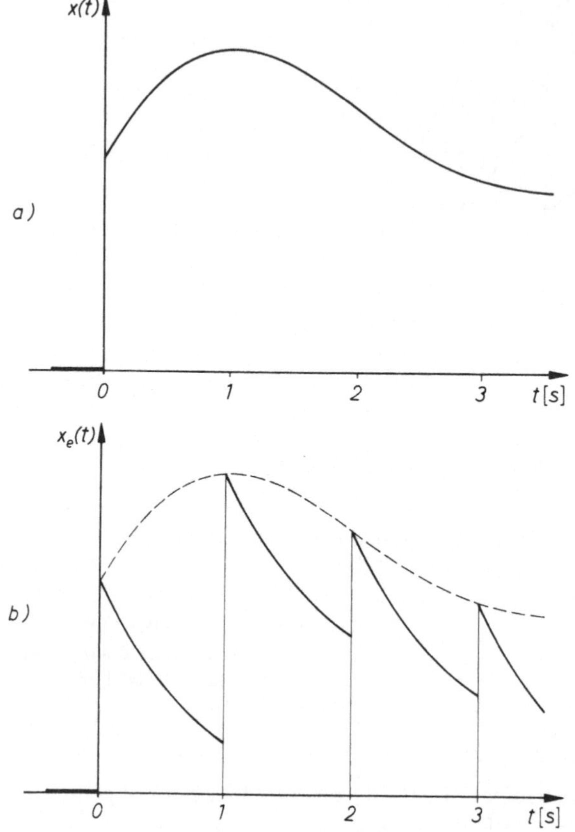

Bild VI.3
Normierte Zeitfunktionen
(T = 1 [s])
a) kontinuierlicher,
b) abgetasteter Verlauf

Die nichtnormierte Darstellung ergibt sich jeweils aus der normierten Darstellung, indem in den Gleichungen n durch nT und (n + 1) durch (n + 1)T ersetzt wird; das gleiche trifft auch für die Intervallangabe zu, d.h. sie laufen dann von nT bis (n + 1)T. Dies gilt auch für die weitere Betrachtung, bei der wir jedoch nicht mehr im einzelnen auf diesen Sachverhalt hinweisen.

Das Einsetzen der Gl. (VI.2 a) in Gl. (VI.1) liefert den gesuchten *abgetasteten Verlauf*, der im *normierten Fall* unter Beachtung von Gl. (VI.2b) oder Gl. (VI.2d) auf

$$x_e(t) = x(n)\, x_p(t) = x(n)\, q(\tau) = x_n q(\tau) \quad \text{in} \quad n \leqslant t < n+1$$

$$(0 \leqslant \tau < 1;\; n = 0, 1, \ldots) \qquad \text{(VI.3)}$$

führt. Zur Vereinfachung setzen wir häufig $x(n) = x_n$; es handelt sich jedoch stets um die Funktion x(t) an der Stelle t = n. Legen wir die in Bild VI.2 gezeichnete (normierte) Tastfunktion $x_p(t)$ zugrunde, so ergibt sich mit der in Bild VI.3a dargestellten (Eingangs-)Zeitfunktion der in Bild VI.3b gezeichnete abgetastete Verlauf.

Daß die Multiplikation der Tastfunktion $x_p(t)$ mit der abzutastenden Zeitfunktion $x(t)$ auf die abgetastete Zeitfunktion führt, gilt natürlich nicht nur für Eingangsgrößen, sondern entsprechend für einen beliebigen (zulässigen) Zeitverlauf. Es handelt sich bei der Darstellung der abgetasteten Funktion durch eine Multiplikation, um eine rechnerische Betrachtungsweise, die nichts über den wirklichen physikalischen „Abtastvorgang" selbst aussagt. Die Einführung einer periodischen Tastfunktion bringt eine erhebliche Reduzierung des Rechenaufwandes mit sich. Man wird daher stets versuchen, den in Bild I.6 gezeichneten diskontinuierlichen Verlauf, z.B. durch den in Bild VI.1 dargestellten Verlauf zu approximieren. Dabei ist es jedoch unwesentlich, daß das „Impulsdach" waagerecht verläuft, sondern es kann eine beliebige, jedoch *gleichbleibende,* Form aufweisen. Besitzt außerdem die abzutastende Funktion $x(t)$ einen Sprung an einer Abtaststelle $t = nT$, so muß man sich wiederum auf einen – z.B. den rechtsseitigen – Grenzwert einigen.

2.2. Ableitung der Differenzengleichungen

Nach Abschnitt IV.6 erhält man unter entsprechenden Voraussetzungen die Ausgangsgröße eines (energiefreien) linearen und zeitunabhängigen Systems durch die Faltung der Gewichtsfunktion $g(t)$ und der Eingangsfunktion $x_e(t)$. Stellt nun $x_e(t) = x(n)\,x_p(t)$ den abgetasteten Eingangsverlauf eines realisierbaren Systems mit der Gewichtsfunktion $g(t)$ dar, dann existiert die Faltung, da laut Voraussetzung $x_e(t)$ beschränkt ist. Damit gelingt es prinzipiell, die (kontinuierliche) Ausgangsgröße $y(t)$ für alle Zeiten $t \geqslant 0$ durch

$$y(t) = [x(n)\,x_p(t)] * g(t) \tag{VI.4}$$

zu berechnen. Die Beschreibung von $y(t)$ nach Gl. (VI.4) führt jedoch in den meisten Fällen zu einem erheblichen Rechenaufwand.

Andererseits läßt sich die Ausgangsgröße natürlich auch als Lösung der entsprechenden Differentialgleichung bestimmen. Wir gehen dabei der Einfachheit wegen von der Dgl. 2. Ordnung

$$a_2 y''(t) + a_1 y'(t) + a_0 y(t) = x(n)\,x_p(t) \tag{VI.5}$$

mit den gegebenen Anfangswerten $y(0)$ und $y'(0)$ aus. Die Lösung $y(t)$ und $y'(t)$ werden für $t \geqslant 0$ als stetig vorausgesetzt, was nach den Ausführungen bzw. Vereinbarungen in Abschnitt II.8 für Eingangsfunktionen der Klasse S_1 zutrifft. Die Dgl. nimmt im (n + 1)-ten Abtastintervall $n \leqslant t < n + 1$ die Form

$$a_2 y''(\tau) + a_1 y'(\tau) + a_0 y(\tau) = x(n)\,q(\tau) \qquad (0 \leqslant \tau < 1;\ n = 0, 1, \dots) \tag{VI.6}$$

an; die jeweiligen Anfangswerte des (n + 1)-ten Abtastintervalles folgen wegen der *vorausgesetzten Stetigkeit* aus den Endwerten des n-ten Intervalles.

Betrachten wir Gl. (VI.5) für das erste Abtastintervall $0 \leqslant t < 1$, so besitzt wegen $t = \tau$ die Dgl.

$$a_2 y''(t) + a_1 y'(t) + a_0 y(t) = x(0)\, q(t) \qquad \text{(VI.7 a)}$$

die allgemeine Lösung

$$y(t) = x(0)\, \xi(t) + A_1 \alpha_1(t) + B_1 \alpha_2(t) \quad (0 \leqslant t < 1). \qquad \text{(VI.7 b)}$$

Dabei sind $\alpha_1(t)$ und $\alpha_2(t)$ zwei linear unabhängige Lösungen der homogenen Dgl. und $\xi(t)$ eine spezielle Lösung der (inhomogenen) Dgl.

Da die allgemeine Lösung in jedem Abtastintervall den selben prinzipiellen Verlauf aufweist, geben wir sie für das $(n + 1)$-te Abtastintervall an. Entsprechend der Lösung (VI.7 b) gilt für sie mit Gl. (VI.6) im *(n + 1)-ten Abtastintervall*

$$\eta_{(n+1)}(\tau) = x(n)\, \xi(\tau) + A_{n+1} \alpha_1(\tau) + B_{n+1} \alpha_2(\tau) \qquad \text{(VI.8 a)}$$

und auch

$$\eta'_{(n+1)}(\tau) = x(n)\, \xi'(\tau) + A_{n+1} \alpha'_1(\tau) + B_{n+1} \alpha'_2(\tau), \qquad \text{(VI.8 b)}$$

wobei $\eta_{(n+1)}(\tau)$ und $\eta'_{(n+1)}(\tau)$ den Verlauf von $y(t)$ bzw. $y'(t)$ im Intervall $n \leqslant t < n + 1$ charakterisieren. Wegen der Stetigkeitsvoraussetzung stimmt natürlich die allgemeine Lösung und ihre Ableitung am Ende des n-ten Abtastintervalls (linksseitiger Grenzwert) mit dem Anfangswert des $(n + 1)$-ten Abtastintervalls (rechtsseitiger Grenzwert) überein, d.h.

$$\eta_{(n)}(1) = \eta_{(n+1)}(0) \quad \text{und} \quad \eta'_{(n)}(1) = \eta'_{(n+1)}(0) \qquad \text{(VI.9 a)}$$

oder

$$y(n + \tau)\Big|_{\tau=1} = y(n + 1 + \tau)\Big|_{\tau=0} \quad \text{und} \quad y'(n + \tau)\Big|_{\tau=1} = y'(n + 1 + \tau)\Big|_{\tau=0}; \qquad \text{(VI.9 b)}$$

im ersten Abtastintervall ist $n = 0$.

Aus den Gln. (VI.8) ergibt sich im $(n + 1)$-ten Abtastintervall $n \leqslant t < n + 1$ für $\tau = 0$:

$$y(n) = x(n)\, \xi(0) + A_{n+1} \alpha_1(0) + B_{n+1} \alpha_2(0) \qquad \text{(VI.10 a)}$$

und

$$y'(n) = x(n)\, \xi'(0) + A_{n+1} \alpha'_1(0) + B_{n+1} \alpha'_2(0) \qquad \text{(VI.10 b)}$$

sowie für $\tau = 1$:

$$y(n + 1) = x(n)\, \xi(1) + A_{n+1} \alpha_1(1) + B_{n+1} \alpha_2(1) \qquad \text{(VI.11 a)}$$

und

$$y'(n + 1) = x(n)\, \xi'(1) + A_{n+1} \alpha'_1(1) + B_{n+1} \alpha'_2(1). \qquad \text{(VI.11 b)}$$

Aus den Gln. (VI.10) folgt für die Konstanten

$$A_{n+1} = \frac{[y(n) - x(n)\,\xi(0)]\,\alpha_2'(0) - [y'(n) - x(n)\,\xi'(0)]\,\alpha_2(0)}{W(0)} \tag{VI.12a}$$

und

$$B_{n+1} = \frac{[y'(n) - x(n)\,\xi'(0)]\,\alpha_1(0) - [y(n) - x(n)\,\xi(0)]\,\alpha_1'(0)}{W(0)} \tag{VI.12b}$$

mit der Wronskischen Determinante

$$W(0) = \begin{vmatrix} \alpha_1(0) & \alpha_2(0) \\ \alpha_1'(0) & \alpha_2'(0) \end{vmatrix}$$

Wählen wir $\alpha_1(0) = 1$, $\alpha_2(0) = 0$, $\alpha_1'(0) = 0$ und $\alpha_2'(0) = 1$ sowie $\xi(0) = \xi'(0) = 0$ (kein sprungfähiges System), so liegt ein normiertes Fundamentalsystem vor, da an der Stelle $\tau = 0$ $W(0) = 1$ ist. Mit diesem normierten Fundamentalsystem nehmen, wie es nach den Ausführungen in Unterabschnitt II.4.3 sein muß, A_{n+1} und B_{n+1} unmittelbar die Anfangswerte

$$A_{n+1} = y(n) \quad \text{und} \quad B_{n+1} = y'(n) \tag{VI.13}$$

an.

Die Annahme eines normierten Fundamentalsystems ist natürlich nicht erforderlich, sondern man kommt mit den Gln. (VI.12) für jedes Fundamentalsystem zum selben Ergebnis. Bei der Lösung nach der klassischen Methode ist das Auffinden eines normierten Fundamentalsystems oft umständlich; die Anwendung der Laplace-Transformation führt hingegen stets auf ein normiertes Fundamentalsystem.

Die Beziehungen für A_{n+1} und B_{n+1} aus Gl. (VI.13) setzen wir in die Gln. (VI.11) ein, was auf

$$y(n+1) = \xi(1)\,x(n) + \alpha_1(1)\,y(n) + \alpha_2(1)\,y'(n) \tag{VI.14a}$$

und

$$y'(n+1) = \xi'(1)\,x(n) + \alpha_1'(1)\,y(n) + \alpha_2'(1)\,y'(n) \tag{VI.14b}$$

führt. Zur Elimination der Größen $y'(n+1)$ und $y'(n)$ benötigen wir noch die Gleichung

$$y(n+2) = \xi(1)\,x(n+1) + \alpha_1(1)\,y(n+1) + \alpha_2(1)\,y'(n+1), \tag{VI.14c}$$

die sich aus Gl. (VI.14a) durch Einsetzen von $n+1$ anstelle von n ergibt.

Durch Auflösung der Gln. (VI.14) wird

$$y(n+2) - [\alpha_1(1) + \alpha_2'(1)]\,y(n+1) + [\alpha_1(1)\,\alpha_2'(1) - \alpha_1'(1)\,\alpha_2(1)]\,y(n) =$$

$$= [\xi'(1)\,\alpha_2(1) - \xi(1)\,\alpha_2'(1)]\,x(n) + \xi(1)\,x(n+1). \tag{VI.15a}$$

Gl. (VI.15 a) stellt eine *lineare Differenzengleichung mit konstanten Koeffizienten* dar. Sie beschreibt die Beziehungen zwischen $y(n)$ und $x(n)$ lediglich für ganzzahlige Werte, die den *Tastzeitpunkten* $t = n$ entsprechen; die unabhängige Veränderliche $t = n$ ist also nur für ganzzahlige (diskrete) Werte definiert; wir können daher auch die gebräuchlichere Form

$$y_{n+2} + c_1 y_{n+1} + c_0 y_n = d_0 x_n + d_1 x_{n+1} \tag{VI.15b}$$

verwenden, wobei die Konstanten c_1, c_0, d_0 und d_1 den eckigen Klammern in Gl. (VI.15 a) entsprechen.

• **Beispiel VI.1:**

Die Differenzengleichung des Netzwerkes Bild II.6 mit $u_a(t) = y(t)$ soll berechnet werden, wenn als Eingangsgröße $u_e(t) = x(t)$ die getastete Funktion

$$x(n)\, q(\tau) = x_n K e^{-\sigma\tau} \quad (\sigma > 0, \text{ reell und } K = \text{const.})$$

wirkt. Nach Gl. (II.39b) lautet die entsprechende Integrodgl.

$$\frac{L}{R}\frac{dy}{d\tau} + y(\tau) + \frac{1}{RC}\int_0^\tau y(\varphi)\, d\varphi + \frac{1}{RC} v_n = K e^{-\sigma\tau} x_n \tag{VI.16}$$

$$\text{für } n \leqslant t < n+1 \qquad (0 \leqslant \tau < 1;\ n = 0, 1, \ldots).$$

Die entsprechenden Anfangswerte ergeben sich für $\tau = 0$; sie sind

$$y(t)\Big|_{t=n} = y_n \quad \text{und} \quad \int_0^t y(\varphi)\, d\varphi\,\Bigg|_{t=n} = v_n\,.$$

Gl. (VI.16) lösen wir mit Hilfe der L-Transformation. Mit den Beziehungen

$$L\{y(\tau)\} = \int_0^\infty y(\tau)\, e^{-s\tau}\, d\tau,$$

$$L\left\{\frac{dy(\tau)}{d\tau}\right\} = s\, L\{y(\tau)\} - y_n,$$

$$L\left\{\int_0^\tau y(\varphi)\, d\varphi\right\} = \frac{1}{s}\, L\{y(\tau)\} = L\{v(\tau)\},$$

$$L\{K e^{-\sigma\tau}\} = \frac{K}{s+\sigma} \quad \text{und} \quad L\{v_n\} = \frac{v_n}{s}$$

lautet die Lösung für $n \leqslant \tau < n+1$ im Bildbereich:

$$L\{y_n(\tau)\} = \frac{RCKs}{(s+\sigma)[1+RCs+LCs^2]}\,x_n + \frac{LCs}{1+RCs+LCs^2}\,y_n - \frac{1}{1+RCs+LCs^2}\,v_n.$$

Die zugehörigen Originalfunktionen gelten laut Voraussetzung im jeweiligen Abtastintervall nur für $0 \leqslant \tau < 1$. Es sei

$$\frac{1}{LC} > \left(\frac{R}{2L}\right)^2, \text{ dann ist } \sqrt{\frac{1}{LC} - \left(\frac{R}{2L}\right)^2} = \omega \text{ und } \frac{R}{2L} = \beta.$$

Mit diesen Abkürzungen führt die inverse L-Transformation auf

$$y_n(\tau) = \left[\left(\cos\omega\tau - \frac{\beta}{\omega}\sin\omega\tau\right)e^{-\beta\tau}\right]y_n - \left[\frac{1}{LC}\,\frac{1}{\omega}\,e^{-\beta\tau}\sin\omega\tau\right]v_n +$$

$$+ K\frac{R}{L}\,\frac{1}{(\beta-\sigma)^2+\omega^2}\left[\left[\sigma\cos\omega\tau + \frac{1}{\omega}(\omega^2+\beta^2-\beta\sigma)\sin\omega\tau\right]e^{-\beta\tau} - \sigma e^{-\sigma\tau}\right]x \qquad \text{(VI.17a)}$$

sowie mit $v(\tau) = \int\limits_0^\tau y(\varphi)\,d\varphi$ bzw. $\frac{dv(\tau)}{d\tau} = y(\tau)$ auf

$$v_n(\tau) = \left[\frac{1}{\omega}\,e^{-\beta\tau}\sin\omega\tau\right]y_n + \left[\left(\cos\omega\tau + \frac{\beta}{\omega}\sin\omega\tau\right)e^{-\beta\tau}\right]v_n +$$

$$+\left[K\frac{L}{R}\,\frac{1}{(\beta-\sigma)^2+\omega^2}\left[e^{-\sigma\tau} - e^{-\beta\tau}\left(\cos\omega\tau + \frac{\beta-\sigma}{\omega}\sin\omega\tau\right)\right]\right]x_n. \qquad \text{(VI.17b)}$$

Die Gln. (VI.17) sind von der Form

$$y_n(\tau) \equiv y_{n+\tau} = a_1(\tau)\,y_n + a_2(\tau)\,v_n + k_1(\tau)\,x_n \qquad \text{(VI.17c)}$$

und

$$v_n(\tau) \equiv v_{n+\tau} = b_1(\tau)\,y_n + b_2(\tau)\,v_n + k_2(\tau)\,x_n. \qquad \text{(VI.17d)}$$

Da sowohl $y_n(\tau)$ als auch $v_n(\tau)$ stetig sind, nehmen die Gln. (VI.17) für $\tau = 1$ die Gestalt

$$y_{n+1} = a_1(1)\,y_n + a_2(1)\,v_n + k_1(1)\,x_n \qquad \text{(VI.18a)}$$

und

$$v_{n+1} = b_1(1)\,y_n + b_2(1)\,v_n + k_2(1)\,x_n \qquad \text{(VI.18b)}$$

an. Die Lösungen der homogenen Gleichung $a_1(\tau)$, $a_2(\tau)$, $b_1(\tau)$ und $b_2(\tau)$ bilden für $\tau = 0$ ein normiertes Fundamentalsystem, da, wie aus den Gln. (VI.17a) und (VI.17b) hervorgeht, $a_1(0) = 1$, $a_2(0) = 0$, $b_1(0) = 0$ und $b_2(0) = 1$ und $k_1(0) = {}$ $= k_2(0) = 0$ sind.

Die $\mathcal{L}$-Transformation führt automatisch auf ein normiertes Fundamentalsystem, das wir aus Zweckmäßigkeitsgründen bei der allgemeinen Ableitung zugrundelegten.

Es sei noch erwähnt, daß für sprungfähige Systeme (m = n) die obigen Gleichungen nicht gelten, da für sie $y(n + \tau)|_{\tau=1} \neq y(n + 1 + \tau)|_{\tau=0}$ ist. Addiert man jedoch zu dem linksseitigen Grenzwert $\tau = 1$ den entsprechenden Sprung hinzu, so gelingt die Ableitung der Gleichungen für sprungfähige Systeme auf entsprechende Weise [100].

Aus den Gln. (VI.18) erhalten wir schließlich die Differenzengleichung

$$y_{n+2} - [a_1(1) + b_2(1)]\, y_{n+1} + [a_1(1)\, b_2(1) - a_2(1)\, b_1(1)]\, y_n =$$
$$= [a_2(1)\, k_2(1) - b_2(1)\, k_1(1)]\, x_n + k_1(1)\, x_{n+1} \qquad \text{(VI.19a)}$$

oder, wenn die durch die Gln. (VI.17) bzw. (VI.18) definierten Werte eingesetzt werden,

$$y_{n+2} - 2e^{-\beta} \cos\omega\, y_{n+1} + e^{-2\beta}\, y_n = d_0 x_n + d_1 x_{n+1} \qquad \text{(VI.19b)}$$

mit

$$d_0 = \frac{KR}{L} \frac{e^{-\beta}}{(\beta - \sigma)^2 + \omega^2} \left[\left[\sigma \cos\omega - \frac{1}{\omega} \left(\frac{1}{LC} - \beta\sigma \right) \sin\omega \right] e^{-\sigma} - \sigma e^{-\beta} \right]$$

und

$$d_1 = \frac{KR}{L} \frac{1}{(\beta - \sigma)^2 + \omega^2} \left[\left[\sigma \cos\omega + \frac{1}{\omega} \left(\frac{1}{LC} - \beta\sigma \right) \sin\omega \right] e^{-\beta} - \sigma e^{-\sigma} \right].$$

Die Ableitung der Differenzengleichungen von linearen, zeitinvarianten (Teil-) Systemen höherer Ordnung geschieht ganz analog, wie für das System 2. Ordnung; es erhöht sich natürlich der Rechenaufwand. Ist das System von r-ter Ordnung, so führt die Ableitung gewöhnlich auf eine Differenzengleichung der Gestalt

$$y_{n+r} + c_{r-1} y_{n+r-1} + \ldots + c_1 y_{n+1} + c_0 y_n = d_0 x_n + d_1 x_{n+1} + \ldots + d_{r-1} x_{n+r-1}, \qquad \text{(VI.20)}$$

mit den konstanten Beiwerten c_ν und d_ν $(\nu = 0, 1, \ldots, r - 1)$.

Aus der vorstehenden Ableitung und dem Beispiel VI.1 kann man bereits einige, für das Verständnis der Abtastsysteme, wichtige Gesichtspunkte erkennen. Die Folgerungen beziehen sich auf *lineare, stationäre Systeme,* deren Lösung auf einem *normierten Fundamentalsystem* fußt. Falls kein normiertes Fundamentalsystem zugrunde liegt, sind einige der nachfolgenden Aussagen entsprechend zu variieren.

1. Ein Abtastsystem ist für die Zeitpunkte $t = n$ (bzw. $t = nT$) durch eine lineare Differenzengleichung mit konstanten Koeffizienten beschreibbar.
2. Falls keines der $\alpha_1(1)$, $\alpha_1'(1)$, $\alpha_2(1)$ und $\alpha_2'(1)$ verschwindet, ist die Ordnung der Differenzengleichung gleich der Ordnung der zugehörigen Differentialgleichung. Dies geht aus den Gln. (VI.14) bzw. (VI.15 a) hervor, denn der Ausdruck in der eckigen Klammer, der den Beiwert von $y(n)$ in Gl. (VI.15 a) bildet, stellt die Wronskische Determinante dar, die nach den Ausführungen in Abschnitt II.4 nirgends verschwindet. Dies gilt entsprechend für Gleichungen r-ter Ordnung, falls kein $\alpha_\mu(1)$, $\alpha_\mu'(1)$ ($\mu = 1, \dots, r$) verschwindet. Ist hingegen eine der $\alpha_\mu(1)$ bzw. $\alpha_\mu'(1)$ Null, dann kann die Differenzengleichung von niedrigerer Ordnung als die der zugehörigen Dgl. sein.

   Wählen wir z.B. in den Gln. (VI.17) $\omega = k\pi$ oder im nichtnormierten Fall $\omega T = k\pi$ bzw. $\omega = \frac{k\pi}{T}$ $(k = 0, 1, \dots)$, so verschwindet für $\tau = 1$ in Gl. (VI.18 a) der Beiwert $a_2(1)$ und in Gl. (VI.18 b) der Beiwert $b_1(1)$. In diesem Fall ergibt sich für $y(n)$ die Differenzengleichung 1. Ordnung

   $$y_{n+1} - a_1(1)\, y_n = k_1(1)\, x_n$$

   und entsprechend für $v(n)$

   $$v_{n+1} - b_2(1)\, v_n = k_2(1)\, x_n .$$

   Da aber die Lösung der homogenen Differenzengleichung für $t = n$ mit der der entsprechenden homogenen Dgl. identisch sein muß, heißt dies nichts anderes, als daß die Eigenbewegung, die jeweils zu den Abtastpunkten durch Null geht, in der Lösung $y(n)$ nicht in Erscheinung tritt. Dies ist dann und nur dann möglich, wenn das charakteristische Polynom mindestens ein Paar konjugiert komplexer Wurzeln $s = \sigma \pm i\omega$ mit einem Imaginärteil $\omega = \frac{k\pi}{T}$ enthält. Man spricht in einem solchen Fall von *verborgenen Schwingungen* (hidden oscillations). Für negative β würde es sich z.B. um eine aufklingende Schwingung handeln, die zwar zu den Abtastzeitpunkten durch Null geht, aber in den Zwischenwerten $t = n + \tau$ $(0 < \tau < 1)$ für zunehmende n gegen Unendlich strebt. Obwohl bei der Behandlung von realen Systemen dieser Fall selten auftreten wird, ist auf diese Erscheinung zu achten, d.h. mit anderen Worten, man muß sich vergewissern, ob in der angegebenen Differenzengleichung alle „Eigenbewegungen" enthalten sind oder nicht. Dies läßt sich bei realen Systemen durch Wahl von geeigneten Zwischenwerten prüfen; eine Möglichkeit stellt die später behandelte *modifizierte Z-Transformation* dar.
3. Die Lösung der inhomogenen Differentialgleichung (spezielle Lösung) $\xi(t)$, die von der Tastfunktion abhängt, siehe Gl. (VI.7 b), erscheint in dieser Darstellung (normiertes Fundamentalsystem) lediglich in den Beiwerten der rechten Seite der Differenzengleichung (VI.15 a). In den Koeffizienten der linken Seite der (homogenen) Differenzengleichung treten also nur die (normierten) Lösungen der homogenen Dgl. in Erscheinung.

4. Häufig auftretende Tastfunktionen:

a) Die Sprungfunktion $q(\tau) = K$ $(0 \leqslant \tau < 1;\ K = \text{const.})$, führt zu der getasteten Funktion $x_e(t) = K\,x[n]$, wobei die eckige Klammer andeuten soll, daß es sich um eine Treppenkurve handelt, deren Wert sich nur jeweils an den diskreten Stellen $t = n$ ändert; für die Zwischenwerte der unabhängigen Veränderlichen t ist die Treppenkurve konstant.

b) Der Rechteckimpuls $q(\tau) = \begin{cases} K & \text{für} \quad 0 \leqslant \tau < \gamma \\ 0 & \text{für} \quad \gamma \leqslant \tau < 1. \end{cases}$

Zur Ableitung der Differenzengleichungen sind zwei Beziehungen aufzustellen, nämlich die Lösung der zugehörigen Differentialgleichung im Intervall $n \leqslant t < < n + 1$ für $0 \leqslant \tau < \gamma$ mit der Eingangsgröße $K x_n$ und für $\gamma \leqslant \tau < 1$ mit der Eingangsgröße Null und den Anfangsbedingungen zur Zeit $t = n + \gamma$. Da bei $\tau = \gamma$ kein Sprung auftritt, ergeben sich die Anfangsbedingungen aus der Lösung $0 \leqslant \tau < \gamma$ für $\tau = \gamma$. Vielfach kann man den Rechteckimpuls durch eine flächengleiche $\delta(t)$-Impulsfunktion approximativ ersetzen; wie wir in Unterabschnitt VI.3.1 sehen werden, führt dies vielfach auf wesentlich einfachere Zusammenhänge.

2.3. Die allgemeine Lösung der Differenzengleichung

Die hier ausschließlich auftretenden linearen Differenzengleichungen mit konstanten Koeffizienten lassen sich als *Rekursionsgleichungen* auffassen. Denn kennt man z.B. in den Gln. (VI.15) $y(0) = y_0$ und $y(1) = y_1$, so läßt sich bei bekannter Eingangsfolge x_n die Größe $y(2) = y_2$ berechnen usw.

Der Wert $y(0) = y_0$ ist als Anfangswert der entsprechenden Dgl. gegeben. Der zweite erforderliche (Anfangs-) Wert $y(1) = y_1$ folgt mit dem ebenfalls gegebenen Anfangswert $y'(0)$ aus der Gl. (VI.14a) für $n = 0$; es ist

$$y(1) = \xi(1)\,x(0) + \alpha_1(1)\,y(0) + \alpha_2(1)\,y'(0).$$

Dies gilt entsprechend natürlich auch für die Differenzengleichung r-ter Ordnung Gl. (VI.20). Zur rekursiven Berechnung muß man wiederum die r (Anfangs-) Werte y_ν $(\nu = 0, 1, \ldots, r-1)$ und die Eingangsgröße x_n für alle n kennen.

• **Beispiel VI.2:**

Die Differenzengleichung (VI.19) sei durch

$$y_{n+2} - 0{,}8\,y_{n+1} + 0{,}25\,y_n = x_n \tag{VI.21}$$

mit den Anfangswerten $y_0 = 0$ und $y_1 = 1$ gegeben, wobei x_n die der Sprungfunktion entsprechende „Einheits"-Sprungfolge 1(n) darstellen möge; da y_0 und y_1 sowie die Eingangsfolge bekannt sind, liefert die Gl. (VI.21) die Werte:

$$y_2 = x_0 + 0{,}8\,y_1 - 0{,}25\,y_0 = 1 + 0{,}8 = 1{,}8,$$

$$y_3 = x_1 + 0{,}8\,y_2 - 0{,}25\,y_1 = 1 + 0{,}8 \cdot 1{,}8 - 0{,}25 \cdot 1 = 2{,}19,$$

$$y_4 = x_2 + 0{,}8\,y_3 - 0{,}25\,y_2 = 1 + 0{,}8 \cdot 2{,}19 - 0{,}25 \cdot 1{,}8 = 1{,}302$$

usw.

Auf rekursive Weise lassen sich also die einzelnen Werte y_ν $(\nu = 2, 3, ...)$ berechnen. Allerdings ist zur Berechnung der Werte für große ν ein erheblicher Rechenaufwand erforderlich. Vor allen Dingen bei Stabilitätsuntersuchungen, wo das Verhalten für $n \to \infty$ interessiert, ist diese Lösungsform praktisch unbrauchbar.

Es gelingt jedoch auch eine *geschlossene Lösungsform* für die linearen Differenzengleichungen mit konstanten Koeffizienten anzugeben. Dabei zeigt sich, daß zwischen der allgemeinen Lösung der Differenzengleichungen und der der Dgln. in vielen Fällen eine weitgehende Analogie besteht. Die Gesamtlösung der Differenzengleichung besteht ebenfalls aus der Addition einer allgemeinen homogenen Lösung mit einer inhomogenen Lösung; letztere bezeichnen wir wiederum als spezielle Lösung. Bei einer Differenzengleichung r-ter Ordnung setzt sich die vollständige homogene Lösung ebenfalls aus r linear unabhängigen Lösungen (die triviale Lösung ausgenommen) zusammen, die ein Fundamentalsystem bilden. Das lineare, zeitinvariante Differenzengleichungen (r-ter Ordnung) eine eindeutige Lösung besitzen, läßt sich schon aus der Rekursionsgleichung erkennen. Die Anfangswerte y_ν $(\nu = 0, 1, ..., r-1)$ charakterisieren eindeutig eine Lösung, die auf einer Folge von Zahlen definiert ist. Auf die allgemeinen Existenz- und Eindeutigkeitssätze bei den Differenzengleichungen gehen wir daher nicht weiter ein; siehe hierzu [101] bis [103].

Um zu einer geschlossenen Lösung zu kommen, gehen wir wie bei den Dgln., von der homogenen Gl. (VI.20) aus. Der Ansatz

$$y_n = q^n \tag{VI.22}$$

und entsprechend

$$y_{n+1} = q^{n+1} \quad \text{bis} \quad y_{n+r} = q^{n+r}$$

in Gl. (VI.20) eingesetzt, führt auf die *charakteristische Gleichung*

$$q^{n+r} + c_{r-1}\,q^{n+r-1} + \ldots + c_1\,q^{n+1} + c_0\,q^n = 0 \tag{VI.23a}$$

oder, da $q^n \neq 0$ ist,

$$q^r + c_{r-1}\,q^{r-1} + \ldots + c_1\,q + c_0 = 0. \tag{VI.23b}$$

Die *charakteristische Gleichung* stellt, wie bei den Dgln., ein *Polynom* (mit reellen Koeffizienten) dar. Sind die *Wurzeln* $q_1, q_2, \ldots, q_r$ *alle* verschieden, dann sind die einzelnen Lösungen voneinander linear unabhängig und die *vollständig homogene Lösung* lautet:

$$y_n = K_1 q_1^n + K_2 q_2^n + \ldots + K_r q_r^n. \tag{VI.24a}$$

Bei reellen Koeffizienten von Gl. (VI.22) treten komplexe Wurzeln in konjugiert komplexen Paaren, z.B. $q_i = \rho e^{i\varphi}$ und $q_{i+1} = \rho e^{-i\varphi}$, auf. Dann braucht man nur die zugehörigen Konstanten K_i komplex anzunehmen, um wie bei den Dgln. reelle Lösungen zu erzeugen. Die Gesamtheit der Lösungen baut sich also bei *Einfachwurzeln* durch die Linearkombination der reellen Ausdrücke

$$q^n, \ \rho^n \cos n\varphi, \ \rho^n \sin n\varphi$$

auf.

Tritt neben den Einfachwurzeln $q_2, \ldots, q_{r-k}$ auch eine k-fache Wurzel q_1 auf, dann gilt entsprechend für die homogene Lösung

$$y_n = [K_{11} + K_{12} n + \ldots + K_{1k} n^{k-1}]\, q_1^n + K_2\, q_2^n + \ldots + K_{r-k}\, q_{r-k}^n. \tag{VI.24b}$$

Bei mehreren *Vielfachwurzeln* entspricht somit jeder Wurzel $q = q_i$ der Vielfachheit k eine Summe der Gestalt

$$[K_{i1} + K_{i2}\, n + \ldots + K_{ik}\, n^{k-1}]\, q_i^n, \tag{VI.24c}$$

die jeweils k linear unabhängige Lösungen darstellen [101] bis [103].

Die vorstehende Ableitung verdeutlicht die Analogie zu den Differentialgleichungen; anstelle der e-Funktionen mit den Wurzeln der charakteristischen Gleichung λ_i als Exponenten, treten in der Lösung der homogenen Differenzengleichung Potenzen vom Exponent n mit den Wurzeln q_i als Basis auf.

Zur Lösung einer inhomogenen Differenzengleichung mit konstanten Koeffizienten (spezielle Lösung) läßt sich ebenfalls die Methode der Variation der Konstanten benutzen [101] bis [103]. In einfachen Fällen findet man jedoch durch den Faustregelansatz sofort eine Lösung, indem man von der Gestalt der rechten Seite, d.h. des inhomogenen Bestandteiles der Gleichung ausgeht.

• **Beispiel VI.3:**

Um zu einer geschlossenen Lösung, der im Beispiel VI.2 gegebenen Differenzengleichung, zu kommen, gehen wir von der homogenen Gl. (VI.21) aus. Der Ansatz Gl. (VI.22) führt auf die charakteristische Gleichung

$$q^n q^2 - 0{,}8\, q^n q + 0{,}25\, q^n = 0$$

oder

$$q^2 - 0{,}8\, q + 0{,}25 = 0.$$

Die Wurzeln des charakteristischen Polynoms sind

$$q_{1,2} = 0{,}4 \pm i\,0{,}3.$$

Damit lautet die allgemeine homogene Lösung

$$y_{n_h} = K_1\,(0{,}4 + i\,0{,}3)^n + K_2\,(0{,}4 - i\,0{,}3)^n$$

oder umgeformt

$$y_{n_h} = K_1 \rho^n\, e^{in\varphi} + K_2 \rho^n\, e^{-in\varphi},$$

mit $\rho = \sqrt{0{,}16 + 0{,}09} = 0{,}5$ und $\varphi = \text{arc tan}\,\dfrac{0{,}3}{0{,}4} = \text{arc tan}\,0{,}75$, was einem Winkel von ungefähr 37° entspricht. Mit den Konstanten $K_1 + K_2 = K_3$ und $(K_1 - K_2) = K_4$ wird schließlich

$$y_{n_h} = \rho^n\,[K_3\, \cos n\varphi + K_4\, \sin n\varphi].$$

Wählen wir nach dem Faustregelansatz für die spezielle Lösung

$$y_{n_s} = A \cdot 1(n) \qquad (A = \text{const.}),$$

so wird

$$(A - 0{,}8\,A + 0{,}25\,A)\;1(n) = 1(n),$$

woraus

$$A(1{,}25 - 0{,}8) = 1 \quad \text{oder} \quad A = \frac{1}{0{,}45} \quad \text{folgt.}$$

Damit ergibt sich wegen $y_n = y_{n_h} + y_{n_s}$ für die Gesamtlösung

$$y_n = \rho^n\,[K_3\, \cos n\varphi + K_4\, \sin n\varphi] + A.$$

Mit den Anfangswerten $y_0 = 0$ und $y_1 = 1$ errechnen sich die Konstanten für $n = 0$: $y_0 = 0 = K_3 + A$ also $K_3 = -A$ und

$$n = 1{:}\;\; y_1 = 1 = \rho\,[K_3\, \cos\varphi + K_4\, \sin\varphi] \quad \text{oder}$$

$$1 = -\rho\, A \cos\varphi + \rho\, K_4\, \sin\varphi \qquad \text{also} \qquad K_4 = \frac{1 + \rho\, A \cos\varphi}{\rho \sin\varphi}$$

Die *allgemeine Lösung* von Gl. (VI.21) hat schließlich die Form

$$y_n = \rho^n\,\left[-A \cos n\varphi + \left(A \cot\varphi + \frac{1}{\rho \sin\varphi}\right) \sin n\varphi\right] + A,$$

• mit $\rho = 0{,}5$, $\varphi = \text{arc tan}\,0{,}75$ und $A = \dfrac{1}{0{,}45}$.

Im Gegensatz zur rekursiven Lösung ergibt sich aus der obigen Lösung, durch Einsetzen des betreffenden Zeitpunktes $t = n$, unmittelbar der gewünschte Wert. So sind beispielsweise zur rekursiven Berechnung von y_{100} alle Werte bis einschließlich y_{99} zu bestimmen, während die geschlossene Lösung den Wert y_{100} durch Einsetzen von $n = 100$ sofort liefert.

2.4. Darstellungen von Differenzengleichungen

Vielfach findet man im Schrifttum eine andere Darstellung von Differenzengleichungen, auf die wir der Vollständigkeit halber ebenfalls eingehen. Man bezeichnet

$$\Delta^1 y(n) \equiv \Delta y(n) = y(n+1) - y(n) \qquad \text{oder} \quad \Delta y_n = y_{n+1} - y_n \tag{VI.25 a}$$

als *Differenz erster Ordnung;* entsprechend stellt

$$\begin{aligned}\Delta^2 y(n) &= \Delta [\Delta y(n)] = \Delta y(n+1) - \Delta y(n) = y(n+2) - y(n+1) - [y(n+1) - y(n)] \\ &= y(n+2) - 2y(n+1) + y(n),\end{aligned} \tag{VI.25 b}$$

die *Differenz 2. Ordnung* dar. In dieser Weise fortfahrend, gelangt man zur *Differenz r-ter Ordnung,* die die allgemeine Form

$$\begin{aligned}\Delta^r y(n) &= \Delta [\Delta^{r-1} y(n)] = y(n+r) - \binom{r}{1} y(n+r-1) + \binom{r}{2} y(n+r-2) + \ldots + \\ &+ (-1)^r \binom{r}{r} y(n) = \sum_{\mu=0}^{r} (-1)^\mu \binom{r}{\mu} y(n+r-\mu)\end{aligned} \tag{VI.25 c}$$

aufweist.

Aus Gl. (VI.25 a) folgt andererseits

$$y(n+1) = y(n) + \Delta y(n) \tag{VI.26 a}$$

und aus Gl. (VI.25 b)

$$y(n+2) = y(n) + 2\,\Delta y(n) + \Delta^2 y(n). \tag{VI.26 b}$$

Entsprechend gilt allgemein für

$$\begin{aligned}y(n+r) &= y(n) + \binom{r}{1} \Delta y(n) + \binom{r}{2} \Delta^2 y(n) + \ldots + \binom{r}{r} \Delta^r y(n) = \\ &= \sum_{\mu=0}^{r} \binom{r}{\mu} \Delta^\mu y(n) \qquad \text{mit} \quad \Delta^\circ y(n) = y(n).\end{aligned} \tag{VI.26 c}$$

Mit Hilfe der Gln. (VI.26) ist die lineare Differenzengleichung (VI.20) auch in der Form

$$\begin{aligned}\Delta^r y(n) + C_{r-1}\,\Delta^{r-1} y(n) + \ldots + C_1 \Delta y(n) + C_0 y(n) = D_0 x(n) + \\ + D_1 \Delta x(n) + \ldots + D_{r-1}\,\Delta^{r-1} x(n)\end{aligned} \tag{VI.27 a}$$

oder allgemein

$$F(\Delta^r y(n), \dots, \Delta y(n), y(n), n) = 0. \qquad \text{(VI.27b)}$$

Zur Unterscheidung bezeichnen wir die Darstellung Gln. (VI.27) als *Differenzengleichung der zweiten Art* und

$$F_1(y(n+r), \dots, y(n+1), y(n), n) = 0 \qquad \text{(VI.28)}$$

als *Differenzengleichung der ersten Art.*

• **Beispiel VI.4:**

Mit den Gln. (VI.26) ergibt sich für die Differenzengleichung erster Art Gl. (VI.21) die Darstellung zweiter Art

$$\Delta^2 y(n) + 2\Delta y(n) + y(n) - 0{,}8\,\Delta y(n) - 0{,}8\,y(n) + 0{,}25\,y(n) = x(n)$$

oder

$$\Delta^2 y(n) + 1{,}2\,\Delta y(n) + 0{,}45\,y(n) = x(n).$$

Natürlich muß die Lösung dieser Differenzengleichung 2. Art auf die gleiche Lösung, wie die in Beispiel VI.3, führen. Mit dem Ansatz Gl. (VI.22) und

$$\Delta y(n) = q^{n+1} - q^n = q^n(q-1) \quad \text{sowie} \quad \Delta^2 y(n) = q^{n+2} - 2q^{n+1} + q^n = q^n(q^2 - 2q + 1$$

nach den Gln. (VI.25) erhalten wir natürlich wiederum die charakteristische Gleichung

$$q^n(q^2 - 2q + 1) + 1{,}2\,q^n(q-1) + 0{,}45 = q^2 + 0{,}8\,q + 0{,}25 = 0.$$

Auch der Faustregelansatz ergibt mit $y_S(n) = A \cdot 1(n)$ wegen

$$\Delta y_S = (A - A) \cdot 1(n) = 0 \quad \text{und} \quad \Delta^2 y_S = 0$$

$$0{,}45\,A = 1 \quad \text{oder} \quad A = \frac{1}{0{,}45}\,.$$

• Wie es sein muß, führen natürlich beide Darstellungen auf die gleiche Lösung.

Ausdrücklich sei noch hervorgehoben, daß die *Ordnung einer Differenzengleichung nur aus der Darstellung der 1. Art mit Sicherheit hervorgeht.* So handelt es sich z.B. bei

$$\Delta^3 y(n) - 3\Delta y(n) - 2y(n) = n$$

um eine Differenzengleichung 1. Ordnung, denn mit $\Delta y(n) = y(n+1) - y(n)$ und

$$\Delta^3 y(n) = y(n+3) - 3y(n+2) + 3y(n+1) - y(n) \quad \text{wird}$$

$$y(n+3) - 3y(n+2) = n$$

oder wenn wir $n+2$ durch n ersetzen

$$y(n+1) - 3y(n) = n - 2.$$

Die Differenzengleichung (VI.28) ist demnach nur dann von r-ter Ordnung, wenn sie sowohl $y(n)$ als auch $y(n+r)$ enthält. Tritt in ihr $y(n+r)$ nicht auf, so ist sie von niedrigerer als r-ter Ordnung. Kommt in ihr $y(n)$ nicht vor, sondern etwa $y(n + 1)$, so führt die Substitution der unabhängigen Variablen $\bar{n} = n + 1$ auf eine Gleichung der Ordnung $r - 1$. Hier zeigt sich jedoch ein bedeutender Unterschied zwischen den Differenzen- und den Differentialgleichungen. Bei den Dgln. verkleinert eine Substitution der Variablen *keinesfalls die Ordnung* der Gleichung.

Wie bei den Dgln., ist eine gewöhnliche Differenzengleichung nur dann linear, wenn sie vom 1. Grade ist, d.h. die abhängige Veränderliche $y(n)$ und alle weiteren $y(n + \nu)$ $(\nu = 1, 2, \ldots, r)$ treten nur in der ersten Potenz und nicht miteinander multipliziert auf; sie erfüllen dann das Superpositionsgesetz und die Homogenität nach den Gln. (I.1) und (I.2).

Die Gleichung

$$b_r(n)\, y(n + r) + b_{r-1}(n)\, y(n + r - 1) + \ldots + b_1(n)\, y(n + 1) + b_0(n)\, y(n) = x(n)$$

stellt wegen der von n abhängigen Koeffizienten $b_\nu(n)$ eine *lineare Differenzengleichung r-ter Ordnung mit veränderlichen Koeffizienten* dar. Den allgemeinen Fall zeigt Gl. (VI.28). In all diesen Fällen beschränkt sich jedoch die Differenzengleichung auf *ganzzahlige Werte des Arguments* n. In der Theorie der Differenzengleichung legt man natürlich auch *beliebige reelle Werte des Arguments* x sowie auch *komplexe Werte* z in einem geeigneten Bereich der *Gaußschen* Zahlenebene zugrunde, und fragt nach den Funktionen, die einer vorgelegten Differenzengleichung genügen. Natürlich wird man dann auch bei veränderlichen Koeffizienten diese als Funktionen von x bzw. z zulassen müssen, also Gleichungen der Form

$$y(x + r) = \phi\,[y(x + r - 1), \ldots, y(x + 1),\ y(x), x]$$

und entsprechend für komplexe z.

Diese Differenzengleichungen haben eine formale Ähnlichkeit mit den linearen Differentialgleichungen. In der Tat kommt man bei der Lösung von linearen Differenzengleichungen, speziell wenn sie konstante Koeffizienten aufweisen, zu Aussagen, die durchaus analog sind zu den Sätzen über lineare Differentialgleichungen. Trotzdem hat die Theorie der Differenzengleichung auch mathematisch eine große Bedeutung. Es zeigt sich nämlich nach einem *Satz von Hölder,* daß es sogar verhältnismäßig einfache Differenzengleichungen gibt, deren Lösungsfunktion keiner algebraischen Differentialgleichung genügen. Durch Differenzengleichungen lassen sich also Funktionen definieren, die man über die Theorie der Differentialgleichungen nicht erhalten kann [101] bis [104].

2.5. Die Transformationsmethode

Ein wichtiger Gesichtspunkt bei der Einführung der Laplace-Transformation für (lineare und zeitinvariante) kontinuierliche Systeme in Teil IV war, daß sie die transzendenten Differentialgleichungen in (explizite) algebraische Bildgleichungen transformierte.

Man kann nun auch für diskontinuierliche Systeme, die linearen Differenzengleichungen mit konstanten Koeffizienten gehorchen, Transformationen angeben, die entsprechendes leisten. Hierzu ordnen wir den *Zahlenfolgen* $y(n) = y_n$ formal eine *Potenzreihe* zu, deren Koeffizienten ebenfalls die Zahlen y_n sind. Bei der Behandlung von diskontinuierlichen Systemen haben sich im wesentlichen zwei Reihen durchgesetzt. Es sind dies:

a) Die *Laurent-Reihe*

$$Y^*(z) = \sum_{n=0}^{\infty} y_n z^{-n} = Z\{y_n\}, \tag{VI.29}$$

sie wird als „*Z-Transformation*“ bezeichnet.

b) Die *Dirichletsche Reihe*

$$Y_D^*(s) = \sum_{n=0}^{\infty} y_n e^{-ns} = D\{y_n\}, \tag{VI.30}$$

sie wird „*Dirichlet-Transformation*" oder wegen ihrer Analogie zur L-Transformation auch als „*Diskrete Laplace-Transformation*" bezeichnet. Sowohl s als auch z stellen dabei wieder komplexe Veränderliche dar.

Wir wenden im folgenden ausschließlich die Z-Transformation an. Für sie gelten, da die Summierung eine lineare Operation darstellt, die Linearitätsbeziehungen

$$Z\{y_n + v_n\} = Z\{y_n\} + Z\{v_n\} \tag{VI.31 a}$$

sowie mit λ = const.

$$Z\{\lambda y_n\} = \lambda Z\{y_n\}. \tag{VI.31b}$$

Die Gültigkeit der weiteren Beziehung

$$Z\{y_{n+r}\} = z^r Z\{y_n\} - y_0 z^r - y_1 z^{r-1} - \ldots - y_{r-1} z \tag{VI.32a}$$

folgt unmittelbar .nit der Definition Gl. (VI.29) aus der folgenden Umformung

$$Z\{y_{n+r}\} = \sum_{n=0}^{\infty} y_{n+r} z^{-n} = y_r + y_{r+1} z^{-1} + y_{r+2} z^{-2} + \ldots =$$

$$= z^r\left[\frac{y_r}{z^r} + \frac{y_{r+1}}{z^{r+1}} + \frac{y_{r+2}}{z^{r+2}} + \ldots\right] + z^r\left[\frac{y_0}{1} + \frac{y_1}{z} + \ldots + \frac{y_{r-1}}{z^{r-1}}\right] -$$

$$- z^r\left[\frac{y_0}{1} + \frac{y_1}{z} + \ldots + \frac{y_{r-1}}{z^{r-1}}\right] =$$

$$= z^r \sum_{n=0}^{\infty} y_n z^{-n} - z^r \sum_{n=0}^{r-1} y_n z^{-n} = z^r Y^*(z) - y_0 z^r - y_1 z^{r-1} - \ldots - y_{r-1} z.$$

Für $y_0 = y_1 = \dots = y_{r-1} = 0$ *(energiefreies System)* gilt

$$Z\{y_{n+r}\} = z^r\, Y^*(z). \tag{VI.32b}$$

Die Analogie zur L-Transformation ist offensichtlich.

Auf gleiche Weise findet man die Beziehung

$$Z\{y_{n-r}\} = z^{-r}\, Y^*(z), \tag{VI.32c}$$

da $y_{n-r} = y(n-r) = 0$ für $r < n$ ist; siehe auch Unterabschnitt VI.3.4, Gl. (VI.68).

Entsprechend der *Carson-Laplace-Transformation*, verwenden auch einige Autoren für die Funktionaltransformation von Folgen, die mit z^{-1} *multiplizierte Z-Transformation* [104]

$$Y^*(z) = z^{-1} \sum_{n=0}^{\infty} y_n z^{-n} = \sum_{n=1}^{\infty} v_n z^{-n} \qquad (\text{mit } y_{n-1} = v_n);$$

man muß also auch hier bei der Benutzung von Transformationstabellen auf die Definition der zugrundegelegten Transformation achten. Wir wenden jedoch ausschließlich die in Gl. (VI.29) definierte Transformation an.

• **Beispiel VI.5:**

Die Anwendung der Z-Transformation Gl. (VI.29) auf die Gln. (VI.14) führt mit $y'(n) = v(n)$ im Bildbereich auf die algebraischen Beziehungen

$$zY^*(z) - y_0 z = \xi(1)\, X^*(z) + \alpha_1(1)\, Y^*(z) + \alpha_2(1)\, V^*(z) \tag{VI.33a}$$

und

$$zV^*(z) - v_0 z = \xi'(1)\, X^*(z) + \alpha_1'(1)\, Y^*(z) + \alpha_2'(1)\, V^*(z). \tag{VI.33b}$$

Lösen wir die Gl. (VI.33a) nach $V^*(z)$ auf und setzen dies in Gl. (VI.33b) ein, so wird

$$\begin{aligned} &\{z^2 - [\alpha_1(1) + \alpha_2'(1)]\, z + [\alpha_1(1)\,\alpha_2'(1) - \alpha_1'(1)\,\alpha_2(1)]\}\, Y^*(z) = \\ &= \{\xi(1)\, z + [\alpha_2(1)\,\xi'(1) - \alpha_2'(1)\,\xi(1)]\}\, X^*(z) + [z^2 - \alpha_2'(1)\, z]\, y_0 + \\ &+ \alpha_2(1)\, z v_0 . \end{aligned} \tag{VI.33c}$$

Für sowohl $y_0 = 0$ als auch $v_0 = y_0' = 0$ *(energiefreies System)* stimmt die Gl. (VI.33c) mit Gl. (VI.15a) überein, wenn man $z^2 Y^*(z)$ durch y_{n+2}, $zY^*(z)$ durch y_{n+1} sowie $zX^*(z)$ durch x_{n+1} usw. ersetzt. Mit den entsprechenden Abkürzungen von Gl. (VI.15b) gilt also für *energiefreie Systeme* im Bildbereich

$$(z^2 + c_1 z + c_0)\, Y^*(z) = (d_0 + d_1 z)\, X^*(z) \quad \text{oder} \quad \frac{Y^*(z)}{X^*(z)} = \frac{d_0 + d_1 z}{c_0 + c_1 z + c_2 z^2}.$$

War das System *nicht energiefrei*, dann wird

$$Y^*(z) = \frac{d_0 + d_1 z}{c_0 + c_1 z + c_2 z^2}\, X^*(z) + \frac{-\alpha_2'(1) z + z^2}{c_0 + c_1 z + z^2}\, y_0 + \frac{\alpha_2(1) z}{c_0 + c_1 z + c_2 z^2}\, v_0 .$$ •

Die Analogie zu den kontinuierlichen Systemen ist offensichtlich. So liefert z.B. die inverse $\mathcal{Z}$-Transformation für $X^*(z) \equiv 0$ ebenfalls ein normiertes Fundamentalsystem. Auch hier bezeichnen wir, für ein zum Zeitpunkt $t = nT = 0$ energiefreies System, das Verhältnis der Ausgangsgröße zur Eingangsgröße im Bildbereich als (komplexe) *Übertragungsfunktion* [33]). Sie hat die allgemeine Form

$$\frac{Y^*(z)}{X^*(z)} = G^*(z) = \frac{d_0 + d_1 z + \ldots + d_q z^q}{c_0 + c_1 z + \ldots + c_r z^r}. \qquad \text{(VI.34)}$$

Liegen von Null verschiedene Anfangswerte vor, so treten, wenn man, wie im obigen Beispiel, die Anfangswerte zusammenfaßt, im Bildbereich additiv gebrochene rationale Ausdrücke in z hinzu, die alle den gleichen Nenner aufweisen.

Da die von *Zypkin* zugrunde gelegte $\mathcal{D}$-Transformation durch die Substitution $z = e^{Ts}$ aus der $\mathcal{Z}$-Transformation hervorgeht, siehe die Gln. (VI.29) und (VI.30), ergeben sich die entsprechenden Bildfunktionen $Y_D^*(s)$ aus den obigen Beziehungen $Y^*(z)$ durch Einsetzen von e^{Ts} anstelle von z. Die der Gl. (VI.34) entsprechende Übertragungsfunktion stellt keine gebrochene rationale Funktion in s, aber in e^s dar. Der Konvergenzbereich der $\mathcal{D}$-Transformation ist eine (rechte) Halbebene, denn $z = e^{Ts}$ bildet einen (Konvergenz-) Kreis in der z-Ebene auf eine Gerade in der s-Ebene ab. Wegen $e^{s+2\pi ki} = e^s$ für jedes ganzzahlige k, hat die $\mathcal{D}$-Transformation die Periode $2\pi i$, d.h. $Y_D^*(s + 2\pi ki) = Y_D^*(s)$; sie braucht daher lediglich in dem zur reellen Achse parallelen Streifen $-\pi < \operatorname{Im} s < +\pi$ rechts von der Konvergenzgeraden $\operatorname{Re} s = \alpha_0$ betrachtet zu werden. Über alle weiteren Fragen zur *diskreten Laplace-Transformation* und ihre Anwendung auf diskontinuierliche Systeme siehe [105] und [106]. Eine Gegenüberstellung der beiden Transformationen sowie die unmittelbare Lösung von Differenzengleichungen mit Hilfe der $\mathcal{L}$-Transformation ist in [46] zu finden.

Auf einige weitere Transformationen wollen wir noch hinweisen. Setzt man in Gl. (VI.30) $s = i\omega$, so gelangt man zu der Transformation

$$Y_F^*(i\omega) = \sum_{n=0}^{\infty} y_n e^{-in\omega},$$

die als „*diskrete Fourier-Transformation*" bezeichnet wird. Im Gegensatz zur $\mathcal{Z}$-Transformation, bei der für verschwindende Anfangswerte die Beziehung $\mathcal{Z}\{y_{n+r}\} = z^r Y^*(z)$ gilt, führt die in [100] eingeführte *Zeta-Transformation*

$$Y_T^*(\zeta) = \sum_{n=0}^{\infty} y_n (1 + \zeta)^{-n}$$

---

33) Treten die Übertragungsfunktionen von kontinuierlichen und diskontinuierlichen Systemen gleichzeitig auf, so sprechen wir zur Unterscheidung von der s- bzw. z-Übertragungsfunktion und entsprechend von der $\mathcal{L}$- bzw. $\mathcal{Z}$-Bildfunktion.

auf die r-te Differenz Δ^r angewendet, ebenfalls bei verschwindenden Anfangswerten auf die entsprechende Beziehung

$$\mathcal{T}_T\{\Delta^r y_n\} = \zeta^r Y_T^*(\zeta);$$

bei ihr gelangt man leicht durch einen Grenzübergang zu dem entsprechenden kontinuierlichen System (Differenzengleichung 2. Art).

Schließlich führt die Transformation

$$\widetilde{Y}_B(z) = \sum_{n=0}^{\infty} \frac{y_n}{n!} z^n$$

auf die interessante Relation

$$\widetilde{\mathcal{T}}_B\{y_{n+r}\} = \widetilde{Y}^{(r)}(z),$$

wobei $\widetilde{Y}^{(r)}(z)$ die r-te Ableitung nach z bedeutet [107].

2.6. Transformationseigenschaften

Bevor wir jedoch weiter auf die Systembehandlung eingehen, ist es angebracht, einige allgemeine Eigenschaften, wie z.B. die *Konvergenz, Eindeutigkeit,* usw., der $\mathcal{Z}$-Transformation anzugeben. Hierzu berechnen wir zuerst die $\mathcal{Z}$-Transformierten von einigen typischen Folgen. Im Hinblick auf die spätere Behandlung der Abtastsysteme verwenden wir anstelle von n die nichtnormierte Variable nT.

a) Die $\mathcal{Z}$-Transformierte der *Einheitsfolge*

$$x(nT) = 1(nT) = \begin{cases} 1 & \text{für } n \geqslant 0 \\ 0 & \text{für } n < 0 \end{cases} \qquad (T > 0)$$

weist, indem wir die diskreten Werte in die Definitionsgleichung (VI.29) einsetzen, die Form

$$X^*(z) = \sum_{n=0}^{\infty} x(nT)\, z^{-n} = 1 + z^{-1} + z^{-2} + \ldots + z^{-n} + \ldots$$

auf. Durch Anwendung der *Summenformel der geometrischen Reihe* erhalten wir für $|z^{-1}| < 1$ oder $|z| > 1$ die geschlossene Form

$$\mathcal{Z}\{1(nT)\} = \sum_{n=0}^{\infty} z^{-n} = \frac{z}{z-1}\,. \qquad \text{(VI.35)}$$

Die $\mathcal{Z}$-Transformation der Einheitsfolge konvergiert also außerhalb des Kreises um den Ursprung der z-Ebene mit $|z| > 1$; der Konvergenzradius ist also $R = 1$.

Die Bildfunktion der Einheitsfolge stellt somit eine rationale Funktion dar, die in der ganzen z-Ebene regulär ist, mit Ausnahme des Punktes $z = 1$, in dem ein einfacher Pol liegt.

b) Die diskrete Darstellung der Exponentialfunktion $y(t) = e^{-at}$ (a reell) bezeichnen wir als *Exponentialfolge* $y(nT) = e^{-anT}$. Ihre Z-Transformierte ergibt wiederum, durch Einsetzen der entsprechenden Werte in die Definitionsgleichung (VI.29), die Potenzreihe

$$Y^*(z) = 1 + (e^{aT}z)^{-1} + (e^{aT}z)^{-2} + \dots + (e^{aT}z)^{-n} + \dots,$$

die für $|e^{-aT}z^{-1}| < 1$ oder $|z| > e^{-aT} = R$ die geschlossene Darstellung

$$Z\{e^{-anT}\} = Y^*(z) = \frac{1}{1 - e^{-aT}z^{-1}} = \frac{z}{z - e^{-aT}} \tag{VI.36}$$

aufweist. Auch hier konvergiert die Z-Transformation außerhalb eines gewissen Kreises um den Ursprung. Die Bildfunktion stellt wiederum eine rationale Funktion mit reellen Konstanten dar, die einen Pol im Punkt $z = e^{-aT}$ hat. Die normierte Darstellung ergibt sich für $T = 1$. Bei komplexen $a = \sigma + i\omega$, gilt natürlich für $|e^{-aT}| = |e^{-\sigma T}\, e^{i\omega T}| = e^{-\sigma T} < |z|$ die Gl. (VI.36) unverändert.

Aus

$$Z\{e^{-anT}y(nT)\} = \sum_{n=0}^{\infty} y(nT)\, e^{-anT}\, z^{-n} = \sum_{n=0}^{\infty} y(nT)\, (e^{aT})^{-n} \qquad |z| > |e^{aT}|$$

folgt unmittelbar der *„Dämpfungssatz"*

$$Z\{e^{-anT}y(nT)\} = Y^*(e^{aT}z); \tag{VI.37}$$

vergleiche für $y(nT) = e^{-anT}\, 1(nT)$ die Gln. (VI.35) und (VI.36).

Da die Z-Transformation nach Gl. (VI.29) durch den *Hauptteil der Laurent-Reihe* dargestellt wird, kann man die meisten Eigenschaften unter Benutzung der Sätze der *Laurent-* bzw. Potenzreihen beweisen [1], [2].

Existiert die Z-Transformation für eine gegebene Folge, so stellt ihr Konvergenzbereich in der z-Ebene das Äußere eines Kreises um den Ursprung mit $|z| > R$ dar. Dies wird durch den nachfolgenden Satz ausgedrückt.

Satz VI.1: Konvergiert die Reihe Gl. (VI.29) in einem gewissen Punkt $z = z_0$ so konvergiert sie außerhalb des Kreises

$|z| = |z_0|$

absolut und außerhalb eines jeden Kreises

$|z| \geqslant \rho > |z_0|$

sogar gleichmäßig.

Umgekehrt, wenn sie für $z = z_0$ divergiert, so divergiert sie auch für alle z-Werte innerhalb des Kreises

$|z| = |z_0|$.

Es existiert somit eine wohlbestimmte Zahl R, der *Konvergenzradius,* mit der Eigenschaft, daß die Reihe Gl. (VI.29) für $|z| > R$ konvergiert und für $|z| < R$ divergiert. Insbesondere kann $R = 0$ sein, dann *konvergiert die Reihe beständig,* d.h. für alle $|z| > 0$; oder aber es kann $R = \infty$ werden, dann *divergiert* sie für alle $|z| > 0$. Für (den Kreis) $|z| = R$ ($R \neq 0$ und $R \neq \infty$) läßt sich keine allgemeine Aussage über die Konvergenz der Reihe Gl. (VI.29) machen; sie kann in einigen oder allen Punkten, aber auch in gar keinem Punkt konvergieren.

Die Z-Transformation ist umkehrbar eindeutig, wie aus den Sätzen über Potenzreihen folgt [2]. Konvergiert nämlich der Hauptteil der Laurentreihe für $|z| > R$, so ist $Y^*(z)$ in dem selben Gebiet eine *analytische* (reguläre) Funktion und stellt dort eindeutig die Bildfunktion von y_n dar. Ist umgekehrt $Y^*(z)$ für $|z| > R$ eine analytische Funktion, so kann sie dort eindeutig durch eine Laurentsche Reihe dargestellt werden. Damit existiert nur eine einzige Folge $y(nT)$ für die $Z\{y(nT)\} = Y^*(z)$ gilt.

Wie wir sehen, existieren einige Entsprechungen zwischen der L- und Z-Transformation. Das *Laplace-Integral konvergiert* immer in einer (rechten) s-*Halbebene* absolut, während die Reihendarstellung der *Z-Transformation im Äußeren eines Kreises* um den Ursprung der z-Ebene absolut konvergiert. Im Konvergenzbereich stellen beide eine analytische Funktion dar. Es lassen sich daher auf die komplexen Bildfunktionen $F^*(z)$ in genau der selben Weise, wie für die Bildfunktion $F(s)$ der L-Transformation, die sehr leistungsfähigen *Sätze der Funktionentheorie* anwenden. Natürlich gelten auch hier die in Unterabschnitt IV.5.3 angestellten Überlegungen der *analytischen Fortsetzung,* sowie ihre weittragenden Konsequenzen. Die Z-Transformation stellt demnach eine Funktionaltransformation dar, die einer entsprechenden Zahlenfolge im Originalraum f_n (Definitionsbereich) umkehrbar eindeutig eine komplexe Bildfunktion $F^*(z)$ (Wertebereich) zuordnet.

Wir stellen auch hier die Frage, wie eine (reelle) Folge $y(nT)$ beschaffen sein muß, damit sie Z-transformierbar ist (*zulässige Objektfunktion*). Aus der vorstehenden Berechnung der Z-Transformierten im Falle b) geht mit Hilfe des Majorantenkriteriums hervor, daß jede Folge $y(nT)$ dann eine Z-Transformierte besitzt, wenn sie von *exponentieller Ordnung* ist [108]. Entsprechend der Definition von Objektfunktionen bei der L-Transformation in Unterabschnitt IV.2.3 ist eine *Folge von exponentieller Ordnung* α_0, wenn sie der Gleichung

$$\lim_{n \to \infty} y(nT)\, e^{-\alpha_0 nT} = 0$$

für die reelle Zahl $\alpha > \alpha_0$ *genügt, aber für* $\alpha < \alpha_0$ *nicht existiert.* Für die Z-Transformierbarkeit von Folgen stellt die exponentielle Ordnung nicht nur eine *hinreichende,* sondern auch eine *notwendige* Bedingung dar, d.h. die Folge $y(nT)$ darf für $n \to \infty$ nicht stärker anwachsen als eine geometrische Reihe. So besitzt z.B. jede *beschränkte Folge* $y(nT)$ eine Z-Transformierte.

Da $y(t) = a^t$ $(a > 0$, reell) von exponentieller Ordnung ist, trifft dies auch für die Folge $y(nT) = a^{nT}$ zu. Die Z-Transformierte

$$Y^*(z) = \sum_{n=0}^{\infty} (a^{-T}z)^{-n}$$

besitzt für $|a^T z^{-1}| < 1$ oder $|z| > a^T$ die geschlossene Darstellung

$$Z\{e^{aT}\} = Y^*(z) = \frac{z}{z - a^T} \,. \tag{VI.38}$$

Mit $\ln a = \alpha_0$ oder $a = e^{\alpha_0}$ gilt für den Konvergenzradius $R = a^T = e^{\alpha_0 T}$. Die reelle Größe α_0 stellt aber wegen $\lim\limits_{n\to\infty} a^{nT} e^{-\alpha_0 nT} = \lim\limits_{n\to\infty} e^{nT \ln a} e^{-\alpha_0 nT} = \lim\limits_{n\to\infty} e^{(\ln a - \alpha_0) nT}$ gleichzeitig die exponentielle Ordnung von $y(nT) = a^{nT}$ dar.

Wir betrachten schließlich noch die Z-Transformierte der „Potenz" $y(nT) = (nT)^k$, d.h.

$$Z\{(nT)^k\} = \sum_{n=0}^{\infty} n^k T^k z^{-n} = Tz \sum_{n=0}^{\infty} n^{k-1} T^{k-1} n z^{-(n+1)}. \tag{VI.39a}$$

Die Potenzreihe Gl. (VI.39 a) konvergiert ebenso wie

$$Z\{(nT)^{k-1}\} = \sum_{n=0}^{\infty} n^{k-1} T^{k-1} z^{-n} \tag{VI.39b}$$

für $|z| > 1$.

Da die Reihe Gl. (VI.39 b) gliedweise differenzierbar ist und sich dabei der Konvergenzradius nicht ändert, gilt

$$\frac{d}{dz} Z\{(nT)^{k-1}\} = -\sum_{n=0}^{\infty} n^{k-1} T^{k-1} n z^{(-n+1)} \qquad |z| > 1 \,. \tag{VI.39c}$$

Durch Vergleich der Gln. (VI.39 a) mit (VI.39 c) ergibt sich die wichtige Beziehung

$$Z\{(nT)^k\} = -Tz \frac{d}{dz} Z\{(nT)^{k-1}\} \,. \tag{VI.40}$$

Nach Gl. (VI.40) erhält man die Z-Transformierte der Folge $y(nT) = (nT)^k$ auf rekursive Weise durch Differentiation von $Z\{(nT)^{k-1}\}$. Ausgehend von Gl. (VI.35) gilt:

$$\begin{aligned} Z\{1(nT)\} &= \frac{z}{z-1} && (k = 0) \\ Z\{nT\} &= \frac{Tz}{(z-1)^2} && (k = 1) \\ Z\{(nT)^2\} &= \frac{T^2 z(z+1)}{(z-1)^3} && (k = 2) \\ &\cdots\cdots\cdots \end{aligned} \tag{VI.41}$$

Die Folge $y(nT) = (nT)^k$ ist von der exponentiellen Ordnung $\alpha_0 = 0$ und besitzt einen Konvergenzradius

$$R = 1 = e^{\alpha_0 T}.$$

Zusammenfassend kann man also für die wichtige Klasse von Folgen, die sich aus einer endlichen Summe von Ausdrücken der Form $(nT)^k$ und $(nT)^k\, e^{-anT}$ zusammensetzen, den folgenden Schluß ziehen:

> **Satz VI.2:** Setzt sich $y(nT)$ aus einer endlichen Summe von Ausdrücken der Form $(nT)^k$ und $(nT)^k\, e^{-anT}$ zusammen, wobei die Summe von der exponentiellen Ordnung α_0 sei, dann stellt die Z-Transformierte eine rationale Funktion in z dar, deren Pole innerhalb des Kreises mit dem Radius $e^{\alpha_0 T}$ liegen.

Für Folgen, die von einem bestimmten Wert $n = n_0$ identisch Null sind, also

$$y(nT) = \begin{cases} f(nT) & \text{für } n < n_0 \\ 0 & \text{für } n \geqslant n_0 \text{ und } n < 0, \end{cases}$$

konvergiert die Z-Transformation Gl. (VI.29) für alle Werte von z mit Ausnahme $z = 0$. Dies gilt entsprechend für eine obere endliche Grenze in Gl. (VI.29); man spricht dann von der *„endlichen Z-Transformation"*. Im Falle $-\infty < n < +\infty$ bezeichnet man

$$Z_{II}\{y(nT)\} = \sum_{n=-\infty}^{+\infty} y(nT)\, z^{-n}$$

als *zweiseitige Z-Transformation.* Bei diskreten Funktionen von zwei oder auch mehreren unabhängigen Variablen spielt die *„mehrdimensionale Z-Transformation"* eine Rolle, die im zweidimensionalen Fall die Form

$$Z_{nq}\{y(n, q)\} = \sum_{n=0}^{\infty} \sum_{q=0}^{\infty} y(n, q)\, z_1^{-n}\, z_2^{-q}$$

aufweist.

3. Abtastregelsysteme

Im vorausgehenden Abschnitt haben wir die Z-Transformation als geeignete Methode zur Lösung von linearen, zeitunabhängigen Differenzengleichungen eingeführt. Die entsprechende Differenzengleichung kann einmal zur Beschreibung einer diskreten Zeitfolge aber auch zur Charakterisierung von diskontinuierlichen Systemen dienen. Im weiteren Text, wenden wir uns vor allen Dingen der zweiten Deutung, nämlich den *Abtastregelsystemen,* zu. Durch den zunehmenden Einsatz von Digitalrechnern zur Regelung von Prozessen, hat die Theorie der Abtastregelsysteme an Bedeutung gewonnen; sie stellt einen der Hauptanwendungsgebiete der *diskreten Funktionaltransformationen* dar.

Mit Hilfe der $\mathcal{Z}$-Transformation gelingt es, entsprechend den kontinuierlichen Systemen, auch für die Abtastsysteme zu einer geeigneten Blockschaltbilddarstellung zu gelangen, wobei die einzelnen Blöcke wieder Teilsysteme charakterisieren können. Damit läßt sich häufig ein besserer und vor allen Dingen schnellerer Einblick in das Systemverhalten gewinnen. In dem weitaus überwiegenden Teil der Veröffentlichungen über Abtastsysteme wird jedoch nicht der Weg über die Ableitung der Differenzengleichung gegangen. Es gelingt nämlich, unmittelbar die entsprechenden Bildfunktionen zu ermitteln, wenn man mit *Deltaimpulsfunktionen* abtastet. *So versteht man meistens unter Abtastsystemen den Teil der diskontinuierlichen Systeme, bei denen der Abtastvorgang mittels Deltaimpulsfunktionen geschieht.*

3.1. Abtastung durch Deltaimpulse

Durch den Abtastvorgang entsteht die in Bild VI.4 dargestellte diskontinuierliche Zeitfunktion $w_p(t)$. Die Abtastung ist durch einen Schalter symbolisiert[34]). In jeder Periode T stimmt für die Dauer h, während der der Schalter geschlossen ist, $w(t)$ und $w_p(t)$ überein; im geöffneten Zustand des Schalters ist jedoch $w_p(t) = 0$. Für eine sehr kleine Abtastdauer h kann man die Zeitfunktion $w_p(t)$ durch

$$w^*(t) = w(t)\,\delta_T(t) \tag{VI.42a}$$

approximieren, wobei $\delta_T(t)$ die Folge von Impulsen

$$\delta_T(t) = \sum_{n=0}^{\infty} \delta(t - nT) \tag{VI.43}$$

darstellt. Nach der in Unterabschnitt V.1.1 angegebenen Definition, beschreibt die δ-Funktion eine Erregung, die zu allen Zeiten $t \neq 0$ verschwindet, während sie für $t = 0$

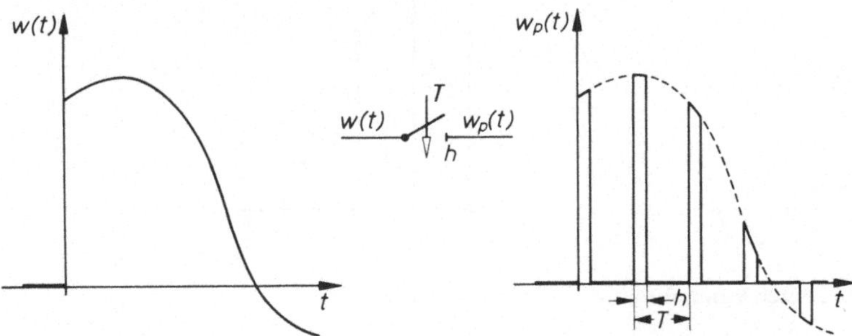

Bild VI.4. Darstellung von $w_p(t)$ durch äquidistante Abtastung von $w(t)$; T = const. u. h = const.

34) Es handelt sich natürlich bei dem Schalter um eine symbolische Darstellung, die über die tatsächliche Wirkungsweise des Abtasters nichts aussagt.

schlagartig einen unendlich großen Wert annimmt, derart, daß sie aus einem Integral $\int_{-\infty}^{+\infty} f(t)\,\delta(t)\,dt$ den Wert $f(0)$ heraushebt; siehe die Gln. (V.1). Sie stellt natürlich keine wirkliche mathematische Funktion im klassischen Sinne dar. Wir wollen sie daher, wie in Abschnitt V.1 erläutert, als *Distribution* auffassen. Die hier erforderlichen Eigenschaften von Distributionen haben wir in Abschnitt V.1 und besonders in Unterabschnitt V.1.8 angegeben.

Aus den Gln. (VI.42a) und (VI.43) ergibt sich unmittelbar die Abtastfunktion

$$w^*(t) = w(t) \sum_{n=0}^{\infty} \delta(t - nT), \qquad \text{(VI.42b)}$$

die unter Berücksichtigung der Gln. (V.3) auf die Form

$$w^*(t) = \sum_{n=0}^{\infty} w(nT)\,\delta(t - nT) \qquad \text{(VI.42c)}$$

gebracht werden kann[35]).

Die Abtastfunktion Gl. (VI.42c) haben wir in Bild VI.5 symbolisch dargestellt. In dieser graphischen Darstellung, die wir in entsprechender Weise weiterhin verwenden, charakterisiert die *Höhe der Pfeile* die *Fläche* des jeweiligen δ-Abtastimpulses, die gleich dem Wert von $w(t)$ zu den Abtastzeitpunkten $t = nT$, also gleich $w(nT)$ ist; siehe Gl. (V.13). Der Schalter in Bild VI.5 symbolisiert wiederum den (fiktiven) Abtaster.

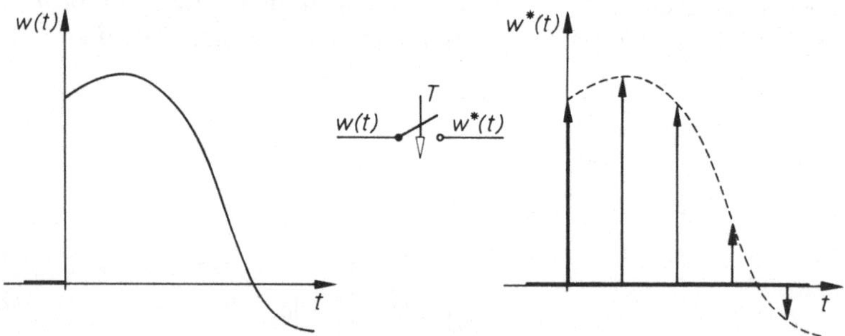

Bild VI.5. Abtastung durch δ-Impulse

[35]) Strenggenommen muß $w(t)$ stetig und unendlich oft differenzierbar sein. Da jedoch für unsere Untersuchungen nur der Wert von $w(t)$ zu den Abtastzeitpunkten $t = nT$ interessiert, können wir bei Unstetigkeiten erster Art in einer hinreichend kleinen Umgebung der Abtaststelle $w(t)$ als stetige und entsprechend oft differenzierbare Funktion auffassen, wobei $w(t)$ jeweils durch den rechtsseitigen Grenzwert, d. h. durch $w(t + 0)$ definiert wird.

$w^*(t)$ stellt natürlich bei der wirklichen Systemuntersuchung eine Näherung für $w_p(t)$ dar. Um ein Gefühl über die Approximationsgüte zu bekommen, betrachten wir das Übergangsverhalten des energiefreien Systems 1. Ordnung

$$F(s) = \frac{1}{1+5s}$$

sowohl für die Eingangsgröße $w_p(t)$ als auch $w^*(t)$, wenn $w(t) = 1(t)$ eine Sprungfunktion darstellt. Die in Bild VI.6 und VI.7 gezeichneten Verläufe wurden für die verschiedenen in Tafel VI.1 angegebenen Werte des Abtastintervalles T und der Rechteckimpulsdauer h berechnet. Die ausgezogenen Kurven kennzeichnen jeweils den Einschwingvorgang für die Eingangsgröße $w_p(t)$ (Rechteckimpulse) und die gestrichelten Kurven für $w^*(t)$ (Deltaimpulse). Der Verlauf im ersten Abtastintervall zeigt die jeweilige Impulsantwort bei verschwindenden Anfangswerten, während in den nachfolgenden Abtastintervallen die linksseitigen Grenzwerte des jeweiligen vorausgehenden Intervalles als Anfangswerte dienen.

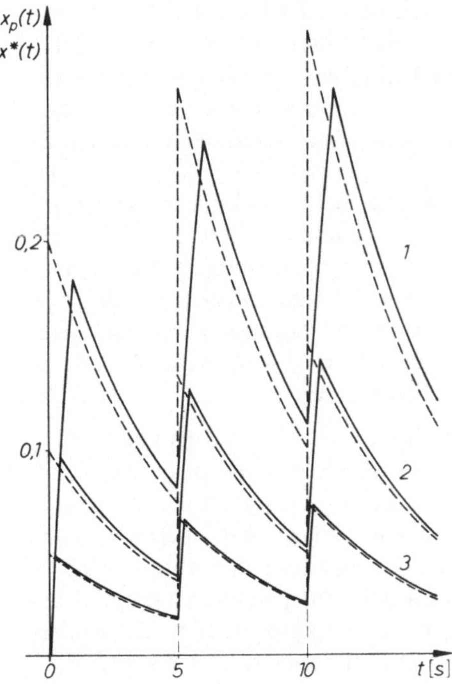

Bild VI.6
Abgetastete Ausgangsverläufe
T = 5 [s]

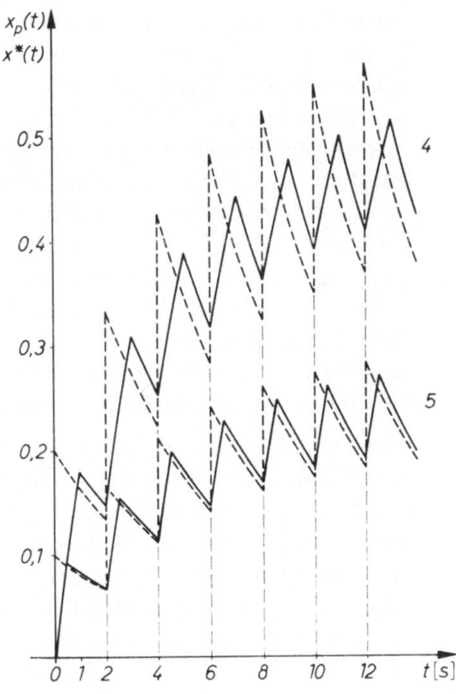

Bild VI.7
Abgetastete Ausgangsverläufe
T = 2 [s]

Tafel VI.1 Einschwingsverhalten für $T_1 = 5$ [s]

Kurven-nummer	h [s]	T [s]
1	1,0	5
2	0,5	5
3	0,25	5
4	1,0	2
5	0,5	2

Abgesehen von Einzelerscheinungen, die jeweils bei einem bestimmten System auftreten und nur dort Geltung haben, lassen sich aus den Kurven bereits einige prinzipielle Aussagen bezüglich der Approximation machen. Die *Schwankungsbreite* – das ist für jedes Intervall die Differenz des jeweiligen rechtsseitigen Grenzwertes am Intervallanfang und des linksseitigen Grenzwertes am Intervallende – *der Näherung bei offenen Systemen ist stets größer als die des wirklichen Verlaufs.* Berechnet man mittels der „modifizierten $\mathcal{Z}$-Transformation", die es auch erlaubt Zwischenwerte zu bestimmen, siehe Unterabschnitt VI.3.5, den Näherungsverlauf, so gewinnt man ein Gebiet in dem der wirkliche Übergangsvorgang verläuft. Für die Anwendbarkeit der modifizierten $\mathcal{Z}$-Transformation ist ein „genügend" kleines h hinreichend; siehe Kurve Nr. 3 und 5. Damit die Schwankungsbreite des Näherungsverlaufs und auch des wirklichen Verlaufs nicht allzu groß wird – z.B. wenn man ein kontinuierliches System durch ein Abtastsystem approximiert – muß man außerdem das *Abtastintervall „entsprechend klein"* wählen; vergleiche Bild VI.6 und Bild VI.7. Ähnliche Überlegungen gelten auch für geschlossene Systeme. Da bei den meisten realen Abtastregelvorgängen auf den Abtaster ein Halteglied angenähert nullter Ordnung folgt, siehe Unterabschnitt VI.3.4, stellt die Abtastung durch Deltaimpulse eine gute Approximation dar.

Bei der Ableitung der Differenzengleichung hatten wir gefordert, daß der links- und rechtsseitige Grenzwert an den Abtaststellen $t = nT$ gleich sei, d.h. bei stückweise stetigen Eingangsgrößen der Klasse S_1, daß die zugehörige Übertragungsfunktion $F(s)$ einen höheren Nenner- als Zählergrad aufweist $(n > m)$. Wie aus den Bildern VI.6 und VI.7 hervorgeht, trifft dies in diesem Falle für die Grenzwerte an den Abtaststellen der Näherungslösung nicht zu. Dies liegt daran, daß die Abtastung durch Deltaimpulse geschieht und in $F(s)$ der Grad des Nennerpolynoms um Eins größer als der des Zählerpolynoms ist. Damit im Ausgangsverlauf keine Deltafunktionen auftreten können, siehe Unterabschnitt V.2.1, fordern wir auch in diesem Fall, daß das entsprechende kontinuierliche System durch eine echt gebrochene rationale Übertragungsfunktion $(n > m)$ charakterisiert wird; *sprungfähige Systeme sind demnach ausgeschlossen.* Der Wert an der Abtaststelle selbst entspricht dem des rechtsseitigen Grenzwertes.

Wenden wir auf Gl. (VI.42c) die L-Transformation an, so folgt mit den Gln. (V.15a) und (V.15b)

$$W^*(s) \equiv W_D^*(s) = \sum_{n=0}^{\infty} w(nT)\, e^{-nTs} = \widetilde{W}^*(e^{Ts}) \tag{VI.44}$$

oder mit der Substitution $e^{sT} = z$ bzw. $s = \frac{1}{T} \ln z$

$$W^*\left(\frac{1}{T} \ln z\right) = \sum_{n=0}^{\infty} w(nT)\, z^{-n} = \widetilde{W}^*(z). \tag{VI.45}$$

Wie aus der vorstehenden Ableitung der Gln. (VI.44) und (VI.45) hervorgeht, erhält man bei δ-impulsförmigen Abtastfunktionen die entsprechenden Bildfunktionen $W^*(s) \equiv W_D^*(s)$ und $\widetilde{W}^*(z)$ der D- bzw. Z-Transformation dadurch, daß man die L-Transformierte von Gl. (VI.42c) bildet, und außerdem im Falle der Z-Transformation die Substitution $e^{sT} = z$ durchführt.

Dieses zweite Verfahren gestattet, wie wir in Unterabschnitt VI.3.3 zeigen, Abtastsysteme zu untersuchen, *ohne* die Differenzengleichungen aus den Differentialgleichungen des entsprechenden kontinuierlichen Systems abzuleiten. Man kann unmittelbar von der Übertragungsfunktion des kontinuierlichen Systems ausgehen, was das „strukturmäßige Denken" in der Regelungstechnik und der allgemeinen Systemanalyse und -synthese begünstigt.

3.2. Die Z-Transformierte typischer Zeitfolgen

Mit Hilfe der vorstehend abgeleiteten Beziehungen über die Abtastung mit Delta-Impulsen, berechnen wir die Z-Transformation, wenn die L-Bildfunktion W(s) der abzutastenden Zeitfunktion w(t) eine echt gebrochene rationale Funktion darstellt. Aus dieser Ableitung geht auch der Zusammenhang der Z-Transformation und der L-Transformation recht gut hervor. Wir beginnen mit dem

- **Beispiel VI.6**: Wir berechnen die Bildfunktion $W^*(s)$ und daraus die entsprechende Z-Transformierte, wenn die Zeitfunktion w(t), welche die L-Transformierte

$$W(s) = \frac{a}{s(s+a)} = \frac{1}{s} - \frac{1}{s+a}$$

besitzt, mit δ-Impulsen abgetastet wird.

Die inverse L-Transformation liefert

$$w(t) = L^{-1}\{W(s)\} = 1(t) - e^{-at}.$$

Die abgetastete Funktion

$$w^*(t) = [1(t) - e^{-at}]\,\delta_T(t) = [1(t) - e^{-at}] \sum_{n=0}^{\infty} \delta(t - nT)$$

oder

$$w^*(t) = \sum_{n=0}^{\infty} 1(nT)\,\delta(t-nT) - \sum_{n=0}^{\infty} e^{-anT}\,\delta(t-nT)$$

hat die Bildfunktion

$$W^*(s) = \sum_{n=0}^{\infty} e^{-nTs} - \sum_{n=0}^{\infty} \left(e^{(aT+sT)}\right)^{-n}. \qquad \text{(VI.46 a)}$$

Für $\operatorname{Re} s = \sigma > 0$ konvergieren beide Reihen gemeinsam. Sie liefern die geschlossene Darstellung

$$W^*(s) = \frac{e^{Ts}}{e^{Ts}-1} - \frac{e^{Ts}}{e^{Ts}-e^{-aT}} = \frac{e^{Ts}(1-e^{-aT})}{e^{2Ts}-(1+e^{-aT})\,e^{Ts}+e^{-aT}}, \qquad \text{(VI.46 b)}$$

die zwar in e^{Ts}, aber nicht in s, eine gebrochene rationale Funktion darstellt.

Mit $e^{Ts} = z$ wird wegen $\operatorname{Re} s = \operatorname{Re}\left(\frac{1}{T}\ln z\right) > 0$ für $|z| > 1$

$$\widetilde{W}^*(z) = \frac{z}{z-1} - \frac{z}{z-e^{-aT}} = \frac{z(1-e^{-aT})}{z^2-(1+e^{-aT})\,z+e^{-aT}}, \qquad \text{(VI.47)}$$

● die eine gebrochene rationale Funktion in z darstellt.

Hätten wir anstelle der Zeitfunktion $1(t) - e^{-at}$ die Zeitfolge $1(nT) - e^{-anT}$ zugrunde gelegt und darauf unmittelbar die *Z*-Transformation Gl. (VI.29) angewendet, so hätten wir ebenfalls, wie es nach Gl. (VI.45) sein muß, das Ergebnis von Gl. (VI.47) erhalten; dies geht, wegen der *Linearität* der *Z*-Transformation, unmittelbar aus den unter a) und b) berechneten Beispielen hervor; allerdings hätten wir es in diesem Fall mit $W^*(z)$, also ohne Tilde, bezeichnet. Natürlich hätten wir auch bereits in Gl. (VI.46 a) die Substitution $z = e^{sT}$ ausführen können.

Diese letzten Bemerkungen veranlassen uns auf einige Schwierigkeiten bei der Bezeichnungsweise hinzuweisen. Bei der Behandlung von Abtastsystemen hat sich ganz allgemein eingebürgert, die durch Deltaimpulse abgetasteten Zeitfunktionen mit einem *hochgestellten Stern* zu kennzeichnen, wie wir dies in den Gln. (VI.42) taten. Bei den Transformationsgleichungen (VI.44) und (VI.45) haben wir daher ebenfalls zur Charakterisierung der Bildfunktionen den Stern beibehalten. Im Hinblick auf die uns hier hauptsächlich interessierende Behandlung von Abtastsystemen, führten wir bei den Definitionsgleichungen (VI.29) und (VI.30) stillschweigend diese Bezeichnungsweise ein. In Abhandlungen, die sich nicht primär mit Abtastsystemen befassen, ist diese Kennzeichnung bei den Summentransformationen nicht üblich. Der hochgestellte Stern soll sowohl bei den Zeit- als auch Bildfunktionen darauf hinweisen, daß es sich um eine Abtastung mit Deltaimpulsen handelt. Die Operation dieser „Sternung" ist also im Zeitbereich nach den Gln. (VI.42) identisch mit der Multiplikation der Deltaimpulsfolge $\delta_T(t)$. Ebenfalls mit Rücksicht auf die im Schrifttum über Abtastsysteme weit verbreitete Darstellungsweise, schließen wir den folgenden Kompromiß. Wie eingeführt, bezeichnen wir fortan die L-Transformierte von $F^*(t)$ mit $F^*(s)$; hingegen charakterisieren wir die entsprechende Bildfunktion der Z-Transformierten mit $F^*(z)$ und lassen, auch wenn die Ableitung über $F^*(s)$ erfolgte, die *Tilde* weg. Es ist jedoch dann stets darauf zu achten, daß bei der Berechnung von $F^*(z)$ über $F^*(s)$ mit der Substitution $z = e^{sT}$, die *beiden Symbole* $F^*(s)$ und $F^*(z)$ *zwei verschiedene Funktionen* charakterisieren, es handelt sich also um zwei verschiedene F^*. Dies ist mathematisch nicht ganz sauber, aber diese Vereinbarung führt in unserem Falle zu keinen Schwierigkeiten, da, wie wir nachfolgend zeigen, bei linearen Systemen mit echt gebrochenen rationalen s-Übertragungsfunktionen und bei Zeitfunktionen, deren L-Bildfunktionen ebenfalls von diesem Typus sind, die Variable s immer nur in der Verbindung e^{sT} bzw. e^s im normierten Fall $(T = 1)$ auftreten.

Gelegentlich jedoch, wenn wir den Unterschied besonders hervorheben wollen, fügen wir die Tilde hinzu.

Außerdem verwenden wir manchmal die Schreibweise $Z\{f(t)\}$ und verstehen darunter $Z\{f(t)|_{t=nT}\} = Z\{f(nT)\}$. In diesem Zusammenhang sind noch weitere Bemerkungen angebracht. Bevor wir jedoch auf diese eingehen, berechnen wir $F^*(s)$ und damit auch $F^*(z)$, wenn $F(s)$ eine echt gebrochene rationale Funktion der Form

$$F(s) = \frac{Z(s)}{N(s)} = \frac{c_0 + c_1 s + \dots + c_m s^m}{d_0 + d_1 s + \dots + d_r s^r} \quad (m < r)^{36)} \qquad \text{(VI.48a)}$$

darstellt, wobei sich *keine* Zählerwurzel gegen eine Nennerwurzel herauskürzen möge. Außerdem seien die *Wurzeln* s_ν $(\nu = 1, \dots, r)$ von $N(s)$ *alle voneinander verschieden,* dann gilt nach Gl. (IV.61)

$$F(s) = \frac{Z(s)}{N(s)} = \sum_{\nu=1}^{r} \frac{Z(s_\nu)}{N'(s_\nu)} \frac{1}{(s - s_\nu)} \qquad \text{(VI.48b)}$$

$$\text{mit} \quad N'(s_\nu) = \left.\frac{dN(s)}{ds}\right|_{s = s_\nu}$$

Die zugehörige Zeitfunktion lautet nach Gl. (IV.62)

$$f(t) = \sum_{\nu=1}^{r} \frac{Z(s_\nu)}{N'(s_\nu)} e^{s_\nu t}. \qquad \text{(VI.48c)}$$

Damit wird mit den Gln. (VI.42) und (VI.48c)

$$F^*(s) = \sum_{n=0}^{\infty} \left(\sum_{\nu=1}^{r} \frac{Z(s_\nu)}{N'(s_\nu)} e^{s_\nu nT} \right) e^{-nTs} = \sum_{\nu=1}^{r} \frac{Z(s_\nu)}{N'(s_\nu)} \sum_{n=0}^{\infty} e^{-(s-s_\nu)nT}. \qquad \text{(VI.49a)}$$

36) Um Verwechselungen mit dem Summationsbuchstaben n zu vermeiden, der die Abtastzeitpunkte $t = nT$ charakterisiert, bezeichnen wir den Nennerpolynomgrad mit r.

Für $|e^{-Ts} e^{Ts_\nu}| < 1$ nimmt Gl. (VI.49 a) die geschlossene Form

$$F^*(s) = \sum_{\nu=1}^{r} \frac{Z(s_\nu)}{N'(s_\nu)} \frac{1}{1 - e^{-Ts} e^{Ts_\nu}} \tag{VI.49 b}$$

an. Mit der Substitution $e^{Ts} = z$ erhält man schließlich die Beziehung

$$F^*(z) = \mathcal{Z}\left\{ \sum_{\nu=1}^{r} \frac{Z(s_\nu)}{N'(s_\nu)} e^{s_\nu nT} \right\} = \sum_{\nu=1}^{r} \frac{Z(s_\nu)}{N'(s_\nu)} \frac{z}{z - e^{Ts_\nu}} \tag{VI.50 a}$$

oder mit Gl. (IV.60 f)

$$F^*(z) = \sum_{\nu=1}^{r} d_\nu \frac{z}{z - e^{Ts_\nu}} . \tag{VI.50 b}$$

Laut Voraussetzung gelten die abgeleiteten Gleichungen nur, wenn die Pole s_ν ($\nu = 1, \dots, r$) der Gln. (VI.48) voneinander verschieden sind; sie dürfen natürlich komplex sein. Da bei reellen Konstanten c_i und d_i der Gl. (VI.48 a) komplexe Wurzeln immer in konjugierten Paaren auftreten, lassen sich in diesem Fall, die durch die Gln. (VI.50) gegebenen Bildfunktionen stets auf eine reelle Form bringen.

Um auch beim Auftreten von Mehrfachpolen in der Gl. (VI.48 a) auf eine entsprechende Beziehung wie bei den Einfachpolen zu kommen, gehen wir von der Darstellung

$$F_k(s) = \frac{K}{(s-a)^k} \qquad (K = \text{const.}) \tag{VI.51 a}$$

aus. Zu dieser Beziehung gelangt man auch durch eine $(k-1)$-fache Differentiation von $(s-a)^{-1}$ nach dem (komplexen) Parameter a, wie unmittelbar durch Bilden der entsprechenden Ableitungen von

$$F_k(s) = \frac{K}{(k-1)!} \frac{\partial^{k-1}}{\partial a^{k-1}} \left[\frac{1}{s-a} \right] \tag{VI.51 b}$$

hervorgeht. Die $\mathcal{L}^{-1}$-Transformation liefert, wenn man sie mit der Differentiation vertauscht

$$f_k(t) = \frac{K}{(k-1)!} \frac{\partial^{k-1}}{\partial a^{k-1}} \left[e^{at} \right]. \tag{VI.51 c}$$

Die Zulässigkeit der Vertauschung der beiden Operationen kann man unmittelbar aus der Identität der beiden Ergebnisse erkennen. Allgemeine Bedingungen der Vertauschbarkeit der $\mathcal{L}^{-1}$-Transformation und der Differentiation nach einem Parameter gehen aus den Eigenschaften der gleichmäßigen Konvergenz des unendlichen Integrals hervor, sie [63].

Wenden wir nun auf die Folge

$$f_k(nT) = \frac{K}{(k-1)!} \frac{\partial^{k-1}}{\partial a^{k-1}} \left[e^{anT}\right]$$

die $\mathcal{Z}$-Transformation an und vertauschen ebenfalls die Operationen der Transformation mit der Differentiation, dann folgt

$$F^*(z) = \frac{K}{(k-1)!} \frac{\partial^{k-1}}{\partial a^{k-1}} \left[\frac{z}{z - e^{aT}}\right] . \tag{VI.52}$$

Da durch die gliedweise (k − 1)-fache Differentiation der gleichmäßig konvergenten Reihe

$$F^*(z) = \sum_{n=0}^{\infty} e^{anT} z^{-n} \qquad |z| > e^{aT}$$

nach dem Parameter a für alle endlichen a wiederum eine gleichmäßig konvergente Reihe entsteht, ist die Vertauschung zulässig [1], [2] und [108].

Wir erhalten schließlich mit Gl. (VI.52) durch Hilfe der Partialbruchentwicklung für einen k-fachen Pol in Gl. (VI.48 a) die Beziehung

$$F^*(z) = \sum_{\nu=1}^{k} \frac{d_{1\nu}}{(\nu-1)!} \frac{\partial^{\nu-1}}{\partial a^{\nu-1}} \left[\frac{z}{z - e^{aT}}\right], \tag{VI.53 a}$$

wobei die $d_{1\nu}$ durch die Gln. (IV.63b) bzw. (IV.65) definiert sind. Die Beziehung Gl. (VI.53 a) läßt sich natürlich in entsprechender Weise auch bei mehreren Vielfachpolen anwenden. Für Mehrfachpole liefert die $\mathcal{Z}$-Transformation eine gebrochene rationale Funktion in z, die man wiederum bei reellen Koeffizienten der Gl. (VI.48 a) auf eine reelle Form bringen kann.

Es ist jedoch darauf zu achten, daß wir bei der Ableitung von Gl. (VI.53 a) von der Darstellung Gl. (VI.51 a) ausgingen. Im Falle

$$F_k(s) = \frac{K}{(s+a)^k}$$

ändert sich die Gl. (VI.53 a) in

$$F^*(z) = \sum_{\nu=1}^{k} (-1)^{\nu-1} \frac{d_{1\nu}}{(\nu-1)!} \frac{\partial^{\nu-1}}{\partial a^{\nu-1}} \left[\frac{z}{z - e^{-aT}}\right] . \tag{VI.53b}$$

Da die einzelnen Summanden der Partialbruchentwicklung nach Gl. (IV.66) im Zeitbereich auf Ausdrücke der Form $t^{k-1} e^{at}$ führen, geht man zur praktischen Berechnung ihrer $\mathcal{Z}$-Transformierten von der Transformationsbeziehung für die Folgen $(nT)^{k-1}$ aus, siehe Gl. (VI.40), und wendet wegen der Multiplikation dieser Folgen mit e^{anT} den

Dämpfungssatz Gl. (VI.37) an. So ergeben sich z.B. aus den Gln. (VI.41) die Z-Transformierten:

$$Z\{e^{anT}\} = \frac{z\,e^{-aT}}{z\,e^{-aT} - 1} = \frac{z}{z - e^{aT}} ;$$

$$Z\{nT\,e^{anT}\} = \frac{T\,z\,e^{-aT}}{(z\,e^{-aT} - 1)^2} = \frac{T\,e^{aT}z}{(z - e^{aT})^2} ; \qquad \text{(VI.54)}$$

$$Z\{(nT)^2\,e^{anT}\} = \frac{T^2 z\,e^{-aT}(z\,e^{-aT} + 1)}{(z\,e^{-aT} - 1)^3} = \frac{T^2 e^{aT} z(z + e^{aT})}{(z - e^{aT})^3} ;$$

. . . .

Bevor wir im folgenden Unterabschnitt auf die algebraischen Zusammenhänge der Abtastsysteme im Bildbereich eingehen, wollen wir, wie bereits erwähnt, jedoch zuerst auf einige generelle Gesichtspunkte über die Abtastung mit Deltaimpulsen und ihr Zusammenhang mit der Z-Transformation hinweisen.

1. Auch wenn $F(s)$ eine L-Transformierte darstellt, bruacht $F^*(s)$ für kein s (im verallgemeinerten Sinne) zu existieren. Treten z.B. in der verallgemeinerten Funktion $f(t)$ zu den Abtastpunkten Deltafunktionen auf, so existiert $L\{f^*(t)\}$ nicht, da das Produkt zweier δ-Funktionen auch im Distributionensinne nicht erklärt ist, wie am Ende von Unterabschnitt V.1.3 hervorgehoben wurde. Ebenso kann es sein, daß $L\{f^*(t)\} = F(s)$ existiert, obwohl $f(t)$ keine L-Transformierte $F(s)$ besitzt. Im folgenden legen wir stillschweigend die Existenz von sowohl $F(s)$ als auch $F^*(s)$ zugrunde.

   Das ist auch der Grund, warum wir bei der vorstehenden Betrachtung über die Approximation der Rechteckimpulse durch Deltaimpulse bei der s-Übertragungsfunktion $n > m$ voraussetzten; dies gilt besonders für den nächsten Unterabschnitt, wo wir die Ausgangsfunktion $x_a(t) \equiv x(t)$ ebenfalls nur zu den Abtastzeitpunkten $x_a^*(t)$ betrachten.

2. $F^*(s)$ und $F^*(z)$ stellen natürlich zwei verschiedene (umkehrbar eindeutige) Transformationen dar, wie unmittelbar aus der entsprechenden inversen Transformation hervorgeht. Laut Definition ist:

   $$L^{-1}\{F^*(s)\} = f^*(t)$$

   aber

   $$Z^{-1}\{F^*(z)\} = f(nT).$$

   Beide Transformationen hängen aber nach Gl. (VI.42c) über

   $$f^*(t) = \sum_{n=0}^{\infty} f(nT)\,\delta(t - nT)$$

zusammen. Sowohl die $\mathcal{L}$- als auch $\mathcal{Z}$-Transformation sind ***umkehrbar eindeutig.*** Man kann aber z.B. die $\mathcal{Z}$-Transformierte der Einheitsfolge $\mathcal{Z}\{1(nT)\} = \frac{z}{z-1}$, wenn $z = e^{Ts}$ gesetzt wird, als $\mathcal{L}$-Transformierte der Impulsfolge

$\mathcal{L}\{\delta_T(t)\} = \frac{e^{Ts}}{e^{Ts}-1}$ deuten.

3. Stimmen zwei Zeitfunktionen $f_1(t)$ und $f_2(t)$ zu allen Zeitpunkten $t = nT$ $(n = 0, 1, \ldots)$ überein, so führen sie auf die gleiche abgetastete Funktion, d.h. es ist $f_1^*(t) \equiv f_2^*(t)$ und natürlich auch $f_1(nT) \equiv f_2(nT)$. Zum Beispiel haben für $T = \pi$ $f_1(t) = t$ und $f_2(t) = t + \sin t$ für $t = n\pi$ die gleiche $\mathcal{Z}$-Transformierte:

$$F_1^*(z) = F_2^*(z) = \frac{\pi z}{(z-1)^2} \; .$$

Die eindeutige Umkehrbarkeit bezieht sich natürlich nur auf $f^*(t) \circ\!\!-\!\!\bullet F^*(s)$ sowie $f(nT) \circ\!\!-\!\!\bullet F^*(z)$; bei gegebenen $F^*(z)$ kann man immer $f(nT)$ bestimmen, aber es liegt keine Information über $f(t)$ zu anderen Werten als $t = nT$ vor.

4. Werden anstelle des in Bild VI.4 rechts gezeichneten diskontinuierlichen Verlaufs, Rechteckimpulse mit einem waagerechten Impulsdach der Höhe $w(nT)$ zugrundegelegt, dann weisen die einzelnen Rechteckimpulse die Fläche $h \cdot w(nT)$ auf. Will man nun diese Rechteckimpulse durch „flächengleiche" Deltaimpulse approximieren (Abtastung durch flächengleiche Deltaimpulse), so bedarf es wegen

$$w^*(t) = h \cdot \sum_{n=0}^{\infty} w(nT)\,\delta(t-nT) = \sum_{n=0}^{\infty} h \cdot w(nT)\,\delta(t-nT)$$

lediglich der Multiplikation der entsprechenden Bildfunktion mit der konstanten Breite h (Verstärkung).

3.3. Anwendung der $\mathcal{Z}$-Transformation auf Abtastsysteme

Die Ableitung der Beziehungen zwischen der Ein- und Ausgangsgröße entspricht der in [109] und geschieht analog der in [48] über die Faltung (im verallgemeinerten Sinne nach Unterabschnitt V.1.5).

Stellt nun das in Bild VI.4 gezeichnete Signal $w_p(t)$ die Eingangsgröße eines realen Systems dar, so ersetzen wir es durch das abgetastete Signal $w^*(t)$ nach Bild VI.5 und sprechen von einem Abtastsystem. Wir betrachten im folgenden nur lineare Abtastsysteme, d.h. die Eingangsgröße $w^*(t)$ wirkt auf lineare Glieder. Dann gilt für energiefreie Systeme im $\mathcal{L}$-Bildbereich die Beziehung

$$X(s) = G(s)\,W^*(s), \tag{VI.55}$$

wobei $X(s)$ die Bildfunktion der (kontinuierlichen) Ausgangsgröße und $G(s)$ eine (rationale) Übertragungsfunktion darstellen.

Die Beziehung (VI.55) läßt sich im Zeitbereich durch die Faltung

$$x(t) = g(t) * w^*(t) = g(t) * w(t) \sum_{n=0}^{\infty} \delta(t - nT) =$$

$$= \int_0^t g(t - \tau) \sum_{n=0}^{\infty} w(nT)\, \delta(\tau - nT)\, d\tau \qquad \text{(VI.56a)}$$

ausdrücken. Die Gl. (V.23a) liefert für $k = l = 0$, $f(t) = \delta(t)$, $a = nT$ sowie $b = 0$ unter Beachtung von Gl. (V.22) die Beziehung

$$f(t) * \delta(t - nT) = f(t - nT);$$

mit dieser Beziehung folgt aus Gl. (VI.56a)

$$x(t) = g(t) * w^*(t) = \sum_{\nu=0}^{[t/T]} g(t - \nu T)\, w(\nu T), \qquad \text{(VI.56b)}$$

da für ein $t < nT$ $g(t - nT) \equiv 0$ ist. Wir brauchen daher nur bis zur größten Zahl $[t/T]$ summieren. Bis zur Zeit t erfolgen Impulse zu den Zeiten $t = 0, T, 2T, \ldots, [t/T]T$.

Betrachten wir auch die Ausgangsgröße $x(t)$ nach Gl. (VI.56b) lediglich zu den Abtastzeitpunkten $t = nT$, dann wird

$$x(nT) = \sum_{\nu=0}^{n} g(nT - \nu T)\, w(\nu T) = \sum_{\nu=0}^{n} g(\nu T)\, w(nT - \nu T); \qquad \text{(VI.57)}$$

die zweite Summendarstellung folgt aus der Faltung Gl. (VI.56a), indem man nicht den Integranden $g(t - \tau)\, w^*(\tau)$ sondern $g(\tau)\, w^*(t - \tau)$ zugrundelegt. Gleichung (VI.57) wird in Analogie zu den kontinuierlichen Systemen als „Faltungssumme" bezeichnet und ebenfalls durch $g(nT) * w(nT) = w(nT) * g(nT)$ ausgedrückt.

Multiplizieren wir andererseits $x(t)$ nach Gl. (VI.56b) mit $\delta_T(t)$ und wenden darauf die L-Transformation an, d.h. wir suchen

$$X^*(s) = [G(s)\, W^*(s)]^*, \qquad \text{(VI.58a)}$$

so gilt nach Gl. (VI.44)

$$X^*(s) = \sum_{n=0}^{\infty} e^{-nTs} \sum_{\nu=0}^{n} g(nT - \nu T)\, w(\nu T). \qquad \text{(VI.58b)}$$

Da das Produkt zweier δ-Funktionen nicht existiert, ist darauf zu achten, daß $x(t)$ in Gl. (VI.56b) keine Deltafunktionen für $t = nT$ enthält; im Falle einer rationalen Übertragungsfunktion $G(s)$ in Gl. (VI.55) muß der Grad des Nennerpolynoms größer als der des Zählerpolynoms $(n > m)$ sein.

Bezeichnen wir nun nach der *Cauchyschen Produktregel zweier Potenzreihen*

$$\sum_{n=0}^{\infty} a_n u^n \sum_{n=0}^{\infty} b_n u^n = \sum_{n=0}^{\infty} u^n \sum_{\nu=0}^{n} a_{n-\nu} b_\nu$$

$a_n = g(nT)$, $b_n = w(nT)$ und $e^{-Ts} = u$, so wird mit Gl. (VI.58b)

$$X^*(s) = \sum_{n=0}^{\infty} g(nT)\, e^{-nTs} \cdot \sum_{n=0}^{\infty} w(nT)\, e^{-nTs} = G^*(s)\, W^*(s). \qquad \text{(VI.58c)}$$

Damit erhalten wir die sehr wichtigen Beziehungen

$$X^*(s) = [G(s)\, W^*(s)]^* = G^*(s)\, W^*(s) \qquad \text{(VI.59a)}$$

oder mit $e^{Ts} = z$

$$X^*(z) = G^*(z)\, W^*(z), \qquad \text{(VI.59b)}$$

wobei wiederum vereinbarungsgemäß in Gl. (VI.59b) die Tilde weggelassen wurde. *Die „Sternung" einer Bildfunktion, die ihrerseits aus einem (zulässigen) Produkt einer „ungesternten" Funktion z.B. G(s) und einer „gesternten" Funktion z.B. W*(s) besteht, ist also nach Gl. (VI.59a) identisch mit dem Produkt der entsprechenden „gesternten" Funktionen z.B.* $G^*(s)\, W^*(s)$; $\mathcal{L}^{-1}\{G(s)\, W^*(s)\}$ darf natürlich (zu den Abtastzeitpunkten) keine Deltafunktionen enthalten.

Durch die Beschränkung auf die Abtastzeitpunkte $t = nT$ ergeben sich also im jeweiligen Bildbereich für energiefreie Systeme algebraische Beziehungen zwischen den „gesternten" Eingangs- und Ausgangsgrößen, die nach den Gln. (VI.59) denen der kontinuierlichen Systeme entsprechen. Die Ausgangsgrößen $X^*(s)$ bzw. $X^*(z)$ sind gleich dem gewöhnlichen Produkt der (gesternten) Eingangsgröße mit der $\mathcal{D}$- bzw. $\mathcal{Z}$-Übertragungsfunktion. Dieser Zusammenhang wird durch das Blockschaltbild VI. 8 bzw. in der vereinfachten Form, die wir weiterhin verwenden, durch das Blockschaltbild VI.9

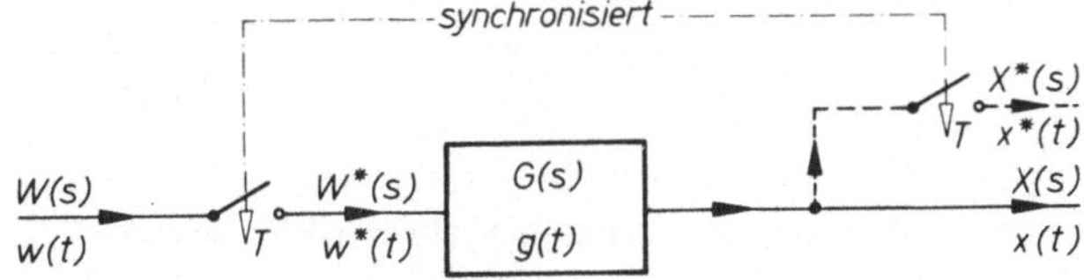

Bild VI.8. Lineares Abtastsystem

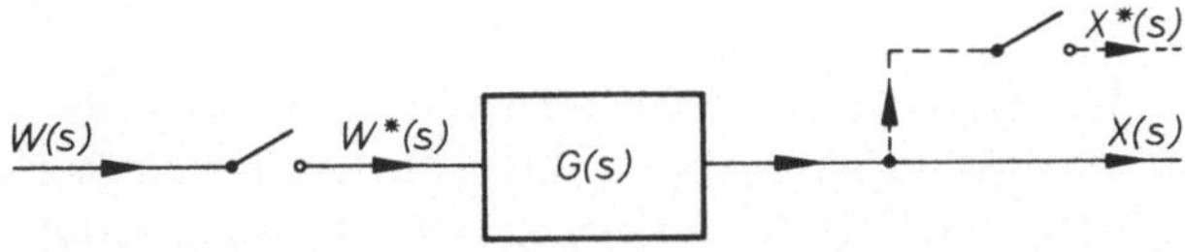

Bild VI.9. Vereinfachte Darstellung eines linearen Abtastsystems

dargestellt; falls die Schalter(Taster) keine Angabe über die Tastdauer enthalten, wird stillschweigend vorausgesetzt, daß sie alle synchron arbeiten. Zwischen jeweils zwei synchronen Abtastern gelten für die entsprechenden Eingangs- und Ausgangsgrößen die Beziehungen (VI.59).

Die Gleichungen (VI.59) gestatten es außerdem, bei zusammengesetzten Systemen, im Bildbereich die entsprechenden Beziehungen abzuleiten. Liegen z.B. mehrere Blöcke vor, die durch *synchrone Taster getrennt* sind, siehe Bild VI.10, dann wird

$$X_1^*(z) = G_1^*(z)\,W^*(z)$$

und

$$X_2^*(z) = G_2^*(z)\,X_1^*(z).$$

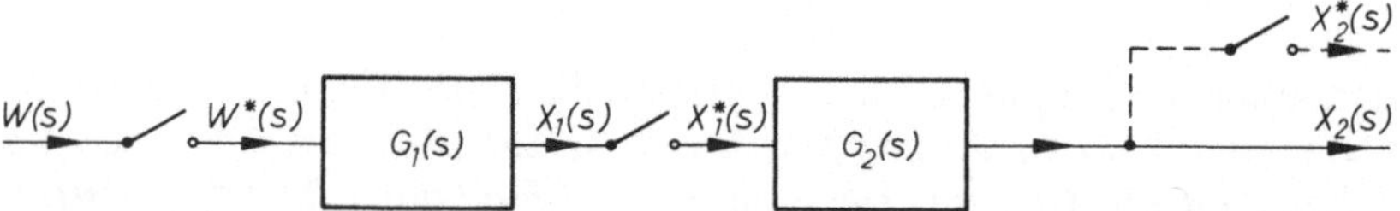

Bild VI.10. Reihenschaltung zweier Blöcke mit synchronem Zwischentaster

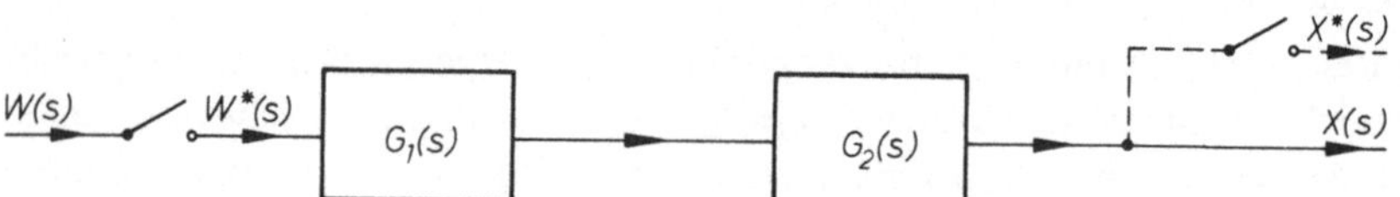

Bild VI.11. Reihenschaltung zweier Blöcke ohne Zwischentaster

Durch Auflösen dieser Gleichungen kommt man zu der *Gesamtübertragungsfunktion* zwischen der Eingangsgröße $W^*(z)$ und der Ausgangsgröße $X_2^*(z)$

$$\frac{X_2^*(z)}{W^*(z)} = G_1^*(z)\,G_2^*(z). \qquad \text{(VI.60)}$$

Im Gegensatz hierzu erhält man bei Hintereinanderschaltung mehrerer Blöcke *ohne Zwischentaster* nach Bild VI.11 die *Gesamtübertragungsfunktion*

$$\frac{X^*(z)}{W^*(z)} = G_1 G_2^*(z) \qquad \text{(VI.61)}$$

dabei bedeutet $G_1G_2^*(z) = \mathcal{Z}\{\mathcal{L}^{-1}\{G_1(s)\,G_2(s)\}\}$, d.h. die $\mathcal{Z}$-Transformierte der Zeitfunktion (für $t = nT$), die durch die Gesamtübertragungsfunktion des kontinuierlichen Systems $G_1(s)\,G_2(s)$ charakterisiert wird. Die Gln. (VI.60) und (VI.61) gelten natürlich ganz entsprechend für eine beliebige Anzahl von Blöcken.

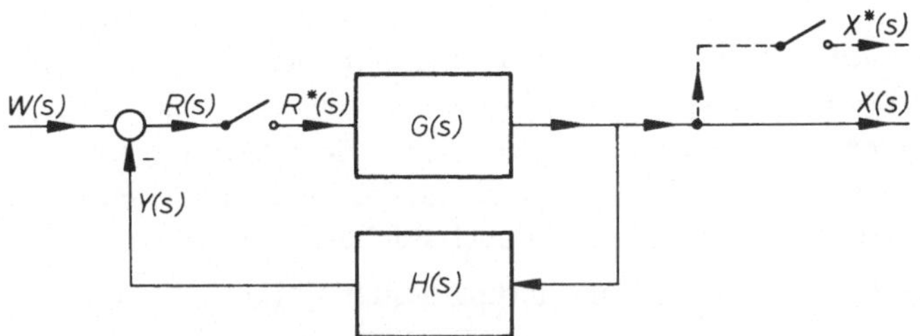

Bild VI.12. Abtastregelkreis mit Taster im Vorwärtszweig

Die vorstehenden Überlegungen gestatten es auch die Bildfunktionen anderer Blockschaltbildstrukturen zu berechnen. So finden wir z.B. für den *Regelkreis* nach Bild VI.12 die Relationen

$$R^*(s)\,G^*(s) = X^*(s), \tag{VI.62a}$$

$$R^*(s)\,[G(s)\,H(s)] = Y(s) \tag{VI.62b}$$

und

$$W(s) - Y(s) = R(s) \tag{VI.62c}$$

oder wegen der Linearität und der Voraussetzung, daß mit $W(s)$ auch $W^*(s)$ existieren soll,

$$W^*(s) - Y^*(s) = R^*(s). \tag{VI.62d}$$

Zur Auflösung des Gleichungssystems benötigen wir noch $Y^*(s)$, das sich mit Hilfe der Gln. (VI.58) aus Gl. (VI.62b) ergibt; es ist

$$Y^*(s) = [R^*(s)\,[G(s)\,H(s)]]^* = R^*(s)\,GH^*(s). \tag{VI.62e}$$

Aus den Gln. (VI.62a), (VI.62d) und (VI.62e) folgt schließlich

$$[1 + GH^*(s)]\,X^*(s) = G^*(s)\,W^*(s) \tag{VI.63a}$$

oder

$$[1 + GH^*(z)]\,X^*(z) = G^*(z)\,W^*(z). \tag{VI.63b}$$

Für die *Gesamtübertragungsfunktion des Regelkreises* nach Bild VI.12 gilt somit

$$\frac{X^*(z)}{W^*(z)} = \frac{G^*(z)}{1 + GH^*(z)}. \tag{VI.63c}$$

Die Gln. (VI.59) bis (VI.61) und (VI.63) zeigen, daß sich die *Blockschaltbildalgebra* der kontinuierlichen Systeme und die der Abtastsysteme weitgehend entsprechen; ähnliche Überlegungen gelten auch für die Beschreibung mittels des Faltungsintegrals und der Faltungssumme. *Es ist jedoch bei Abtastsystemen in allen Fällen sehr darauf zu achten, wo sich die Taster befinden, denn jede unterschiedliche Anordnung der*

Taster führt im allgemeinen auf verschiedene Übertragungsfunktionen;[37]) siehe hierzu auch die Übungsaufgabe VI.8. Wir wollen hier nicht weiter auf die verschiedenen Strukturen eingehen, sondern verweisen auf die einschlägigen Bücher über Abtastregelsysteme wie z.B. [105], [106] und [110] bis [113], die auch auf die üblichen Verfahren zur Behandlung von Abtastsystemen sowohl im Zeit- als auch Bildbereich eingehen.

Wie wir am Ende des Unterabschnittes VI.2.5 ausführten, besitzt $F^*(s)$ die Periode $\frac{i2\pi}{T}$, d.h. es ist $F^*(s) = F^*(s + i\frac{2k\pi}{T})$. Jedem singulären Punkt von $\widetilde{F}^*(z)$ entspricht somit eine unendliche Menge von singulären Punkten von $F^*(s)$. Ist speziell $z_1 = x_1 + iy_1$ eine Singularität von $\widetilde{F}^*(z)$, dann ist auch $F^*(s)$ an den Stellen

$$s_k = \frac{1}{T} \ln z_1 = \frac{1}{2T} \ln (x_1^2 + y_1^2) + i \frac{1}{T} \left(\arctan \frac{y_1}{x_1} + 2\pi k\right)$$

für alle ganzzahligen Werte von k singulär. Für rationale $F(s)$ und damit auch für rationale $\widetilde{F}^*(z)$ ist $F^*(s)$ meromorph mit einer unendlichen Anzahl von (isolierten) Polen. Diese Tatsache gestattet es, nach einem Satz von *Mittag-Leffler* – [1], Band III – in einigen Fällen eine Partialbruchentwicklung in Form einer unendlichen Reihe anzugeben.

Nach den vorausgehenden Bemerkungen kann man eventuell erwarten, daß bei rationalem $F(s)$ eine solche Darstellung für $F^*(s)$ existiert [59]. Für rationale $F(s)$ mit einem um mindestens der Zahl zwei höheren Nenner- als Zählerpolynomgrad (keine Sprünge in der δ-Impulsantwort) gilt

$$F^*(s) = \frac{1}{T} \sum_{k=-\infty}^{+\infty} F(s + i\frac{2k\pi}{T}). \qquad \text{(VI.64a)}$$

Die Ableitung der Beziehung (VI.64a) geschieht im Schrifttum über Abtastsysteme meistens mit Hilfe des *komplexen Faltungsintegrals*, wobei der Integrationsweg durch einen Halbkreis über die rechte Halbebene – entsprechend Γ_2 im Bild IV.11 – geschlossen wird. *Das Ergebnis ist ein Integral von dem man nicht weiß, ob es konvergiert.*

Eine *exakte* Ableitung, die vom komplexen Umkehrintegral ausgeht, enthält [48]; sie liefert die allgemeine Beziehung

$$F^*(s) = \frac{f(0)}{2} + \frac{1}{T} \sum_{k=-\infty}^{+\infty} F(s + i\frac{2\pi k}{T}), \qquad \text{(VI.64b)}$$

[37]) Man kann natürlich in Analogie zu den kontinuierlichen Systemen auch daran denken, die Blockschaltbilddarstellung unmittelbar für die für $F^*(z)$ geltenden Beziehungen zu machen und die Taster wegzulassen; im Hinblick auf die hervorstechende Bedeutung, die der Lage des Schalters und der damit verbundenen Information für das betrachtete System zukommt, haben wir davon abgesehen.

die für $f(0) = 0$ mit der Gl. (VI.64 a) übereinstimmt. Die schwieriger abzuleitende Darstellung der Gln. (VI.64) gilt jedoch für ziemlich allgemeine $F(s)$; sie ist nicht so sehr wie Gl. (VI.44) auf rationale $F(s)$ zugeschnitten.

Mit Gl. (VI.59 b) gilt daher auch unter der für $f(0) = 0$ angegebenen Bedingung

$$X^*(s) = \frac{1}{T^2} \sum_{k=-\infty}^{+\infty} G\left(s + i\frac{2\pi k}{T}\right) \sum_{m=-\infty}^{+\infty} W\left(s + i\frac{2\pi m}{T}\right)$$

und entsprechend für die weiteren Beziehungen.

Die Gl. (VI.64 a) wird für $s = i\omega$ und der Kreisfrequenz der Abtastung $\omega_r = \frac{2\pi}{T}$ auch als „*Frequenzgang*" *bei Abtastsystemen* bezeichnet. Die Darstellung

$$F^*(i\omega) = \frac{1}{T} \sum_{k=-\infty}^{+\infty} F(i\omega + ik\omega_r) \qquad \text{(VI.64 c)}$$

dient vielfach im technischen Schrifttum dazu, das „*Abtasttheorem von Shannon*" nachzuweisen. Wie *Doetsch* in [48] gezeigt hat, *beruht dieser Beweis auf falschen Voraussetzungen.* Aus Platzgründen wollen wir hier jedoch nicht weiter auf die Frequenzgangdarstellung und das Abtasttheorem eingehen; siehe z.B. [110] bis [113].

• **Beispiel VI.7**: Der Einschwingvorgang $x(nT)$ für das in Bild VI.9 dargestellte System, ist für $T = 1$, $w(t) = t$ und $g(t) = e^{-t}$ gesucht. Aus Gl. (VI.41) folgt für $T = 1$

$$\mathcal{Z}\{n\} = W^*(z) = \frac{z}{(z-1)^2} .$$

Ebenfalls für $T = 1$ sowie $a = 1$ liefert Gl. (VI.36) die Beziehung

$$\mathcal{Z}\{e^{-n}\} = G^*(z) = \frac{z}{z - e^{-1}} .$$

Die Multiplikation der beiden Bildfunktionen ergibt nach Gl. (VI.59 b) die Bildgleichung

$$X^*(z) = \frac{z}{(z-1)^2} \, \frac{z}{z-e^{-1}} = (e-1)^{-2} z^{-1} \left[\frac{z}{z-e^{-1}} + (e^2 - 2e) \frac{z}{z-1} + (e^2 - e) \frac{z}{(z-1)^2}\right].$$

Die zugehörige Zeitdarstellung

$$x(n) = (e-1)^{-2} \left[e^{-(n-1)} + (e^2 - 2e) + (e^2 - e)(n-1)\right] 1(n-1) \qquad \text{(VI.65 a)}$$

oder umgeformt

$$x(n) = (e-1)^{-2} \, e \, [e^{-n} - 1 + (e-1) n] \qquad \text{(VI.65 b)}$$

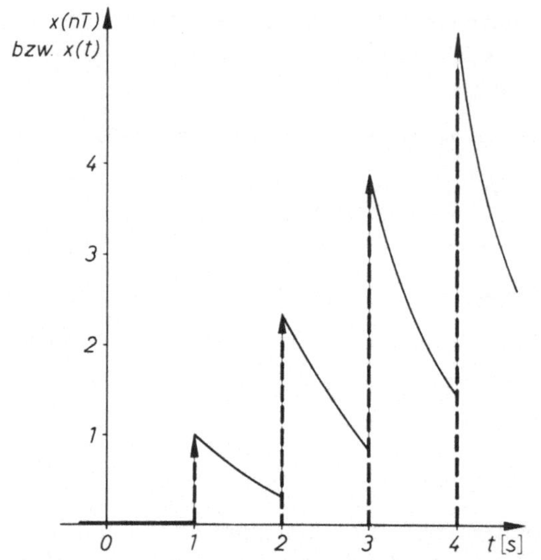

Bild VI.13
Einschwingvorgang. Die gestrichelten Pfeile geben die Werte zu den Tastzeitpunkten an; die ausgezogene Kurve stellt den Verlauf auch für die Zwischenwerte dar

findet man wegen der umkehrbaren Eindeutigkeit der $\mathcal{Z}$-Transformation mit Hilfe der Gln. (VI.35), (VI.36) sowie (VI.41) oder des Anhanges B.2. Dabei ist darauf zu achten, daß nach Gl. (VI.68) die Multiplikation mit z^{-k} eine (Zeit-) Verschiebung bewirkt, d.h. $z^{-k}\,F(z) \bullet\!\!-\!\!\circ\, f(nT-kT) = f((n-k)T)$. Der Verlauf zu den Abtastzeitpunkten nach Gl. (VI.65) ist in Bild VI.13 gestrichelt dargestellt. Außerdem enthält Bild VI.13 auch den in Beispiel VI.9 mit Hilfe der modifizierten $\mathcal{Z}$-Transformation berechneten Verlauf für die Zwischenwerte. •

Die folgenden Hinweise sind bei der Anwendung der $\mathcal{Z}$-Transformation auf Abtastsysteme nützlich:

1. Die abgeleiteten algebraischen Beziehungen gelten *nur für energiefreie Systeme,* da wir von der s-Übertragungsfunktion $G(s)$ bzw. von der Gewichtsfunktion $g(t)$ ausgingen, die ebenfalls nur das Verhalten energiefreier Systeme charakterisieren.
2. Jede Zeitfunktion (Folge), die für $t = nT = 0$ den Wert 1 und zu allen anderen Abtastzeitpunkten $t = nT > 0$ den Wert Null aufweist, besitzt die $\mathcal{Z}$-Transformierte 1; dies geht unmittelbar mit

$$w(nT) = \begin{cases} 1 & \text{für} \quad n = 0 \\ 0 & \text{für alle} \quad n > 0 \end{cases}$$

aus den Definitionsgleichungen (VI.44) und (VI.45) hervor. Stellt $w(t)$ eine solche Eingangsgröße dar, wie z.B. der Rechteckimpuls $w(t) = 1(t) - 1(t - t_0)$ mit $t_0 < T$, so haben wir wegen $W^*(z) = 1$ eine Deutung der (komplexen) Übertragungsfunktion $G^*(z)$ gefunden. Sie charakterisiert demnach die Systemantwort zu den Abtastzeitpunkten $t = nT$ für $w(0) = 1$ aber $w(nT) = 0$ für $n > 0$. Die Gewichtsfolge $g(nT) = Z^{-1}\{G^*(z)\}$ weist entsprechende Eigenschaften auf, wie die Gewichtsfunktion (Impulsantwort) der kontinuierlichen Systeme.

Man muß sich jedoch darüber im klaren sein, daß die *Zahlenfolge w(nT) nicht* als Eingangsgröße des durch eine Dgl. charakterisierten realen Abtastsystems aufgefaßt werden kann; denn die bloßen Zahlenwerte würden keine Reaktion bei dem System hervorrufen. Als Eingangsgröße ist die Deltaimpulsfolge $w^*(t) = w(nT)\,\delta_T(t)$ zu verstehen, die wegen $w(0) = 1$ und $w(nT) = 0$ für $n > 0$ die Form $w^*(t) = \delta(t)$ aufweist. $g(nT) = x(nT)$ stellt dann die Werte der Ausgangsgröße zu den Abtastzeitpunkten $t = nT$ dar, wenn am Eingang $w^*(t) = \delta(t)$ wirkt.

Anders verhält es sich bei diskreten Systemen, z.B. die amplituden-quantisierten Signale eines Digitalrechners, wo die betrachtete Größe vollständig durch einen Zahlenwert festliegt.

3. Aus der z-Bildfunktion erhält man unmittelbar bei Beachtung der Korrespondenz $z^r X^*(z) \bullet\!\!-\!\!\circ\, x(nT + rT)$, die sich aus Gl. (VI.32) für verschwindende Anfangswerte ergibt, die zugehörige Differenzengleichung. Für das in Beispiel VI.7 betrachtete System findet man wegen

$$\frac{X^*(z)}{W^*(z)} = G^*(z) = \frac{z}{z - e^{-1}} \qquad \text{oder} \qquad (z - e^{-1})\,X^*(z) = z\,W^*(z)$$

sofort die Differenzengleichung

$$x(n+1) - e^{-1}\,x(n) = w(n+1)$$

oder mit $z(n) = z_n$ und $w(n) = n$

$$x_{n+1} - e^{-1}\,x_n = n + 1. \tag{VI.66}$$

Für die Anfangswerte $n = 0$ und $x_0 = 0$ berechnen sich aus der Rekursionsgleichung (VI.66) die folgenden Werte:

$$x_1 = 1,$$

$$x_2 = e^{-1} + 2 \approx 2{,}368,$$

$$x_3 = e^{-1}(e^{-1} + 2) + 3 \approx 3{,}871$$

usw., was natürlich mit den entsprechenden Werten der Gl. (VI.65) übereinstimmt; siehe auch Bild VI.13.

Über die Differenzengleichung findet man auch bei nichtverschwindenden Anfangswerten die entsprechende Bildfunktion. Durch Anwendung der Transformationsgleichungen (VI.29) sowie (VI.32) auf Gl. (VI.66) wird

$$z\,X^*(z) - x_0\,z - e^{-1}\,X^*(z) = z\,W^*(z)$$

oder

$$X^*(z) = \frac{z}{z - e^{-1}}\,W^*(z) + \frac{z}{z - e^{-1}}\,x_0.$$

Man beachte, daß auch hier, analog den kontinuierlichen Systemen, bei der $\mathcal{Z}$-Transformation von Eingangsgrößen die Anfangswerte unberücksichtigt bleiben, d.h. bei Eingangsgrößen ist stets $\mathcal{Z}\{w(nT + rT)\} = z^r W^*(z)$ zu setzen.

4. G(s) muß einen höheren Nenner- als Zählerpolynomgrad aufweisen, damit in $\mathcal{L}^{-1}\{G(s) W^*(s)\} = f(t)$ keine δ-Impulse zu den Abtastzeitpunkten auftreten können, die bei der Bildung von $f^*(t)$ auf die nichtdefinierte Multiplikation von Deltafunktionen führen würde. Auch aus der Definition Gl. (VI.29) bzw. Gl. (VI.45) geht natürlich hervor, daß $\mathcal{Z}\{\delta(t)\}$ nicht existiert.

5. In einigen Büchern wird zur Ableitung der Beziehung (VI.49) und damit (VI.50) wegen der Multiplikation der beiden Zeitfunktionen $f^*(t) = f(t)\,\delta_T(t)$ das komplexe Faltungsintegral Gl. (IV.90b) zugrundegelegt. Es lautet unter den in Satz IV.14 angegebenen Gültigkeitsbedingungen, mit

$$\mathcal{L}\{f(t)\} = F(s) \quad \text{und} \quad \mathcal{L}\{\delta_T(t)\} = \frac{1}{1 - e^{-Ts}},$$

$$\frac{1}{2\pi i} \int_{c-i\infty}^{c+i\infty} F(w) \frac{1}{1 - e^{-T(s-w)}}\, dw.$$

Bei der Auswertung des obigen komplexen Integrals werden dann, entsprechend wie in Bild IV.11, ein Halbkreis Γ_1 über die linke w-Halbebene mit $R \to \infty$ hinzugefügt. Vorausgesetzt, das Integral über Γ_1 verschwindet für $R \to \infty$, was in fast allen Fällen nicht untersucht und damit nicht beachtet wird. Außerdem sind die Voraussetzungen des Satzes IV.14 zu beachten. Wir haben daher den einfacheren und klareren Weg über die Faltung beschritten.

3.4. Halteglieder

Bei den meisten realen Abtastsystemen ist jedoch aus praktischen Gründen eine Glättung der abgetasteten Signale erwünscht. Eine ausreichende Glättung kann einmal durch die auf den Taster folgenden Glieder unmittelbar bewirkt oder durch Einfügen von sogenannten „Haltegliedern" erreicht werden. Einen besonders wichtigen Fall stellt das „Halteglied" nullter Ordnung dar. Dieses Halteglied hat die Eigenschaft, die durch $w^*(t)$ gelieferten Funktionswerte $w(nT)$ während einer jeden Periode T festzuhalten; wie in Bild VI.14 angedeutet, entsteht also am Ausgang des Haltegliedes eine Treppenfunktion. Es wird daher durch die Impulsantwort (Gewichtsfunktion)

$$g(t) = h(t) = 1(t) - 1(t - T) \qquad \text{(VI.67a)}$$

oder s-Übertragungsfunktion

$$H(s) = \frac{1}{s} - \frac{e^{-sT}}{s} = \frac{1 - e^{-sT}}{s} \qquad \text{(VI.67b)}$$

charakterisiert.

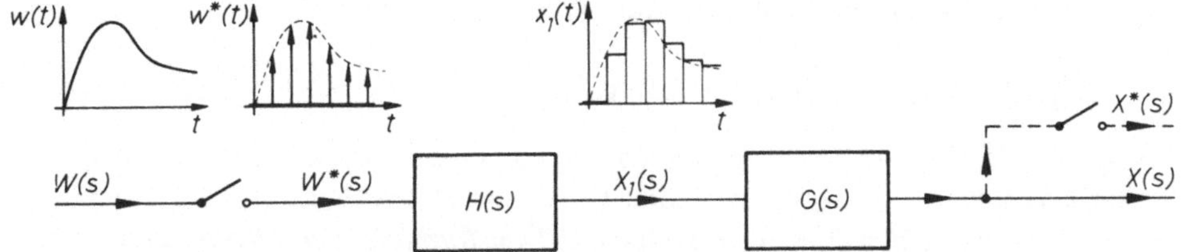

Bild VI.14. Abtastsystem mit Halteglied H (s)

Zur Ableitung der z-Übertragungsfunktion, die sich durch Einfügen eines Haltegliedes ergibt, benötigen wir die folgende Beziehung – siehe Gl. (VI.32c) –

$$\mathcal{Z}\{f(nT - kT)\} = z^{-k} F^*(z), \tag{VI.68}$$

die unmittelbar aus der Definitionsgleichung

$$\sum_{n=0}^{\infty} f((n-k)T) z^{-n} = \sum_{n=k}^{\infty} f((n-k)T) z^{-n} = z^{-k} \sum_{n=k}^{\infty} f((n-k)T) z^{-(n-k)} =$$

$$= z^{-k} \sum_{n=0}^{\infty} f(nT) z^{-n} = z^{-k} F^*(z),$$

folgt, wenn man die Substitution $n - k = m$ durchgeführt und anschließend wieder m durch n ersetzt. Die *Zeitverschiebung einer Folge $f(nT)$ um kT nach rechts (Totzeit) ist demnach im Bildbereich gleichbedeutend mit der Multiplikation von $F^*(z)$ mit z^{-k}*. Mit $\mathcal{Z}\{f(nT)\} = F^*(z)$ stellt auch $\mathcal{Z}\{f(nT - kT)\} = z^{-k} F^*(z)$ eine rationale Bildfunktion dar. Dies ist eine wichtige Eigenschaft der $\mathcal{Z}$-Transformation, die im Gegensatz zur $\mathcal{L}$-Transformation bei kontinuierlichen Systemen steht, bei der nach Gl. (IV.29) eine Totzeit immer auf einen transzendenten Ausdruck im Bildbereich führt.

Aus Bild VI.14 folgt

$$X(s) = H(s)\,G(s)\,W^*(s) = \frac{1 - e^{-sT}}{s}\,G(s)\,W^*(s) = \left[\frac{G(s)}{s} - \frac{G(s)}{s}\,e^{-sT}\right] W^*(s) =$$

$$= [G_1(s) - G_1(s)\,e^{-sT}]\,W^*(s)$$

oder nach den Gln. (VI.59)

$$X^*(s) = [G_1(s) - G_1(s)\,e^{-sT}]^*\,W^*(s) = G_H^*(s)\,W^*(s)$$

bzw.

$$X^*(z) = \mathcal{Z}\{\mathcal{L}^{-1}\{G_1(s) - G_1(s)\,e^{-sT}\}\}\,W^*(z) = G_H^*(z)\,W^*(z).$$

Es gilt jedoch

$$\mathcal{L}^{-1}\{G_1(s) - G_1(s)\,e^{-sT}\} = g_1(t) - g_1(t - T).$$

Die Z-Transformation liefert bei Beachtung von Gl. (VI.68)

$$G_H^*(z) = Z\{g_1(nT) - g_1(nT-T)\} = G_1^*(z) - z^{-1}\,G_1^*(z) = \frac{z-1}{z}\,G_1^*(z). \qquad \text{(VI.69)}$$

Wie aus Gl. (VI.69) hervorgeht, findet man für ein System, bei dem auf den Taster ein Halteglied (nullter Ordnung) – siehe Bild VI.14 – folgt, die *Gesamtübertragungsfunktion* $G_H^*(z)$ dadurch, daß man lediglich die *Z-Transformierte der Zeitfunktion* $L^{-1}\left\{\frac{G(s)}{s}\right\} = L^{-1}\{G_1(s)\}$ *bestimmt und diese mit* $\frac{z-1}{z}$ *multipliziert.*

Zu ähnlichen Beziehungen gelangt man, wenn anstelle des Haltegliedes ein Glied nach dem Taster eingefügt wird, das die Deltaimpulse nach einer gewünschten *Modellfunktion* verformt. Es sei $m(t)$ eine beliebige in $0 \leqslant t < T$ definierte stückweise stetige Funktion der Klasse S_1. Dann wird die Zeitfunktion $w(t)$ in die Folge von „Impulsen" endlicher Breite (m–Impulse)

$$w_M(t) = w(nT)\,m(t-nT) \qquad nT \leqslant t < (n+1)\,T$$

verwandelt. Es ist

$$L\{w_M(t)\} = \sum_{n=0}^{\infty} \int_{nT}^{(n+1)T} e^{-st}\,w(nT)\,m(t-nT)\,dt$$

oder mit $t - nT = \tau$

$$W_M(s) = \sum_{n=0}^{\infty} \int_0^T e^{-s(\tau+nT)}\,w(nT)\,m(\tau)\,d\tau = \sum_{n=0}^{\infty} w(nT)\,e^{-snT} \int_0^T e^{-s\tau}\,m(\tau)\,d\tau.$$

Hier tritt die endliche L-Transformierte von 0 bis T, siehe Seite 166,

$$M_T(s) = \int_0^T e^{-st}\,m(t)\,dt$$

auf. Damit ergibt sich

$$W_M(s) = M_T(s) \sum_{n=0}^{\infty} f(nT)\,e^{-nTs} = M_T(s)\,W^*(s). \qquad \text{(VI.70)}$$

Fügen wir anstelle des Haltegliedes $H(s)$ in Bild VI.14 das *„Impulsverformungsglied"* $M(s)$ ein, dann wird

$$X(s) = M_T(s)\,G(s)\,W^*(s)$$

oder nach den Gln. (VI.59)

$$X^*(s) = [M_T(s)\,G(s)]^*\,W^*(s) = M_T\,G^*(s)\,W^*(s) \qquad \text{(VI.71a)}$$

bzw.

$$X^*(z) = M_T\,G^*(z)\,W^*(z). \qquad \text{(VI.71b)}$$

• **Beispiel VI.8**: Wir berechnen mit Hilfe der Gln. (VI.71) die Differenzengleichung für das in Beispiel VI.1 behandelte System; damit die gleichen Verhältnisse vorliegen, muß das Impulsverformungsnetzwerk die Charakteristik $m(t) = K e^{-\sigma t}$ $0 \leqslant t < 1$ $(T = 1)$ (Gewichtsfunktion) aufweisen. Wegen

$$M_T(s) = \int_0^1 K e^{-\sigma t} e^{-st}\, dt = K \int_0^1 e^{-(s+\sigma)t} = \frac{K}{s+\sigma}\,(1 - e^{-\sigma} e^{-s})$$

wird nach Gl. (VI.71b), wenn wir, wie in Beispiel VI.1, die Ausgangsgröße mit $Y(s)$ und die Eingangsgröße mit $X(s)$ bezeichnen,

$$Y(s) = \frac{K}{s+\sigma}\, G(s)\,(1 - e^{-\sigma} e^{-s})\, X^*(s).$$

Mit

$$\mathcal{L}^{-1}\left\{\frac{K}{s+\sigma}\,\frac{R}{L}\,\frac{s}{\frac{1}{LC} + \frac{R}{L}s + s^2}\right\} = g_1(t)$$

wird nach Gl. (VI.71b)

$$Y^*(z) = \mathcal{Z}\{g_1(n) - e^{-\sigma} g_1(n-1)\}\, X^*(z) = (1 - e^{-\sigma} z^{-1})\, G_1^*(z)\, X^*(z) =$$

$$= \frac{z - e^{-\sigma}}{z}\, G_1^*(z)\, X^*(z). \qquad \text{(VI.72)}$$

Wir benötigen noch $G_1(z)$, was aus

$$\mathcal{Z}\left\{\mathcal{L}^{-1}\left\{\frac{KR}{L}\,\frac{s}{(s+\sigma)\left(\frac{1}{LC} + \frac{R}{L}\,s + s^2\right)}\right\}\right\}$$

folgt. Die $\mathcal{L}^{-1}$-Transformierte des obigen Ausdruckes ergibt sich unmittelbar aus Gl. (VI.16), wenn man wiederum $\frac{1}{LC} > \left(\frac{R}{2L}\right)^2$ annimmt und gleichzeitig noch die Abkürzungen $\sqrt{\frac{1}{LC} - \left(\frac{R}{2L}\right)^2} = \omega$ sowie $\frac{R}{2L} = \beta$ benützt; es ist

$$g_1(t) = \frac{KR}{L}\,\frac{1}{(\beta-\sigma)^2 + \omega^2}\left[\left[\sigma \cos \omega t + \frac{1}{\omega}\,(\omega^2 + \beta^2 - \beta\sigma) \sin \omega t\right] e^{-\beta t} - \sigma e^{-\sigma t}\right]$$

oder

$$g_1(n) = \frac{KR}{L}\,\frac{1}{(\beta-\sigma)^2 + \omega^2}\left[\sigma e^{-\beta n} \cos \omega n + \frac{1}{\omega}\left(\frac{1}{LC} - \beta\sigma\right) e^{-\beta n} \sin \omega n - \sigma e^{-\sigma n}\right].$$

Mit den Korrespondenzen, siehe Anhang B.2,

$$e^{-\beta n}\cos\omega n \circ\!\!-\!\!\bullet \frac{z(z-e^{-\beta}\cos\omega)}{z^2-2z\,e^{-\beta}\cos\omega+e^{-2\beta}}\,,$$

$$e^{-\beta n}\sin\omega n \circ\!\!-\!\!\bullet \frac{z\,e^{-\beta}\sin\omega}{z^2-2z\,e^{-\beta}\cos\omega+e^{-2\beta}}$$

sowie

$$e^{-\sigma n} \circ\!\!-\!\!\bullet \frac{z}{z-e^{-\sigma}}$$

und Gl. (VI.72) finden wir die Beziehung

$$Y^*(z)=\frac{KR}{L}\,\frac{1}{(\beta-\sigma)^2+\omega^2}\,\frac{z-e^{-\sigma}}{z}\Big[\frac{\sigma z(z-e^{-\beta}\cos\omega)}{z^2-2ze^{-\beta}\cos\omega+e^{-2\beta}}+\frac{1}{\omega}\Big(\frac{1}{LC}-\beta\sigma\Big)\cdot$$

$$\cdot\,\frac{z\,e^{-\beta}\sin\omega}{z^2-2z\,e^{-\beta}\cos\omega+e^{-2\beta}}-\sigma\,\frac{z}{z-e^{-\sigma}}\Big]X^*(z)\,.$$

Durch Umformung wird

$$\frac{Y^*(z)}{X^*(z)}=\frac{KR}{L}\,\frac{1}{(\beta-\sigma)^2+\omega^2}$$

$$\left[\frac{\sigma(z-e^{-\sigma})(z-e^{-\beta}\cos\omega)+\frac{1}{\omega}(\frac{1}{LC}-\beta\sigma)(z-e^{-\sigma})e^{-\beta}\sin\omega-\sigma(z^2-2z\,e^{-\beta}\cos\omega+e^{-2\beta})}{z^2-2z\,e^{-\beta}\cos\omega+e^{-2\beta}}\right],$$

woraus schließlich die gesuchte Differenzengleichung

$$y_{n+2}-2\,e^{-\beta}\cos\omega\,y_{n+1}+e^{-2\beta}\,y_n=d_0\,x_n+d_1\,x_{n+1}$$

folgt, wobei d_0 und d_1 die unmittelbar nach Gl. (VI.19b) definierten Werte darstellen. Wie zu erwarten, ist natürlich die obige Differenzengleichung mit der in Gl. (VI.19b) identisch. ●

Durch Einführung von Impulsverformungsgliedern gelingt es über die hier behandelte Darstellung der Abtastsysteme mit Deltaimpulsen auch andere Tastfunktionen $w_p(t)$ zu berücksichtigen. Damit haben wir den Anschluß an die Ableitung der Differenzengleichung bei beliebigen (zulässigen) Tastfunktionen in Unterabschnitt VI.2.2 hergestellt. Es sei noch vermerkt, daß sich die linke Seite der Differenzengleichung nicht ändert, wenn eine andere Tastfunktion zugrundegelegt wird. Dies geht z.B. für eine deltaimpulsförmige Tastfunktion im vorliegenden Beispiel unmittelbar aus

$$\mathcal{Z}\{g(nT)\}=G^*(z)=\frac{R}{L}\Big[\frac{z(z-e^{-\beta}\cos\omega)}{z^2-2z\,e^{-\beta}\cos\omega+e^{-2\beta}}-\frac{\beta}{\omega}\cdot$$

$$\cdot\,\frac{z\,e^{-\beta}\sin\omega}{z^2-2z\,e^{-\beta}\cos\omega+e^{-2\beta}}\Big]$$

wegen des gleichen Nenners hervor; siehe auch die Bemerkung 3) am Ende des Unterabschnittes VI.2.2.

3.5. Modifizierte Z-Transformation

Die bisherige Betrachtung der Abtastsysteme oder die Beschreibung der diskontinuierlichen Systeme durch lineare Differenzengleichungen mit konstanten Koeffizienten lieferten die Werte des Einschwingvorganges lediglich zu den Abtastzeitpunkten $t = nT$. Vielfach benötigt man jedoch die Funktionswerte des betrachteten Einschwingvorganges auch in den Punkten $t \neq nT$.

Wie vorher schon erwähnt, liefert diese „Zwischenwerte" die sogenannte „modifizierte Z-Transformation".

Zur Ableitung der modifizierten Z-Transformation gehen wir wieder von Gl. (VI.56b) aus, die den Ausgangsverlauf für alle Zeitpunkte darstellt. Betrachten wir die Ausgangsgröße $x(t)$ zu den Zeitpunkten $t = nT + \tau T$ $(n = [t/T], 0 \leqslant \tau < 1)$ so wird

$$x(nT + \tau T) = \sum_{\nu=0}^{n} g(nT + \tau T - \nu T)\, w(\nu T). \qquad \text{(VI.73)}$$

Gl. (VI.73) stellt *keine Zahlenfolge,* sondern *eine Funktionenfolge* dar. Für jedes feste τ $(0 \leqslant \tau < 1)$ hingegen, ergibt sich wieder eine Zahlenfolge, die den Wert des Einschwingvorganges zur Zeit $t = (n + \tau)T$ liefert. Die Folgen $x(nT + \tau T)$ machen in ihrer Gesamtheit für $0 \leqslant \tau < 1$ alle Werte der Funktionen $x(t)$ aus; sie stellen daher eine vollständige Beschreibung der Funktion $x(t)$ dar.

Die Bestimmung der Werte $x(nT + \tau T)$ ist gleichgedeutend mit der Abtastung der Funktionswerte $x(t)$ zu den Zeiten $t = nT + \tau T$, d.h. der Taster am Ausgang, siehe Bild VI.9, arbeitet zwar, wie der Taster am Eingang, periodisch, aber seine Abtastung erfolgt gegenüber der am Eingang um τT verschoben.

Dann ist

$$x^*(t, \tau) = x(t)\, \delta_T(t, \tau) = \sum_{n=0}^{\infty} x(nT + \tau T)\, \delta(t - (nT + \tau T))$$

oder

$$L\{x(t, \tau)\} = \sum_{n=0}^{\infty} x(nT + \tau T)\, e^{-s(nT + \tau T)} = e^{-s\tau T} \sum_{n=0}^{\infty} x(nT + \tau T)\, e^{-snT}.$$

Wie aus der obigen Berechnung hervorgeht, gelingt es durch Einfügen eines *fiktiven* Verzögerungsblockes mit $g(t) = 1\,(t - \tau T)$ oder $G(s) = e^{\tau Ts}$ die synchrone Abtastung zu den Abtastzeiten $t = nT$ für den Eingangs- und Ausgangstaster beizubehalten. Durch die Wahl jeweils eines festen Wertes des Verschiebungsparameters τ aus dem Intervall $0 \leqslant \tau < 1$, erhält man die gesuchten Zwischenwerte.

Die Faltung Gl. (VI.73) ist nach den Gln. (VI.57) und (VI.58c) identisch mit

$$\sum_{n=0}^{\infty} x(nT + \tau T)\, e^{-nTs} = \sum_{n=0}^{\infty} g(nT + \tau T)\, e^{-nTs} \cdot \sum_{n=0}^{\infty} w(nT)\, e^{-nTs}.$$

Setzt man

$$e^{-\tau Ts} \sum_{n=0}^{\infty} x(nT + \tau T)\, e^{-nTs} = e^{-\tau Ts}\, X^*(s, \tau)$$

und

$$e^{-\tau Ts} \sum_{n=0}^{\infty} g(nT + \tau T)\, e^{-nTs} = e^{-\tau Ts}\, G^*(s, \tau),$$

so ergeben sich die Beziehungen

$$X^*(s, \tau) = G^*(s, \tau)\, W^*(s) \tag{VI.74a}$$

oder mit $e^{Ts} = z$

$$X^*(z, \tau) = G^*(z, \tau)\, W^*(z). \tag{VI.74b}$$

Da in Gl. (VI.74b) in den Ausdrücken $G^*(z, \tau) = Z\{g(nT + \tau T)\}$ sowie $X^*(z, \tau) = Z\{x(nT + \tau T)\}$ auch der *„Verschiebungsparameter"* τ auftritt, spricht man in diesem Fall auch von der *modifizierten Z-Transformation*, die allgemein durch

$$F^*(z, \tau) = Z\{f(nT + \tau T)\} = \sum_{n=0}^{\infty} f(nT + \tau T)\, z^{-n}, \tag{VI.75}$$

definiert ist. Die Z-Transformierte geht aus der modifizierten Z-Transformation für $\tau = 0$ hervor. Daher kann man die modifizierte Z-Transformation als Verallgemeinerung auffassen. Auf die Definitionsgleichung (VI.75) lassen sich vielfach die vorausgehenden, für die Z-Transformation angestellten, Überlegungen unmittelbar übertragen.

● **Beispiel VI.9**: Wir berechnen mit Hilfe der modifizierten Z-Transformation die Zwischenwerte des Ausgangsverlaufs für das in Beispiel VI.7 betrachtete System. Hierzu benötigen wir $G^*(z, \tau)$, was sich aus

$$Z\{g(nT + \tau T)\} = Z\{e^{-(n+\tau)}\} = \frac{e^{-\tau} z}{z - e^{-1}} \qquad (T = 1)$$

ergibt. Die Multiplikation des obigen Ausdruckes mit $W^*(z)$ liefert nach Gl. (VI.74b) die Beziehung

$$X^*(z, \tau) = \frac{e^{-\tau} z}{z - e^{-1}} \cdot \frac{z}{(z-1)^2},$$

woraus mit Gl. (VI.65b) die (diskrete) „Zeitdarstellung"

$$x(n + \tau) = (e - 1)^{-2}\, e^{1-\tau}\, [e^{-n} - 1 + (e - 1)\, n]$$

● folgt. Die ausgezogene Kurve in Bild VI.13 zeigt den Gesamtverlauf.

Analog findet man für $f(t) = e^{at}$, zu der die $\mathcal{L}$-Bildfunktion $F(s) = \frac{1}{s-a}$ korrespondiert, die entsprechende modifizierte $\mathcal{Z}$-Transformation durch

$$\mathcal{Z}\{f(nT+\tau T)\} = \mathcal{Z}\{e^{a(nT+\tau T)}\} = \frac{e^{a\tau T}\,z}{z-e^{aT}} = F^*(z,\tau)\,. \qquad \text{(VI.76a)}$$

Allgemein nimmt $F^*(z,\tau)$, für eine *echt gebrochene rationale Funktion* $F(s)$ *mit lauter verschiedenen Einfachpolen,* entsprechend den Gln. (VI.48) bis (VI.50) und bei Berücksichtigung von Gl. (VI.76a), die Form

$$F^*(z,\tau) = \sum_{\nu=1}^{r} \frac{Z(s_\nu)}{N'(s_\nu)}\,\frac{e^{s_\nu \tau T}\,z}{z-e^{s_\nu T}} = \sum_{\nu=1}^{r} d_\nu\,\frac{e^{s_\nu \tau T}\,z}{z-e^{s_\nu T}} \qquad \text{(VI.76b)}$$

an.

Zur Berechnung der modifizierten $\mathcal{Z}$-Transformation bei Mehrfachpolen von F(s) gehen wir analog, wie bei der $\mathcal{Z}$-Transformation vor, indem wir die auftretenden Zeitfolgen in die Definitionsgleichung (VI.75) einsetzen. Mit den Gln. (VI.41) erhalten wir wegen der Linearität der $\mathcal{Z}$-Transformation:

$$\mathcal{Z}\{1(nT+\tau T)\} = \frac{z}{z-1}\,,$$

$$\mathcal{Z}\{(nT+\tau T)\} = \mathcal{Z}\{nT\} + \tau T\mathcal{Z}\{1(nT)\} = \frac{Tz}{(z-1)^2} + \tau\,\frac{Tz}{z-1}\,,$$

$$\mathcal{Z}\{(nT+\tau T)^2\} = \mathcal{Z}\{(nT)^2\} + 2\tau T\mathcal{Z}\{nT\} + \tau^2T^2\mathcal{Z}\{1(nT)\} =$$

$$= \frac{T^2 z(z+1)}{(z-1)^3} + 2\tau T\,\frac{Tz}{(z-1)^2} + (\tau T)^2\,\frac{z}{(z-1)}$$

oder umgeformt

$$\mathcal{Z}\{1(nT+\tau T)\} = \frac{z}{z-1}\,,$$

$$\mathcal{Z}\{(nT+\tau T)\} = Tz\left[\frac{1}{(z-1)^2} + \frac{\tau}{z-1}\right] = \frac{Tz(1-\tau+\tau z)}{(z-1)^2}\,,$$

$$\mathcal{Z}\{(nT+\tau T)^2\} = T^2 z\left[\frac{(z+1)}{(z-1)^3} + \frac{2\tau}{(z-1)^2} + \frac{\tau^2}{z-1}\right] = \qquad \text{(VI.77)}$$

$$= T^2 z\left[\frac{2}{(z-1)^3} + \frac{2\tau+1}{(z-1)^2} + \frac{\tau^2}{z-1}\right]\,,$$

. . . .

Bei Mehrfachpolen treten auch Ausdrücke auf, bei denen die Zeitfolgen in Gl. (VI.77) noch mit e^{-anT} ($s_\nu = a \neq 0$) multipliziert sind. In diesem Fall kann man ebenfalls den Dämpfungssatz anwenden, wie das folgende Beispiel verdeutlicht. Es ist nämlich

$$\mathcal{Z}\{(nT+\tau T)^2\,e^{a(nT+\tau T)}\} = e^{a\tau T}\,\mathcal{Z}\{(nT+\tau T)^2\,e^{anT}\}\,, \qquad \text{(VI.78)}$$

d.h. wir brauchen auf die letzte Beziehung in Gl. (VI.77) lediglich den Dämpfungssatz anzuwenden und den Gesamtausdruck mit $e^{a\tau T}$ zu multiplizieren. Gl. (VI.78) gilt natürlich auch dann, wenn anstelle $(nT + \tau T)^2$ der allgemeine Ausdruck $f(nT + \tau T)$ eingeführt wird.

Aus den Beziehungen in Gl. (VI.77) folgen unmittelbar bei Beachtung von Gl. (VI.54) die Beziehungen:

$$Z\{e^{a(nT+\tau T)}\} = e^{a\tau T} \frac{z}{z - e^{aT}},$$

$$Z\{(nT+\tau T)\,e^{a(nT+\tau T)}\} = e^{a\tau T}\left[\frac{T e^{aT} z}{(z-e^{aT})^2} + \tau \frac{Tz}{z-e^{aT}}\right] = e^{a\tau T}\, Tz\left[\frac{e^{aT}}{(z-e^{aT})^2} + \frac{\tau}{z-e^{aT}}\right]$$

$$Z\{(nT+\tau T)^2\, e^{a(nT+\tau T)}\} = e^{a\tau T}\left[\frac{T^2 e^{aT} z(z+e^{aT})}{(z-e^{aT})^3} + \tau \frac{2T^2 e^{aT} z}{(z-e^{aT})^2} + \tau^2 \frac{T^2 z}{z-e^{aT}}\right] =$$

$$= e^{a\tau T} T^2 z\left[\frac{2\,e^{2aT}}{(z-e^{aT})^3} + \frac{(2\tau+1)\,e^{aT}}{(z-e^{aT})^2} + \frac{\tau^2}{z-e^{aT}}\right], \qquad \text{(VI.79)}$$

. . . .

Die Gln. (VI.77) und (VI.79) stellen, mit den entsprechenden Konstanten $d_{\nu\mu}$ multipliziert, die modifizierten Z-Transformierten der einzelnen Summanden der Partialbruchentwicklung Gl. (IV.64 a) bzw. Gl. (IV.66) dar.

Auch im Falle der modifizierten Z-Transformation wird man versuchen, weitgehend Transformationstabellen zu benutzen. Da aber in einigen technischen Büchern, die solche Transformationstabellen enthalten [111] und [112], leider im Gegensatz zu der ausschließlich von uns verwendeten „vorverschobenen" (modifizierten) Z-Transformation

$$Z\{f(nT + \tau T)\} = \sum_{n=0}^{\infty} f(nT + \tau T)\, z^{-n}, \qquad \text{(VI.75)}$$

die *„zurückverschobene"* (modifizierte) Z-Transformation mit der Definition

$$Z\{f(nT - \Delta T)\} = \sum_{n=0}^{\infty} f(nT - \Delta T)\, z^{-n}$$

Anwendung findet, ist eine gewisse Vorsicht am Platze. Dabei wird allerdings vielfach die Substitution

$$\Delta T = (1 - m)\, T$$

durchgeführt, d.h. es liegt meistens die zurückverschobene Z-Transformation in der transformierten Form

$$Z\{f[(n-1+m)T]\} = Z\{f[(n-1)\,T + mT]\} = \sum_{n=0}^{\infty} f[(n-1)T + mT]\, z^{-n}$$

zugrunde, wobei m die Verschiebung bezogen auf das Intervallende darstellt. Mit Gl. (VI.32c) läßt sich die vorstehende Gleichung auch durch

$$\mathcal{Z}\{f[(n-1)T+mT]\} = z^{-1}\,\mathcal{Z}\{f(nT+mT)\} = z^{-1}\sum_{n=0}^{\infty} f(nT+mT)\,z^{-n}$$

ausdrücken. Ein Vergleich mit Gl. (VI.75) zeigt, daß man in diesem Fall die Tabellen auch für unsere Definition leicht anwenden kann; man braucht lediglich diese Bildfunktionen mit z zu multiplizieren und m durch τ zu ersetzen, um zu der entsprechenden Bildfunktion, der in unserem Sinne definierten modifizierten $\mathcal{Z}$-Transformation, zu kommen. m stellt dabei die Verschiebung bezogen auf das Abtastintervallende dar; diese Einführung verkompliziert unnötigerweise die Betrachtung. Eine Umrechnung ist natürlich leicht durchführbar, indem man $\tau = 1 - m$ setzt; dabei tritt wegen der zusätzlichen Verschiebung um ein Abtastintervall der Faktor z^{-1} auf.

Die Zwischenwerte kann man natürlich auch mit Hilfe der entsprechenden Differenzengleichung auf rekursive Weise berechnen. Betrachten wir hierzu die Differenzengleichungen (VI.17c) und (VI.17d), dann findet man für jedes feste τ einmal die „Zwischenwerte" $y_{n+\tau}$ durch Einsetzen der aus den Gln. (VI.18) berechneten Werte y_n und v_n sowie der Eingangsgröße x_n $(n = 0, 1, 2, \ldots)$ in Gl. (VI.17c). Zum anderen gelingt dies auch durch Auflösen der Gln. (VI.17c) und (VI.17d) nach y_n, was am besten mit Hilfe der Transformation geschieht. Wenden wir auf die Gl. (VI.17c) sowohl die modifizierte als auch die gewöhnliche $\mathcal{Z}$-Transformation an, so wird

$$Y^*(z,\tau) = a_1(\tau)\,Y^*(z) + a_2(\tau)\,V^*(z) + k_1(\tau)\,X^*(z). \tag{VI.80}$$

Die Größen

$$Y^*(z) = \frac{k_1(1)\,z + a_2(1)\,k_2(1) - b_2(1)\,k_1(1)}{z^2 - [a_1(1) + b_2(1)]\,z + a_1(1)\,b_2(1) - a_2(1)\,b_1(1)}\,X^*(z) \tag{VI.81a}$$

und

$$V^*(z) = \frac{k_2(1)\,z + b_1(1)\,k_1(1) - a_1(1)\,k_2(1)}{z^2 - [a_1(1) + b_2(1)]\,z + a_1(1)\,b_2(1) - a_2(1)\,b_1(1)}\,X^*(z) \tag{VI.81b}$$

erhält man durch Auflösen der $\mathcal{Z}$-transformierten Gleichungen (VI.18), wenn die Anfangswerte $y_0 = v_0 = 0$ gesetzt werden. Das Einsetzen der Gln. (VI.81) in Gl. (VI.80) führt schließlich für jedes feste τ auf die *„modifizierte Übertragungsfunktion"* (energiefreies System)

$$Y^*(z,\tau) = \frac{a_1(\tau)\,p_1(z) + a_2(\tau)\,p_2(z) + k_1(\tau)\,p_3(z)}{z^2 - [a_1(1) + b_2(1)]\,z + a_1(1)\,b_2(1) - a_2(1)\,b_1(1)}\,X^*(z), \tag{VI.82}$$

wobei die Polynome $p_i(z)$ $(i = 1.\,2, 3,)$ die Form

$$p_1(z) = k_1(1)\,z + a_2(1)\,k_2(1) - b_2(1)\,k_1(1),$$

$$p_2(z) = k_2(1)\,z + b_1(1)\,k_1(1) - a_1(1)\,k_2(1)$$

und

$$p_3(z) = z^2 - [a_1(1) + b_2(1)]\,z + a_1(1)\,b_2(1) - a_2(1)\,b_1(1)$$

aufweisen.

In Gl. (VI.82) fällt sofort auf, daß die τ-abhängigen Terme nur im Zähler auftreten. Diese Tatsache ist natürlich auch aus den Gln. (VI.76) bis (VI.79) erkennbar. Das bedeutet, daß die charakteristische Gleichung der zugehörigen Differenzengleichung

$$\begin{aligned} &y_{n+2+\tau} - [a_1(1) + b_2(1)]\,y_{n+1+\tau} + [a_1(1)\,b_2(1) - a_2(1)\,b_1(1)]\,y_{n+\tau} = \\ &= [a_1(\tau)\,(a_2(1)\,k_2(1) - b_2(1)\,k_1(1)) + a_2(\tau)\,(b_1(1)\,k_1(1) - a_1(1)\,k_2(1)) + \\ &+ k_1(\tau)\,(a_1(1)\,b_2(1) - a_2(1)\,b_1(1))\,x_n + [a_1(\tau)\,k_1(1) + a_2(\tau)\,k_2(1) - \\ &- k_1(\tau)\,(a_1(1) + b_2(1))]\,x_{n+1} + k_1(\tau)\,x_{n+2} \end{aligned} \qquad \text{(VI.83a)}$$

oder kürzer

$$y_{n+2+\tau} + c_1 y_{n+1+\tau} + c_0 y_{n+\tau} = d_0(\tau)\,x_n + d_1(\tau)\,x_{n+1} + d_2(\tau)\,x_{n+2} \qquad \text{(VI.83b)}$$

nicht von τ abhängt. Verborgene Schwingungen können demnach dann und nur dann für ein bestimmtes τ auftreten, wenn sich eine Zähler- gegen eine Nennerwurzel heraushebt. Dies ist besonders für die Stabilitätsbetrachtung von Bedeutung; darauf kommen wir in Unterabschnitt VI.4.2 zurück. Wählen wir z.B. $\omega = \pi k$ $(k = 0, 1, \ldots)$ dann treten, da nach Punkt 2) am Ende des Unterabschnittes VI.2.2 die Beiwerte $a_2(1)$ und $b_1(1)$ verschwinden, Differenzengleichungen erster Ordnung für $y(n)$ und $v(n)$ auf. Setzen wir also in Gl. (VI.83a) $\tau = 1$ ein und berücksichtigen gleichzeitig, daß $a_2(1) = b_1(1) = 0$ ist, so führt

$$\begin{aligned} Y^*(z) &= \frac{k_1(1)\,z^2 - k_1(1)\,b_2(1)\,z}{z^2 - [a_1(1) + b_2(1)]\,z + a_1(1)\,b_2(1)}\,X^*(z) = \\ &= \frac{k_1(1)\,z\,(z - b_2(1))}{(z - a_1(1))\,(z - b_2(1))}\,X^*(z) = \frac{k_1(1)\,z}{z - a_1(1)}\,X^*(z) \end{aligned}$$

im Originalbereich wieder auf die gleiche Differenzengleichung erster Ordnung in $y(n)$.

Die Zusammenhänge zwischen Differenzengleichung und $\mathcal{Z}$-Transformation gelten natürlich für die modifizierte $\mathcal{Z}$-Transformation in der gleichen Weise, wie für die gewöhnliche $\mathcal{Z}$-Transformation. Auch gelten die Hinweise am Ende des Unterabschnittes VI.3.3 unverändert, es erübrigt sich dabei, diese Eigenschaften bei der modifizierten $\mathcal{Z}$-Transformation nochmals darzustellen. Wir geben lediglich noch einige spezielle Hinweise.

Die gleichen Überlegungen, wie sie bei der *Z*-Transformation für die Darstellung der Gln. (VI.64) angestellt wurden, führen auch hier auf die analoge Beziehung

$$F^*(s,\tau) = \frac{1}{T} \sum_{k=-\infty}^{+\infty} F\left(s + i\,\frac{2k\pi}{T}\right) e^{i2k\pi\tau} \quad \text{für } 0 < \tau < 1 \qquad \text{(VI.84a)}$$

und für $s = i\omega$ und $\omega_r = \frac{2\pi}{T}$ auf den entsprechenden *Frequenzgang*

$$F^*(i\omega,\tau) = \frac{1}{T} \sum_{k=-\infty}^{+\infty} F(i\omega + ik\omega_r)\, e^{ik\omega_r T\tau} \quad \text{für } 0 < \tau < 1. \qquad \text{(VI.84b)}$$

Die modifizierte *Z*-Transformation eignet sich natürlich besonders zur Behandlung von Abtastsystemen mit reiner Totzeit, denn der Verschiebungsparameter τ kann auch als (fiktives) Totzeitglied angesehen werden. Auch lassen sich die vorstehenden Überlegungen unmittelbar auf Abtastsysteme mit unterschiedlicher Abtastfrequenz anwenden [111] und [112]. Eine Einteilung von verschiedenen Abtastverfahren ist in [114] enthalten. Der Aufsatz [115] gibt eine einheitliche Methode zur Behandlung der Abtastsysteme bei verschiedenen Abtastprinzipien, die auf der Charakterisierung durch Zustandsvariable (siehe Abschnitt VI.5) beruht.

3.6. Inverse *Z*-Transformation

Man wird natürlich aus Gründen der Vereinfachung, auch beim Arbeiten mit der *Z*-Transformation, soweit als möglich Tabellen heranziehen. Durch geschickte Umformung, so z.B. durch Partialbruchentwicklung bei echt gebrochenen rationalen Funktionen in z sowie durch Anwendung speziell des Dämpfungssatzes Gl. (VI.37) und der Zeitverschiebung Gl. (VI.68) gelingt es häufig, unmittelbar die zu einer Bildfunktion korrespondierende Zeitfolge anzugeben. Die Partialbruchentwicklung bei gebrochenen rationalen Funktionen erfordert jedoch die Berechnung der Singularitäten, was bei Systemen höherer Ordnung auf praktische Schwierigkeiten stößt.

Eine direkte Methode, welche die Bestimmung der Singularitäten umgeht, ist die Entwicklung von $X^*(z)$ in eine konvergente Potenzreihe nach z^{-1}. Diese Potenzreihe, z.B.

$$X^*(z) = a_0 + a_1 z^{-1} + a_2 z^{-2} + \ldots = \sum_{n=0}^{\infty} a_n z^{-n},$$

stimmt dann mit der Definitionsgleichung (VI.29) bzw. (VI.45) überein. Damit sind die Konstanten a_n identisch mit $x(nT)$ $(n = 0, 1, \ldots)$. In der Reihendarstellung nach z^{-1} haben die Koeffizienten die Werte der Zeitfolge $f(nT)$. Aus diesem Grund wird manchmal die zugehörige Bildfunktion $F^*(z)$ die *„erzeugende Funktion"* der Folge $f(nT)$ genannt.

Liegt z.B. $X^*(z)$ als gebrochene rationale Funktion vor, dann lassen sich die a_n stets durch Division des Zählerpolynoms durch das des Nennerpolynoms bestimmen. Wir gehen hierzu von der allgemeinen Darstellung Gl. (VI.34) mit $q = r$ aus. Multiplizieren wir sowohl den Zähler als auch den Nenner mit z^{-r}, dann wird

$$G^*(z) = \frac{d_r + d_{r-1} z^{-1} + \ldots + d_0 z^{-r}}{c_r + c_{r-1} z^{-1} + \ldots + c_0 z^{-r}} = a_0 + a_1 z^{-1} + a_2 z^{-2} + \ldots \text{[38]} \qquad \text{(VI.85a)}$$

mit

$$\begin{aligned} d_r &= c_r a_0, \\ d_{r-1} &= c_r a_1 + c_{r-1} a_0, \\ d_{r-2} &= c_r a_2 + c_{r-1} a_1 + c_{r-2} a_0, \\ &\ldots\ldots\ldots\ldots \\ d_0 &= c_r a_r + c_{r-1} a_{r-1} + \ldots + c_0 a_0, \\ 0 &= c_r a_{r+1} + c_{r-1} a_r + \ldots + c_0 a_1, \\ 0 &= c_r a_{r+2} + c_{r-1} a_{r+1} + \ldots + c_0 a_2, \\ &\ldots\ldots\ldots\ldots \end{aligned} \qquad \text{(VI.85b)}$$

Aus den Gln. (85b) läßt sich unmittelbar folgendes erkennen. Falls der Grad des Zählerpolynoms q kleiner als der des Nennerpolynoms r ist, beginnt wegen $d_r = 0$ die zugehörige Zeitfolge für $n = 0$ mit dem Wert $a_0 = 0$; für $r - q = k$ sind $d_r = d_{r-1} = \ldots = d_{r-k+1} = 0$ und damit auch $a_0 = a_1 = \ldots = a_{k-1}$, d.h. die ersten k Werte $f(nT)$ $(n = 0, 1, \ldots, k-1)$ verschwinden. Diese Tatsache ist auch aus Gl. (VI.68) ersichtlich, denn eine (Totzeit-) Verschiebung $f(nT - kT)$ kommt bei einer gebrochenen rationalen Funktion $F^*(z)$ wegen $z^{-k}F^*(z)$ einer Reduzierung des Zählerpolynomgrades oder besser gesagt einer Erhöhung des Nennerpolynomgrades um k gleich, d.h. die Differenz $r - q$ wird um k größer. Lediglich im Falle $q = r$ ist $a_0 \neq 0$, und die Ausgangsgröße beginnt für $n = 0$ mit einem endlichen Wert. Es ist zu beachten, daß wir bei der obigen Ableitung die Darstellung Gl. (VI.34) zugrundelegten.

Die gesuchten Werte der Zeitfolge ergeben sich aus den Gln. (VI.85b) auf sukzessive Weise, beginnend mit dem Wert für $n = 0$. Für große n bedarf es daher einer langwierigen Berechnung, bei der auch beachtliche numerische Fehler auftreten können. Aus den ersten Gliedern der so gewonnenen Reihenentwicklung kann man jedoch manchmal bereits auf das allgemeine Glied schließen. Im Falle der modifizierten $\mathcal{Z}$-Transformation verfährt man ebenso, jedoch hängen die d_ν $(\nu = 0, \ldots, q)$ und damit auch die a_n vom Verschiebungsparameter ab.

---

[38]) Auch wenn ein Polynom in z^{-1} vorliegt, schreiben wir trotzdem $F^*(z)$ und nicht $F^*(z^{-1})$, da in unserem Fall die eine aus der anderen Darstellung unmittelbar hervorgeht.

Auf eine geschlossene Darstellung führt hingegen generell die *Umkehrformel der Z-Transformation.* Sie geht, da die Z-Transformation durch den *Hauptteil der Laurent-Reihe* dargestellt wird, aus der *Cauchyschen Formel für die Koeffizienten einer Laurent-Reihe* hervor, die für positive n die Form

$$x(nT) = \frac{1}{2\pi i} \oint z^{n-1}\, X^*(z)\, dz = Z^{-1}\{X^*(z)\} \tag{VI.86a}$$

aufweist, siehe z.B. [1], Band III oder [2], Teil III.2. Das komplexe Kurvenintegral Gl. (VI.86a) ist über einen Kreis Γ_r mit dem Radius $r > R$ (R = Konvergenzradius) im *Gegenuhrzeigersinn* zu erstrecken. Da nach Unterabschnitt VI.2.6 das Gebiet $|z| > R$ regulär ist, schließt der Kreis Γ_r alle im Endlichen gelegenen Singularitäten ein. Für *eindeutige Singularitäten* ist daher das Integral gleich der Summe der Residuen von $z^{n-1}\, X^*(z)$, deren Bestimmung aber die Kenntnis der Singularitäten erfordert.

Entsprechend nimmt für feste τ die Umkehrformel der modifizierten Z-Transformation die Gestalt

$$x(nT + \tau T) = \frac{1}{2\pi i} \oint z^{n-1}\, X^*(z, \tau)\, dz = Z^{-1}\{X^*(z, \tau)\} \tag{VI.86b}$$

an. Die komplexen Integrale der Gln. (VI.86) und damit auch die inversen Z-Transformationen, stellen eine lineare Operation dar, d.h. es gilt für $0 \leqslant \tau < 1$

$$Z^{-1}\{X^*(z, \tau) + Y^*(z, \tau)\} = Z^{-1}\{X^*(z, \tau)\} + Z^{-1}\{Y^*(z, \tau)\} \tag{VI.87a}$$

sowie

$$Z^{-1}\{\lambda\, X^*(z, \tau)\} = \lambda Z^{-1}\{X^*(z, \tau)\} \qquad (\lambda = \text{const.})\,. \tag{VI.87b}$$

Eine andere Möglichkeit zur Bestimmung der einzelnen Werte f(nT) geht aus folgender Betrachtung hervor. Gegeben sei die Z-Transformation $F^*(z, \tau)$ der Zeitfolge $f(nT + \tau T)$ mit $f(nT + T) = 0$ für $n < 0$ und einem festen τ aus $0 \leqslant \tau < 1$. Dann konvergiert der Ausdruck

$$F^*(z, \tau) = f(0 + \tau T) + f(T + \tau T) z^{-1} + f(2\tau + \tau T) z^{-2} + f(3T + \tau T) z^{-3} + \ldots \tag{VI.88}$$

gleichmäßig für alle $|z| > R$ einschließlich $|z| = \infty$. Für $z \to \infty$ strebt somit $F^*(z, \tau) \to$ $\to f(0 + \tau T)$. Daraus folgt unmittelbar für $\tau = 0$ der *Anfangswertsatz:*

Satz VI.3.: Existiert $Z\{f(nT)\} = F^*(z)$ für $|z| > R$, so gilt

$$\lim_{z \to \infty} F^*(z) = f(0). \tag{VI.89}$$

Die Differentiationen Gl. (VI.88) nach z und die anschließende Multiplikation mit $-z^2$ liefert die Reihe

$$-z^2 \frac{d}{dz} F^*(z, \tau) = f(T + \tau T) + 2f(2T + \tau T) z^{-1} + 3f(3T + \tau T) z^{-2} + \ldots,$$

die ebenfalls für alle $|z| > R$ gleichmäßig konvergiert. Somit ist

$$f(T + \tau T) = \lim_{z \to \infty} \left[- z^2 \frac{d}{dz} F^*(z, \tau) \right]$$

oder allgemein

$$f(nT + \tau T) = \frac{(-1)^n}{n!} \lim_{z \to \infty} z^2 \frac{d^n}{dz^n} [F^*(z, \tau)] \qquad \text{für } n > 0. \tag{VI.90}$$

Entsprechend den Grenzwertsätzen bei den kontinuierlichen Systemen, gibt es auch hier neben dem *Anfangswertsatz* einen *Endwertsatz*. Er lautet:

Satz VI.4: Existieren $Z\{f(nT)\} = F^*(z)$ (für $|z| > R = 1$) und $\lim_{n \to \infty} f(nT) = f(+\infty)$, so ist (für reelle z)

$$f(+\infty) = \lim_{z \to 1} (z - 1) F^*(z). \tag{VI.91}$$

Natürlich kann der Satz VI.4 für diskontinuierliche Systeme ebensowenig, wie der Satz IV.15 für kontinuierliche Systeme, zur Stabilitätsuntersuchung herangezogen werden, da die *Existenz des Grenzwertes* gefordert wird.

Die Gültigkeit des Satzes geht aus der folgenden Überlegung hervor. Existiert $Z\{f(nT)\} = F^*(z)$, so existiert nach dem Linearitäts- und Verschiebungssatz, siehe die Gln. (VI.31) und (VI.32), auch die Bildfunktion

$$Z\{\Delta f(nT)\} = Z\{f((n+1)T)\} - Z\{f(nT)\} = z F^*(z) - z f(0) - F^*(z) =$$

$$= (z - 1) F^*(z) - z f(0) = \sum_{n=0}^{\infty} \Delta f(nT) z^{-n},$$

woraus

$$(z - 1) F^*(z) = z f(0) + \sum_{n=0}^{\infty} \Delta f(nT) z^{-n} \tag{VI.92}$$

folgt. Laut Voraussetzung existiert $\lim_{n \to \infty} f(nT) = f(0) + \sum_{n=0}^{\infty} \Delta f(nT) = f(0) + f(T) - f(0) + f(2T) - f(T) + \ldots = f(0) + f(+\infty) - f(0) = f(+\infty)$. Für $\lim z \to 1$ strebt die rechte Seite von Gl. (VI.92) gegen $f(0) + \sum_{n=0}^{\infty} \Delta f(nT)$. Liegen alle Singularitäten innerhalb des Einheitskreises (Stabilität), d.h. $f(nT)$ ist von der *exponentiellen Ordnung* $\alpha_0 < 0$, dann ist $F^*(z)$ für $z = 1$ regulär und

$$\lim_{z \to 1} (z - 1) F^*(z) = f(+\infty).$$

Da wir in Satz VI.4 jedoch lediglich die Konvergenz für $|z| > 1$ (d.h. $\alpha_0 = 0$) forderten, muß noch die Existenz des Grenzwertes für reelle $z \to 1$ gezeigt werden. Dies geht aus dem nachfolgenden Satz hervor, dessen Gültigkeit z.B. in [108] nachgelesen werden kann.

Satz VI.5: Konvergiert die Reihe $\sum_{n=0}^{\infty} f(nT)$ und existiert $\mathcal{Z}\{f(nT)\} = F^*(z)$, so gilt die Identität

$$\lim_{z \to 1} F^*(z) = \sum_{n=0}^{\infty} f(nT). \tag{VI.93}$$

Gl. (VI.93) läßt sich unter den in Satz VI.5 angegebenen Bedingungen zur Berechnung der Summe einer unendlichen Reihe heranziehen.

Mit Hilfe des komplexen Umkehrintegrales leiten wir schließlich noch die Beziehung für die $\mathcal{Z}$-Transformierte des Produktes zweier Zeitfolgen $f(nT)$ und $h(nT)$ her, wobei wiederum $f(nT) = h(nT) = 0$ für $n < 0$ gesetzt wird. Es seien $F^*(z) = \mathcal{Z}\{f(nT)\}$ für $|z| > R_f$ und $H^*(z) = \mathcal{Z}\{h(nT)\}$ für $|z| > R_h$ mit R_f und R_h den Radien der absoluten Konvergenz. Die $\mathcal{Z}$-Transformation des Produktes $f(nT)\,h(nT)$ weist daher die Form

$$\mathcal{Z}\{f(nT)\,h(nT)\} = \sum_{n=0}^{\infty} f(nT)\,h(nT)\,z^{-n} \qquad |z| > R_p \tag{VI.94a}$$

auf. Setzen wir nach Gl. (VI.86a) für $h(nT)$ den Ausdruck

$$h(nT) = \frac{1}{2\pi i} \oint_\Gamma w^{n-1}\, H^*(w)\, dw$$

in Gl. (VI.94a) ein, so wird

$$\mathcal{Z}\{f(nT)\,h(nT)\} = \frac{1}{2\pi i} \sum_{n=0}^{\infty} \oint_\Gamma f(nT)\, H^*(w)\, w^{n-1}\, z^{-n}\, dw. \tag{VI.94b}$$

Da Gl. (VI.94a) für $|z| > R_p$ gleichmäßig konvergiert, lassen sich die Summation und Integration vertauschen, woraus

$$\mathcal{Z}\{f(nT)\,h(nT)\} = \frac{1}{2\pi i} \oint_\Gamma w^{-1}\, H^*(w) \sum_{n=0}^{\infty} f(nT) \left(\frac{z}{w}\right)^{-n} dw \tag{VI.94c}$$

folgt. Der Summenausdruck in Gl. (VI.94c) stellt jedoch $F^*\left(\frac{z}{w}\right)$ dar. Damit gilt schließlich für die $\mathcal{Z}$-Transformation eines Produktes

$$\mathcal{Z}\{f(nT)\,h(nT)\} = \frac{1}{2\pi i} \oint_\Gamma w^{-1}\, H^*(w)\, F^*\left(\frac{z}{w}\right) dw. \tag{VI.94d}$$

Der Betrag von z muß dabei so gewählt werden, daß in der w-Ebene zwischen den Singularitäten von $w^{-1}\,H^*(w)$ und $F^*(w^{-1}\,z)$ ein Kreisring zu liegen kommt, in dem der Integrand regulär ist. Die Integrationskurve Γ verläuft dann in diesem Gebiet, d.h. $R_h < |w| < |z|/R_f$. Hätten wir in der vorstehenden Ableitung nicht h(nT), sondern f(nT) durch das Umkehrintegral ersetzt, dann wären wir zu der mit Gl. (VI.94d) identischen Darstellung

$$\mathcal{Z}\{f(nT)\,h(nT)\} = \frac{1}{2\pi i} \oint_\Gamma w^{-1}\,F^*(w)\,H^*\left(\frac{z}{w}\right) dw \tag{VI.94e}$$

gelangt, wobei dieses Mal der Integrationsweg Γ in $R_f < |w| < |z|/R_h$ verläuft. Die entsprechenden Beziehungen für die modifizierte $\mathcal{Z}$-Transformation erhält man wieder, in dem in den Gln. (VI.94d) und (VI.94e) nT durch $nT + \tau T$ und die $\mathcal{Z}$-Bildfunktion durch die entsprechende modifizierte Bildfunktion, z.B. im Falle der Gl. (VI.94d) $H^*(w)$ durch $H^*(w, \tau)$ und $F^*\left(\frac{z}{w}\right)$ durch $F^*\left(\frac{z}{w}, \tau\right)$ ersetzt werden.

4. Eigenschaften der Abtastregelsysteme

Wie im Falle der kontinuierlichen Systeme, betrachten wir auch hier nur einige grundlegende Eigenschaften der Abtastregelsysteme. Bezüglich der klassischen Verfahren zu ihrer Analyse und Synthese, die vielfach ähnlich denen der kontinuierlichen Systeme sind, verweisen wir auf die zitierten Bücher [110] bis [113]. Die $\mathcal{Z}$-Transformation findet neben der Behandlung von linearen und nichtlinearen Abtastsystemen auch bei einer Reihe anderer Probleme Anwendung. Beispiele hierzu sind *diskrete Markovsche Prozesse, Interpolations- und Approximationsverfahren, numerische Analysis* usw.; siehe in diesem Zusammenhang auch [108], [116] und [117].

4.1. Endliche Einstellzeit

Ein wesentlicher Vorzug von Abtastsystemen gegenüber kontinuierlichen Systemen besteht in der Möglichkeit, sie so zu entwerfen, daß sie eine *endliche Einstellzeit* (deadbeat response, finite settling time) aufweisen. Wie wir am Ende des Unterabschnittes III.5.3 ausführten, spielt sie auch im Zusammenhang mit der Steuerbarkeit eine Rolle. Beim Entwurf auf endliche Einstellzeit wird eine Systemantwort gefordert, die nach einer vorgebbaren Zeitspanne mit einer sprung- oder rampenförmigen, quadratischen usw. Eingangsgröße identisch ist. Fügen wir z.B., wie in Bild VI.15 dargestellt, ein solches digitales Kompensationsglied $D^*(z)$ in den Kreis ein, daß die Gesamtübertragungsfunktion für $q \leq r$ die Form

$$G^*(z) = \frac{D^*(z)\,G_s^*(z)}{1 + D^*(z)\,G_s^*(z)} = \frac{d_0 + d_1 z + \ldots + d_q z^q}{z^r} = d_q\,z^{-r+q} +$$

$$+ d_{q-1}\,z^{-r+q-1} + \ldots + d_1 z^{-r+1} + d_0 z^{-r} \tag{VI.95a}$$

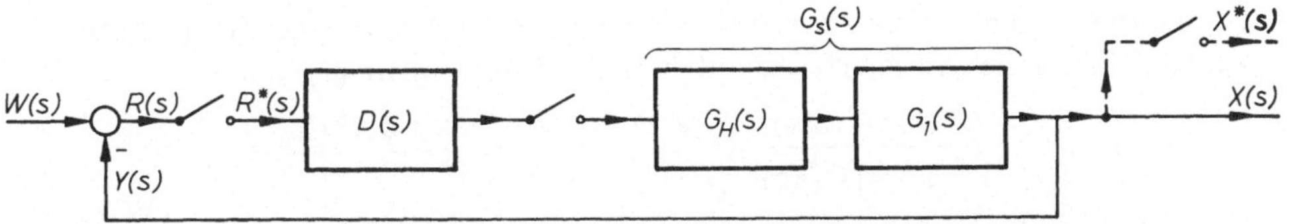

Bild VI.15. Blockschaltbild eines Abtastregelkreises mit digitalem Kompensationsglied

annimmt, dann liegt ein endlicher Ausdruck für z^{-n} vor. Das heißt, die zu $G^*(z)$ korrespondierende Zeitfolge (Gewichtsfunktion) $g(nT)$ ist für $n > r$ (zu den Abtastzeitpunkten) identisch Null. Wie aus der Faltungssumme Gl. (VI.57) hervorgeht, verhält sich in diesem Fall die Ausgangsgröße $x(nT)$ für $n \geqslant r$ proportional zur Eingangsgröße $w(nT)$. Wählen wir z.B. in Gl. (VI.95 a) $q = 2$ und $r = 3$, dann wird

$$g(nT) = \mathcal{Z}^{-1}\{d_2 z^{-1} + d_1 z^{-2} + d_0 z^{-3}\} = g(T) + g(2T) + g(3T)$$

mit $g(T) = d_2$, $g(2T) = d_1$, $g(3T) = d_0$ sowie für $n > 3$ $g(nT) = g(0) = 0$. Für eine sprungförmige Eingangsgröße $w(nT) = 1(nT)$ folgen aus der Faltung

$$x(nT) = \sum_{\nu=0}^{n} g(\nu T)\, 1(nT - \nu T)$$

die Werte der Ausgangsgröße

$$x(0) = g(0) = 0,$$

$$x(T) = g(T) = d_2,$$

$$x(2T) = g(T) + g(2T) = d_2 + d_1,$$

$$x(3T) = g(T) + g(2T) + g(3T) = d_2 + d_1 + d_0,$$

$$x(4T) = g(T) + g(2T) + g(3T) = d_2 + d_1 + d_0$$

usw.

oder

$$x(nT) = \begin{cases} 0 & \text{für } n = 0 \\ d_2 & \text{für } n = 1 \\ d_2 + d_1 & \text{für } n = 2 \\ d_2 + d_1 + d_0 & \text{für } n \geqslant 3. \end{cases}$$

Legen wir das Kompensationsglied so aus, daß $d_2 + d_1 + d_0 = 1$ wird, dann ist die Antwort auf die sprungförmige Eingangsgröße zu den Abtastzeitpunkten $t \geqslant 3T$ identisch mit der Eingangsgröße. Um die *Zwischenwerte* zu berücksichtigen, geht man von der zur Gl. (VI.95 a) entsprechenden modifizierten Z-Transformation

$$G^*(z,\tau) = \frac{D^*(z)\,G_s^*(z,\tau)}{1 + D^*(z)\,G_s^*(z)} = \frac{d_0(\tau) + d_1(\tau)\,z + \ldots + d_q(\tau)\,z^q}{z^r} = \tag{VI.95b}$$

$$= d_q(\tau)\,z^{-r+q} + d_{q-1}(\tau)\,z^{-r+q-1} + \ldots + d_1(\tau)\,z^{-r+1} + d_0(\tau)\,z^{-r}$$

aus.

Zur Berechnung des diskreten Kompensationsgliedes oder Reglers (z.B. Digitalrechner) $D^*(z)$ in Bild VI.15 fordert man von dem Fehlersignal

$$R^*(z) = G_R^*(z) \cdot W^*(z), \tag{VI.96a}$$

mit

$$\frac{R^*(z)}{W^*(z)} = G_R^*(z) = \frac{1}{1 + D^*(z)\,G_s^*(z)}, \tag{VI.96b}$$

daß es nach einer vorgebbaren Anzahl von Abtastungen verschwindet. Dies ist z.B. bei einer sprungförmigen Eingangsgröße $W^*(z) = \frac{1}{1 - z^{-1}}$ dann der Fall, wenn

$$R^*(z) = \frac{G_R^*(z)}{1 - z^{-1}}$$

ein Polynom in z^{-1} darstellt. Diese Bedingung wird für das Polynom in z^{-1} $P^*(z)$ durch

$$G_R^*(z) = (1 - z^{-1})\,P^*(z) \tag{VI.97a}$$

erfüllt. Entsprechend erfüllt bei einer rampenförmigen Eingangsgröße

$$W^*(z) = \frac{z^{-1}}{(1 - z^{-1})^2}$$

der Ausdruck

$$G_R^*(z) = (1 - z^{-1})^2\,P^*(z) \tag{VI.97b}$$

oder allgemein für

$$W^*(z) = \frac{N_k^*(z)}{(1 - z^{-1})^k}$$

der Ausdruck

$$G_R^*(z) = (1 - z^{-1})^k\,P^*(z) \tag{VI.97c}$$

diese Bedingung. Die kürzeste Einstellzeit ergibt sich somit für $P^*(z) = 1$; sie ist in den Fällen Gl. (VI.97 a) gleich T, Gl. (VI.97 b) gleich 2T usw. *Die beliebige Wahl von $P^*(z)$ kann jedoch ein physikalisch nicht realisierbares Kompensationsglied $D^*(z)$ ergeben.*

Aus den Gln. (VI.96) und aus

$$G^*(z) = \frac{D^*(z)\, G_s^*(z)}{1 + D^*(z)\, G_s^*(z)} = \frac{X^*(z)}{W^*(z)}$$

folgt schließlich das gesuchte Kompensationsglied

$$D^*(z) = \frac{1 - G_R^*(z)}{G_s^*(z)\, G_R^*(z)} = \frac{G^*(z)}{G_s^*(z)\, G_R^*(z)} \qquad \text{(VI.98 a)}$$

mit

$$G^*(z) = 1 - G_R^*(z). \qquad \text{(VI.98 b)}$$

● **Beispiel VI.10:**

Wir betrachten das in Bild VI.15 dargestellte System mit $G_1(s) = \dfrac{10}{s(1+s)}$ und $G_H(s) = \dfrac{1 - e^{-Ts}}{s}$ für die Abtastperiode $T = 1\,[s]$. Die s-Übertragungsfunktion der Regelstrecke ist

$$G_s(s) = \frac{10}{s^2(1+s)}\,(1 - e^{-s}) = 10\left[\frac{1}{s+1} - \frac{1}{s} + \frac{1}{s^2}\right](1 - e^{-s}),$$

woraus mit den Gln. (VI.36) und (VI.41) sowie bei Beachtung der Beziehung (VI.69) die entsprechende z-Übertragungsfunktion

$$G_S^*(z) = 10\left[\frac{1}{1 - z^{-1}\, e^{-1}} - \frac{1}{1 - z^{-1}} + \frac{z^{-1}}{(1 - z^{-1})^2}\right](1 - z^{-1}) =$$

$$= \frac{3{,}68\, z^{-1}\,(1 + 0{,}718\, z^{-1})}{(1 - z^{-1})(1 - 0{,}368\, z^{-1})}$$

folgt. Legen wir

$$G_R^*(z) = (1 - z^{-1})$$

zugrunde, dann wird nach Gl. (VI.98 b)

$$G^*(z) = 1 - G_R^*(z) = 1 - 1 + z^{-1} = z^{-1}$$

und nach Gl. (VI.98 a)

$$D^*(z) = \frac{0{,}272\,(1 - 0{,}368\, z^{-1})}{(1 + 0{,}718\, z^{-1})}.$$

Die Ausgangsgröße hat im Bildbereich die Form

$$X^*(z) = G^*(z)\,W^*(z) = \frac{z^{-1}}{1-z^{-1}} = z^{-1} + z^{-2} + z^{-3} + \ldots\,;$$

damit ist, wie in Bild VI.16 angedeutet, $x(n) = 1$ für alle $n > 0$. Die Zwischenwerte folgen aus der modifizierten $\mathcal{Z}$-Transformation. Mit den Gln. (VI.76a) und (VI.77) wird

$$G_S^*(z,\tau) = 10\left[\frac{e^{-\tau}(1-z^{-1})}{1-0{,}368\,z^{-1}} - 1 + \tau + \frac{z^{-1}}{1-z^{-1}}\right] =$$

$$= \frac{10[\tau - 1 + e^{-\tau} + (2{,}368 - 2e^{-\tau} - 1{,}368\tau)z^{-1} + (0{,}368(\tau-2) + e^{-\tau})z^{-2}]}{(1-z^{-1})(1-0{,}368\,z^{-1})}$$

Nach Bild VI.15 gilt für die Ausgangsgröße

$$X^*(z,\tau) = D^*(z)\,G_S^*(z,\tau)\,R^*(z) = D^*(z)\,G_R^*(z)\,G_S^*(z,\tau)\,W^*(z) =$$

$$= \frac{1-z^{-1}}{1-z^{-1}} \cdot \frac{0{,}272(1-0{,}368\,z^{-1})}{(1+0{,}718\,z^{-1})} \cdot$$

$$\cdot\left[\frac{\tau - 1 + e^{-\tau} + (2{,}368 - 2e^{-\tau} - 1{,}368\tau)z^{-1} + (0{,}368(\tau-2) + e^{-\tau})z^{-2}}{(1-z^{-1})(1-0{,}368\,z^{-1})}\right] =$$

$$= \frac{2{,}72\,[\tau - 1 + e^{-\tau} + (2{,}368 - 2e^{-\tau} - 1{,}368\tau)z^{-1} + (0{,}368(\tau-2) + e^{-\tau})z^{-2}]}{1 - 0{,}282\,z^{-1} - 0{,}718\,z^{-2}}.$$

Die Division des Zählerpolynoms durch das Nennerpolynom führt nach Gl. (VI.85b) auf

$$X^*(z) = 2{,}72\,[(\tau - 1 + e^{-\tau}) + (2{,}086 - 1{,}718\,e^{-\tau} - 1{,}086\,\tau)z^{-1} +$$

$$+ (0{,}780\tau + 1{,}234\,e^{-\tau} - 0{,}866)\,z^{-2} + (1{,}254 - 0{,}886\,e^{-\tau} - 0{,}560\tau)\,z^{-3} +$$

$$+ (0{,}402\tau + 0{,}636\,e^{-\tau} - 0{,}268)\,z^{-4} + \ldots\,].$$

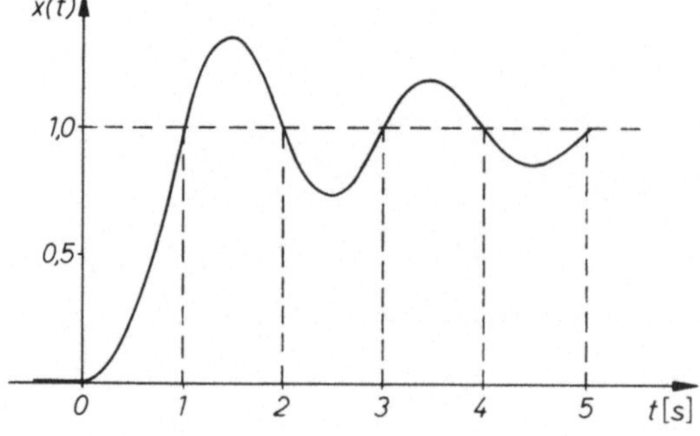

Bild VI.16
Einschwingvorgang mit endlicher Einstellzeit nach Beispiel VI.9

Für die obige Darstellung läßt sich natürlich wiederum unmittelbar die korrespondierende Zeitdarstellung angeben, die für $0 \leqslant \tau < 1$ den gesamten Ausgangsverlauf charakterisiert. Es sind:

$$x(\tau) = 2{,}72(\tau - 1 + e^{-\tau}),$$

$$x(1+\tau) = 2{,}72\,(2{,}086 - 1{,}718\,e^{-\tau} - 1{,}086\,\tau),$$

$$x(2+\tau) = 2{,}72\,(-0{,}866 + 1{,}234\,e^{-\tau} + 0{,}780\,\tau),$$

$$x(3+\tau) = 2{,}72\,(1{,}254 - 0{,}886\,e^{-\tau} - 0{,}560\,\tau),$$

$$x(4+\tau) = 2{,}72\,(-0{,}268 + 0{,}636\,e^{-\tau} + 0{,}402\,\tau)$$

usw.

- Den Gesamtverlauf zeigt Bild VI.16.

Aus Bild VI.16 geht hervor, daß der Ausgangsverlauf eine abklingende Schwingung darstellt; er stimmt also zwischen den Abtastpunkten nicht mit der Eingangsgröße überein. Diese Kompensation dürfte daher nur in den Fällen zufriedenstellend sein, in denen die Abweichungen der Zwischenwerte unterhalb einer gewissen Toleranz liegen.

Die Abweichungen der Zwischenwerte in Beispiel VI.9 resultieren daraus, daß das Kompensationsglied $D^*(z)$ für $\tau = 0$ die durch $(1 - 0{,}718\,z^{-1})$ gegebene Nullstelle von $G_S^*(z)$ bzw. $G_S^*(z, \tau)$ herauskürzt. Dadurch wird für $\tau = 0$ der Grad des Nennerpolynoms von $G_S^*(z, \tau)$ erniedrigt. Diese Tatsache entspricht, wie aus den Bemerkungen zu den Gln. (VI.83) hervorgeht, den verborgenen Schwingungen. Es tritt also nur für die Abtastzeitpunkte eine endliche Einstellzeit auf, d.h. $G^*(z, \tau)$ stellt lediglich für $\tau = 0$ ein Polynom in z^{-1} dar.

Zur Verallgemeinerung gehen wir von

$$G^*(z,\tau) = \frac{G^*(z)\,G_S^*(z)}{1 + D^*(z)\,G_S^*(z)} = \frac{\dfrac{Z_D^*(z)}{N_D^*(z)}\;\dfrac{Z_{GS}^*(z)}{N_{GS}^*(z)}}{1 + \dfrac{Z_D^*(z)}{N_D^*(z)}\;\dfrac{Z_{GS}^*(z)}{N_{GS}^*(z)}} = \frac{Z_D^*(z)\,Z_{GS}^*(z)}{N_D^*(z)\,N_{GS}^*(z) + Z_D^*(z)\,Z_{GS}^*(z)} \tag{VI.99 a}$$

aus. Hebt sich nun eine Nullstelle von $G_S^*(z)$ gegen einen Pol von $D^*(z)$ heraus, dann nimmt wegen

$$\frac{Z_{GS}^*(z)}{N_D^*(z)} = \frac{(z-a)\,Z_{1GS}^*(z)}{(z-a)\,N_{1D}^*(z)}$$

die Gl. (VI.99 a) die Form

$$G^*(z) = \frac{(z-a)\, Z_D^*(z)\, Z_{1G_S}^*(z)}{(z-a)\,[N_{1D}^*(z)\, N_{G_S}^*(z) + Z_D^*(z)\, Z_{1G_S}^*(z)]} \tag{VI.99b}$$

an. Die Nullstelle $z = a$ hebt sich weg, was auf eine Verringerung der Anzahl der Pole führt.

Damit wir für alle Werte $0 \leqslant \tau < 1$ eine endliche Einstellzeit erhalten, müssen wir fordern, daß $G^*(z, \tau)$ für alle τ ein Polynom in z^{-1} darstellt. Dabei ist zu beachten, daß $D^*(z)$ keine Nullstelle von $G_S^*(z)$, mit Ausnahme solcher, die im Ursprung auftreten, herauskürzen darf. Dies erfordert jedoch im allgemeinen eine längere Einstellzeit, wie das folgende Beispiel illustriert.

● **Beispiel VI.11:**

Wir betrachten wiederum das in Bild VI.15 gezeigte und in Beispiel VI.9 behandelte System. Um zu einer endlichen Einstellzeit für alle zulässigen τ zu kommen, wählen wir für eine sprungförmige Eingangsgröße

$$G_R^*(z) = (1 - z^{-1})(1 + a_1 z^{-1}) \tag{VI.100a}$$

und legen im Hinblick auf Gl. (VI.99b) die Übertragungsfunktion $G^*(z)$ so aus, daß sie alle Nullstellen von $G_S^*(z)$ enthält, d.h.

$$G^*(z) = 1 - G_R^*(z) = b_0 z^{-1}(1 + 0{,}718 z^{-1}).$$

Aus den beiden Gleichungen folgt:

$$b_0 (z^{-1} + 0{,}718 z^{-2}) = (1 - a_1) z^{-1} + a_1 z^{-2}$$

und daraus $a_1 = 0{,}418$ und $b_0 = 0{,}582$.

Dann hat wegen

$$G_R^*(z) = (1 - z^{-1})(1 + 0{,}418 z^{-1}),$$

$$G^*(z) = 0{,}582 z^{-1}(1 + 0{,}718 z^{-1})$$

und aus Beispiel VI.9

$$G_S^*(z) = \frac{3{,}68\, z^{-1}(1 + 0{,}718\, z^{-1})}{(1 - z^{-1})(1 - 0{,}368\, z^{-1})}$$

das Kompensationsglied nach Gl. (VI.98 a) die Form

$$D^*(z) = \frac{0{,}158\,(1 - 0{,}368\, z^{-1})}{1 + 0{,}418\, z^{-1}}\ .$$

Die Ausgangsgröße ergibt sich wiederum durch Einsetzen der entsprechenden Ausdrücke in

$$X^*(z,\tau) = D^*(z)\, G_R^*(z)\, G_S^*(z,\tau)\, W^*(z). \qquad \text{(VI.101a)}$$

Es ist

$$X^*(z,\tau) = \frac{0{,}158\,[\tau - 1 + e^{-\tau} + (2{,}368 - 2e^{-\tau} - 1{,}368\tau)z^{-1} + (0{,}368\tau - 0{,}736 + e^{-\tau})z^{-2}]}{1 - z^{-1}}$$

oder nach Ausführung der Division

$$X^*(z,\tau) = 1{,}582\,(\tau - 1 + e^{-\tau}) + (2{,}164 - 1{,}582\,e^{-\tau} - 0{,}582\tau)z^{-1} + z^{-2} + z^{-3} + \dots . \qquad \text{(VI.101b)}$$

Aus Gl. (VI.101b) kann man wiederum unmittelbar die korrespondierende Zeitdarstellung

$$x(\tau) = 1{,}582\,(\tau - 1 + e^{-\tau}),$$

$$x(1+\tau) = (2{,}164 - 1{,}582\,e^{-\tau} - 0{,}582\tau), \qquad 0 \leqslant \tau < 1$$

$$x(n+\tau) = 1 \qquad \text{für } n \geqslant 2,$$

angeben, den Bild VI.17 zeigt. Für $t \geqslant 2$ ist demnach der Ausgangsverlauf identisch mit dem Eingangsverlauf. Dies geht auch unmittelbar aus Gl. (VI.101b) hervor, da die Beiwerte der Glieder z^{-n} für $n \geqslant 2$ unabhängig von τ den konstanten Wert 1 aufweisen. ●

Bei der vorstehenden Betrachtung setzten wir stillschweigend ein *stabiles Gesamtsystem* voraus. Dies ist, wie in Unterabschnitt VI.4.2 erläutert, dann der Fall, wenn alle Wurzeln der charakteristischen Gleichung, oder, falls keine Kürzungen auftreten, die Pole der Gesamtübertragungsfunktion innerhalb des Einheitskreises liegen. Damit durch Kürzungen *keine* (instabilen) *Eigenbewegungen unberücksichtigt bleiben,* müssen wir auch hier in Analogie zu den kontinuierlichen Systemen ein *vollständig steuer- und beobachtbares System* voraussetzen. Auf diese beiden Begriffe im Zusammenhang mit den

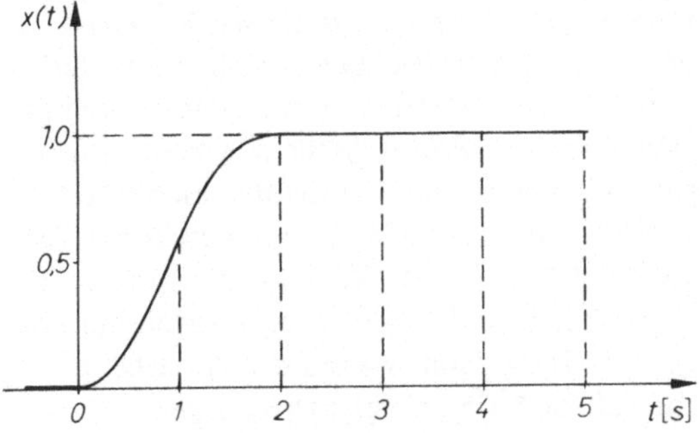

Bild VI.17
Einschwingvorgang mit endlicher Einstellzeit nach Beispiel VI.10

Abtastsystemen gehen wir im letzten Abschnitt ein; wie wir allerdings bei der Betrachtung über die verborgenen Schwingungen im Anschluß an die Gln. (VI.83) sahen, können durch den Abtastvorgang zusätzliche Kürzungen auftreten. Wir weisen auch nochmals darauf hin, daß die endliche Einstellzeit für alle t auch als Kriterium für die Steuerbarkeit dient, siehe Unterabschnitt III.5.3 und besonders Unterabschnitt VI.5.3.1 sowie VI.5.3.2.

Wie bereits erwähnt, führt der *direkte Einsatz von Digitalrechnern* zur Regelung von Prozessen (Direkte Digitale Computer-Regelung–DDC) wegen der endlichen Rechenzeit auf *Abtastsysteme*. Auch lassen sich digitale Kompensationsglieder mittels Digitalrechnern realisieren. Die vorstehende Betrachtung findet daher besonders bei der Synthese von Regelsystemen mit Prozessrechnern Anwendung, siehe z.B. [112] und [118]. Natürlich kann man die Überlegungen über die endliche Einstellzeit, die wir bezüglich des *Führungsverhaltens anstellten,* auch auf das *Störverhalten ausdehnen.* Bei gleichzeitigem Auftreten von sowohl Führungs- und Störeingangsgrößen ergeben sich gewisse Schwierigkeiten. Man wird jedoch in praktischen Fällen sowieso einen Kompromiß zwischen den zulässigen Abweichungen im Abtastintervall, der maximalen Überschwingung und der Dauer der endlichen Einstellzeit machen müssen.

Bei der vorstehenden Betrachtung enthält der jeweilige Regelkreis ein Halteglied nullter Ordnung. Man kann daher bei der Synthese, wie in [119] abgeleitet, auch unmittelbar von der Darstellung durch Treppenfunktionen ausgehen. Diese Synthese im Zeitbereich beruht auf der Lösung eines Gleichungssystems zur Bestimmung der Stellfunktion; die Berechnung geschieht mittels eines einfachen numerischen Rechenverfahrens. Die Behandlung im Zeitbereich gibt außerdem einen guten Einblick in das Systemverhalten, wozu sich auch Analogrechnernachbildungen eignen [120]. Zur praktischen Auslegung von Systemen mit endlicher Einstellzeit im Zeitbereich siehe [119] bis [122].

4.2. Stabilitätsbetrachtungen

Bei der Stabilitätsuntersuchung von linearen Abtastsystemen kann man ganz entsprechend vorgehen, wie bei den linearen kontinuierlichen Systemen. Um diese Analogie hervorzuheben, betrachten wir wiederum zuerst ein *freies System,* dessen Verhalten zu den Abtastzeitpunkten durch die homogene Differenzengleichung (VI.20) charakterisiert wird. Die Frage nach der Stabilität zu den Abtastzeitpunkten wird dann durch das *asymptotische Verhalten der (vollständigen) homogenen Lösung* für $n \to \infty$ beantwortet. Falls *keine* verborgenen Schwingungen auftreten können, ist die Beschränktheit der Ausgangsgröße zu den Abtastzeitpunkten $t = nT$ $(n = 0, 1, \ldots)$ *notwendig und hinrechend* für die Beschränktheit zu allen Zeiten $t > t_0$. Treten jedoch verborgene Schwingungen auf, so ist die Forderung der Beschränktheit zu den Abtastzeitpunkten nur notwendig aber nicht hinreichend; die Ausgangsgröße ist dann zwar zu den Abtastzeitpunkten beschränkt, aber im Zwischenintervall kann sie unbegrenzt wachsen.

Der für praktische Belange seltene Fall der verborgenen Schwingungen – die Tastfrequenz ist meistens groß gegenüber den Frequenzen der Eigenschwingungen – läßt sich ebenfalls leicht untersuchen, wenn man das Ausgangsverhalten für ein solches τ $(0 \leqslant \tau < 1)$ betrachtet, bei dem das charakteristische Polynom keine konjugiert komplexen Wurzeln mit einem zur Abtastfrequenz ganzzahligen vielfachen Imaginärteil aufweist. Wir wollen daher in der folgenden Betrachtung stets annehmen, daß *keine verborgenen Schwingungen auftreten* können. Dann genügt es, die Lösung lediglich für $t = nT$ zu betrachten.

4.2.1. Stabilitätsdefinition

Nach den Gln. (VI.24) hat die Lösung der homogenen Gleichung (VI.20) die Gestalt

$$x(n) = \sum_{\nu=1}^{m} (K_{\nu 1} + K_{\nu 2} n + \dots + K_{\nu k_\nu} n^{k_\nu - 1})\, q_\nu^n \qquad (T = 1), \qquad \text{(VI.102)}$$

wobei die m Wurzeln des charakteristischen Polynoms q_ν die Vielfachheit k_ν aufweisen und $k_1 + k_2 + \dots + k_m = r$ ist. Die Gewichtsfolge $g(nT)$ hat in der normierten Darstellung, d.h. $T = 1$, die gleiche Form wie Gl. (VI.102). Dies geht unmittelbar für $e^{a_\nu T} = q_\nu$ aus den Gln. (VI.48), (VI.53) und (VI.54) hervor. In völliger Analogie zu den kontinuierlichen Systemen, beschreibt sie allerdings wiederum nur den vollständig steuer- und beobachtbaren Teil des Systems. Bei einem vollständig steuer- und beobachtbaren System treten keine Kürzungen auf – siehe Unterabschnitt VI.5.3.3 – . Die Gewichtsfolge stimmt daher mit der Eigenbewegung (für bestimmte Anfangswerte) zu den Zeitpunkten $t = nT$ überein. Dann hängt, wie aus Gl. (VI.102) hervorgeht, das Verhalten der Eigenbewegung selbst für $n \to \infty$ lediglich von den Polen der Übertragungsfunktion $q_\nu = \sigma_\nu + i\omega_\nu$ ab. Für den Grenzwert der Zahlenfolge $\lim_{n\to\infty} q^n$ (q komplex, n ganzzahlig), den wir zuerst betrachten, können wir auch $\lim_{n\to\infty} |q|^n e^{i\omega n}$ schreiben. Da $e^{i\omega n}$ für alle Werte von n einschließlich $n \to \infty$ beschränkt ist, genügt es $\lim_{n\to\infty} |q|^n = \lim_{n\to\infty} \sigma^n$ (σ reell) zu untersuchen. Aus der *Bernoullischen* Ungleichung $(1 + x)^n > 1 + nx$ ($x > 0$, reell und $n > 1$) folgt [1]:

1. Für $\sigma > 1$ ist $\sigma^n = (1 + x)^n > 1 + nx$; wegen $\lim_{n\to\infty} (1 + nx) = +\infty$ *divergieren* (für $\sigma = |q| > 1$) die Folgen σ^n und q^n.
2. Für $\sigma < 1$ ist $\sigma^n = \dfrac{1}{(1 + x)^n} < \dfrac{1}{1 + nx}$; wegen $\lim_{n\to\infty} \dfrac{1}{1 + nx} = 0$ sind (für $\sigma = |q| < 1$) die Folgen σ^n und q^n *Nullfolgen.*
3. Für $q = +1$ ist $\lim_{n\to\infty} q^n = 1$; für $q = -1$ ergibt sich aus $(-1)^n$ die *oszillierende Folge* $+1, -1, +1, -1, \dots$. Damit sind alle Folgen q^n mit $|q| = 1$ beschränkt.

Nach Gl. (VI.102) treten in der homogenen Lösung nur Glieder der Form $Kn^{k-1}q^n$ auf, wobei k die Vielfachheit der Wurzeln angibt; bei Einfachwurzeln ist $k = 1$, also

$n^0 = 1$. Da für $|q| < 1$ der Grenzwert $n \to \infty$ der Folge q^n stärker gegen Null strebt, als der von n^{k-1} gegen Unendlich, ist die Folge $Kn^{k-1}q^n$ ebenfalls für $|q| < 1$ beschränkt.

Besitzt die charakteristische Gleichung (oder die komplexe Übertragungsfunktion) *nur Wurzeln* (Pole) mit $|q_\nu| < 1$, so streben alle Glieder für $n \to \infty$ gegen Null, d.h. die Gl. (VI.102) ist für alle $n \geqslant 0$ beschränkt – endliche Anfangswerte vorausgesetzt. Sie bleibt auch dann noch für $n \geqslant 0$ beschränkt, wenn nur Wurzeln mit $|q_\nu| \leqslant 1$ vorliegen, falls diejenigen mit $|q_\nu| = 1$ *einfach* sind. In allen anderen Fällen, nämlich $|q_\nu| > 1$ oder $|q_\nu| = 1$, mehrfach, wächst $x(n)$ für $n \to \infty$ über alle Grenzen. Dieses Verhalten ist ganz analog dem der kontinuierlichen Systeme, jedoch tritt anstelle von $\mathrm{Re}\, s_\nu \leqslant 0$ hier $|q_\nu| \leqslant 1$.

Damit gilt: *Die Eigenbewegungen (zu den Abtastzeitpunkten) eines nach der Auslenkung sich selbst überlassenen Abtastsystems bleiben für $n \to \infty$ und damit für alle $n \geqslant 0$ beschränkt, wenn das charakteristische Polynom der entsprechenden Differenzengleichung nur Wurzeln mit $|q_\nu| \leqslant 1$ besitzt und die Wurzeln $|q_\nu| = 1$ einfach sind; hat das charakteristische Polynom lediglich Wurzeln mit $|q_\nu| < 1$, so streben die Eigenbewegungen für $n \to \infty$ gegen Null.*

Beschreiben wir wiederum die Eigenbewegungen durch

$$y(n) = y(0)\, y^1(n) + y(1)\, y^2(n) + \dots + y(r-1)\, y^r(n),$$

wobei $y^i(n)$ mit $i = 1, 2, \dots, r$ ein *normiertes Fundamentalsystem* bilden. Durch geeignete Wahl der Anfangswerte $y(0), y(1), \dots, y(r-1)$ kann man somit stabile Eigenbewegungen (und ihre Differenzen) für alle $n > n_0$ unter jede beliebige kleine Schranke ϵ bringen. Analog zu Satz V.8 läßt sich dieser Sachverhalt folgendermaßen formulieren.

Satz VI.6: Das vollständig steuer- und beobachtbare lineare System $(T = 1)$

$$x_a(n+r) + c_{r-1} x_a(n+r-1) + \dots + c_1 x_a(n+1) + c_0 x_a(n) = 0$$

ist dann und nur dann stabil, wenn das charakteristische Polynom nur Wurzeln (Eigenwerte) mit $|q_\nu| \leqslant 1$ besitzt und die Wurzeln mit $|q_\nu| = 1$ einfach sind. Besitzt das charakteristische Polynom nur Wurzeln mit $|q_\nu| < 1$, dann ist das freie System asymptotisch stabil im Ganzen.

Für freie Abtastsysteme liefert der Satz VI.6 natürlich nur eine Stabilitätsaussage zu den Abtastzeitpunkten. Treten jedoch keine (aufklingenden) verborgenen Schwingungen auf, so ist das System auch für alle Zwischenwerte begrenzt, und man kann eigentlich erst dann von einem stabilen Abtastsystem sprechen. Diese Überlegungen bezüglich der verborgenen Schwingungen sind im weiteren Text noch öfter angebracht; wir gehen jedoch nicht jedesmal darauf ein.

Entsprechende Überlegungen, die auf die Definition V.10 führten, lassen auch hier die folgende Definition sinnvoll erscheinen.

Definition VI.1: Ein lineares erzwungenes Abtastsystem

$$x_a(n+r) + c_{r-1}x_a(n+r-1) + \ldots + c_1 x_a(n+1) + c_0 x_a(n) = x_e(n)$$

wird dann zu den Abtastzeitpunkten $t = n$ streng als stabil bezeichnet, wenn für alle beschränkten Eingangsgrößen $x_e(n)$ die Ausgangsgröße $x_a(n)$ für $n \geqslant 0$ ebenfalls beschränkt bleibt (totale Stabilität).

Wie wir nachfolgend zeigen, sind die *linearen, zeitinvarianten Abtastsysteme dann und nur dann nach der obigen Definition VI.1 stabil, wenn alle Eigenwerte im Einheitskreis liegen,* also das freie System asymptotisch stabil ist. In allen anderen Fällen sprechen wir von einem instabilen System. Um dies nachzuweisen, gehen wir wiederum, wegen der engen Analogie zu den kontinuierlichen Systemen, von der Faltung aus. Da mit beschränkten Summanden auch die Summe beschränkt ist, genügt es nach Gl. (VI.102) das Faltungsprodukt zu $x_a(n) = Kn^r q^n * x_e(n)$ zu betrachten, wobei $|x_e(n)| \leqslant M$ vorausgesetzt wird. Dann gilt mit Gl. (VI.57)

$$|x_a(n)| = \left| \sum_{\mu=0}^{n} K_\mu^r\, q^\mu \cdot x_e(n-\mu) \right| \leqslant \sum_{\mu=0}^{n} |K\mu^r q^\mu| \cdot |x_e(n-\mu)| \leqslant |K| M \sum_{\mu=0}^{n} \mu^r \sigma^\mu . \qquad \text{(VI.103)}$$

Da nach den Ausführungen auf Seite 382 die Z-Transformierten der beiden Ausdrücke der Faltungssumme existieren, ist auch die Existenz der Gl. (VI.103) gesichert. Es verbleibt somit lediglich zu zeigen, daß der Summenausdruck

$$\sum_{\mu=0}^{n} \mu^r \sigma^\mu \qquad \text{(VI.104)}$$

für $|\sigma| < 1$ und alle $n \geqslant 0$ beschränkt ist.

4.2.2. *Das Summationsproblem*

Bei dem Ausdruck (VI.104) handelt es sich um die endliche *Summation von Funktionen.* Da diese Summation im Zusammenhang mit der Faltungssumme auftritt und ihr damit für die Untersuchung von Abtastsystemen eine gewisse Bedeutung zukommt, aber andererseits diese Begriffsbildung in der Regelungstechnik nicht sehr geläufig ist, leiten wir die hier benötigten Begriffe kurz ab. Ähnlich, wie die Differenzenbildung eine weitgehende Analogie zur Differentiation erkennen läßt, bildet die *elementare Summation* die Analogie zum Integralbegriff [102] bis [104].

Die Bestimmung der *Summe*

$$S_n = \sum_{\mu=0}^{n} u(\mu) = u(0) + u(1) + \ldots + u(n) \qquad \text{(VI.105)}$$

als Funktion von n, führt auf die Aufgabe: *Gegeben sei eine Funktion $u(\mu)$, gesucht ist eine Funktion $U(\mu)$ derart, daß die Differenz*

$$\Delta U(\mu) = U(\mu+1) - U(\mu) = u(\mu) \qquad \text{(VI.106)}$$

wird. Die Differenzen $U(1) - U(0) = u(0)$, $U(2) - U(1) = u(1)$, ..., $U(n+1) - U(n) =$ $= u(n)$ liefern in Gl. (VI.105) eingesetzt, die Summe

$$S_n = \sum_{\mu=0}^{n} u(\mu) = u(0) + u(1) + \ldots + u(n) = U(n+1) - U(0) = \Big[U(\mu)\Big]_0^{n+1} . \tag{VI.107}$$

Man beachte, daß für $u(0) = 0$, aber $u(1) \neq 0$ in Gl. (VI.107) $U(n+1) - U(1)$ steht, und damit die untere Grenze des Klammerausdruckes 1 lauten muß. Allgemein nimmt, wenn die Summation Gl. (VI.105) erst bei k beginnt, die untere Grenze den Wert k an, da alle Glieder bis einschließlich $u(k-1)$ Null sind. Die Lösung des elementaren Summationsproblems in geschlossener Form ist sicher dann gegeben, wenn man $U(\mu)$ kennt.

Die Frage, wie eigentlich $U(\mu)$ aussehen muß, damit die erste Differenz $u(\mu)$ ergibt, führt oftmals unmittelbar zur Lösung bei elementaren Summationsproblemen. Zur Lösung des in Gl. (VI.104) gestellten Summationsproblems, gehen wir von diesen Gedanken aus. Wir benötigen aber noch die folgenden Beziehungen, deren Analogie zur Differentialrechnung auffällt. Es sind dies einmal die *Differenz eines Produktes,* sie lautet:

$$\Delta(u(\mu)\, v(\mu)) = \Delta u(\mu)\, v(\mu+1) + u(\mu)\, \Delta v(\mu), \tag{VI.108}$$

wie unmittelbar aus der Definition

$$\Delta(u(\mu)\, v(\mu)) = u(\mu+1)\, v(\mu+1) - u(\mu)\, v(\mu) = [u(\mu+1) - u(\mu)]\, v(\mu+1) +$$
$$+ u(\mu)\, [v(\mu+1) - v(\mu)] = \Delta u(\mu)\, v(\mu+1) + u(\mu)\, \Delta v(\mu)$$

hervorgeht; zum anderen die Differenz

$$\Delta \sigma^{\mu} = \sigma^{\mu+1} - \sigma^{\mu} = \sigma^{\mu}\, (\sigma - 1). \tag{VI.109}$$

Wie schließlich aus

$$\Delta \mu^n = (\mu+1)^n - \mu^n = \mu^n + p_{(n-1)}(\mu) - \mu^n = p_{(n-1)}(\mu), \tag{VI.110}$$

hervorgeht, *erniedrigt die Differenzenbildung den Grad eines Polynoms um Eins,* denn $p_{(n-1)}(\mu)$ stellt ein Polynom $(n-1)$-ten Grades dar. Die n-te Differenz eines Polynoms n-ten Grades ist somit eine Konstante und alle höheren Differenzen als die n-te sind Null.

Wie nun prinzipiell $U(\mu)$ im Falle von Gl. (VI.104) aussehen muß, verdeutlicht das folgende

● **Beispiel VI.12:**

Wir betrachten die Summation $\sum\limits_{\mu=0}^{n} \mu^2 \sigma^{\mu}$ und bilden hierzu die Differenz

$$\Delta U(\mu) = \Delta\, [(a_2 \mu^2 + a_1 \mu + a_0)\, \sigma^{\mu}] = \Delta(a_2 \mu^2 \sigma^{\mu}) + \Delta(a_1 \mu \sigma^{\mu}) + \Delta a_0\, \sigma^{\mu} .$$

Mit den Gln. (VI.108) bis (VI.110) wird

$$a_2\{[(\mu+1)^2-\mu^2]\sigma^{\mu+1}+\mu^2(\sigma-1)\sigma^\mu\}+a_1\{[(\mu+1)-\mu]\sigma^{\mu+1}+$$
$$+\mu(\sigma-1)\sigma^\mu\}+a_0(\sigma-1)\sigma^\mu.$$

Diese Differenz kann lediglich dann auf $u(\mu)=\mu^2\sigma^\mu$ führen, wenn

$$a_2\{\mu^2(\sigma-1)\sigma^\mu+2\mu\sigma^{\mu+1}+\sigma^{\mu+1}\}+a_1\{\mu(\sigma-1)\sigma^\mu+\sigma^{\mu+1}\}+$$
$$+a_0(\sigma-1)\sigma^\mu=\mu^2\sigma^\mu$$

ist. Ein Koeffizientenvergleich liefert die folgenden Bedingungen:

$$a_2=\frac{1}{\sigma-1};\quad a_1=\frac{-2\sigma}{(\sigma-1)^2}\quad\text{und}\quad a_0=\frac{\sigma^2+\sigma}{(\sigma-1)^3}.$$

Damit wird

$$U(\mu)=\frac{1}{\sigma-1}\left[\mu^2-\frac{2\sigma}{\sigma-1}\mu+\frac{\sigma^2+\sigma}{(\sigma-1)^2}\right]\sigma^\mu.$$

Das vorstehende Beispiel VI.12 läßt die zur allgemeinen Lösung des Summationsproblems Gl. (VI.106) erforderliche Struktur erahnen. Vergleichen wir die Differenz

$$\Delta(\mu^r\sigma^\mu)=\Delta\mu^r\sigma^{\mu+r}+\mu^r(\sigma-1)\sigma^\mu=\sigma^\mu(\sigma-1)\left[\mu^r+\frac{\sigma}{\sigma-1}\Delta\mu^r\right]=$$
$$=\sigma^\mu(\sigma+1)[1+b\Delta]\mu^r\ ^{39)},$$

wobei $b=\frac{\sigma}{\sigma-1}$ ist, mit der von

$$\Delta[(\mu^r-b\Delta\mu^r)\sigma^\mu]=\sigma^\mu(\sigma-1)[1+b\Delta]\mu^r-b\Delta^2\mu^r\sigma^{\mu+1}-$$
$$-b\Delta\mu^r(\sigma-1)\sigma^\mu=\sigma^\mu(\sigma-1)[1+b\Delta-b\Delta-b^2\Delta^2]\mu^r=$$
$$=\sigma^\mu(\sigma-1)[1-b^2\Delta^2]\mu^r,$$

so fällt auf, daß die erste Differenz $\Delta\mu^r$ herausfällt. Wählen wir demnach

$$v(\mu)=\frac{1}{\sigma-1}[\mu^r-b\Delta\mu^r+b^2\Delta^2\mu^r-\ldots+(-1)^r b^r\Delta^r\mu^r]=$$
$$=\frac{1}{\sigma-1}[1-b\Delta+b^2\Delta^2-\ldots+(-1)^r b^r\Delta^r]\mu^r, \tag{VI.111}$$

39) Entsprechend dem bei kontinuierlichen Systemen symbolisch eingeführten Differentialoperator $D=\frac{d}{dt}$, kann hier Δ allein formell als Differenzenoperator angesehen werden; für Δ^k lassen sich analoge „Rechenregeln" wie für D^k aufstellen.

dann wird

$$\Delta\,[v(\mu)\sigma^{\mu}] = \sigma^{\mu}\,[1 + (-1)^r b^{r+1}\,\Delta^{r+1}]\,\mu^r = \mu^r\sigma^{\mu}, \tag{VI.112}$$

da die (r + 1)-te Differenz von μ^r verschwindet.

Für das Summationsproblem gilt schließlich $(r \neq 0)$

$$\sum_{\mu=1}^{n} \mu^r\sigma^{\mu} = \sum_{\mu=1}^{n} \Delta[v(\mu)\sigma^{\mu}] = \Big[\sigma^{\mu}\,v(\mu)\Big]_1^{n+1} =$$

$$= \frac{\sigma^{n+1}}{\sigma-1}\left\{[1 - b\,\Delta + b^2\Delta^2 - \ldots + (-1)^r b^r\,\Delta^r]\,\mu^r\Big|_{\mu=n+1}\right\} -$$

$$-\frac{\sigma}{\sigma-1}\left\{[1 - b\,\Delta + b^2\Delta^2 - \ldots + (-1)^r b^r\,\Delta^r]\,\mu^r\Big|_{\mu=1}\right\}. \tag{VI.113a}$$

Gl. (VI.112) und somit auch Gl. (VI.113 a) gelten übrigens unverändert, wenn man anstelle von μ^r ein beliebiges Polynom r-ten Grades $p_{(r)}(\mu)$ einsetzt; natürlich muß auch in der Definitionsgleichung (VI.111) anstelle von μ^r auch $p_{(r)}(\mu)$ stehen.

Der in der ersten geschweiften Klammer von Gl. (VI.113) stehende Ausdruck stellt ein Polynom r-ten Grades in $(n + 1)$ dar, d.h. es ist

$$\sum_{\mu=1}^{n} \mu^r\sigma^{\mu} = \frac{\sigma^{n+1}}{\sigma-1}\,p_{(r)}(n+1) - \frac{\sigma}{\sigma-1}\,p_{(r)}(1). \tag{VI.113b}$$

In den Gln. (VI.113) treten außer des konstanten Ausdruckes alle Potenzen multipliziert mit σ^{n+1} auf. Wegen der Voraussetzung $|\sigma| < 1$, stellen somit die Gln. (VI.113) einen für alle $n \geqslant 0$ beschränkten Ausdruck dar.

Damit haben wir gezeigt: Hat das System lediglich Eigenwerte mit $|q_\nu| < 1$, so führt jede beschränkte Eingangsgröße $x_e(n)$ auf eine ebenfalls zu den Abtastzeitpunkten beschränkte Ausgangsgröße. Zum endgültigen Beweis des Satzes VI.6, der eine notwendige und hinreichende Bedingung für die Stabilität angibt, müssen wir noch zeigen, daß $x_a(n)$ *nicht* für alle beschränkten Eingangsgrößen $x_e(n)$ beschränkt sein kann, wenn auch einfache Eigenwerte mit $|q_\nu| = 1$ auftreten. Da alle Lösungsanteile mit $|q_\nu| < 1$ beschränkt sind, genügt es, nur solche Glieder mit $|q_\nu| = 1$ zu betrachten. Nach Gl. (VI.102) gilt

$$g(n) = A \qquad (A = \text{const.}).$$

Für $x_e(n) = K\,1(n)$ liefert die Faltung Gl. (VI.57) die Ausgangsfolge

$$x_a(n) = \sum_{\mu=0}^{n} AK\,1(n) = AK \sum_{\mu=0}^{n} 1(n) = AK\,(n+1),$$

die auf eine für $n \to \infty$ unbeschränkte Ausgangsgröße hinweist. Hingegen mit $x_n = a^n$ ($a < 1$, reell) wird

$$x_a(n) = \sum_{\mu=0}^{n} A\,a^{\mu} = A \sum_{\mu=0}^{n} a^{\mu} = A\,\frac{a^{n+1}-1}{a-1}\,,$$

d.h. die Ausgangsgröße bleibt für $n \to \infty$ beschränkt.

Der Ausgangsverlauf diskontinuierlicher Systeme ist stets bei beschränkter Eingangsgröße für alle $n \geqslant 0$ zu den Abtastzeitpunkten beschränkt, wenn die charakteristische Gleichung nur Wurzeln mit $|q_\nu| < 1$ aufweist; sie kann jedoch sowohl beschränkt als auch unbeschränkt sein, wenn außerdem auch Einfachwurzeln mit $|q_\nu| = 1$ auftreten. Die enge Analogie zu den kontinuierlichen Systemen, wo wir $\operatorname{Re} s_\nu \leqslant 0$ forderten, ist offensichtlich.

Wir vermerken noch, daß die Summierung von endlichen sowie teilweise unendlichen Reihen auch mit Hilfe der $\mathcal{Z}$-Transformation erfolgen kann. Es existieren allerdings Reihen, für deren Summe kein geschlossener Ausdruck bekannt ist. Die Summierung der Reihen mittels $\mathcal{Z}$-Transformation kann daher nicht als universelle Methode betrachtet werden. Die Summierung von endlichen Reihen beruht jedoch auf der Anwendung des Faltungssatzes. Für $g(n) = 1(n)$ ist

$$\sum_{\mu=0}^{n} f(\mu) = \sum_{\mu=0}^{n} f(\mu)\,g(n-\mu),$$

woraus

$$\mathcal{Z}\left\{\sum_{\mu=0}^{n} f(\mu)\right\} = \frac{z}{z-1}\,F^*(z) \qquad \text{(VI.114a)}$$

folgt. Da mit der Existenz von $\mathcal{Z}\{f(n)\} = F^*(z)$ für $|z| > R_1$ und $\mathcal{Z}\{g(n)\}$ für $|z| > R_2$ auch die Faltung $\mathcal{Z}\{f(n) * g(n)\}$ für $|z| > \max(R_1, R_2)$ existiert, trifft dies auch auf Gl. (VI.114a) für $|z| > \max(R_1, 1)$ zu. Analog gilt für Teilsummen

$$\mathcal{Z}\left\{\sum_{\mu=0}^{n-1} f(\mu)\right\} = \frac{F^*(z)}{z-1} \qquad |z| > \max(R_1, 1). \qquad \text{(VI.114b)}$$

4.3. Stabilitätsprüfung

Die Stabilitätsprüfung ist bei diskontinuierlichen Systemen (falls keine verborgenen Schwingungen auftreten) gleichbedeutend mit der Prüfung, ob alle Wurzeln der charakteristischen Gleichung (VI.23b)

$$f(z) \equiv c_r z^r + c_{r-1} z^{r-1} + \ldots + c_1 z + c_0 = 0 \qquad \text{(VI.115)}$$

oder bei vollständiger Steuer- und Beobachtbarkeit alle Pole der $\mathcal{Z}$-Übertragungsfunktion innerhalb des Einheitskreises liegen.

Die Stabilitätsprüfung läßt sich mit Hilfe der *linearen (konformen) Abbildung*

$$s = \frac{z+1}{z-1},$$

die das Innere des Einheitskreises der z-Ebene auf die linke s-Halbebene (Re s < 0) abbildet [123] und [124], auf die Verfahren, wie z.B. das *Routh- oder Hurwitz-Kriterium,* der kontinuierlichen Systeme zurückführen. Dieser Umweg über die konforme Abbildung ist jedoch nicht erforderlich, da unmittelbar anwendbare Reduktionsverfahren existieren. Ein solches Verfahren stützt sich auf den folgenden

Satz VI.7: Die Gleichungen (VI.115) $f(z) = 0$ und

$$f(z) - \lambda f^{+}(z) = 0 \tag{VI.116}$$

haben für ein $|\lambda| < 1$ die gleiche Wurzelanzahl im Innern des Einheitskreises; dabei ist

$$f^{+}(z) \equiv z^{r} f\left(\frac{1}{z}\right) = c_0 z^{r} + c_1 z^{r-1} + \ldots + c_{r-1} z + c_r = 0. \tag{VI.117}$$

Der Beweis des Satzes VI.7, siehe [125], geht von der bereits in Unterabschnitt II.5.3 erwähnten Tatsache aus, daß die *Wurzeln eines Polynoms stetige Funktionen der Koeffizienten* sind. Da für $\lambda = 0$ die Gln. (VI.115) und (VI.116) identisch sind, fragt man sich – ähnlich wie bei der Wurzelortskurvenmethode –, ob für veränderliche λ mit $|\lambda| < 1$ eine Wurzel von Gl. (VI.116) den Rand des Einheitskreises überschreiten kann. Wie die Ausführungen [125] zeigen, ist dies nicht möglich.

Ist nun in $f(z) = 0$ $|c_r| > |c_0|$, so bilden wir

$$c_r f(z) - c_0 f^{+}(z) = 0. \tag{VI.118a}$$

Wie aus der Division von Gl. (VI.118a) durch c_n hervorgeht, erfüllt die Gleichung

$$f(z) - \frac{c_0}{c_r} f^{+}(z) = 0, \tag{VI.118b}$$

wegen $\left|\frac{c_0}{c_r}\right| < 1$, den obigen Satz VI.7. Es haben also $f(z) = 0$ und

$$\begin{aligned}
&c_r c_r z^{r} + c_r c_{r-1} z^{r-1} + \ldots + c_r c_1 z + c_r c_0 - \\
&- c_0 c_0 z^{r} - c_0 c_1 z^{r-1} - \ldots - c_0 c_{r-1} z - c_0 c_r = \\
&= (c_r c_r - c_0 c_0) z^{r} + (c_r c_{r-1} - c_0 c_1) z^{r-1} + \ldots + (c_r c_1 - c_0 c_{r-1}) z = \\
&= z\left[c_{r-1}^{(1)} z^{r-1} + c_{r-2}^{(1)} z^{r-2} + \ldots + c_1^{(1)} z + c_0^{(1)}\right] = z f_1(z) = 0
\end{aligned} \tag{VI.119}$$

dieselbe Wurzelanzahl im Einheitskreis. Da $z = 0$ im Einheitskreis liegt, hat das Polynom r-ten Grades $f(z)$ eine Wurzel mehr im Einheitskreis als das $(r-1)$-ten Grades $f_1(z)$. Es liegen daher dann und nur dann für $|c_r|>|c_0|$ alle Wurzeln im Einheitskreis, wenn auch der Betrag sämtlicher Wurzeln von $f_1(z)$ kleiner als 1 ist. Wendet man auf $f_1(z) = 0$ das gleiche Verfahren an, so gelangt man zu einem Polynom $(r-2)$-ten Grades $f_2(z)$. Diese schrittweise Untersuchung wird solange durchgeführt, bis entweder in einem der reduzierten Polynome $f_\nu(z)$ der Betrag des jeweils höchsten Koeffizienten kleiner oder gleich dem des jeweils zugehörigen letzten Koeffizienten ausfällt – das System ist dann, wie wir nachfolgend zeigen, instabil – oder man zu einem Polynom 1. Grades $f_{r-1}(z)$ gelangt, von dem man sofort sagen kann, ob die Wurzel im Einheitskreis liegt.

Daß die Forderung $|c_r|>|c_0|$ notwendig ist, d.h. für $|c_r|\leqslant|c_0|$ können nicht alle Wurzeln im Einheitskreis liegen, geht unmittelbar aus der folgenden Überlegung hervor. Dividieren wir Gl. (VI.115) durch c_r, so hat das Glied mit der höchsten Potenz den Beiwert 1; für $|c_r|\leqslant|c_0|$ ist der Betrag des konstanten Gliedes $\left|\frac{c_0}{c_r}\right| \geqslant 1$. Wir spalten nun Gl. (VI.115) in die Wurzelfaktoren

$$f(z) = (z-\gamma_r)(z-\gamma_{r-1}) \ldots (z-\gamma_1) = \prod_{i=1}^{r} (z-\gamma_i) \qquad \text{(VI.120)}$$

auf, wobei γ_i die r Wurzeln von $f(z)$ sind. Nach dem Ausmultiplizieren der Gl. (VI.120) ist der Beiwert von z^r gleich 1 und der des konstanten Gliedes

$$(-1)^r \gamma_r \gamma_{r-1} \ldots \gamma_1 = (-1)^r \prod_{i=1}^{r} \gamma_i.$$

Für $|c_r|\leqslant|c_0|$ muß aber

$$\left|\frac{c_0}{c_r}\right| = \left|\gamma_r\, \gamma_{r-1} \ldots \gamma_1\right| \geqslant 1$$

sein, was aber nur möglich ist, wenn entweder alle $|\gamma_i| = 1$ oder mindestens eine Wurzel γ_i einen Betrag größer als 1 hat.

Es gilt somit der folgende, für die Stabilitätsuntersuchung wichtige

Satz VI.8: Dann und nur dann hat das Polynom r-ten Grades der Gl. (VI.115) alle Wurzeln im Einheitskreis, wenn $|c_r|>|c_0|$ ist und die Gleichung $(r-1)$-ten Grades

$$f_1(z) = \frac{1}{z}\left[c_r f(z) - c_0 f\left(\frac{1}{z}\right) z^r\right] = c^{(1)}_{r-1}\, z^{r-1} + c^{(1)}_{r-2}\, z^{r-2} + \ldots + c^{(1)}_1\, z + c^{(1)}_0 = 0$$

ebenfalls nur Wurzeln im Einheitskreis besitzt; dabei ist

$$c^{(1)}_{r-1-\nu} = c_r c_{r-\nu} - c_0 c_\nu \qquad (\nu = 0, 1, \ldots, r-1).$$

Neben der Beweisführung, werden in [125] auch noch weitere nützliche Sätze für die Stabilitätsuntersuchung angegeben. Eine Erweiterung dieser Betrachtungen zur Bestimmung der Wurzelverteilung enthält der Aufsatz [126]. Entsprechende Stabilitätsverfahren haben auch andere Autoren abgeleitet. Eine Übersicht gibt Kapitel 4 in [117]; siehe auch [127] bis [129].

- **Beispiel VI.13:**

Das vollständig durch die Differenzengleichung

$$0{,}8\, x_a[(n+5)T] + 2{,}7\, x_a[(n+4)T] + 3{,}5\, x_a[(n+2)T] + 1{,}8\, x_a[(n+1)T] + \\ + 1{,}0\, x_a(nT) = x_e(nT)$$

charakterisierte System ist wegen $0{,}8 = |c_5| < |c_0| = 1$ instabil.

Das System

$$1{,}000\, x_a[(n+5)T] + 0{,}620\, x_a[(n+4)T] - 4{,}230\, x_a[(n+3)T] - 2{,}760\, x_a[(n+2)T] - \\ - 2{,}630\, x_a[(n+1)T] - 0{,}200\, x_a(nT) = x_e(nT)$$

ist ebenfalls, wie aus der

Tabelle VI.1

	z^5	z^4	z^3	z^2	z^1	z^0
$f(z)$	1,000	0,620	−4,230	−2,760	−2,630	−0,200
$+0{,}200 \cdot z^5 f(z^{-1})$	−0,040	−0,526	−0,552	−0,846	+0,124	+0,200
$f_1(z)$	–	0,960				−2,506

- hervorgeht, wegen $0{,}960 = |c_4^{(1)}| < |c_0^{(1)}| = 2{,}506$ instabil.

- **Beispiel VI.14:**

Als weiteres Beispiel betrachten wir das durch die Differenzengleichung

$$x_a[(n+4)T] + 0{,}4\, x_a[(n+3)T] + 0{,}3\, x_a[(n+2)T] + 0{,}2\, x_a[(n+1)T] + 0{,}1\, x_a(nT) = x_e(nT)$$

vollständig charakterisierte System. Die Stabilitätsuntersuchung führt man zweckmäßigerweise in Tabellenform durch:

Tabelle VI.2

	z^4	z^3	z^2	z^1	z^0
$f(z)$	1,000	0,400	0,300	0,200	0,100
$-0{,}100\, z^4 f(z^{-1})$	−0,010	−0,020	−0,030	−0,040	−0,100
$f_1(z)$	–	+0,990	+0,380	+0,270	+0,160
$\frac{1}{0{,}99} f_1(z)$		+1,000	+0,384	+0,273	+0,162
$-0{,}162\, z^3 f_1(z^{-1})$		−0,026	−0,044	−0,062	−0,162
$f_2(z)$		–	+0,974	+0,340	+0,211
$\frac{1}{0{,}974} f_2(z)$			+1,000	+0,349	+0,217
$-0{,}217\, z^2 f_2(z^{-1})$			−0,047	−0,076	−0,217
$f_3(z)$			–	+0,953	+0,273

- Da alle $|c_{n-\nu}^{(\nu)}| > |c_0^{(\nu)}|$ $(\nu = 0, 1, 2, 3)$ sind, handelt es sich um ein stabiles System.

Die abgeleitete Reduktionsmethode eigent sich besonders zur Stabilitätsprüfung diskontinuierlicher Systeme höherer Ordnung, da sie sich am Digitalrechner relativ einfach programmieren läßt. Sie entspricht dem *Routhkriterium* bei kontinuierlichen Systemen.

Im Falle des Beispiels VI.13 wäre eine reduktionsweise Untersuchung nicht erforderlich gewesen, da die folgende Aussage gilt [125]: *Bilden die Koeffizienten der Gl. (VI.115) eine monotone abnehmende Folge positiver Zahlen*

$$c_n > c_{n-1} > \ldots > c_1 > c_0 > 0,$$

so liegen alle Wurzeln im Innern des Einheitskreises. Außerdem kann man natürlich bei $f_2(z)$ aufhören und die Wurzeln der quadratischen Gleichung berechnen. Allgemein braucht man bei stabilen Systemen die Tabelle lediglich bis zum Polynom 2. Grades $f_{n-2}(z)$ berechnen, wenn $f(1) > 0$ und $(-1)^n f(-1) > 0$ ist, was sich leicht vorher prüfen läßt. Die notwendige (Stabilitäts-) Bedingung $f(1) > 0$ und $(-1)^n f(-1) > 0$ ist nämlich, wie in [130] und [131] gezeigt, der Ungleichung $|c_1^{(n-1)}| > |c_0^{(n-1)}|$ äquivalent.

Möchte man genaueres über das *asymptotische Verhalten* zu den Abtastzeitpunkten wissen, als die Stabilitätsaussage liefert, so kann man wieder von der *Parsevalschen Gleichung in diskreter Form ausgehen, wenn ein quadratisches Gütemaß zugrundeliegt.* Um dies zu zeigen, gehen wir von dem Umkehrintegral Gl. (VI.94c) aus.

Sind die Folgen f(n) und h(n) so, daß $R_h < |w| < z/R_f$ für $|z| = 1$ erfüllt wird, dann darf man in dem Umkehrintegral Gl. (VI.94c) $|z| = 1$ setzen, woraus

$$\sum_{n=0}^{\infty} f(n)\,h(n) = \frac{1}{2\pi i} \oint_{\Gamma} w^{-1}\, H^*(w)\, F^*(w^{-1})\, dw \tag{VI.121}$$

folgt. Setzen wir $R_f < 1$ voraus, d.h. die Pole $F^*(z)$ liegen innerhalb des Einheitskreises, wodurch $f(n) \to 0$ für $n \to \infty$ strebt (Stabilität), dann ergibt sich für $f(n) \equiv h(n)$ die diskrete Form der Parsevalschen Gleichung

$$\sum_{n=0}^{\infty} [f(n)]^2 = \frac{1}{2\pi i} \oint_{\Gamma} z^{-1}\, F^*(z)\, F^*(z^{-1})\, dz, \tag{VI.122}$$

wobei w durch die übliche Variable z ersetzt wurde und die Integrationskurve Γ den Einheitskreis darstellt.

Mit Hilfe der Parsevalschen Gleichung (VI.122) gelingt es, ähnlich wie bei den kontinuierlichen Systemen, das quadratische Gütemaß (quadratische Regelabweichung zu den Abtastzeitpunkten)

$$\sum_{n=0}^{\infty} f^2(nT)$$

zu berechnen. Das Parsevalsche Theorem stellt somit ein geeignetes Verfahren dar, die Summe der Quadrate einer konvergenten Reihe (in geschlossener Form) zu berechnen. Sie läßt sich mit den üblichen Methoden zum Minimum machen.

• **Beispiel VI.15:**

Es sei die Fehlerantwort durch

$$F^*(z) = \frac{z}{z - e^{-aT}}$$

gegeben. Nach Gl. (VI.122) wird

$$\sum_{n=0}^{\infty} f^2(nT) = \frac{1}{2\pi i} \oint_{\Gamma} \frac{1}{(z - e^{-aT})(1 - e^{-aT} z)}\, dz,$$

wobei der Integrationsweg Γ den Einheitskreis darstellt. Das gesuchte Ergebnis ergibt sich durch Berechnung des Residuums des Poles $z = e^{-aT}$, da der Pol $z = e^{aT}$ außerhalb des Einheitskreises liegt, woraus

$$\sum_{n=0}^{\infty} f^2(nT) = \sum_{n=0}^{\infty} (e^{-aTn})^2 = \frac{1}{1 - e^{-2aT}}$$

• folgt.

5. Darstellung im Zustandsraum

Neben der Beschreibung der diskontinuierlichen Systeme durch Differenzengleichungen höherer Ordnung und die zu ihr korrespondierenden Darstellungen im z-Bildbereich, kann man auch hier, wie bei den kontinuierlichen Systemen, Zustandsgleichungen einführen. Die Überlegungen, die bei den kontinuierlichen Systemen auf die Zustandsvariable führten, treffen auch hier in entsprechender Weise weitgehend zu. Wir können daher die Ableitung und die Behandlung der diskontinuierlichen Systeme im Zustandsraum wesentlich kürzer fassen.

Gehen wir von der Differenzengleichung r-ter Ordnung Gl. (VI.20) aus und ersetzen die laufende Variable n durch k sowie die rechte Seite durch die Eingangsgröße u(kT), so wird

$$x[(k+r)T] + c_{r-1}\, x[(k+r-1)T] + \ldots + c_1 x[(k+1)T] + c_0 x(kT) = u(kT). \qquad \text{(VI.123)}$$

Durch die Substitutionen

$$x(kT) = x_1(kT),\ x[(k+1)T] = x_1[(k+1)T] = x_2(kT),\ x[(k+2)T] = x_2[(k+1)T] =$$
$$= x_3(kT), \ldots, x[(k+r-1)T] = x_{r-1}[(k+1)T] = x_r(kT)$$

kann die Differenzengleichung r-ter Ordnung in das äquivalente System von r Differenzengleichungen 1. Ordnung

$$\begin{aligned}
&x_1[(k+1)T] = x_2(kT)\\
&x_2[(k+1)T] = x_3(kT)\\
&\cdot\\
&\cdot\\
&\cdot\\
&x_{r-1}[(k+1)T] = x_r(kT)\\
&x_r[(k+1)T] = -c_{r-1}\, x_r(kT) - c_{r-2}\, x_{r-1}(kT) - \ldots - c_1 x_2(kT) - c_0 x_1(kT) + u(kT)
\end{aligned} \qquad \text{(VI.124)}$$

mit der Ausgangsgröße

$$y(kT) = x_1(kT)$$

überführt werden. Gl. (VI.124) läßt sich wiederum in *Vektorform* ausdrücken; dann wird

$$\mathbf{x}[(k+1)T] = \mathbf{P}\,\mathbf{x}(kT) + \mathbf{q}\, u(kT) \qquad \text{(VI.125a)}$$

und

$$y(kT) = \mathbf{r}^{T} x(kT), \qquad \text{(VI.125b)}$$

wobei

$$\mathbf{P} = \begin{bmatrix} 0 & 1 & 0 & \dots & 0 \\ 0 & 0 & 1 & \dots & 0 \\ \cdot & \cdot & \cdot & \cdot & \cdot \\ 0 & 0 & 0 & \dots & 1 \\ -c_0 & -c_1 & -c_2 & \dots & -c_{r-1} \end{bmatrix}, \quad \mathbf{q} = \begin{bmatrix} 0 \\ 0 \\ \vdots \\ 0 \\ 1 \end{bmatrix} \quad \text{und} \quad \mathbf{r}^T = [1 \; 0 \; \dots \; 0]$$

sind.

Legen wir die etwas einfachere normierte Darstellung $(T = 1)$ zugrunde und verallgemeinern gleichzeitig diese Betrachtungen auf das folgende lineare System von n (anstelle r) Differenzengleichungen mit m verschiedenen Eingangsgrößen u_i

$$\begin{aligned} x_1(k+1) &= p_{11}x_1(k) + \dots + p_{1n}x_n(k) + q_{11}u_1(k) + \dots + q_{1m}u_m(k) \\ x_2(k+1) &= p_{21}x_1(k) + \dots + p_{2n}x_n(k) + q_{21}u_1(k) + \dots + q_{2m}u_m(k) \\ &\cdots\cdots\cdots\cdots\cdots\cdots\cdots\cdots\cdots \\ x_n(k+1) &= p_{n1}x_1(k) + \dots + p_{nn}x_n(k) + q_{n1}u_1(k) + \dots + q_{nm}u_m(k) \end{aligned} \tag{VI.126a}$$

oder kürzer

$$x_i(k+1) = \sum_{j=1}^{n} p_{ij}x_j(k) + \sum_{l=1}^{m} q_{il}u_l(k) \quad (i = 1, 2, \dots, n; \text{ mit } m < n), \tag{VI.126b}$$

so tritt wiederum der Vorteil der kompakten Schreibweise in Matrizenform

$$\mathbf{x}(k+1) = \mathbf{P}\,\mathbf{x}(k) + \mathbf{Q}\mathbf{u}(k) \tag{VI.126c}$$

besonders klar hervor. In Gl. (VI.126c) sind

$\mathbf{x}(k) = \begin{bmatrix} x_1(k) \\ x_2(k) \\ \cdot \\ \cdot \\ \cdot \\ x_n(k) \end{bmatrix}$ der (diskrete) *Zustandsvektor* mit den *Zustandsvariablen* $x_i(k) \quad (i = 1, 2, \dots, n)$

$\mathbf{u}(k) = \begin{bmatrix} u_1(k) \\ u_2(k) \\ \cdot \\ \cdot \\ \cdot \\ u_m(k) \end{bmatrix}$ der *Vektor* der (diskreten) *Eingangsgröße* oder auch *Steuervektor* genannt mit den *Eingangs- oder Steuergrößen* $u_i(k) \quad (i = 1, 2, \dots, m)$

$\mathbf{P} = [p_{ij}]$ die n, n-*Systemmatrix* und

$\mathbf{Q} = [q_{il}]$ die n, m-*Eingangsmatrix*.

Auch hier müssen wir zur Beschreibung des physikalischen Systems die Ausgangsgröße festlegen. Für ρ-Ausgangsgrößen $y_1, y_2, \dots, y_\rho$ geschieht dies durch die Beziehung

$$y_i(k) = \sum_{j=1}^{n} r_{ij} x_j(k) + \sum_{l=1}^{\rho} q_{il} u_l(k) \qquad (i = 1, 2, \dots, \rho;\ \text{mit}\ \rho \leqslant n) \tag{VI.127a}$$

oder in Matrizenform

$$\mathbf{y}(k) = \mathbf{R}\,\mathbf{x}(k) + \mathbf{S}\,\mathbf{u}(k). \tag{VI.127b}$$

Dabei sind

$$\mathbf{y}(k) = \begin{bmatrix} y_1(k) \\ y_2(k) \\ \cdot \\ \cdot \\ \cdot \\ y_\rho(k) \end{bmatrix}$$ der *Vektor* der (diskreten) *Ausgangsgröße* mit den *Ausgangs größen* $y_i(k)$ $(i = 1, 2, \dots, \rho)$,

$\mathbf{R}(k) = [r_{ij}]$ die ρ, n-*Ausgangsmatrix* und

$\mathbf{S}(k) = [s_{il}]$ die ρ, m-*Durchgangsmatrix*.

Ein lineares, zeitunabhängiges diskretes System mit *mehreren* Eingangs- und Ausgangsgrößen wird somit durch die Gleichungen

$$\mathbf{x}[(k+1)T] = \mathbf{P}\,\mathbf{x}(kT) + \mathbf{Q}\,\mathbf{u}(kT) \tag{VI.128a}$$

und

$$\mathbf{y}(kT) = \mathbf{R}\,\mathbf{x}(kT) + \mathbf{S}\,\mathbf{u}(kT) \tag{VI.128b}$$

oder in normierter Form

$$\mathbf{x}(k+1) = \mathbf{P}\,\mathbf{x}(k) + \mathbf{Q}\,\mathbf{u}(k) \tag{VI.128c}$$

und

$$\mathbf{y}(k) = \mathbf{R}\,\mathbf{x}(k) + \mathbf{S}\,\mathbf{u}(k) \tag{VI.128d}$$

beschrieben. Die graphische Darstellung des obigen Gleichungssystems entspricht der des Bildes III.2, wenn man $\mathbf{u}, \mathbf{x}$ und $\mathbf{y}$ als diskrete Variable auffaßt und außerdem $\mathbf{A}$ durch $\mathbf{P}$, $\mathbf{B}$ durch $\mathbf{Q}$, $\mathbf{C}$ durch $\mathbf{R}$, $\mathbf{D}$ durch $\mathbf{S}$, $\dot{\mathbf{x}}$ durch $\mathbf{x}(k+1)$ sowie das Integralzeichen durch den (Einheits-) *Verschiebungsoperator* E^{-1} ersetzt, wobei der Verschiebungsoperator allgemein durch

$$E^\nu f(kT) = f[(k+\nu)T] \qquad (\nu = 0, \pm 1, \pm 2, \dots) \tag{VI.129}$$

definiert ist. Im Falle von $\nu = \pm 1$ sprechen wir vom *Einheitsverschiebungsoperator.*

Bei *einer* Ein- und Ausgangsgröße nehmen die Gln. (VI.128) wiederum die zu den kontinuierlichen Systemen analoge Form

$$\mathbf{x}[(k+1)T] = \mathbf{P}\,\mathbf{x}(kT) + \mathbf{q}\,u(kT) \tag{VI.130a}$$

und

$$y(kT) = \mathbf{r}^T x(kT) + s_{11} u(kT) \qquad \text{(VI 130b)}$$

an. Hängt die Matrix **P** und eventuell auch die anderen konstanten Matrizen in den Gln. (VI.128) und (VI.130) von k ab, dann sprechen wir wieder von einem (zeit-) *variablen*, linearen System. Es wird durch

$$\mathbf{x}[(k+1)T] = \mathbf{P}(kT)\,\mathbf{x}(kT) + \mathbf{Q}(kT)\,\mathbf{u}(kT) \qquad \text{(VI.131a)}$$

und

$$\mathbf{y}(kT) = \mathbf{R}(kT)\,\mathbf{x}(kT) + \mathbf{S}(kT)\,\mathbf{u}(kT) \qquad \text{(VI.131b)}$$

beschrieben. Allgemein gilt mit den eindeutigen Funktionen **f** und **h**

$$\mathbf{x}[(k+1)T] = \mathbf{f}(\mathbf{x}(kT), \mathbf{u}(kT), kT) \qquad \text{(VI.132a)}$$

und

$$\mathbf{y}(kT) = \mathbf{h}(\mathbf{x}(kT), \mathbf{u}(kT), kT) \qquad \text{(VI.132b)}$$

oder in normierter Form

$$\mathbf{x}(k+1) = \mathbf{f}(\mathbf{x}(k), \mathbf{u}(k), k) \qquad \text{(VI.132c)}$$

und

$$\mathbf{y}(k) = \mathbf{h}(\mathbf{x}(k), \mathbf{u}(k), k). \qquad \text{(VI.132d)}$$

Das *freie System*, $\mathbf{u}(k) \equiv \mathbf{0}$, wird wieder durch

$$\mathbf{x}(k+1) = \mathbf{f}(\mathbf{x}(k), k), \qquad \text{(VI.133a)}$$

das *stationäre System* durch

$$\mathbf{x}(k+1) = \mathbf{f}(\mathbf{x}(k), \mathbf{u}(k)) \qquad \text{(VI.133b)}$$

und das *autonome System* durch

$$\mathbf{x}(k+1) = \mathbf{f}(\mathbf{x}(k)) \qquad \text{(VI.133c)}$$

charakterisiert.

5.1. Ableitung der Vektordifferenzengleichung

Die Ableitung der zu einem *Abtastsystem* gehörigen Differenzengleichung kann unmittelbar über die Lösung der Vektordifferentialgleichungen des entsprechenden kontinuierlichen Systems erfolgen. Auf diese Tatsache haben wir bereits am Anfang des Abschnittes VI.2 hingewiesen.

Gehen wir von dem in Bild VI.14 dargestellten *„offenen" Abtastsystem* aus, wobei wir die Eingangsgröße $w(t)$ durch $u(t)$ und die Ausgangsgröße des Haltegliedes nullter Ordnung $x_1(t)$ durch $r(t)$ ersetzen. Da das Halteglied (nullter Ordnung) den letzten Abtastwert bis zur nächsten Abtastung konstant hält, gilt

$$r(t_k + v) = u(t_k) \qquad \text{mit} \quad 0 \leqslant v < t_{k+1} - t_k. \qquad \text{(VI.134a)}$$

Die Abtastung, die zu den diskreten Zeitpunkten t_k $(k = 0, 1, 2, \ldots)$ erfolgt, braucht dabei nicht in äquidistanten Zeitpunkten aufzutreten. Erfolgt jedoch die Abtastung zu jeweils gleichen Zeitpunkten, d.h. das Abtastintervall $T_k = t_{k+1} - t_k$ ist konstant, dann stellt $T_k = T$ die Abtastperiode dar.
Die Lösung für ein stationäres, lineares System haben wir in Abschnitt III.4 abgeleitet. Für mehrere Eingangsgrößen lautet sie nach Gl. (III.32c)

$$\mathbf{x}(t) = \underline{\phi}(t - t_0)\, \mathbf{x}(t_0) + \int_{t_0}^{t} \underline{\phi}(t - \tau)\, \mathbf{B}\, \mathbf{u}(\tau)\, d\tau. \qquad \text{(VI.135)}$$

Entsprechend der Gl. (VI.134a) wird

$$\mathbf{r}(t_k + v) = \mathbf{u}(t_k) \qquad 0 \leqslant v < t_{k+1} - t_k\,. \qquad \text{(VI.134b)}$$

Wir gehen von dem Wert von $\mathbf{x}(t)$ zum Abtastzeitpunkt $t_0 = t_k = kT$ aus und bestimmen den Wert von $\mathbf{x}(t)$ zum nächsten Abtastzeitpunkt $t = t_{k+1} = (k+1)T$. Durch Einsetzen dieser Werte in Gl. (VI.135) finden wir

$$\mathbf{x}[(k+1)T] = \underline{\phi}\,[(k+1)T - kT]\mathbf{x}(kT) + \int_{kT}^{(k+1)T} \underline{\phi}[(k+1)T - \tau]\, \mathbf{B}\, \mathbf{u}(kT)\, d\tau$$

oder

$$\mathbf{x}[(k+1)T] = \underline{\phi}(T)\, \mathbf{x}(kT) + \int_{kT}^{(k+1)T} \underline{\phi}[(k+1)T - \tau]\, \mathbf{B}\, d\tau\, \mathbf{u}(kT). \qquad \text{(VI.136)}$$

In diesem (zeitinvarianten) Fall, ist das Integral *unabhängig* von k und es gilt mit $k = 0$

$$\mathbf{H}(T) = \int_{kT}^{(k+1)T} \underline{\phi}[(k+1)T - \tau]\, \mathbf{B}\, d\tau = \int_0^T \underline{\phi}(T - \tau)\, \mathbf{B}\, d\tau = \int_0^T \underline{\phi}(\tau)\, \mathbf{B}\, d\tau, \qquad \text{(VI.137a)}$$

wie durch die Substitution von $T - \tau = w$ im zweiten Integralausdruck und anschließendem Ersetzen von w durch τ hervorgeht.

Mit Gl. (VI.137) nimmt Gl. (VI.136) die Form

$$\mathbf{x}[(k+1)T] = \underline{\phi}(T)\, \mathbf{x}(kT) + \mathbf{H}(T)\, \mathbf{u}(kT) \qquad \text{(VI.138a)}$$

an, die für $\underline{\phi}(T) = e^{\mathbf{A}T} = \mathbf{P}$ und $\mathbf{H}(T) = \mathbf{Q}$ mit Gl. (VI.128a) übereinstimmt.

Aus Gl. (VI.137a) folgt unmittelbar

$$\mathbf{H}(T) = \int_0^T \underline{\phi}(T - \tau)\, \mathbf{B}\, d\tau = \underline{\phi}(T) \int_0^T \underline{\phi}(-\tau)\, \mathbf{B}\, d\tau = \underline{\phi}(T) \int_0^T \underline{\phi}^{-1}(\tau)\, \mathbf{B}\, d\tau = \underline{\phi}(T)\, \mathbf{M}(T). \qquad \text{(VI.137b)}$$

Daher kann Gl. (VI.138a) auch auf die äquivalente Form

$$\mathbf{x}[(k+1)T] = \underline{\phi}(T)\, [\mathbf{x}(kT) + \mathbf{M}(T)\, \mathbf{u}(kT)] \qquad \text{(VI.138b)}$$

gebracht werden.

Man achte darauf, daß die Gln. (VI.138) keine allgemeinen Approximationsgleichungen zur numerischen Berechnung der Dgl.

$$\dot{\mathbf{x}}(t) = \mathbf{f}(\mathbf{x}(t), \mathbf{u}(t), t) = \mathbf{A}\mathbf{x}(t) + \mathbf{B}\mathbf{u}(t)$$

darstellen. Approximieren wir nämlich in der obigen Gleichung die Ableitungen durch endliche Differenzen, dann wird

$$\frac{\mathbf{x}(t_{k+1}) - \mathbf{x}(t_k)}{\Delta t} = \mathbf{f}(\mathbf{x}(t_k), \mathbf{u}(t_k), t_k) = \mathbf{A}\,\mathbf{x}(t_k) + \mathbf{B}\,\mathbf{u}(t_k)$$

oder durch Umformung

$$\mathbf{x}(t_{k+1}) = \Delta t\,\mathbf{f}(\mathbf{x}(t_k),\ \mathbf{u}(t_k), t_k) - \mathbf{x}(t_k) = \Delta t\,\mathbf{A}\mathbf{x}(t_k) + \mathbf{x}(t_k) + \Delta t\,\mathbf{B}\mathbf{u}(t_k)$$

bzw.

$$\mathbf{x}(t_{k+1}) = \Delta t\,\mathbf{f}(\mathbf{x}(t_k),\ \mathbf{u}(t_k), t_k) - \mathbf{x}(t_k) = (\Delta t\,\mathbf{A} + \mathbf{I})\,\mathbf{x}(t_k) + \Delta t\,\mathbf{B}\mathbf{u}(t_k)\,,$$

was man auch durch die allgemeine Approximationsgleichung

$$\mathbf{x}(t_{k+1}) = \mathbf{f}_1(\mathbf{x}(t_k), \mathbf{u}(t_k), t_k) = \mathbf{A}_1\ \mathbf{x}(t_k) + \mathbf{B}_1\ \mathbf{u}(t_k)$$

ausdrücken kann. Für ein festes (kleines) Zeitinkrement Δt,

$$t_{k+1} - t_k = \Delta t = T,$$

können wir auch

$$t_k = kT$$

setzen. Dann nimmt die allgemeine Approximationsgleichung die Form

$$\mathbf{x}[(k+1)T] = \mathbf{f}_1(\mathbf{x}(kT), \mathbf{u}(kT), kT) = \mathbf{A}_1\ \mathbf{x}(kT) + \mathbf{B}_1\ \mathbf{u}(kT)$$

an. Die Gln. (VI.138) geben hingegen die *exakte (theoretische) Systemantwort zu den Abtastzeitpunkten* wieder, und zwar unabhängig von den Werten innerhalb des Abtastintervalls. Zur Ableitung der Gln. (VI.138) gingen wir ja gerade von der Lösung der entsprechenden Vektordifferentialgleichung aus.

Analog ergibt sich für *zeitvariable* Systeme durch Einsetzen von $t_0 = t_k = kT$ sowie $t = t_{k+1} = (k+1)T$ in Gl. (III.64b)

$$\mathbf{x}[(n+1)T] = \underline{\phi}[(k+1)T, kT]\,\mathbf{x}(kT) + \int_{kT}^{(k+1)T} \underline{\phi}[(k+1)T, \tau]\,\mathbf{B}(\tau)\,d\tau\,\mathbf{u}(kT), \tag{VI.139}$$

die wieder für $\underline{\phi}[(k+1)T, kT] = \mathbf{P}(kT)$ und $\mathbf{H}(kT) = \mathbf{Q}(kT)$ mit Gl. (VI.131 a) übereinstimmt, wobei

$$\mathbf{H}(kT) = \int_{kT}^{(k+1)T} \underline{\phi}[(k+1)T, \tau]\,\mathbf{B}(\tau)\,d\tau \tag{VI.140}$$

ist.

• Beispiel VI.16:

Um zur Differenzengleichung des in Bild VI.14 gezeichneten Systems mit

$$G(s) = \frac{X(s)}{X_1(s)} = \frac{Y(s)}{U(s)} = \frac{1}{s^2 + 3s + 2} \quad \text{bzw.} \quad y'' + 3y' + 2y = u,$$

zu kommen, gehen wir von der Zustandsdarstellung

$$\dot{x}_1 = x_2,$$

$$\dot{x}_2 = -2x_1 - 3x_2 + u$$

und

$$y = x_1$$

aus. Die Fundamentalmatrix dieses Systems

$$\underline{\phi}(t) = \begin{bmatrix} 2e^{-t} - e^{-2t} & e^{-t} - e^{-2t} \\ -2e^{-t} + 2e^{-2t} & -e^{-t} + 2e^{-2t} \end{bmatrix}$$

haben wir in Beispiel V.12 berechnet. Aus ihr folgt die gesuchte Systemmatrix

$$\mathbf{P} \equiv \underline{\phi}(T) = \begin{bmatrix} 2e^{-T} - e^{-2T} & e^{-T} - e^{-2T} \\ -2e^{-T} + 2e^{-2T} & -e^{-T} + 2e^{-2T} \end{bmatrix}.$$

Nach Gl. (VI.137) nimmt die Eingangsmatrix die Form

$$\mathbf{h}(T) \equiv \mathbf{q} = \int_0^T \underline{\phi}(\tau)\,\mathbf{b}\,d\tau = \int_0^T \begin{bmatrix} \phi_{11}(\tau) & \phi_{12}(\tau) \\ \phi_{21}(\tau) & \phi_{22}(\tau) \end{bmatrix} \begin{bmatrix} 0 \\ 1 \end{bmatrix} d\tau =$$

$$= \begin{bmatrix} \int_0^T (e^{-\tau} - e^{-2\tau})\,d\tau \\ \int_0^T (-e^{-\tau} + 2e^{-2\tau})\,d\tau \end{bmatrix} = \begin{bmatrix} \frac{1}{2} - e^{-T} + \frac{1}{2}e^{-2T} \\ e^{-T} - e^{-2T} \end{bmatrix}$$

an. Damit weist die Differenzengleichung die Form

$$\mathbf{x}[(k+1)T] = \begin{bmatrix} 2e^{-T} - e^{-2T} & e^{-T} - e^{-2T} \\ -2e^{-T} + 2e^{-2T} & -e^{-T} + 2e^{-2T} \end{bmatrix} \mathbf{x}(kT) + \begin{bmatrix} \frac{1}{2} - e^{-T} + \frac{1}{2}e^{-2T} \\ e^{-T} - e^{-2T} \end{bmatrix} u(kT)$$

auf. Mit T = 1 wird schließlich

$$\mathbf{x}(k+1) = \begin{bmatrix} 0{,}6005 & 0{,}2325 \\ -0{,}4651 & -0{,}0972 \end{bmatrix} \mathbf{x}(k) + \begin{bmatrix} 0{,}1998 \\ 0{,}2325 \end{bmatrix} u(k) \qquad \text{(VI.141b)}$$

und

• $$y(k) = [1 \quad 0]\, \mathbf{x}(k)\,.$$

Wie aus der vorstehenden Ableitung und dem Beispiel VI.16 hervorgeht, stimmt sicher dann die Ordnung der Differenzengleichung mit der, der entsprechenden Differtialgleichung überein, falls keine *verborgenen Schwingungen* vorliegen. Diese können jedoch *dann und nur dann* auftreten, wenn die Matrix **A** konjugiert komplexe Eigenwerte mit einem Imaginärteil $\omega = \frac{k\pi}{T}$ (k = 0, 1, 2, ...) aufweist. Die Prüfung kann natürlich wiederum dadurch erfolgen, daß man die Systemantwort für die Zeitpunkte zwischen den Abtastungen berechnet. Hierzu wählen wir wieder $t_0 = kT$ aber anstelle von $t = (k+1)T$ den Wert $t = kT + \Delta T$ mit $0 \leqslant \Delta T < T$[40]). Entsprechend Gl. (VI.136) ergibt sich dann

$$\mathbf{x}[kT + \Delta T] = \underline{\phi}(\Delta T)\, \mathbf{x}(kT) + \mathbf{H}(\Delta T)\, \mathbf{u}(kT), \qquad \text{(VI.142)}$$

wobei

$$\mathbf{H}(\Delta T) = \int_0^{\Delta T} \underline{\phi}(\tau)\, \mathbf{B}\, d\tau$$

ist.

• **Beispiel VI.17:**

Die Beziehung zur Berechnung der Zwischenwerte des in Beispiel VI.16 betrachteten Systems folgt unmittelbar aus Gl. (VI.141a). Sie lautet:

$$\mathbf{x}[kT + \Delta T] = \begin{bmatrix} 2e^{-\Delta T} - e^{-2\Delta T} & e^{-\Delta T} - e^{-2\Delta T} \\ -2e^{-\Delta T} + 2e^{-2\Delta T} & -e^{-\Delta T} + 2e^{-2\Delta T} \end{bmatrix} \mathbf{x}(kT) + \begin{bmatrix} \frac{1}{2} - e^{-\Delta T} + \frac{1}{2} e^{-2\Delta T} \\ e^{-\Delta T} - e^{-2\Delta T} \end{bmatrix} u(kT).$$

40) Abweichend von der Darstellung bei der modifizierten $\mathcal{Z}$-Transformation, bezeichnen wir den Verschiebungsparameter nicht mit τ sondern ΔT, um eine Verwechselung mit der Integrationsvariablen τ zu vermeiden.

Für den speziellen Fall T = 1 und ΔT = 0,5 wird

$$\mathbf{x}[kT+\Delta T] = \begin{bmatrix} 0{,}8441 & 0{,}2386 \\ -0{,}4762 & 0{,}1293 \end{bmatrix} \mathbf{x}(kT) + \begin{bmatrix} 0{,}4354 \\ -0{,}2386 \end{bmatrix} u(kT).$$

Der allgemeine Rechnungsgang, der sich leicht programmieren läßt, geht somit folgendermaßen vor sich. Zuerst wird aus Gl. (VI.138) $\mathbf{x}(kT)$, also die Antwort zu den Abtastzeitpunkten, berechnet und anschließend werden mit Hilfe von Gl. (VI.142) die Zwischenwerte ermittelt.

Bei der vorstehenden Ableitung der Differenzengleichung von Abtastsystemen, waren wir von der allgemeinen Lösung des entsprechenden kontinuierlichen Systems Gl. (VI.135) ausgegangen. Dabei setzten wir gleichzeitig voraus, daß das System ein *Halteglied nullter Ordnung* enthält. Diese Überlegungen gelten jedoch entsprechend, wenn wir, wie im klassischen Fall, die verallgemeinerte Eingangsfunktion

$$\mathbf{u}^*(t) = \mathbf{u}(t) \sum_{k=0}^{\infty} \delta(t-kT) = \mathbf{u}(kT) \sum_{k=0}^{\infty} \delta(t-kT)\,^{41)}$$

zugrundelegen. Mit Gl. (VI.135) wird für $t_0 = kT$

$$\mathbf{x}[(k+1)T] = \underline{\phi}(T)\,\mathbf{x}(kT) + \int_{kT}^{(k+1)T} \underline{\phi}[(k+1)T-\tau]\,\mathbf{B}\,\mathbf{u}^*(\tau)\,d\tau$$

oder

$$\mathbf{x}[(k+1)T] = \underline{\phi}(T)\,\mathbf{x}(kT) + \int_{0}^{T} \underline{\phi}(T-\tau)\,\mathbf{B}\,\delta(\tau)\,d\tau\,\mathbf{u}(kT).$$

Nach Gl. (V.22b) gilt somit

$$\mathbf{x}[(k+1)T] = \underline{\phi}(T)\,\mathbf{x}(kT) + \underline{\phi}(T)\,\mathbf{B}\,\mathbf{u}(kT) = \underline{\phi}(T)\,[\mathbf{x}(kT) + \mathbf{B}\,\mathbf{u}(kT)]. \qquad \text{(VI.143)}$$

Die allgemeine Lösung Gl. (VI.135) läßt sich natürlich auch bei einer nichtkonstanten Abtastung heranziehen. Enthält das System in diesem Fall wieder ein *Halteglied nullter Ordnung,* dann ist mit Gl. (VI.134b)

$$\mathbf{x}(t_k+v) = \underline{\phi}(v-t_k)\,\mathbf{x}(t_k) + \int_{t_k}^{t_k+v} \underline{\phi}(t_k+v-\tau)\,\mathbf{B}\,d\tau\,\mathbf{u}(t_k)$$

oder

$$\mathbf{x}(t_k+v) = \underline{\phi}(v)\,\mathbf{x}(t_k) + \int_{0}^{v} \underline{\phi}(\tau)\,\mathbf{B}\,d\tau\,\mathbf{u}(t_k).$$

41) Bei Unstetigkeiten erster Art zu den Abtastzeitpunkten von u(t) ist wieder ein Grenzwert, so z. B. der rechtsseitige, zugrunde zu legen; siehe hierzu die Fußnote 35) auf Seite 386. Man beachte jedoch, daß die Multiplikation zweier δ-Funktionen auch im verallgemeinerten Sinne nicht existiert.

Mit

$$\mathbf{H}(v) = \int_0^v \underline{\phi}(\tau)\,\mathbf{B}\,d\tau$$

wird wieder

$$\mathbf{x}(t_k + v) = \underline{\phi}(v)\,\mathbf{x}(t_k) + \mathbf{H}(v)\,\mathbf{u}(t_k), \tag{VI.144}$$

wobei $0 \leqslant v < t_{k+1} - t_k$ für jedes Intervall $[t_k, t_{k+1}]$ ist.

Eine gemeinsame Behandlung von sowohl kontinuierlichen als auch diskontinuierlichen Systemen im Zustandsraum enthält [115].

Analog ergibt sich für die *verallgemeinerte Eingangsfunktion* – auch ohne Halteglied –

$$\mathbf{u}^*(t, t_k) = \mathbf{u}(t) \sum_{k=0}^{\infty} \delta(t - t_k)$$

die Beziehung

$$\mathbf{x}(t_k + v) = \underline{\phi}(v)\,\mathbf{x}(t_k) + \underline{\phi}(v)\,\mathbf{B}\,\mathbf{u}(t_k) = \underline{\phi}(v)\,[\mathbf{x}(t_k) + \mathbf{B}\,\mathbf{u}(t_k)]. \tag{VI.145}$$

5.2. Die Fundamentalmatrix

Die Fundamentalmatrix der linearen, diskontinuierlichen Systeme $\underline{\psi}(kT)$ weist bezüglich der Differenzengleichung analoge Eigenschaften auf, wie $\underline{\phi}(t)$ bezüglich der linearen Differentialgleichungen.

5.2.1. Stationäre Systeme

Die Lösung der linearen, stationären Systeme

$$\mathbf{x}[(k+1)T] = \mathbf{P}\,\mathbf{x}(kT) + \mathbf{Q}\,\mathbf{u}(kT) \tag{VI.146a}$$

und

$$\mathbf{y}(kT) = \mathbf{R}\,\mathbf{x}(kT) + \mathbf{S}\,\mathbf{u}(kT) \tag{VI.146b}$$

kann natürlich stets bei bekannter Eingangs- oder Steuergröße $\mathbf{u}(kT)$ und vorliegendem Anfangswert $\mathbf{x}(0)$ auf rekursive Weise berechnet werden. Wir suchen jedoch wieder für die allgemeine Lösung $\mathbf{x}(kT)$ mit $k > 0$ einen von den gegebenen Werten $\mathbf{x}(0)$ und $\mathbf{u}(kT)$ im Intervall $[0, (k-1)T]$ abhängenden Ausdruck, der sich aus der Addition einer homogenen und speziellen Lösung zusammensetzt. Aus Gl. (VI.146a) folgt für $k = 0, 1, \ldots$

$$\mathbf{x}(T) = \mathbf{P}\,\mathbf{x}(0) + \mathbf{Q}\,\mathbf{u}(0),$$

$$\mathbf{x}(2T) = \mathbf{P}\,\mathbf{x}(T) + \mathbf{Q}\,\mathbf{u}(T) = \mathbf{P}^2\,\mathbf{x}(0) + \mathbf{P}\mathbf{Q}\,\mathbf{u}(0) + \mathbf{Q}\,\mathbf{u}(T),$$

$$\mathbf{x}(3T) = \mathbf{P}\,\mathbf{x}(2T) + \mathbf{Q}\mathbf{u}(2T) = \mathbf{P}^3\,\mathbf{x}(0) + \mathbf{P}^2\,\mathbf{Q}\,\mathbf{u}(0) + \mathbf{P}\mathbf{Q}\,\mathbf{u}(T) + \mathbf{Q}\,\mathbf{u}(2T)$$

und allgemein

$$\mathbf{x}(kT) = \mathbf{P}^k \mathbf{x}(0) + \sum_{j=0}^{k-1} \mathbf{P}^j \mathbf{Q}\,\mathbf{u}[(k-j-1)T] \qquad k > 0. \tag{VI.147}$$

Bezeichnen wir nun $\mathbf{P}^k = \underline{\psi}(kT)$ wieder, wenn die n Spalten aus linear unabhängigen Lösungen der homogenen Gleichung (VI.146a) bestehen, als *Fundamental- oder Übergangsmatrix* und setzen $r = k - j - 1$, dann wird

$$\mathbf{x}(kT) = \underline{\psi}(kT)\,\mathbf{x}(0) + \sum_{r=0}^{k-1} \underline{\psi}[(k-1-r)T]\,\mathbf{Q}\,\mathbf{u}(rT). \tag{VI.148a}$$

Liegen die Anfangswerte nicht für $k = 0$, sondern für beliebige $k = k_0$ vor, also $\mathbf{x}(k_0 T)$ ist bekannt, dann wird ganz analog

$$\mathbf{x}[(k_0 + 1)T] = \mathbf{P}\,\mathbf{x}(k_0 T) + \mathbf{Q}\,\mathbf{u}(k_0 T),$$

$$\mathbf{x}[(k_0 + 2)T] = \mathbf{P}\,\mathbf{x}[(k_0 + 1)T] + \mathbf{Q}\,\mathbf{u}[(k_0 + 1)T] = \mathbf{P}^2 \mathbf{x}(k_0 T) + \mathbf{P}\,\mathbf{Q}\,\mathbf{u}(k_0 T) + \mathbf{Q}\,\mathbf{u}[(k_0 + 1$$

und allgemein entsprechend Gl. (VI.145a)

$$\mathbf{x}[(k_0 + \bar{k})T] = \underline{\psi}(\bar{k}T)\,\mathbf{x}(k_0 T) + \sum_{r=0}^{\bar{k}-1} \underline{\psi}[(k_0 + \bar{k} - 1 - r)T]\,\mathbf{Q}\,\mathbf{u}[(k_0 + r)T].$$

Durch die Substitution von $k = \bar{k} - k_0$ in der vorstehenden Gleichung nimmt die allgemeine Lösung die Form

$$\mathbf{x}(kT) = \underline{\psi}[(k - k_0)T]\,\mathbf{x}(k_0 T) + \sum_{r=k_0}^{k-1} \underline{\psi}[(k-1-r)T]\,\mathbf{Q}\,\mathbf{u}(rT) \tag{VI.148b}$$

an, die dem kontinuierlichen Fall entspricht. Der Einfachheit wegen setzen wir nachfolgend häufig $k_0 = 0$.

Der Zustandsvektor setzt sich demnach für $k > 0$ aus der Addition von zwei Ausdrücken zusammen, nämlich dem Anteil aus den Anfangswerten $\mathbf{x}(0)$ (Eigenbewegung) und dem der Eingangsgröße $\mathbf{u}(kT)$ im Intervall $[0, (k-1)T]$ (erzwungene Bewegung). Da die Anfangswerte $\mathbf{x}(0)$ unmittelbar auftreten, liegt wieder ein *normiertes Fundamentalsystem* vor. Mit den Gln. (VI.146b) und (VI.148a) nimmt die allgemeine Lösung die Form

$$\mathbf{y}(kT) = \mathbf{R}\,\underline{\psi}(kT)\,\mathbf{x}(0) + \sum_{r=0}^{k-1} \mathbf{R}\underline{\psi}[(k-1-r)T]\,\mathbf{Q}\,\mathbf{u}(rT) + \mathbf{S}\,\mathbf{u}(kT) \tag{VI.149a}$$

an. Für verschwindende Anfangswerte (energiefreies System) und $\mathbf{S} = \mathbf{0}$ vereinfacht sich die Lösung zu

$$\mathbf{y}(kT) = \sum_{r=0}^{k-1} \mathbf{R}\,\underline{\psi}[(k-1-r)T]\,\mathbf{Q}\,\mathbf{u}(rT); \tag{VI.149b}$$

entsprechend den kontinuierlichen Systemen, stellt dieser Ausdruck die (vektorielle) *Faltungssumme* dar.

Wie für $\mathbf{u}(kT) \equiv \mathbf{0}$ aus Gln. (VI.148) bzw. (VI.149a) hervorgeht, charakterisiert die Fundamentalmatrix wiederum die Lösung der entsprechenden homogenen Differenzengleichung, d.h. mit $\underline{\psi}(kT)$ und den gegebenen Anfangswerten $\mathbf{x}(0)$ ist auch die Lösung des entsprechenden freien Systems bekannt. Bei Abtastsystemen lautet sie nach Gl. (VI.138)

$$\mathbf{x}[(k+1)T] = \underline{\phi}(T)\,\mathbf{x}(kT) \tag{VI.150}$$

mit $\underline{\phi}(T) = e^{\mathbf{A}T}$. Für die erste Abtastung wird

$$\mathbf{x}(T) = \underline{\phi}(T)\,\mathbf{x}(0),$$

für die zweite Abtastung

$$\mathbf{x}(2T) = \underline{\phi}(T)\,\mathbf{x}(T) = \underline{\phi}^2(T)\,\mathbf{x}(0) = e^{\mathbf{A}T}e^{\mathbf{A}T}\,\mathbf{x}(0) = \underline{\phi}(2T)\,\mathbf{x}(0)$$

und entsprechend für die $(k-1)$-te Abtastung

$$\mathbf{x}(kT) = \underline{\phi}(T)\,\mathbf{x}[(k-1)T] = \underline{\phi}^k(T)\,\mathbf{x}(0) = \underline{\phi}(kT)\,\mathbf{x}(0) = \underline{\psi}(kT)\,\mathbf{x}(0). \tag{VI.151}$$

Damit haben wir eine Möglichkeit zur Berechnung der Fundamentalmatrix $\underline{\psi}(kT)$ von Abtastsystemen gefunden. •

Beispiel VI.18:

Die Fundamentalmatrix des in Beispiel VI.16 betrachteten Systems lautet

$$\underline{\psi}(kT) = \begin{bmatrix} 2e^{-kT} - e^{-2kT} & e^{-kT} - e^{-2kT} \\ -2e^{-kT} + 2e^{-2kT} & -e^{-kT} + 2e^{-2kT} \end{bmatrix}.$$

Für $T = 1$ liefert Gl. (VI.148a)

$$\mathbf{x}(k) = \underline{\psi}(k)\,\mathbf{x}(0) + \sum_{r=0}^{k-1} \underline{\psi}(k-r-1)\,\mathbf{q}\,u(r)$$

mit

$$\underline{\psi}(k) = \begin{bmatrix} 2e^{-k} - e^{-2k} & e^{-k} - e^{-2k} \\ -2e^{-k} + 2e^{-2k} & -e^{-k} + 2e^{-2k} \end{bmatrix}, \quad \mathbf{q} = \begin{bmatrix} 0{,}1998 \\ 0{,}2325 \end{bmatrix} \quad \text{und}$$

$$\underline{\psi}(k-r-1) = \begin{bmatrix} 2e^{-(k-r-1)} - e^{-2(k-r-1)} & e^{-(k-r-1)} - e^{-2(k-r-1)} \\ -2e^{-(k-r-1)} + 2e^{-2(k-r-1)} & -e^{-(k-r-1)} + 2e^{-2(k-r-1)} \end{bmatrix}.$$

Für *energiefreie Systeme* ist der durch die Anfangswerte bestimmte Lösungsanteil

$$\mathbf{x}_h(k) = \underline{\psi}(k)\,\mathbf{x}(0)$$

identisch Null. In diesem Fall charakterisiert der Lösungsanteil

$$\mathbf{x}_s(k) \equiv \mathbf{x}(k) = \sum_{r=0}^{k-1} \underline{\psi}(k-r-1)\,\mathbf{q}\,u(r)$$

das Systemverhalten zu den Abtastzeitpunkten vollständig. Bei energiefreien Systemen kann daher wegen

$$\mathbf{x}(k) = \underline{\psi}(k-1)\,\mathbf{q}\,u(0) + \underline{\psi}(k-2)\,\mathbf{q}\,u(1) + \ldots + \underline{\psi}(1)\,\mathbf{q}\,u(k-2) + \underline{\psi}(0)\,\mathbf{q}\,u(k-1),$$

der Zustand des Systems als *Summe von Systemantworten* der einzelnen abgetasteten Eingangsgrößen angesehen werden. Der Wert zur k-ten Abtastung hängt von allen vorausgehenden Eingangswerten, jedoch nicht von dem zum Zeitpunkt k, ab. Bei realisierbaren Systemen kann unter den getroffenen Voraussetzungen ($\mathbf{S} = \mathbf{0}$) die Ausgangsgröße nicht sofort auftreten.

Der Summenausdruck läßt sich auch als Faltung ansehen, wie aus Gl. (VI.57) mit $k-1 = n$ und $T = 1$ hervorgeht. Für $u(k) = 1(k)$ wird

$$\sum_{r=0}^{k-1} \underline{\psi}(k-1-r)\,\mathbf{q}\,1(k)$$

$$= \begin{bmatrix} 0{,}1998 \sum\limits_{r=0}^{k-1} (2e^{-(k-1-r)} - e^{-2(k-1-r)}) + 0{,}2325 \sum\limits_{r=0}^{k-1} (e^{-(k-1-r)} - e^{-2(k-1-r)}) \\ \\ 0{,}1998 \sum\limits_{r=0}^{k-1} (2e^{-(k-1-r)} - 2e^{-2(k-1-r)}) - 0{,}2325 \sum\limits_{r=0}^{k-1} (e^{-(k-1-r)} - 2e^{-2(k-1-r)}) \end{bmatrix}$$

$$= \begin{bmatrix} 0{,}6321\, e^{-(k-1)} \sum\limits_{r=0}^{k-1} e^{r} - 0{,}4323\, e^{-2(k-1)} \sum\limits_{r=0}^{k-1} e^{2r} \\ \\ -0{,}6321\, e^{-(k-1)} \sum\limits_{r=0}^{k-1} e^{r} + 0{,}8646\, e^{-2(k-1)} \sum\limits_{r=0}^{k-1} e^{2r} \end{bmatrix}$$

Wie sich mittels der Definition Gl. (VI.106) sofort prüfen läßt, gilt für jede reelle (und auch komplexe) Zahl a

$$\sum_{r=0}^{k-1} e^{ar} = \left.\frac{e^{ar}}{e^{a}-1}\right|_{0}^{k} = \frac{e^{ak}-1}{e^{a}-1}\,.$$

Der Summenausdruck kann daher auf die geschlossene Form

$$\mathbf{x}(k) = \begin{bmatrix} 0{,}6321\, e^{-(k-1)} \dfrac{e^k - 1}{e - 1} - 0{,}4323\, e^{-2(k-1)} \dfrac{e^{2k} - 1}{e^2 - 1} \\ \\ -0{,}6321\, e^{-(k-1)} \dfrac{e^k - 1}{e - 1} + 0{,}8646\, e^{-2(k-1)} \dfrac{e^{2k} - 1}{e^2 - 1} \end{bmatrix} =$$

$$= \begin{bmatrix} 0{,}6321 \dfrac{e}{e-1} (1 - e^{-k}) - 0{,}4323 \dfrac{e^2}{e^2 - 1} (1 - e^{-2k}) \\ \\ -0{,}6321 \dfrac{e}{e-1} (1 - e^{-k}) + 0{,}8646 \dfrac{e^2}{e^2 - 1} (1 - e^{-2k}) \end{bmatrix} =$$

$$= \begin{bmatrix} 0{,}5 - e^{-k} + 0{,}5\, e^{-2k} \\ \\ e^{-k} - e^{-2k} \end{bmatrix}$$

● gebracht werden.

Die Fundamentalmatrix weist die folgenden Eigenschaften auf:

1) $\underline{\psi}(0) = \mathbf{I}$
2) $\underline{\psi}(kT)$ ist eindeutig
3) $\underline{\psi}(kT)$ ist nie singulär, d.h. die det $\underline{\psi}(kT) \neq 0$ für alle k
4) $\underline{\psi}(kT) = [\underline{\psi}(T)]^k$
5) $\underline{\psi}(-kT) = \underline{\psi}^{-1}(kT)$
6) $\underline{\psi}[(k_1 + k_2)T] = \underline{\psi}[(k_2 + k_1)T] = \underline{\psi}(k_1 T)\, \underline{\psi}(k_2 T)$.

Diese Eigenschaften gehen unmittelbar aus der Definitionsgleichung $\underline{\psi}(kT) = \mathbf{P}^k$ oder bei Abtastsystemen aus der Matrix-Exponentialfunktion $\underline{\psi}(T) = e^{\mathbf{A}T}$ hervor – siehe die Unterabschnitte III.4.1 und III.4.2.

Bei Abtastsystemen ist die Lösungsmatrix stets nichtsingulär und daher identisch mit der Fundamentalmatrix, da $\mathbf{P} = e^{\mathbf{A}T}$ und damit $\mathbf{P}^k = \underline{\psi}(kT) = e^{k\mathbf{A}T}$ für alle $\mathbf{A}$ und $T > 0$ nichtsingulär sind. Im allgemeinen Fall ist, wie unmittelbar aus der Definitionsgleichung $\underline{\psi}(kT) = \mathbf{P}^k$ hervorgeht, die Lösungsmatrix dann und nur dann nichtsingulär, wenn die Systemmatrix $\mathbf{P}$ nichtsingulär ist. Für jedes zeitunabhängiges, lineares diskontinuierliches System mit einer nichtsingulären (konstanten) Systemmatrix $\mathbf{P}$ gelten die obigen Eigenschaften. Hingegen bei einer singulären Systemmatrix $\mathbf{P}$ ist auch $\underline{\psi}(kT)$ singulär, dann kann z.B. die 5. Eigenschaft nicht gelten, da die inverse Matrix nicht existiert.

Der Fundamentalmatrix $\underline{\psi}(kT)$ kommt eine zu $\underline{\phi}(t)$ analoge physikalische Bedeutung zu, siehe Unterabschnitt III.4.2, die unmittelbar aus

$$\mathbf{x}(kT) = \underline{\psi}(kT)\,\underline{\mathbf{x}}(0)$$

oder

$$x_i(kT) = \sum_{j=1}^{n} \psi_{ij}(kT)\, x_j(0)$$

hervorgeht. Es charakterisiert also $\psi_{ij}(kT) = x_i(kT)$ das Übergangsverhalten der i-ten Zustandsgröße zu den Abtastzeitpunkten kT, wenn der Anfangswert $x_j(0) = 1$ und alle Anfangswerte $x_\nu(0) = 0$ für $\nu \neq j$ sind.

5.2.2. Nichtstationäre Systeme

Wie die vorstehende Ableitung für stationäre Systeme zeigt, bestehen zwischen den allgemeinen Lösungen der kontinuierlichen und diskontinuierlichen Systeme weitgehende Analogien. Diese lassen sich auch auf nichtstationäre Systeme ausdehnen. Zur Ableitung der allgemeinen Lösung gehen wir wiederum von der entsprechenden Rekursionsgleichung (VI.131a) aus. Dann wird:

$$\mathbf{x}(T) = \mathbf{P}(0)\,\mathbf{x}(0) + \mathbf{Q}(0)\,\mathbf{u}(0),$$

$$\mathbf{x}(2T) = \mathbf{P}(T)\mathbf{x}(T) + \mathbf{Q}(T)\,\mathbf{u}(T) = \mathbf{P}(T)\,\mathbf{P}(0)\,\mathbf{x}(0) + \mathbf{P}(T)\,\mathbf{Q}(0)\,\mathbf{u}(0) + \mathbf{Q}(T)\,\mathbf{u}(T),$$

$$\begin{aligned}\mathbf{x}(3T) = \mathbf{P}(2T)\,\mathbf{x}(2T) + \mathbf{Q}(2T)\,\mathbf{u}(2T) &= \mathbf{P}(2T)\,\mathbf{P}(T)\,\mathbf{P}(0)\,\mathbf{x}(0) + \mathbf{P}(2T)\,\mathbf{P}(T)\,\mathbf{Q}(0)\,\mathbf{u}(0) + \\ &+ \mathbf{P}(2T)\,\mathbf{Q}(T)\,\mathbf{u}(T) + \mathbf{Q}(2T)\,\mathbf{u}(2T)\end{aligned}$$

oder allgemein

$$\begin{aligned}\mathbf{x}(kT) = \;&\mathbf{P}[(k-1)T]\,\mathbf{P}[(k-2)T] \ldots \mathbf{P}(T)\,\mathbf{P}(0)\,\mathbf{x}(0) + \mathbf{P}[(k-1)T]\,\mathbf{P}[(k-2)T] \ldots \\ &\ldots \mathbf{P}(T)\,\mathbf{Q}(0)\,\mathbf{u}(0) + \mathbf{P}[(k-1)T]\,\mathbf{P}[(k-2)T] \ldots \mathbf{P}(2T)\,\mathbf{Q}(T)\,\mathbf{u}(T) + \\ &+ \ldots + \mathbf{P}[(k-1)T]\,\mathbf{P}[(k-2)T]\,\mathbf{Q}[(k-3)T]\,\mathbf{u}[(k-3)T] \\ &+ \mathbf{P}[(k-1)T]\,\mathbf{Q}[(k-2)T]\,\mathbf{u}[(k-2)T] + \mathbf{Q}[(k-1)T]\,\mathbf{u}[(k-1)T]. \qquad \text{(VI.152)}\end{aligned}$$

Betrachten wir zuerst das freie System, d.h. alle $\mathbf{u}(\nu T) \equiv 0$ $(\nu = 0, 1, \ldots)$, dann nimmt die homogene Lösung die Form

$$\mathbf{x}(kT) = \mathbf{P}[(k-1)T]\,\mathbf{P}[(k-2)T] \ldots \mathbf{P}(T)\,\mathbf{P}(0)\,\mathbf{x}(0) = \prod_{\nu=0}^{k-1} \mathbf{P}(\nu T)\,\mathbf{x}(0). \qquad \text{(VI.153)}$$

Wie bei den Matrizendifferentialgleichungen bezeichnen wir die n, n-Matrix

$$\underline{\psi}(k, 0) = \prod_{\nu=0}^{k-1} \mathbf{P}(\nu T) \qquad \text{(VI.154a)}$$

oder allgemein für $k > j$

$$\underline{\psi}(k, j) = \prod_{\nu=j}^{k-1} \mathbf{P}(\nu T) = \mathbf{P}[(k-1)T]\,\mathbf{P}[(k-2)T] \ldots \mathbf{P}[(j+1)T]\,\mathbf{P}(jT) \qquad \text{(VI.154b)}$$

als *Fundamental- oder Übergangsmatrix, wenn die n-Spalten aus linear unabhängigen Lösungen der homogenen Gleichung (VI.131a) bestehen; sie ist daher nichtsingulär.* Wir weisen ausdrücklich darauf hin, daß im allgemeinen die Matrizen in den Gln. (VI.154) *nicht* kommutativ sind; man muß also auf die Reihenfolge achten. Die Berechnung der Fundamentalmatrix $\underline{\psi}[(k, j)T]$ auf iterative Weise ähnelt der iterativen Bestimmung der Matrizanten bei kontinuierlichen Systemen.

Mit den Gln. (VI.154) nimmt die Lösung die Form

$$\mathbf{x}(kT) = \underline{\psi}(kT, 0)\, \mathbf{x}(0) + \sum_{j=0}^{k-1} \underline{\psi}[(k, j+1)T]\, \mathbf{B}(jT)\, \mathbf{u}(jT) \tag{VI.155a}$$

oder allgemeiner, wenn wir anstelle $\mathbf{x}(0)$ die Anfangswerte $\mathbf{x}(k_0)$ zugrundelegen

$$\mathbf{x}(kT) = \underline{\psi}[(k, k_0)T]\, \mathbf{x}(k_0T) + \sum_{j=k_0}^{k-1} \underline{\psi}[(k, j+1)T]\, \mathbf{B}(jT)\, \mathbf{u}(jT) \tag{VI.155b}$$

an.

$\mathbf{x}(kT)$ in Gl. (VI.131b) eingesetzt, führt für $k \geqslant k_0$ auf die Ausgangsgröße

$$\mathbf{y}(kT) = \mathbf{R}(kT)\, \underline{\psi}[(k, k_0)T]\, \mathbf{x}(k_0T) + \sum_{j=k_0}^{k-1} \mathbf{R}(kT)\, \underline{\psi}[(k, j+1)T]\, \mathbf{B}(jT)\, \mathbf{u}(jT) + \\ + \mathbf{S}(kT)\, \mathbf{u}(kT). \tag{VI.156}$$

Die Fundamentalmatrix hat demnach die folgenden Eigenschaften:

1) $\underline{\psi}[(k, k)T] = \mathbf{I}$
2) $\underline{\psi}[(k, j)T]$ ist eindeutig
3) $\underline{\psi}[(k, j)T]$ ist nie singulär, d.h. die $\det \underline{\psi}[(k, j)T] \neq 0$ für alle zulässigen k und j
4) $\underline{\psi}[(k, h)T]\, \underline{\psi}[(h, j)T] = \underline{\psi}[(k, j)T]$
5) $\underline{\psi}[(k, j)T] = \underline{\psi}^{-1}[(j, k)T]$.

Die letzten beiden Eigenschaften gehen unmittelbar aus der Definition der Fundamentalmatrix Gl. (VI.154b) hervor. Für $k \geqslant h \geqslant j$ ist

$$\prod_{\nu=h}^{k-1} \mathbf{P}(\nu T) \cdot \prod_{\nu=j}^{h-1} \mathbf{P}(\nu T) = \prod_{\nu=j}^{k-1} \mathbf{P}(\nu T),$$

was der 4. Eigenschaft entspricht. Andererseits ist

$$\underline{\psi}[(k, j)T] \cdot \underline{\psi}[(j, k)T] = \underline{\psi}[(k, k)T] = \mathbf{I}.$$

Durch Multiplikation der obigen Gleichung mit $\underline{\psi}^{-1}[(k, j)T]$ von links folgt unmittelbar die 5. Eigenschaft. Da $\underline{\psi}[(k, j)T]$ die Fundamentalmatrix darstellt, existiert wegen der 3. Eigenschaft die inverse Matrix. Für den Fall, daß $\mathbf{P}(T)$ eine *Diagonalmatrix* darstellt, besitzt nach Gl. (VI.154b) auch die Fundamentalmatrix diese Eigenschaft. Dies gilt natürlich auch im stationären Fall für $\mathbf{P}^k = \underline{\psi}(kT)$, d.h. mit $\mathbf{P}(T) = \mathrm{diag}(\lambda_1, \lambda_2, \dots, \lambda_n)$ ist $\underline{\psi}(kT) = \mathrm{diag}(\lambda_1^k, \lambda_2^k, \dots, \lambda_n^k)$.

Entsprechend den konstanten Systemen, ist auch hier die Lösungsmatrix dann und nur dann mit der Fundamentalmatrix identisch, wenn die Systemmatrix $\mathbf{P}(kT)$ nicht singulär ist [19].

Der Fundamentalmatrix kommt eine entsprechende physikalische Bedeutung zu, wie bei konstanten Systemen, die unmittelbar aus

$$\mathbf{x}(kT) = \underline{\psi}[(k, k_0)T]\,\mathbf{x}(k_0 T)$$

oder

$$x_i(kT) = \sum_{j=1}^{n} \psi_{ij}[(k, k_0)T]\,x_j(k_0 T)$$

hervorgeht. Es charakterisiert also $\psi_{ij}[(k, k_0)T] = x_i(kT)$ das Übergangsverhalten der i-ten Zustandsgröße zu den Abtastzeitpunkten kT, wenn der Anfangswert $x_j(t_0) = 1$ und alle anderen Anfangswerte $x_\nu(t_0) = 0$ für $\nu \neq j$ sind. Im Gegensatz zu den zeitinvarianten Systemen, hängt natürlich hier das Übergangsverhalten vom gewählten Anfangszeitpunkt t_0 ab.

5.3. Steuerbarkeit und Beobachtbarkeit

Die in Abschnitt III.5 abgeleiteten Begriffe der *Steuer-* und *Beobachtbarkeit* lassen sich unmittelbar auf diskrete lineare Systeme übertragen, weshalb wir uns hier kürzer fassen können. Die *Steuerbarkeit* bezieht sich wiederum auf den Zusammenhang der Zustandsvariablen (Eigenbewegung) mit den *Eingangsgrößen* und die *Beobachtbarkeit* auf den Zusammenhang der Zustandsvariablen mit der *Ausgangsgröße* [37].

5.3.1. Die Steuerbarkeit

Wir betrachten wiederum zuerst ein System mit *mehreren* Eingangs- und Ausgangsgrößen, d.h. wir gehen von der Systemgleichung

$$\mathbf{x}[(k+1)T] = \mathbf{P}\,\mathbf{x}(kT) + \mathbf{Q}\,\mathbf{u}(kT) \tag{VI.131a}$$

mit der n, n-*Systemmatrix* $\mathbf{P}$ aus. Für lauter *verschiedene* Eigenwerte λ_i (keine Mehrfachwurzeln) existiert mit Sicherheit eine Ähnlichkeitstransformation

$$\underline{\Lambda} = \mathbf{T}^{-1}\,\mathbf{P}\mathbf{T},$$

bei der $\underline{\Lambda}$ eine *Diagonalmatrix* darstellt. Diese führt mit

$$\mathbf{x}(kT) = \mathbf{T}\,\mathbf{z}(kT) \quad \text{und} \quad \mathbf{x}[(k+1)T] = \mathbf{T}\,\mathbf{z}[(k+1)T]$$

auf

$$\mathbf{z}[(k+1)T] = \mathbf{T}^{-1}\,\mathbf{P}\mathbf{T}\mathbf{z}(kT) + \mathbf{T}^{-1}\,\mathbf{Q}\,\mathbf{u}(kT) = \underline{\Lambda}\,\mathbf{z}(kT) + \mathbf{T}^{-1}\,\mathbf{Q}\,\mathbf{u}(kT). \tag{VI.157}$$

Ein System ist also vollständig steuerbar, wenn $\mathbf{T}^{-1}\mathbf{Q}$ *keine Zeile mit lauter Nullelementen aufweist.*

Dies ist, wie aus der völlig analogen Darstellung in Unterabschnitt III.5.1 hervorgeht, im Falle *einer* Eingangsgröße, identisch mit der Forderung, daß

$$\mathbf{S_d} = [\mathbf{q} \quad \mathbf{Pq} \quad \mathbf{P}^2\mathbf{q} \quad \dots \quad \mathbf{P}^{n-1}\mathbf{q}] \qquad \text{(VI.158a)}$$

nichtsingulär ist, d.h. es muß $\det \mathbf{S_d} \neq 0$ sein. Bei einem Abtastsystem nimmt mit den Gln. (VI.137) und (VI.138) die Beziehung (VI.130a) auch die Form

$$\mathbf{x}[(k+1)T] = \underline{\phi}(T)\,\mathbf{x}(kT) + \mathbf{h}(T)\,u(kT) = \underline{\phi}(T)\,[\mathbf{x}(kT) + \mathbf{m}(T)\,u(kT)]$$

an. In diesem Fall ist Gl. (VI.158a) identisch mit

$$\mathbf{S_d} = [\underline{\phi}(T)\mathbf{m}(T) \quad \underline{\phi}(T)\underline{\phi}(T)\,\mathbf{m}(T) \quad \dots \quad \underline{\phi}[(n-1)T]\underline{\phi}(T)\,\mathbf{m}(T)]$$

oder

$$\mathbf{S_d} = \underline{\phi}(T)\,[\mathbf{m}(T) \quad \underline{\phi}(T)\,\mathbf{m}(T) \quad \dots \quad \underline{\phi}[(n-1)T]\,\mathbf{m}(T)].$$

Wegen der *Nichtsingularität* von $\underline{\phi}(T)$ ist das System Gl. (VI.138) nur dann steuerbar, wenn

$$\mathbf{S_{d_1}} = [\mathbf{m}(T) \quad \underline{\phi}(T)\,\mathbf{m}(T) \quad \dots \quad \underline{\phi}[(n-1)T]\,\mathbf{m}(T)] \qquad \text{(VI.158b)}$$

nichtsingulär ist, d.h. es muß $\det \mathbf{S_{d_1}} \neq 0$ sein. Damit erhalten wir den folgenden Satz, der auch bei *mehrfachen* Eigenwerten gilt.

Satz VI.9: Ein diskontinuierliches System

$$\mathbf{x}[(k+1)T] = \mathbf{P}\,\mathbf{x}(kT) + \mathbf{q}\,u(kT)$$

oder für den Fall, daß keine verborgenen Schwingungen auftreten,

$$\mathbf{x}[(k+1)T] = \underline{\phi}(T)\,[\mathbf{x}(kT) + \mathbf{m}(T)\,u(kT)]$$

ist dann und nur dann vollständig steuerbar, wenn die quadratische Matrix

$$\mathbf{S_d} = [\mathbf{q} \quad \mathbf{Pq} \quad \dots \quad \mathbf{P}^{n-1}\mathbf{q}]$$

bzw.

$$\mathbf{S_{d_1}} = [\mathbf{m}(T) \quad \underline{\phi}(T)\,\mathbf{m}(T) \quad \dots \quad \underline{\phi}[(n-1)T]\,\mathbf{m}(T)]$$

nichtsingulär ist, d.h. es muß die $\det \mathbf{S_d} \neq 0$ bzw. $\det \mathbf{S_{d_1}} \neq 0$ sein.

Bei r Eingangsgrößen $(r \leqslant n)$ gilt entsprechend der

Satz VI.10: Ein diskontinuierliches System

$$\mathbf{x}[(k+1)T] = \mathbf{P}\,\mathbf{x}(kT) + \mathbf{Q}\,\mathbf{u}(kT)$$

oder für den Fall, daß keine verborgenen Schwingungen auftreten,

$$\mathbf{x}[(k+1)T] = \underline{\phi}(T)\,[\mathbf{x}(kT) + \mathbf{M}(T)\,\mathbf{u}(kT)]$$

ist dann und nur dann vollständig steuerbar, wenn die n, nr-Matrix

$$\mathbf{S_d} = [\mathbf{Q} \quad \mathbf{PQ} \quad \dots \quad \mathbf{P}^{n-1}\mathbf{Q}]$$

bzw.

$$\mathbf{S_{d_1}} = [\mathbf{M}(T) \quad \underline{\phi}(T)\,\mathbf{M}(T) \quad \dots \quad \underline{\phi}[(n-1)T]\,\mathbf{M}(T)]$$

den Rang n hat, wobei n der Ordnung des Systems entspricht.

Bei den kontinuierlichen Systemen, wiesen wir auch auf die folgende Definition der vollständigen Steuerbarkeit hin. Ein System ist vollständig steuerbar, wenn für jeden beliebig vorgebbaren Anfangswert $\mathbf{x}(0)$ ein Steuersignal $u(t)$ existiert, durch das das System in dem endlichen Zeitintervall $0 \leqslant t \leqslant kT$ in den Ursprung gelangt, d.h. $\mathbf{x}(t) = \mathbf{0}$ für $t \geqslant kT$. Betrachten wir zuerst den Fall $k = 0$, dann liefert Gl. (VI.138) die Beziehung

$$\mathbf{x}(T) = \underline{\phi}(T)\,\mathbf{x}(0) + \mathbf{h}(T)\,u(0).$$

Für $\mathbf{x}(T) = \mathbf{0}$ erhalten wir die Anfangswerte $\mathbf{x}(0)$, für welche der Ursprung (Gleichgewichtslage) in *einer Abtastperiode* erreicht werden kann, durch

$$\mathbf{x}(0) = -\underline{\phi}(-T)\,\mathbf{h}(T)\,u(0) = -\mathbf{m}(T)\,u(0) = -u(0)\,\mathbf{e}_1\,.$$

Falls der Wert der Steuer- oder Eingangsgröße $u(0)$ nicht beschränkt ist, lassen sich alle (endlichen) Anfangswerte $\mathbf{x}(0)$, die auf dem Vektor $\mathbf{m}(T)$ bzw. $\mathbf{e}_1$ liegen, in *einer Abtastperiode* in den Ursprung überführen. Bei einer *beschränkten Steuergröße* $u(0)$ hingegen, stellt das Gebiet der möglichen Anfangswerte *nicht* die durch den Vektor $\mathbf{e}_1$ gehende Gerade dar.

Für $k = 1$ liefert Gl. (VI.138)

$$\mathbf{x}(2T) = \underline{\phi}(T)\,\mathbf{x}(T) + \mathbf{h}(T)\,u(T) = \underline{\phi}(2T)\,\mathbf{x}(0) + \underline{\phi}(T)\,\mathbf{h}(T)\,u(0) + \mathbf{h}(T)\,u(T).$$

Entsprechend finden wir für $\mathbf{x}(2T) = \mathbf{0}$ die möglichen Anfangswerte

$$\mathbf{x}(0) = -\underline{\phi}(-T)\,\mathbf{h}(T)\,u(0) - \underline{\phi}(-2T)\,\mathbf{h}(T)\,u(T) = -u(0)\,\mathbf{e}_1 - u(T)\,\mathbf{e}_2$$

für die der Ursprung in *zwei Abtastperioden* (Schritten) erreichbar ist, falls die Vektoren

$$\mathbf{e}_1 = \underline{\phi}(-T)\,\mathbf{h}(T) = \mathbf{m}(T) \quad \text{und} \quad \mathbf{e}_2 = \underline{\phi}(-2T)\,\mathbf{h}(T) = \underline{\phi}^{-1}(T)\,\mathbf{m}(T)$$

linear unabhängig sind. Falls wiederum die Werte der Steuergröße $u(0)$ und $u(T)$ *unbeschränkt* sind, lassen sich alle Anfangswerte, die in der durch die Basisvektoren $\mathbf{e}_1$ und $\mathbf{e}_2$ aufgespannten Ebene liegen, in *zwei Schritten* in den Ursprung überführen; sind hingegen einer der beiden oder beide Werte *beschränkt,* so stellt *nicht* die gesamte durch $\mathbf{e}_1$ und $\mathbf{e}_2$ aufgespannte Ebene die möglichen Anfangswerte dar.

So fortfahrend, finden wir für $k = n$ die Menge der Anfangswerte

$$\mathbf{x}(0) = -u(0)\,\mathbf{e}_1 - u(T)\,\mathbf{e}_2 - \dots - u[(n-1)T]\,\mathbf{e}_n$$

für die der Systemzustand in n Abtastperioden in den Ursprung transformiert werden kann, wobei die Vektoren

$$\mathbf{e}_j = \underline{\phi}(-jT)\,\mathbf{h}(T) = \underline{\phi}^{-1}[(j-1)T]\,\mathbf{m}(T) = \underline{\phi}[(-j+1)T]\,\mathbf{m}(T) \qquad (j = 1, 2, \dots, n) \tag{VI.159}$$

linear unabhängig sind, sie bilden daher eine Basis des Zustandsraumes des Systems. Sind also die Werte $u(jT)$, $j = 1, 2, \dots, n$ *unbeschränkt,* so läßt sich jeder Anfangszustand $\mathbf{x}(0)$ durch eine lineare Kombination der Basisvektoren $\mathbf{e}_j$ ausdrücken, d.h. der Anfangszustand kann *höchstens in n Schritten* in den Gleichgewichtszustand $\mathbf{x}(nT) = \mathbf{0}$ gebracht werden. Für *beschränkte* $u(jT)$ hingegen, existieren Anfangswerte $\mathbf{x}(0)$, die sich *nicht* als lineare Kombination der Basisvektoren ausdrücken lassen, ohne die Beschränkungen von $u(jT)$ zu überschreiten. Unter diesen Voraussetzungen, sind entsprechend mehr Schritte erforderlich, um den Anfangszustand $\mathbf{x}(0)$ in den Gleichgewichtszustand $\mathbf{x}(nT) = \mathbf{0}$ zu bringen; siehe [21] und [37].

Wir wollen noch zeigen, daß diese Definition der vollständigen Steuerbarkeit mit dei vorausgehenden übereinstimmt. Im ersten Fall forderten wir nach Gl. (VI.158b) die Nichtsingularität von

$$\mathbf{S}_{d_1} = [\mathbf{m}(T) \quad \underline{\phi}(T)\,\mathbf{m}(T) \quad \dots \quad \underline{\phi}[(n-1)T]\,\mathbf{m}(T)]. \tag{VI.158b}$$

Dies ist jedoch wegen der Nichtsingularität von $\underline{\phi}(T)$ und damit auch von $\underline{\phi}^{-1}(T) = \underline{\phi}(-T)$, identisch mit der Forderung, daß

$$\mathbf{S}_{d_1} = [\mathbf{m}(T) \quad \underline{\phi}(-T)\,\mathbf{m}(T) \quad \dots \quad \underline{\phi}[(-n+1)T]\,\mathbf{m}(T)] \tag{VI.158c}$$

nichtsingulär ist. Die Vektoren Gl. (VI.159) sind jedoch dann und nur dann linear unabhängig, wenn $\mathbf{S}_{d_1}$ *nichtsingulär* ist, d.h. den Rang n hat.

Nehmen wir andererseits an, daß lediglich k (mit $k < n$) der Vektoren $\mathbf{e}_j$ linear unabhängig sind, aber das System vollständig steuerbar ist. Dann sind die ersten k der Vektoren linear unabhängig und daher ist die Dimension der steuerbaren Zustände ebenfalls gleich k. Dies widerspricht aber der Behauptung der *vollständigen* Steuerbarkeit. Daher müssen die n Vektoren $\mathbf{e}_1, \mathbf{e}_2, \dots, \mathbf{e}_n$ linear unabhängig und der Rang von $\mathbf{S}_{d_1}$ gleich n sein. Dies ist übrigens ein anderer Beweis für Satz VI.9. Auf ähnliche Weise gelangt man auch zu Satz VI.10.

5.3.2. Die Beobachtbarkeit

Betrachten wir wiederum zuerst ein System mit mehreren Ausgangsgrößen, dann gilt nach den Gln. (VI.128) mit $\mathbf{u}(kT) \equiv \mathbf{0}$

$$\mathbf{x}[(k+1)T] = \mathbf{P}\,\mathbf{x}(kT) \tag{VI.160a}$$

und

$$\mathbf{y}(kT) = \mathbf{R}\,\mathbf{x}(kT) \qquad (\mathbf{S} = \mathbf{0}). \tag{VI.160b}$$

Bei lauter *verschiedenen* Eigenwerten (keine Mehrfachwurzeln) liefert die Ähnlichkeitstransformation $\mathbf{z}(kT) = \mathbf{T}\,\mathbf{x}(kT)$, die auf die *Diagonalmatrix* $\underline{\Lambda}$ führt, in Gl. (VI.160b) eingesetzt, die Beziehung

$$\mathbf{y}(kT) = \mathbf{R}\,\mathbf{T}\,\mathbf{z}(kT). \tag{VI.161}$$

Sämtliche Zustandsvariablen sind dann und nur dann beobachtbar, wenn $\mathbf{RT}$ keine Spalte mit lauter Nullelementen aufweist.

Dies ist, wie bei den kontinuierlichen Systemen abgeleitet, im Falle *einer* Ausgangsgröße identisch mit der Forderung, daß

$$\mathbf{Q}_d = [\mathbf{r} \quad \mathbf{P}^T\mathbf{r} \quad \ldots \quad (\mathbf{P}^T)^{n-1}\mathbf{r}] \tag{VI.162}$$

nichtsingulär ist, d.h. es muß die det $\mathbf{Q}_d \neq 0$ sein.

Damit erhalten wir den folgenden Satz, der auch bei mehrfachen Eigenwerten gilt:

Satz VI.11: Ein diskontinuierliches System

$$\mathbf{x}[(k+1)T] = \mathbf{P}\,\mathbf{x}(kT) + \mathbf{q}\,u(kT)$$

mit der Ausgangsgröße

$$y(kT) = \mathbf{r}^T\mathbf{x}(kT)$$

ist dann und nur dann vollständig beobachtbar, wenn die quadratische Matrix

$$\mathbf{Q}_d = [\mathbf{r} \quad \mathbf{P}^T\mathbf{r} \quad \ldots \quad (\mathbf{P}^T)^{n-1}\mathbf{r}]$$

nichtsingulär ist, d.h. es muß die det $\mathbf{Q}_d \neq 0$ sein.

Bei m Ausgangsgrößen $(m \leqslant n)$ gilt der entsprechende

Satz VI.12: Ein diskontinuierliches System

$$\mathbf{x}[(k+1)T] = \mathbf{P}\,\mathbf{x}(kT) + \mathbf{Q}\,\mathbf{u}(kT)$$

mit der Ausgangsgröße

$$\mathbf{y}(kT) = \mathbf{R}\,\mathbf{x}(kT)$$

ist dann und nur dann vollständig beobachtbar, wenn die n, mn-Matrix

$$\mathbf{Q}_d = [\mathbf{R}^T \quad \mathbf{P}^T\mathbf{R}^T \quad \ldots \quad (\mathbf{P}^T)^{n-1}\mathbf{R}^T]$$

den Rang n hat, wobei n der Ordnung des Systems entspricht.

Bei Abtastsystemen ist $\mathbf{P} = \underline{\phi}(T) = e^{\mathbf{A}T}$, dabei sind verborgene Schwingungen wieder auszuschließen.

Auch hier wiesen wir bei den kontinuierlichen Systemen auf die folgende Definition hin. Ein System ist vollständig beobachtbar, wenn sich der Anfangszustand $\mathbf{x}(0)$ eindeutig aus der in einem endlichen Zeitintervall $0 \leqslant t \leqslant kT$ bekannten (gemessenen) Ausgangsgröße $y(kT)$ bestimmen läßt. Bei einem System

$$\mathbf{x}[(k+1)T] = \mathbf{P}\,\mathbf{x}(kT)$$

kann die Ausgangsgröße

$$y(kT) = \mathbf{r}^T\,\mathbf{x}(kT)$$

wegen

$$\mathbf{x}(kT) = \mathbf{P}^k\,\mathbf{x}(0)$$

auf die Form

$$y(kT) = \mathbf{r}^T\,\mathbf{P}^k\,\mathbf{x}(0) = \mathbf{v}_k^T\,\mathbf{x}(0) \qquad (k = 1, 2, \ldots, n) \tag{VI.163a}$$

gebracht werden. Das Gleichungssystem

$$\begin{aligned} v_{11}\, x_1(0) + v_{12}\, x_2(0) + \ldots + v_{1n} x_n(0) &= y(T) \\ v_{21}\, x_1(0) + v_{22}\, x_2(0) + \ldots + v_{2n} x_n(0) &= y(2T) \\ \cdot\ \cdot\ \cdot\ \cdot\ \cdot\ \cdot\ \cdot\ \cdot\ \cdot\ \cdot\ \cdot\ \cdot\ \cdot\ \cdot\ \cdot &\\ v_{n1} x_1(0) + v_{n2} x_2(0) + \ldots + v_{nn} x_n(0) &= y(nT), \end{aligned} \qquad \text{(VI.163b)}$$

wobei $v_{k1}, v_{k2}, \ldots, v_{kn}$ die n Komponenten des Vektors $\mathbf{v}_k^T$ sind, besitzt für den Fall, daß die $\mathbf{v}_k^T$ $(k = 1, 2, \ldots, n)$ linear unabhängig sind, d.h. die Matrix $\mathbf{V}$ hat den Rang n, eine eindeutige Lösung.

Für mehr als n Werte $y(kT)$ erhält man zwar mehr als n Gleichungen der Form (VI. 163b), aber die Anzahl der linear unabhängigen Gleichungen ist höchstens n. Für $y(kT) = 0$ $(k = 1, 2, \ldots, n)$ stellt Gl. (VI.163b) ein homogenes System dar, die für Rang $\mathbf{V} = n$ die eindeutige Lösung $\mathbf{x} = \mathbf{0}$ (triviale Lösung) besitzt. Hingegen für Rang $\mathbf{V} < n$, d.h. $\mathbf{V}$ ist *singulär,* besitzt das homogene System nichttriviale Lösungen.

Für eine *eindeutige* Lösung der Gln. (VI.162b) muß wegen $\mathbf{V}$ auch

$$\mathbf{V}^T = [\mathbf{v}_1\ \ \mathbf{v}_2\ \ \ldots\ \ \mathbf{v}_n] = [\mathbf{P}^T\mathbf{r}\quad (\mathbf{P}^T)^2\mathbf{r}\quad \ldots\quad (\mathbf{P}^T)^n\mathbf{r}]$$

von Rang n sein. Da jedoch $\mathbf{P}$ und damit $\mathbf{P}^T$ *nichtsingulär* sind, folgt unmittelbar

$$\mathbf{V}^T = [\mathbf{r}\quad \mathbf{P}^T\mathbf{r}\quad \ldots\quad (\mathbf{P}^T)^{n-1}\mathbf{r}],$$

was mit Gl. (VI.162) übereinstimmt.

5.3.3. Bemerkungen zur Steuer- und Beobachtbarkeit

Die Bedingungen der vollständigen Steuer- und Beobachtbarkeit für kontinuierliche und diskontinuierliche Systeme weisen weitgehende Analogien auf. Jedoch ist bei den Abtastsystemen die zusätzliche Forderung zu stellen, daß *keine verborgenen Schwingungen* vorhanden sind, d.h. für Eigenwerte des kontinuierlichen Systems mit

$$\operatorname{Re} s_i = \operatorname{Re} s_j \quad \text{muß} \quad \operatorname{Im}(s_i - s_j) \neq \frac{2k\pi}{T} \qquad (k = \pm 1, \pm 2, \ldots) \qquad \text{(VI.164)}$$

sein. Für $s_1 = \sigma + i\omega$ und $s_2 = \sigma - i\omega$ folgt wiederum wegen

$$\operatorname{Im}(s_1 - s_2) = 2\omega \neq \frac{2k\pi}{T} \quad \text{die vorher angegebene Bedingung } \omega \neq \frac{k\pi}{T}.$$

Bei Systemen mit reellen Koeffizienten können beim Übergang zu Abtastsystemen lediglich bei konjugiert komplexen Eigenwerten verborgene Schwingungen auftreten. Im Falle von verborgenen Schwingungen ist das Abtastsystem weder vollständig steuer- noch beobachtbar.

Man kann nun die Frage stellen, in welchen Fällen die Einführung einer Abtastung auf den Verlust der vollständigen Steuer- und Beobachtbarkeit führt. Für ein lineares, zeitunabhängiges System mit einer Eingangs- und Ausgangsgröße läßt sich folgende Aussage machen.

Ein vollständig steuer- und beobachtbares (kontinuierliches) System ist nach der Einführung der Abtastung ebenfalls vollständig steuer- und beobachtbar, wenn Gl. (VI.164) erfüllt ist, d.h. wenn keine verborgenen Schwingungen auftreten können.

Wie wir bei den kontinuierlichen Systemen sahen, charakterisiert die komplexe Übertragungsfunktion dann und nur dann das System vollständig, wenn es vollständig steuer- und beobachtbar ist, da in diesem Fall keine Kürzungen auftreten können. Beim Übergang von der s-Übertragungsfunktion zur z-Übertragungsfunktion treten aber, wie wir vorher zeigten, im Falle $T = \frac{\pi k}{\omega}$ in der z-Übertragungsfunktion Kürzungen auf. Dies ist jedoch der *einzige* Fall, wo beim Übergang zu Abtastsystemen Kürzungen auftreten können [39]. In praktischen Fällen läßt sich daher stets der Fall der Kürzungen vermeiden, wenn man die Abtastperiode genügend klein gegenüber des größten auftretenden „Schwingungsanteiles" ω macht.

Die gleichen Überlegungen wie bei den kontinuierlichen gelten auch bei den diskontinuierlichen Systemen, weshalb wir die folgenden Aussagen nicht mehr ableiten. *Die komplexe z-Übertragungsfunktion charakterisiert dann und nur dann das System vollständig, wenn es vollständig steuer- und beobachtbar ist;* in diesem Fall können sich keine Nenner- und Zählerwurzeln herauskürzen. Anders ausgedrückt heißt dies, daß die komplexe Übertragungsfunktion wiederum lediglich den vollständig steuer- und beobachtbaren Systemteil beschreibt. Ebenso gelten die in Unterabschnitt III.5.3 gemachten Aussagen über zusammengesetzte Systeme in ähnlicher Form.

Wie wir bei der Ableitung der vollständigen Steuerbarkeit zeigten, hängt diese unmittelbar mit dem Begriff der *endlichen Einstellzeit* (deadbeat response) zusammen. Bei der Definition der vollständigen Steuerbarkeit für kontinuierliche Systeme hatten wir lediglich gefordert, daß *irgendein* Steuersignal $u(t)$ existiert, durch welches das System in einem endlichen Zeitintervall von einem *beliebigen Anfangszustand* in einen *gewünschten Endzustand* gebracht werden kann. Wir brauchen also lediglich das Eingangssignal $u(t)$ identisch dem des entsprechenden Abtastsystems für endliche Einstellzeit zu wählen. Bei Abtastsystemen mit einem Halteglied nullter Ordnung heißt das, $u(t)$ stellt eine Treppenfunktion dar. Damit haben wir die Verbindung zur endlichen Einstellzeit in Abschnitt VI.4.1 aufgezeigt.

5.4. Darstellung der Zustandsgleichungen im Bildbereich

Auch hier können wir uns kurz fassen, da sich die Überlegungen und Ableitungen von Abschnitt V.3 unmittelbar auf die Zustandsgleichungen der diskontinuierlichen Systeme übertragen lassen.

Zuerst stellen wir wieder den Zusammenhang zwischen den Zustandsgleichungen und der Übertragungsfunktion her. Unterwerfen wir hierzu das Gleichungssystem

$$\mathbf{x}[(k+1)T] = \mathbf{P}\,\mathbf{x}(kT) + \mathbf{q}\,u(kT) \qquad \text{(VI.130a)}$$

mit der Ausgangsgröße

$$y(kT) = \mathbf{r}^T \mathbf{x}(kT) + s_{11}\, u(t) \tag{VI.130b}$$

der Z-Transformation, dann wird

$$z\,\mathbf{X}^*(z) - z\,\mathbf{x}(0) = \mathbf{P}\,\mathbf{X}^*(z) + \mathbf{q}\,U^*(z)\,^{42)} \tag{VI.165a}$$

und

$$Y^*(z) = \mathbf{r}^T \mathbf{X}^*(z) + s_{11}\, U^*(z). \tag{VI.165b}$$

Dabei stellt

$$\mathbf{X}^*(z) = Z\,\{\mathbf{x}(kT)\} = \begin{bmatrix} Z\,\{x_1(kT)\} \\ Z\,\{x_2(kT)\} \\ \cdot \\ \cdot \\ \cdot \\ Z\,\{x_n(kT)\} \end{bmatrix} = \begin{bmatrix} X_1^*(z) \\ X_2^*(z) \\ \cdot \\ \cdot \\ \cdot \\ X_n^*(z) \end{bmatrix}$$

einen *Spaltenvektor* dar, dessen Komponenten die Bildfunktionen $X_1^*(z)$ bis $X_n^*(z)$ sind. Wegen der eingeführten Bezeichnungsweise bei der Z-Transformation kennzeichnen wir die Vektoren im Bildbereich durch große Buchstaben; bei $\mathbf{X}^*(z)$ handelt es sich also um eine *einspaltige* Matrix.

Aus Gl. (VI.165a) folgt

$$\mathbf{X}^*(z) = (z\mathbf{I} - \mathbf{P})^{-1} z\,\mathbf{x}(0) + (z\mathbf{I} - \mathbf{P})^{-1}\,\mathbf{q}\,U^*(z) \tag{VI.166a}$$

sowie durch Einsetzen von Gl. (VI.166a) in Gl. (VI.165b)

$$Y^*(z) = \mathbf{r}^T (z\mathbf{I} - \mathbf{P})^{-1}\, z\,\mathbf{x}(0) + \mathbf{r}^T (z\mathbf{I} - \mathbf{P})^{-1} \mathbf{q}\, U^*(z) + s_{11} U^*(z). \tag{VI.166b}$$

Definieren wir nun

$$(z\mathbf{I} - \mathbf{P})^{-1}\, z = \underline{\Psi}^*(z)$$

dann nehmen die Gln. (VI.166) die Gestalt

$$\mathbf{X}^*(z) = \underline{\Psi}^*(z)\,\mathbf{x}(0) + \underline{\Psi}^*(z)\,z^{-1}\,\mathbf{q}\,U^*(z) \tag{VI.166c}$$

sowie

$$Y^*(z) = \mathbf{r}^T\,\underline{\Psi}^*(z)\,\mathbf{x}(0) + \mathbf{r}^T\,\underline{\Psi}^*(z)\,z^{-1}\,\mathbf{q}\,U^*(z) + s_{11} U^*(z) \tag{VI.166d}$$

an. Die Z^{-1}-Transformation von Gl. (VI.166c) führt, da das Produkt der Bildfunktionen $\underline{\Psi}^*(z) z^{-1}\ \mathbf{q}\,U^*(z)$ im Zeitbereich der *Faltungssummation* entspricht, auf

$$\mathbf{x}(kT) = \Psi(kT)\,\mathbf{x}(0) + \sum_{r=0}^{k-1} \Psi[(k-1-r)T]\,\mathbf{q}\,u(rT),$$

---

42) Bei den meisten (Zustands-) Darstellungen wird im Bildbereich der Stern weggelassen; wir wollen ihn jedoch wegen der vorausgehenden Vereinbarung und Definition der Z-Transformation beibehalten.

was mit Gl. (VI.148 a) übereinstimmt. Man beachte, daß nach Gl. (VI.32 c)

$$Z^{-1}\{\underline{\Psi}^*(z)\,z^{-1}\} = \underline{\psi}[(k-1)T]$$

ist. Damit gilt

$$Z\{\underline{\psi}(kT)\} = \underline{\Psi}^*(z) = (z\mathbf{I}-\mathbf{P})^{-1}z.$$

Da aber die Elemente der Fundamentalmatrix partikuläre Lösungen des homogenen Differenzengleichungssystems darstellen, sind sie alle von exponentieller Ordnung. Ist α_0 die „größte" exponentielle Ordnung, so existiert die vorstehende Ableitung für alle $|z| > e^{\alpha_0 T}$. Weiterhin ist die $\det(z\mathbf{I}-\mathbf{P})$ nur für solche z gleich Null, die Eigenwerte von **P** darstellen. In diesem Falle existiert für $|z| > e^{\alpha_0 T}$

$$\underline{\Psi}^*(z) = (z\mathbf{I}-\mathbf{P})^{-1}z$$

mit Sicherheit.

Aus Gl. (VI.166b) bzw. (VI.166d) folgt unmittelbar mit $\mathbf{x}(0) = \mathbf{0}$ (energiefreies System

$$G^*(z) = \frac{Y^*(z)}{U^*(z)} = \mathbf{r}^T(z\mathbf{I}-\mathbf{P})^{-1}\mathbf{q} + s_{11} = \mathbf{r}^T\underline{\Psi}^*(z)\,\mathbf{q} + s_{11}\,. \tag{VI.168}$$

Die Übertragungsfunktion ist natürlich wiederum unabhängig von der Wahl der Zustandsvariablen.

Im umgekehrten Fall, d.h. beim Übergang von der Übertragungsfunktion zu den Zustandsgleichungen, trifft dies natürlich nicht zu. Zerlegen wir die gebrochenen rationalen Übertragungsfunktionen in der selben Weise, wie wir das in Unterabschnitt V.3.1 taten, dann weisen die *direkte, parallele* und *kettenförmige Darstellung* die gleiche Gestalt auf; sie lauten für die Übertragungsfunktion

$$G^*(z) = \frac{Y^*(z)}{U^*(z)} = \frac{c_0 + c_1 z + \dots + c_m z^m}{b_0 + b_1 z + \dots + z^n}\,. \tag{VI.169}$$

Man beachte, daß der höchste Koeffizient des Nennerpolynoms $b_n = 1$ gewählt wurde, was stets durch Division erreicht werden kann.

Direkte Darstellung:

Im Fall $m < n$ $(m = n-1)$ habe die Zustandsgleichung die Form

$$\begin{aligned} x_1[(k+1)T] &= x_2(kT) \\ x_2[(k+1)T] &= x_3(kT) \\ &\cdots \\ x_{n-1}[(k+1)T] &= x_n(kT) \\ x_n[(k+1)T] &= -b_0x_1(kT) - b_1x_2(kT) - \dots - b_{n-1}x_n(kT) + u(kT) \end{aligned} \tag{VI.170a}$$

mit der Ausgangsgröße

$$y(kT) = c_0x_1(kT) + c_1x_2(kT) + \dots + c_{n-1}x_n(kT). \tag{VI.170b}$$

Diese Darstellung stimmt übrigens mit der von Gl. (V.124) bzw. Gl. (V.125) überein.

Liegt eine Übertragungsfunktion nach Gl. (VI.169) mit $m < n$ vor, so kann man unmittelbar die Zustandsgleichungen (VI.130) anschreiben, da in den Matrizen

$$\mathbf{P} = \begin{bmatrix} 0 & 1 & 0 & \dots & 0 & 0 \\ 0 & 0 & 1 & \dots & 0 & 0 \\ \cdot & \cdot & \cdot & \dots & \cdot & \cdot \\ 0 & 0 & 0 & \dots & 0 & 1 \\ -b_0 & -b_1 & -b_2 & \dots & -b_{n-2} & -b_{n-1} \end{bmatrix}, \quad \mathbf{q} = \begin{bmatrix} 0 \\ 0 \\ \cdot \\ \cdot \\ \cdot \\ 0 \\ 1 \end{bmatrix}$$

und

$$\mathbf{r}^T = [c_0 \quad c_1 \quad \dots \quad c_{n-2} \quad c_{n-1}] \qquad (m = n-1)$$

unmittelbar die Koeffizienten der Übertragungsfunktion auftreten; außerdem ist $s_{11} = 0$.

Für $m = n$ bleiben die Zustandsgleichungen (VI.170a) und damit die Matrizen $\mathbf{P}$ und $\mathbf{q}$ unverändert; die Ausgangsgröße hingegen ändert sich, da

$$\mathbf{r}^T = [c_0 - b_0 c_n \quad c_1 - b_1 c_n \quad \dots \quad c_{n-1} - b_{n-1} c_n]$$

und

$$s_{11} = c_n$$

wird. Bei sprungfähigen Systemen $(m = n)$ ist die skalare Größe s_{11} ungleich Null. Das Zustandsdiagramm weist die gleiche Form auf, wie das von Bild V.13. Dabei sind allerdings, wie in Bild VI.18 gezeichnet, die *Integrationsblöcke* durch solche mit dem *Einheitsverschiebungsoperator* E^{-1}, siehe Gl. (VI.129), zu ersetzen. Außerdem hängen die Zustandsvariablen x_1 bis x_n, die auch hier die *Ausgangsgröße* der Blöcke E^{-1} darstellen, sowie die Ein- und Ausgangsgröße vom diskreten Argument kT ab.

Die parallelen und kettenförmigen Darstellungen können ebenfalls unmittelbar von der entsprechenden Darstellung der kontinuierlichen Systeme übernommen werden; wir gehen deshalb nicht weiter darauf ein.

Auch läßt sich die Berechnung der Fundamentalmatrix $\underline{\Psi}^*(z)$ im Bildbereich mit Hilfe von Signalflußdiagrammen in analoger Weise durchführen, wie bei den kontinuierlichen Systemen angegeben (Blockschaltbilddarstellung bzw. Signalflußdiagramme) [22], [113] und [116].

● **Beispiel VI.19:**

Die direkte Darstellung des in Beispiel VI.16 berechneten Systems ist gesucht. Wir wählen hierzu den Weg über die z-Übertragungsfunktion. Für verschwindende Anfangsbedingungen folgt aus Gl. (VI.166b)

$$Y^*(z) = \mathbf{r}^T (z\mathbf{I} - \mathbf{P})\, \mathbf{q}\, U^*(z).$$

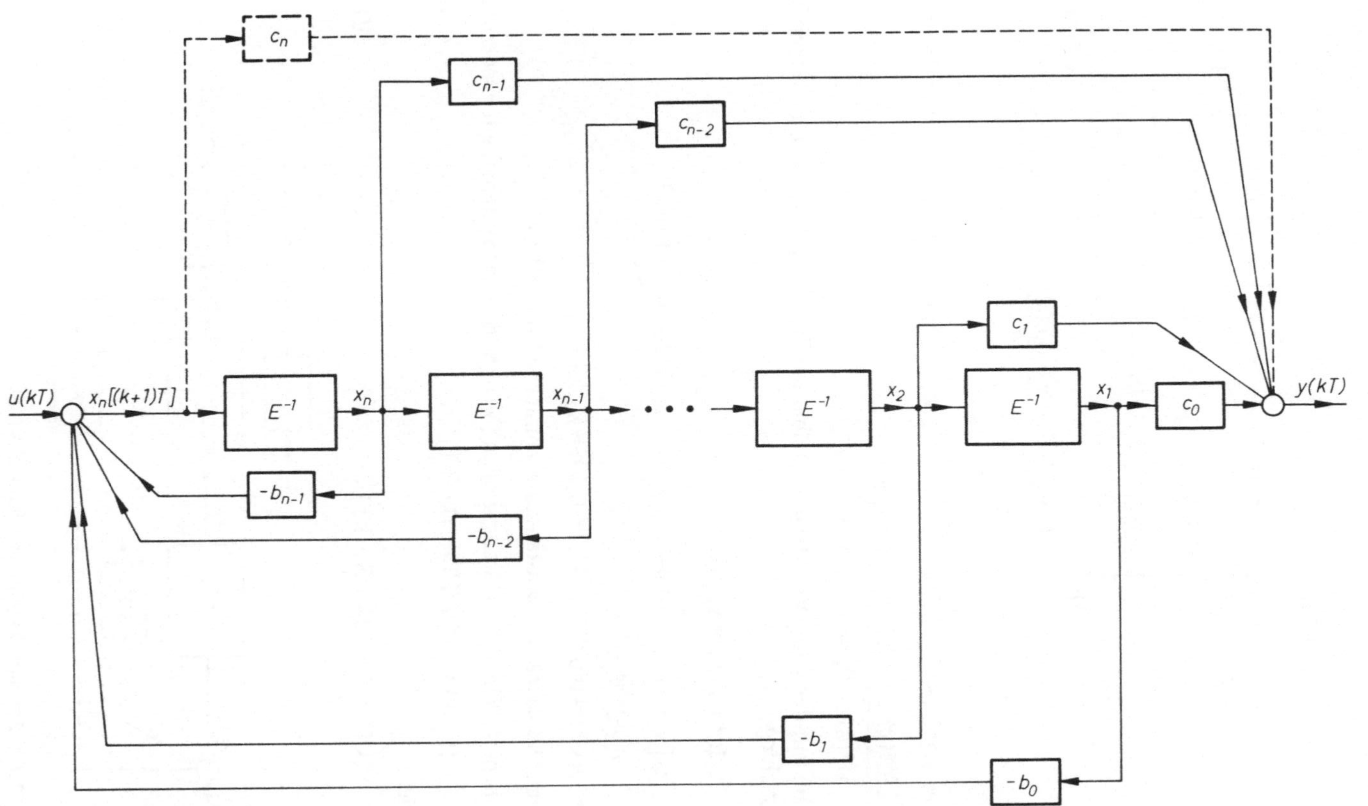

Bild VI.18. Zustandsdiagramm nach der direkten Darstellung

Mit Gl. (VI.141b) wird

$$Y^*(z) = [1 \quad 0] \begin{bmatrix} z - 0{,}6005 & -0{,}2325 \\ 0{,}4651 & z + 0{,}0972 \end{bmatrix}^{-1} \begin{bmatrix} 0{,}1998 \\ 0{,}2325 \end{bmatrix} U^*(z) =$$

$$= [1 \quad 0] \begin{bmatrix} \dfrac{z + 0{,}0972}{\Delta} & \dfrac{0{,}2325}{\Delta} \\ \dfrac{-0{,}4651}{\Delta} & \dfrac{z - 0{,}6005}{\Delta} \end{bmatrix} \begin{bmatrix} 0{,}1998 \\ 0{,}2325 \end{bmatrix} U^*(z),$$

wobei $\Delta = 0{,}0498 + 0{,}5033\, z + z^2$ ist. Die Übertragungsfunktion lautet daher

$$\frac{Y^*(z)}{U^*(z)} = \frac{0{,}0735 + 0{,}1998\, z}{0{,}0498 + 0{,}5033\, z + z^2},$$

woraus mit den Gln. (VI.170) unmittelbar die Zustandsgleichungen in der direkten Darstellung

$$x_1[(k+1)T] = x_2(kT),$$

$$x_2[(k+1)T] = -0{,}0498\, x_1(kT) - 0{,}5033\, x_2(kT) + u(kT)$$

und die Ausgangsgröße

$$y(kT) = 0{,}0735\, x_1(kT) + 0{,}1998\, x_2(kT)$$

• folgen. Das zugehörige Zustandsdiagramm zeigt Bild VI.19.

Für *mehrere* Ein- und Ausgangsgrößen (Mehrgrößenregelsysteme) gilt wiederum

$$\mathbf{x}[(k+1)T] = \mathbf{P}\,\mathbf{x}(kT) + \mathbf{Q}\,\mathbf{u}(kT) \qquad \text{(VI.131a)}$$

sowie

$$\mathbf{y}(kT) = \mathbf{R}\,\mathbf{x}(kT) + \mathbf{S}\,\mathbf{u}(kT) \qquad \text{(VI.131b)}$$

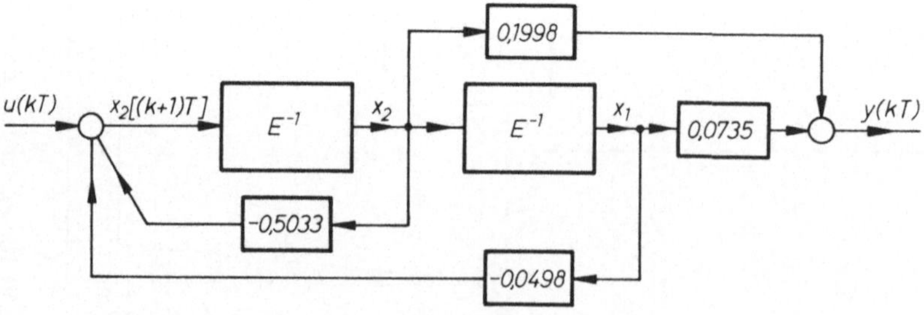

Bild VI.19. Zustandsdiagramm zu Beispiel VI.19

mit der n, n-*Systemmatrix* **P**, wobei n die Ordnung des Systems angibt, der n, m-*Eingangsmatrix* **Q**, der p, n-*Ausgangsmatrix* **R** und der p, m-*Durchgangsmatrix* **S**. Für reale Systeme ist m und $p \leqslant n$, d.h. die Anzahl der Eingangs- und Ausgangsgrößen ist kleiner oder gleich der Ordnung des Systems.

Die $\mathcal{Z}$-Transformation der Gln. (VI.131) liefert im Bildbereich

$$z\mathbf{X}^*(z) - z\,\mathbf{x}(0) = \mathbf{P}\mathbf{X}^*(z) + \mathbf{Q}\mathbf{U}^*(z) \qquad \text{(VI.171a)}$$

und

$$\mathbf{Y}^*(z) = \mathbf{R}\mathbf{X}^*(z) + \mathbf{S}\mathbf{U}^*(z). \qquad \text{(VI.171b)}$$

Aus Gl. (VI.171a) folgt

$$\mathbf{X}^*(z) = (z\mathbf{I} - \mathbf{P})^{-1}\mathbf{Q}\mathbf{U}^*(z) + (z\mathbf{I} - \mathbf{P})^{-1} z\,\mathbf{x}(0),$$

das in Gl. (VI.171b) eingesetzt zu der Beziehung

$$\mathbf{Y}^*(z) = \mathbf{R}(z\mathbf{I} - \mathbf{P})^{-1} z\,\mathbf{x}(0) + \mathbf{R}(z\mathbf{I} - \mathbf{P})^{-1}\mathbf{Q}\mathbf{U}^*(z) + \mathbf{S}\mathbf{U}^*(z)$$

führt. Ein energiefreies System wird daher durch

$$\mathbf{Y}^*(z) = [\mathbf{R}(z\mathbf{I} - \mathbf{P})^{-1}\mathbf{Q} + \mathbf{S}]\,\mathbf{U}^*(z) = \mathbf{G}^*(z)\,\mathbf{U}^*(z) \qquad \text{(VI.172a)}$$

beschrieben. Da es sich bei der Gleichung

$$\mathbf{Y}^*(z) = \mathbf{G}^*(z)\,\mathbf{U}^*(z) \qquad \text{(VI.172b)}$$

um eine Matrizengleichung handelt, darf natürlich die Multiplikationsreihenfolge nicht vertauscht werden, wie sofort die Darstellung

$$\begin{bmatrix} Y_1^*(z) \\ Y_2^*(z) \\ \cdot \\ \cdot \\ \cdot \\ Y_p^*(z) \end{bmatrix} = \begin{bmatrix} G_{11}^*(z) & G_{12}^*(z) & \dots & G_{1m}^*(z) \\ G_{21}^*(z) & G_{22}^*(z) & \dots & G_{2m}^*(z) \\ \cdot & \cdot & \cdot & \cdot \\ G_{p1}^*(z) & G_{p2}^*(z) & \dots & G_{pm}^*(z) \end{bmatrix} \begin{bmatrix} U_1^*(z) \\ U_2^*(z) \\ \cdot \\ \cdot \\ \cdot \\ U_m^*(z) \end{bmatrix} \qquad \text{(VI.172c)}$$

erkennen läßt. Wie aus Gl. (VI.172c) hervorgeht, charakterisiert $G_{ik}^*(z)$ die Übertragungsfunktion zwischen der i-ten Ausgangsgröße $Y_i^*(z)$ und der k-ten Eingangsgröße $U_k^*(z)$. Die Überlegungen, die wir in Abschnitt V.4 bezüglich der Mehrgrößensysteme anstellten, können teilweise auch auf Abtastsysteme übertragen werden. Es ist jedoch stets darauf zu achten, wo sich bei den Abtastsystemen die Schalter befinden, da diese jeweils die Übertragungsfunktion beeinflussen. Die Schalter sind es auch, die gegenüber den kontinuierlichen Systemen, die Anzahl der denkbaren Strukturen, sowohl bei synchroner als auch erst recht bei nichtsynchroner Abtastung, erheblich erhöht.

Wie schon vorher hervorgehoben, bestehen sowohl bei den klassischen Verfahren als auch bei der Darstellung im Zustandsraum weitgehende Analogien zwischen den linearen, kontinuierlichen und diskontinuierlichen Systemen. Die Vektorgleichungen führen jedoch oftmals zu einem erheblich geringeren Arbeitsaufwand, was vor allen Dingen bei Systemen höherer Ordnung hervortritt. Dies läßt sich z.B. besonders bei der Ableitung der Differenzengleichungen eines Abtastsystems aus den zugehörigen Differentialgleichungen erkennen; vergleiche hierzu die beiden Unterabschnitte VI.2.2 und VI.5.1. Wie wir wissen, beschreiben die Zustandsgleichungen nicht nur den vollständig steuer- und beobachtbaren Teil eines Systems. Sie stellen daher eine allgemeinere Beschreibungsform als die klassischen Verfahren dar und gewähren somit einen tieferen Einblick in das Systemverhalten.

6. Übungsaufgaben

VI.1. Berechne nach dem in Unterabschnitt VI.2.2 angegebenen Verfahren im Zeitbereich die Differenzengleichung des in Beispiel VI.1 behandelten Systems, wenn als Eingangsgröße der Rechteckimpuls

$$q(\tau) = \begin{cases} k & \text{für} \quad 0 \leqslant \tau < 0{,}5 \\ 0 & \text{für} \quad 0{,}5 \leqslant \tau < 1 \end{cases}$$

wirkt.

VI.2. Auf das in Bild Ü.II.1 dargestellte Netzwerk, das einmal mit und einmal ohne Verstärker betrachtet werden soll, wirke als Eingangsgröße $u_e(t) = x(t)$ die getastete Funktion $x(n)\,q(\tau) = x_n k\tau$ (k = const.). Wie lautet für die Ausgangsgröße $u_a(t) = y(t)$ die zugehörige Differenzengleichung des Abtastsystems? Führe die Berechnung nach dem in Unterabschnitt VI.2.2 angegebenen Verfahren im Zeitbereich durch.

VI.3. Die vollständigen Lösungen der folgenden Differenzengleichungen sind auf direktem Wege (ohne Z-Transformation) für $n \geqslant 0$ zu bestimmen:

a) $y(n+2) + 4y(n+1) + 29y(n) = 0$;

b) $y(n+3) + 3y(n+2) + 4y(n+1) + 2y(n) = (1+n^2)\,1(n)$
mit dem Anfangswert $y(0) = y(1) = y(2) = 0$;

c) $y(n+4) + 2y(n+3) + 3y(n+2) + 2y(n+1) + y(n) = 0$
mit den Anfangswerten $y(0) = y(1) = y(3) = 0$ und $y(2) = -1$;
welchen Wert hat $y(100)$?

d) $\Delta^3 y(n) = 0$ mit den Anfangswerten $y(0) = y(1) = 0$ und $y(2) = 1$;
welchen Wert hat $y(100)$?

VI.4. Die mit Null und Eins beginnende Zahlenfolge, in der jedes Glied gleich der Summe der beiden unmittelbar vorangehenden Glieder ist, also 0, 1, 1, 2, 3, 5, 8, 13, 21, ..., bezeichnet man als *Fibonacci*-Folge.

a) Gesucht ist die Darstellung für das allgemeine Glied der Folge.

b) Gib die allgemeine Lösung der *Fibonacci*-Folge an.

c) Welchen Wert hat y(100)?

VI.5. Berechne die folgenden elementaren Summationen:

a) $\sum_{\mu=0}^{n} \cos(\frac{a}{2} + a\mu)$; b) $\sum_{\mu=1}^{n} \frac{1}{\mu(\mu+1)}$; c) $\sum_{\mu=0}^{n} \operatorname{arc\,tg} \frac{1}{1+\mu(\mu+1)}$;

d) $\sum_{\mu=0}^{n} \mu^{(k)}$, wobei die verallgemeinerte Potenz für die natürliche Zahl k durch $\mu^{(k)} = \mu(\mu-1)\dots(\mu-k+1)$ definiert ist.

VI.6. Berechne mit Hilfe des Dämpfungssatzes (VI.37) die $\mathcal{Z}$-Transformierten der Zeitfolgen

a) sin bnT, b) cos bnT, c) sinh bnT,

d) cosh bnT, e) e^{cnT} sin bnT, f) e^{cnT} cos bnT

und gib für reelle Konstanten b und c den Konvergenzradius an. Gelten die abgeleiteten Beziehungen auch für komplexe b und c?

VI.7. Die Lösung der folgenden Differenzengleichungen sind mit Hilfe der $\mathcal{Z}$-Transformation zu berechnen.

a) $y(n+2) + 3y(n+1) + 2y = 0$, $y(0) = 1$, $y(1) = 2$;

b) $y(nT+2) - 4y(nT) = 0$, $y(0) = 1$, $y(T) = 0$;

c) $y(n+1) - y(n) = 2n + 1$, $y(0) = c$;

d) die Gleichungen der Übungsaufgabe VI.3.

VI.8. Berechne die Übertragungsfunktion

$$F^*(z) = \frac{X^*(z)}{W^*(z)}$$

der in Bild Ü.VI.1 dargestellten Regelkreisstrukturen. Wodurch unterscheiden sich die Ergebnisse von dem des in Bild VI.12 dargestellten Regelkreises?

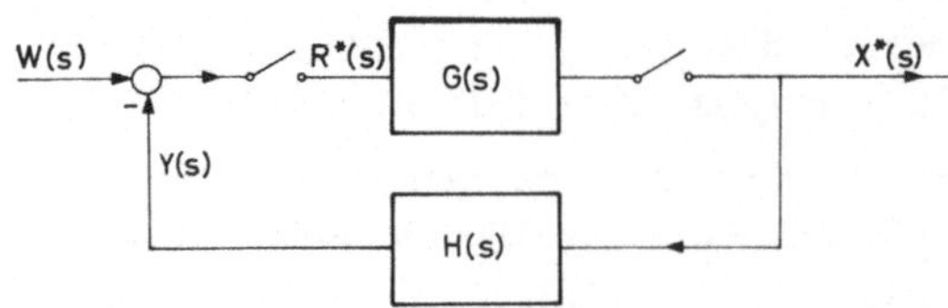

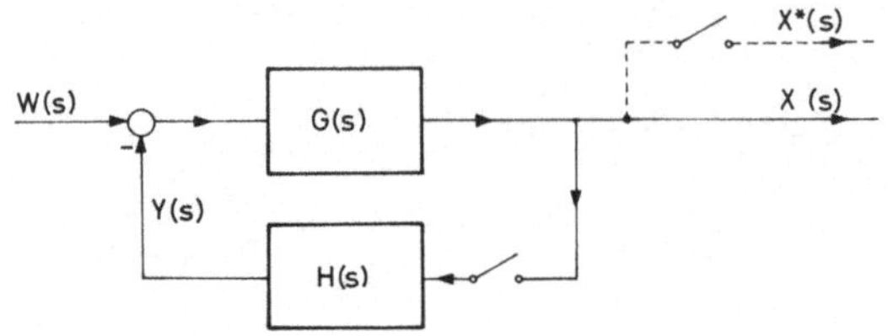

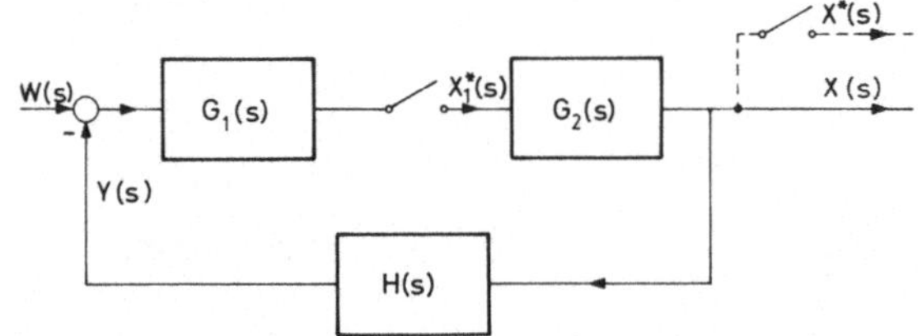

Bild Ü.VI.1

VI.9. Der in Bild VI.12 dargestellte Abtastregelkreis sei durch

$$G(s) = \frac{1}{s^2(s+5)}, \quad H(s) = 1 \text{ und } T = 1$$

charakterisiert.

a) Wie lautet für eine sprungförmige Eingangsgröße $X^*(z)$?

b) Berechne die Sprungantwort $x(nT)$.

c) Welchen Wert nimmt die Sprungantwort für $n \to \infty$ an?

VI.10. Für die Abtastperioden $T = 0{,}1$; 1; 2 und 4 sind jeweils die Sprungantworten $x(nT)$ des in Bild VI.12 skizzierten Abtastregelkreises zu ermitteln, wenn $H(s) = 1$ gewählt wird und $G(s) = G_H(s)\,G_1(s)$ aus einem Halteglied sowie einem nachgeschalteten Block $G_1(s) = \frac{1}{s(s+1)}$ besteht. Außerdem sind mit Hilfe der modifizierten $\mathcal{Z}$-Transformation einige Zwischenwerte der Sprungantwort zu berechnen. Vergleiche diese Ergebnisse mit dem entsprechenden kontinuierlichen Regelkreis, d.h., im Vorwärtszweig ist der Abtaster mit Halteglied nicht vorhanden. Welche Schlüsse lassen sich bezüglich des dynamischen Verhaltens in diesem Fall für die verschiedenen Abtastperioden T ziehen?

VI.11. a) Ermittle die Sprungantwort $x(nT)$ des in Bild VI.12 dargestellten Abtastregelkreises, wenn die Abtastperiode $T = 0{,}2$ und $G(s) = \frac{K}{s(s + 0{,}1)}$ mit $K = 2$ sowie $H(s) = 1$ gewählt werden.

b) Welchen Wert nimmt die Sprungantwort für $n \to \infty$ an?

c) Für welche Werte von K ist das betrachtete System stabil?

d) Berechne außerdem mit Hilfe der modifizierten $\mathcal{Z}$-Transformation einige Zwischenwerte.

VI.12. Berechne die Sprungantworten des in Bild VI.12 dargestellten Regelkreises mit $H(s) = 1$ und $G(s) = \frac{5}{s(1 + 0{,}2\,s)}$ für die folgenden Fälle:

a) Kontinuierliches System ($T = 0$) mit $G(s)$ als Übertragungsfunktion des offenen Kreises.

b) Abtastregelkreis mit $T = 1$.

c) Abtastregelkreis mit $T = 1$, wenn nach dem Abtaster ein Halteglied nullter Ordnung eingefügt wird.

d) Welchen Effekt bezüglich der Stabilität bewirkt in dem Abtastregelkreis die Abtastung? (Fall b)

e) Welchen Einfluß hat das (zusätzliche) Halteglied auf das Stabilitätsverhalten?

VI.13. Die inversen $\mathcal{Z}$-Transformationen von

$$G^*(z) = \frac{z^2(z + 1)(1 - \cos 20T)}{(z - 1)^2(z^2 - 2z\cos 20T + 1)} \qquad (T = 0{,}1) \qquad \text{und}$$

$$G^*(z) = \frac{z(z^2 + 2z + 1)}{(z^2 - z + 1)(z^2 + z + 2)}$$

sind auf folgende Weise zu berechnen:

a) Durch Partialbruchentwicklung;

b) durch Berechnung des komplexen Umkehrintegrals;

c) durch Potenzreihenentwicklung.

VI.14. Berechne mit Hilfe der Faltung (durch Aufspaltung in einfachere Ausdrücke, deren Korrespondenzen bekannt sind) die zu den Bildfunktionen

a) $F^*(z) = \dfrac{z^2}{(z - e^a)(z - e^b)}$ und

b) $F^*(z) = \dfrac{e^T T^2 z^2}{(z - 1)^2(z - e^T)^2}$

gehörigen Originalfolgen und bringe die Lösung auf eine geschlossene Form.

VI.15. Die Bildfunktion der Folge ne^{an} ist mit Hilfe der Beziehung für die $\mathcal{Z}$-Transformation des Produktes zweier Zeitfolgen zu berechnen.

VI.16. Bestimme die Summierung der endlichen Reihe

$$\sum_{\mu=0}^{n-1} a^{\mu} \sin^2 b\mu$$

mit Hilfe der $\mathcal{Z}$-Transformation. Hierzu ist es zweckmäßig, von Gl. (VI.114b) und der $\mathcal{Z}$-Transformation zweier Zeitfolgen auszugehen.

VI.17. Das in Bild VI.9 dargestellte Abtastsystem sei durch

a) $G(s) = \dfrac{s}{(s+a)^2 + b^2}$, b) $G(s) = \dfrac{a^2 + b^2}{s[(s+a)^2 + b^2]}$,

c) $G(s) = \dfrac{1}{s^2 (s+a)^2}$, d) $G(s) = \dfrac{s+b}{s^2 (s+a)}$

charakterisiert. Wie lauten die entsprechenden modifizierten $\mathcal{Z}$-Transformierten $G^*(z, \tau)$?

VI.18. Der Abtastregelkreis Bild VI.12 besitze die Übertragungsfunktionen

$$G(s) = \frac{1 - e^{-Ts}}{s} \, \frac{1}{s+1} \, e^{-1,25\,sT} \quad \text{und } H(s) = 1.$$

a) Für T = 1 ist die modifizierte $\mathcal{Z}$-Transformierte

$$F^*(z, \tau) = \frac{X^*(z, \tau)}{W^*(z)}$$

zu bestimmen.

b) Berechne bei einer sprungförmigen Eingangsgröße den Ausgangsverlauf $X^*(z, \tau)$ und trage diesen für die ersten sieben Abtastperioden auf.

VI.19. Der Einschwingvorgang $x(nT)$ bzw. $x(nT + \tau T)$ ist für das in Bild VI.9 dargestellte Abtastsystem mit $T = 2$,

$$G(s) = \frac{0,5}{s(s+0,5)} \quad \text{und} \quad W(s) = \frac{1}{s} \quad \text{gesucht.}$$

a) Zeichne das Einschwingverhalten des Abtastsystems ohne Halteglied.

b) Wie ändert sich der Verlauf des Einschwingvorganges, wenn nach dem Taster zusätzlich ein Halteglied nullter Ordnung eingefügt wird?

c) Anstelle der Impuls- bzw. Treppenfunktion werde das System G(s) mit Impulsen endlicher Breite der Form $m(t) = 1 - \frac{t}{T}$ beaufschlagt. Berechne durch Einfügen eines entsprechenden Impulsverformungsgliedes das zugehörige Einschwingverhalten.

VI.20. Betrachte das in Beispiel VI.10 bzw. VI.11 behandelte Abtastsystem. Für eine rampenförmige Eingangsgröße $W^*(z)$ soll ein Kompensationsglied $D^*(z)$ so entworfen werden, daß das System auch für die Zwischenwerte $0 \leqslant \tau < 1$ die kürzeste „Einstellzeit" aufweist (endliche Einstellzeit). Zeichne das Übergangsverhalten.

VI.21. Berechne für das in Bild VI.15 dargestellte Abtastsystem $G(s) = \frac{4}{s(s+2)}$ das Kompensationsglied $D^*(z)$, damit für eine sprungförmige Eingangsgröße das System die kürzeste endliche Einstellzeit aufweist, die auch für die Zwischenwerte $0 \leqslant \tau < 1$ gelten soll.

VI.22. Beschreiben die folgenden Differenzengleichungen stabile oder instabile Systeme?

a) $0{,}7\,x(n+5) + 2\,x(n+4) + 0{,}8\,x(n+3) - 5\,x(n+2) + 2\,x(n+1) - x(n) = 0;$

b) $8\,x(n+5) + 5{,}3\,x(n+4) + 3\,x(n+3) + 2{,}8\,x(n+2) + 1{,}9\,x(n+1)$
$+ 0{,}7\,x(n) = 22\,y(n) + 3\,y(n+1);$

c) $2\,x(n+5) + 0{,}1\,x(n+4) - 12\,x(n+3) - 0{,}4\,x(n+1) + x(n) = \sin n + e^{n+1};$

d) $1{,}0\,x(n+5) - 5{,}2\,x(n+4) + 2{,}5\,x(n+3) + 2{,}8\,x(n+2) - 0{,}4\,x(n) = 0;$

e) $10\,x(n+5) - 25\,x(n+4) + 28{,}3\,x(n+3) - 18{,}19\,x(n+2) + 6{,}34\,x(n+1) -$
$- 0{,}91\,x(n) = 0;$

f) $x(n+5) + 0{,}8\,x(n+4) - 2{,}54\,x(n+3) - 4{,}46\,x(n+2) - 2{,}42\,x(n+1)$
$- 0{,}2\,x(n) = y(n);$

g) $2{,}4\,x(n+5) + 4{,}6\,x(n+4) - 2{,}3\,x(n+2) - 1{,}4\,x(n+1) - 0{,}7\,x(n) = 0.$

VI.23. Der in Bild VI.12 dargestellte Abtastregelkreis sei durch die Größen

$$G(s) = G_H(s)\,G_1(s) = \frac{1-e^{-Ts}}{s}\,\frac{K}{s(s+1)}\,e^{-1{,}25\,Ts},$$

$H(s) = 1$ und $T = 1$

charakterisiert. Prüfe das Stabilitätsverhalten des Regelkreises für $K = 0{,}5$ und $K = 1$.

VI.24. Der in Bild VI.12 dargestellte Abtastregelkreis sei durch die Größen

$$G(s) = G_H(s)\,G_1(s) = \frac{1-e^{-Ts}}{s}\,\frac{K}{s(s+b)^2} \quad \text{und} \quad H(s) = 1$$

charakterisiert.

a) Wie lautet die charakteristische Gleichung des Regelkreises?

b) Für welche K ist der Regelkreis stabil, wenn $T = 0{,}5$ und $b = 2$ zugrunde gelegt werden?

VI.25. Für das in Übungsaufgabe VI.10 gegebene System sind die zu den verschiedenen Werten T gehörigen Zustandsgleichungen aufzustellen.

VI.26. Gegeben sind die Vektordifferentialgleichungen

a) $$\begin{bmatrix} \dot{x}_1(t) \\ \dot{x}_2(t) \end{bmatrix} = \begin{bmatrix} 0 & 1 \\ 0 & -2 \end{bmatrix} \begin{bmatrix} x_1(t) \\ x_2(t) \end{bmatrix} + \begin{bmatrix} 0 \\ 1 \end{bmatrix} u(t) \qquad \text{und}$$

b) $$\begin{bmatrix} \dot{x}_1(t) \\ \dot{x}_2(t) \\ \dot{x}_3(t) \end{bmatrix} = \begin{bmatrix} 0 & 1 & 0 \\ 0 & 0 & 1 \\ -6 & -11 & -6 \end{bmatrix} \begin{bmatrix} x_1(t) \\ x_2(t) \\ x_3(t) \end{bmatrix} + \begin{bmatrix} 0 \\ 0 \\ 1 \end{bmatrix} u(t).$$

Wie lautet die zugehörige Vektordifferenzengleichung, wenn das entsprechende Abtastsystem ein Halteglied nullter Ordnung enthält.

VI.27. Auf das durch die Differentialgleichung

$\ddot{x} + 5\dot{x} + 6x = u(t)$

beschriebene System wirke als Eingangsgröße einmal

1. $u(t) = 4^t \, \delta_T(t)$

   und zum anderen

2. $u(t) = 4^k$ für $kT \leqslant t < (k+1)T$ $\qquad k = 0, 1, \dots$.

a) Gib für beide Fälle die zugehörigen Differenzengleichungen an.

b) Wie lautet im Fall der zweiten Eingangsgröße die Fundamentalmatrix $\underline{\psi}(kT)$ für $T = 1$?

c) Berechne für die in b) angegebenen Bedingungen die Ausgangsgröße $x(kT + \Delta T)$.

VI.28. Die Sprungantworten y(k) der durch die Differenzengleichungen bzw. durch die Matrizen

a) $y(k+2) + 5\,y(k+1) + 6\,y(k) = 1(t)$,

b) $y(k+1) - 3\,y(k) + 2\,y(k-1) = 1 + ak$

c) $$\mathbf{P} = \begin{bmatrix} -0{,}7 & 1 \\ -0{,}12 & 0 \end{bmatrix}, \qquad \mathbf{q} = \begin{bmatrix} 0 \\ 1 \end{bmatrix}, \qquad \mathbf{r} = \begin{bmatrix} 1 \\ -1 \end{bmatrix} \quad \text{und } s_{11} = 0$$

charakterisierten Systeme sind für $k \geqslant 0$ auf folgende Weise zu berechnen (lege allgemeine Anfangswerte zugrunde):

1. Klassische Lösung im Zeitbereich.
2. Lösung mittels Z-Transformation.
3. Berechnung der Zustandsgleichung im Zeitbereich.
4. Berechnung der Zustandsgleichung im Bildbereich.

Bringe für jedes dieser Systeme die Lösungen auf die gleiche Form. Berechne außerdem für die Fälle a) bis c) die Fundamentalmatrix $\underline{\psi}(k)$ einmal im Zeit- und einmal im Bildbereich.

VI.29. Der in Bild VI.12 dargestellte Abtastregelkreis sei durch die Größen

$$G(s) = G_H(s)\,G_1(s) = \frac{1 - e^{-Ts}}{s}\,\frac{K}{s(s+a)} \quad \text{und} \quad H(s) = s + b$$

charakterisiert. Gib eine geeignete Zustandsdarstellung für das Abtastsystem an.

VI.30. Wie lauten für die direkte, parallele und kettenförmige Darstellung die Zustandsgleichungen der durch die folgenden z-Übertragungsfunktionen

$$\text{a)}\ \frac{z^2 - 2z + 1}{(z+2)(z+3)}, \qquad \text{b)}\ \frac{z+3}{(z+1)^2(z+2)}, \qquad \text{c)}\ \frac{z+2}{z^3 + 7z^2 + 14z + 8}$$

vollständig charakterisierten Systeme? Zeichne die entsprechenden Zustandsdiagramme.

VI.31. Zeichne ein Zustandsdiagramm für die folgenden Systeme:

a) $y(n+1) - 2y(n)\cosh a + y(n-1) = u(n)$;

b) $\Delta^2 y(n) + 10\,\Delta y(n) + y(n) = u(n)$;

c) $y_1(n+2) + 2y_1(n+1) + 2y_1(n) + 3y_2(n+1) = u_1(n)$
$4y_1(n) + y_2(n+2) + 2y_2(n+1) + y_2(n) + 4y_1(n) = u_2(n)$.

VI.32. Berechne einen Satz von zugehörigen Matrizen **P, Q, R** und **S** für das folgende System:

$$Y_1^*(z) = \frac{z}{(z+1)(z+2)}\,U_1^*(z) + \frac{1}{z+2}\,U_2^*(z)$$

$$Y_2^*(z) = \frac{z^2}{(z+1)(z+3)}\,U_1^*(z) + 4\,U_2^*(z).$$

Gib außerdem eine Blockschaltbilddarstellung und ein zugehöriges Zustandsdiagramm des Systems an.

VI.33. Gib ein Zustandsdiagramm für das durch die Differenzengleichungen

$$2y_1(nT+T) + y_2(nT) = u_1(nT) + 2u_2(nT)$$

$$3y_1(nT+T) + y_2(nT+2T) + 2y_2(nT) = u_1(nT) + 2u_2(nT+T) + 4u_2(nT)$$

charakteriserte System an.

VI.34. Ist das durch die Differenzengleichungen

$$x_1(n+1) = x_2(n) + 7u(n),$$

$$x_2(n+1) = x_3(n) + 3u(n),$$

$$x_3(n+1) = \frac{1}{24}x_1(n) - \frac{9}{24}x_2(n) + \frac{26}{24}x_3(n) + \frac{4}{3}u(n) \qquad \text{und}$$

$$y(n) = 3x_1(n) - 17x_2(n) + 24x_3(n)$$

vollständig steuer- und beobachtbar?

VI.35. Die vollständige Steuerbarkeit des Systems

$$\begin{bmatrix} x_1(n+1) \\ x_2(n+1) \end{bmatrix} = \begin{bmatrix} 1 & 0{,}632 \\ 0 & 0{,}368 \end{bmatrix} \begin{bmatrix} x_1(n) \\ x_2(n) \end{bmatrix} + \begin{bmatrix} 0{,}368 \\ 0{,}632 \end{bmatrix} u(n)$$

ist einmal mit Hilfe von Satz VI.10 und zum anderen durch Berechnung der Vektoren $\mathbf{e}_1$ und $\mathbf{e}_2$ zu zeigen.

VI.36. Unter welchen Voraussetzungen ist das in Bild VI.9 dargestellte System mit

$$G(s) = \frac{\beta}{(s+a)^2 + \beta^2}$$

vollständig steuer- und beobachtbar?

VI.37. Ein System werde durch die Differenzengleichung

$$y(n+2) - \frac{5}{2}y(n+1) + \frac{3}{2}y(n) = (2)^{4-n}\, 7u(n+1) - (2)^{4-n}\, 19u(n)$$

beschrieben. Gib eine Darstellung des Systems durch Zustandsgleichungen an. Wie lauten die zugehörigen Systemmatrizen, und welche Form hat die (Vektor-) Lösung?

VI.38. Die Systemmatrix $\mathbf{A}(nT)$ eines zeitabhängigen Systems sei durch die Summe von einer konstanten Matrix $\mathbf{A}_0$ und der zeitabhängigen Matrix $\mathbf{A}_1(nT)$ darstellbar, d.h., es gilt

$$\mathbf{x}[(n+1)T] = [\mathbf{A}_0 + \mathbf{A}_1(nT)]\,\mathbf{x}(nT).$$

Wenn der „Einfluß" der Matrix $\mathbf{A}_1(nT)$ „klein" gegenüber der konstanten Matrix $\mathbf{A}_0$ ist, dann kann man den Anteil

$$\mathbf{A}_1(nT)\,\mathbf{x}(nT) = \mathbf{u}(nT)$$

als Eingangsgröße ansehen. Leite durch sukzessive Approximation ein diskretes Analogon zu der Reihendarstellung Gl. (III.75) her. Wenn $\mathbf{A}_1(nT)$ eine kleine Störung bezüglich $\mathbf{A}_0$ darstellt, dann konvergiert diese Matrizenreihe relativ schnell.

Anhang A

1. Eigenschaften der L-Transformation

a) Linearität

$$L\{K_1 x_1(t) + K_2 x_2(t)\} = K_1 L\{x_1(t)\} + K_2 L\{x_2(t)\}$$

sowie

$$L^{-1}\{K_1 X_1(s) + K_2 X_2(s)\} = K_1 L^{-1}\{X_1(s)\} + K_2 L^{-1}\{X_2(s)\}$$

b) Erster Verschiebungssatz

$$L\{f(t-a)\} = e^{-as} F(s), \qquad (a > 0,\ \text{reell})$$

c) Zweiter Verschiebungssatz

$$L\{f(t+a)\} = e^{as}[F(s) - F_a(s)] \qquad (a > 0,\ \text{reell}),$$

mit $F_a(s)$ der „endlichen L-Transformierten" von 0 bis a.

d) Ähnlichkeitssatz

$$L\{f(at)\} = \frac{1}{a} F\left(\frac{s}{a}\right) \qquad (a > 0,\ \text{reell})$$

oder

$$L\left\{f\left(\frac{t}{a}\right)\right\} = a\, F(as)$$

e) Dämpfungssatz

$$L\{e^{-at} f(t)\} = F(s+a)$$

f) Differentiation im Originalraum

$$L\left\{\frac{d^n f(t)}{dt^n}\right\} = s^n F(s) - \sum_{k=0}^{n-1} f^{(k)}(+0)\, s^{n-k-1}$$

g) Integration im Originalraum

$$L\left\{\left(\int_0^t d\tau\right)^n f(\tau)\right\} = \frac{1}{s^n} F(s)$$

h) Faltung

$$L^{-1}\{F_1(s)\ F_2(s)\} = \int_0^t f_1(t-\tau)\, f_2(\tau)\, d\tau = \int_0^t f_1(\tau)\, f_2(t-\tau)\, d\tau$$

i) Differentiation im Bildraum

$$\mathcal{L}^{-1}\left\{\frac{d^nF(s)}{ds^n}\right\} = (-1)^n\, f(t)$$

k) Integration im Bildraum

$$\mathcal{L}^{-1}\left\{\left(\int_s^{\infty} dp\right)^n F(p)\right\} = \frac{f(t)}{t^n}$$

l) Komplexe Faltung

$$\mathcal{L}\,\{f_1(t)\, f_2(t)\} = \frac{1}{2\pi i}\int_{c-i\infty}^{c+i\infty} F_1(s-w)\, F_2(w)\, dw = \frac{1}{2\pi i}\int_{c-i\infty}^{c+i\infty} F_1(w)\, F_2(s-w)\, dw$$

m) Grenzwertsätze – Existenz von $f(+0)$ bzw. $f(\infty)$ vorausgesetzt –

α) Endwertsatz

$$\lim_{s\to 0} sF(s) = \lim_{t\to\infty} f(t)$$

β) Anfangswertsatz

$$\lim_{s\to\infty} sF(s) = f(+0)$$

2. Transformationstabelle

$f(t)$	$F(s)$
$1(t)$	$\frac{1}{s}$
t	$\frac{1}{s^2}$
t^n	$\frac{n!}{s^n}$
e^{-at}	$\frac{1}{s+a}$
$1-e^{-\frac{t}{T}}$	$\frac{1}{s(s+Ts)}$
te^{-at}	$\frac{1}{(s+a)^2}$
t^2e^{-at}	$\frac{2}{(s+a)^3}$

$\dfrac{e^{-\frac{t}{a}} - e^{-\frac{t}{b}}}{a-b}$	$\dfrac{1}{(1+as)(1+bs)}$	
$(1-at)\,e^{-at}$	$\dfrac{s}{(s+a)^2}$	
$\dfrac{1}{\omega}\,e^{-D\omega_0 t}\,\sin\,\omega t$	$\dfrac{1}{s^2+2D\omega_0 s+\omega_0^2}$	$\left(0 \leqslant D < 1 \quad \omega = \omega_0\sqrt{1-D^2}\right)$
$\sin bt$	$\dfrac{b}{s^2+b^2}$	
$\cos bt$	$\dfrac{s}{s^2+b^2}$	
$t\sin bt$	$\dfrac{2bs}{(s^2+b^2)^2}$	
$t\cos bt$	$\dfrac{s^2-b^2}{(s^2+b^2)^2}$	
$e^{-at}\sin bt$	$\dfrac{b}{(s+a)^2+b^2}$	
$e^{-at}\cos bt$	$\dfrac{s+a}{(s+a)^2+b^2}$	
$e^{-at}\,t\sin bt$	$\dfrac{2b(s+a)}{[(s+a)^2+b^2]^2}$	
$e^{-at}\,t\cos bt$	$\dfrac{(s+a)^2-b^2}{[(s+a)^2+b^2]^2}$	
$\sinh bt$	$\dfrac{b}{s^2-b^2}$	
$\cosh bt$	$\dfrac{s}{s^2-b^2}$	
t^a	$\dfrac{\Gamma(a+1)}{s^{a+1}}$	$(a > -1)$
$\dfrac{e^{-at}-e^{-bt}}{t}$	$\log\dfrac{s+b}{s+a}$	$(a > b > 0,\ \text{reell})$
$\dfrac{\sin kt}{t}$	$\arctan\dfrac{k}{s}$	$(k = \text{const., reell})$

$\mathrm{Si}(kt)$	$\frac{1}{s} \arctan \frac{k}{s}$
$J_0(t)$	$\frac{1}{\sqrt{s^2+1}}$
$\frac{1}{\sqrt{t}}$	$\sqrt{\frac{\pi}{s}}$
$\frac{1}{t+a}$	$-e^{as}\,\mathrm{Ei}(-as)$

Verallgemeinerte Funktionen:

$\delta(t)$	1
$\delta(t-t_0)$	e^{-st_0}
$\delta^{(n)}(t)$	s^{n-1}
$\delta^{(n)}(t-t_0)$	$s^{n-1}\,e^{-st_0}$

Anhang B

1. Eigenschaften der $\mathcal{Z}$-Transformation

a) Linearität

$$\mathcal{Z}\{K_1 x_1(nT) + K_2 x_2(nT)\} = K_1\ \mathcal{Z}\{(x_1(nT)\} + K_2\ \mathcal{Z}\{x_2(nT)\}$$

sowie

$$\mathcal{Z}^{-1}\{K_1 X_1^*(z) + K_2 X_2^*(z)\} = K_1\ \mathcal{Z}^{-1}\{X_1^*(z)\} + K_2\ \mathcal{Z}^{-1}\{X_2^*(z)\}$$

mit K_1 und $K_2 = \mathrm{const.}$

b) Erster Verschiebungssatz

$$\mathcal{Z}\{f(nT-kT)\} = z^{-k}\ F^*(z),$$

wenn $f(nT) = 0$ für $n < 0$ gesetzt wird.

c) Zweiter Verschiebungssatz

$$\mathcal{Z}\{f(nT+kT)\} = z^k \left[F^*(z) - \sum_{n=0}^{k-1} f(nT)\, z^{-n}\right]$$

d) Ähnlichkeitssatz

$$\mathcal{Z}\{a^{nT} f(nT)\} = F^*\left(\frac{z}{a}\right)$$

oder

$$\mathcal{Z}\{a^{-nT} f(nT)\} = F^*(az) \qquad (a = \text{const.})$$

und speziell

e) Dämpfungssatz

$$\mathcal{Z}\{e^{-anT} f(nT)\} = F^*(e^{aT} z)$$

f) Differenzenbildung

$$\mathcal{Z}\{\Delta^k f(nT)\} = (z-1)^k F^*(z) - z \sum_{i=0}^{k-1} (z-1)^{k-i-1} \Delta^i f_0$$

$\Delta^i f_0$ ist die i-te Differenz für $n = 0$ und $\Delta^0 f_0 = f_0$

g) Faltungssatz

$$\mathcal{Z}^{-1}\{X_1^*(z)\, X_2^*(z)\} = \sum_{\nu=0}^{n} x_1(nT-\nu T)\, x_2(\nu T) = \sum_{\nu=0}^{n} x_2(nT-\nu T)\, x_1(\nu T)$$

h) Komplexe Faltung

$$\mathcal{Z}\{f_1(nT)\, f_2(nT)\} = \frac{1}{2\pi i} \oint_\Gamma w^{-1} F_1^*(w)\, F_2^*\left(\frac{z}{w}\right) dw =$$

$$= \frac{1}{2\pi i} \oint_\Gamma w^{-1} F_1^*\left(\frac{z}{w}\right) F_2^*(w)\, dw$$

i) Grenzwertsätze – Existenz von $f(0)$ und $f(\infty)$ vorausgesetzt –

α) Endwertsatz

$$\lim_{z\to 1} \frac{z-1}{z} F^*(z) = \lim_{n\to\infty} f(nT)$$

β) Anfangswertsatz

$$\lim_{z\to\infty} F^*(z) = f(0)$$

2. Transformationstabelle

f(t) für $t = nT$ bzw. $t = nT + \tau T$, $n = 0, 1, 2, \ldots$ $0 \leqslant \tau < 1$	$F^*(z)$	$F^*(z, \tau)$ $0 \leqslant \tau < 1$
$1(t)$	$\frac{z}{z-1}$	$\frac{z}{z-1}$
t	$\frac{Tz}{(z-1)^2}$	$\frac{Tz(1-\tau+\tau z)}{(z-1)^2}$
t^2	$\frac{T^2 z(z+1)}{(z-1)^3}$	$T^2 z\left[\frac{2}{(z-1)^3} + \frac{2\tau+1}{(z-1)^2} + \frac{\tau^2}{z-1}\right]$
t^3	$\frac{T^3 z(z^2+4z+1)}{(z-1)^4}$	$T^3 z\left[\frac{6}{(z-1)^4} + \frac{6\tau+6}{(z-1)^3} + \frac{3\tau^2+3\tau+1}{(z-1)^2} + \frac{\tau^3}{z-1}\right]$
a^t	$\frac{z}{z-a^T}$	$a^{\tau T}\,\frac{z}{z-a^T}$
e^{-at}	$\frac{z}{z-e^{-aT}}$	$\frac{z\,e^{-a\tau T}}{z-e^{-aT}}$
$t\,e^{-at}$	$\frac{Tze^{-aT}}{(z-e^{-aT})^2}$	$\frac{Tze^{-a\tau T}[\tau z+(1-\tau)e^{-aT}]}{(z-e^{-aT})^2}$
$t^2\,e^{-at}$	$\frac{e^{-aT}T^2 z(z+e^{-aT})}{(z-e^{-aT})^3}$	$e^{-a\tau T}T^2 z\left[\frac{2e^{-2aT}}{(z-e^{-aT})^3} + \frac{(2\tau+1)e^{-aT}}{(z-e^{-aT})^2} + \frac{\tau^2}{z-e^{-aT}}\right]$
$\sin bt$	$\frac{z\sin bt}{z^2-2z\cos bt+1}$	$\frac{z^2\sin b\tau T + z\sin(1-\tau)bT}{z^2-2z\cos bT+1}$

$\cos bt$	$\dfrac{z(z-\cos bT)}{z^2-2z\cos bT+1}$	$\dfrac{z^2\cos b\tau T - z\cos(1-\tau)bT}{z^2-2z\cos bT+1}$
$e^{-at}\sin bt$	$\dfrac{ze^{-aT}\sin bT}{z^2-2ze^{-aT}\cos bT+e^{-2aT}}$	$\dfrac{ze^{-a\tau T}[z\sin b\tau T+e^{-aT}\sin(1-\tau)bT]}{z^2-2ze^{-aT}\cos bT+e^{-2aT}}$
$e^{-at}\cos bt$	$\dfrac{z(z-e^{-aT}\cos bT)}{z^2-2ze^{-aT}\cos bT-e^{-2aT}}$	$\dfrac{ze^{-a\tau T}[z\cos b\tau T-e^{-aT}\cos(1-\tau)bT]}{z^2-2ze^{-aT}\cos bT+e^{-2aT}}$
$\sinh bt$	$\dfrac{z\sinh bT}{z^2-2z\cosh bT+1}$	$\dfrac{z^2\sinh b\tau T - z\sinh(1-\tau)bT}{z^2-2z\cosh bT+1}$
$\cosh bt$	$\dfrac{z(z-\cosh bT)}{z^2-2z\cosh bT+1}$	$\dfrac{z^2\cosh b\tau T - z\cosh(1-\tau)bT}{z^2-2z\cosh bT+1}$
$1(t-T)$	$\dfrac{1}{z-1}$	
$1(t-kT) \qquad k=1,2,\ldots$	$z^{-k}\dfrac{z}{z-1}=\dfrac{1}{z^{k-1}(z-1)}$	
$1(t)-1(t-T)$	1	
$1(t-T)-1(t-2T)$	$\dfrac{1}{z}$	
$1(t-kT)-1(t-[k+1]T)$	$\dfrac{1}{z^k}$	

Literatur

[1] *Duschek, A.:* Vorlesung über höhere Mathematik. Bd. I bis IV. Springer-Verlag, Wien 1950 bis 1961.

[2] *Smirnow, W.I.:* Lehrgang der höheren Mathematik. Teil I bis V. VEB Deutscher Verlag der Wissenschaften, Berlin 1954 bis 1962.

[3] *Wunsch, G.:* Moderne Systemtheorie, Akademische Verlagsgesellschaft Geest und Portig, Leipzig 1962.

[4] *Ralson, A.* und *Wilf, H.:* Mathematical Methods for Digital Computers. John Wiley and Sons Inc., New York, London 1960.

[5] *Berezin, I.S.* und *Zhidkov, N.P.:* Computing Methods. Volume I und II. Pergamon Press, Oxford, London, Edinburgh, New York, Paris, Frankfurt 1965.

[6] *Collatz, L.:* Differentialgleichungen für Ingenieure. B.G. Teubner Verlagsgesellschaft, Stuttgart 1960.

[7] *Pontrjagin, L.S.:* Gewöhnliche Differentialgleichungen. VEB Deutscher Verlag der Wissenschaften, Berlin 1965

[8] *Kaplan, W.:* Ordinary Differential Equations. Addison-Wesley Publishing Co., Reading (Mass.), Palo Alto, London 1962.

[9] *Kamke, E.:* Differentialgleichungen. Teil I. Gewöhnliche Differentialgleichungen. Akademische Verlagsgesellschaft Geest und Portig K.G., Leipzig 1962.

[10] *Coddington, E.A.* und *Levinson, N.:* Theory of Ordinary Differential Equations. Mc Graw-Hill Book Comp., New York, Toronto, London 1955.

[11] *Kaplan, W.:* Operational Methods for Linear Systems. Addison-Wesley Publishing Co., Reading (Mass.), Palo Alto, London 1962.

[12] *Beckenbach, E.F.* (Herausgeber): Modern Mathematics for the Engineer, Second Series. McGraw-Hill Book Comp., New York, Toronto, London 1961.

[13] *Neumark, M.A.:* Lineare Differentialoperatoren. Akademie Verlag, Berlin 1960.

[14] *Berg, L.:* Einführung in die Operatorenrechnung. VEB Deutscher Verlag der Wissenschaften, Berlin 1962.

[15] *Mikusinski, J.:* Operatorenrechnung. VEB Deutscher Verlag der Wissenschaften, Berlin 1957.

[16] *Ljusternik, L.A.* und *Sobolew, W.I.:* Elemente der Funktionalanalysis. Akademie Verlag Berlin 1960.

[17] *Kolgomorov, A.N.* und *Fomin, S.V.:* Elements of the Theory of Functions and Functional Analysis. Graylock Press, Rochester, N.Y., 1957.

[18] *Simmons, G.F.:* Introduction to Topology and modern Analysis. McGraw-Hill Book Comp., New York, San Francisco, Toronto, London 1963.

[19] *Porter, W.A.:* Modern Foundations of Systems Engineering. The Macmillan Co., New York und London 1966

[20] *Kalman, R.E.:* Mathematical Description of Linear Dynamical Systems. Journal of the Society for Industrial and Applied Mathematics, Ser. A, Vol. 1 (1963), S. 152-192.

[21] *Tou, J.T.:* Modern Control Theory. McGraw-Hill Book Comp., New York, San Francisco, Toronto, London 1964.

[22] *Dorf, R.C.:* Time-Domain Analysis and Design of Control Systems. Addison-Wesley Publishing Co., Reading (Mass.), London 1965.

[23] *Hill, J.D.* (Herausgeber): Modern Aspects of Automatic Control. Manuskript der Purdue University, School of Electrical Engineering, Lafayette, Indiana.

[24] *Zadeh, L.A.* und *Desoer, C.A.:* Linear Systems Theory; The State Space Approach. McGraw-Hill Book Comp., New York, San Francisco, Toronto, London 1963.

[25] *Nemytskii, V.V.* und *Stepanov, V.V.:* Qualitative Theory of Differential Equations. Princeton University Press. Princeton, N.J. 1960.
[26] *MacColl, L.A.:* Concepts and Problems of Modern Dynamics. Beitrag in: Proceedings of the Symposium on System Theory. Microwave Research Institute Symposia Series, Vol. XV. Polytechnic Press of the Polytechnic Institute of Brooklyn, Brooklyn, N.Y. 1965.
[27] *Athans, M.* und *Falb, P.L.:* Optimal Control. An Introduction to the Theory and Its Applications. McGraw-Hill Book Comp., New York, Toronto, London 1966.
[28] *Lasalle, J.* und *Lefschetz, S.:* Stability by Liapunov's Direct Method with Applications. Academic Press, New York, London 1961.
[29] *Aiserman, M.A.* und *Gantmacher, F.R.:* Die absolute Stabilität von Regelsystemen. R. Oldenbourg Verlag, München, Wien 1965.
[30] *Hahn, W.:* Theorie und Anwendung der direkten Methode von Ljapunov. Springer-Verlag, Berlin, Göttingen, Heidelberg 1959.
[31] *Zurmühl, R.:* Matrizen und ihre technischen Anwendungen. Springer-Verlag, Berlin, Göttingen, Heidelberg 1964.
[32] *Bellman, R.:* Introduction to Matrix Analysis. McGraw-Hill Book Comp., New York, Toronto, London 1960.
[33] *Gantmacher, F.R.:* Matrizenrechnung Teil I und II. VEB Deutscher Verlag der Wissenschaften, Berlin 1965.
[34] *Kalman, R.E.:* On the General Theory of Control Systems. Beitrag im Bd. I, S. 481 – 492 von „Automatic and Remote Control", Proceedings of the First International Congress of the IFAC, Moskau. Butterworth, London und R. Oldenbourg Verlag, München 1961.
[35] *Gilbert, E.G.:* Controllability and Observability in Multivariable Control Systems. Journal of the Society for Industrial and Applied Mathematics, Ser. A, Vol. 2 (1963), S. 128–151.
[36] *Schwarz, R.J.* und *Friedland, B.*· Linear Systems. McGraw-Hill Book Comp., New York, Toronto, London 1965.
[37] *Ogata, K.:* State Space Analysis of Control Systems. Prentice-Hall, Inc., Englewood Cliffs, N.J. 1967.
[38] *Kreindler, E.* und *Sarachik, P.E.:* On the Concepts of Controllability and Observability of linear Systems. IEEE-Trans. on Automatic Control AC-9 (1964), S. 129 – 136.
[39] *Kalman, R.E., Ho, Y.C.* und *Narrendra, K.S.:* Controllability of linear Dynamical Systems. Contributions to Differential Equations, Vol. I (1962), Nr. 2, S. 189 – 213.
[40] *Weiss, L.* und *Kalman, R.E.:* Contributions to Linear System Theory. Technical Report 64-9 (April 1964) des Research Institute for Adcanced Studies (RIAS), Baltimore (Maryland).
[41] *Markus, L.* und *Lee, E.B.:* On the Existence of Optimal Controls. Trans. ASME, Series D. Journal of Basic Engineering, Vol. 84 (1962), S. 13 – 20 und die Diskussion S. 21 – 22.
[42] *Weiss, L.* und *Kalman, R.E.:* Contributions to linear System Theory. Int. Journal of Engng. Science Vol. 3 (1965), S. 141 – 171.
[43] *De Russo, P.M., Roy, R.J.* und *Close, C.M.:* State Variables for Engineers. John Wiley und Sons, Inc., New York, London, Sydney 1965.
[44] *Schmeidler, W.:* Integralgleichungen mit Anwendung in Physik und Technik. Akademische Verlagsgesellschaft Geest und Portig, Leipzig 1955.
[45] *MacDonald, J.R.* und *Brachman, M.K.:* Linear-System Integral Transform Relations. Reviews of Modern Physics. Vol. 28 (1956), S. 393 – 422.
[46] *Doetsch, G.:* Handbuch der Laplace-Transformation Bd. I bis III. Birkhäuser Verlag, Basel und Stuttgart 1950 bis 1956.
[47] *Doetsch, G.:* Einführung in die Theorie und Anwendung der Laplace-Transformation. Birkhäuser Verlag, Basel und Stuttgart 1958.

[48] *Doetsch, G.:* Anleitung zum praktischen Gebrauch der Laplace-Transformation. R. Oldenbourg Verlag, München 1961.
[49] *Natanson, I.P.:* Theorie der Funktionen einer reellen Veränderlichen. Akademie Verlag, Berlin 1961.
[50] *Widder, D.V.:* The Laplace Transform. Princeton University Press, Princeton N.J. 1946.
[51] *Van der Pol, B.* und *Bremmer, H.:* Operational Calculus based on the Two-sided Laplace Integral. Cambridge University Press, Cambridge 1959.
[52] *Voelker, D.* und *Doetsch, G.:* Die zweidimensionale Laplace-Transformation. Eine Einführung in ihre Anwendung zur Lösung von Randwertproblemen nebst Tabellen von Korrespondenzen. Birkhäuser Verlag, Basel 1950.
[53] *George, D.A.:* Continuous Nonlinear Systems. Technical Report 355, Massachusetts Institute of Technology. Cambridge Mass. 1959.
[54] *Van Trees, H.L.:* Synthesis of Optimum Nonlinear Control Systems. The M.I.T. Press. Massachusetts Institute of Technology, Cambridge, Mass. 1962.
[55] *Zames, G.:* Functional analysis applied to nonlinear feedback systems. IEEE Trans. Circuit Theory, Vol. CT-10 (Sept. 1963), S. 392 – 404.
[56] *Lavi, A.* und *Mastascusa, E.J.:* Analysis of an Extremum-Seeking Nonlinear System. Journal of the Franklin Institute Vol. 281 (1966), S. 235 – 249.
[57] *Gorman, D.* und *Zaborsky, J.:* Functional Representation of Nonlinear Systems. Interpolation and Lagrange Expansion for Functionals. Joint Automatic Control Conference (JACC) 1965, S. 169 – 177 and ASME-Trans., J. of Basic Engineering 1966.
[58] *Gorman, D.* und *Zaborsky, J.:* Functional Lagrange Expansion in State Space and the s-Domain. Joint Automatic Control Conference (JACC) 1966, S. 562 – 568.
[59] *Le Page, W.R.:* Complex Variables and the Laplace Transform for Engineers. McGraw-Hill Book Comp., New York, Toronto, London 1961.
[60] *Doetsch, G.:* Das Anfangswertproblem für Systeme linearer Differentialgleichungen unter unzulässigen Anfangsbedingungen. Annali di Mathematica Pura ed Applicata. Serie Quarta Tomo XXXIX (1955), S. 25 – 37.
[61] *Mohr, E.:* Integration von gewöhnlichen Differentialgleichungen mit konstanten Koeffizienten mittels Operatorenrechnung. Mathematische Nachrichten Bd. 10 (1953), S. 1 – 49.
[62] *Föllinger, O.:* Über die Anfangsbedingungen bei linearen Übertragungsgliedern. Regelungstechnik 9 (1961), S. 149 – 153.
[63] *Churchill, R.V.:* Operational Mathematics. McGraw-Hill Book Comp., New York, Toronto, London 1958.
[64] *Aseltine, J.A.:* Transform Method in linear System Analysis. McGraw-Hill Book Comp., New York, Toronto, London 1958.
[65] *Knopp, K.:* Funktionentheorie. Sammlung Göschen Bd. 668 und 668a. Verlag Walter de Gruyter und Co., Berlin 1961.
[66] *Fuchs, B.A.* und *Levin, V.I.:* Functions of a Complex Variable and Some of their Applications, Volume II. Pergamon Press, London, Paris, Frankfurt 1961.
[67] *Bellman, R.* und *Cooke, K.L.:* Differential-Difference Equations, Academic Press, New York, London 1963.
[68] *Pinney, E.:* Ordinary Difference-Differential Equations. University of California Press, Berkeley and Los Angeles 1959.
[69] *Bellman, R., Kalaba, R.E.* und *Lockett, J.A.:* Numerical Inversion of the Laplace Transform. American Elsevier Publ. Co., New York 1966.
[70] *Föllinger, O.* und *Schneider, G.:* Lineare Übertragungssysteme. Eine exakte Begründung ihrer Theorie mittels verallgemeinerter Funktionen und Operatoren. Verlag Allgemeine Elektricitäts-Gesellschaft, Berlin 1961.

[71] *Truxal, J.G.:* Entwurf automatischer Regelsysteme. R. Oldenbourg Verlag, Wien und München 1955.
[72] *Dobesch, H.* und *Sulanke, H.:* Zeitfunktionen, Theorie und Anwendung VEB Verlag Technik, Berlin 1966.
[73] *Gardner, M.F.* und *Barnes, J.L.:* Transients in Linear Systems. John Wiley and Sons, New York 1957.
[74] *Erdélyi, A., Magnus, W., Oberhettinger, F.* und *Tricomi, F.G.:* Tables of Integral Transforms. McGraw-Hill Book Comp., New York, Toronto, London 1954.
[75] *Ryshik, I.M.* und *Gradstein, I.S.:* Summen-, Produkt- und Integraltafeln. VEB Deutscher Verlag der Wissenschaften, Berlin 1963.
[76] *Titchmarsh, E.C.:* Introduction to the Theory of Fourier-Integrals. At the Clarendon Press, Oxford 1959.
[77] *Wiener, N.:* The Fourier Integral and Certain of its Applications. Dover Publications, New York 1933.
[78] *Sneddon, I.N.:* Fourier Transforms. McGraw-Hill Book Comp., New York, Toronto, London 1944.
[79] *Papoulis, A.:* The Fourier Integral and its Applications. McGraw-Hill Book Comp., New York, San Francisco, London, Toronto 1962.
[80] *Gilles, E.D.:* Zur Theorie der Regelung von Systemen mit örtlich verteilten Parametern. Regelungstechnik 14 (1966) S. 461 – 469.
[81] *Mikusiński, J.* und *Sikorski, R.:* The Elementary Theory of Distributions (I) und (II). Rozprawy Mathematyczne XII und XV. Panstwowe Wydawnictwo Naukowe, Warszawa 1957.
[82] *Gelfand, I.M.* und *Schilow, G.E.:* Verallgemeinerte Funktionen (Distributionen) Bd. I. VEB Deutscher Verlag der Wissenschaften, Berlin 1960.
[83] *Seifert, W.W.* und *Steeg, C.W.* (Herausgeber): Control Systems Engineering. McGraw-Hill Book Comp., New York, Toronto, London 1960.
[84] *Föllinger, O.* und *Gloede, G.:* Dynamische Struktur von Regelkreisen, Bd. 1. Verlag Allgemeine Elektricitäts-Gesellschaft, Berlin 1963.
[85] *Solodownikow, W.W.:* Grundlagen der selbsttätigen Regelung. Bd. I und II. R. Oldenbourg Verlag, München und VEB Verlag Technik, Berlin 1959.
[86] *Pestel, E.* und *Kollmann, E.:* Grundlagen der Regelungstechnik, Friedr. Vieweg und Sohn, Braunschweig 1968.
[87] *Oppelt, W.:* Kleines Handbuch technischer Regelvorgänge. Verlag Chemie, Weinheim/Bergstr. 1967.
[88] *Newton, G.C., Gould, L.A.* und *Kaiser, J.F.:* Analytical Design of Linear Feedback Controls. John Wiley and Sons, New York 1957.
[89] *Enns, M., Greenwood III, J.R., Matheson, J.E.* und *Thompson, F.T.:* Practical Aspects of State-Space Methods. Part 1 – System Formulation and Reduction; Part 2 – System Analysis and Simulation. Vorabdrucke der Joint Automatic Control Conference (JACC) 1964 in Stanford, S. 494 – 513.
[90] *Lapidus, L.* und *Luus, R.:* Optimal Control of Engineering Processes. Blaisdell Publ. Co., Waltham, Mass., Toronto, London 1967.
[91] *Mason, S.J.:* Feedback Theory-Further Properties of Signal Flow Graphs. Proc. IRE Vol. 44 (1956), S. 920 – 926.
[92] *Butman, S.* und *Sivan (Sussman), R.:* On Cancellations, Controllability and Observability. IEEE-Transactions on Automatic Control, AC-9 (1964), S. 317 – 318.
[93] *Mesaroric, M.D.:* The Control of Mulitvariable Systems. The M.I.T.-Press und Verlag John Wiley and Sons, New York, London 1960.

[94] *Schwarz, H.:* Mehrfachregelungen, Grundlagen einer Systemtheorie. Springer-Verlag, Berlin, Heidelberg, New York 1967.
[95] *Tsien, H.S.:* Technische Kybernetik. Verlag Berliner Union, Stuttgart 1957.
[96] *Gibson, J.E.:* Nonlinear Automatic Control. McGraw-Hill Book Comp., New York, San Francisco, Toronto, London 1963.
[97] *Morgan, B.S.:* The Synthesis of Linear Multivariable Systems by State-Variable Feedback. IEEE-Transactions on Automatic Control AC-9 (1964), S. 403 – 411.
[98] *Kalman, R.E.:* Continuous Linear Systems on Structural Properties of Linear, Constant, Multivariable Systems. Automation and Remote Control III. Proceeding of the Third Congress of the International Federation of Automatic Control, London, Volume 1, Book 1. S. 6A1 – 6 A9, London 1966.
[99] *Ho, B.L.* und *Kalman, R.E.:* Effective construction of linear state variable models from imput/output functions. Regelungstechnik 14 (1966), S. 545–548.
[100] *Tschauner, J.:* Einführung in die Theorie der Abtastsysteme. R. Oldenbourg Verlag, München 1960.
[101] *Nörlund, N.E.:* Differenzenrechnung. Springer-Verlag, Berlin 1924.
[102] *Gelfond, A.O.:* Differenzenrechnung. VEB Deutscher Verlag der Wissenschaften, Berlin 1958.
[103] *Milne-Thomson, L.M.:* The Calculus of Finite Differences. McMillan and Co., London 1933.
[104] *Meschkowski, H.:* Differenzengleichungen. Verlag Vonderhoeck und Ruprecht, Göttingen 1959.
[105] *Zypkin, Ja.S.:* Differenzengleichungen der Impuls- und Regeltechnik. VEB Verlag Technik, Berlin 1956.
[106] *Tsypkin, Ya.S.:* Sampling Systems Theory and its Application. Pergamon Press, Oxford, London, Edinburgh, New York, Paris, Frankfurt 1964.
[107] *Berge, C.:* Sur un nouveaû calcul symbolique et ses applications. J. Math. pur. appl. 29 (1959), S. 245 – 274.
[108] *Vich, R.:* Z-Transformation – Theorie und Anwendung. VEB Verlag Technik, Berlin 1964.
[109] *Thoma, M.:* Definition und Beschreibung der Abtastregelsysteme. Beitrag im Lehrgangshandbuch des VDI-Bildungswerkes über „Anwendung theoretischer Verfahren in der Regelungstechnik", Düsseldorf 1966.
[110] *Ragazzini, J.R.* und *Franklin, G.F.:* Sampled-Data Systems. McGraw-Hill Book Comp., New York, Toronto, London 1958.
[111] *Jury, E.I.:* Sampled-Data Systems. John Wiley and Sons, Inc., New York 1958.
[112] *Tou, J.T.:* Digital and Sampled-Data Control Systems. McGraw-Hill Book Comp., New York, Toronto, London 1959.
[113] *Lindorff, D.P.:* Theory of Sampled-Data Control Systems. John Wiley and Sons, Inc., New York, London, Sydney 1965.
[114] *Jury, E.I.:* Einige Gesichtspunkte zur Abtastung in Regelkreisen. Regelungstechnik 11 (1963), S. 98 – 107.
[115] *Kalman, R.E.* und *Bertram, J.E.:* A Unified Approach to the Theory of Sampling Systems. Journal of The Franklin Institute, Vol. 267 (1959) S. 405 – 436.
[116] *Freeman, H.:* Discrete-Time Systems. An Introduction to the Theory. John Wiley and Sons, Inc., New York, London, Sydney 1965.
[117] *Jury, E.I.:* The Theory and Application of the Z-Transform Method. John Wiley and Sons, Inc., New York, London, Sydney 1964.
[118] *Strejc, V.:* Synthese von Regelungssystemen mit Prozeßrechner. Verlag der Tschechoslowakischen Akademie der Wissenschaften, Prag 1967.
[119] *Föllinger, O.:* Synthese von Abtastsystemen im Zeitbereich. Regelungstechnik 13 (1965), S. 269 – 275.

[120] *Schneider, G.:* Über die Nachbildung und Untersuchung von Abtastsystemen auf einem elektronischen Analogrechner. Elektronische Rechenanalgen 2 (1960), S. 31 – 37.

[121] *Haberstock, F.:* Über die Synthese von Abtastreglern für Regelkreise beliebiger Ordnung. Regelungstechnik 13 (1965), S. 235 – 239 und S. 281 – 286.

[122] *Föllinger, O.:* Realisierung eines Abtastreglers durch Netzwerke. Nachrichtentechnische Zeitschrift 19 (1966) S. 273 – 279.

[123] *Oldenbourg, R.C.* und *Sartorius, H.:* Dynamik selbsttätiger Regelungen. Oldenbourg Verlag, München 1951.

[124] *Koppenfels v., W.* und *Stallmann, F.:* Praxis der konformen Abbildung. Springer-Verlag, Berlin, Göttingen, Heidelberg 1959.

[125] *Thoma, M.:* Ein einfaches Verfahren zur Stabilitätsprüfung von linearen Abtastsystemen. Regelungstechnik 10 (1962), S. 301 – 306.

[126] *Thoma, M.:* Über die Wurzelverteilung von linearen Abtastsystemen. Regelungstechnik 11 (1963), S. 70 – 74.

[127] *Thoma, M.:* Bemerkungen zum Diskussionsbeitrag von E.I. *Jury* zu meiner Arbeit „Über die Wurzelverteilung von linearen Abtastsystemen". Regelungstechnik 11 (1963), S. 365 – 366.

[128] *Jury, E.I.:* On the Roots of a Real Polynomial Inside the Unit Circle and a Stability Criterion for Linear Discrete Systems. Automatic and Remote Control Proceedings of the Second Congress of the International Federation of Automatic Control (IFAC), Basel. Bd. 1, S. 142 – 153. Butterworths, London und Oldenbourg, München 1964.

[129] *Thoma, M.:* Bemerkungen zu den weiteren Ausführungen von *E.I. Jury* zu meinem Aufsatz „Über die Wurzelverteilung von linearen Abtastsystemen". Regelungstechnik 12 (1964), S. 265 – 267.

[130] *Jury, E.I.:* Additions to Notes on the Stability Criterion for linear Discrete Systems, IRE-Trans. on Automatic Control AC-6 (1961), S. 342 – 343.

[131] *Thoma, M.:* Ein einfaches Verfahren zur Bestimmung der Wurzelverteilung (Stabilität) von linearen Abtastregelsystemen, Darmstädter Dissertation D 17 (1963).

Sachwortverzeichnis